U0392657

表面活性剂
应用技术

肖进新　赵振国　著

BIAOMIAN HUOXINGJI
YINGYONG JISHU

化学工业出版社

·北京·

本书对表面活性剂的增溶、润湿、分散/聚集等主要作用及机理、膜技术和泡沫技术进行了简单的介绍，重点阐述了表面活性剂在油田工业、日用化学工业、食品工业、纺织工业、造纸工业、水泥工业、金属加工工业、农业、高新技术领域、纳米科技、环境科学、医药和生物技术、化学研究等领域中的应用。同时，基于作者在该领域的长期研究成果，深入介绍了氟、硅、硼等特种表面活性剂的特殊应用。

本书可供化学、化工、材料等领域相关研发、应用和生产技术人员使用，也可供高等院校相关专业师生参考。

图书在版编目（CIP）数据

表面活性剂应用技术/肖进新，赵振国著. —北京：
化学工业出版社，2017.10（2023.1重印）
ISBN 978-7-122-30392-9

Ⅰ.①表…　Ⅱ.①肖…②赵…　Ⅲ.①表面活性剂
Ⅳ.①TQ423

中国版本图书馆 CIP 数据核字（2017）第 191096 号

责任编辑：张　艳　刘　军　　　　　　　文字编辑：陈　雨
责任校对：宋　玮　　　　　　　　　　　装帧设计：王晓宇

出版发行：化学工业出版社（北京市东城区青年湖南街 13 号　邮政编码 100011）
印　　装：北京建宏印刷有限公司
710mm×1000mm　1/16　印张 26　字数 528 千字　　2023 年 1 月北京第 1 版第 7 次印刷

购书咨询：010-64518888　　　　　　　售后服务：010-64518899
网　　址：http://www.cip.com.cn
凡购买本书，如有缺损质量问题，本社销售中心负责调换。

定　　价：98.00 元　　　　　　　　　　　　　　　版权所有　违者必究

前言

　　表面活性剂应用方面国内外已有多本专著和手册。随着表面活性剂科学的发展，一方面新型表面活性剂及表面活性剂的新功能被不断开发，极大地扩展了表面活性剂的应用领域；另一方面，新的工业、特别是高新技术工业不断涌现，对表面活性剂的应用提出了更新、更高的要求。因此，对表面活性剂应用的专业书籍也需要进一步更新。基于这个思想，我们编写了《表面活性剂应用技术》一书，旨在为研究工作者提供一本既能系统了解表面活性剂的应用原理和应用技术，又能了解表面活性剂科学最新进展的专著。也希望为化学、精细化工及相关专业学生提供表面活性剂专业基础性教学参考书。

　　本书作者于 2003 年 5 月出版了《表面活性剂应用原理》（2015 年出版第二版），该书主要从表面活性剂结构与性能关系等原理方面阐述表面活性剂"为什么"可以应用于工业。本书为《表面活性剂应用原理》的姊妹篇，但又是独立的。本书主要阐述表面活性剂"如何"应用于工业，主要介绍在不同的应用领域如何选择表面活性剂。

　　1. 本书主要从表面活性剂的角度阐述其工业应用，而实际工业的应用中除了表面活性剂，还有多种无机和有机组分作为助剂和溶剂，这方面的内容（表面活性剂实用工业配方）过于庞大，而且文献和专利中的配方在很多情况下真假难辨，因此本书避免过多涉及具体的工业配方（否则会使篇幅过大）。

　　2. 基于一些特种表面活性剂（如氟表面活性剂）具有普通表面活性剂无法替代的用途，本书特别将特种表面活性剂的特殊应用单列出来（第十七～十九章），主要论述其在普通表面活性剂无法使用的场合下的应用。

　　3. 针对高新技术的不断涌现，本书特别将表面活性剂在高新技术领域中的应用列为一章单独介绍。

　　4. 表面活性剂的应用几乎涉及所有的工业领域，目前已很难找到没有表面活性剂参与的工业领域。鉴于篇幅限制，不可能把表面活性剂在所有工业中的应用都面面俱到地加以介绍。实际上，除了一些特殊应用，表面活性剂在不同工业中的应用原理基本上是相通的，所用的表面活性剂的类型也是相通的。本书介绍了一些重要的工业领域，对于未介绍到的工业领域可从本书中的相关内容得到参考。

　　5. 鉴于目前表面活性剂定义的扩展，表面活性剂和高聚物的界限已越来越模糊。因此本书在介绍表面活性剂的应用中，在很多场合也包含了高聚物。特别是在特种表面活性剂的特殊应用部分，就包括了含氟聚合物，如含氟织物整理剂、氟涂料、全氟磺酸树脂和全氟磺酰氟树脂等。

本书第一章由北京大学化学与分子工程学院赵振国教授和北京氟乐邦表面活性剂技术研究所肖进新博士共同编写；第二、五、六、八、九、十三、十四、十六章由赵振国教授编写，其余各章由肖进新博士编写。

在本书的编写过程中，邢航博士、窦增培博士对全书做了详细校核，何学昌、肖子冰、肖子寒等做了大量辅助工作，在此表示感谢。

尽管编著者尽力要求内容准确，但限于水平，书中定有疏漏和不当之处，诚恳地欢迎同行和读者不吝指正。编著者 E-mail：xiaojinxin@pku.edu.cn；admin@fluobon.com。

著者
2017 年 10 月

目 录
CONTENTS

第一章
表面活性剂应用技术概述

　　表面活性剂（surface active agent）有三个方面的含义："表面"是指它是在表面（严格地讲，应该是界面）上起作用的；"活性"意指它能在表面上起到活性作用（此处的"活性"不是指生物活性物质如蛋白质那样的活性，而是指改变表面的组成，使表面具有新的性能）；"剂"是指它是一类添加剂或助剂。因此，表面活性剂是这样一种物质，它能吸附在表（界）面上，在加入量很少时即可显著改变表（界）面的物理化学性质，从而产生一系列的应用功能。关于表面活性剂的基础知识见参考文献［1］中第一、二章，其基本作用见参考文献［1］中第三到五章。

　　表面活性剂的实际应用都是基于表面活性剂的基本作用，即表面活性剂能在各种界面上吸附和在液相（甚至在界面上）形成各种有序组合体的作用而衍生出来的各种功能性作用。表面活性剂的应用可以毫不夸张地说已无孔不入地渗透到各个领域：上至航天工业，下至地质勘探、采矿，人们日常生活的衣食住行，无不显示表面活性剂的作用。换句话说，在表面活性剂的吸附和组合体的形成的作用下，又派生出表面活性剂的多种功能，常见的有润湿、增溶、乳化、破乳、分散、聚集、起泡、消泡、去污、洗涤、固体的表面改性等。这些功能在不同的部门和领域常常起着举足轻重的作用。

　　例如，在水中加入表面活性剂可使衣物洗得干净，从根本上讲这是表面活性剂在气液表面上，在污垢/水界面和污垢/洗涤底物界面上吸附，大大降低这些表（界）面张力，使污垢能被水润湿（润湿作用），利于污垢脱离底物，并且在液相中形成的表面活性剂分子有序组合体能使部分油污包容于其中（增溶作用），或因表面活性剂在污垢上的吸附大大改变污垢的表面性质（表面改性），利于其在水相中分散（分散作用）并减小污垢的再聚集和在洗涤底物上的沉积（悬浮体的稳定作用），表面活性剂溶液在搅动下形成的泡沫（起泡作用）能使污垢附着，并在漂洗中除去。由此可知，洗涤作用实际上是表面活性剂多种功能性作用的综合结果，这也就是为什么说以表面活性剂为重要研究对象的胶体与界面化学是与实际联系和应用最为广泛的化学学科分支。

一、表面活性剂增溶技术

笼统地说，能使某种物质溶解度增大的作用都是增溶作用。这里说的是表面活性剂胶束溶液的增溶作用。故其定义为当表面活性剂浓度达到临界胶束浓度（CMC）以后，不溶或难溶的有机物溶解度增大的作用称胶束溶液的增溶作用（solubilization）。

在各种表面活性剂分子有序组合体中都可以发生增溶作用，以在胶束中的增溶作用研究得最为深入。

增溶过程是被增溶物从不溶解状态进入胶束中，其化学势减小，过程的自由能降低。因此，增溶是自发过程，形成的体系是热力学稳定体系，逆过程（被增溶物自发析出）是不可能的。

增溶与混合溶剂提高某些物质的溶解度不同。混合溶剂与各组分单独的性质大不相同，而胶束溶液的溶剂极性受表面活性剂影响很小。增溶作用也不同于乳化作用。乳化作用形成的液液分散系统是热力学不稳的，分散相与分散介质间有明显的相界面，故而有自动聚结分层的趋势。

胶束内核为非极性微区，其表面（外壳）与水相接触，为极性微区，从非极性的内核到极性外壳，胶束整个微环境极性大小是逐渐变化的，故各类极性和非极性的难溶有机物在胶束中都可有适宜其存在（溶解）的微环境，这些物质被增溶后胶束的体积变化不大，故体系仍是透明的。

不同的被增溶物在胶束中有几种可能的增溶方式（或称增溶位置），大致有 4 种情况。①非极性有机物多增溶于非极性的胶束内核中。②长碳链极性有机物多增溶于胶束的栅栏层。这类有机物可能会以某种定向方式增溶，即碳氢链插于胶束内核，极性端基近于胶束极性外壳层。带芳环的有机物受亲水端基电荷的影响在阴离子胶束中多增溶于胶束内核，而在阳离子胶束中多在栅栏层。短链芳烃增溶位置可随增溶量增加，先吸附于胶束表面，进而进入栅栏层，再后到胶束内核。③对非离子型表面活性剂胶束，其外壳为亲水的聚氧乙烯基团和与其缔合的水分子形成厚层，极性较强的芳香化合物可增溶于此区域。④小的极性分子及染料分子可吸附于胶束表面。

增溶量的大小与能发生增溶作用的胶束区域容积的大小有关。一般来说，顺序大致是③＞②＞①＞④。

应当说明的是，正如表面活性剂单体与聚集状态的胶束中的表面活性剂处于动态平衡一样，增溶作用中增溶物在胶束中的平均停留时间也是很短的（$10^{-6}\sim$

10^{-10}s）。

影响增溶作用的因素有表面活性剂的结构、被增溶物的结构、电解质、温度以及各种有机添加剂等。

除了正常的胶束增溶，还有一种很重要的增溶作用，即吸附胶束的增溶作用，也称为吸附增溶（adsolubilization）。吸附增溶是不溶或难溶的有机物增溶于吸附胶束中的现象。最早 Koganovskii 发现乙炔黑在水溶液中有非离子型表面活性剂存在的情况下，萘的吸附量大于萘在表面活性剂胶束溶液中的增溶量，故他们将其称为共吸附。实际上萘既可增溶于吸附胶束中，也可直接吸附于乙炔黑表面。吸附胶束增溶作用的研究给以下的研究方向提供了方便：①利用吸附增溶了解表面活性剂在固体表面的吸附层性质；②提供了一种物质分离方法；③利用吸附增溶技术形成某些被增溶物的超薄膜；④进行吸附胶束的研究。

吸附增溶作为一种新的分离方法，其特点是：①被分离物在吸附胶束中有选择性的增溶能力；②吸附增溶量较一般直接吸附量大；③吸附增溶只有在表面活性浓度超过 CMC 时才能发生；④可在常温下进行，这利于生物技术的应用。

应用吸附增溶方法形成超薄膜实际上是一种表面改性技术。通常是使在表面活性剂双层中吸附增溶的高分子单体聚合，以在固体基底上形成超薄聚合物膜。这一技术的应用前景广阔，如：①改变某些材料（如 TiO_2、Al_2O_3、SiO_2 等）的表面性质，使其能用作填料、颜料、补强剂等；②在生物技术和分离应用中作为改变固体表面性质的手段；③在各种实际应用中粘接不同组成材料的方法等。有关增溶作用的详细讨论见参考文献 [1] 中第六章。

 二、表面活性剂乳化技术、乳化剂及破乳剂

乳化（emulsification）是在一定条件下使互不混溶的两种液体形成有一定稳定性的液/液分散体系的作用。在此分散体系中被分散的液体（分散相）以小液珠形式分散于连续的另一种液体（分散介质）中，此体系称为乳状（浊）液（emulsion）。形成乳状液的两种液体，一种通常为水，另一种统称为"油"。乳化作用除可形成乳状液外，也涉及洗涤作用中将油污以乳化形式除去的过程。分散相为油，分散介质为水的乳状液称为水包油型乳状液，常以 O/W 表示；反之，则称为油包水型乳状液，以 W/O 表示。

为了进行乳化作用和得到有一定稳定性的乳状液必须加入（或自然形成）第三种物质，此物质称为乳化剂（emulsifying agent）。乳化剂大多为各种类型的表面活性剂，高分散的固体粉末状物质也有作乳化剂的。

乳状液在食品、农药、医药、化妆品、化工、机械加工、能源、环保等领域有广泛的应用，如冰淇淋、乳剂型农药和药品、雪花膏、涂料、金属切削油、乳化钻井液、乳化沥青等都是乳状液或以乳化形式应用的。作为乳化剂的表面活性剂在乳化作用中具有多功能的性质。根据实际体系选择适宜的乳化剂是使乳化作用顺利进行和得到稳定乳状液的关键。当然，有时在工业生产和日常生活中需使某些乳状液破坏。为了达到这些目的，需要了解乳状液稳定的原因及影响因素、乳化剂选择的原则。

由于乳状液体系有大的界面能存在，故其是热力学不稳定体系，有自动聚结（coalescence）、分层（creaming）、沉降（sedimentation）等变化的趋势，这些变化都可使得体系界面减小。降低乳状液体系中油/水界面张力有利于乳化作用进行和提高乳状液的相对稳定性。降低界面张力的最有效方法是应用适宜的表面活性剂。

表面活性剂在液/液界面吸附是乳化作用得以进行的最重要因素，其主要作用机理是：①降低液/液界面张力，从而减小了因乳化而引起的界面面积增加带来的体系的热力学不稳定性；②在分散相液滴表面因表面活性剂吸附而形成机械的、空间的或电性的障碍，减小分散相液滴的聚结速度。吸附层的机械和空间障碍作用使液滴相互碰撞时不易聚结，而空间和电性障碍可以避免液滴间相互靠拢。在这两种作用中有时前者更为重要，例如有些高分子化合物不带电且无显著降低界面张力的能力，但可形成稳定的强度好的界面膜，在乳化作用中占有重要地位。

影响和决定乳状液类型、乳状液稳定性、不稳定性及破乳的各种理论和实验结果见参考文献[1]第七章。

（一）乳化剂

制备有一定稳定性的乳状液所需加入的第三种物质为乳化剂，乳化剂大多是表面活性剂。

乳化剂的分类与表面活性剂的分类相似，可以有各种不同的方法，这些方法又各有利弊。其中一种乳化剂的分类是合成表面活性剂、合成高分子表面活性剂、天然产物、固体粉末。这种分类突出了合成表面活性剂和合成高分子表面活性剂的重要性和区别。

1. 合成表面活性剂

合成表面活性剂是应用最广的乳化剂。和常用的表面活性剂相同，它也有阴离子型、阳离子型、非离子型、两性型等种类，其中以阴离子型和非离子型的应用最多。

（1）阴离子型乳化剂

① 脂肪酸盐　最常用的是钠盐，易于形成 O/W 型乳状液，不宜在硬水中使用，其溶液为碱性（pH≈10），故适用于不怕高 pH 值的乳状液。胺皂则可在较低 pH 值（如 pH≈8）应用，最常用的是三乙醇胺。这种胺皂既能使乳状液有一定的稳定性，又能用于在使用后即破坏的体系，如地板蜡等。一种去污上光剂的乳液成分即为三乙醇胺、液体石蜡、油酸、硅藻土和水。

② 硫酸酯盐　最常见的是十二烷基硫酸钠，常用作乳化剂的是脂肪聚氧乙烯

醚硫酸酯盐和烷基酚聚氧乙烯硫酸酯盐，当分子中氧乙烯基数目和烷基碳原子数目适宜时，它们的钠盐都是良好的 O/W 型乳状液的乳化剂。而它们的钙盐和镁盐则可制备 W/O 型乳状液。异辛基酚聚氧乙烯硫酸钠有良好的表面活性，此类物质商品名是 Triton，Triton 类表面活性剂并非都是阴离子型表面活性剂。

③ 磺酸盐　最常用的是烷基磺酸盐、烷基苯磺酸盐、石油磺酸盐。如十二烷基磺酸钠、十二烷基苯磺酸钠等，它们都可以形成 O/W 型乳状液。此外，脂肪酰胺牛磺酸盐也是良好的乳化剂，如 N-椰油酸基 -N-甲基牛磺酸钠即是，其商品名为 Igepon TC-42。乳液聚合时用十二烷基苯磺酸钠可得到细粒子的树脂乳液。

（2）非离子型乳化剂

非离子型表面活性剂对介质的酸碱性、高价金属离子的存在都不敏感，且在合成时较容易调节分子中亲水、亲油基团（特别是亲水基团）的大小，便于控制用以形成的乳状液的类型。

① 聚氧乙烯醚型　常见的有脂肪醇聚氧乙烯醚、烷基酚聚氧乙烯聚氧丙烯醚、烷基胺聚氧乙烯醚、脂肪酰胺聚氧乙烯醚等。在这些化合物中疏水基脂肪链碳原子数多为 8～16；氧乙烯基团数可在几个至几十个间，根据此数目的多少可用作 O/W 或 W/O 型乳状液的乳化剂。

② 酯型　主要是失水山梨醇脂肪酸酯、失水山梨醇脂肪酸酯环氧乙烷加成物。后者的单酯与双酯常混合应用，用作 W/O 乳化剂。失水山梨醇脂肪酸酯商品名为 Span 系列，失水山梨醇脂肪酸酯环氧乙烷加成物商品名为 Tween 系列。Span 和 Tween 系列表面活性剂根据成酯脂肪酸的不同和成酯脂肪酸的数目（单酯、三酯等）又有不同的编号。Span 型表面活性剂亲油性好，宜作 W/O 型乳状液的乳化剂；Tween 型表面活性剂因有加成的聚氧乙烯基团，亲水性好，宜用作 O/W 型乳状液的乳化剂。

2. 合成高分子表面活性剂

此类乳化剂中最常见的是聚氧乙烯-聚氧丙烯嵌段共聚物，此类物质是非离子型表面活性剂，分子量可大到几千、几万。其亲水亲油性质可以用调节聚氧乙烯（亲水）、聚氧丙烯（亲油）链节的多少和在它们分子中排列与次序控制。一种聚醚型表面活性剂商品名为 Pluronic 系列。因它们毒性小（或无毒性）可用于与人体有关的实用乳状液（如化妆品、医药等）的制备。

苄基酚聚氧乙烯醚（商品名乳化剂 BP）、苯乙烯基苯酚聚氧乙烯醚（商品名农乳 600）是性质接近的非离子型合成高分子乳化剂，此类物质水溶性好，耐硬水和酸碱。

3. 天然产物

天然乳化剂包括天然产物中的高分子化合物和动、植物体中含有的两亲性化合物。

天然乳化剂大多表面活性不高，在特定的条件下或与其他乳化剂混合使用时才有满意的效果，有的天然乳化剂在乳化时只有辅助作用，如提高乳液的黏度有抑制分层的作用。

天然高分子乳化剂主要是各种动、植物胶，纤维素，淀粉等。由植物中提取的水溶性胶为 O/W 型乳化剂，此类物质主要的表面活性成分为多糖类化合物、某些有机酸盐等，所含有的纤维素类化合物则对提高乳状液黏度有利。常见的这类物质有阿拉伯胶、黄芪胶、刺梧桐胶、瓜胶、豆荚胶、田菁胶、魔芋胶等。

磷脂和固醇类化合物也有一定的乳化能力。卵磷脂中有若干中长链饱和和不饱和脂肪酸（如十六酸、十八酸、油酸、亚油酸等）的酯基和磷酸酯基，是良好的 O/W 型乳化剂。胆固醇分子中有小的亲水的羟基和大的疏水基团，是 W/O 型乳化剂。羊毛脂中含有固醇类化合物，它们可能是其有乳化能力的主要原因。

有些天然产物乳化剂是复杂有机酸的盐。如褐藻酸盐是由海草提取的，是甘露糖醛酸和古洛糖醛酸的乙酰化多聚物盐类；鹿角菜胶是由鹿角菜（一种海藻）提取的，是一种多糖硫酸酯混合盐。这类盐在形成乳状液时能构成结实的界面膜。

纤维素衍生物最常用的是甲基纤维素和羧甲基纤维素（主要是其钠盐），它们多用作辅助乳化剂以提高 O/W 型乳状液水相黏度。例如 3% 的甲基纤维素可将水的黏度提高一万倍。

（二）乳化剂的选择方法

在乳化方法、油、水相的性质一定以后，制备相对较稳定的乳状液最重要的条件是乳化剂的选择。

1. 乳化剂选择的一般原则

因油、水相成分的可变性，以及要求形成乳状液的类型不同，实际上不可能找到一种通用的优良乳化剂。换言之，只是在指定油、水相组成与性质及所要求的乳状液类型后通过适当的方法选择相对最优良的乳化剂。尽管如此，仍有一些通用的规律可供选择乳化剂应用。这些通则如下：①有良好的表面活性和降低表面张力的能力。这就使乳化剂能在界面上吸附。②乳化剂分子或与其他添加物在界面上能形成紧密排列的凝聚膜，在这种膜中分子有强烈的侧向相互作用。③乳化剂的乳化性能与其和油相或水相的亲和能力有关。油溶性乳化剂易得 W/O 型乳状液，水溶性乳化剂易得 O/W 型乳状液。油溶性较大和水溶性较大的两种乳化剂混合使用有时有更好的乳化效果。与此相应，油相极性越大，要求乳化剂的亲水性越大；油相极性越小，要求乳化剂的疏水性越强。④适当的外相黏度以减小液滴的聚集速度。⑤在有特殊用途（如食品乳状液、乳液药物体系等）时要选择无毒的乳化剂。⑥要能用最小的浓度和最低的成本达到要求的乳化效果。

2. 乳化剂的选择方法

现时用于选择乳化剂的方法主要有两种：HLB 法（亲水亲油平衡法）和 PIT 法（相转变温度法）。前者适用于各种类型表面活性剂，后者是对前一方法的补充，只适用于非离子型表面活性剂。

（1）HLB 方法　表面活性剂都是两亲性分子，具有亲水性和亲油性两部分，这两部分性质的相对大小决定了该物质的性质和用途。HLB 即亲水亲油平衡（hydrophilic-lipophilc Balance）的缩写。人为规定每个表面活性剂一个数目，此数目越大亲水性越强，此数目越小疏水性越强。不同 HLB 值的表面活性剂水溶液外观和它们适宜的用途列于表 1.1 中。表中 HLB 与用途的关系只是大致范围，在实际应用时并不严格符合这一界限。

表 1.1　HLB 值的应用

HLB 值	水溶液外观	HLB 值	用途
1~4	不分散	3~6	W/O 型乳化剂
3~6	不良分散	7~9	润湿剂
6~8	搅拌后乳状分散	8~18	O/W 型乳化剂
8~10	稳定乳状分散	13~15	洗涤剂
10~13	半透明至透明	15~18	增溶剂
13~20	透明溶液		

HLB 值具有加和性，即混合表面活性剂的 HLB 值等于各组分表面活性剂 HLB 值与其含量乘积之和。例如将各占 50% 的 Tween 40（HLB=15.6）和 Span 80（HLB=4.3）混合，该混合物的 HLB 值为 $15.6\times0.5+4.3\times0.5=9.95$。这种加和性给表面活性剂的复配应用带来方便。

有多种测定和计算 HLB 值的方法，详见参考文献 [1] 第七章。

在制备乳状液时除根据欲得乳状液的类型选择乳化剂外，所用油相性质不同对乳化剂的 HLB 值也有不同要求。不同油相乳化时所需的 HLB 值列于表 1.2 中。显然，乳化剂的 HLB 值应与被乳化的油相所需值一致。

表 1.2　各种被乳化油所需之 HLB 值

油相	W/O 乳状液	O/W 乳状液	油相	W/O 乳状液	O/W 乳状液
苯甲酮	—	14	二甲苯	—	14
月桂酸	—	16	四氯化碳	—	16
亚油酸	—	16	邻二氯苯	—	13
蓖麻醇酸	—	16	蓖麻油	—	14
油酸	—	17	氯化石蜡	—	8
硬脂酸	—	17	煤油	—	14
十六醇	—	15	羊毛脂(无水)	8	12
C_{10}~C_{13}醇	—	14	芳烃矿物油	4	12
苯	—	15	烷烃矿物油	4	10

续表

油相	W/O 乳状液	O/W 乳状液	油相	W/O 乳状液	O/W 乳状液
棉籽油	—	5~6	硅油		10.5
石油	4	7~8	苯二甲酸二乙酯	—	15
凡士林	4	10.5	环己烷	—	15
蜂蜡	5	9	甲苯	—	15
石蜡	4	10	松油	—	16
微晶蜡	—	10	丙烯四聚体	—	14

欲乳化某一油/水体系,如何选择最佳的乳化剂?首先要确定该体系乳化所需的 HLB 值;其次要找到效率最好的乳化剂混合物。决定指定体系乳化所需乳化剂配方的方法是:任意选择一对乳化剂在一定的范围内改变其 HLB 值,求得效率最高之 HLB 值后,改变复配乳化剂的种类和比例,但仍需保持此所需 HLB 值,直至寻得效率最高之一对复配乳化剂。待测乳化体系所需之 HLB 值确定和乳化剂的选择最常用的方法是钟形曲线法,详见参考文献[1]第七章。

简单的一种确定被乳化油所需 HLB 值的方法是目测油滴在不同 HLB 值乳化剂水溶液表面铺展情况。当乳化剂 HLB 很大时油完全铺展,随着 HLB 值减小,铺展变得困难,直至在某一 HLB 值乳化剂溶液上油刚好不展开时,此乳化剂的 HLB 值近似为乳化的油所需的 HLB 值。这种方法虽然比较粗糙,但操作简便,所得结果有一定参考价值。

应用 HLB 值选择乳化剂有一定的局限性,这是因为 HLB 值不能给出最佳乳化效果时乳化剂浓度,也不能预示所得乳状液的稳定性。这种方法只能大致预示形成乳状液的类型,有时甚至这种预示也不大可靠。有实验证明某些乳化剂既可形成 O/W 型乳状液,也可形成 W/O 型乳状液,因为形成乳状液的类型除与乳化剂性质有关外,还与温度、油/水体积比、油/乳化剂比等因素有关,甚至 HLB 值在 3~17 的不同乳化剂都可形成 O/W 型乳状液。

(2)PIT 法 非离子型表面活性剂的亲水基团(特别是聚氧乙烯链)的水合程度随温度升高而降低,表面活性剂的亲水性下降,其 HLB 值也降低。换言之,非离子型表面活性剂的 HLB 值与温度有关:温度升高,HLB 值降低;温度降低,HLB 值升高。这就使得用非离子型表面活性剂作乳化剂时在低温下形成的 O/W 型乳状液,升高温度可能变型为 W/O 型乳状液;反之,亦然。对于一定的油/水体系,每一种非离子型表面活性剂都存在一相转变温度 PIT(phase inversion temperature),在此温度时表面活性剂的亲水亲油性质刚好平衡。根据 PIT 可以选择乳化剂:高于 PIT 形成 W/O 型乳状液,低于 PIT 形成 O/W 型乳状液。

具体应用 PIT 方法选择非离子型表面活性剂的操作详见参考文献[1]第七章。

（三）破乳剂

能使相对稳定的乳状液破坏的外加试剂为破乳剂，通常破乳剂多是有特殊结构的表面活性剂和聚合物。

◀ 1. 选择破乳剂的一般原则 ▶

破乳剂能使原乳状液稳定的因素消除，从而导致乳状液的聚集、聚结、分层和破乳。乳状液稳定的最主要原因是由乳化剂形成带电的（或不带电的）有一定机械强度或空间阻碍作用的界面膜。因此，破乳剂的主要作用是消除乳化剂的有效作用，选择破乳剂就要针对乳化剂的特性。

选择破乳剂的基本原则如下：①有良好的表面活性，能将乳状液中乳化剂从界面上顶替下来。乳化剂都有表面活性，否则不能在界面上形成吸附膜，这种吸附作用是自发过程。因此破乳剂也必须有强烈的界面吸附能力才能顶替乳化剂。②破乳剂在油/水界面上形成的界面膜，在外界条件作用下或液滴碰撞时易破裂，从而液滴易发生聚结。③离子型的乳化剂可使液滴带电而稳定，选用带反号电荷的离子型破乳剂可使液滴表面电荷中和。④分子量大的非离子或高分子破乳剂溶解于连续相中可因桥连作用使液滴聚集，进而聚结、分层和破乳。⑤固体粉末乳化剂稳定的乳状液可选择对固体粉末良好的润湿剂作为破乳剂，以使粉体完全润湿进入水相或油相。由这些原则可以看出，有的乳化剂和破乳剂常没有明显的界限，需视具体体系而定。当然也有些表面活性剂只适用于作某一种乳状液的破乳剂，对其他体系既不能作破乳剂也不能作乳化剂。

◀ 2. 常用破乳剂 ▶

（1）W/O 型乳状液破乳剂　这是研究最多的破乳剂，因为石油工业原油乳状液即属 W/O 型。一般认为 W/O 型乳状液液滴不带电或液滴间电性作用极弱。原油的 W/O 型乳状液稳定的原因主要是原油中的沥青质、胶质富集于液滴的油/水界面上，形成强度很大的膜。沥青质的基本结构是以稠环类为核心，周围连接若干个环烷环和芳香环，它们又连有若干长度不一的正构或异构烷基侧链，分子中还杂有 S、N、O 杂质原子基团及结合的某些金属原子。沥青质通常以缔合聚集形式存在于油相中，但在油-水相共存时，沥青质中的极性基团使其向界面迁移，以单层甚至多层吸附方式形成稳定的、有相当高强度的界面膜。胶质与沥青质存在分子间氢键，胶质对沥青质的分散作用，使得界面膜韧性增加。原油中的石蜡不仅可提高原油黏度，而且可在水滴表面形成有一定强度的蜡晶网，阻碍水滴聚结。

现在国内外应用广泛的含水原油破乳剂都是聚氧乙烯和聚氧丙烯嵌段共聚物或无规共聚物，分子量可由几千至几万。此类物质表面活性高，能有效降低界面张力，用量小，在极低浓度就可将上述原油水滴表面的沥青质等天然物质顶替下来，而且新形成的界面吸附膜是单分子层的，膜的强度差，极易破乳。常见的这类破乳剂如下。

① SP 型破乳剂　聚氧丙烯（PO）聚氧乙烯（EO）烷基醚。

$$RO(PO)_n(EO)_m(PO)_l H$$

② PE 型破乳剂　聚氧丙烯聚氧乙烯烷基二醇醚。

$$R \begin{cases} (PO)_m(EO)_n H \\ \\ (PO)_m(EO)_n H \end{cases}$$

③ AE 型破乳剂　聚氧丙烯聚氧乙烯多乙烯多胺嵌段共聚物。

$$\begin{array}{ccc} H(EO)_m(PO)_n & & (PO)_n(EO)_m H \\ | & & | \\ N—(CH_2)_2—N—(CH_2)_2—N \\ | & | & | \\ H(EO)_m(PO)_n & (PO)_n(EO)_m H & (PO)_n(EO)_m H \end{array}$$

④ AF 型破乳剂　聚氧乙烯聚氧丙烯烷基酚醚聚合物。

$$\begin{array}{c} O(PO)_n(EO)_m(PO)_l H \\ | \\ \left[\right]—CH_2 \\ | \\ R \end{array}_x$$

⑤ AP 型破乳剂　聚氧乙烯聚氧丙烯多乙烯多胺嵌段共聚物。

$$\begin{array}{cccc} H(PO)_n(EO)_m(PO)_l & & (PO)_l(EO)_m(PO)_n H \\ | & & | \\ N—(CH_2)_2—N—(CH_2)_2—N—(PO)_l(EO)_m(PO)_n H \\ | & | & | \\ H(PO)_n(EO)_m(PO)_l & (PO)_l(EO)_m(PO)_l H \end{array}$$

⑥ PFA 型破乳剂　聚氧乙烯聚氧丙烯酚醛多乙烯多胺嵌段共聚物。

$$\begin{array}{c} O—(PO)_m(EO)_n H \\ | \\ W—H_2C CH_2—W \\ \\ CH_2—W \end{array}$$

式中，W 为

$$\begin{array}{ccc} (PO)_m(EO)_n H & (PO)_m(EO)_n H \\ | & | \\ —N—(CH_2CH_2N)_n—(CH_2)_2—N \\ | & | \\ (PO)_n(EO)_m H & (PO)_l(EO)_m H \end{array}$$

以上各通式中 PO 代表 C_3H_6O 基团，EO 代表 C_2H_4O 基团，n、m、l 等表示相应基团的数目（聚合度）。

除以上各类型破乳剂外还有聚硅氧烷类、聚磷酸酯等类型破乳剂，各有其适宜的破乳类型和独特的化学性能。

（2）O/W 型乳状液破乳剂

此类破乳剂主要用于含油废水和大量注水、化学驱油时油田采出液的处理。O/W 型乳状液之油滴大多因多种原因而带有电荷。特别是表面活性剂驱油时油田采出液因所用表面活性剂多为廉价的阴离子型表面活性剂（如石油磺酸盐等），故油滴表面多带有负电荷。油滴间的静电排斥作用是 O/W 型乳状液稳定的原因之一。

O/W 型乳状液破乳剂大致有四类：短链醇类、多价无机盐和酸、表面活性剂、高分子化合物。

短链醇（如水溶性的甲醇、乙醇、丙醇、丁醇，油溶性的己醇、庚醇等）等有表面活性，能顶替油滴表面的乳化剂，但因其碳链太短又不能形成结实的界面膜，从而起到破乳作用。这种短链醇在水（或油）相溶解度较大，虽有表面活性但用量大，不适于工业应用。

多价金属盐［如 $AlCl_3$、$Al(NO_3)_3$、$MgCl_2$、$CaCl_2$ 等］主要用其多价阳离子中和负电油滴表面电荷，减少电性稳定作用。无机酸（如盐酸、硝酸等）可改变某些阴离子型表面活性剂的亲水亲油平衡，减小其表面活性（如脂肪酸盐变为脂肪酸），从而易于破乳。

表面活性剂用作破乳剂主要是用季铵盐阳离子型表面活性剂和胺类非离子型表面活性剂。前者对荷负电的油滴有电性中和作用，而阳离子型表面活性剂稳定的乳状液易破坏，这可能是因为阳离子型表面活性剂易于在带负电的固体表面（如容器壁、实际乳状液体系中的各种固体悬浮物等）吸附，从而脱离油滴表面，使乳状液破坏。这也可能是很少用阳离子型表面活性剂作乳化剂的原因之一。多胺非离子型表面活性剂有良好的水溶性和表面活性，吸附于油/水界面时既可顶替原有乳化剂，又可以其水溶性氨基基团与原乳化剂（如石油磺酸盐）形成良好水溶性铵盐，使原乳化剂失去乳化效果。

用作破乳剂的高分子化合物主要是阳离子和非离子聚合物。其作用机理除阳离子聚合物与荷负电油滴电性中和破乳的因素外，主要是这些破乳剂大分子在浓度适宜时在油滴上的吸附桥连作用引起油滴的聚集、聚结和破乳。常用的聚合物破乳剂都是聚醚和聚酯类化合物。

（四）微乳状液

微乳状液（microemulsion）简称微乳液或微乳，是在较大量的一种或一种以上两亲性化合物存在下不相混溶的两种液体自发形成的各向同性的透明的胶体分散体系。所用的两亲性物质一种是适宜的表面活性剂，另一种通常为中等链长的极性有机物（如戊醇、己醇、癸醇等）常称为助表面活性剂（cosurfactant）。不相混溶的两种液体一种是水，另一种通常为极性小的有机物（如苯、环己烷基等）通常称为油。微乳液分散相液珠大小一般在 $10\sim100nm$，大致介于表面活性剂胶束和常见疏水胶体粒子之间，远小于乳状液液珠大小。在用非离子型表面活性剂形成微乳液时，常不需加入助表面活性剂，这种体系是三元体系。一般认为微乳液是热力学稳定体系。

和乳状液相似，微乳液的主要类型是水包油型（O/W）和油包水型（W/O）。此外还有一种双连续相类型（也称微乳中相），顾名思义，在双连续相微乳液中水和油都是连续的。

由于微乳状液（微乳液）是介于胶束溶液和一般的乳状液之间的一种液-液分散体系，其性质有的与胶束溶液相近（如均为热力学稳定体系，外观可是透明的等），有的性质又与乳状液接近（如都有 O/W 和 W/O 型体系等）。可能也正因此，有的学派将微乳状液看作是溶胀的胶束，有的学派则认为微乳液是在大量表面活性剂和助表面活性剂作用下分散相高度分散的乳状液。尽管出发点不同，但他们的研究丰富了微乳液的理论与应用。

微乳液形成的理论很多，引用较多的有增溶作用理论、混合膜理论、热力学模型理论、几何排列理论和 R 比理论等（详见参考文献 [1] 第七章）。

将表面活性剂、助表面活性剂、油和水混合，一般都可形成含微乳液的单相或多相体系。用三元相图表征微乳体系，正三角形的三个顶点分别代表纯的水、油和表面活性剂。当有助表面活性剂加入时正三角形的一个顶点为表面活性剂和助表面活性剂的总和，此时之相图称为拟三元相图。Winsor 将此相图分为三类。Winsor Ⅰ型：下部为单相区，为 O/W 型微乳液（下相微乳液），上部为两相区，为 O/W 型微乳液和过剩的油。Winsor Ⅱ型：单相区为 W/O 型微乳液（上相微乳液），两相区为 W/O 型微乳液和过剩的水。Winsor Ⅲ型：有两个两相区（Winsor Ⅰ和 Winsor Ⅱ型），三相区为微乳液与油、水相同时到达平衡，微乳液处于中相（中相微乳液）。Winsor Ⅲ型的中相微乳液能同时增溶水和油，两个界面张力均可达超低值，表面活性剂都集中于中相微乳液中。三种微乳体系可以从Ⅰ型通过Ⅲ型向Ⅱ型变化，即Ⅰ→Ⅲ→Ⅱ的转变。实现这种转变的常用方法是向油、水、表面活性剂体系中加入无机盐，随着含盐量的增加体系将从Ⅰ型经Ⅲ型变到Ⅱ型。有关多相微乳液的 Winsor 分类、详细相图及三种微乳液体系之间的相互转变见参考文献 [1] 第七章。

微乳液的应用主要有以下几个方面。

（1）基于微乳液液滴小的应用　微乳液液滴直径为纳米级，外观透明，流体黏度小，利用这些特点可制成化妆品、液态上光剂等。如以非离子型复合乳化剂和油醇等配制的化妆水渗透性好，黏度低，利于皮肤吸收。以十二烷基聚氧乙烯醇为乳化剂可使标准内燃机油形成 W/O 型微乳液中增溶 30% 的水。这种掺水燃料性能好，可改善排出废气质量，减少防止污染设备的费用。微乳液上光剂所含蜡粒子小于可见光波长，使用后无须抛光，材料表面外观光亮平整。

（2）基于对水或油的高增溶能力和超低界面张力的应用　W/O 型微乳干洗液对油溶性污垢有强烈溶解能力，对水溶性污垢有良好的增溶能力，其所含表面活性物质对固体污垢有吸附去除能力，故此类干洗剂较之仅能去除油溶性污垢的干洗剂有更高使用价值。利用同样原理，可以配制清除极性污垢和非极性污垢的 O/W 型微乳液清洗液，也可生产既含油溶性又含水溶性药物的微乳剂型药品。

将微乳液体系用于油田三次采油中（微乳状液驱）是化学驱的一种新方法。详见本书第四章。

（3）基于微乳液特殊微环境性质的应用　如前所述微乳状液是一种高度分散

的间隔化液体，水（或油）相以极小的液滴形式分散于油（或水）相中，这就在连续的油（或水）介质中形成分离的小微区。以这些微区为反应器可以发生各种类型的反应。W/O 型微乳液提供了类似于反胶束的微环境，而 O/W 型微乳液则类似于一般胶束。但是微乳液的内核（水滴或烃核）都比反胶束或胶束的内核大。在 W/O 型微乳液的水滴内可进行水溶性物质的反应。在 O/W 型微乳液的烃核内常可发生疏水有机反应。

近年来利用微乳液作为微反应器进行纳米粒子及复杂形态无机材料合成的事例多有报道（详见本书第十五章和参考文献［1］第七章）。

关于微乳液中的有机反应内容详见本书第十六章和参考文献［1］的第七章。

在乳状液分散相液滴中若有另一种分散相液体分布其中，这样形成的体系称为多重乳状液（multiple emulsions）。多重乳状液可分为 W/O/W 和 O/W/O 两大类型。有关多重乳状液的更多内容可参阅参考文献［1］第七章第六节，和本书第十四章液膜分离部分。

三、表面活性剂润湿技术及润湿剂

（一）润湿作用

润湿（wetting）是一种界面现象，它是指凝聚态物体表面上的一种流体被另一种与其不相混溶的流体取代的过程。常见的润湿现象是固体表面被液体覆盖的过程。

在许多实际应用中都涉及润湿作用，如洗涤作用、粉体在液体介质中的分散和聚集作用、液体在管道中的输送、液态农药制剂的喷洒、机械的润滑、金属材料的防锈与防蚀、印染、焊接与黏合、矿物浮选等。在这些应用中大多是使液体能润湿固体表面，但有时却要求固体表面不被液体润湿以达到实际应用的目的。

Osterhuf 和 Bartell[2] 最早将润湿现象分为三种类型：沾湿（adhesional wetting）、铺展（spreading wetting）和浸湿（immersional wetting）。

沾湿是与固体接触的气体被液体取代，在此过程中消失的固/气界面的大小与其后形成的固/液界面的大小是相等的。铺展润湿是当液体与固体表面接触后，液体自动在固体表面展开后排挤掉原有的另一种流体（通常为空气），铺展过程中固/气界面消失的面积与增加的固/液界面面积相等，同时形成了等量的气/液界面。浸湿是固体完全浸入液体中，原有的固/气界面完全为固/液界面取代。

表征润湿行为最普通也是最常用的方法是测定接触角。接触角（contact angle）是液体滴在固体表面上，在平衡液滴的固、液、气三相交界处自固/液界面经液体内部到气/液界面的夹角。其基本公式是 Young 方程或润湿方程为：

$$\gamma_{SV} - \gamma_{SL} = \gamma_{LV}\cos\theta \tag{1.1}$$

式中，γ_{SL}、γ_{SV}、γ_{LV} 分别为单位面积的固/液、固/气和液/气界面自由能（可简单地理解为固/液、固/气和液/气界面张力）；θ 为接触角。

Young 方程的重要意义在于通过易于实验测定的接触角和液体表面张力定量地得到润湿过程的沾湿功、铺展系数和浸湿功（黏附张力）。根据接触角大小可以方便地得出各润湿过程自发进行的条件：$\theta \leqslant 180°$，沾湿自发进行；$\theta = 0°$或不存在平衡接触角，铺展自发进行；$\theta \leqslant 90°$，浸湿自发进行。或者可以通俗地以接触角大小作为判断润湿的标准，接触角越小润湿性能越好。通常在实用上人为界定 $\theta > 90°$ 为不润湿，$\theta < 90°$ 为润湿，$\theta = 0°$ 或不存在平衡接触角为铺展。

固体表面可分为高能表面和低能表面。人为界定表面能大于常见液体表面张力的固体表面（如 $>100\text{mN/m}$）称为高能表面，其余则为低能表面。高能表面固体易于被常见液体润湿，低能表面固体能使其润湿的液体少。但有些有机液体可将高能表面变为低能表面，以致它们不能在自己的吸附膜上自发展开，这种液体称为自憎液体。自憎液体在高能表面上本应能自发展开却形成一定大小的接触角的现象称为高能表面的自憎现象（或自憎性）。

表征低能固体表面润湿性质的最重要的关系式为

$$\cos\theta = a - b\gamma_{LV} = 1 - \beta(\gamma_{LV} - \gamma_c) \tag{1.2}$$

此式说明，$\cos\theta$ 与 γ_{LV} 有直线关系，将此直线外延至 $\cos\theta = 1$ 处时相应之表面张力值称为该固体之润湿临界表面张力，简称临界表面张力（critical surface tension），通常以 γ_c 表示。γ_c 的物理意义是只有表面张力等于或小于 γ_c 的液体才能在此固体上自发铺展。显然，γ_c 值越小，能在这种固体上铺展的液体越少，固体润湿性能越差。

关于润湿作用的基本理论、接触角和 γ_c 值的详细讨论及测定方法见参考文献[1]第八章。

（二）表面活性剂对润湿过程的作用

润湿性质的改变有两个途径：改变固体表面的性质和改变液体的性质。前者即为固体的表面改性，可以用不同方法将高能表面变为低能表面，或者将低能表面变为高能表面，这将在下节中介绍。改变液体的性质主要用添加化学物质（主要是表面活性剂）改变气/液、固/液界面张力以及在固体表面形成一定结构的吸附层。

1. 表面活性剂在润湿过程中的两种作用

（1）界面张力降低对润湿的影响　欲使液体在固体表面铺展必须满足的条件是铺展系数 S 为正值，即 $\gamma_{SV} - \gamma_{SL} - \gamma_{LV} > 0$。常用的液体水的表面张力是常见液体中最大的，它不能在低能表面上铺展。加表面活性剂后水的表面张力大大降低，同时也可能降低固/液界面张力，从而使在低能表面上的铺展系数为正值；可以在此表面上自发铺展。

孔性固体和疏松性固体物质（如羊毛、纤维等）有的表面能高，液体原则上可在其上铺展，即可认为 $\cos\theta = 1$，再添加表面活性剂时无益于润湿能力的提高。由此也可以看出，提高润湿能力和提高渗透能力有时并非完全一致。

（2）界面吸附对润湿作用的影响　表面活性剂在界面上的吸附可改变界面张

力，从而影响接触角和润湿性质的变化。

表面活性剂的界面吸附对润湿作用的影响很大程度上取决于在固/液界面吸附层中表面活性剂的定向方式。如表面活性剂以其亲水基吸附于固体表面，疏水基指向水相，则将降低水在表面上的润湿能力。在带负电的玻璃、纤维等固体表面上，阳离子型表面活性剂在其浓度大小不足以形成双层吸附时即可出现这种情况。与上述情况相反，若表面活性剂以其疏水基吸附在固体表面上，亲水基指向水相，则常使表面亲水性增强。低能表面或有低能区域的表面（如活性炭、炭黑、石墨等）上均可有此类吸附发生。因表面活性剂吸附而引起固体表面性质的变化也是固体表面改性的一种方法。

许多高分子化合物在液/气界面上吸附弱，而在固/液界面上可强烈吸附，这也将影响固体表面的润湿性质。如果吸附的高分子化合物能形成低能表面，将减小其对水的可润湿性；如果形成高能表面，则可改善其润湿性质。

2. 非极性固体表面的润湿

根据临界表面张力 γ_c 的物理意义和铺展系数的定义可知，只有当表面活性剂溶液的表面张力等于或低于 γ_c 时此溶液才能在固体上铺展，即接触角为 $0°$ 或无平衡接触角。为此，对于指定的低能固体，可以改变某一表面活性剂浓度使其溶液的表面张力低于固体的 γ_c。当此表面活性剂浓度达到 CMC 时仍达不到低于 γ_c 的表面张力，则应更换表面活性剂的品种。

应当注意的是，表面活性剂溶液的表面张力等于或低于非极性固体的 γ_c 是发生完全润湿的必要条件，但并非满足此条件就一定能够使溶液在固体表面上铺展。这是因为某些特殊性质的表面活性剂在固/液界面上吸附可能形成比原非极性固体 γ_c 更低的表面吸附层，此吸附层的 γ_c 值若低于表面活性剂溶液的表面张力，则该溶液将不能铺展。例如，聚乙烯的 γ_c 为 $31mN/m$，氟表面活性剂（如全氟辛酸钠等）溶液的表面张力可远低于 $31mN/m$，但其吸附层的 γ_c 更低（如可降至 $15\sim20mN/m$），以致溶液不能再在聚乙烯表面上铺展。

在非极性固体表面上，改变能使液体表面能降低的各种因素（如加入表面活性剂或某些添加剂、改变温度等），都可能使接触角减小，改善润湿性质。

一般的碳氢表面活性剂在非极性固体表面上吸附与润湿性质的关系：在表面活性剂未吸附或吸附量极低时，溶液在表面上的接触角很大（不润湿）。随着表面活性剂吸附量增大，以其疏水基吸附于固体表面，亲水基翘向水相，接触角减小。在固/液界面上形成吸附饱和单层或半胶束时接触角最小，甚至可以完全润湿。由此可以看出，碳氢表面活性剂在非极性固体表面上难以形成双吸附层结构，不会有疏水基指向水相的第二层吸附层，因而其润湿性质将随表面活性剂在固/液界面吸附量的增加而逐渐改善。

3. 极性固体表面的润湿

极性固体主要是指无机极性固体（如矿物、陶瓷、金属及金属氧化物等）和少量的有机极性固体。无机极性固体一般都有大的表面能，有机极性固体的表面能低。无机极性固体通常均可为高表面张力的液体（如水）所完全润湿；而有机极性固体却只能为少量表面张力不大的液体润湿，类似于非极性固体表面的润湿性质。有时极性固体表面与极性液体间有特殊作用使得润湿性质有复杂的变化，实例之一就是前文中曾提及的自憎作用。

表面活性剂溶液在极性固体表面上的润湿作用十分复杂。这是因为表面活性剂与固体表面、表面活性剂与水（或油）、水（或油）与固体间可能存在复杂的相互作用，这其中还未涉及添加剂的作用。润湿作用是这些相互作用的综合结果。对于指定的体系，润湿性质还与表面活性剂在固/液界面上的吸附量和吸附模型有关。

在溶液中大多数极性固体表面可因多种因素而带有某种电荷。离子型表面活性剂在带同号电荷的固体表面因电性斥力作用较难以被吸附，但表面活性剂可使水溶液 γ_{LV} 降低而使接触角减小，润湿性能得以改善。

离子型表面活性剂水溶液在与表面活性剂离子带电符号相反的极性固体表面接触时，因电性作用表面活性剂离子的荷电基团（也常为其亲水基）吸附于固体表面，疏水基指向水相。随着表面活性剂浓度增加，吸附量增加，表面电荷被中和，疏水基排列趋于紧密，表面疏水性增大，接触角增大。当表面活性剂浓度继续增加时，已吸附的表面活性剂的疏水基与溶液中的表面活性剂因疏水相互作用而逐渐形成亲水基朝向水相的第二吸附层，使水在其上的接触角又变小。

4. 纤维的润湿

纤维及纺织品因其结构疏松有较大的表面积，在与表面活性剂溶液接触时在有限的时间内难以达到吸附和润湿的平衡状态，故通常以润湿动力学结果判别润湿性质。如在一定温度和一定时间内使纤维达到一定润湿程度（如完全润湿）所需的表面活性剂最低浓度；在固定体系和固定的表面活性剂浓度使纤维达到完全润湿所需的时间长短等。测定表面活性剂对纤维和纺织品润湿能力的最常用方法是 Draves 法[3]。这种方法是在一定温度下测定放在指定浓度和电解质组成的表面活性剂溶液表面上的一定质量纤维或纺织品完全润湿所需的时间。

在离子型表面活性剂水溶液中添加电解质对润湿时间会有很大影响，这种影响主要是对溶液表面张力降低的作用以及对表面活性剂溶解度和临界胶束浓度的改变。一般来说，添加电解质可使具有最好润湿能力的阴离子型表面活性剂疏水基长度比在纯水中所需求的短些。添加长链脂肪醇或聚氧乙烯醚类型的非离子型表面活性剂常可提高阴离子型表面活性剂的润湿能力。

（三）润湿剂

能有效改善液体在固体表面润湿性质的外加助剂称为润湿剂（wetting agent），润湿剂都是表面活性剂。在一些实际应用中关注的是液体与固体作用的其他性质。如使液体能渗透入纤维或孔性固体内，为此目的添加的助剂称为渗透剂；使粉体

（如颜料等）稳定地分散于液体介质中所用的助剂称为分散剂；在纺织工业中为提高某些染料的移染性和分散性所用的助剂称为匀染剂；等等。渗透剂、分散剂等都是广义的润湿剂。换言之它们都必须具有良好的改善液体对固体润湿作用的性质。因此也常笼统地称为润湿分散剂、润湿渗透剂等。当然，良好的润湿剂并不一定是良好的渗透剂，因为后者更要考虑润湿动力学因素等。

　　润湿剂能改善润湿作用的基本原因是它可降低液体的表面张力和固/液界面张力，根据 Young 方程可以定性地判断，这将使接触角变小。

　　大多数固体（如不溶性金属和非金属氧化物、金属、天然纤维等）在中性水甚至弱酸性水中表面都带有负电荷，阳离子与表面的强烈电性作用使得很少用阳离子型表面活性剂作润湿剂。

　　润湿剂主要是阴离子型和非离子型表面活性剂。

　　阴离子型表面活性剂用作润湿剂，其分子结构至少应有如下特点。①疏水基侧链化程度高，极性基位于分子中部有利于提高润湿能力。对几种分子量相同结构有异的烷基琥珀酸酯磺酸钠 Draves 试验结果表明：—SO_3Na 位于分子中间位置，碳氢链分枝越多润湿性能越好。这是因为一方面润湿性质与溶液表面张力的降低有大致一致的关系，即能使溶液表面张力降得多的表面活性剂有较好润湿能力；另一方面极性基靠近分子中间者比在端点的扩散快。②直链的表面活性剂浓度很低时，碳氢链较长的比链短的化合物有更好的改善润湿的作用，这可能是前者降低表面张力的效率大。浓度高时，短链化合物变得更为有效，因而 Draves 试验润湿时间在化合物链长适中时有最小值，例如烷基硫酸盐水溶液的润湿时间有以下规律：含量为 0.1% 时，C_{14}—$<C_{12}$—$\ll C_{16}$—$\ll C_{18}$—；含量为 0.15% 时，C_{12}—$<C_{14}$—。③在分子中引入第二个亲水性离子基团或亲水基团，一般对润湿作用不利。

　　常用的阴离子型润湿剂有烷基硫酸盐、烷基（或烯烃基）磺酸盐、烷基苯磺酸盐（如十二烷基苯磺酸钠）、二烷基琥珀酸酯磺酸盐（最常用的为琥珀酸二异辛酯磺酸钠，商品名为 AOT）、烷基酚聚氧乙（丙）烯醚琥珀酸半酯磺酸盐、烷基萘磺酸盐（如二丁基萘磺酸钠，商品名为拉开粉）、脂肪酸或脂肪酸酯硫酸盐（如硫酸化蓖麻油，商品名为土耳其红油）、羧酸皂、磷酸酯等。

　　含聚氧乙烯链节的脂肪醇、硫醇、烷基酚等类型的非离子型表面活性剂当所含氧乙烯数目适当时均可作润湿剂。当有效碳氢链链长为 10～11 个碳原子时含6～8个氧乙烯基团为最好的润湿剂［如润湿（渗透）剂 JFC 的通式为 RO—（$CH_2$$CH_2O)_n$H，R 为 C_8～C_{10}烷基，$n=6$～8，具有耐酸、碱、硬水，稳定性好，能与其他类型表面活性剂混用等优点］。壬基（或辛基）酚聚氧乙烯醚的氧乙烯基团数目为 3～4 时润湿性能最好。此外，聚氧乙烯聚氧丙烯嵌段共聚物、山梨糖醇（聚氧乙烯）脂肪酸酯、聚氧乙烯脂肪酸酯、聚乙烯吡咯烷酮等，当结构适当时也可用作润湿剂。

　　以上讨论的都是以水为溶剂的润湿剂。在有机溶剂介质中润湿剂多用高分子类表面活性剂。

关于润湿作用应用原理的详细讨论见参考文献［1］第八章。

四、表面活性剂分散/聚集技术及分散剂/絮凝剂

某些产品的生产过程，常需要得到稳定的均匀分散的固/液或液/液分散体系。如油漆、油墨、钻井泥浆等都是固体粉体（颜料、燃料、白土等）分散于液体（如油、水等）介质中形成悬浮体；一些乳品、牛奶等则是液/液分散体系。为使这些产品和生产工艺稳定常需加入分散剂（dispersant agent）。

固体或液体分散在与其不相溶的介质（常用的是液体）中都是热力学不稳定体系，有自动分离的趋势。分散相粒子以任意方式和受任何因素的作用而结合到一起形成有结构或无特定结构的集团的作用称为聚集作用（aggregation），形成的这些集团称为聚集体。聚集体的形成称为聚沉（coagulation）或絮凝（flocculation）。聚沉与絮凝常是通用的，细致区别是前者形成的聚集体较为紧密，后者较为疏松，易于再分散。聚集作用在日常生活和生产活动中也常应用。如工业废水和生活污水处理都是用化学或生物方法使它所含杂质以不溶性固体状聚沉或絮凝，以便于分离处理。能有效促使分散体系发生聚沉或絮凝作用的外加物质称为聚沉剂（coagulant agent）和絮凝剂（flocculanting agent）。

关于分散系统的基础理论、分散系统的稳定性及稳定性理论详见参考文献［1］第九章。

（一）表面活性剂在分散过程中的作用

欲使固体物质能在液体介质中分散成具有一定相对稳定性的分散体系，需借助于加入助剂（主要是表面活性剂）以降低分散体系的热力学不稳定性和聚结不稳定性。

表面活性剂及一些高分子化合物在分散过程中的主要作用如下。

① 降低液体介质的表面张力 γ_{LV}、固/液界面张力 γ_{SL} 和液体在固体上的接触角 θ，提高其润湿性质和降低体系的界面能。同时可提高液体向固体粒子孔隙中的渗透速度，以利于表面活性剂在固体界面的吸附，并产生其他利于固体粒子聚集体粉碎、分散的作用。

② 离子型表面活性剂在某些固体粒子上的吸附可增加粒子表面电势，提高粒子间的静电排斥作用，利于分散体系的稳定。

③ 在固体粒子表面上亲液基团朝向液相的表面活性剂定向吸附层的形成利于提高疏液分散体系粒子的亲液性，有时也可以形成吸附溶剂化层。

④ 长链表面活性剂和聚合物大分子在粒子表面吸附形成厚吸附层起到空间稳定作用。

⑤ 表面活性剂在固体表面结构缺陷上的吸附不仅可降低界面能，而且能在表面上形成机械屏障，有利于固体研磨分散。这种作用称为吸附降低强度效应[4]。

1. 在以水为分散介质的分散体系中表面活性剂的作用

（1）对非极性固体粒子　非极性固体多指碳质固体（如石墨、炭黑、活性炭等），这种固体表面大多疏水性较强。应用离子型表面活性剂和非离子型表面活性剂均可提高其润湿、分散性能。其机制如下：①离子型表面活性剂吸附可使粒子表面电势增加，带同号电荷的粒子间有静电排斥作用；②在粒子表面，表面活性剂以其疏水基吸附，亲水基在水相，降低了固/液界面张力（增加了表面亲水性）；③碳质吸附剂并非都是完全非极性的，即有时在水介质中也带有电荷（如大部分活性炭、炭黑的等电点在 pH＝2～3），因而选择表面活性剂类型时要考虑表面可能带有电荷的影响。

（2）对极性固体粒子　极性固体在水介质中表面大多都带有某种电荷，带电符号由各物质的等电点和介质 pH 值决定。①当表面活性剂离子与粒子表面带电符号相反时，吸附易于进行。但若恰发生电性中和，失去粒子间静电排斥作用，可能会导致粒子聚集。提高表面活性剂浓度，使带电极性基吸附于固体粒子表面，朝向液相的非极性基与液相中表面活性剂的疏水基发生疏水相互作用，形成极性基向水相的第二吸附层或表面胶束。同时，因吸附量大增，粒子重新带电，但是符号与表面活性剂离子的相同。这样，可使粒子得到分散和稳定。②表面活性剂离子与粒子带电符号相同时，表面活性剂浓度低时因电性相斥作用吸附难以进行，吸附量小。浓度高时，也可因已吸附的极少量表面活性剂的疏水基与溶液中的表面活性剂发生疏水作用形成表面胶束，提高粒子表面的亲水性和静电排斥作用，使体系得以稳定。

从以上讨论可以看出，无论是何种性质的粒子，用离子型表面活性剂进行分散和稳定时都需要较大的浓度。此外，离子型表面活性剂分子中引入多个离子基团，常有利于粒子的分散。这是因为这些基团有的可吸附于粒子表面，有的留在水相，它们更易于使表面重新带电（与固体表面带电符号相反时）或提高表面电势（与固体表面带电符号相同时），起到静电稳定作用。事物总是一分为二的。增加表面活性剂分子中离子基团的数目常又使其在水中溶解度增加，致使吸附量下降，这当然不利于对粒子的分散和稳定作用。因此，有时表面活性剂在粒子上的吸附能力和对粒子的分散能力，随着表面活性剂分子中离子基团数的增多出现一最大值。

非离子型表面活性剂对各种表面性质的粒子均有较好的分散、稳定作用。这可能是因为长的聚氧乙烯链以卷曲状伸到水相中，对粒子间的碰撞可起到空间阻碍作用，而且厚的聚氧乙烯链水化层与水相性质接近，使有效 Hamaker 常数大大降低，从而也减小了粒子的范德华力。

2. 在非水介质体系中表面活性剂的作用

非水介质一般介电常数小，粒子间静电排斥不是体系稳定的主要原因。在这种情况下表面活性剂的作用表现如下：①空间稳定作用。吸附在粒子上的表面活性剂以其疏水基伸向液相阻碍粒子的接近。②熵效应。吸附有长链表面活性剂分子的粒子靠近时使长链的活动自由度减小，体系熵减小。同时吸附分子伸向液相的是亲液基团，从而使有效 Hamaker 常数减小，粒子间的吸附势能也就降低了。当然，对于介电常数大的有机介质，仍要考虑表面电性质对分散稳定性的影响。

（二）分散剂

能使分散体系形成并使其稳定的外加物质称为分散剂。选择分散剂涉及若干因素，其中以使分散体系稳定最为主要。

分散剂应具有下述特点：①良好的润湿性质。能使粉体表面和内孔都能润湿并使其分散。②便于分散过程的进行。要有助于粒子的破碎，在湿磨时要能使稀悬浮体黏度降低。③能稳定形成的分散体系。润湿作用和稳定作用都要求分散剂能在固体粒子表面上吸附。因此，分散剂的分子量、分子量分布及其电性质对其应用都是重要的。

分散剂的最适宜结构取决于应用的稳定机制、分散相粒子表面和分散介质的性质。分散剂的效率常随介质 pH 值的不同而变化，因而分散体系及其应用的 pH 值范围在选择分散剂时是应斟酌的条件之一。其他如溶解度、对电解质的敏感性、黏度、起泡性、毒性、价格、各种物理性质以及絮凝体的再分散性等都是选择分散剂时要考虑的。

分散剂有无机分散剂、低分子量有机分散剂和高分子化合物等。

1. 无机分散剂

主要是弱酸或中等强度的酸的钠盐、钾盐和铵盐。无机分散剂是以静电稳定机制使分散体系稳定。常用的无机分散剂都是不同分子量的某类化合物的混合物，如多磷酸盐 $NaO(PO_3Na)_nNa$、聚硅酸盐 $NaO(SiO_3Na_2)_nNa$、聚铝酸盐等。分散剂必须在粒子表面吸附才能起到分散作用。无机盐作为分散剂必须有其特殊的分子结构才使其与粒子表面有强烈的作用。例如，磷酸不能用作分散剂，而多磷酸盐 $Na_{n+2}P_nO_{3n+1}(n \geqslant 2)$，偏磷酸盐 $Na_nP_nO_{3n}(n \geqslant 4)$，就可稳定二氧化钛和氧化铁在水介质中的分散体系。多磷酸盐羧基的解离常数随 pH 值不同而变化。它不适于在酸性介质中使用，因为它将解离为正磷酸，而后者不能用作分散剂。

2. 低分子量有机分散剂

低分子量有机分散剂分为常用阴离子型、阳离子型、非离子型、两性型等。

① 阴离子型分散剂　这种分散剂的阴离子吸附于粒子表面使其带有负电荷，粒子间的静电排斥作用使分散体系得以稳定。亚甲基二萘磺酸钠、直链烷基苯磺酸盐（LAS）、十二烷基琥珀酸钠、十二烷基硫酸钠（SDS）、磷酸酯等都是常用的阴离子型分散剂。一种常见的阴离子型分散剂是萘磺酸甲醛缩合物，它是一种混合物，分子中萘环为 2~9 时分子量为 500~2300。其作为分散剂的分散效率随分子中萘环增加而增加，用这种分散剂时，疏水性还原染料分散体系稳定性在分散剂分子中含 4 个萘环后才不再变化。在含 4 个萘环以下，随萘环数增加分散体系稳

定性（以沉降体积表征）增加。而亲水性粒子分散体系用这种物质作分散剂时，分子中至少含 10 个萘环体系稳定性方可达最大值。

② 阳离子型分散剂　在亲油介质中阳离子型分散剂是有效的。在这种情况下，分散剂电荷端基吸附于负电性粒子表面，碳氢链留在介质中，在水中阳离子分散剂常可引起絮凝。高昂的价格，对介质 pH 值的敏感性也是阳离子型分散剂在水分散剂体系中应用受到限制的原因。

③ 非离子型分散剂　非离子型分散剂在粒子表面吸附时以其亲油基团吸附，而亲水基团形成包围粒子的水化壳。非离子型分散剂日益受到重视是因为它的应用不受介质 pH 值的影响，对电解质也不太敏感。并且，其亲水-亲油平衡易于用调节氧乙烯链的方法予以改变。

最常用的非离子型分散剂是烷基酚聚氧乙烯醚（APEO），脂肪醇聚氧乙烯醚和聚氧乙烯脂肪酸酯。近年来，出于环保考虑，后两者有取代 APEO 的趋势。钛酸酯[Ti(OR)$_4$]作为颜料的分散剂已有应用。在颜料表面吸附的低分子量的钛酸酯在水存在下可很快水解，形成亲水表面。分散于水中的改性颜料又可与脂肪酸或脂肪胺反应形成亲油表面，可用于油基性涂料和印刷油墨制造。

3. 高分子分散剂

高分子分散剂可以产生空间稳定机制，有的带电高分子还可以产生静电稳定机制使分散体系稳定，因而这种分散剂常比有机小分子分散剂更为有效。在非水介质中因其低的介电常数静电稳定机制不起作用，主要是空间稳定机制的作用。高分子分散剂的分散效率与高分子在粒子表面的吸附和吸附层结构有关。因此需要了解分散剂吸附层的厚度、吸附层的结构、高分子链段的活动性、吸附层中极性基团和表面电荷的分布、吸附的分散剂与分散介质的作用等。

用作分散剂的高分子化合物是均聚物或共聚物。最常用的均聚物有聚丙烯酸、聚甲基丙烯酸、聚乙烯醇。聚丙烯酸和聚甲基丙烯酸的解离度取决于溶剂的 pH 值和离子强度。随着介质 pH 值增加，解离度和负电荷增加。在 pH 值低于 3 的酸性介质中这些聚合物几乎是不溶解的，也是电中性的。溶解度与 pH 值的关系影响到分散剂的吸附与稳定作用。

为了保证空间稳定作用和静电稳定作用有效果，分散剂必须能黏附于粒子表面。均聚物可优先与粒子表面结合，也可以与溶剂结合，因而均聚物作为空间稳定剂就不是很有效。作为分散剂的共聚物可以是无规共聚物或嵌段共聚物，包括功能基团在末端的聚合物、功能基团在两端的聚合物、BAB 嵌段共聚物、ABA 嵌段共聚物、无规共聚物、接枝或梳状共聚物等，它们在粒子表面有不同的排列图像（详见参考文献 [1] 第九章第三节）。用作共聚物的单体有异丁烯、环氧乙烷、环氧丙烷、羟乙基丙烯酸酯、甲基丙烯酸酯、马来酐、丙烯酸、甲基丙烯酸、丙烯酰胺、甲基丙烯酰胺、苯乙烯、乙烯基吡咯烷酮等。

高分子分散剂可以有阴离子型、阳离子型、非离子型、两性型等。无机固体粒子表面可以有阴离子或阳离子的吸附位，它们可与离子型分散剂形成离子对而吸附。当然，也可能以形成氢键、疏水相互作用、分子间作用力等形式吸附。

选择聚合物作分散剂，必须考虑分子量。因为分子量不同时聚合物可能作为分散剂也可能适于作絮凝剂。有的研究工作表明，聚合物适合作分散剂还是絮凝剂不仅与分子量有关，还与其在分散介质中的溶解能力、分散相固体粒子的大小有关。

4. 天然产物分散剂

天然产物分散剂包括聚合物和低分子量的物质，如磷脂（如卵磷脂）、脂肪酸（如鱼油）等。

无机氧化物在有机液体中的分散体系通常可用合成高分子分散剂制备，但陶瓷粉在有机溶剂中的分散体系却用低分子量的分散剂，如脂肪酸、脂肪酸酰胺等。有时带有扭曲碳链的脂肪酸可作为分散剂，而直链的却无效。例如油酸是分散剂，而硬脂酸不是。用油酸吸附单分子层可使二氧化钛分散于苯中，此时油酸以其羧基吸附在二氧化钛上，故其分散效率随碳链增长而增加。

许多天然产物聚合物可用作分散剂或用于制造分散剂。如多糖、纤维素衍生物、天然胶及其制品、单宁酸盐、木质磺酸盐、酪蛋白等。

作为分散剂的木质素磺酸盐是分子量范围在 $2000 \sim 10000$ 的聚合物混合物，其结构尚不十分清楚，但已知它是带有磺酸根的邻甲苯丙基与脂肪链相连。

（三）聚集作用与絮凝剂

区别聚沉、絮凝和聚集这三个术语是困难的，因为它们本无实质上的不同，只是习惯用法上的差异。有人建议以聚集作用为通用术语，以避开区分聚沉、絮凝的困难。当然也有人按照自己的习惯仍对聚沉、絮凝做细致的区分。如有人认为絮凝与聚沉在聚集机理上是不同的：絮凝是胶体粒子被聚合物（包括聚合电解质）聚集的作用，而聚沉是用低分子量电解质使其聚集的作用。

关于聚集作用的机理及理论详见参考文献 [1] 第九章。

絮凝剂是在很低浓度就能使分散体系失去稳定性并能提高聚集速度的化学物质。絮凝剂主要用于生活用水、工业用水和污水的处理，以除去其中的无机和有机固体物。絮凝剂也用于固液分离、污泥脱水、纸料处理等。絮凝剂主要有无机絮凝剂和有机絮凝剂两大类。有机絮凝剂以高分子絮凝剂为主。

1. 无机絮凝剂

常用的无机絮凝剂有水溶性铝盐、铁盐、氯化钙、硅酸钠、酸（HCl、H_2SO_4）、碱 [NaOH、$Ca(OH)_2$] 等，铝盐和铁盐有硫酸铝、三氯化铝、三氯化铁、硫酸铁等，它们在水中都以三价铝和三价铁各种形态存在。这类絮凝剂分子量不大，可称为低分子量无机絮凝剂。

另一类无机絮凝剂是高分子量无机絮凝剂，常用的有聚合铝和聚合铁。聚合铝的基本化学式有铝溶胶 [xAl(OH)$_3$、AlCl$_3$]、聚氯化铝 {[Al$_2$(OH)$_n$

$Cl_{6-n}]_m\}$、聚合硫酸铝$\{[Al_2(OH)_n(SO_4)_{3-n/2}]_m\}$等。聚合铝作为絮凝剂的优点有适用于各种废水处理，浊度越高处理效果越显著，处理条件不苛刻，形成絮凝体快，沉淀速度快等。聚合铁为聚合硫酸铁$\{[Fe_2(OH)_n(SO_4)_{3-n/2}]_m\}$。聚合铝与聚合铁絮凝机制以电性中和为主，它们在水中能电离生成高价聚阳离子，这些聚阳离子吸附在负电粒子表面中和粒子电荷而使其聚集。表1.3列出一些常用无机絮凝剂。

表1.3　常用无机絮凝剂

絮凝剂	分子式[缩略语]	适用pH范围
低分子量无机絮凝剂		
硫酸铝	$Al_2(SO_4)_3 \cdot 18H_2O[AS]$	6.0~8.5
硫酸铝钾	$Al_2(SO_4)_3 \cdot K_2SO_4 \cdot 24H_2O[KA]$	6.0~8.5
氯化铝	$AlCl_3 \cdot nH_2O[AC]$	6.0~8.5
铝酸钠	$Na_2AlO_4[SA]$	6.0~8.5
硫酸亚铁	$FeSO_4 \cdot 7H_2O[FSS]$	4.0~11
硫酸铁	$Fe_2(SO_4)_3 \cdot 2H_2O[FS]$	8.0~11
三氯化铁	$FeCl_3 \cdot 6H_2O[FC]$	4.0~11
消石灰	$Ca(OH)_2[CC]$	9.5~14
碳酸镁	$MgCO_3[MC]$	9.5~14
硫酸铝铵	$(NH_4)_2(SO_4)_3 \cdot Al_2(SO_4)_3 \cdot 24H_2O[AAS]$	8.0~11
高分子量无机絮凝剂		
聚氯化铝	$[Al_2(OH)_nCl_{6-n}]_m[PAC]$	6.0~8.5
聚硫酸铝	$[Al_2(OH)_n(SO_4)_{3-n/2}]_m[PAS]$	6.0~8.5
聚硫酸铁	$[Fe_2(OH)_n(SO_4)_{3-n/2}]_m[PFS]$	4.0~11
聚氯化铁	$[Fe_2(OH)_nCl_{6-n}]_m[PFC]$	4.0~11
聚硅氯化铝	$[Al_A(OH)_BCl_C(SiO_x)_D(H_2O)_E][PASC]$	4.0~11
聚硅硫酸铝	$[Al_A(OH)_B(SO_4)_C(SiO_x)_D(H_2O)_E][PASS]$	4.0~11
聚硅硫酸铁	$[Fe_A(OH)_BCl_C(SiO_x)_D(H_2O)_E][PFSS]$	4.0~11
聚硅硫酸铁铝	$[Al_A(OH)_BFe_C(OH)_D(SO_4)_E(SiO_x)_F(H_2O)_G][PAFSS]$	4.0~11

2. 有机絮凝剂

有机絮凝剂有表面活性剂、水溶性天然高分子化合物和合成高分子化合物。其中以合成高分子絮凝剂应用最为广泛。

天然高分子絮凝剂（如淀粉、纤维素衍生物、胶类等）分子量小、絮凝效果差，应用远比合成高分子絮凝剂少。但近年来由甲壳素加工而成的絮凝剂受到重视。

　　合成有机高分子絮凝剂也有阴离子型、阳离子型、非离子型、两性型等多种。阴离子型的有部分水解聚丙烯酰胺、聚苯乙烯磺酸盐、聚丙烯酸盐等，一般阴离子絮凝剂要求其分子量大（如大于 10^6）才有效。非离子型的有聚丙烯酰胺、聚氧乙烯、聚乙烯醇等。非离子型和阴离子型絮凝剂主要以桥连作用起絮凝作用，故要求分子量大才有效。

　　阳离子型高分子絮凝剂在水中都有带正电的基团（如氨基、亚氨基、季铵基等），而大多数固体粒子在中性水中带负电荷，因而阳离子型高分子絮凝剂无论分子量大小均可起絮凝作用。常用的阳离子型高分子絮凝剂有聚羟基丙基二甲基氯化铵、聚二甲基二烯丙基氯化铵、聚乙烯氯化吡啶、聚乙烯胺、聚乙烯吡咯、聚氨甲基丙烯酰胺等。

　　由于这几种类型高分子絮凝剂带电符号、功能基团性质和絮凝机制不同或不完全相同，因而它们适用条件和功能也有差别，表 1.4 列出不同类型高分子絮凝剂功能比较。

表 1.4　有机高分子絮凝剂的实例及应用

类型	实例	分子量范围	适用污染物及 pH 范围
阳离子型	聚乙酰亚胺，乙烯吡咯共聚物	$10^4 \sim 10^5$	带负电荷胶体粒子 pH 中性至酸性
阴离子型	水解聚丙烯酰胺，聚甲基纤维素钠，磺化聚丙烯酰胺	$10^6 \sim 10^7$	带正电的贵金属盐及其水合氧化物 pH 中性至碱性
非离子型	聚丙烯酰胺，淀粉，氯化聚乙烯	$10^6 \sim 10^7$	无机类粒子或无机-有机混合粒子
两性型	两性聚丙烯酰胺		pH 弱酸性至弱碱性 无机粒子，有机物 pH 范围宽

　　近年来有人研究对某些体系将两种聚合物复配可得到更好絮凝效果，混合絮凝剂甚至可以是由分子量大小不同的阴、阳离子型聚合物复配而成的。

　　高分子絮凝剂应用的主要问题是制造成本和毒性。特别是长期大量应用对人体健康是否会带来危害，絮凝物的后处理是否困难都是应十分重视的。由于高分子絮凝剂的价格高于无机絮凝剂几十倍，故生产工艺流程的改进、原料价格的降低都是需要考虑的。近年来将有机与无机絮凝剂联合应用收到良好的效果。

五、表面活性剂的复配技术

　　实际应用中很少用表面活性剂纯品，绝大多数场合以混合物形式使用。由于经济上的原因，表面活性剂的每一步提纯都会带来成本的大幅度增加。而更重要的原因是在实际应用中没有必要使用纯表面活性剂，恰恰相反，经常应用的正是有多种添加剂的表面活性剂配方。大量研究证明，经过复配的表面活性剂具有比单一表面活性剂更好的使用效果。例如在一般洗涤剂配方中，表面活性剂只占总成分的 20%左右，其余大部分是无机物及少量有机物，而所用的表面活性剂也不是纯品，往往是一系列同系物的混合物，或是为达到某种应用目的而复配的不同品种的表面活性剂混合物，以及表面活性剂与无机物、高聚物的复配体系等。

表面活性剂的复配是实际应用中的一个重要课题，通过表面活性剂与添加剂以及不同种类表面活性剂之间的复配，可望达到以下目的。

① 提高表面活性剂的性能　复配体系常具有比单一表面活性剂更优越的性能。

② 降低表面活性剂的应用成本　一方面通过复配可降低表面活性剂的总用量，另一方面利用价格低廉的表面活性剂（或添加剂）与成本较高的表面活性剂复配，可降低成本较高的表面活性剂组分的用量。

③ 减少表面活性剂对生态环境的破坏（污染）　首先，表面活性剂用量的降低就等于减少了废物的排放，降低了对环境的污染。一个典型的例子是碳氟表面活性剂。碳氟表面活性剂是很难生物降解的，但碳氟表面活性剂在很多应用场合又是必不可少、不可取代的。通过碳氟表面活性剂与碳氢表面活性剂的复配，可大大降低其用量，从而可将碳氟表面活性剂对环境的污染降到最低限度。其次，对一些生物降解性能差的表面活性剂，通过复配可提高其生物降解性。如阳离子型表面活性剂有杀菌作用，很多单一的阳离子型表面活性剂生物降解性能差，但许多阳离子型表面活性剂与其他类型的表面活性剂复配后，不仅不会出现抑制降解的现象，反而两者都易降解。

表面活性剂的复配原理及方法的详细讨论见参考文献 [1] 第十一章和第十七章。

参考文献

[1] 肖进新，赵振国. 表面活性剂应用原理. 第 2 版. 北京：化学工业出版社，2015.

[2] Jonsson B，Lindmann B，Holmberg K，Kronberg B. Surfactants and polymers in aqueous solution. New York：John Wiley & Sons Ltd，1998：65-78.

[3] Draves C Z，Clarkson R G，Amer. Dyestuff Reptr. 1931，20：201-208.

[4] Rehbinder P A. Colloid J. USSR. 1958，20：493.

第二章
表面活性剂膜技术及应用

从界面化学角度来说，膜是两相间的不连续区域，也就是分隔两相的界面[1]。因此，两相间由于各种内在或外在的原因形成的吸附层也常称为吸附膜（如固/气界面的气体吸附膜、气/液界面上的不溶性物质的单分子层膜、可溶性两亲性物质——表面活性物质的单层膜或多层有序膜等）。从生物学角度，膜是人或动植物体内薄皮状的物质，如细胞膜、生物膜等，这类膜具有高度的选择性和半透性能。从构成膜的物质分子排列规律来说，膜是一种二维伸展的分子结构体。有一定宏观厚度和强度的称为薄膜（film），常用的有各种化学组成的隔膜、孔性膜、油膜、液膜等。在相界面上用各种方法形成的具有特殊功能和厚度不大于几个分子层的两亲分子有序结构（如人工双分子层膜、LB膜等）也称为膜。由上述可知，给"膜"一个准确的、统一的、严格的定义是困难的。membrane与film有时难以区分，薄膜多用film，生物膜、人工双分子层膜膜中用membrane。

本章只讨论几种在界面上形成两亲分子有序结构的膜[2~3]，不涉及薄膜材料的制备和膜分离过程中的理论和技术问题。

 一、不溶性两亲物的单层膜

（一）不溶物单层膜的形成及研究方法

当两亲性有机物分子中疏水部分足够大，以致不能溶于水中，而其亲水部分对底相的水有亲和作用，使该分子能定位于水面上，且该分子的上面又不能再堆积另一分子时，则会形成不溶性有机物的单层膜。

在水面上形成两亲物质的单层膜可用下述两种方法中的任一种：①将两亲物的小液滴或晶体置于水面上，能自发铺展形成单层膜，直至液滴或晶体物质消失或者达到某种平衡，此时的表面压即为平衡铺展压；②多数情况下是将不溶性两亲物溶于适宜的溶剂中，将此溶液滴加到水面上，溶液在水面铺展，溶剂挥发，单层膜形成。对溶剂的要求是：①对成膜的两亲有机物有良好的溶解能力，成膜物在溶液中呈分子状态；②溶剂在水面上的铺展系数为较大的正值；③密度较小，使铺展液密度低于水的密度，溶剂易挥发、无残留。

不溶物单层膜的研究方法[2,4~6]主要有表面压和膜天平法、表面电势法、表面黏度法、光学方法等。

1. 表面压和膜天平法

含有成膜物的溶液滴加到水面上时，由于溶液的铺展系数为正值，将自发地在水面上铺展。溶剂挥发后形成成膜的两亲性有机物的单层。水面上铺有两亲分子后，液面的表面张力，从铺膜前纯底液（通常用水）的表面张力 γ_0 变为铺膜后的表面张力 γ，铺膜前后液面表面张力的改变称为表面压，通常以 π 表示：

$$\pi = \gamma_0 - \gamma \tag{2.1}$$

若在干净的底液（水）面上置一小棒，在其一侧滴加成膜物溶液，小棒将向另一侧方向急剧移动，似有一外力推动此棒，此力即为两亲物在水面上自发铺展时对棒的推动力。因此，表面压可定义为铺展的膜对单位长度液面上的浮片施加的力。其数值上等于铺膜前后液体表面张力之差。故表面压是二维表面上的压力。本质上是因外加成膜物而引起的液体表面能的变化。

表面压可用两类方法测定。①利用测定铺展的膜对液面上一定长度浮片的力的装置。这种装置称为膜天平。膜天平最早由 Langmuir 提出和命名，故称之为 Langmuir 膜天平。Langmuir 膜天平的详细介绍及使用方法见文献 [2，4~6]。

②由式（2.1）知，表面压即为铺膜前后液体表面张力之差。因此利用任何测定表面张力的方法原则上都可得到表面压的结果。在诸多测定液体表面张力的方法中以吊片法和脱环法用于测定表面压最为方便，详见参考文献 [2，4~6]。

2. 表面电势法

在液体表面形成两亲有机物单层膜前后有电势差 ΔV 生成。这是因为表面单层可以当作一微型平板电容器。当成膜分子能发生正负电荷中心分离时（两亲分子都有此种性质），这种平板电容器间产生一定电势差，因此表面电势可定义为有膜和无膜时两相间电势的差值。可推导出以下公式：

$$\Delta V = \frac{4\pi n \mu}{\varepsilon} + \Psi_0 = \frac{4\pi n \mu_0 \cos\theta}{\varepsilon} + \Psi_0 \tag{2.2}$$

式中，ε 为介电常数；θ 为本征偶极矩与法线的夹角。若实验测定出表面电势 ΔV，当已知成膜分子的表面浓度 n，从 Gouy 理论可计算出成膜物带电基团电势 Ψ_0，然后根据测出的 ΔV，代入式（2.2）可求出分子在膜中的有效偶极矩 μ，再与本征偶极矩 μ_0 比较，即可知道分子在膜中的定向角度。

同时，测定不同位置时（沿与表面平行方向测定）表面电势的变化利于了解膜的均匀性、组成变化及膜化学反应进程和速率。

对于不电离分子所成的膜 Ψ_0 项可以略去，测定和计算更为方便。

表面电势的测定方法主要有离子化电极法、振动电极法等。详见参考文献 [7]。

3. 表面黏度法

表面黏度是指形成单层膜后对液体表面黏滞性质的影响。表面黏度分为切变黏度和膨胀黏度两种。

切变黏度的定义是表面在外力 f 作用下发生速梯为 $\mathrm{d}\upsilon/\mathrm{d}x$ 的移动时，f 与速梯 $\mathrm{d}\upsilon/\mathrm{d}x$ 有下述关系：

$$f = \eta_s l \mathrm{d}\upsilon/\mathrm{d}x \tag{2.3}$$

式中，η_s 为切变黏度；l 为线元长度；x 为二线元间距离。显然 η_s 表征膜发生切变时受到阻力大小的量度。

表面切变黏度常用狭缝式、振荡式（扭摆式）表面黏度计测量。

膨胀黏度是一种表面分子向溶液体相扩散的阻力，其详细定义、计算公式及测定方法见文献 [1]。

表面黏度的研究有助于了解单层膜中的相变、单层膜中分子间的键合、单层上的吸附作用、单层膜上的化学反应等。

4. 光学方法

光学方法研究单层膜主要有光吸附法（单层膜的吸收光谱）、光反射法（椭圆光度法、布儒斯特显微镜法等）和荧光法（如荧光显微法等）。详见参考文献 [8~10]。

研究单层及多层膜的结构及性质还有许多新技术和手段得到应用，并还会有许多新手段和技术有待开发和研究。如 X 射线散射技术、中子散射技术、电子光谱、电子衍射技术、电子显微术、扫描探针显微镜技术等都有很好的应用[3]。

（二）单分子膜的 π-A 等温线

在恒温条件下，将不溶性有机物的有机溶液加到纯水（或某种盐的水溶液）表面上，用前述 Langmuir 膜天平可以测出表面压和成膜分子占据面积 A（可根据加入物质量和水面积的大小计算），得出的 π-A 关系曲线称为 π-A 等温线。在实验方法上可由两种方法测定：①在固定面积的液面上，不断增加所加入的成膜物质，并同时测定 π；② 在表面上加入一定量成膜物，逐渐压迫面积同时测定 π。实际上更常用的是后一种方法（即为 Langmuir 天平法）。π-A 等温线与三维物质压力-体积（p-V）等温线类似，只是虽然 π-A 等温线表示的是二维世界的压力与分子面积的关系，但却比三维世界的 p-V 关系更为复杂。

图 2.1 是多种不溶物单层膜 π-A 图的综合结果。图中方框内为不同膜中分子排列状态。对各种膜型的详细讨论及其应用见参考文献 [2，4~6，11，12]。

（三）单层膜的应用举例

带有长碳氢链疏水基的极性有机物（如长链脂肪醇、酸、酯等，表面活性剂、

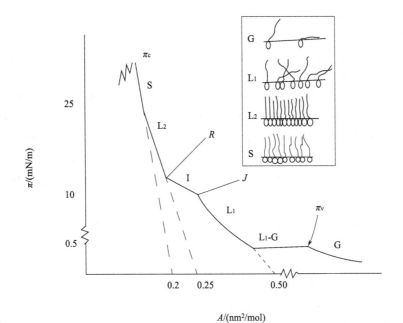

图 2.1 典型的长链两亲有机物的 π-A 图

G：气态膜；L_1-G：气液平衡膜；L_1：液态扩张膜（L_e 膜）；I：转变膜；L_2：液态凝聚膜（L_c 膜）；S：固态膜。L_2 和 S 统称凝聚膜。L_1、I 和 L_2 统称液态膜。J 为 L_1 到 I 膜、R 为 I 到 L_2 膜的转折点，$π_c$ 是固态膜破裂的表面压（常称为崩溃压或破裂压），$π_v$ 是气态膜的最大表面压（多小于 0.1 mN/m）

聚合物等）在底液上铺展形成的单分子层膜有许多实际应用。这些应用包括表面上的化学反应，利用单层膜中气态膜的状态方程测定大分子的分子量，利用固态膜的状态方程测定某些分子的结构，模拟生物膜的某些作用，抑制底液蒸发等。

1. 抑制水和底液蒸发

见本书第十一章及参考文献 [13]。

2. 单层膜的化学反应

单层膜的化学反应包括单层膜中分子间的化学反应和成膜分子与底液中某些成分的反应。前者如表面聚合反应，后者如长链酯水解反应等。

（1）表面聚合反应　表面聚合反应的可能机理是：反应物单体吸附或溶在有机溶剂中后直接铺展于水面上形成反应物的单层膜，聚合反应在单层膜中进行。单层膜中反应物浓度越大，反应物单体越有利于定向排列，加快反应速率，当单体表面压小于某值（表面聚合反应生成聚合物的临界聚结压）时只能形成聚合物单层，当表面压大于临界聚结压时形成的聚合单层逐渐变成厚膜。厚膜的形成会逐渐使反应速率减小，这可能是由于有效界面减小，从而导致体相溶液中的反应物扩散的减慢和膜相中反应物浓度的减小。举例如下：

油相中的癸二酰氯（SC）和在水相中的己二胺（HD）在界面上发生界面缩聚反应，生成尼龙 610：

$$nNH_2-(CH_2)_6-NH_2+nCOCl-(CH_2)_8-COCl \longrightarrow [NH_2(CH_2)_6NH-$$
$$CO-(CH_2)_8-COCl]_n+nHCl$$

在进行此实验时要选择合适的有机溶剂及适宜的单体在溶剂中的浓度，并且能使产物从界面上除去。实际选用 CCl_4 为 SC 的溶剂。这一研究包括以下内容。① SC 铺展在空气/水界面上形成单层，底液为 HD 的水溶液。压缩表面膜，测定 $\pi\text{-}A$ 和 $\eta_s\text{-}A$ 关系。②在有机液/水溶液界面膜上和体相溶液中进行缩聚反应。③只有当膜压力大于某临界值时生成的缩聚物单层才可能转变为厚膜，而在临界值以下时只能形成产物的单层膜。这就是说只有当油溶液/水溶液界面张力低于某一值时（即 $\pi>\gamma_0-\gamma_{界面}$）才能形成产物厚膜。如对于以 CCl_4 为 SC 溶剂的体系，只有当油/水界面张力低于 30.4 mN/m 时才有聚酰胺厚膜形成[14]。

（2）长链酯水解反应　在碱性底液上的长链酯的水解反应对于研究生物体系的脂肪在界面上发生的自然分解和再合成反应很有意义。

酯水解反应为

$$RCOOR'+H_2O \longrightarrow RCOOH+R'OH$$

在表面压恒定（有相应的面积和相界面电势的变化）及选择适宜的碳链长度的酯和适宜的底液碱性大小使反应产物为可溶的或完全不溶的条件下，上述反应速率常数可用以下公式表述：

$$(A-A_\infty)/(A_0-A_\infty)=\exp(-kt) \tag{2.4}$$

$$A=A_0\exp(-kt) \tag{2.5}$$

$$k=pZA_0\exp\frac{-E}{RT} \tag{2.6}$$

式中，A_0 为反应开始时单层膜的面积（即酯的面积）；A_∞ 为反应完全完成后单层膜面积（即产物占据的面积）；A 为 t 时单层膜的面积；k 为一级反应速率常数；Z 为每分钟 OH^- 与单位面积的碰撞次数；E 为反应活化能；p 为空间因子。

对在 0.2 mol/L NaOH 溶液表面甘油月桂酸三酯水解：

$$C_3H_5[OCO(CH_2)_{10}CH_3]_3+3H_2O \longrightarrow 3CH_3(CH_2)_{10}COOH + C_3H_5(OH)_3$$

反应的研究[30,40]结果如下。①若单层膜在液态扩张膜状态，酯水解反应速率和活化能与在体相溶液中进行时的接近。如表面压为 3 mN/m（分子面积约为 0.6 nm^2）时活化能 $E_a=50$ kJ，体相溶液中反应的 $E_a=47$ kJ。②表面压增加，活化能也增大，空间指数也增加，但速率常数并无明显增加。③长链酯水解时，不溶于水的产物留在膜中，将明显降低反应速率。酸性水解反应速率可降至很低。④在一定表面压时，速率常数与 OH^- 浓度有直线关系。Alexander 等研究 $RCOOR'$ 水解反应时发现当 R' 较小，π 很大时（固态膜）反应速率慢；π 小时反应速率快。定性解释是由于 R' 很小，π 大时可能将 R' 基挤到水面以下，屏蔽酯基，不易受 OH^- 撞击。若 R、R' 均很长时，它们都只能在水面以上，酯基留在水面，水解反应易进行。

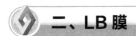

这是不溶物单层膜的早期应用，现今各种现代科学仪器的开发和应用对物质分子结构的测定已不需用这种简易、间接推测的方法了。但这种方法给人以启迪的是，有时用简单的实验方法（甚至是定性的方法）也能解决大问题，最重要的是研究者要有见解，能活学活用现有的知识和现有的实验条件。

用形成单层膜测定分子结构是将未知物形成固态膜，将 π-A 线外推至 $\pi=0$ 时求出分子面积与根据分子模型计算出的面积做比较，若截面积相同或相近，则这种模型结构可能是正确的。这种方法仪器设备简单，只需微量试样，用于研究天然产物分子结构实为方便。

早期，推测胆固醇之结构是该方法的成功实例。开始时，人们推测胆固醇的结构有多种。根据这些结构模型计算之分子截面积多大于 $0.54\ \text{nm}^2$。将胆固醇展开于水面，测出分子面积为 $0.35\sim0.40\ \text{nm}^2$。由此推测出符合这一面积的分子结构。

二、LB 膜

LB 膜是一种超薄有序膜。20 世纪 30 年代由 Langmuir 的学生 Blodgett 首次介绍：将长链两亲性有机分子在气液界面上的单层膜（即 Langmuir 膜）连续转移到固体支持体上形成单层或多层的有序组合膜[15,16]。这种膜称为 LB 膜，以纪念 Langmuir 和 Blodgett 在超薄有序膜研究上的开创性贡献。

（一）LB 膜的制备及类型

LB 膜的制备方法也称为 LB 膜技术。其基本原理是在保持恒定的单层膜的表面压的条件下使固体基片（如玻璃片、硅片等）以一定速率和方式通过单层膜与底液的界面，在外力作用下使单层膜逐层转移到基片上。LB 膜实验室制备方法有多种，其中以提拉法、水平附着法、底液降法最为常见。详见参考文献 [17]。

根据被转移到固体支持体上的单层膜分子排列方式不同，LB 膜可分为 X 型、Y 型、Z 型和交替型（图 2.2）。

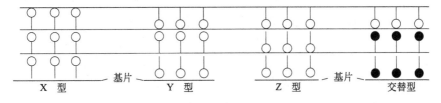

图 2.2　LB 膜类型示意图

① X 型膜　疏水性固体基片自上而下插入单层膜的液体表面，成膜分子以疏水基附着于基片上，亲水基朝向气相。提出水面时单层膜不转移。重复插入、提出，可得到 X 型膜。分子排列方式是基片—尾—头—尾—头……。头指分子的亲

水基，尾指分子的疏水基。

② Y 型膜　亲水性基片垂直提出有单层膜的液面时，成膜分子之亲水基附着于基片上，疏水基朝外，再垂直插入有单层膜液面，第二层成膜分子以疏水基朝向基片，亲水基朝外转移，得 Y 型膜。其分子排列方式是基片—头—尾—尾—头……。即以头对头、尾对尾的方式排列。

③ Z 型膜　亲水性基片垂直提出有单层膜的液面，形成亲水基附着于基片上的第一转移层。用同样方式，再垂直提出有膜液面，转移的第二层成膜分子仍以头向基片，尾向外方式排列。即基片—头—尾—头—尾……。

④ 交替型　两种不同化学结构的成膜物按层交替组装成多层 LB 膜。最简单的是组成类似于上述 Y 型膜的交替膜。

（二）LB 膜的一些性质与应用

1. LB 膜的光电转换性质与应用

应用 LB 膜技术可以将不同性质的分子组装成 LB 膜；也可以对组装分子进行修饰，使特定功能的基团组装在一个分子中，再制成 LB 膜。天然生物分子、有机染料分子或经过修饰的这些分子组装成 LB 膜，可以进行光电转化的研究。研究较多的是具有光电活性的染料如方酸衍生物[17~19]、卟啉衍生物[20,21]等，对这些化合物用长烷基链进行修饰，使成为两亲性分子，用这些物质可以制成 LB 膜的光电转换材料，用 LB 膜技术对其进行光电转换性质的研究。

有意义的是将有光电活性的染料与半导体材料复合，成为复合 LB 膜能收到更好的光电活性。如已知 TiO_2 是非常稳定的 n 型半导体材料，选择一种在可见光区有强吸收的荧光黄染料的光敏剂，在 SnO_2 导电玻璃上应用 LB 膜技术制成 TiO_2-荧光黄复合 LB 膜。实验证明 n 型 TiO_2 薄膜电极能使荧光黄受激电子有效分离。荧光黄分子吸附在 TiO_2 薄膜电极后，在该分子吸收峰附近光生电流明显增大，在最大吸收峰处，光生电流增幅最大。荧光黄能敏化 TiO_2 电极，使其吸收波长扩展到 500 nm 附近[22]。

2. LB 膜的非线性光学性质及应用

作为电磁波的光辐射到电介质时会产生暂时的诱导极化，若极化强度与电场强度为线性关系，即光的频率不随电介质而变化为线性光学。当用强光（如激光）辐射时，在此强电场作用下，有些电介质产生的诱导极化强度与电场强度间不是简单的线性关系。也就是说这些物质可将入射的基频激光转化成倍频和三倍频出射光。有这种性质的物质称为非线性光学材料。许多无机物（如石英、GaAs、$BaTiO_3$ 等）只要透光性良好、易成晶体、熔点高、化学稳定性好，都可作为非线性光学材料。有机物中那些分子结构非中心对称或虽中心对称但可按非中心对称排列的光学均匀性好的晶体，或可制成二维或三维宏观材料（如 LB 膜等）的物质，也可作为非线性光学材料。能制成 LB 膜的多是有机物。含聚二亚乙基（—CH ＝CH—）的聚合物有高的三阶非线性灵敏度，可用于制作极性光学波导管。这种波导管的制备方法是先在膜天平上形成单体的单层,经聚合反应成聚合单层,用紫外灯照射此膜。将此膜转移至石英或硅晶片的银网上,多层沉积至厚度达 500 nm。这种波导管可吸收入射光能量。

广义地讲,非线性性质是指物质的性质随施予物质的信号强度变化而变化。因此具有非线性性质的 LB 膜有望用于制作吸收声、光、电波的器件,红外检测及光电子学器件等。

大多数两亲有机分子在底液上形成的单分子膜或转移至固体支持体上的 LB 膜会形成各种聚集体。而不同的聚集体具有不同的二阶非线性光学性质。以半菁化合物的单层 LB 膜为例,说明其非线性光学性质[17]。

半菁分子在单层 LB 膜中有三种状态:单体、H-聚体和 J-聚体。电子吸收光谱相对于单体来说,H-聚体蓝移,J-聚体红移。H-聚体基本无二阶非线性光学活性。故减少或消除 LB 膜中的 H-聚体有助于增强这类分子的 LB 膜二阶极化率。用长链脂肪酸与半菁分子形成混合膜,脂肪酸链可抑制半菁分子 H-聚体的形成,从而可使单层 LB 膜的二次谐波信号大大增强。半菁分子的抗衡阴离子增大时二阶非线性极化率也增大,如以两亲性十八烷基硫酸根离子取代 Br^- 时,半菁单层膜的二次谐波信号增大 20～30 倍。

3. 生物膜模拟和应用

利用 LB 技术,组装磷脂和蛋白质等各种有机分子,得以在分子水平上仿制生物膜结构,以研究生物膜在生物现象中的能量转换、物质传输、信息传递等各种功能,深化对生命科学的认识[23],并可能开发生物传感器,也可以将酶分子参与组合 LB 膜,成为功能性元器件。

和双层脂质膜(BLM)相比,LB 膜结构易调控,不易破碎,易于开展研究。

例一:具有长侧链的苯醌类化合物存在于动植物体中。其中最重要的是泛醌(ubiquinone,Q)和质体醌(plastoquinone,PQ)。Q 和 PQ 是动物线粒体呼吸链和植物光合作用链中重要的非蛋白载体。它们是在线粒体膜和叶绿体内膜上发挥其生物功能的。泛醌比质体醌亲水性好,有较好成膜能力。将它们与磷脂组合成的 LB 膜有一定的生物活性。

例二:用线粒体琥珀酸-细胞色素 C 还原酶(SCR)与泛醌类似物和磷脂组合成膜(以磷脂为主)。SCR 是一种膜蛋白。SCR 和泛醌同时存在于生物膜中。若泛醌和磷脂消失时,SCR 的电子传递活性消失。加入泛醌和磷脂重组后,SCR 活性恢复(可达原活性的 90%)[24]。

例三:应用"保护板"法将蛋白质分子引入 LB 膜,避免蛋白质分子与空气/水界面接触,以免变性。制备的带有青霉素 G 酰基转移酶 PGA 的 LB 膜,保留了PGA 的生物催化功能(即保持了 PGA 的酶活性)[25]。

4. 特殊功能性应用

(1)气敏传感膜 酞菁(Pc)LB 膜可用于气敏传感膜。已知不对称取代的酞菁及其锌配合物的气敏性质与中心金属离子性质有关。若无金属离子，酞菁对 NO_2 响应很强，对 NH_3 响应很弱。9 层锌酞菁 Znβ-C5Pc 的 LB 膜对 NO_2 响应弱，对 NH_3 响应很强。这可能是由于氨分子与酞菁中心金属锌发生轴向配位作用。

对锌酞菁 ZnPc 和 [1，2，3，4，8，9，10，11，15，16，17，18，22，23，24，25]-十六氟代锌酞菁 $ZnF_{16}Pc$ 的研究表明，由于在酞菁环上引入了 16 个吸电子的氟原子，使得 $ZnF_{16}Pc$ 比 ZnPc 更易于还原。因此，$ZnF_{16}Pc$ 膜对 $10^{-3}NH_3$（在 N_2 中）有明显的响应，而 ZnPc 几乎无响应。对 H_2 有类似结果。

对氧化性气体（如 O_2、NO_2 等）效果正相反。将 $ZnF_{16}Pc$ 膜和 ZnPc 膜暴露于 $2 \times 10^{-5} O_2$（在 N_2 中）中时，ZnPc 膜对 O_2 的响应电流比 $ZnF_{16}Pc$ 膜的大 6 倍；在 2×10^{-5} 的 NO_2（在 N_2 中）中时，两种酞菁膜响应电流差三个数量级。

当然还要注意的是 LB 膜制备条件对气敏响应有时会有相当大的影响。如制膜时表面压大小不同可能引起膜中分子排列紧密差异。如在表面压大时成膜酞菁环与烷氧基链可几乎与基片垂直，因此排列紧密，使 NO_2 等气体难以进入膜内部与酞菁分子发生电荷转移，导致响应电流较弱。

（2）离子传感器　将冠醚类有离子选择性的有机基团与发色基团结合制成 LB 膜，通过冠醚与不同离子作用不同或离子浓度不同，可改变膜的光谱，从而可检测离子。含有苯并噻唑啉、苯乙烯和冠醚基团的染料 BTC 的 LB 多层膜在酸性水中能与 Ag^+、Hg^{2+} 发生选择性配位，光谱变化与配离子浓度有关，故而此 LB 膜可作为离子传感器[18]。

（3）导电 LB 膜　LB 膜的可控性使其能制成各向异性的导电薄膜。形成导电 LB 膜的成膜分子主要是电荷转移复合物。这些物质都有很高的导电各向异性。整体侧向电导率在 $10^{-2} \sim 10^{-1}$ S/cm，正向电导率约为 10^{-11} S/cm。几种构成导电 LB 膜的表面活性化合物（电荷转移复合物）的结构如图 2.3 所示。

对由四硫富瓦烯（TTF）衍生物和四氰醌（TCNQ）衍生物所组成的混合 LB 膜和交替 LB 膜的导电性研究表明：这些 LB 膜都有二维导电性，正向和侧向电导率相差 10^{10}。交替 LB 膜的导电性明显高于混合 LB 膜的[26]。

还有许多长链聚合物可用于导电性 LB 膜的制备，这些聚合物有聚噻吩、聚吡咯、聚苯胺、富勒烯类等，其中聚噻吩尤为重要。若在聚噻吩中引入亲水性和疏水性基团合成两亲性聚噻吩衍生物（PDTBT），在水面上可形成定向排列并可与液相中的分子进行自组装，可以制出电导率超过 100 S/cm 的导电 LB 膜。

◈ 三、双层脂质膜（BLM）

20 世纪 60 年代 Mueller、田心棣等首次在水相中制备出人工双分子层脂膜（artificial bilayer lipid membrane，BLM），双分子层膜的反射光呈黑色，故此膜也称黑膜（black lipid membrane，BLM），均可简称为 BLM[27,28]。

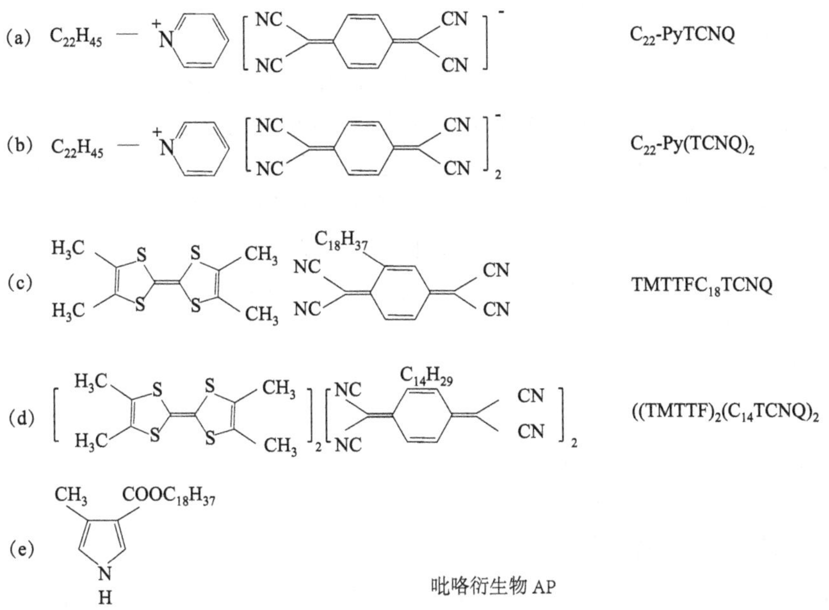

(a) $C_{22}H_{45}$ —— $\overset{+}{N}$ Py $\left[\begin{matrix} NC & & CN \\ & & \\ NC & & CN \end{matrix}\right]^{-}$　　　　C_{22}-PyTCNQ

(b) $C_{22}H_{45}$ —— $\overset{+}{N}$ Py $\left[\begin{matrix} NC & & CN \\ & & \\ NC & & CN \end{matrix}\right]^{-}_{2}$　　　　C_{22}-Py(TCNQ)$_2$

(c) H_3C ... CH_3 ... CH_3　$C_{18}H_{37}$　NC ... CN　　　TMTTFC$_{18}$TCNQ

(d) $\left[\begin{matrix} H_3C & & CH_3 \\ & & \\ H_3C & & CH_3 \end{matrix}\right]_2$ $\left[\begin{matrix} NC & C_{14}H_{29} & CN \\ & & \\ NC & & CN \end{matrix}\right]_2$　((TMTTF)$_2$(C$_{14}$TCNQ)$_2$)

(e) CH_3　$COOC_{18}H_{37}$
　　　吡咯衍生物 AP

图 2.3　导电 LB 膜的一些电荷转移复合物结构示意图

（一）BLM 的制备

最初的制备 BLM 装置是在一个液槽中放一个隔板，隔板上有一小孔，液槽中注入无机盐稀水溶液，隔板小孔没入液中，将含类脂溶液用小刷子刷到小孔上，由于隔板用疏水性材料，刷上的类脂液自发变薄，最终在孔中间形成 BLM，而孔周边有较厚的类脂液区域，此区域称为 Plateau-Gibbs 边界（P-G 边界）。

后来，也有人先在水面上形成类脂单层，再将带孔的聚四氟乙烯板压入水中使在小孔上形成脂质双层等。在小孔中类脂膜变薄，形成平面双层脂质膜的机制很复杂，深入了解和研究很困难，但至少有几种因素值得注意：①溶剂和溶质的扩散，这涉及在介质中的溶解度及各组分的黏度等；②类脂相对于 P-G 边界的重力流动；③热运动、机械振动、杂质、界面张力的不均衡等偶然因素[1]。制备 BLM 看起来很容易，实际上出奇的难，要求一切用到的设备绝对干净。

形成稳定的双层脂膜之关键在于脂溶液的配方。成膜物为天然的或合成的类脂（如胆固醇、卵磷脂、十二烷酸磷酸酯、单油酸甘油酯等）、某些表面活性剂、类胡萝卜素、染料及多种生物提取物，溶剂有液态烷烃、低碳醇、氯仿[27]。

影响 BLM 稳定性的因素太多，样品杂质、类脂氧化、仪器和设备上的杂质、溶剂选择、温度变化、外界环境的振动等都可能对 BLM 稳定性产生影响。实际上用一般方法制备的 BLM 很难保持几小时。这就给深入研究带来困难。

（二）BLM 的一些性质

BLM 膜的厚度可用光学衍射法、电学和电镜法测定。BLM 属超薄膜，故可应用超薄透明固体膜厚的光学测定方法得到 BLM 的厚度。对于厚的脂膜常可根据反射光的颜色大致估计其厚度。

BLM 膜具有水、非电解质（主要是非极性和小的极性有机分子）和无机离子（如 Na^+、K^+、Cl^- 等）通过的能力，称为 BLM 膜的通透性。水的渗透率是根据测定或用同位素标记来测定在一定渗透梯度下通过 BLM 流出水的体积计算的。渗透系数的差别反映 BLM 成分的变化[30]。更一般性的讨论认为，由于 BLM 主体部分是类脂分子的疏水基团层，故多数极性分子难以透过。各种物质透过 BLM 的能力大致可用其在饱和烃中的溶解度大小比较。但当时间很长时，任何分子仍可能按浓度梯度扩散通过 BLM。一般来说，分子越小，在饱和烃中溶解度越大，越易透过 BLM。不带电的小极性分子也有较快透过 BLM 的能力。已经证明，离子透过 BLM 的渗透系数比透过生物膜的小得多。这是由于两种膜的微观介电常数不同：生物膜的微观介电常数比 BLM 的大得多[30]。

BLM 的电性质包括导电性、电容、击穿电压和膜电位等[29]。

（三）BLM 与脂质体（囊泡）

以上讨论的 BLM 是平面的类脂双分子层膜。脂质体是由天然或人工合成的磷脂形成的具有封闭结构的双分子层膜，即也是 BLM。故也有人称脂质体为球形或椭球形封闭结构的 BLM。由长链表面活性剂形成的类似于脂质体的双分子层结构称为囊泡（vesicle，也译为泡囊）。有时将脂质体和囊泡统称为囊泡。

1. 脂质体的分类

根据脂质体大小或双层类脂膜层数可大致分为三类：
① 单层小囊泡（small unilamellar vesicle，SUV）　0.01～0.1 μm。
② 单层大囊泡（large unilamellar vesicle，LUV）　0.1～2μm。
③ 多层囊泡（multilamellar vesicle，MLV）　0.5～50 μm。
有关囊泡的制备及性质的简单介绍详见参考文献［31］第五章。

2. 表面活性剂囊泡

人工合成的表面活性剂能否形成囊泡与表面活性剂的结构和性质有关。一般来说有刚性链节的比长链羧酸类表面活性剂形成的囊泡更稳定。有双烷基链的表面活性剂形成的囊泡与天然类脂脂质体更相似，稳定，不解离。

表面活性剂囊泡受热发生相变，在高渗液中收缩，在低渗液中溶胀。表面活性剂囊泡与介质中的物质也有相互作用：极性分子易进入囊泡水溶性内心；小离子可结合于囊泡表面；疏水性有机物可插入囊泡的表面活性剂双层的烷基链中。离子型表面活性剂囊泡都带有比脂质体多的电荷，有明显的表面电势。

（四）BLM、脂质体及囊泡的应用

1. BLM 的应用

只有几纳米厚的平面双层脂膜（BLM）制成有实用价值的元器件是相当困难

的。但是随着科学技术的发展开发其应用还是可能的。现已知在某些方面有广泛的应用前景。

（1）生物传感器　生物传感器是将生物反应转换为电信号的一种特殊装置。将 BLM 用作生物传感器的核心问题是将 BLM 修饰，使其具有生物膜的功能。将 BLM 用作生物传感器还有一严重问题是 BLM 非常薄、脆弱、易损坏、难制作。努力方向之一是在微孔聚碳酸酯过滤片上形成 BLM。此方法已有研究工作发表[27]。

（2）特殊电极　已制备出含碘的 BLM 电极，对碘化物有专一性，Cl^-、SO_4^{2-}、F^- 的存在无干扰。或许还有其他物质嵌入 BLM 制成特殊电极用于基础化学和生物医学的研究。

（3）用于模拟光合作用过程和实用光敏材料的研究　如将从菠菜叶绿体中抽提出的叶绿素和叶黄素溶于 $C_6 \sim C_{12}$ 的正烷烃，所形成 BLM 可观察到光电效应。一些染料的掺入能使 BLM 产生光电效应[19,27]。将含有稀土配阴离子的偶氮吡啶染料 AD 引入到 BLM 中，发现其具有较好的光电转化性质[17]。

2. 脂质体、囊泡的应用

虽然平面的双层脂膜的应用尚有难度，但作为封闭结构的 BLM 的脂质体和囊泡的实际应用都相当广泛。主要应用在两个方面：①药物载体和靶向给药[30,32]；②化学反应的微反应器。详见参考文献 [31] 第五章。

3. BLM 与生物膜模拟

BLM 和生物膜的基础都是脂质双层膜，经多种理化测试手段的研究，它们的物理性质十分近似，因而 BLM 有可能用作生物膜模拟[2]。

BLM 和囊泡均为两亲分子的双分子层有序结构，特别是 BLM 与生物膜的基础脂质双层结构基本相同。因而可以设想在这些双层结构中嵌入活性物质可能使其具有生物膜的某些特性。如将视紫红质嵌入 BLM 以重组人工光感受器。还有在 BLM 上嵌有嗜盐菌细胞膜中的紫膜蛋白及这种膜蛋白所含有的细菌视紫红质测定出了光效应，得到了有意义的结果[27]。

在 BLM 上嵌入从细胞膜中抽提出的某些有效生物活性物质研究相应的电学性质、离子传输性质、光合作用等都有不少成果[27~29]。

由于生物膜的功能十分广泛，除以 BLM 作为研究生物膜的模型系统外，以 LB 膜、脂单层、脂质体、囊泡等作为模型系统，从理论上或实际应用上研究模拟生物膜的一种或几种功能都是生物膜模型研究的重要内容[24]。此外，以胶束、各种界面上的单分子层、双分子层、脂质体、囊泡等为微环，研究在这些系统中的化学反应、光化学、太阳能转换和储存、分子识别和输送、药物胶囊的应用、酶的模拟等除具有生物膜模拟意义外，在开辟化学研究的新领域方面也是十分有意义的[30]。

◈ 四、自组装膜

（一）自组装膜和自组装技术

通过化学键或非键合的弱相互作用使适当结构的分子（如表面活性物质分子）在界面上形成具有稳定的立体有序结构的单层或多层膜称为自组装膜（self-assembled membranes，SAMs）。SAM 的制膜方法称为自组装技术。

追根溯源，在固/液界面自发形成某些物质的吸附单层就是自组装的最初结果。吸附是自发进行的。例如 Zisman 等人早在 20 世纪 40 年代就发表了在非极性液体中可在固体上形成吸附膜。在金属表面上形成吸附的单层膜[33]。其实，气相吸附和液相吸附的研究开始的比这还要早得多，只是未能明确提出吸附单层膜的概念。

研究 SAM 有助于深入了解成膜分子间、成膜分子与基片间、成膜分子与溶液中各组分间的相互作用，从而认识在基片上成膜物质的有序生长和许多表面现象（如润湿、润滑、吸附、抑蚀等）的关系。SAM 技术的发展与研究提供了从分子水平上组装稳定的、有一定功能的二维功能材料和分子器件的途径。

（二）单层自组装膜的制备

① 有机硫化物在金属表面上 SAM 的制备　有机硫化物在多种金属和半导体表面上可形成共价键，如烷基硫醇在金表面上可进行以下反应形成单层 SAM：

$$RSH + Au \longrightarrow RS^- Au^+ + 1/2 \ H_2$$

② 长链脂肪酸类在金属氧化物上的 SAM 制备　从本质上说脂肪酸在金属氧化物表面上形成 SAM 是一种酸碱中和反应，是脂肪酸阴离子与表面金属阳离子成盐的反应。

③ 有机硅类化合物的 SAM 制备　常用的有机硅类化合物有烷基氯硅烷、烷基烷氧基硅烷、烷基氨基硅烷等。形成 SAM 时要求基片是羟基化表面。最简单的氯硅烷是三甲基氯硅烷，其与硅、铝、钛氧化物及多种金属表面羟基可形成 Si—O—Si 键。这一反应可在气相进行。对于长链烷基三氯硅烷则要小心地控制溶液中含水量[34]。

有机硅化合物形成 SAM 的条件（如温度、溶液含水量、基片表面羟基浓度等）常比较苛刻。有机硅的 SAM 比脂肪酸类的有序性差。

④ 氢化硅表面上的烷烃 SAM　氢化硅与二乙酰过氧化物的一系列自由基反应，得到高度有序排列的 Si—R 和 Si—O（O）CR 单层。将其用开水处理，酰基水解除去，只余下 Si—R 链[35]。

（三）多层自组装膜的制备

组装多层膜总是从单层膜开始，而单层膜的缺陷是不可避免的，且随层数的增加缺陷也会加剧。这种影响对小分子多层膜组装的影响尤其明显。大分子多层膜因其分子大和分子的柔性可能会使某些缺陷得以修复。故大分子化合物多层膜有时可达数百层。

① 双磷酸盐沉淀法组装多层膜　使双磷酸盐与 Zr^{4+} 简单地交替吸附在表面发生反应，生成不溶盐而逐层沉淀形成多层膜。

② 表面聚合组装多层膜　应用类似于偶联剂的大分子化合物在表面形成多层膜。如在带有羟基的固体表面与 23-（三氯硅基）-二十三酸甲酯（MTST）反应，表面—OH 与一个 Cl—Si—反应形成表面—O—Si—键，在有痕量水存在下 MTST 中其余 Si—Cl 基先水解生成 Si—OH，再相互因脱 H_2O 而形成 Si—O—Si 键。这样就形成了第一层。该层表面的酯基在四氢呋喃溶液中用 $LiAlH_4$ 活化成羟基，再重复上面的步骤，即可形成第二层，如此反复，即得多层膜。显然这种膜的厚度应与层数有关。每层平均厚度为 (3.19 ± 0.02) nm[36]。

③ 依靠静电作用组装多层膜　这种方法就是靠正负电相吸而形成多层膜，即先使基片离子化带某种电荷，浸入带反号电荷的聚电解质溶液中，放置一定时间后，经冲洗，再浸入与第一层聚电解质带电符号相反的聚电解质溶液中形成第二层，如此反复多次即可获得多层膜。

（四）自组装膜的性质及应用举例

自组装膜的性质由自组装膜主体分子性质、各层间化学键的特点及后处理条件等因素决定。如由荧光物质分子组装成的膜具有相应的荧光性质，可用于电致发光器件。并且后处理还会对发光效率产生影响。将聚苯乙烯前体（PPV-precursor）与聚苯乙烯磺酸盐（PSS）、聚甲基丙烯酸盐（PMA）等阴离子通过静电作用组装成的多层膜，在真空和 210 ℃下干燥 11h，制成电致发光器件，PMA/PPV 发光亮度为 $10\sim50$ cd/m²，整流比为 $10^5\sim10^6$。C_{60} 马来酸衍生物在 ITO 电极表面形成的自组装单层膜有很好的光电效应，优于相应的 LB 膜。

① 纳米级薄膜材料的制备　此方面的应用实际上涉及以下的多方面应用：表面修饰与表面改性、金属的防护、电子器件、光学元件、各种传感器元件、药物输送与生物医学等。换言之，SAM 的几乎所有应用都是纳米级薄膜的应用，因为即使是多层 SAM 大多也小于 100 nm。

② 表面改性与界面修饰　SAM 的形成可使基片表面性质发生改变。如可用化学吸附自组装方法使小分子量的偶氮苯分子在硅片和石英片上形成单层自组装膜[37]。

利用表面修饰的原理，也可以在基底材料上先形成一种物质的单层 SAM，再除去部分膜，在这一裸露部分组装另一种物质的 SAM 单层，从而可形成有不同性质的表面区域。理论上利用多种技术手段（如扫描探针显微镜技术、程控纳米刻蚀系统等）可以制备任意形状的纳米级图案。

③ 金属表面的保护与缓蚀　在金属表面形成 SAM 是可能替代磷化及铬酸纯化的传统方法，也可以起到缓蚀作用[38]。为此目的常用的 SAM 有膦酸盐 SAM、脂

肪酸 SAM、硅烷类复合 SAM、咪唑啉类 SAM、席夫碱类 SAM 等。

当前应用 SAM 技术达到金属保护和抑蚀目的的研究以单层 SAM 最为广泛和深入。但是由于在成膜过程中 SAM 的崩塌、针孔缺陷等问题还难以完全解决，故应用形成双层或多层 SAM 以调整膜的结构，提高 SAM 的稳定性，改善其实用功能受到重视。

④ 传感器　膜传感器是一种借助于薄膜的特异功能传递或转换各种信息并以一定信号显示的器件。SAM 在分子水平上形成有序单层或多层的超薄膜，控制固液或固气界面的吸附作用而进行表面设计以满足一定的功能要求可以制成具有仿生膜作用的器件。当能有效地在 SAM 中固定蛋白质和酶并保持其生物活性时，SAM 也可能有生物传感器的功能[39]。

参考文献

[1] 朱珬瑶，赵振国. 界面化学基础. 北京：化学工业出版社，1996.

[2] 赵振国. 应用胶体与界面化学. 北京：化学工业出版社，2008.

[3] Barnes G，Gentle I. Interfacial Science. 2nd edn. New York：Oxford Univ. Press，2011.

[4] Adamson A W，Gast A P. Physical Chemistry of Surfaces. 6th edn. New York：John Wiley Sons，Inc. 1997.

[5] 北京大学化学系胶体化学教研室. 胶体与界面化学实验. 北京：北京大学出版社，1993.

[6] Hiemenz P C，Rajagopalan R. Principles of Colloid and Surface Chemistry. 3rd edn. New York：Marcel Dekker，1997.

[7] Mac Ritchie F. Chemistry at Interfaces. San Diego：Academic Press，1990.

[8] Heeseman J. J Am Chem Soc，1980，102：2167.

[9] Arnebrant T，Nylander T. J Colloid Interface Sci，1986，111：529.

[10] De Feijter J A，Benjamins J. J Colloid Interface Sci，1981，81：91.

[11] Smith T. J Colloid Interface Sci，1987，7：453.

[12] Casilla R，Cooper W D，Eley D D. J Chem Soc Faraday Trans 1，1973，69：257.

[13] 吴燕，夏萍，衣守志，等. 盐业与化工，2009，38：28.

[14] Mac Ritchie F，Palmer R C. Trans Faraday Soc，1942，38：506.

[15] Blodgett K B. J Am Chem Soc，1934，56：435.

[16] Langmuir I，Schaefer V J. Chem Rev，1939，24：181.

[17] 黄春辉，李富有，黄岩谊. 光电功能超薄膜. 北京：北京大学出版社，2001.

[18] Kim Y S，Liang K，Law K Y，et al. J Phys Chem，1994，98：984.

[19] Albcht O，Laschewsky A，Ringsdart H. Macromolecules，1984，17：937.

[20] Moore A L. Nature，1984，307：630.

[21] Nishikata Y，Konisski T，Morikawa A，et al. Polymer J，1990，22：5293.

[22] 袁锋，黎甜楷，沈涛，等. 物理化学学报，1995，11 (6)：526.

[23] 陈伫，张旭家. 科学通报，2003，4：357.

［24］古练权，等.有机化学，1998，18：71.

［25］Pastorino L，Berzina T S. Colloids Surfaces B，2002，23：307.

［26］Liu Y Q，Xu Y，Zhu D B. Thin Solid Films，1996，284/285：526.

［27］田心棣.人造双分子层膜.（肖科译）.北京：高等教育出版社，1987.

［28］Mueller P，Rudin D O，Tien H T，et al. Nature，1962，194：979.

［29］张志鸿，刘文龙.膜生物物理学.北京：高等教育出版社，1987.

［30］芬德勒 J H.膜模拟化学.（程虎民，高英月译）.北京：科学出版社，1991.

［31］肖进新，赵振国.表面活性剂应用原理.第 2 版.北京：化学工业出版社，2015.

［32］侯新朴，武凤兰，刘艳.药学中的胶体化学.北京：化学工业出版社，2006.

［33］Bigelow W C，Pickett D L，Zisman W A. J Colloid Interface Sci，1946，1：513.

［34］McGovern M E，Kallury K M，Thompson M. Langmuir，1994，10：3607.

［35］Linford M R，Chidsey C E D. J Am Chem Soc，1993，115：12631.

［36］Tillman N，Ulman A，Penner T L. Langmuir，1989，5：101.

［37］姜武辉，金美花，王国杰，等.化学学报，2009，67：1417.

［38］杨长江，梁成浩.中国腐蚀与防护学报，2007，27：315.

［39］王学松.现代膜科学与技术.北京：化学工业出版社，2006.

第三章
表面活性剂泡沫技术及其应用

　　泡沫在人们日常生活中很常见，而且很早就已经用于工业生产，如啤酒、香槟、汽水和泡沫灭火剂等。泡沫是由液体薄膜或固体薄膜隔离开的气泡聚集体，包括液体泡沫和固体泡沫两类。本章主要介绍表面活性剂水溶液形成的泡沫[1]，属于液体泡沫。液体泡沫是一种气体在液体中的分散体系，气体成为许多气泡被连续相的液体分隔开来，气体是分散相（不连续相），液体是分散介质（连续相）。

　　在表面活性剂科学中，泡沫的地位比较特殊。一般人们认为表面活性剂就是起（发）泡剂，但很多具有很强发泡能力的物质，却不是表面活性剂。一个典型的例子是蛋白质。蛋白质不属于表面活性剂，但很多蛋白质却具有很强的发泡性能，蛋白泡沫灭火剂就是一个典型的例子。泡沫现象也给人们带来了很多错误的认识，如在洗涤衣物时，当肥皂或洗涤剂的用量不足或油污过多时，泡沫不易生成或生成后容易消失，于是人们常以泡沫多少来衡量洗涤效果。自从低泡型非离子型表面活性剂应用于洗涤剂后，人们始知泡沫的多少并非直接对应于洗涤性能。另一个例子是，表面活性剂的很多应用性能都与其降低溶液表面张力的能力有关，表面张力越低，应用性能越好。但对泡沫来讲，很多情况下却不是如此。很多表面活性剂由于降低表面张力的能力太强反而成了消泡剂。因此，在讨论泡沫现象时，表面活性剂的作用要根据情况综合考虑。

一、泡沫概述

（一）泡沫的分类和结构

　　泡沫是一个复杂的分散体系，从不同角度有不同的分类[2]。

① 按分散介质来分，分为液体泡沫和固体泡沫两类。面包、蛋糕、饼干、泡沫水泥、泡沫塑料、泡沫玻璃等为固体泡沫；啤酒、香槟、汽水、肥皂水等在搅拌下形成的泡沫称为液体泡沫。

② 按聚集形态来分，分为稀泡沫（液多气少）和浓泡沫（气多液少）两种，稀泡沫是气体以小的球均匀分散在较黏稠的液体中形成的"气泡分散体"，气泡表面有较厚的膜，甚至有人把这种泡沫称为"乳状液"；浓泡沫是由于气体与液体的密度相差很大，液体的黏度又较低，气泡能很快地升到液面，形成气泡聚集物，它是由少量液体的液膜隔开的多面体气泡单元所组成的。

③ 按泡沫内液体含量的不同，可分为干泡沫和湿泡沫。通常采用液态的体积分数 ϕ 表示，$\phi < 1\%$ 的泡沫称为干泡沫。

④ 按寿命来分，分为"短暂泡沫"和"持久性泡沫"。

⑤ 按产生泡沫的力和破泡力之间的平衡来分，分为"不稳定性泡沫"和"稳定性泡沫"。

⑥ 按发泡倍数来分，分为低、中、高倍数泡沫。

⑦ 按泡沫膜薄厚不同来分，分为一般黑膜（8～100 nm）、牛顿黑膜（5 nm）等。

图 3.1 是泡沫的不同类型。

如图 3.1 所示，泡沫是由许多单个气泡堆集起来的集合体。液态泡沫看似杂乱无章，事实上具有相当规则的结构。液态泡沫内部是高度组织化的，并且具有多尺度结构特征。当气泡为较厚的液膜隔开，且为球状时，这时泡沫称为球体泡沫，就像内相是气体的乳状液。但在通常情况下，作为分散相的气体的体积分数非常高，气体被网状的液体薄膜隔开，各个被液膜包围的气泡为保持压力的平衡而变形成为多面体形状，一般都是五角十二面体的结构，这种多面体形状可自发地由球体泡沫经充分排液后形成，它们包含大小不同的气泡，而且泡与泡之间形成棱界面，最小泡沫的尺寸是几微米，而最大的可达几十毫米。视其膜厚不同，泡沫的密度有的和连续相自身密度差不多，有的则和泡沫内部气体密度接近。

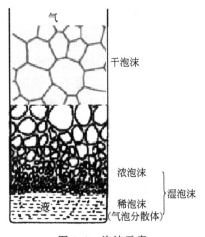

图 3.1　泡沫示意

泡沫中的液体因重力作用流失到下面，泡沫逐渐分为两种结构形态：下面部分的气泡呈球状，分隔液体的量较多；上面部分的气泡比较干燥，气泡间相互粘连并变形为多面体状。越到顶部，分隔液体的量越少、气泡越大，若液态的体积分数 $\phi < 1\%$，即成为干泡沫。

由于气泡大小的多分散性和位置的随机性，泡沫内液体分数可以高达 $\phi =$

0.36，而气泡仍然保持球形。这一临界液体分数（wet limit，$\phi = 0.36$）在泡沫研究中极其重要，泡沫结构和动力学特性在该临界液体分数发生突变。需要指出的是，此时泡沫里并不是所有的气泡均为球形，由于局部很可能出现一些瑕疵，有一些气泡会发生轻微变形。这些形状相异的气泡堆积在微量液体中，就形成了结构层次分明且高度自组织化的液态泡沫。

在表面活性剂作起泡剂的情况下，表面活性剂会以疏水的碳氢链伸入气泡的气相中，而亲水的极性头伸入水中。此时形成的是由表面活性剂吸附在气/水界面上形成单分子膜产生的气泡，当气泡上升露出水面与空气接触时，表面活性剂就吸附在液面两侧形成双分子膜。这种带有表面活性剂双分子层的水膜厚度具有光的波长等级（数百纳米），因此气泡在太阳光照射下可以看到七色光谱带。当泡沫的液膜由于排液和泡内气体扩散减薄到 5～10 nm 时，泡沫破裂。

（二）泡沫的形成

由于气体与液体的密度差很大，故液体中的泡沫总是很快上升至液面，形成以少量液体构成的液膜隔开气体的气泡聚集物，即通常所说的泡沫。因为泡沫是气体在液体中的分散体，所以只有当气体与液体连续充分地接触时，才有可能产生泡沫。这是泡沫产生的必要条件但并非充分条件。制造泡沫的方法一般有两种。

① 聚集法　发泡液中有高压气体、低沸点液体或反应后能生成气体的物质，通过减压或化学反应，使气体分子集合形成泡沫。如啤酒、汽水、水沸腾和泡沫灭火器等。

② 分散法　通过搅拌、振荡、喷射空气等方法使气液混合。

纯液体不能形成稳定的泡沫，或者说，"绝对纯的液体不起泡"。无论你向纯净的水中如何充气，也不可能得到泡沫而只能出现单泡，因为纯水产生的泡只能瞬间存在，因此不可能得到稳定的泡沫。能形成稳定泡沫的液体，必须有两个以上组分，亦即要使水形成泡沫，必须在纯水中加入添加物，通常称为起泡剂。最常用的起泡剂是表面活性剂。此外，蛋白质以及某些水溶性高分子溶液是典型的容易产生稳定、持久泡沫的体系。起泡液体不仅限于水溶液，非水溶液也常会产生稳定的泡沫，这在工业生产中，特别是减压蒸馏时常常遇到，给生产操作造成很大的困难。

为使生成的泡沫持久，在表面活性剂配方中加入增加泡沫稳定性的物质，如月桂酸二乙醇胺，这类物质叫稳泡剂。

这里需要区分两个概念，一个是起泡性（或起泡力），另一个是泡沫稳定性（或持久性）。起泡力是指泡沫形成的难易程度和生成泡沫量的多少；而稳定性则指生成泡沫的持久性——消泡之难易。起泡性好的物质称为起泡剂，能使泡沫稳定持久的叫稳泡剂。起泡剂只是在一定条件下（搅拌、鼓气等）具有良好的起泡能力，形成的泡沫不一定能持久。为了提高泡沫的持久性，常在配方中加入稳泡剂。因此，表面活性剂的泡沫性能包括它的起泡性能和稳泡性能。

表面活性剂生成泡沫的能力和其他一些性能（如润湿、洗涤性能）并无一定关系。前已述及，一般非离子型表面活性剂的起泡性能远不如普通肥皂，但其洗涤性能却比肥皂好。因此，不能简单地以起泡能力作为表面活性剂好坏的唯一标志。

要得到稳定的泡沫必须使发泡速率高于破泡速率，其关键是要形成一定机械强度的气/液界面膜，这与形成稳定乳状液的条件有相似之处。因此一些蛋白质、天然大分子不单是很好的乳化剂，也是很好的泡沫稳定剂。

关于泡沫的形成，有两点是需要提醒的。①当用搅拌法产生泡沫时，并非搅拌速率越高越好。随着转速的增加溶液起泡性先增加，在经过一个最高值时随转速增加而下降。这是因为有两种相反的机制在起作用，即混合时机械力和在旋转过程中离心力作用，机械力对泡沫有破坏作用，在搅拌速率很高时，这种作用增大，使泡沫体积减小。离心力有利于泡沫稳定，在低转速范围内，这种作用随转速升高而增加。②当用表面活性剂作为起泡剂和稳泡剂时，并非表面活性剂浓度越高越好，这将在本章"三、泡沫的稳定性及影响因素"一节中详细讨论。

（三）泡沫性能的表征

若将丁醇稀水溶液和皂角苷稀溶液分别置于试管并加以摇动，发现前者形成大量泡沫但泡沫很快消失，后者形成少量泡沫但泡沫不易消失。因此不能简单地评价哪种溶液泡沫性能好，因为起泡和泡沫稳定两者的标准是不同的。由丁醇水溶液形成的稳定性小的泡沫，称为不稳定泡沫；由皂角苷水溶液形成的寿命长的泡沫，称为稳定泡沫。

一般泡沫性能的测量，主要是对稳定性及起泡性进行研究。起泡力是指泡沫形成的难易程度和生成泡沫量的多少，而泡沫稳定性是指泡沫存在"寿命"的长短。在很多场合，根据实际工业需要，还要测量其他一些参数，如泡沫灭火剂中需要测量25%或50%析液时间（自泡沫中析出其质量25%或50%的液体所需要的时间）、泡沫的抗烧性、泡沫的流动性等；油气田开采中所用的泡排剂还需要测定泡沫的携液量、抗油（如凝析油）性、抗甲醇性能等。

泡沫的起泡性可通过发泡倍数来表征。发泡倍数（expansion）是泡沫体积与构成该泡沫的泡沫溶液体积的比值。在很多场合，在起泡装置（如罗氏泡沫仪）确定的情况下，直接用泡沫高度来表征起泡性。

泡沫的稳定性的表征方法较多。一般可以用泡沫高度随时间的变化，如泡沫破坏一半（即泡沫高度为起始高度的一半）所需的时间来表示泡沫稳定性。对泡沫灭火剂，主要用25%或50%析液时间来表征。

泡沫的携液量一般用液体经一定方式形成泡沫，一定时间后泡沫携出液体（水或油）的体积来表示。

（四）泡沫性能的测量

泡沫性能的测量方法很多[1,3]，根据泡沫形成的方式主要分为两类：气流法和搅动法。

1. 气流法

气流法是以一定流速的气体通过一玻璃砂滤板，滤板上面盛有一定量的试液，气流通过滤板成为小的气泡，气泡通过试液时产生了泡沫。流动平衡时的泡沫高度 h 可作为泡沫性能的量度。因为 h 是在一定气流速率下，泡沫生成与破裂处于动态平衡时的泡沫高度，所以此法中的泡沫高度 h 包括了起泡性和稳泡性两种性能。

2. 搅动法

搅动法是通过在气体（一般指空气）中搅动液体，把气体搅入液体中而产生泡沫。搅拌停止时所生成的泡沫的体积为 V_0，表示试液的起泡性能。记录停止搅拌后不同时间 (t) 的泡沫体积 (V)，作出 V-t 曲线，量出 V-t 曲线下的面积（积分量），即泡沫体积对时间的积分面积，由下式求出泡沫的寿命 L_f。

$$L_f = \frac{\int V \mathrm{d}t}{V_0} \tag{3.1}$$

3. 罗氏(Ross-Miles)泡沫法

工业上最为常用的是罗氏泡沫测定仪（图 3.2），罗氏泡沫法已被许多国家采用作为工业标准法[4,5]，可以比较方便准确地测量泡沫的起泡性和稳定性。罗氏泡沫法为溶液降落法，也叫"倾注法"，但其本质也属于搅动法。

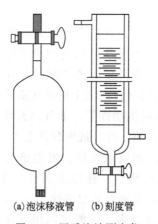

(a)泡沫移液管　　(b)刻度管

图 3.2　罗氏泡沫测定仪

溶液自一定位置垂直向下降落，在刻度管中央发生泡沫活动，测量其高度及其他泡沫活动数值。具体操作时，在 (b) 管中装入一定量的试液（如 50 mL），在 (a) 管中也装入试液（如 200 mL）。将 (a) 管置于 (b) 管上方一定高度，使 (a) 管中试液自由流下，冲击 (b) 管底部试液后生成泡沫。用试液流下一定时间（如 5 min）后的泡沫高度作为起泡能力的量度；也可以用起始泡沫高度及泡沫破坏一半（即泡沫高度为起始高度的一半）所需的时间来表示起泡性及泡沫稳定性。

4. 振摇法

作为用于比较的初步实验，可以采用振摇密闭器皿（如有磨口塞的刻度试管或量筒等）中试液的简单办法测量泡沫的性能。振摇后同样以生成泡沫的起始高度及破坏一半所需的时间来表示起泡性及泡沫稳定性。一般情况下可采用手动上下振摇的方式，在大多数情况下，初期随振摇的剧烈程度泡沫增加，振摇至一定程度泡沫基本上不再增加（泡沫高度基本不变），可以此粗略作为泡沫的最大高度。该方法简单易做，但比较粗糙，只在实验室初期筛选试样时使用。

5. 单泡稳定性的测量

上述研究方法皆针对气泡聚集体。在实验室中，也常对一个气泡的稳定性进行研究，即单泡寿命的研究。单泡稳定性的测量方法比较简单[1]，气泡自插入试液中的毛细管口形成后，上浮于液面。记录气泡上升至液面到破裂的时间，即为此泡的寿命。单泡法是研究泡壁液膜气体透过性最合适的方法，可方便地测量气泡大小随时间的变化率，求出气体透过性，并可估算液膜厚度。

6. 泡沫膜的测量方法

研究泡沫膜（单膜）的物理化学性质较常用的实验方法是低黏度液膜压平衡技术[6]，用于直接测量分离压等温线，可以在很大压力范围内研究泡沫膜变化。单个膜临界破裂压力和各种膜性质都可用该方法测量。此外，泡沫压力降技术[6]通过测量泡沫性质（膜厚、泡沫稳定性等性质）随泡沫发生器的高度变化而变化，能提供泡沫排水、泡沫寿命或稳定性的详细信息。关于泡沫液膜（单膜）物理化学性质研究的其他实验方法，可详见参考文献 [7]。

二、泡沫的不稳定性和破裂机制

泡沫只具有相对稳定性，是热力学不稳定的体系，这是因为泡沫的薄液膜表面的能量很高，它有自发破裂降低体系能量的趋势。泡沫的破裂主要是隔开气体的液膜由厚变薄，直至破裂的过程。对于很薄的膜，形成一小孔所需的活化能可降低到分子动能的大小，约为几个千焦。由于热的涨落可使薄液膜的厚度变得不均匀，膜的最薄处低于一临界值时，破裂即在该处发生。液体表面张力高，膜厚度小，膜破裂的速率快。

泡沫结构的演化涉及三个机制[2]：①气泡间的液体渗出，使得气泡与液体分离，称为排液（也称为析液），在物理学上叫泡沫渗流（foam drainage）；②气泡间液膜的破裂造成相邻气泡合并，称为液膜破裂（film rupture）；③内部高压强的小气泡中分子通过液膜向相邻低压强的大气泡扩散造成气泡合并，称为气体扩散（bubble coarsening）。这三个过程不管谁占优势（取决于泡沫结构和表面活性剂的物理化学特性），表面活性剂溶液和气体总是最终达到平衡态，即分离成独立的溶液和气体两相。

（一）泡沫的排液

由上所述，泡沫的结构与泡沫的排液密切相关。泡沫的排液包括因重力造成的排液和表面张力作用导致的排液两类。

1. 重力排液

因气液密度差，泡沫液膜中的液体因重力而下流，使膜变薄，可称为重力排液。重力排液在液膜较厚时才比较显著。

2. 表面张力排液

泡沫的另一个重要的排液机制是由表面张力引起的，可称为表面张力排液。表面张力排液可用 Plateau（柏拉图）模型[1,2]来描述（Joseph A F Plateau 是 19世纪比利时科学家）。根据几何原理，多面体泡沫为保持其力学上的稳定，总是按一定的方式相交，例如三个气泡相交时互成120°最为稳定［图3.3（a）］。图3.3（b）表示三个气泡的交界，图3.3（b）中 A 部分为两个气泡的交界处，界面是平坦的，P 是三个气泡的交界处，界面是弯曲的，是一个凹三角形，称为 Plateau 交界，它在气泡之间的排液过程中起着渠道和储存器的作用。根据 Laplace 公式[1]，由于表面张力的作用，在弯曲表面下的液体与平面不同，它受到一种附加的压力，附加压力Δp 的大小与曲率半径和表面张力γ有关。若液滴成半径为 R 的球形，则

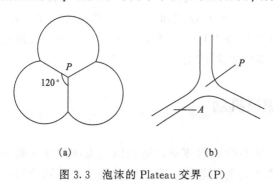

$$\Delta p = \frac{2\gamma}{R} \qquad (3.2)$$

凸面上受的总压力大于平面上的压力，而凹面上受的总压力小于平面上的压力。由于弯曲液面有附加压力，液膜中 P 处的压力小于 A 处。于是，液体会自动地从 A 处流至 P 处。结果是液膜逐渐变薄。这就是泡沫的排液过

图3.3 泡沫的 Plateau 交界（P）

程之一。当液膜变薄至一定程度，则导致膜的破裂、泡沫破裂。

（二）泡沫中的气体扩散

1. 气泡间的气体扩散

在液膜不破裂的情况下，泡沫还会因气体的扩散而破裂。因为形成泡沫的气泡的大小不一样，相邻的两个气泡中较小的气泡有较小的曲率半径。按照 Laplace定律（式3.2），附加压力 Δp 与曲率半径成反比，因此小泡内部的压强较大，大气泡则正好相反，里面的压强较小。这就造成小气泡内的气体分子透过液膜向较大的气泡扩散，使得小气泡越来越小以至于消失，大气泡越来越大使液膜愈加变

薄，最后破裂。这种现象就是气体扩散的结果。气泡间的液膜愈薄，气体的扩散系数和溶解度愈大，气体的扩散就愈快。这一过程最终是由表面张力驱动的，使得泡沫内气液分界面的面积减小。气泡的长大过程不仅改变大小分布，而且改变气泡间的几何拓扑关系。泡沫达到稳定后，泡沫的大小分布不随时间变化。

2. 液膜的透气性

液膜的透气性指气体通过液膜的扩散（气体透过性）。前面在讨论泡沫的破裂机制中介绍了对于相邻的大小不同的气泡，由于小泡中的压力比大泡中的高，气体自高压的小泡中透过液膜扩散至低压的大泡中，造成小泡变小（直至消失）、大泡变大，最终泡沫破裂的现象。对于浮于液面的单个气泡（图3.4），上述气体透过液膜的扩散也能清楚地表现出来：同样根据 Laplace 定律 [式(3.2)]，浮于液面上的气泡也会因泡内压力比大气压大而通过液膜直接向大气排气，最后气泡破灭。在泡沫静置的过程中常常会发现小气泡越变越小，最后消失，而留下的皆是较大的气泡。大气泡随时间增长最终会破裂消失。

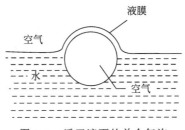

图 3.4　浮于液面的单个气泡

一般可利用液面上气泡半径随时间变化的速率来衡量气体透过性[1,2]，以透过性常数（k）来表示，透过性常数愈高，气体通过液膜的扩散速率愈快，稳定性愈差。透过性常数可从下面方法得到。

图 3.4 中，气泡的一半埋于液面之下。若气泡半径为 r，则气泡中的压力比气泡外的压力大。依据扩散公式，可推导出气泡大小与时间（t）的关系（具体推导过程可参考文献 [1]）：

$$r^2 = r_0^2 - \frac{3k\gamma t}{p} \tag{3.3}$$

式中，r_0 为起始（$t=0$）时的气泡半径；p 为大气压力；γ 为溶液的表面张力；k 为透过性常数。以 r^2 对 t 作图应得一直线，直线斜率为 $-\dfrac{3k\gamma}{p}$。由此可求出透过性常数 k。

把透过性常数与表面黏度数据进行对照，可大致看出，气体透过性低者表面黏度高，泡沫稳定性亦较好；反之亦然（由于与膜厚等其他因素也有关系，所以不一定完全对应）。实验事实说明，气体透过性与表面吸附膜的紧密程度有关，表面吸附分子排列愈紧密，表面黏度愈高，气体透过性愈差，泡沫的稳定性愈好。

在十二烷基硫酸钠（$C_{12}H_{25}SO_4Na$）溶液中加入月桂醇（$C_{12}H_2OH$）后，表面膜中含有大量的十二醇分子，分子间作用力（引力）加强，分子排列更紧密，气体透过性降低。$1:1$ $C_8H_{17}SO_4Na$-$C_8H_{17}N(CH_3)_3Br$ 混合溶液表面吸附分子的排列非常紧密，表面气泡的气体透过性就很差。

◈ 三、泡沫的稳定性及影响因素

液态泡沫是一个非平衡系统，表现为它的结构随着时间发生演化。不管是要求保持泡沫还是消除泡沫，液态泡沫稳定性的控制都极其重要。

泡沫的稳定性是指泡沫"寿命"的长短，或者说指消泡的难易程度。泡沫是一热力学上的不稳定体系，破泡之后体系的液体总表面积大为减少，从而使体系能量（自由能）降低，因而泡沫从实质上来讲是不稳定的，所谓的泡沫稳定性只是相对而言。

从前述泡沫的形成及排液机制可知，泡沫破裂的过程，主要是隔开泡沫的液膜由于重力和弯曲液面的附加压力的综合作用使泡沫排液（析液），导致泡沫由厚变薄、直至破裂的过程。因此，泡沫的稳定性主要决定于排液快慢和液膜的强度。影响泡沫稳定性的因素比较复杂，但主要是液膜厚度和表面膜强度这两个因素。

（一）表面张力的影响

纯水的表面张力很高，不能生成泡沫。水中加入表面活性剂，水溶液的表面张力降低，多数情况下容易生成泡沫，而且相当稳定。这是因为泡沫生成时，伴随液体表面积增加，体系的表面能也相应增加；而泡沫破裂时，体系的能量也相应下降。因此若液体的表面张力较低，则泡沫形成时体系能量增加相对较少，而泡沫破裂时体系的能量下降也较少。基于这个原因，人们往往容易以液体的表面张力作为影响泡沫形成及其稳定性的一个因素。但是常常出现一些例外情况，一些纯有机液体如乙醇等，它们的表面张力比纯水低得多，而与肥皂水溶液相近，但它们却不易形成泡沫。丁醇等烷基醇类水溶液的表面张力比一般表面活性剂水溶液低，但后者的起泡性及泡沫稳定性却优于前者。非离子型表面活性剂水溶液的表面张力（指 γ_{CMC}）一般低于离子型表面活性剂水溶液的表面张力，但其起泡性及泡沫稳定性常低于离子型表面活性剂。另外一些例子如浮选起泡剂萜烯醇及松油能显著降低溶液表面张力，相应的起泡能力大，而浮选油比这两种起泡剂使溶液表面张力降低更多，但起泡能力却小，相反地，甲酚不能明显降低溶液表面张力，却也有较好的起泡性。另外，一些蛋白质水溶液表面张力也比表面活性剂水溶液高，但却有较高的泡沫稳定性。因此，单纯的表面张力这一因素并不能充分说明泡沫的稳定性，很多现象均说明，液体表面张力与泡沫稳定性并无确定关系。

这里的关键就是起泡性和泡沫稳定性并不是完全一致的。自能量观点考虑，低表面张力对于泡沫的形成较为有利。这也可以从液体压力与曲率关系的 Laplace

公式（式3.2）加以说明。根据 Laplace 公式，泡沫液膜的 Plateau 交界处与平面膜间的压差与表面张力成正比，表面张力低则压差小，从而排液速率较慢，液膜变薄也较慢，有利于泡沫稳定。但是很多实验结果（如前面的一些例子）均说明，液体的表面张力不是泡沫稳定性的决定因素，低表面张力并不能保证生成的泡沫有良好的稳定性。决定泡沫稳定性的主要因素是泡沫液膜的强度，只有当液体表面能形成有一定强度的表面膜时，低表面张力才有助于泡沫的稳定。

（二）表面黏度的影响

自上述情况可以看出，决定泡沫稳定性的关键因素为液膜的强度，而液膜强度中的一个重要性质是实验中可测得的表面黏度。

气/液界面上由于液膜的存在而引起表面层黏度的变化。因为表面黏度通常是由表面活性剂分子在表面上所构成的单分子层产生的，也可认为是液体表面上单分子层内的黏度。对单分子膜表面黏度的测定表明，其值在 $10^{-3} \sim 1$ 表面泊（单位是 g/s 或 kg/s）。表面黏度的大小取决于膜中分子排列的紧密程度，因此测定表面黏度可以识别单分子膜所处的不同物理状态，它是使泡沫稳定的重要因素。

表面黏度越大，液膜黏度就越大，表面吸附膜的强度越大，液膜减薄速率越小，所生成泡沫的寿命也越长。

表面黏度与表面吸附分子间的相互作用有关，相互作用大者表面黏度亦大。表面黏度与泡沫稳定性的关系与表面层中分子的排列紧密程度（亦即吸附分子密度）是基本一致的。因此，凡是能促进分子在表面吸附层紧密排列的因素，一般都能增加表面黏度，进而增强泡沫稳定性。聚合物所形成的泡沫比低分子量化合物及链状化合物的具有更好的弹性和刚性，这是因为这些聚合物形成的泡沫不仅表面黏度大，且溶液黏度也大，阻止了泡沫的排液及泡沫的流动兼并。高分子物质（如蛋白质、皂角苷、淀粉、阿拉伯胶、琼胶、合成高分子等）能形成凝胶膜，它们稳定泡沫的性能极好。以蛋白质为例，一般蛋白质分子较大，分子间作用较强（特别是分子间可有大量氢键形成，相互作用更为强烈），故其水溶液所形成的泡沫稳定性亦高，这是水解蛋白作为泡沫灭火剂的主要因素。

应该注意的是，表面黏度过低（气膜）或过高（固膜）都不可能形成稳定的泡沫。前者是由于形成液膜不牢固，后者主要是膜弹性太低，膜流动困难，难以修复局部膜薄化的缘故。

（三）液体黏度的影响

液体内部的黏度叫体黏度。溶液的体黏度也是影响泡沫稳定性的原因之一。如果液体的体黏度高，则可得到较黏稠的液膜，一方面增加了液膜强度，泡沫液膜往往不易破裂；另一方面因黏度大，邻近表面吸附层的液体也不易流动，因而减缓了排液速率，使与液膜两侧表面膜相邻近的液体不易排出，延缓了液膜破裂时间，增加了泡沫的稳定性。但溶液的体黏度对泡沫稳定性的影响远不如表面黏度的影响大。

实际工业配方中，为得到更好的泡沫，常常在溶液中加入增稠剂，如泡沫灭火剂配方中的海藻酸钠和黄原胶等即为通过增加溶液的黏度来增强泡沫性能的例子。

应注意的是，液体内部黏度仅为一辅助因素，若没有表面膜形成，即使内部黏度再大也不一定能形成稳定的泡沫。

（四）液膜弹性的影响——表面张力的"修复"作用

表面黏度无疑是生成稳定泡沫的重要条件，但也不是唯一的，还须考虑膜的弹性。例如，十六醇能形成表面黏度和强度很高的液膜但却不能起稳泡作用，因为它形成的液膜刚性太强，容易在外界扰动下脆裂，因此十六醇没有稳泡作用。理想的液膜应该是高黏度、高弹性的凝聚膜。

液膜的弹性随处可见。将一小针刺入肥皂膜，肥皂膜可以不破，或将一小铅粒穿过膜后，肥皂膜也不破裂，这说明气泡膜有自己愈合"伤口"的能力。这说明泡沫的液膜具有一定形式的弹性，可缓冲液膜局部受力而伸展、变薄，起到防止液膜破裂的作用。这种现象可用 Marangoni 效应[1]加以解释。

Marangoni 认为，当泡沫受到外力冲击或扰动时，液膜会发生局部变薄使液膜面积增大，如图 3.5 所示。在变形的瞬间，变薄之处 ［位置（2）处］表面上吸附的表面活性剂密度减小，导致此处的表面张力暂时升高，即自 γ_1 变为 γ_2；因 $\gamma_2 > \gamma_1$，结果产生一定的表面压，导致表面活性剂由（1）处（表面活性剂密度大）向（2）处（表面活性剂密度小）迁移，使（2）处的表面活性剂密度恢复，表面张力又降至原来的数值（γ_1）。与此同时，表面活性剂在自（1）处至（2）处的迁移过程中也携带邻近的液体一起迁移，使（2）处的表面张力和液膜厚度同时恢复，结果是使受外力冲击而变薄的液膜又变成原来的厚度。表面张力复原（即吸附的表面活性剂分子密度复原）与液膜厚度复原均导致液膜强度复原，亦即表现为泡沫具有良好的稳定性，不易破裂。这种情况称为表面张力的"修复"作用。表面活性剂的这种阻碍液膜排液的自修复作用称为 Marangoni 效应。因为对 Marangoni 效应的解释涉及 Gibbs 吸附，也常把 Marangoni 效应称为 Gibbs-Marangoni 效应。而当受冲击处（表面活性剂分子密度小）附近的表面活性剂分子不足以填补时，体系则不能达到原来未受冲击时的初始状态，即变薄的液膜不能恢复原厚度，这样的液膜强度较小，泡沫稳定性较低。

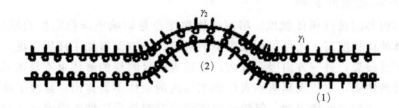

图 3.5　膜局部变薄引起的表面张力变化

Marangoni 效应的实质是液膜的弹性。Gibbs 用下式来表示膜弹性：

$$E = 2A(\frac{d\gamma}{dA})_{T,N_1,N_2} \tag{3.4}$$

式中，E 为膜弹性；A 为膜面积；γ 为表面张力；T 为温度；N 为组分。

上式表明，$\frac{d\gamma}{dA}$ 的值 越大，Gibbs 弹性越大，液膜的自修复能力越强。对纯液体，$\frac{d\gamma}{dA}=0$，即表面张力不随表面积的改变而变化，液膜没有弹性，当液膜发生变化时没有自修复能力，也就不能产生泡沫。

从能量观点也可解释表面活性剂的修复作用。对于表面活性剂吸附于表面的液膜，扩大其表面积（液膜扩张）时，将降低表面活性剂在表面上的浓度，并增大了表面张力，这是一个需要做功的过程。进一步扩大表面就要做更大的功。而把液膜收缩时，虽然减少了表面能（表面张力降低），但要增加表面吸附分子浓度，这也不利于自动收缩。因此，表面活性剂吸附于表面的液膜，有反抗表面扩张或收缩的能力，亦即有表面弹性，也就是上述的"修复"或"复原"作用。该种能力只有在表面活性剂的分子吸附于液膜时才会发生，纯液体因其表面张力不随表面积变化，是没有表面弹性的，不具备这种修复性能，所以不会形成稳定泡沫。

表面变形时，变形区内的表面活性剂浓度的恢复除了上述过程以外（即自低表面张力区域迁移表面吸附分子至高表面张力区域），另一种则为溶液中的表面活性剂分子吸附至表面的过程，此过程亦可恢复表面吸附分子的浓度，使受冲击液膜的表面张力恢复至原值。如果后一作用超过前者，即吸附速率快时，则在液膜扩张部分所缺少的吸附分子将大部分由溶液内部来补足，而不是通过临近分子的表面迁移。然而，这种情况下液膜无法重新变厚（因无表面迁移分子带来溶液），这样膜弹性就差，其强度也差，因而泡沫的稳定性也较差。一般醇类水溶液的泡沫稳定性不高，这与醇分子自溶液中吸附于表面的速率较快有关。

对表面活性剂而言，自溶液中吸附于表面的速率与浓度有关。由式（3.4）可知，泡沫最稳定的浓度是在某一浓度 c 时取得 $\frac{d\gamma}{dA}$ 极大值时的浓度。因此，在液膜厚度一定时，只有当表面活性剂浓度为一合适值时，膜的弹性系数最大，才能得到最稳定的泡沫，而并不是表面活性剂的浓度越大越好。通常这个合适值接近于该表面活性剂的 CMC 值。表面活性剂溶液的浓度适当（低于 CMC）时，表面的修复靠表面张力的作用，泡沫的稳定性较高。若表面活性剂的浓度太稀，则液膜表面的表面活性剂密度低，当液膜变形伸长时液膜表面的表面活性剂密度变化不大，表面张力降也不大，$\frac{d\gamma}{dA}$ 值小，导致液膜弹性低、自修复作用差，泡沫稳定性也差；但若表面活性剂溶液的浓度过高（超过 CMC）时，表面吸附表面活性剂分子的速率较快，容易以第二种方式达到新的平衡状态，因此，泡沫的稳定性往往较低。这个现象已被实验证明：一般表面活性剂在浓度较低时（＜CMC），泡沫稳定性较高，而浓度超过 CMC 较多时，往往泡沫稳定性反而较差，即高浓度时表面吸附速率较快所致。

因此，为使膜具有较好的弹性，通常要求泡沫稳定剂的吸附量高，从溶液内部扩散到表面的速率慢，这样就能保证表面上既有足够的表面活性剂分子，而在一旦发生局部形变时膜又能迅速修复。因此，表面活性强、分子较大、扩散系数较小的物质效果较好。例如，对水溶液来说，$C_8 \sim C_{12}$ 醇就有很好的修复作用。

（五）表面电荷的影响

当泡沫的液膜为离子型表面活性剂所稳定时，液膜的两个面就会吸附表面活性离子而形成两个带同号电荷的表面，反离子则扩散地分布在膜内溶液中（溶液中也有表面活性离子，但比起吸附层来，密度很小），与表面形成两个扩散双电层，如图 3.6 所示。以 $C_{12}H_{25}SO_4Na$ 作起泡剂为例，$C_{12}H_{25}SO_4^-$ 吸附于液膜的两个表面，形成带负电荷的表面层，反离子 Na^+ 则分散于液膜的溶液中，形成了液膜表面双电层。

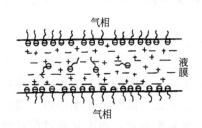 

图 3.6　液膜双电层

当泡沫的液膜较厚时，这两个双电层由于距离较远，相互作用不大；当液膜变薄到一定程度，两个双电层发生重叠。由于液膜两个表面带有同号电荷，这两个表面将互相排斥，防止液膜进一步变薄，从而使液膜保持一定的厚度。这种排斥作用主要是由扩散双电层的电势和厚度决定的。当溶液中表面活性剂浓度很高或溶液中有较高浓度的无机电解质时，双电层的扩散层会被反电荷离子所压缩，电位降低，液膜两表面的排斥作用减弱，液膜易变薄。因此，无机电解质的加入对泡沫的稳定性有一定的不利影响。

综上，影响泡沫稳定性的因素很多，最重要的仍是表面膜的性能：较高的表面黏度、很强的修复能力以及表面膜上的电荷排斥力均有利于泡沫稳定。表面膜吸附分子排列紧密不仅能提高膜强度，还可阻止临近的溶液层中的液体流失，使液膜排液相对困难而不易变薄；还能减缓泡内气体透过液膜，使泡沫的稳定性增高。往往具有良好的起泡稳泡性的表面活性剂分子在吸附层内彼此有比较强的相互吸引力，同时亲水基团有较强的水化性能，前者有利于表面活性分子剂紧密排列使液膜产生较强机械强度，后者可以提高液膜表面黏度。

 四、起泡剂和稳泡剂

起泡剂和稳泡剂没有明确的界限。在很多场合，两者是相同的，即同一种物质既是起泡剂，又是稳泡剂；而对有些物质，本身起泡能力很差，只能做稳泡剂。在有些情况下，配方中使用不止一种发泡组分时，往往将起泡能力强的称为起泡剂，另一种称为稳泡剂。

（一）表面活性剂的起泡、稳泡性能

根据前面关于表面张力对泡沫性能的影响的讨论，低表面张力有利于起泡，发泡剂的实质就是它的表面活性作用，因此表面活性剂都有使水溶液起泡的能力。但是有起泡能力并非能产生持久、稳定的泡沫，亦即并非所有表面活性剂都能作为起泡剂。欲产生持久、稳定的泡沫，必须具有形成一定强度和弹性的液膜的能力。

表面活性剂所形成泡沫液膜的强度和弹性与表面层中表面活性剂分子的排列紧密程度（亦即吸附分子密度）是基本一致的，凡是能促进表面活性剂分子在表面吸附层紧密排列的因素，一般都能增加泡沫稳定性。

而表面吸附分子排列的紧密程度又与表面活性剂分子间的相互作用密切相关，相互作用大者膜的强度亦大，因而从表面活性剂分子间相互作用的大小可大致做出判断。因此，从本质上讲，当表面活性剂用作起泡剂和稳泡剂时，泡沫稳定性取决于表面活性剂分子的结构与相互作用。欲获得稳定的泡沫或欲破裂不需要的泡沫时，应首先考虑组成表面膜的表面活性剂分子的结构及性质，具体情况具体分析。

用作起泡剂的表面活性剂主要是阴离子型表面活性剂，也有少量非离子、阳离子型表面活性剂作为起泡剂的例子。表面活性剂类型和结构对起泡力影响的大致规律如下。

1. 表面活性剂类型

① 一般阴离子型表面活性剂起泡力最大，许多两性型表面活性剂的泡沫性能也很好，聚氧乙烯醚型非离子型表面活性剂次之，脂肪酸酯型非离子型表面活性剂起泡力最小。阳离子型表面活性剂的泡沫性能一般都比较差。

② 常用作起泡剂的阴离子型表面活性剂主要有肥皂、十二烷基硫酸钠（K12）、脂肪醇聚氧乙烯醚硫酸钠（AES）、松香皂类发泡剂、十二烷基苯磺酸钠、邻苯二甲酸单脂肪醇酯钠盐、磺化琥珀酸盐（如脂肪酸单乙醇酰胺磺化琥珀酸单酯二钠盐、脂肪酰胺磺化琥珀酸单酯二钠盐、聚氧乙烯烷基醚磺化琥珀酸单酯铵盐、聚氧乙烯脂肪醇醚单酰胺磺化琥珀酸单酯二钠盐等）等。

③ 烷基醇酰胺类和氧化胺类既有很好的起泡性，又有很好的稳泡作用。

2. 疏水链的影响

① 随着碳链的增加，起泡力也随之增加，但常会经过一个最高值。随着碳链继续增长，起泡力反而降低。一般对直链型表面活性剂，$C_{12} \sim C_{14}$ 的泡沫性能较好，如月桂酸钠和豆蔻酸钠其碳链长度适中，能形成黏度适中的表面膜，因此泡沫稳定性好。更长碳链的表面活性剂并非起泡性差，在很多情况下是由于溶解性差影响到其起泡性。若通过改变疏水链的结构或反离子等使其溶解性改善，则更长碳链的表面活性剂也可能成为优异的起泡剂。但有些情况下疏水链太长会导致泡沫液膜的刚性太强，膜的弹性降低。

② 一般疏水基中分支较多或亲水基在疏水链中部的表面活性剂，在很多情况下起泡力好。但其分子间作用较直链者差，因而泡沫稳定性亦差。例如，不饱和烯烃经硫酸酸化后的表面活性剂，亲水基—SO_4^- 位于碳氢链中部，其水溶液的泡沫稳定性差；而—SO_4^- 位于碳氢链端部的表面活性剂如十二烷基硫酸钠，其水溶液的泡沫稳定性就较好。

3. 亲水基的影响

亲水基的水化能力强就能在亲水基周围形成很厚的水化膜。因此就会将液膜中流动性强的自由水变成流动性差的束缚水，同时提高液膜的黏度和弹性，减弱因重力排液使液膜变薄的作用，从而增加了泡沫稳定性。离子型表面活性剂不仅亲水基水化性强，又能使液膜的表面带电，因此有很好的稳泡性能。而非离子型表面活性剂的亲水基（仅有聚氧乙烯醚的情况）在水中呈曲折型结构不能形成紧密排列的吸附膜，加之水化性能差，又不能形成电离层，所以稳泡性能差。

4. 极性键

稳泡剂应选择分子结构中带有羟基、氨基和酰氨基的表面活性剂，以便在表面膜中形成氢键，从而增加表面膜黏度以达到稳泡的目的。

5. 反离子

离子型表面活性剂的反离子对起泡性能有很大的影响。以十二烷基硫酸盐为例，其钠盐和三乙醇铵盐的起泡性能就有很大差别。

6. 环境因素

表面活性剂的类型是决定起泡力的主要因素，而环境条件也很重要。例如，温度、水的硬度、溶液的 pH 值和添加剂等对起泡力都有很大影响。以温度的影响为例，温度对非离子型表面活性剂起泡力的影响不同于阴离子型表面活性剂。例如聚氧乙烯醚型非离子型表面活性剂，温度低于浊点时起泡力大，达到浊点时发生转折，高于浊点起泡力急剧下降。阴离子型表面活性剂对温度敏感性不大，相反地，有的随温度升高起泡力增大。

必须指出的是，表面活性剂分子结构与泡沫性能的关系非常复杂，规律性很差。上述规律只能说是很粗糙的规律，存在很多例外情况。比如，一般规律是非离子型表面活性剂的泡沫性能比较差，但也有很多非离子型表面活性剂不仅起泡力好，泡沫稳定性也高。特别是，很多稳泡剂也是非离子型表面活性剂。所以，需要根据实际情况，具体问题具体分析。

（二）稳泡剂

起泡剂只是在一定条件下（搅拌、鼓气等）具有良好的起泡能力，形成的泡沫不一定能持久。例如，肥皂和烷基苯磺酸钠虽然都有良好的起泡能力，但前者生成的泡沫有很好的持久性，而后者则较差。为了提高泡沫的持久性，常在表面活性剂配方中加入一些辅助表面活性剂，这类能增加泡沫稳定性的物质称为稳泡剂。稳泡剂既有表面活性剂，又有非表面活性剂。常见的稳泡剂有以下类型。

1. 表面活性剂

这类表面活性剂分两类，一类是本身就有很好的起泡能力，单独使用时也是一种起泡剂，但当和其他表面活性剂复配时，则得到泡沫性能更好的体系；另一类本身起泡能力比较差，但当和其他表面活性剂（起泡剂）复配后，混合体系则具有更好的泡沫性能。

作为稳泡剂的表面活性剂一般是非离子型表面活性剂，其分子结构中一般都含有可生成氢键的基团，用以提高液膜的表面黏度。如各类氨基、酰氨基、羟基、羧基、巯基、酯基和醚基等。常用的有以下类型。

① 脂肪酸乙醇酰胺　代表产品为月桂酸单乙醇酰胺。此产品表面活性高，泡沫稳定性好，有良好的钙皂分散力，抗硬水性能好。

② 脂肪酸二乙醇酰胺　代表产品是月桂酸二乙醇酰胺［十二酰二乙醇酰胺，$C_{11}H_{23}CON(C_2H_4OH)_2$］。月桂酸二乙醇酰胺本身水溶性较差，但若在其中加入二乙醇胺，则可得到一种水溶性的复合物。如 1 mol 脂肪酸和 2 mol 二乙醇胺的反应产物即是水溶性的，商品名叫尼洛尔或尼拉尔（Ninol），能增加溶液的黏度，稳泡力强，是一类重要的稳泡剂，而且具有钙皂分散力。如在十二烷基苯磺酸钠或十二烷基硫酸钠中加入十二酰二乙醇胺，则可得到持久性良好的泡沫。

③ 氧化烷基二甲基胺（OA）　代表产品是十二烷基二甲基胺的氧化物［$C_{12}H_{25}N(CH_3)_2O$］，其效率甚至超过十二酰二乙醇酰胺。

④ 聚氧乙烯脂肪酰醇胺

⑤ 烷基葡萄糖苷（APG）

2. 极性有机物

一些离子型表面活性剂吸附分子间存在静电斥力，使得膜中的分子排列不够紧密，膜的黏性低，液膜排液快，因而泡沫稳定性不高。加入一些水溶性不大的中性的极性物质，可提高泡沫稳定性。这是因为该中性分子插入到表面吸附层内，减弱同性离子间的斥力，有利于增加膜的强度和表面黏度，排液速率减缓，使膜趋于稳定。此类物质主要为水溶性差的、极性的长烃链有机物，如长链的醇类（如 $C_{12} \sim C_{16}$ 醇等）。一个熟知的实例是经过精制、提纯的十二烷基硫酸钠，其起泡性及泡沫稳定性远比粗产品差。原因在于粗产品中含有少量的月桂醇（十二醇，合成十二烷基硫酸钠的原料），而月桂醇即为有效的稳泡剂。但应注意，对不同的体系，有时长链醇反而具有消泡作用，因此需针对具体体系慎重选择。

极性有机物的稳泡作用随有机物极性基的种类而不同，一般按下列顺序变化（注意有很多例外）：

$$N\text{-极性取代酰胺} > \text{未取代酰胺} > \text{硫酰醚} > \text{甘油醚} > \text{伯醇}$$

3. 聚合物

很多水溶性聚合物虽然降低表面张力的能力不强，但它们却能在表面形成高黏度、高弹性的表面膜。这些聚合物本身不仅是起泡剂，而且有很好的稳泡作用，常作为表面活性剂的稳泡剂。如在制造肥皂时，加入少量阿拉伯胶或羧甲基纤维素，使肥皂具有形成稳定泡沫的性能。聚合物稳泡剂的典型代表如下。

（1）天然产物

① 明胶　是一种从动物的皮骨中提取的蛋白质，富含氨基酸。

② 蛋白质　代表产品是蛋白质水解物，也称为水解蛋白。水解蛋白的原料主要是廉价的动物废弃物（骨、角、蹄、皮、羽毛、鳞、血等），将这些原料在常压或高压下煮沸并使之溶于碱中即可。水解蛋白是阴离子型或聚氧乙烯型非离子型表面活性剂的常用泡沫稳定剂。它也是蛋白泡沫灭火剂的主要成分。

③ 皂角苷（saponins）　又称碱皂体、皂素、皂苷或皂草苷，是一种植物糖苷，主要成分糖苷，是由皂苷元和糖、糖醛酸或其他有机酸组成的，含有多羟基、醛基等。

④ 其他　如卵磷脂、淀粉、阿拉伯胶、琼胶、黄原胶、海藻酸钠等。

（2）合成高分子化合物　包括聚乙烯醇，甲基纤维素，淀粉改性产物，羟丙基、羟乙基淀粉，木质素磺酸盐等。

4. 其他物质

如胶状硅酸盐、固体粉末等。

（三）正、负离子表面活性剂混合体系的泡沫性能

正、负离子表面活性剂分子间除一般碳氢链间的疏水作用之外，还存在着强烈的库仑引力，因分子间相互作用强烈，导致液膜强度增大、从而提高泡沫寿命。例如，在 0.0075 mol/kg 的 $C_8H_{17}SO_4Na$ 及 $C_8H_{17}N(CH_3)_3Br$ 溶液表面上的气泡寿命（25℃）分别为 19s 和 18s；而 0.0075 mol/kg 1∶1 $C_8H_{17}SO_4Na$-$C_8H_{17}(CH_3)_3Br$ 混合溶液表面上的气泡则长达 26100 s 尚未破裂（此时气泡中气体已全部扩散至泡外，气泡未破而消失）[1]。实验中对表面吹气稍加扰动时发现，此种等摩尔正、负离子表面活性剂混合溶液表面上的气泡不易移动，而单一离子表面活性剂溶液表面上的气泡则较易移动。这表明混合溶液的表面黏度较大，是分子间相互作用强烈的结果，导致气泡寿命极长。

应注意的是，这种情况一般要在正、负离子表面活性剂混合溶液形成均相溶

液的情况下才成立，若两者电性相互作用太强，则生成沉淀而失去表面活性，这时不仅不是稳泡剂，而是消泡剂了。

 五、抑泡和消泡作用

泡沫本来是极不稳定的，但在很多情况下，起泡和泡沫仍会给工业生产、日用生活带来很多麻烦，不仅妨碍操作而且还会造成危害。例如对微生物工业、发酵酿造工业以及减压蒸馏、溶液浓缩、烧锅炉、机械洗涤等，起泡和泡沫是有弊的。如将不稳定的泡沫长期放置或加热，可使液膜强度降低或靠自重使之消灭。但对于那些妨碍作业的泡沫，必须迅速消灭或者预先加入一定的化学物质使之无法生成。对一些工业过程来说，消灭泡沫比制造泡沫更为重要。

防止泡沫可采取抑泡法和消泡法。直接消灭生成的泡沫的方法称为消泡法，所用的物质称为消泡剂；预先加入一定的化学物质使液体不能生成泡沫的方法称为抑泡法，所加入的化学物质称为抑泡剂。

以在皂角苷水溶液的泡沫中加入丁醇和硅油时的情形为例，说明消泡和抑泡的区别。在皂角苷水溶液泡沫中加入丁醇，泡沫明显破裂。因此，丁醇对稳定的泡沫具有破坏作用，一般低级醇均具有这种消泡作用。然而，添加丁醇的皂角苷水溶液的起泡力无明显减小，这表明醇的破泡能力强，抑泡能力弱。与此相反，硅油对皂角苷泡沫没有破泡能力，却有很强的抑泡能力。因此，消泡和抑泡本质上有差别，但实际应用中常常不加区分，统称为消泡，相应地，消泡剂和抑泡剂也统称为消泡剂。

从理论上讲，消除泡沫的稳定因素即可达到消泡目的。消泡大致有物理法和化学法两种。物理方法有：①改变温度，使液体蒸发或冻结。如采取与冷空气或热金属接触等手段。实验室常用赤热白金丝插入泡沫液中消泡。②急剧改变压力，如空气压力消泡法。③离心分离溶液。④过滤。⑤超声波振动使泡沫液从泡沫上部流下。⑥静电等。化学方法有：①加入能使泡沫很快消失的物质，此类物质称为消泡剂，消泡剂大多数属于表面活性剂；②添加与起泡剂反应的化学试剂等，使起泡剂失去起泡作用；③加入盐，利用盐析作用消泡；④改变 pH 值等。在实际工作中为防止泡沫产生，可将容器内壁做成凸凹状，调节容器壁面液体的润湿性能来实现消泡作用。本节主要介绍加入消泡剂消除泡沫的原理及方法。

（一）消泡剂的消泡机理

消泡剂的消泡作用一般通过以下几种方式。

1. 消泡剂在泡沫液膜上的铺展作用

具有消泡能力的物质，通常是不溶于泡沫溶液但能在其表面上迅速铺展的有机液体。这些有机液体的表面张力都较低，且易于吸附、铺展于液膜上。此种液体在表面铺展的过程中，一方面会带去邻近表面的一层液体，导致液膜局部变薄，另一方面在表面上产生扰动，破坏膜的平衡，这两种作用皆能导致液膜的破裂。

依据铺展原理，欲使消泡剂在泡沫液表面铺展，需满足铺展系数（S）大于零的条件：

$$S = \gamma_F - \gamma_D - \gamma_{DF} > 0 \qquad (3.5)$$

式中，γ_F、γ_D 和 γ_{DF} 分别为泡沫液、消泡剂的表面张力和两者的界面张力。

由上式可知，消泡剂的表面张力越低，越容易在泡沫液膜上铺展。但这只是从热力学角度（铺展的可能性）而言，还得考虑动力学因素（铺展速率）。消泡剂在液面上铺展得越快，液膜变得越薄，破泡能力越强。例如，$n\text{-}C_3F_7CH_2OH$ 在十二烷基硫酸钠水溶液的表面上铺展速率为 $4.6\ \text{cm/s}$，$n\text{-}C_8H_{17}OH$ 的铺展速率为 $3.6\ \text{cm/s}$；前者对十二烷基硫酸钠水溶液泡沫的消泡能力就比后者强。硅油、乙醚、异戊醇等均属此类消泡剂。

为了提高铺展速率，许多商品消泡剂在配制时，将消泡剂溶于一种溶剂中，以保证它在泡沫表面迅速铺展。

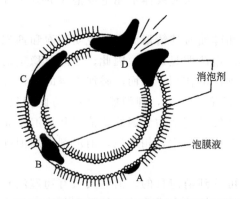

图 3.7 消泡剂使泡沫液膜局部表面张力降低

图 3.7 可以清楚地说明消泡剂使泡沫液膜局部表面张力降低而导致消泡的作用机制。

因消泡剂微滴的表面张力比泡沫液膜的表面张力低，当消泡剂加入到泡沫体系中后，消泡剂微滴与泡沫液膜接触，可使此处泡沫液膜的表面张力减低，即表面压增高（图 3.7 中 A、B 处）。因为在水体系中，消泡剂的活性成分的溶解度较小，表面张力的降低仅限于液膜的局部，而周围的液膜因存在着稳泡剂，表面张力几乎没有发生变化。因此，存在着稳泡剂的液膜表面的表面张力高，将产生收缩力，使表面张力被降低的部分（图 3.7 中 C 处）的液膜被强烈地向四周牵引、伸展长而变薄，最后破裂使气泡消除（图 3.7 中 D 处）。

在上述过程中，消泡剂也破坏了膜弹性使液膜失去自修复作用而消泡。在液膜由于表面张力差而被向四周牵引、伸展长而变薄的过程中，液膜面积 A 会增加，使此处的消泡剂浓度降低，引起液膜的表面张力上升，但是由于消泡剂本身的表面张力太低，无法使式（3.4）中 $\mathrm{d}\gamma/\mathrm{d}A$ 具有较高值，从而使膜失去弹性，液膜不会产生有效的弹性收缩力来使膜的表面张力和液膜厚度恢复。液膜终因失去自修复作用而被破坏。

2. 消泡剂分子的插入作用

有的消泡剂具有浸入作用，即消泡剂浸入气泡液膜扩展，顶替了原来液膜表面上的稳泡剂而发挥消泡作用。

这种作用可用浸入系数 E 表示：

$$E = \gamma_F + \gamma_{DF} - \gamma_D \qquad (3.6)$$

若 $E>0$，当消泡剂喷洒在泡沫表面时，消泡剂能插入泡沫的部分表面中，随着消泡剂的扩展在消泡剂插入的局部处造成薄弱环节，从而使泡沫破裂。对于一些极性较强的液体，虽然其铺展性能不是很好，但它具有较好的插入作用，也可作为消泡剂。

结合铺展作用和插入作用，美国胶体化学家罗斯（S. Ross）提出一种假说：在溶液中，溶解状态的溶质是稳泡剂；不溶状态的溶质，当浸入系数与铺展系数均为正值时即是消泡剂。

罗斯假说考虑的侧重点是消泡剂在起泡液中溶解性与消泡效力的对应关系。因为只有处于不溶的状态下的溶质，才能聚集为分子团（即微滴）。罗斯认为，当消泡剂微滴与泡沫液膜接触时，首先应该是浸入（$E>0$），浸入之后在泡沫液膜上扩展（$S>0$），才能使液膜局部变薄最终断裂，导致气泡合并或破灭。该过程可用图 3.8 来说明。当浸入系数 E 和铺展系数 S 均小于 0 时，微滴既不能浸入更不可能铺展（扩展）。当浸入系数 $E>0$、铺展系数 $S<0$ 时，微滴只能浸入泡沫液膜而不能扩展，微滴呈棱镜状。只有浸入系数 $E>0$ 且铺展系数 $S>0$ 时，微滴既能浸入也能在泡沫液膜上扩展，使液膜局部变薄而断裂，处于此不溶解状态的溶质可称为消泡剂。

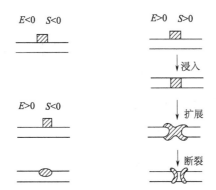

图 3.8　铺展系数、浸入系数与消泡效果的关系（Ross 假说示意图）

需要指出的是，虽然大多数消泡剂是不溶解的，可溶性添加剂大多数没有消泡作用。但是，确实有一部分消泡作用是在溶解状态下进行的。也就是说，消泡剂也并非是绝对不溶的物质。

3. 消泡剂分子在泡沫液膜的吸附"替代"作用

有一些消泡剂具有很好的吸附性能。它们溶于泡沫溶液中，由于表面活性高，极易吸附到溶液表面顶替掉原来的稳泡剂分子，但它们本身不能形成坚固的膜。例如有些物质具有优异的泡沫性能是由于其能形成氢键而提高液膜的表面黏度，如蛋白质。若用不能产生氢键的消泡剂，将能产生氢键的稳泡剂从液膜表面取代下来，就会减小液膜的表面黏度，使泡沫液膜的排液速率和气体扩散速率加快、泡沫寿命减少而造成消泡。典型的实例是环氧丙烷和环氧乙烷聚合成的嵌段聚合物，它本身不能形成泡沫，将其加入，可以大大地减小原体系的发泡能力，起到抑泡剂的作用。

4. 破坏稳泡剂

若在泡沫液中添加与起泡剂（或稳泡剂）反应的化学物质等，可使起泡剂失去起泡作用。例如以脂肪酸皂为起泡剂而形成的泡沫，可以加入酸类（如盐酸、硫酸）及钙盐、镁盐、铝盐等，形成不溶于水的脂肪酸及相应的难溶于水的脂肪酸盐而造成消泡。但在工业生产中，由于存在腐蚀及堵塞管道的问题，很少应用此法。另一个例子是在离子型表面活性剂中加入反电性的离子型表面活性剂，使亲水基的电性中和而失去起泡、稳泡作用。但使用该法应特别注意，前已述及，在很多场合，正、负离子表面活性剂适当的复配可使混合体系具有比单一体系更高的表面活性，因而具有更好的泡沫性能。因此，若在一种离子型表面活性剂中加入反电性的离子型表面活性剂，必须使双方丧失表面活性（比如在很低浓度即生成沉淀），方可起到消泡作用。

5. 固体颗粒消泡作用机理

一些疏水性的固体颗粒也具有很好的消泡作用。以疏水二氧化硅颗粒为例，其消泡作用如图 3.9 所示。

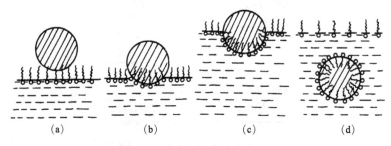

(a)　　　　　(b)　　　　　(c)　　　　　(d)

图 3.9　疏水二氧化硅消泡过程

疏水二氧化硅的固体颗粒一般是用甲基硅油、硅氮烷或二甲基聚环硅氧烷（DMC）处理的白炭黑颗粒，也称为疏水白炭黑。当疏水二氧化硅颗粒加入泡沫体系后，液膜表面的起泡和稳泡作用的表面活性剂的疏水链会吸附于疏水二氧化硅的疏水表面上，亲水基伸入液膜的水相中。一方面这使得疏水二氧化硅的表面变为了亲水表面，于是亲水的颗粒带着这些表面活性剂一起从液膜的表面进入了液膜的水相中。它在气泡表面局部浸入，使气泡局部的表面张力变小，加速气泡的破灭。另一方面，疏水二氧化硅将原吸附于液膜表面的表面活性剂从液膜表面拉下来进入液膜的水相中，使液膜表面的表面活性剂浓度减低，从而全面地增加了泡沫的不稳定性因素，例如，降低了液膜的表面黏度，导致液膜自修复作用下降，加速液膜的排液速率。由于表面黏度的降低使液膜透气性增加、气体扩散速率增加，大幅缩短了泡沫的"寿命"而导致泡沫的破裂。

6. 消泡剂的其他作用机理

① 扩展作用产生的冲击　泡沫受到一定程度的冲击，即会破裂。加入的消泡剂在泡沫上产生的冲击，也可以使泡沫破裂。

② 使起泡、稳泡剂被增溶　某些能与溶液充分混合的低分子量物质可以使助泡表面活性剂被增溶，使其有效表面浓度降低。常常发现，表面活性剂在混合溶剂中比在纯溶剂中表面活性低。有这种作用的低分子物，如辛醇，它不仅减少表面层的表面活性剂，而且自身还会溶入表面活性剂吸附层，降低紧密程度。通过以上两方面作用，减弱了泡沫稳定性。这就是可溶性消泡剂乙醇、丙醇、辛醇等的一种作用机理。为了有利于消泡往往在有机硅消泡剂配方中加入适当醇类，起到一定的辅助消泡作用。

③ 电解质瓦解表面活性剂双电层　对于助泡表面活性剂的双电层互斥产生稳泡性的起泡液，加入一些普通的电解质，即可瓦解表面活性剂的双电层，起到消泡作用。

7. 消泡剂作用的持久性

一种有效的消泡剂不但应该迅速使泡沫破裂，而且还要有持久的消泡能力（即在相当长的时间内防止泡沫生成）。常常发现有些消泡剂在加入溶液一定时间后就失去效力，若要防止泡沫生成还需要再加入一些消泡剂。发生此种情况的原因，可能一方面是起泡和稳泡剂对消泡剂的加溶，另一方面是消泡剂在泡沫水溶液的溶解。这将在下一节中讨论。

上述消泡机理并非完全独立的，有些机理只是讨论的角度不同，实质是相通的，很多情况下几种机理是同时起作用的。总之，消泡剂具有较高的表面活性，在消泡过程中，膜的表面状态发生了变化（形成新的表面膜或改变原表面膜）。一方面，易于铺展、吸附的消泡剂分子取代了起泡剂分子，形成强度较差的表面膜；另一方面，铺展过程中同时带走了邻近表面层的部分溶液，使泡沫的液膜变薄。同时也使得膜的表面黏度降低，泡沫液膜失去弹性及自修复能力，排液速率大为提高，导致泡沫稳定的特征消失，使之易于破裂。

（二）影响消泡剂效力的因素

1. 消泡剂的溶解性

根据罗斯假说，在溶液中溶解状态的溶质是稳泡剂，不溶解状态的物质当浸入系数和铺展系数均为正值时才是消泡剂。只有消泡剂处于过饱和、不溶解状态，以微滴形式聚集在泡沫上，才起消泡作用。但前面也已述及，消泡剂并非绝对不溶的物质，也有一部分消泡作用是在溶解状态下进行的。不过，有一点是基本确定的，消泡剂溶解度低，就可以在较低用量下发挥消泡作用。

对于溶解性较好或溶解速率较快的消泡剂（如低碳醇），在开始加入时在液膜表面铺展的速率较大，溶解速率较慢，故有较好的消泡效果。但在加入一定时间后即溶于水溶液而失去在表面铺展的能力，导致消泡作用丧失。

2. 起泡（稳泡）剂对消泡剂的加溶

若消泡剂可被起泡和稳泡剂加溶，则消泡作用将随加溶过程逐步丧失。但这个作用的前提是溶液中起泡剂的浓度是否超过 CMC。消泡剂一般为不易溶的有机液体，在超过 CMC 的表面活性剂溶液中可能被加溶，从而导致其失去在表面铺展的能力，降低了消泡作用。

因此，消泡剂越容易被加溶，消泡效果越差，故选用非极性基化学结构不同于起泡剂的消泡剂，可在较低用量下取得较好的消泡效果。

3. 表面电荷

若消泡剂能吸附溶液中的离子，则消泡剂的微滴可能与气泡带有同种电荷，在相互靠近时会产生电性斥力阻止消泡剂与气泡接触，从而降低消泡剂的消泡效率，如图 3.10 所示。所以，应尽量采用难以吸附离子型起泡剂的消泡剂。

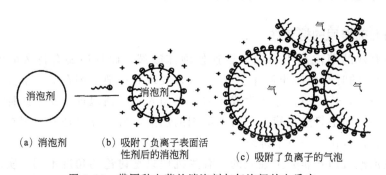

（a）消泡剂　　　（b）吸附了负离子表面活性剂后的消泡剂　　　（c）吸附了负离子的气泡

图 3.10　带同种电荷的消泡剂与气泡间的电斥力

4. 起泡液的性质

大多数消泡剂在不同的起泡液中其铺展系数和消泡效力均有较大差异，如高效消泡剂聚二甲基硅氧烷，在烷基苯硝酸盐水溶液中却无消泡作用。

对消泡剂的消泡效力有所影响的除了起泡液的组成、浓度以外，还包括起泡液的黏度、温度以及 pH 值等。

5. 消泡剂本身的性质

消泡剂本身的性质主要指消泡剂自身的分散状态和表面性质的变化。

（1）消泡剂的分散状态（微滴大小）的影响　消泡剂消泡作用是以微滴（微粒）的形式吸附在泡沫上，使气泡穿孔、破灭或合并。微滴直径与泡沫液膜厚度相近时效果较好。但由于消泡剂微粒反复发挥作用，这将影响到消泡剂的分散状态（微粒大小）。消泡剂微粒在反复使用过程中变小和变大都影响消泡剂消泡效力，甚至失去消泡性能。

① 多次破碎，以及与起泡液"亲和性"过强等原因会使消泡剂粒径变得太小，

使消泡能力变差。

②　消泡剂微粒的相互碰撞，有可能并聚而变大。消泡剂微粒过大会使消泡剂微粒的运动迟缓，不能迅速聚集到泡沫气/液界面上起作用导致活性变差。

③　当源源不断的泡沫由液体中涌到表面时，消泡剂黏附于气泡上，会像"浮选作用"一样，分布在液体内的消泡剂微粒被集中到液面上的泡沫层中，而泡沫破灭后化为少量液体，大量的消泡剂微粒便聚集在这少量液体里，很容易发生消泡剂微粒的并聚。

（2）消泡剂表面性质变化的影响　消泡剂微粒的表面性质往往会因吸附起泡剂而发生变化，若此变化使消泡剂由亲油性变为亲水性，则导致消泡剂的活性下降而不能继续发挥消泡的作用。

（3）其他因素　如：消泡剂活性成分还会黏附于容器壁上而失效等。

六、消泡剂

目前还没有有效的、通用的消泡剂，对各种不同情况必须具体分析，采用适宜的消泡剂才能达到满意的消泡效果。

（一）消泡剂的选择

有效的消泡剂既要迅速破泡，又要在相当长的时间内防止泡沫生成。因此，消泡剂应具有反复使用、防止并聚两种性能。

一般采用表面活性剂作为消泡剂。具有良好抑泡、消泡效果的表面活性剂应具有如下性质：极易吸附在泡沫液膜表面上，在液面上应能取代（即挤走）起泡剂分子；消泡剂自身在溶液表面不足以形成紧密的吸附膜，或者消泡剂自身能显著降低局域表面张力（前者，消泡剂分子是枝形结构的表面活性剂较好；后者，氟表面活性剂和硅表面活性剂能消除碳氢表面活性剂形成的泡沫）。以上是从消泡剂的微观性质考虑的，从宏观性质上，选择消泡剂要符合以下几点：

①　在起泡液中不溶或难溶　为利于泡沫破灭，消泡剂应该在泡沫上浓缩、集中，所以消泡剂在起泡液中是过饱和状态。消泡剂只有不溶或难溶，才易于聚集在气液界面并浓缩在泡沫上，才能在较低浓度下发挥作用。用于水体系的消泡剂中起活性成分的分子，须为强疏水弱亲水，HLB 值在 1.53 左右，作用才最好。但也有一些消泡剂是水溶性的。

②　表面张力低于起泡液　只有消泡剂表面张力低于起泡液，泡沫膜壁才能因局域表面张力不平衡伸长变薄以致破裂。

③　与起泡液有一定程度的亲和性　由于消泡过程实际上是泡沫崩溃速率与泡沫生成速率的竞争，所以消泡剂必须能在起泡液中快速分散，以便迅速在起泡液中较广范围内发挥作用。要使消泡剂扩散较快，消泡剂活性成分须与起泡液具有一定程度的亲和性。消泡剂活性成分与起泡液过亲，会溶解；过疏又难于分散。

只有亲疏适宜，效力才会好（这也是为什么很多消泡剂也是表面活性剂的原因）。

④ 与起泡液不发生化学反应　这是针对消泡剂的用量和持久性（少量消泡剂需反复发挥作用）来考虑的。消泡剂如与起泡液发生反应，一方面消泡剂会丧失作用，另一方面可能产生有害物质，影响体系的性质。但根据实际情况，若消泡剂与起泡液反应产物不影响体系性质，也可通过消泡剂与起泡（稳泡）剂的反应使起泡（稳泡）剂失效而达到消泡目的。

⑤ 挥发性小，作用时间长　在一些特殊工业领域，对消泡剂有一些特殊要求。如在发酵工业，对消泡剂的要求：除对培养液必须有抑泡和消泡的性能外，还要满足无化学反应、耐热性好、不降低微生物所需氧的溶解度、无臭、无毒、不妨碍微生物生长等。

（二）消泡剂

实际应用的消泡剂种类很多，除前述一般低表面张力的有机液体外，还有有着不同消泡机理的固体粒子消泡剂，以及有机液体与固体粒子混合消泡剂。下面仅根据化学类型列举一些较常见的有机液体品种。

1. 天然油脂及其改性产物

天然油脂及其改性产物主要包括各种动植物油。植物油如棉子油、蓖麻油、油酸、椰子油、妥尔油及啤酒花油等。动物油如猪油和牛羊油。此外，还有各种动植物蜡，如棕榈蜡、蜂蜡和鲸蜡等。此类消泡剂为传统的消泡剂，其价格较低但消泡能力一般。为改进天然油脂在水中的分散性以发挥其最大消泡效果，常配合使用表面活性剂使其分散成适当大小的颗粒，也可将不溶水的高级脂肪酸、高级脂肪酸酯等溶于煤油等矿物油中，配制成饱和溶液用作水体系的消泡剂。另一种方法是配制成 O/W 型乳状液来使用，例如，先将硬脂酸和各种甘油的酯先溶于矿物油中，然后采用 O/W 型乳化剂配制成 O/W 型乳剂再使用。也有配合使用不溶于水的金属皂的。

2. 醇类

醇类消泡剂因只有暂时破泡性能，故工业生产中只当泡沫增加时用它喷淋以消除泡沫，但它并不是很好的消泡剂，它们常用于制糖、造纸、印染等工业。常用有分支结构的醇，如二乙基己醇、异辛醇、异戊醇、二异丁基甲醇等。此类有机极性化合物作消泡剂其消泡能力大多处于硅树脂和矿物油之间，价格也在两者之间。这类消泡剂广泛用于纤维、涂料、金属、无机药品及发酵等工业。

3. 合成脂肪酸及脂肪酸酯

不易溶于水的脂肪酸及其酯，很多是无毒的，常在食品工业中作为消泡剂。较常见的是多元醇脂肪酸酯，如乙二醇单硬酸酯、甘油单硬酸酯、失水山梨醇酯等。某些多元醇脂肪酸酯型消泡剂可用作食品添加剂，故对食品制造和食品发酵十分有用。如失水山梨醇单月桂酸酯（Span 20）用于奶糖液的蒸发干燥，用于鸡蛋白及蜜糖液的浓缩，以防止发泡；失水山梨醇三油酸酯（Span 85）则用于酪素及酪素胶液的蒸发以及酵母发酵时的消泡。脂肪酸及其金属盐也常在发酵过程及造纸工业中作为消泡剂。脂肪酸甘油酯多在药品、食品工业及造纸工业中用作消泡剂。双乙二醇月桂酸酯曾广泛应用于消泡。还可以将硬脂酸制成各种盐如铝、钡、钙和锌等油溶盐，再将它们溶于石蜡油中作消泡剂使用。

4. 酰胺

分子量较大的多（聚）酰胺是蒸汽锅炉水经常使用的防泡剂。二硬脂酰乙二胺、二棕榈酰乙二胺及油酰二乙烯三胺缩合物等使用效果比较好。

5. 磷酸酯

磷酸三丁酯是常用的消泡剂，其消泡作用可能是由于有降低表面黏度的能力，从而使泡沫液膜的排液更为容易。这是因为磷酸三丁酯分子在表面上有较大的分子截面积，它插入起泡剂分子之间，降低其分子间内聚力，结果使表面黏度降低，液膜排液加快。其他磷酸酯，如磷酸三辛酯以及磷酸戊、辛酯有机胺盐亦常应用。不溶于水的磷酸酯，可先溶于与水易混溶的有机溶剂（如乙酸、丙酮及异丙醇等）中，然后再用于水溶液的消泡，可有较好的效果。磷酸酯也常用于润滑油的消泡（如齿轮结构中的润滑油泡沫的消泡），这就属于非水体系的消泡问题了。

6. 有机硅化合物

作为消泡剂的有机硅化合物主要是硅酮一类化合物，称为硅油、甲基硅油或聚硅氧烷。它们是一种优良的消泡剂，也是用得最普遍的消泡剂，不但用于水溶液体系，而且对非水体系也有效，用量也较小。硅油作为有效的消泡剂，被广泛地应用于造纸、明胶、乳胶等工业中。

有机硅消泡剂具有以下特性：

① 表面张力低，容易吸附于表面，在液面上容易铺展，但形成的表面膜强度不高；

② 溶解度低，在水中和油中的溶解度均很差；

③ 挥发性低并具化学惰性；

④ 无生理毒性，可用于食品、制药及医疗。

聚硅氧烷难溶于水的性质，阻碍了它在水基起泡液中的分散。它的油溶性，又降低了在油体系中的消泡效力，解决此问题的最佳途径是通过嵌段共聚或接枝共聚向聚硅氧烷链上引入聚醚链段（聚醚聚硅氧烷型），使聚硅氧烷增加亲水性，使其具有自乳性。

硅树脂系消泡剂具有良好的破泡能力和抑泡能力。有机硅树脂本身就有消泡能力，不过在水中使用时需将其分散开来，所用的分散剂有表面活性剂和碳酸钙无机粉末等。这种消泡剂可广泛用于纤维、涂料、发酵等工业部门，但其价格较高，需设法降低生产成本。

7. 卤化有机物

卤化有机物，如氯化烃，特别是氟有机化合物，如氟氯化烃及多氟化烃等，也常用作消泡剂。高氟化合物，因其表面张力往往比油类的低，故常用于防止非水体系（如机械润滑油）起泡。

8. 聚醚及聚醚型非离子型表面活性剂

带短聚氧乙烯链的非离子型表面活性剂和聚氧乙烯聚氧丙烯嵌段型非离子型表面活性剂的起泡性大都较差，多为低泡型表面活性剂，但大多具有良好的抑泡性能，为常用的抑泡剂。

表 3.1 列出一些聚醚型非离子型表面活性剂，这类消泡剂的特点是：①在水中的溶解度具有逆温性，在低温溶于水，当温度升高至"浊点"时，基本上不溶于水而以小油滴形式存在于水中。②浊点时有很低的表面张力，同时由于此时的分子结构为锯齿状，当吸附在液膜表面时不能形成紧密的表面膜。不仅仅是聚醚，大多数非离子型表面活性剂在其浊点附近或浊点以上时，都呈现防泡性能，基本上作为消泡剂使用。

自分子结构上考虑，一般表面活性剂在表面上的吸附分子面积若较大，则表面吸附分子排列不紧密，表面膜强度差，所形成的泡沫不稳定，容易破裂。表 3.1 中列出的聚醚型非离子型表面活性剂，具有较大的亲水部分，或是有两个亲水基处于分子两端。这样的结构使得表面活性剂在表面吸附时排列不紧密，形成泡沫不稳定。此类表面活性剂形成的泡沫在数分钟内即完全（或近于完全）消失。对于聚醚型非离子型表面活性剂，当分子量相近而聚氧乙烯含量相同时，PEP 型 $[HO(C_3H_6O)_x(C_2H_4O)_y(C_3H_6O)_xH]$ 表面活性剂比 EPE 型 $[HO(C_2H_4O)_x(C_3H_6O)_y(C_2H_4O)_xH]$ 表面活性剂具有更低的起泡能力。

另一类聚醚型消泡剂是甘油聚醚，如聚氧丙烯甘油醚（GP 型）、聚氧丙烯聚氧乙烯甘油醚（GPE 型）等。GP 型可用作酵母、味精、链霉素、造纸、生物农药等生产中的消泡剂；GPE 型常用于制药工业作抗菌素发酵过程的消泡剂。

在聚乙二醇的两端接上疏水基的非离子型表面活性剂具有良好的抑泡性能。类似结构的有甘油聚醚硬脂酸酯（用 GPES 表示，其单酯、双酯和三酯分别用 GPES-1、GPES-2 和 GPES-3 表示）等。这类消泡剂由于端基被酯化后亲水性进一步降低，消弱了原来聚氧乙烯链与水分子间的氢键，有利于表面张力的降低。它在泡沫液膜上能防止表面活性剂分子垂直排列形式的密集吸附，而多以折叠式的结构平卧于气/液界面上，因此液膜强度显著降低，变得极易破裂。

表 3.1　一些聚醚型非离子型表面活性剂

$R=10$，$x=y\leqslant 3$

续表

$R-N \begin{matrix} (OC_2H_4)_x OH \\ (OC_2H_4)_y OH \end{matrix}$	$R=10,\ x=y\leqslant 3$
$HO(C_2H_4O)_x(CH_2)_{12}(OC_2H_4)_y OH$	$x+y\leqslant 12$
$HO(C_2H_4O)_x(C_4H_8O)_y(C_2H_4O)_z H$	$y\leqslant 27,\ x+z\leqslant 82$
$HO(C_2H_4O)_x(\overset{CH_3}{\underset{|}{C}HCH_2O})_y(C_2H_4O)_z H$	$y=35,\ x+z=45$
$C_6H_{13}(\overset{CH_3}{\underset{|}{O}CHCH_2})_x(OC_2H_4)_y OH$	$x=y\approx 10$

◀ 9. 固体颗粒型消泡剂 ▶

固体颗粒型消泡剂的特点是比表面大、疏水性好，典型代表如 SiO_2、膨润土、硅藻土、脂肪酰胺和重金属皂等。

固体颗粒型消泡剂在水中为固液悬浮体，适用于水体系。这种类型的固体消泡剂特别适用于需要迅速消除泡沫或只需在短时期内控制泡沫的场合。关键是固体颗粒表面必须是疏水的，亲水不行。可采用六甲基二硅醚及二氯二甲基硅烷等对白炭黑进行疏水处理即可作为消泡剂。

消泡剂的选择（评价）一般是通过实验衡量其抑泡效果来取舍的。主要有两种方法：第一种是动态发泡法，该法由 ASTM（American Society for Testing and Materials，美国材料与试验协会）制定的检验润滑油泡沫的方法演变而来，适用于检验低黏度介质中易分散的抑泡剂效率；另一种是塞尔维森（Silverson）法，该法是用一个高转速的泵送混合装置进行抑泡剂效率试验，适用于检验高黏度的抑泡剂。

◆ 七、泡沫的应用

泡沫的应用范围很广。生产和生活中的泡沫问题是多种多样的，有些情况下需要产生泡沫，而有些情况下却需要消除泡沫。因此泡沫的应用就包括起泡（稳泡）及消泡两个领域。一方面在矿物开采中，常利用泡沫进行"浮选"，以达到富集、精选的目的。泡沫灭火剂更是泡沫应用的典型例子。但在大规模的洗涤、印染工业中，泡沫却给操作带来不便。其他如抗生素等药物的生产、蔗糖的精制、胶片乳剂的涂布、造纸工业、以及各种液体蒸馏过程，生成泡沫都会使操作困难或使产品质量下降。于是消泡措施又成为急需研究的课题。另一方面，即使同一应用过程，对泡沫的认识也不是一成不变的，就洗涤过程来讲，前已述及，传统观念认为洗涤剂的泡沫越多越好，但非离子型表面活性剂作为洗涤剂的有效成分时，低泡却成了其主要的优势之一，而其洗涤性能却比肥皂好。由此可见，泡沫在生产实践中的应用是一分为二的，有利有弊，关键在于人们如何掌握泡沫生成与破裂的规律，以便做到趋利避害。

起泡（稳泡）的应用包括泡沫浮选中泡沫选矿和离子浮选、泡沫分离法、泡沫灭火剂、油田工业中泡沫钻井液、泡沫酸化压裂液（泡沫酸）、泡排剂（气井排水用）、泡沫冲砂洗井、泡沫驱油、泡沫水泥固井、泡沫调剖堵水、污水处理中的气浮法污水处理技术等；消泡的应用包括发酵工业、乳胶工业、纺织业、造纸业中的消泡等。

涉及泡沫的应用常常与表面活性剂的其他性质相关，如泡沫浮选与起泡剂在矿物颗粒表面的吸附、润湿及多种作用等相关，水成膜泡沫灭火剂则主要取决于氟表面活性剂水溶液在油面上的铺展性能。因此，关于泡沫的应用将在本书后续章节中结合表面活性剂的其他应用性能详细介绍。本节只简单给出泡沫分离法在表面活性剂纯化方面的应用。

泡沫的液膜能从溶液中吸附溶质。例如，在分析啤酒泡沫破灭后的液体时发现，液膜中的蛋白质、蛇麻草（加在啤酒中的芳香料）和铁等的浓度比原液大。又如，肥皂液泡沫中脂肪酸盐的浓度比原液高。因此，可借这种现象浓缩和分离溶质，这种方法称为泡沫分离法。泡沫分离法最为重要的应用是矿物的泡沫浮选。另一典型的泡沫分离应用是利用泡沫对表面活性剂进行提纯与分离。表面活性剂的泡沫分离是指当分离体系中含有两种以上具有表面活性的物质，由于表面活性的不同，利用泡沫液可以将表面活性物质分离开来。一般地说，在溶有某种表面活性剂的溶液泡沫中，该表面活性剂的浓度高于原液中的浓度。一个有代表性的例子是十二烷基硫酸钠（SDS）的商品或实验室合成的粗产品的纯化。SDS 是由十二醇经发烟硫酸、氯磺酸等磺化（或硫酸化），然后用 NaOH 中和而得的。产品中往往含有少量十二醇及无机盐（NaCl、Na_2SO_4）。无机盐可通过在有机溶剂如乙醇、丁醇中重结晶除去，而十二醇则不易除去。将空气通入此不纯物水溶液，使之形成泡沫。十二醇比十二烷基硫酸钠更容易在溶液表面吸附，所以泡沫中十二醇含量比溶液中大得多。不断移去泡沫，剩余物即为相当纯净的十二烷基硫酸钠水溶液。一般的表面活性剂水溶液中往往混入微量杂质，通常采用这种精制方法进行处理。

不同物质有不同的表面吸附能力，这是泡沫分离法的根据。应用泡沫分离法可以分离不同碳氢链长的表面活性剂混合物。链较长者表面吸附能力强，首先出现于泡沫中；之后，随链长减小而依次出现。这与固体的分级结晶及液体的分馏很相似，称之为泡沫分级分离。

泡沫分离法也曾被用来提纯、分离酶蛋白，提纯了的酶表现出更高的生物活性。用甜菜制糖时，榨出糖液（原液）中的蛋白质、胶质及其他表面活性物质等使糖不易结晶、阻碍糖的精制的物质，利用泡沫分离，可除去抑制糖结晶的杂质，使糖易于结晶,精制易于进行。

　　泡沫分离法与化学分离法相似。在泡沫分离时,如果溶液中仅含有一种溶质,那么该溶质即作为表面活性剂吸附在泡沫壁膜上而使泡沫稳定,这时溶质在泡沫中被浓缩。因此,泡沫分离法可用于气/液界面上吸附量的测定和泡沫分离基础理论的研究。当溶液内含有两种以上的溶质时,即使其中一种含量少,如果它是表面活性剂,即可吸附于泡沫上使泡沫稳定,泡沫液和残液中该组分的成分比发生变化,使组分得到分离。

　　在泡沫分离法中可采用通气或摇动的方法形成泡沫。通气法是使气体通过半熔状玻璃或金属多孔板,然后通入液体内。通气速率要适宜,可根据金属多孔板的孔径大小和孔数加以调节。此外,影响泡沫状态的因素还有溶液的浓度、液量、温度和容器的大小等。在泡沫分离实际操作中,为获得较好的效果,常常都是将泡沫液作为原液进行反复泡沫分离。

参考文献

[1] 赵国玺,朱珬瑶. 表面活性剂作用原理. 北京:中国轻工业出版社,2003.

[2] 徐燕丽. 表面活性剂的功能. 北京:化学化工出版社,2000.

[3] 孙其诚,黄晋. 物理,2006,12:1050.

[4] 郭志伟,徐昌学,路遥,等. 化学工程师,2006,4:51.

[5] GB/T13173—2008.

[6] GB/T7462—1994.

[7] Khristov Khr,Exerowa D,Minkov G. Colloids Surf A,2002,210:159.

第四章

表面活性剂在油田工业中的应用

  油田化学[1~5]是研究油田钻井、采油和原油集输过程中化学问题的科学，主要包括上述过程中存在的问题的化学本质，研究解决问题所使用的化学剂以及各种化学剂的作用机理和协同效应。油田化学是一门综合科学，它与油田地质学密切联系[6]；是钻井工程、采油工程、油藏工程和集输工程等的边缘科学；各门基础化学（无机、有机、分析、物化、表面、胶体化学等）是油田化学的基础；与流体力学和渗流力学及环境化学也有密切的联系。

  在油田化学中，表面活性剂科学占有至关重要的位置[7~9]。表面活性剂的原理和应用贯穿于油田工业的全过程。特别是原油生产的钻井、采油和集输三个过程中经常要用表面活性剂解决存在的问题，表面活性剂因此被大量使用，成为油田工业中最重要的一类化学剂。本章重点介绍表面活性剂在油田工业中的应用原理。

 一、油田化学和油田工业

（一）石油和油田气

  按照干酪根（kerogen）成油说，石油（petroleum）主要是由沉积岩中不溶于非氧化性的无机酸、碱及有机溶剂的分散有机质——干酪根，在成岩作用晚期经过热解生成的。

  石油包括常规石油和非常规石油，如图 4.1 所示。常规石油指一般意义上的石油，非常规石油是指储集层中的致密油、重质原油或超重质原油、油砂以及在烃源岩中的油页岩和页岩油。油田气包括与原油同时从油井采出的天然气和在地层深处以固态存在的天然气和天然气水合物（如可燃冰）等。

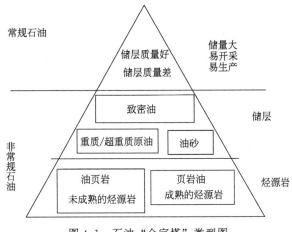

图 4.1　石油"金字塔"类型图

1. 原油（石油）

原油（crude oil）是指从油田采出的未经加工的石油，是指储存在地下的复杂的烃（仅由碳和氢元素组成）和非烃（除碳和氢元素外，还含有氧、硫、氮等元素）的混合物。表征原油性质的参数主要有密度、黏度、酸值、蜡含量、凝点、胶质含量、沥青质含量等。

原油按不同标准有不同的分类，如表 4.1 所示。

表 4.1　原油的分类

分类标准	按密度	按凝点	按化学组成	按蜡含量	按黏度	
分类	轻质原油 重质原油	低凝原油 易凝原油 高凝原油	石蜡基原油 环烷基原油 中间基原油	低蜡原油 含蜡原油 高含蜡原油	稀油	
					稠油	普通稠油 特稠油 超稠油

原油由油质、胶质、沥青质组成。胶质沥青质是石油中重组分的主要组成成分，迄今为止，关于胶质沥青质尚无明确的定义，它不是具有明确地质意义的一种物质，也不是按化学性质或结构划分的一种化合物，而是一类杂散的、无规则的有机地质大分子，是一种复杂的非烃化合物的混合物。一般来说，胶质沥青质是指石油中不溶于正戊烷或正庚烷而可溶于苯或甲苯的一类特定组分。也有人简单地以胶质物溶于油，沥青质不溶于油（它在胶质保护下分散于油中）对两者加以区分。

在炼油厂主要是利用原油中不同组分的沸点，通过蒸馏和减压蒸馏将原油不同成分分离（从原油中提炼出直馏汽油、煤油、轻重柴油及各种润滑油馏分等）。

实验室可通过化学物理方法进行分离，如图 4.2 所示。

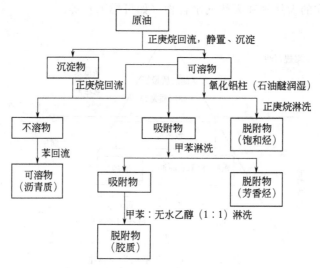

图 4.2　实验室对原油中不同成分的分离

原油作为开采的对象，最关键的参数是黏度和所含化合物的极性。地面脱气原油的黏度范围从零点几到上万毫帕·秒。原油的黏度除了与温度、溶解气量、压力等因素有关外，主要与蜡、胶质、沥青质含量有关，蜡、胶质、沥青质含量越大，黏度越高。胶质、沥青质不仅使原油黏度增加，由于含有 S、N、O 的基团具有较强的极性，因此极易吸附到岩石表面上，使储层具有亲油性，使石油开采困难。黏度高，蜡、胶质、沥青质含量也较高的原油也称为双高原油。

2. 天然气

天然气是指与原油同时从油井采出的可燃气体，又称伴生气。天然气由烃气（甲烷～戊烷等，其中甲烷可高达 70%～98%）、非烃气[二氧化碳、氮气、硫化氢、氧气、氢气、一氧化碳、稀有气体（如 He、Ar 等）]和水蒸气组成。表征油田气性质的参数主要有相对密度、各种烃气含量、各种非烃气含量、水蒸气含量等。天然气按不同标准的分类如表 4.2 所示。

表 4.2　天然气的分类

分类标准	按 C_3H_8 以上烃液含量	按 C_5H_{12} 以上烃液含量	按 CO_2、H_2S 气体含量
类别	贫气 富气	干气 湿气	酸性气体 非酸性气体

3. 油页岩和页岩油

油页岩（oil shale）和页岩油（shale oil）都属于非常规石油，存在于烃源岩（source rock）中。烃源岩是富含有机质的沉积物，可以沉积在各种环境，包括深水、湖泊，它能产生或已经产生可运移的烃类，所以烃源岩也称为"生油岩"。按干酪根熟化的程度，未成熟的（未经运移的）烃源岩为油页岩［或称"干酪根页岩（kerogen shale）"］，成熟的烃源岩为页岩油。油页岩是一种富含有机质、具有微细层理、可以燃烧的细粒沉积岩。油页岩中绝大部分有机质是不溶于普通有机溶剂的成油物质，俗称"油母"。因此，又称为"油母页岩"。油页岩的含油量一般为4%～20%，有的高达30%，可以直接提炼石油。

如果页岩油运移出烃源岩，进入有盖层的储层，就成为常规石油；如果页岩油运移到致密地层滞留，被称为致密油（tight oil）。致密油中的原油品质与常规油藏相同，都属于轻质原油，而从油页岩制取的页岩油是重质油。在学术上，页岩油即指油页岩制取的重质原油。从液态烃金字塔来看，常规石油较非常规石油少得多。而非常规石油中富含干酪根的油页岩储量最大。从油页岩炼制的页岩油也称为人造石油。页岩油的碳氢质量比最接近天然石油，最适于代替天然石油的液体燃料组成。从页岩油制取轻质油品，是目前人造石油制取合格液体燃料中成本最低的一种方法。

美国能源信息署（EIA）将页岩油和致密油作为同样的概念使用，但同时也解释说，美国油气界通常所谓的页岩油，其实是指致密油。在石油价格大战中提及的页岩油是指致密油。致密油也来自页岩，开采方法与页岩气相同，由于页岩气革命的影响太过轰动，干脆称之为"页岩革命"，在中国把致密油和页岩气合并简称为"页岩油气"。

4. 页岩气

页岩气（shale gas）是一种以游离或吸附状态藏身于页岩层或泥岩层中的、可供开采的非常规天然气。页岩亦属致密岩石，故也可归入致密气层气。

页岩气往往分布在盆地内厚度较大、分布广的页岩烃源岩地层中。与常规天然气相比，页岩气开发具有开采寿命长和生产周期长的优点。

中国的页岩气可采储量居世界首位。但中国的泥页岩裂缝性油气藏概念与美国现今的页岩气内涵并不完全相同，分别在烃类的物质内容、储存相态、来源特点及成分组成等方面存在较大差异。

5. 油砂

油砂（oil sand）即浸油的岩石，是指含有天然沥青的砂子或其他岩石，故又称为"焦油砂""沥青砂"，也称为"重油砂"。油砂实质上是一种沥青、砂、富矿黏土和水的混合物，其中，沥青含量为10%～12%，砂和黏土等矿物占80%～85%，余下为3%～5%的水。油砂中具有高密度、高黏度、高碳氢比和高金属含量的油砂沥青油。在有些沉积例如西加拿大"油砂"沉积当中，天然沥青的含量在一些诸如粉砂岩、碳酸盐的岩芯当中可能占主导地位。与煤层气、页岩气、油页岩等非常规资源一样，油砂也是一种重要的石油补充和替代能源。世界上85%的油砂集中在加拿大阿尔伯塔省北部地区，我国是世界油砂矿资源丰富的国家之一，居世界第五位。中国油砂资源潜力可能大于稠油资源。

6. 可燃冰

可燃冰（flammable ice）是天然气水合物（natural gas hydrate，简称 gas hydrate），主要成分的分子式为 $CH_4 \cdot 8H_2O$。因其外观是一种白色固体物质，像冰一样而且遇火即可燃烧而得名，又被称作"固体瓦斯""气冰"、甲烷水合物、甲烷冰。

可燃冰分布于深海沉积物或陆域的永久冻土中，是由天然气与水在高压低温条件下形成的类冰、非化学计量的笼形结晶化合物（碳的电负性较大，在高压下能吸引与之相近的氢原子形成氢键，构成笼状结构），所以也称为"笼形包合物"（clathrate）。一旦温度升高或压强降低，甲烷气则会逸出，固体水合物便趋于崩解。

可燃冰甲烷含量占 80%～99.9%，因而被各国视为未来石油天然气的替代能源。

（二）油田化学和油田化学品

油田化学由钻井化学、采油化学和集输化学三部分组成。钻井、采油和原油集输虽然是不同的过程，但它们是相互衔接的，因此油田化学三个组成部分虽有各自的发展方向，但彼此相互关联。

钻井化学主要研究钻井/完井和水泥浆体系的性能及其控制与调整，包括添加剂的作用机理、合成、筛选、改进和应用，涉及钻井、完井、固井、射孔、试油等过程的化学问题。

采油化学主要研究油层改造和油水井化学改造问题，包括改造方案、添加剂的作用机理、合成、筛选。

集输化学主要研究设备和管道的腐蚀与防护、原油的破乳与乳化、原油的降黏与降阻输送、天然气的处理和利用、油田污水和污泥的综合处理以及油气田环境保护问题，涉及原油集输和预处理中的众多化学问题。

油田化学品（剂）是解决油田钻井、固井、采油、注水、提高采收率及集输等过程中化学问题时所用的药剂。表 4.3 列出了常见的油田化学剂的类型，其中很多属于表面活性剂，因此油田化学包括了很多表面化学和界面化学的原理和应用，石油工业也是表面活性剂一个综合应用的例子。

表 4.3 油田化学剂的分类

按油气田勘探开发的阶段分类	钻井用剂	钻井完井液用剂	钻井液体系及添加剂 完井液体系及添加剂 完井油气层保护用剂	降滤失剂；pH 调节剂；增黏剂；除钙剂；降黏剂；起泡剂；絮凝剂；乳化剂；润滑剂；防塌剂；缓蚀剂；解卡剂；抗温处理剂；页岩抑制剂；密度调整材料；堵漏材料等

续表

按油气田勘探开发的阶段分类	钻井用剂	水泥浆添加剂	水泥浆体系及外加剂与外掺料	水泥浆促凝剂、水泥浆缓凝剂、水泥浆减阻剂、水泥浆膨胀剂、水泥浆降滤失剂、水泥浆消泡剂、水泥浆密度调整外掺料、水泥浆防漏外掺料

按油气田勘探开发的阶段分类	钻井用剂	水泥浆添加剂	水泥浆体系及外加剂与外掺料	水泥浆促凝剂、水泥浆缓凝剂、水泥浆减阻剂、水泥浆膨胀剂、水泥浆降滤失剂、水泥浆消泡剂、水泥浆密度调整外掺料、水泥浆防漏外掺料
			固井射孔油气层保护用剂	
	采油用剂	油层化学改造用剂（提高采收率用剂）	化学驱用剂	聚合物驱用剂；活性剂驱用剂；碱驱用剂；复合驱用剂
			混相驱油剂	烃类混相驱用剂；非烃类混相驱用剂
			热采用剂	蒸汽驱用剂；火烧油层用剂；
			微生物及其助剂	
		油水井化学改造用剂（化学增产增注用剂）	调剖剂；堵水剂；防砂剂；降黏剂；降凝剂；缓蚀剂；破乳剂；示踪剂；清蜡剂；防蜡剂；防垢剂；除垢剂；防膨剂；酸化用剂；压裂用剂；水处理剂；油层保护剂	
	集输用剂	缓蚀剂；阻垢剂；破乳剂；降黏剂；减阻剂；污水处理剂；天然气处理剂；环境保护用剂		
按油田化学品的组成结构分类	有机；无机；活性剂；聚合物			
按油田化学品的用途进行分类	驱油剂；调剖剂；堵水剂；缓蚀剂			
按油田化学品的作用进行分类	功能型；预防型；消除型			
按油田化学剂相互的关系分类	主剂；助剂（添加剂）			

 二、三次采油与提高采收率

（一）三次采油技术

1. 采油的三个阶段

采油过程分为一次采油、二次采油和三次采油三个阶段。不同采油时期，有不同的原油采收率。原油采收率是采出地下原油原始储量的百分数，即采出原油量与地下原始储油量的比值。

$$原油采收率 = \frac{采出量}{原油地质储量} \tag{4.1}$$

对不同油藏以及不同采油方式，学者们各自提出了不同的采收率计算方法（公式），详见参考文献 [10~12]。

一次采油（primary oil recovery）是利用地层（油层）的原始能量开采石油，也叫自喷采油。它主要依靠边水水压、上覆地层的重压、气顶或溶解气压力等造成的自喷采油，以及依靠机械（抽油机）力量使原油举升至地面的采油方式。一次采油的特点是只有采油井，无注水井。一次采油的采收率可达 10%～15%。

二次采油（secondary oil recovery）是注水、注气给油层补充能量提高采收率方法，分别称为水驱和气驱。注水、注气的目的是补充由于采油造成的油层体积亏空，同时补充地层压力，从而提供驱替地下流体流动所需的能量。二次采油是开采可采储量的技术，增加可流动油的采收率，采收率小于 30%（一般为 15%～20%）。

当二次采油开展一段时间后，剩余油以不连续的油块被圈在油藏砂岩孔隙中，此时采出液中含水 80%～90%，有的甚至高达 98%，这时开采已没有经济效益。为此约有储量 60%～70% 的原油，只能依靠其他物理、化学和生物等方法进行开采，这样的开采称为三次采油（tertiary oil recovery），它是用除自喷、水驱以外的一切措施提高原油采收率。包含二次采油在内的增加采收率的所有方法统称提高采收率技术，或 EOR（enhanced oil recovery，强化采油）技术，也有称作 IOR（improving oil recovery，改进采油）技术。三次采油是开采残余油的技术，即增加不可流动油的采收率。不同的三次采油方法，其采收率不同[10～12]。

用微生物方法提高采收率也可归属于三次采油，也有人称之为四次采油。

与三次采油技术配合使用的还有油水井改造技术，即注水井、生产井的改造技术。油水井改造的目的是改善井筒和近井地带的液体流动，提高采油速度，降低采油成本。油水井改造技术中化学改造占有重要地位。例如注水井近井的调剖、油井堵水、防砂、防蜡和清蜡、防垢和清垢、酸化、压裂、黏土防膨、注水井杀菌和解堵、稠油降黏等。

我国陆上油田采用常规开采方法有 2/3 的储量留在地下，提高采收率可增加 11.8 亿吨可采储量。

2. 三次采油技术类型

三次采油技术类型如图 4.3 所示。

常规三次采油技术包括热力采油、化学驱、气驱等；更先进的三次采油技术包括蒸汽驱与泡沫相结合、低碱复合驱体系、混相气驱、微生物驱油、纳米技术等。

（二）三次采油术语和重要参数

（1）原油储层的地质特性　石油、天然气、水（储层流体）共储于多孔岩石（储层）中形成油藏，其特点是由于地下的高压、高温，一些性质与地面上不同。这些储层流体经过注水（水驱）开发之后，形成一个水、原油、岩石均为连续相的复杂的分散体系，此体系具有巨大的相界面。

① 储层流体　指储存于地下的石油、天然气和地层水。其中，地层水指油气层边部、底部、层间和层内的边水、底水、层间水及束缚水，束缚水是以毛细管滞

留水和薄膜滞留水存在于含油岩石孔道中的水。按照盐的种类，地层水分为硫酸钠（Na_2SO_4）水型、碳酸氢钠（$NaHCO_3$）水型、氯化镁（$MgCl_2$）水型和氯化钙（$CaCl_2$）水型。

② 储层岩石 主要包括砂岩、碳酸盐岩、泥岩。

（2）储层的基本物理特性

用孔隙度、渗透率、饱和度来表征。

① 岩石孔隙率（孔隙度）

岩石孔隙率或孔隙度（ϕ）用孔隙体积（$V_{孔}$）（或岩石中未被固体物质充填的空间体积）在储层岩石的表观体积（$V_{岩}$）中的百分数表示为：

$$\phi = \frac{V_{孔}}{V_{岩}} \times 100\% \quad (4.2)$$

包括绝对孔隙度、有效孔隙度、流动孔隙度三类。根据孔隙大小又分为超毛管孔隙、毛细管孔隙和微毛细管孔隙三类（具体定义见参考文献［6］）。

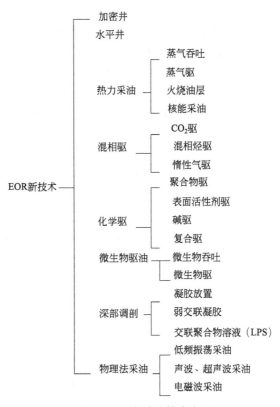

图 4.3 三次采油技术类型

② 储层岩石的流体饱和度 指某流体在岩石孔隙中占据孔隙空间体积的分数，它表征了孔隙空间为某种流体所占据的程度。勘探初期称原始含油、水、气饱和度；开发阶段称残余油饱和度或剩余油饱和度。在油田开发的不同时期，不同阶段所测得的油、气、水饱和度称为目前油、气、水饱和度。

③ 储层渗透率 在一定压差下，岩石允许液体通过的能力称渗透性，度量岩石渗透性的参数就叫岩石的渗透率，其大小反映岩石允许流体通过的能力的强弱。

渗透率一般用达西（Darcy）定律描述：

$$Q = K \frac{A \Delta p}{\mu L} \times 10 \quad (4.3)$$

式中，Q 为在压差 Δp 下通过岩心的流量；A 为岩心截面积；L 为岩心长度；μ 为通过岩心的流体黏度；Δp 为流体通过岩心前后的压力差；K 为比例系数，又称为砂子或岩心的渗透系数或渗透率，常用单位为达西（D），$1D = 1\ \mu m^2$。

渗透率是只与孔隙形状及大小有关的参数，它与通过流体的性质无关。

渗透率有多种表示方法，如绝对渗透率、有效渗透率（相渗透率）及相对渗透率等。按测定方法也分为气测渗透率、液测渗透率。一般将气测渗透率称为绝对渗透率。这些定义详见参考文献［6］。

按渗透率大小把储层分为低渗透储层、中渗透储层和高渗透储层。

④ 储层中油层分布的非均质性 储层非均质性是指组成储层岩石的各种地质的物理性质及其变化特性。由于储层的岩石空间不是千孔一律的，其中的流体性质和状态也不是一成不变的，而且由于沉积体形态不同和沉积层内部变化的差异，从而使储层非均质性形成了不同的规模或等级。

储层非均质分为岩石非均质和流体非均质。地层参数随空间坐标而变化的油气层称为非均质地层。具有不同性质的油藏称为非均质油藏，一般把非均质性分为微观、层内、层间和平面非均质性。储层垂向上相邻单砂层之间在岩性、组成、物性、结构等存在的差异称为多层油藏储层层间非均质性。在单砂层内孔隙度、渗透率在垂向和平面分布的差异性称为储层层内非均质性。砂岩储层中孔隙喉道存在的差异称为储层微观非均质性。

由于油藏岩石非均质性，阻止水的波及系数的提高。向油藏注水时，水不能被波及到低渗透油层。在水驱油的过程中，水总是沿渗透率较大或流动阻力较小的方向流动（大孔隙）而发生指进（finger in）现象，形成残余油。

⑤ 渗透率韵律 储油层在纵向上是由多个不同渗透率的小储层（10～20层）组成的。渗透率在纵向上的变化受韵律性的控制，不同的韵律层具有不同的渗透率韵律。同粒度韵律一样，按渗透率的分布情况将油层渗透率韵律划分为正韵律、反韵律、复合韵律等。

a. 正韵律 最下层渗透率高，上层渗透率较小。水洗特征：注入水沿底部高渗透段突进，重力、黏度使之加剧，水的波及系数较小。

b. 反韵律 最上层渗透率最高，下层渗透率小。特点：水洗厚度大于正韵律，重力作用有利于提高水的波及系数。

c. 复合韵律 渗透率最高层不在底部；特点：首先水洗底部，纵向渗透率级差较小，水的波及系数较大。

d. 多级多韵律 储油层在注水井、油井之间分成多段，渗透率也不同。特点：多段水洗，厚度较大，每段特征与正韵律储层类似，水的波及系数较大，各油层之间封闭性能较好的隔层，对分层开采有利。多级多韵律存在隔层。

（3）水驱 水驱即在一次采油靠地层天然能量不能将地下原油采出地面后，将一些原来的采油井转为注水井，或通过专门的注水井将水注入油藏，补充地层能量和体积亏空，从而将一次采油后剩余在地下的原油采出。

① 驱替水 由注水井注入作为原油驱替剂的水，包括：a. 江、河、湖、海的地表水或地下水；b. 污水，即采出水处理后的污水。

② 剩余油、残余油和剩留油 水驱后，因水未波及到的区域而留在地下的原油称为剩余油，这种剩余油处于注入水未波及的油层中低渗透部位；水波及区域

所滞留在地下的原油称为残余油，由于岩石表面润湿性和毛细管液阻效应的存在，这种残余油在水驱波及区内，以簇状、柱状、孤岛状、膜（环）状、盲状的形态存在于孔隙介质中。水驱结束后，水波及和未波及区域的残余油和剩留油的总和称为剩留油。

③ 加密井、水平井　水平井是井斜角达到或接近 90°，井身沿着水平方向钻进一定长度的井。加密井和水平井的基本原理是缩短地层流体在岩石孔隙中的流动距离，提高波及体积（驱油剂波及到的油层容积与整个含油容积的比）。

④ 水驱采收率、体积波及系数与洗油效率　水驱采收率是实施注水油区采油量 N_P 和开发前此油区的地质储量 N 的比值：

$$水驱采收率 = \frac{N_P}{N} = E_D E_V \tag{4.4}$$

水驱采收率是体积波及系数 E_V 与洗油效率 E_D 的乘积。

水波及区的驱油效率（或称洗油效率）E_D 是已被水从孔隙中排出的那部分原油饱和度占原始含油饱和度的百分数。它反映微观上的采收率。

该油区体积波及效率（或称体积波及系数）E_V 表示在实施油区中驱替水波及到的体积占实施油区油层有效孔隙体积的分数。与井网类型（按一定几何形状布置的生产井（采出井）和注水井系统）、井间距、地层地质非均质性、驱替中发生指进等状况有关。E_V 是平面波及系数 E_A 和垂向波及系数 E_I 的乘积：

$$E_V = \frac{累计注水量 - 累计产水量}{实施油区油层有效孔隙体积} = E_A E_I \tag{4.5}$$

$$E_A = \frac{A_S}{A} \quad E_I = \frac{A_I}{A_a} \tag{4.6}$$

式中，A_S 为注入水在平面上触及的面积；A 为油藏总面积；A_I 为注入水触及的横截面积；A_a 为总横截面积。

波及系数 E_V 越大，洗油效率 E_D 越高，采收率也就越高。所以要提高原油采收率就必须改善波及系数和微观洗油效率。

⑤ 流度、流度比和油水黏度比　流度为渗透率与黏度比值，流度比为注入工作剂的流度与被驱替原油流度之比：

$$M = \frac{\lambda_w}{\lambda_o} = \frac{K_w}{K_o} \times \frac{\mu_o}{\mu_w} \tag{4.7}$$

式中，M 为流度比；λ_w 为水相流度；λ_o 为油相流度；K_w 为水相渗透率；K_o 为油相渗透率；μ_w 为水相黏度；μ_o 为油相黏度。

由此可见，增大水相的黏度，可以改变水的微观波及状态，提高微观波及系数，提高洗油效率，使 E_D 增加。此即聚合物驱的主要原理。

⑥ 指进现象　指进现象（fingering effect，finger in）指注入水以类似于手指插入的方式进入油层，发生水窜。两相不混溶流体驱替过程中，由于两相黏度的差异造成前沿驱替相呈分散液束形式（即像"手指"一样）向前推进，这种现象

称为黏性指进。发生指进现象时水驱基本无效。

（4）**热力采油** 热力采油是提高地层温度，降低原油黏度达到提高采收率的目的，包括蒸汽吞吐、蒸汽驱、火烧油层、核能采油等。主要用于稠油的开采。

① **蒸汽吞吐** 蒸汽吞吐是先向生产井内注入蒸汽一段时间（一般为 7 天至半个月），然后关井几天（称为"闷气"），使注入的热量在井筒周围的油层中扩散，再开井生产。此为一个蒸汽吞吐周期。

② **蒸汽驱** 蒸汽驱采油是由注入井连续不断地往油层中注入若干倍于油层孔隙体积的蒸汽，蒸汽逐渐向外扩散，不断地加热油层，从而大大降低了地层原油的黏度。注入的蒸汽在地层中随着压力和温度不断下降也就凝成为热水，由蒸汽和热水将原油驱赶到生产井的周围，并被采到地面上来。蒸汽驱采油主要是稠油油藏经过蒸汽吞吐采油之后，为进一步提高采收率而采取的一项热采方法，因为蒸汽吞吐采油只能采出各个油井附近油层中的原油，在油井与油井之间还留有大量的死油区。

③ **火烧油层** 从注入井向油层连续注入助燃剂（空气），同时用井下点火器将油层点燃（加热到原油能自燃的温度）而发生燃烧，使附近的原油蒸发和焦化。轻质油蒸气随燃烧前缘逐渐向外流动，直至生产井被采出。焦化的重烃则可继续燃烧提供热量。

④ **核能采油** 包括核爆采油（利用核爆炸产生能量使原油裂解来提高采收率）及核热采油（由核反应堆产生的热能蒸汽注入地层采油）。

（5）**混相气驱或非混相气驱** 基本上以气体作为驱替流体。如果驱替流体与原油间可因溶解而失去相界面的，称为混相驱；如果驱替流体与原油间存在相界面的，称为非混相驱。非混相驱包括二氧化碳驱油、混相烃驱、惰性气驱，主要用于有二氧化碳或其他适合气源的场合，或非常缺水的地区。

（6）**化学驱油** 使用化学剂溶液作为驱替液的采油技术的总称，注入的化学剂将引起地层微观孔隙介质发生物理化学变化。它包括聚合物驱、浓表面活性剂驱（主要指微乳液驱）、稀表面活性剂驱、碱水驱、复合驱（包括各种二元、三元复合驱）。

（7）**微生物驱油** 指培养、筛选适当的微生物菌种，配成其水分散体系注入地层，进行吞吐或驱替作业，提高原油采收率的措施，以及使用微生物化工的方法合成生物制品作为原油驱替剂的技术。微生物驱油还处于研究阶段，矿场试验也主要以单井吞吐作业为主。

（8）**调剖及堵水** 油井出水是目前注水开发中存在的一个普遍问题，由于油层的非均质性和油水流度比的不同，水层窜槽、底水锥进，或注入水、边水突进，产生了高渗透通道，导致油层过早见水或水淹。油井出水会严重影响经济效果，同时，增加产水量必然会增加地面脱水的费用和带来整个采油工艺上的复杂性。在注水后期，注入剖面很不均匀，造成最终采收率低下，产出液含水率高。

为了清除或减少水淹，控制产水层中水的流动和改变水驱油中水的流动方向，提高水驱油采收率，在生产井或注入井上进行封堵出水层段（高渗透层）所采用的化学处理方法称为调剖及堵水技术。

① 调剖及调剖剂　调剖指从注水井进行的封堵高渗透层的作业，可以调整注水层段的吸水剖面。能调整注水地层吸水剖面的物质叫调剖剂。调剖剂是用来封堵含油饱和度低的高渗透层或此层的渗滤面的，可以降低此层的渗透率。

② 堵水及堵水剂　堵水指从油井进行的封堵高渗透层的作业，可减少油井的产水。进行封堵出水层段所采用的化学处理剂称为堵水剂。

③ 深部调剖技术　以降低水驱后留下大孔道的渗透率，提高后续驱替剂的波及系数为目的的技术。

④ 调剖与驱替的区别　调剖与驱替是两种完全不同的作用。调剖是为了提高大孔道的流动阻力而提高小孔道中的驱替效率，故调剖剂可以是注入老油通道（大孔道）而产生液流改向。驱替是使驱替液进入有原油的通道中使原油被驱替。

目前油田中最重要的堵水、调剖剂是聚丙烯酰胺。

（9）酸化、压裂和助排　酸化和压裂都是油水井改造（改造油气层）技术，是目前油气井常用的解堵与增产措施，可以提高产层的导流能力，恢复并增加产能。

① 油井酸化　是指采用机械的方法将大量酸液挤入地层，通过酸液对井下油页层、缝隙及堵塞物（氧化铁、硫化亚铁、黏土）溶蚀，恢复并提高地层渗透率，达到油井稳产、高产的目的。

油田酸化时常用的酸包括盐酸（6%～37% HCl）、氢氟酸（3%～15% HF）、土酸（3% HF + 12% HCl）、甲酸（10%～11% HCOOH）、乙酸（19%～23% CH$_3$COOH）、氨基磺酸（NH$_2$SO$_3$H）等。

② 压裂　压裂是利用压力以高于储层吸入能力的速度，向井下注入高黏度工作液（称为压裂液），使井筒内压力增高，直至克服地层的压缩应力和岩石的张力强度，将地层压开，形成裂缝，并由固体支撑物（如粒径 0.4～1.0mm 的天然石英砂或人造高强度陶粒，称为支撑剂）按需要模式停留在裂缝里，使支撑裂缝保持一定的张开程度，将裂缝支撑起来，以减少流体流动的阻力，在压裂液破胶返排后，这些裂缝为地层中的油气提供了高导流能力的通道，从而提高了油气井的产量，达到增产增注的目的。

目前国内外使用的压裂液有水基压裂液、油基压裂液、乳化型压裂液和特种压裂液。

③ 助排　压入地层的酸液或压裂液，返排是否及时彻底是一个重要因素，特别是地层能量低、渗透性差的井，酸化压裂作业后处理液的返排更为困难，若不采取相应的助排措施，则会给地层造成新的伤害和污染，导致施工失败。在压裂酸化处理液中添加性能优良的助排剂，产生极低的表面张力和增大接触角，从而降低毛管阻力，清除液体滞留地层而造成的堵塞，是既经济又方便地提高返排率的有效方法。

（三）油藏及驱油过程的表面化学和界面化学

1. 油水界面张力-超低界面张力与驱油效率

当界面张力处在 $10^{-1} \sim 10^{-3}$ mN/m 称为低界面张力，高于上限为高界面张力，低于下限为超低界面张力[13]。这个分类并不严格，有些书中也把 10^{-2} mN/m 以下范围的界面张力称为超低界面张力。低和超低界面张力常用旋（转）滴法测定。

提高原油采收率的化学方法之一是在注水时加入表面活性剂使油水界面张力降低。从理论上讲，在保持其他条件不变时，若能降低界面张力，则注水驱油的效率便可大大提高。若油水界面张力降至零，即油水完全互溶，成为单相流体（如微乳状液）时，水就可以高效洗油。

（1）界面张力范围　关于油水界面张力与驱油（洗油）效率的关系，传统观念认为界面张力越低，驱油效率越高。但近年来有研究者通过室内宏观驱油物理模拟试验结果表明，在油水界面张力最低的情况下，驱油效率并非最高，表明油水界面张力存在最佳值，此时驱油效率最高。

（2）最适宜碳数　表面活性剂和盐的配方固定，改变油相成分，发现界面张力随油相的碳原子数而变，在油相某一碳原子数时界面张力出现最低值，此时的烷基碳原子数（alkyl carbon number，ACN）称为最适宜碳数 $n_{\min}$，表示该同系物油相对表面活性剂配方的最合适碳数。各种同系物均存在这种关系。当油相不同时，最小界面张力值不同。

（3）等效烷基碳原子数　固定表面活性剂和盐的配方中，油相的 $n_{\min}$ 是一个定值。各同系物的 $n_{\min}$ 不同，但存在一定关系，其中，烷烃（A）、烷基苯（B）、烷基环己烷（C）的 $n_{\min}$ 间有如下关系。

$$n_{\min}(A) = n_{\min}(B) - 6 = n_{\min}(C) - 2 \tag{4.8}$$

上式提供了由某一油相的碳数得到另一油相的碳数的方法。注意在有些教科书中，式（4.8）中最后一项为 $n_{\min}$（C）-3[13]。

从上述关系亦可看出，烷基苯当中，苯环的 6 个碳原子事实上不起作用，而烷基环己烷中，环烷基中的 6 个碳原子事实上只有 4 个有贡献（也有文献认为是 3 个）。这些等效的烷烃的碳原子数叫做同系物油相的等当碳原子数（equivalent alkyl carbon number，N_E），用以表示油相形成低界面张力体系的特性，即对同一表面活性剂和盐的配方显示最低界面张力的烷基碳数与其他系列中显示最低界面张力的那个烃等价。例如在同样条件下，对一定表面活性剂，庚烷、庚基苯、丙基环己烷（也有文献认为是丁基环己烷）作为油相，其界面张力相同，说明它们是等效的，这三种油的等当碳原子数相同，都是 7。

（4）影响油/水界面张力因素　影响油/水界面张力的因素非常复杂，体系的界面张力对各组分的性质和含量十分敏感，盐浓度、表面活性剂分子量及油相成分的变化都可能使超低界面张力特性消失。主要影响因素有：①表面活性剂的类型与分子结构；②原油中溶解气（模拟油）；③原油中沥青质、胶质、极性物；④油相烃类碳数与结构（见前述最适宜碳数和等效烷基碳原子数）；⑤油相中非烃类的形态、结构、含量；⑥盐的类型和浓度；⑦温度等。这些影响因素经常是综合起作用的，规律性较差，需要根据具体情况具体分析。

◁ **2. 界面黏度和界面黏弹性** ▷

界面黏度是在界面发生二维形变时，引起界面层黏度的变化。界面黏弹性是界面的黏滞性及弹性的综合性质，分为界面膨胀黏弹性和界面剪切黏弹性两部分。

界面膨胀黏弹性表示界面张力与界面积变化之间的关系。界面剪切黏弹性表示界面剪切黏度或界面剪切形变与剪切应力之间的关系，它与体相流体的黏弹性类似，不同的是表面是二维的。

（1）界面黏弹性对驱油的影响　主要有以下方面：

① 油滴通过喉道时变形的黏弹性造成流动阻抗；

② 由于界面的黏弹性表现了界面层的机械强度，它阻止油滴聚并，阻止油带的形成；

③ 表面活性剂在油水相的分配平衡是超低界面张力形成的必要条件，而界面黏弹性会降低或加速活性剂分子通过界面的传质速率，减缓或促进界面达到平衡的过程；

④ 界面黏弹性太大造成采出液破乳、脱水困难。

（2）影响界面黏弹性的因素

① 表面活性剂类型和浓度　低浓度时，随着浓度增加界面黏弹性增加（表面活性剂分子在界面处吸附增加，界面处堆集紧密）。与表面活性剂的表面活性（降低界面张力的能力）无一定关系，与表面活性剂的构型有较大关系，某些同分异构体界面黏度差别很大，一般来讲，支链的界面黏度小，直链的大。

② 聚合物的存在　部分水解聚丙烯酰胺（HPAM）等水溶性聚合物有一定界面活性，对界面黏度有一定贡献；而某些聚合物分子由于扩散作用也可以存在于界面层中，但其存在却严重地影响界面黏度。

③ 原油性质　界面上原油极性组分（含 O、N、S 的化合物，胶质，沥青质）含量及形态严重影响界面黏弹性，一般沥青质的存在增加界面黏度，胶质的存在改变沥青质在界面的存在形态，而使界面黏度有所下降，胶质在界面上的单独存在仍会使界面黏度有所上升。

④ 水相组成（尤其是电解质或相关组分的浓度）　水相离子强度影响界面分子的水化层，影响界面分子（例如聚合物）的形态（无规线团→球形结构），从而影响界面黏度。由于一般活性剂的水化层有利于界面黏度增加，电解质浓度的增加使水化层减薄，使面黏度下降。

⑤ 界面老化时间　界面活性剂的吸附层的形成、水化层平衡的建立以及相分配平衡都需要一定的时间，这些因素造成界面有个老化过程，在驱油过程中油珠

不断形成、不断分散，界面的更新与老化是永久存在的。

3. 界面电荷

相界面常带有界面电荷（由于电离、选择性吸附离子造成）。由于岩石表面因水化或电离造成岩石表面带负电荷，如使用阴离子活性剂或有阴离子型基团的聚合物，使 O/W 型乳状液分散相表面带负电荷，或水/油界面水侧带负电，则有利于原油的剥离，减少化学剂的吸附损失，且减少原油的重新陷留。

4. 岩石表面润湿性及润湿性反转

驱油效率与岩石的润湿性密切相关。岩石润湿性是控制油层内部油水分布、数量和流动驱替机制的重要因素之一，其变化直接影响油层的毛细管压力、油水相对渗透率、水驱动态、束缚相数量和分布、残余油饱和度及油层的电性特征。

（1）水湿表面和油湿表面　当水在岩石表面上的接触角小于 90°时，为水润湿。等于 90°为油水共同润湿，大于 90°时为油润湿。若岩石为水润性，注水能把岩石表面的原油冲刷下来，驱油效率好。反之，岩石为油润性，注水只能冲刷一部分原油，驱油效率差。

岩石表面是高能表面，理应是强亲水性。但由于岩石表面已有吸附物，润湿性发生了改变。对不同的地层，岩石表面润湿性可表现为强亲水性、弱亲水性、中性、弱亲油性或强亲油性。在注水开发中，岩石表面润湿性变化规律为：亲油──→弱亲油──→中性──→弱亲水──→亲水。

（2）润湿反转　液体对固体的润湿能力有时会因为第三种物质的加入而发生改变。例如，一个亲水性的固体表面由于表面活性物质的吸附，可以变成一个亲油性表面；或者相反，一个亲油性的表面由于表面活性物质的吸附变成一个亲水性表面。固体表面的亲水性和亲油性都可在一定条件下发生相互转化，因此把固体表面的亲水性和亲油性的相互转化叫做润湿反转（wettability alteration）。图4.4 显示了表面活性剂使地层表面润湿反转的情况。

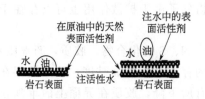

图 4.4　表面活性剂使地层表面润湿反转

水湿地层被改变成油湿地层后一般可使渗透率降低，在低渗透岩石中渗透率降低的百分数更大，这将严重影响原油采收率。为降低油藏注入压力、增加注入水的渗流能力、增加水相渗透率，可以通过改变储层岩石表面的润湿性，实现润湿性反转，达到增加注入量的目的。

5. 毛管力及其毛管数

（1）毛细管力与润湿性　把玻璃毛细管插入水中，毛细管中水面呈凹形，根据 Laplace 公式[13]，毛细管中液体受到向上的附加压力，使毛细管中液面高于管外液面（毛细上升现象）。反之，若把玻璃毛细管插入油（对玻璃不润湿）中，毛细管中液面呈凸形，毛细管中液面低于管外液面。毛细管力就是毛细管中能使润湿其管壁的液体自然上升的作用力。此力指向液体凹面所朝向的方向,其大小与该液体的表面张力成正比,与毛细管半径成反比。这种情况在油藏中是很常见的,油气储层中含有类似于毛细管的细微缝隙,当细微缝隙与液体接触时,在浸润情况下液体沿缝隙上升或渗入,在不浸润情况下液体沿缝隙下降。在浸润情况下,缝隙越细,液体上升越高。在地层毛细孔隙中常表现为两相不混溶液体(如油和水)弯曲界面两侧的压力差。

结合 Laplace 公式和 Young 方程(见本书第一章),假设毛细管中油水界面的弯曲液面是球面的一部分,则毛细管力可表示为:

$$P_c = (2\gamma\cos\theta)/R \tag{4.9}$$

式中,P_c 为毛细管力;γ 为油水界面张力;θ 为水与岩石表面接触角;R 为毛细管半径。

岩石表面润湿性和毛管力的关系如图 4.5 所示。

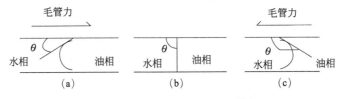

图 4.5　岩石表面润湿性和毛管力

① 当 γ、R 一定,θ 变化时,毛细管力 P_c 与 $\cos\theta$ 成正比。

a. 当 $\theta < 90°$ 时,岩石表面主要被水相润湿,$P_c > 0$,毛细管力为驱动力。

b. 当 $\theta = 90°$ 时,岩石表面的油相、水相润湿程度相同(中性),$P_c = 0$,毛细管力对水驱油无影响。

c. 当 $\theta > 90°$ 时,岩石表面主要被油相润湿,$P_c < 0$,毛细管力为阻力。

② 当 R 一定,γ、θ 变化时,有以下两种情况:

a. 当 $\theta > 90°$ 时,若 γ 降低,毛细管阻力下降,有利于水驱。

b. 当 $\theta < 90°$ 时,若 γ 增大,毛细管驱动力上升,有利于水驱。

③ 当 γ、θ 一定,R 变化时毛细管力 P_c 与 R 成反比。

由此可以看出,毛细管力总是趋向于使非润湿相占据较大的孔隙空间,在浮力、水动力和毛细管力的共同作用下,油(气)呈间歇性运动,这在物理模拟实验中已得到证实。油气要发生运移,则沿前进方向上的动力必须超过该方向上的毛细管阻力和摩擦阻力。现在有一种观点,认为在油气从烃源岩向储层的初次运移过程中,毛细管力是重要的动力,因为在水润湿的条件下,油、气相会在毛细管力作用下自动地由小孔隙和细喉道向较大、较粗的孔隙和喉道内运动。

(2)毛细管的液阻效应——水锁效应和贾敏效应　当驱动原油在毛细孔中运移过程中,液珠通过毛细孔喉时变形而对液体流动发生阻力,此即毛细管的液阻效应,这种液阻表现为水锁效应(water lock effect)和贾敏效应(Jamin effect)。

① 水锁效应　在钻井、完井、修井及开采作业过程中，许多情况下都会出现外来相在多孔介质中滞留的现象。另外一种不相混溶相渗入储层，或者多孔介质中原有不相混溶相饱和度增大，都会损害相对渗透率，使储层渗透率及油气相对渗透度都明显降低。在不相混溶相为水相时，这种现象被称作水锁效应，为烃相时称作烃锁效应。水锁效应常被表达为毛细管弯液面两侧非润湿相压力与润湿相压力之差。

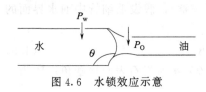

图 4.6　水锁效应示意

水锁效应也可用 Laplace 公式和 Young 方程计算。

当岩石表面亲油时，如图 4.6 所示，

$$\Delta P = P_w - P_o = \frac{2\gamma\cos\theta}{R} \quad (4.10)$$

若水驱的驱动压大于 ΔP 水驱油流动；若水驱的驱动压小于 ΔP，水驱油不能流动。

水锁效应会产生水锁伤害，也就是指油井作业过程中水浸入油层造成的伤害。水浸入后会引起近井地带含水饱和度增加，岩石孔隙中油水界面的毛管阻力增加，以及贾敏效应，使原油在地层中比正常生产状态下多产生一个附加的流动阻力，宏观上表现为油井原油产量的下降。

② 液滴或气泡通过孔隙喉道的贾敏效应　油中气泡或者水中的油滴由于界面张力而力图保持成球形。当这些气泡或者油滴通过细小的孔隙喉道时，由于孔道和喉道使得气泡或油滴两端的弧面毛管力表现为阻力，若要通过半径较小的喉道必须拉长并改变形状，这种变形将消耗一部分能量，从而减缓气泡或油滴运动，增加额外的阻力，这种阻力效应称为贾敏效应（Jamin effect）。如图 4.7 所示。

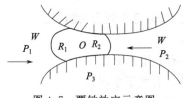

图 4.7　贾敏效应示意图

贾敏效应也可以用 Laplace 公式和 Young 方程表达。当水驱经过一段时间后岩石表面呈亲水性，原油成珠状，当油珠通过孔隙喉道（即油岩中毛细孔径小的地方，见图 4.7）时原油块会发生形变，产生附加压力（附加阻力）ΔP：

$$\Delta P = P_2 - P_1 = 2\gamma\left(\frac{1}{R_2} - \frac{1}{R_1}\right) \quad (4.11)$$

式中，γ 为油水界面张力；R_1 为油滴粗端的半径；R_2 为油滴细端的半径。

若水驱的驱动压大于 ΔP，油珠通过；若水驱的驱动压小于 ΔP，堵塞。

由此可以认为，在油气的二次运移过程中，由于孔隙结构的变化，当连续油（气）相反端曲率半径大于前端时，毛细管力是油气运移的阻力；而当连续油（气）相反端曲率半径小于前端时，毛细管力是油气运移的动力。

需要指出的是，水锁效应和贾敏效应都是毛细管的液阻效应，它们是基于相同的原理，即液珠（或气泡）通过毛细孔喉时变形产生附加阻力，都用 Laplace 公式结合 Young 方程来表达，只是两者描述的情况略有不同。

③ 油柱的毛管阻力　油柱在均匀孔道（直径不变）中流动时，岩石表面亲水时，油/水与岩石界面的接触角不等于平衡时的接触角（θ_{eq}），如图 4.8 所示，θ_f 称为前进角，θ_b 称为后退角，$\theta_f < \theta_{eq} < \theta_b$，这种现象称为接触角滞后（见本书第一章）。

同样的，接触角滞后也产生毛细管的液阻，即附加压力。此种附加压力 Δp 也可用 Laplace 公式和 Young 方程表达：

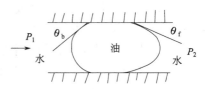

图 4.8　油/水与岩石界面的接触角滞后
θ_f—前进角；θ_b—后退角

$$\Delta p = p_2 - p_1 = \frac{2\gamma}{R}(\cos\theta_f - \cos\theta_b) \tag{4.12}$$

当水驱的驱动压大于 Δp 时，油柱流动；当水驱的驱动压小于 Δp 时，油柱不流动。

（3）毛管准数　毛管准数（N_c）是在一定渗透率的孔隙中两相流动时，作用在油滴上的黏滞力（排驱油的动力）与毛管力（阻力）之比，也称为毛细管准数或临界驱替比。它是用来判断注水末期紧闭在油层孔道内的油滴被驱出效率的一个无量纲数。毛管准数（N_c）的数学表达式 [与式（4.3）结合] 为：

$$N_c = \frac{\mu_d v}{\gamma\cos\theta} = \frac{K\Delta p}{L\gamma} \tag{4.13}$$

式中，μ_d 为驱动流体黏度；v 为驱动（渗流）速度；$\mu_d v$ 即为黏滞力；γ 为界面张力；θ 为油接触角；L 为岩心长度；Δp 为流体通过岩心前后的压力差；K 为渗透系数或渗透率。

驱油效率与毛管准数密切相关。对于孔隙分布一定的某油藏，毛管数 N_c 增加，洗油效率 E_D 增加。所以若驱替流体黏度 μ_d 增加，v 增加，γ 下降，θ 增加有利于提高 E_D，提高采收率，有利于驱油。对于不同油藏，K 增加，Δp 增加，L 下降，γ 降低，N_c 增加，有利于提高采收率。

（四）提高采收率的主要途径

影响采收率的重要因素是储层岩石性质和储层流体性质，而储层的非均质性是导致提高采收率的现场试验失败的主要原因。针对影响采收率的因素，可以采用相应的物理、化学方法提高原油采收率。

（1）降低水油流度比，提高波及系数　水油流度比 M 定义见式（4.7）。当 $M \leqslant 1$ 时，水驱是有效的；$M > 1$ 时，驱油体系将发生指进现象，水驱无效。

在实际生产中，常把高聚物加入水中以提高水体系的黏度，降低水油流度比，从而提高注入水的波及系数，达到提高驱油效率的目的。此即聚合物驱的主要原理。

（2）增加毛管准数　注水开采后，被圈捕在岩石孔隙中的不连续油块受到两个主要作用力——黏滞力和驱动力的作用。原油采收率与上述两种作用力之比——毛管准数（N_c）有很大的关系，见式（4.13）。

当毛管准数超过某一临界值时，采收率将急剧上升。对不同的原油-水-岩石体系，毛管准数的临界值也不同。注水开采之后，地层的毛管准数一般为 10^{-6} 左右，为了继续开采，则要求把毛管数增加到 $10^{-3} \sim 10^{-2}$ 数量级。

提高毛管准数的方法主要有。

① 提高驱油体系的流动速度或压力 若地层毛细孔喉道粗细两端半径的平均值分别为 4×10^{-3} cm 和 9×10^{-4} cm，则油珠通过这样的喉道需克服的附加压力约为 1MPa。但是，即使采用目前功率最大的机械泵进行注水，传送到地层毛细孔道的压力为 $0.02 \sim 0.04$ MPa。这就是说，通过提高压力或驱油体系的流动速度很难达到提高毛管准数的要求。

② 降低原油和水的界面张力 由于毛管力效应，残余油以分散油滴、油膜或油带环的形式束缚于孔隙介质中，以致一般水驱方式对它无能为力。只有当驱动压力梯度大于或等于毛管压力梯度时，束缚油滴才活化，但驱动压力梯度达到这一要求的难度很大，水驱条件下这一驱动压力梯度是一定值，因此，降低界面张力是使油滴活化的唯一出路。驱油过程存在一个使油滴活化的临界界面张力，只有当界面张力小于这一临界值时，油滴才能活化，进而被驱替形成油墙。

通常的做法是添加表面活性剂。添加表面活性剂会使油/水界面张力可达到 10^{-3} mN/m（即超低界面张力），从而使毛管数大大提高，达到提高采收率的目的，此即表面活性剂驱油基本原理。表面活性剂也可促使微乳液形成，此时油/水界面张力可达到 10^{-6} mN/m，此即微乳液驱油基本原理。

三、化学驱

化学驱是以化学剂水溶液或化学剂组成的其他各种体系作原油驱替剂来改善油、气、水及岩石相互之间的性能，提高采收率的方法。化学驱包括聚合物驱、表面活性剂驱、碱水驱、复合驱、泡沫驱。

（一）聚合物驱

聚合物驱（polymer flooding）是以聚合物水溶液作驱替剂提高原油采收率的方法，又称聚合物强化水驱、稠化水驱或增黏水驱。在宏观上，它主要靠增加驱替液（注入水）的黏度，降低驱替液和被驱替液的流度比（水油流度比），减少水的指进，从而扩大波及体积；在微观上，聚合物由于其固有的黏弹性，在流动过程中产生对油膜或油滴的拉伸作用，增加了携带力，提高了微观洗油效率。在水驱基础上，聚合物驱可提高采收率 5%～15%。聚合物驱主要作用是降低流度比、进行有效的驱替，而不是调剖，调剖仅起到有限的辅助作用。

早期的聚合物驱油理论认为聚合物驱并不能提高驱油效率及降低残余油饱和度，因此，有人把聚合物驱称为改性水驱，即二次采油。但近年来的研究表明，聚合物驱不仅可以提高波及系数，而且还可以提高水波及域内的驱油效率，亦即聚合物驱在一定程度上也可提高微观驱油效率，即利用具有黏弹性的聚合物液体驱替时，可一定程度地降低水驱后的残余油（不流动油），但毕竟残余油的降低程度有限，详细的机理还有待进一步研究。此外，传统理论认为高含水后期不能注聚合物，近年来的研究认为在油井含水 98％以前注聚合物，只要具备一定的油藏条件并保持较高的驱替液黏度，仍能大幅度提高油田采收率。聚驱试验及工业化推广应用实践证明，处于特高含水期的生产井采取聚合物驱仍能取得好的增油降水效果。

驱油用聚合物要求具有耐温、耐盐、抗剪切性能。目前在油田应用和试用的主要有三类：①合成聚合物，如聚氧乙烯（PEO）、聚丙烯酰胺（PAM）、部分水解聚丙烯酰胺（HPAM）。②天然及改性的天然高分子化合物，如田菁胶（瓜尔胶）、羧甲基纤维素钠、羟乙基纤维素（HEC）等。③生物聚合物，如黄原胶（XG）等。其中 HPAM 热稳定性好，耐盐性较好，水化强，电离后带负电，增黏作用强，吸附滞留较小，化学稳定性较好（有一定数量非离子极性基团），是比较理想的驱油用聚合物。天然聚合物及其改性产品性能介于 HPAM 和 XG 之间。

目前聚合物驱技术已经相当成熟，但是也存在着很多问题。

聚合物注入油层后，在高温条件下会发生热降解和进一步水解，破坏聚合物的稳定性，大大降低聚合物的驱油效果。同时由于地层水的矿化度高，可导致聚合物的黏度降低，使得聚合物的注入量增加，成本升高，不利于聚合物驱油的应用。因此需在抗温、抗盐研究方面加大力度，筛选出适合的添加剂，使驱油剂不仅有较强的增黏性，同时也有较好的稳定性。

目前，各大油田的研究方向大都放在新型价廉质优的聚合物研究上，如疏水缔合水溶性聚合物、改性聚丙烯酰胺等。其中疏水缔合水溶性聚合物是聚合物亲水性大分子链上带少量疏水基团的一类水溶性聚合物。由于疏水基团的疏水作用以及静电、氢键或范德华力的作用而在分子间自动产生具有一定强度但又可逆的物理缔合，从而形成巨大的三维网状空间结构。其独特的性能越来越受到人们的关注。

（二）表面活性剂驱

表面活性剂驱是以表面活性剂水溶液作为驱替液的提高采收率的方法。表面活性剂是提高采收率幅度较大、适用面较广、具有发展潜力的一种化学驱油剂。

1. 表面活性剂驱油分类

（1）活性水驱　稀表面活性剂体系，表面活性剂浓度 c <CMC。

（2）胶束溶液驱　稀表面活性剂体系，表面活性剂浓度 c >CMC。

（3）微乳液驱　浓表面活性剂体系，表面活性剂浓度远高于 CMC，形成 O/W型微乳状液，有混相驱、非混相驱和部分混相驱三种。微乳液驱是驱油的理想体系，但表面活性剂加上助表面活性剂的总浓度大，成本高。

（4）活性油驱　浓表面活性剂体系，表面活性剂浓度远高于 CMC，形成 W/O

型微乳状液，属于混相驱。

2. 表面活性剂驱的机理

（1）降低油/水界面张力机理　在决定石油采收率的众多因素中，驱油剂的波及效率和洗油效率是最为重要的两个参数。提高洗油效率一般是通过增加毛管准数来实现的，而降低油水界面张力则是增加毛管准数的主要途径。其中毛管准数 N_c 与界面张力的关系见式（4.13）。由式（4.13）可知，界面张力越低，N_c 越大，残余油饱和度越小，驱油效率越高。从另一个角度，通过降低水/油、水/砂岩的界面张力，降低了原油在岩石表面的黏附功，使活性水易剥离附着的原油。

（2）乳化机理　表面活性剂体系对原油具有较强的乳化能力。在水油两相流动剪切的条件下，能迅速将岩石表面的原油分散、剥离，形成水包油型乳状液。表面活性剂溶液/油的超低界面张力区是在微乳液范围内，在浓度不太大的胶束溶液加入助表面活性剂可形成微乳液。水包油型乳状液或微乳液的形成改善了油水两相的流度比，在经过喉道时产生叠加的液阻效应，提高了波及系数。同时，若是离子型表面活性剂，表面活性剂在油滴表面吸附而使油滴带有电荷，油滴不易重新黏回到地层表面，从而被活性水夹带着流向采油井。

（3）增溶机理　表面活性剂胶束对原油增溶，提高 E_D。

（4）改变岩石表面的润湿性——润湿反转机理　合适的表面活性剂，可以使原油与岩石间的润湿接触角增加，使岩石表面由油湿性向水湿性转变，即发生润湿反转，从而降低油滴在岩石表面的黏附功能。

（5）提高表面电荷密度机理　当驱油表面活性剂为阴离子（或非离子-阴离子型）表面活性剂时，它们吸附在油滴和岩石表面上，可提高表面的电荷密度，增加油滴与岩石表面间的静电斥力，使油滴易被驱替介质带走，提高了洗油效率。

（6）增黏机理　在有些表面活性剂驱体系，如乳状液和微乳液体系，驱替液的黏度增加，可以提高波及体积。这个作用类似于聚合物驱。

（7）改变原油的流变性机理　用表面活性剂水溶液驱油时，一部分表面活性剂溶入油中，吸附在沥青或胶质质点上，可以增强其溶剂化外壳的牢固性，减弱沥青或胶质质点间的相互作用，削弱原油中大分子的网状结构，从而降低原油的极限动剪切应力，提高采收率。

上述机理在不同的表面活性剂驱油方式中，有些是普遍起作用的，如降低油水界面张力，而有些只是存在于特定的表面活性剂驱油方式中，如增溶机理只在表面活性剂浓度大于 CMC 时起作用，形成微乳液只在微乳液驱体系中起作用。

表面活性剂驱油不同于聚合物驱油。一般情况下聚合物驱后再用表面活性剂驱可进一步提高采收率，这意味着聚合物驱之后仍可用表面活性剂进一步强化采油，提高采收率。

3. 表面活性剂的吸附滞留（retention）损失

（1）表面活性剂在油层中的损失　表面活性剂在油层中由于多种原因而损失，

导致浓度降低，界面张力升高，洗油效率降低。表面活性剂的损失主要来自四个方面：①岩石吸附（尽管岩石表面带负电荷），也称为吸附滞留（retention）；②在束缚水、残余水中的溶解；③ 与高价阳离子（Ca^{2+}、Mg^{2+} 等）形成沉淀；④ 与后续聚合物段塞的混溶絮凝、沉淀、分层、滞留（聚合物与表面活性剂相互作用）。

若采用混合表面活性剂，还会发生因岩石表面对不同表面活性剂吸附能力的差异而导致的"色谱分离"现象。色谱效应使各组分在地层流动过程中组成发生改变，使驱油剂效率下降，甚至失效。色谱分离现象将在本节"三元复合驱"部分详细讨论。

（2）吸附的影响因素　吸附损失的大小与下列因素有关：① 岩石表面性质；② 原油有无覆盖岩石表面，有油吸附时吸附量小；③ 水相中无机盐（如 NaCl 浓度大）使吸附量增加；④ 温度升高，吸附量增加；⑤ pH 值增加，吸附量减少。

（3）减少活性剂吸附损失的措施　可在段塞或预冲洗液中加抑制吸附剂或牺牲剂，如：

① 碱类　包括 NaOH、Na_2CO_3、硅酸钠、磷酸钠、三聚磷酸钠等，用于置换高价离子。

② 多元羧酸　包括草酸、丙二酸、马来酸、柠檬酸等，与高价离子（如 Al^{3+}）形成螯合物。

③ 聚合物　包括聚乙二醇、聚乙烯吡咯烷酮等，使其与表面活性剂产生竞争吸附。

④ 牺牲剂　如木质素磺酸盐等。

⑤ 聚羟基氯化铝　黏土是活性剂的重要吸附剂，聚羟基氯化铝可使黏土絮凝，减少固相比表面。

此外，在石油磺酸盐作为表面活性剂的场合，摩尔质量大于 450g/mol 的石油磺酸盐吸附量较大，作牺牲剂，保护其他部分起降低油水界面张力的作用。

◄ 4. 油带形成问题 ►

表面活性剂的加入使油水界面张力降低，原油易于在水中分散，分散的油珠容易在孔隙介质中陷留或堵塞喉道。因此，在表面活性剂驱油时还要求油滴容易聚并，形成油带。油带通过孔隙介质所产生毛管滞留力或其他阻力都比较小，故形成油带是提高原油采收率的至关重要的因素。而油滴聚并（即油带形成）难易主要取决于油/水界面黏度大小（油水界面膜强度大，不易聚并）。

表面活性剂驱最主要的问题之一是成本。从理论上讲，可用于驱油（洗油）的表面活性剂很多，若从洗油的角度，表面活性剂作为驱油剂与作为洗涤剂在原理上是相同的，那么用于洗涤剂的表面活性剂都可作为驱油（洗油）剂；同理，一般洗涤剂中的助剂也可以作为表面活性剂驱中的助剂。但是，用于洗涤剂的表面活性剂若用作驱油剂，采油成本就会太高，因此这里的关键是用作驱油剂表面活性剂必须是低成本的。第二个问题是表面活性剂的适用性。经常遇到的问题是，用于一个油田或区块的表面活性剂在其他油田或区块就不能用（或者需要大幅度改变使用条件）。综合考虑，石油磺酸盐是比较合适的驱油用表面活性剂。一方面其成本低，另一方面其原料源自原油，与原油相容性好，普适性较强。但石油磺酸盐本身表面活性较差，一般来讲，单独的石油磺酸盐不能达到驱油性能，需要和其他助剂配合使用。

在表面活性剂驱室内实验及先导试验中，应注意以下几个问题：①准确掌握表面活性剂降低油水界面张力的合理尺度。②界面张力的时间效应，即动态界面张力。要求表面活性剂作用于油藏地层中的油水后，其有效时间应稍大于油水乳状液运移至地面的时间。③采出液油水乳状液易于破乳，不需做特别处理，不为原油脱水、运输、炼制增加任何特殊负担。

（三）碱水驱

碱水驱也称碱驱，是以碱溶液作为驱油剂提高采收率的方法。其基本原理为碱与石油中某些组分发生化学反应，生成"天然"表面活性剂，降低油/水界面张力，代替部分或全部添加的表面活性剂。

碱水驱的本质仍为表面活性剂驱，所不同的是碱与石油组分的反应及反应产物的分配、吸附等过程参与驱替过程，而且水相组成、pH 值等影响了驱替过程。同表面活性剂驱一样，若从洗油的角度，碱驱与用碱洗涤衣物和固体表面油污的原理也是相同的。

1. 碱与石油酸

碱水驱中的碱包括碱和水解后生成碱的盐，如 KOH、NaOH、$NH_3 \cdot H_2O$、Na_2CO_3、Na_3PO_4、Na_2SiO_3、Na_4SiO_4、$NaHCO_3$ 以及复合碱如 NaOH + Na_4SiO_4、NaOH + Na_2SiO_3 等。

石油酸是原油中与碱作用的酸性物组分的统称，其组成包括：①氨基酸、脂肪酸、环烷酸、芳香酸，侧链大小不同的羟基酸等，环烷酸为主；②其他含氧物，酚、酯、醚、酮等酸性含氧化合物，其酸性小、与碱反应慢；③含 N 物，卟啉、咔唑等酸性含 N 化合物，含量很少；④ 含 S 的酸性化合物（我国原油中含量很少）。

碱与石油酸中的酚、环烷酸和沥青质（酸）反应生成相应的石油酸盐，这些石油酸盐是"天然"表面活性剂，与石油相容性好，是非常有效的驱油（洗油）剂。

若碱性强，碱浓度大，反应时间长，生成的天然活性剂趋向油相（HLB 小），为油溶性表面活性剂。反之，则生成天然活性剂趋向水相（HLB 大），为水溶性表面活性剂。

2. 碱驱机理

① 低界面张力机理：降低了油水界面张力，提高了毛管准数 N_c，提高了驱油效率；

② 乳化—携带机理；

③ 乳化—捕集机理；

④ 润湿反转。

高碱浓度（强碱）及高盐浓度下，碱与原油中酸性物作用生成亲油性强的表面活性剂，其在岩石表面吸附，形成从亲水表面向亲油表面的转化，而且油、水之间乳化形成 W/O 型乳状液，分散的水滴会在喉道处形成堵塞提高注入压力，使波及系数 E_v 增加，而原油可沿岩石与水滴间的油膜推进，使段塞前缘形成含水率低的连续相（即油带），而在喉道处留下含水率较高的 W/O 型乳状液，同时提高了波及系数和洗油效率。

传统的驱油理论认为，只有高酸值原油才能与注入的三元体系产生协同效应，形成超低界面张力驱油。近年来的研究认为：酸值反映的仅仅是低分子量、小分子的脂肪酸，在原油中很多大分子，如卟啉等，在强碱条件下同样可以反应，就地生成表面活性剂参与协同作用，达到降低界面张力、提高驱油效率的目的。

3. 碱水驱的先决条件

① 原油有足够酸性物。

② 碱可生成足够的表面活性剂。

③ 碱驱过剩碱的存在，可起电解质作用，促进水相中分散油滴的聚并。

4. 碱耗及油层伤害

碱对石油开采过程造成的危害非常突出。碱不仅与原油作用还与油层水中高价离子及岩石、黏土中的某些无机物反应生成难溶的氢氧化物 $[Ca(OH)_2$、$Mg(OH)_2]$ 或碳酸盐 $[CaCO_3$、$MgCO_3]$ 产生碱耗和油层伤害。①碱使 pH 值升高，静电排斥作用增强，从而使黏土矿物膨胀，黏土颗粒从岩石表面释出、运移，加剧了微粒运移造成的地层伤害；②当 pH 值升高时，若存在含高质量分数钙离子的地层，最易形成碳酸盐结垢；③碱溶解了矿物中的硅、铝而生成沉淀，最终导致采出液中硅质量分数随 pH 值增加而增加，油井出现严重的结垢现象；④在生产过程中井筒内出现结垢，卡泵频繁发生，造成开采设备磨损严重、开采成本升高，严重影响油井正常生产。

5. 有机碱

针对无机碱产生结垢等现象，一些油田采取了压裂、螺旋杆以及清防垢等措施，但治标不治本。急需解决的技术问题是，如何在使用化学驱技术有效提高采收率的同时，尽量避免因碱的加入对地层和采油设备造成损害。

在这种背景下，研究者提出了用有机碱代替无机碱，增加驱油体系与地层水的配伍性，减轻腐蚀和结垢。比如，若使用有机胺类、醇胺类等作为碱剂（有机碱），有机碱可将地层水中的高价金属离子络合起来。与无机碱相比，有机碱的优势是显而易见的，关键问题还是要考虑有机碱的成本。

6. 碱水驱适应性

可用于重质油或轻质油油藏，它对于开采高酸值原油有较大的潜力。

适用于黏土含量低、结构均匀、水矿化度低的砂岩油藏，其经济性主要取决于化学剂的用量，用碱浓度 1% 以上时，其化学剂费用仍较高。

（四）复合驱

复合驱是指两种或两种以上化学剂组合起来，提高采收率的方法。包括：① 聚合物-碱驱；②聚合物-表面活性剂驱；③表面活性剂-碱驱；④碱-表面活性剂-聚合物三元复合驱（alkaline-surfactant-polymer flooding，ASP 驱）。这里重点介绍三元复合驱。

三元复合体系中由于聚合物的存在可扩大波及体积，同时因表面活性剂与碱协同作用大大降低了油水间界面张力，可大大提高驱油效率。

1. ASP 驱所用化学剂

① 聚合物　主要为高分子量的部分水解聚丙烯酰胺（HPAM）。另外，也有用生物聚合物，主要在高矿化度的油藏中应用。

② 表面活性剂　一般有石油磺酸盐、石油羧酸盐、重烷基苯磺酸盐。

③ 碱　一般有 NaOH、Na_2CO_3、Na_2SiO_3，以及它们的复配。

2. ASP 驱配方

① 大庆油田　HPAM 含量为 $1000 \sim 1500mg/L$；NaOH 含量为 1.2%；重烷基苯磺酸盐含量为 0.3%。

② 克拉玛依油田　HPAM 含量为 $1000 \sim 1500mg/L$；Na_2CO_3 含量为 1.5%；石油磺酸盐含量为 0.4%。

③ 胜利油田　HPAM 含量为 $1000 \sim 1500mg/L$；Na_2CO_3 含量为 1.5%；石油磺酸盐（与 OP-10 复配）含量为 0.4%。

（注：以上数据仅供参考）

3. 三元复合驱机理

复合驱驱油效率高，主要由于复合驱中的聚合物、表面活性剂和碱之间有协同效应，可以降低油水界面张力，提高洗油效率；降低水油流度比，提高波及体积。

（1）ASP 驱中聚合物的作用

① 改善了表面活性剂和碱溶液对油的流度比。

② 对驱油介质的稠化，可减小表面活性剂和碱的扩散速度，从而减小它们的药耗。

③ 可与钙、镁离子反应，保护了表面活性剂，使它不易形成低表面活性的钙、镁盐。

④ 提高了碱和表面活性剂所形成的水包油乳状液的稳定性，使波及系数（按

乳化-捕集机理）和洗油能力（按乳化-携带机理）有较大的提高。

（2）ASP 驱中表面活性剂的作用

① 可以降低聚合物溶液与油的界面张力，提高它的洗油能力。

② 可使油乳化，提高了驱油介质的黏度。乳化的油越多，乳状液的黏度越高。

③ 若表面活性剂与聚合物形成复合结构，则表面活性剂可提高聚合物的增黏能力。

④ 可补充碱与石油酸反应产生表面活性剂的不足。

（3）ASP 驱中碱的作用

① 可提高聚合物的稠化能力。

② 与石油酸反应产生的表面活性剂可将油乳化，提高了驱油介质黏度，因而加强了聚合物控制流度的能力。

③ 与石油酸反应产生的表面活性剂与外加的表面活性剂有协同效应。

④ 可与钙、镁离子反应或与黏土进行离子交换，起牺牲剂作用，保护了聚合物与表面活性剂。

⑤ 可提高砂岩表面的负电性，减少砂岩表面对聚合物和表面活性剂的吸附量。

4. 三元复合驱的基本要求

① 达到油/水超低界面张力（$<5\times10^{-3}$ mN/m），有较宽的低张力区。

② 各化学剂间、与油层水间有较好的配伍性：不产生沉淀，保持各化学剂作用。

③ 使油/水界面黏度足够低，在前缘形成油带，产出液易油/水分离。

④ 有较低的吸附滞留损失，较低碱耗，不伤害油层。

⑤ 聚合物降低流度比的效果好，有较高波及系数。

⑥ 经济成本低，具有经济合理性。

5. 三元复合驱中的色谱分离现象

三元复合驱油体系在油层内流动时，碱、表面活性剂和聚合物之间的差速运移现象称为色谱分离，它是混合液在多孔介质中运移时的一种特性，其分离程度主要受以下几方面因素控制。

（1）竞争吸附　由于各种化学剂分子结构不同，地层中的岩石和黏土矿物对它们的吸附能力存在差异，因而在岩石表面将发生碱、表面活性剂和聚合物分子间的竞争吸附，这种竞争吸附对化学剂的运移速度产生影响，导致它们之间的差速运移。

（2）离子交换　碱、表面活性剂和聚合物与岩石表面的离子交换能力不同，因而对这三种化学剂运移速度产生阻滞作用的大小也不同，其结果是使离子交换能力强的化学剂以较慢的速度运移，离子交换能力弱的化学剂以较快的速度运移。

（3）液-液分配　当岩石表面被不可动油膜覆盖时，化学剂将会在溶液和油膜间发生多次分配作用。化学剂在油膜中的浓度与它在溶液中浓度的比值称为分配因数。碱、表面活性剂和聚合物具有不同的分配因数，因而将影响三种化学剂在油层中的运移速度。

（4）多路径运移　当化学剂分子直径大于孔隙直径时，化学剂分子将无法进入这些孔隙，人们称之为体积排斥效应。体积排斥效应使大小和形状不同的碱、表面活性剂和聚合物分子沿着不同的路径流动，由于流经孔隙体积的多少对碱、表面活性剂和聚合物的真实运移速度产生影响，导致它们之间的差速运移。

（5）滞留损失　化学剂在多孔介质内渗流过程中的滞留损失主要包括吸附、在不能流动的油相中的分布与捕集、机械滞留、与多价阳离子反应生成沉淀等。三元复合体系中的化学剂在油层中的滞留损失量不同，也会引起它们之间的差速运移。

三元复合体系的色谱分离是每种化学剂由以上一种或几种因素作用的结果。色谱分离的结果使复合驱驱油剂的组成发生改变，降低了驱油效率，甚至失去驱油效果。

6. 三元复合驱存在的问题

① 成本高。
② 油井结垢（碱引起）。
③ 产出液破乳。
④ 驱出液聚合物的回收利用。
⑤ 聚合物浓度高。
⑥ 表面活性剂的适应性。
⑦ 色谱分离。

（五）泡沫驱和泡沫复合驱

1. 泡沫驱

泡沫驱是向油藏注入起泡剂及稳定剂使气和水形成泡沫液用以驱油的方法。泡沫驱以：①泡沫驱替；②活性剂段塞在前，气体（惰性气、蒸汽等）在后的驱替；③活性剂溶液及气体分别由油管、套管同时注入驱替。后两种方式进入油层一段后形成泡沫。

泡沫驱既能显著提高波及效率，又可提高洗油效率，同时还减小了化学驱导致的环境伤害，是一种很有发展前途的提高原油采收率的技术。

（1）泡沫驱机理　泡沫驱的主要目标为提高波及系数，同时形成油/水低界面张力。其机理主要有：①气泡直径大于喉道直径产生气阻并有叠加作用，提高波及系数；②泡沫黏度大于水相黏度；③起泡剂是表面活性剂，可降低界面张力，改变固相表面润湿性。

（2）泡沫驱存在的问题

① 由于泡沫的比表面积大，需要较高的起泡剂浓度和稳定剂浓度才能使泡沫稳定，从经济上讲不允许。

② 庞大的岩石表面（特别是黏土）对活性剂的吸附和消泡作用，使泡沫驱油效果不理想。

③ 起泡方式上，如地层内起泡，则不易保证起泡充分；地面起泡，工艺上又较困难。

2. 泡沫复合驱

在泡沫驱的基础上，近年来出现了泡沫复合驱油技术。泡沫复合驱是在多元复合驱基础上发展起来的，即在注三元体系时，加入天然气产生泡沫，亦即将碱、表面活性剂、聚合物和气有机地组合到一起，最大限度地提高波及体积，从而可大幅提高原油采收率。泡沫复合驱是一种新的很有前途的 EOR 技术，它既具备三元复合驱的技术优势，泡沫又使体系在大孔隙中和含水饱和度高的区域具有较大的阻力，具有较强地封堵高渗透层的能力，泡沫破裂后游离气具有进入小孔隙的上浮功能。其主要特点如下：

① 在泡沫复合驱驱替过程中，通过持续的局部压力变化，使水波及区域内的成片残余油启动、运移，最后被采出；局部压力的不断变化，也是泡沫复合驱区别于其他液相驱替的一个显著特征。

② 与一般泡沫驱相比，泡沫复合体系能够形成更细小的泡沫；这些泡沫能够进入到被细小的喉道封堵的大孔隙及孔隙盲端，将那里的残余油采出；同时，泡沫复合体系较强的洗油能力可以驱替水驱后黏附在岩石壁面的膜状残余油。因此可以有效地提高驱油效率。

③ 泡沫对油层孔隙的封堵具有选择性，它首先容易进入渗透率较高的大孔道，并在其中保持较高的渗流阻力；高渗透岩心中，泡沫的封堵作用最为有效。

④对于有隔层条件下的高、中、低渗透层进行合注分采时，泡沫可有效封堵高渗透层，使注入流体向中、低渗透层分流，从而调整注入剖面，并产生良好的流度控制作用，扩大了波及体积。

因此，泡沫驱/泡沫复合驱技术的本质是堵大不堵小，堵水不堵油。泡沫驱油技术或泡沫复合驱油技术在大孔道强调剖和控制低效、无效水循环以及更进一步提高采收率研究中具有重要的意义。

（六）交联聚合物调剖技术

交联聚合物调剖技术是指利用聚合物溶液与交联剂发生交联反应，得到交联的聚合物凝胶（或溶液）用作调剖剂的技术。

1. 聚合物与交联剂

（1）**聚合物**　主要有聚丙烯酰胺、部分水解聚丙烯酰胺、生物聚合物、改性的纤维素（包括 NaCMC、羟丙基纤维素、羟乙基纤维素等），另外还有阳离子聚丙烯酰胺。

（2）**交联剂**

① **无机化合物**　主要有含金属 Cr、Zr、Ti 的无机物如 $CrCl_3$、$K_2Cr_2O_7$、

$ZrOCl_2$、$TiCl_4$ 等。

② 有机金属化合物　主要有乙酸铬、草酸铬、乳酸铬、丙二酸铬、柠檬酸铝、草酸锆、柠檬酸锆、柠檬酸钛以及其他有机钛化合物。

③ 有机物　主要有甲醛、乙二醛、戊二醛、乌洛托平-苯二酚（酚醛树脂）、水杨酸-乌洛托平。

2. 交联聚合物溶液的性质

交联聚合物溶液（linked polymer solution ，简称 LPS）是交联聚合物线团（linked polymer coils，简称 LPC）在水中的分散体系，同时具有胶体和溶液性质。

（1）流变特性　非牛顿流体，黏度较低，剪切增稠。LPC 在溶液中孤立存在，可变形、压缩，是一种"软粒子"。LPC 与 HPAM 线团不同，有交联点。LPC 受剪切作用时，发生变形相互连接形成"粒子簇"。溶液中 LPC 浓度低时，不发生剪切稠化现象。溶液中 LPC 浓度高时，发生剪切稠化现象。

（2）封堵特性　交联线型聚合物团通过孔喉时可变形、压缩，堵塞强度大；聚合物线团可展开（无交联点）。

（3）液流改向能力　先堵大孔，使后续驱替液流改向，驱替小孔；再次注入 LPS，封堵小孔，大孔突破，使调剖深入。

3. LPS 深部调剖机理

交联聚合物溶液聚合物浓度较低。采取架桥封堵方式，通过在大、小孔隙之间或高、低渗透带之间，自动地、不断地、反复流向流动阻力最低的通道，驱替原油；聚合物线团在压差作用下不断、反复地滞留、流动、滞留，向地层深部推进，由微观到宏观自动地逐渐调整驱替液的波及剖面，实现堵水、调剖、驱油作用。

（七）微生物采油

微生物提高原油采收率（microbial enhanced oil recovery，MEOR）是利用微生物的有益活动及代谢产物来提高原油采收率的一项综合性技术。其优点是适用范围广、工艺简单、投资少、见效快、功能多、费用低、无污染，特别对枯竭和近枯竭油田具有巨大潜力。

MEOR 的应用方式包括：①利用微生物生产的生物制品（如生物聚合物和生物表面活性剂）作为油田化学剂进行驱油，称为微生物地上发酵提高采收率方法（生物工艺法）；②利用微生物及其代谢产物（主要是利用微生物地下发酵和利用油层固有微生物的活动）提高采收率，亦称微生物地下发酵提高采收率方法。

微生物采油机理主要是细菌对油层的直接作用。

① 微生物在地下以原油为碳源繁殖，降解原油，把高分子的碳氢化合物分解成短链的、易流动的化合物，降低了原油的黏度，并解除聚合物对原油的黏附，容易流动。

② 微生物在地下繁殖产生气体如 CO_2、CH_4、N_2 等，气体溶于原油中，使原

油膨胀，提高地层的压力起到气驱的目的。

③ 微生物代谢原油产生低分子有机溶剂和有机酸，如乙酸、丙酮等，能够提高油层尤其是碳酸盐和灰质砂岩的渗透率，减小原油流动阻力。

④ 微生物产生生物表面活性剂，降低了油水界面张力，提高了驱替毛管准数和洗油效率（起表面活性剂驱作用）。

⑤ 某些微生物产生生物聚合物，增加水相的黏度，减小水的流动，提高水的波及体积，在地下代谢产生的生物聚合物和细菌一起形成物理堵塞（堵塞地层喉道），调整吸水剖面（起调剖作用），进行选择性封堵改变水的流向。

⑥ 改变岩石表面润湿性，微生物附着岩石表面生长形成生物膜，使储层润湿性发生变化（由亲油转为亲水），从而改善原油的流动性，有利于原油的剥离。

⑦ 微生物在岩石表面上繁殖，占据孔隙空间而驱出原油。

（八）稠油开采技术——乳化降黏

世界原油生产的重心，一个是低渗透油藏，另一个是稠油。稠油将成为世界在 21 世纪的重要能源资源。稠油的胶质、沥青质含量较高是造成其黏度高、流动性差的主要原因，一般用常规采油方法无法采出，必须对其进行降黏。

目前，国内外使用的稠油降黏技术较多，大体可分为物理降黏技术（包括加热、掺稀、超声波降黏等）、化学降黏技术（包括降凝、乳化、加碱、改质和油溶性降黏等）、微生物降黏技术和复合降黏技术（包括热/化学降黏技术、水热催化裂解技术、超声波/表面活性剂降黏技术、油溶/乳化复合降黏技术等）。

在上述稠油降黏技术中，乳化降黏是目前研发的重点之一。这是由于乳化降黏所用的表面活性剂成本低、降黏幅度大、工艺简单、见效快。乳化降黏技术可使用原有井的掺稀设备使其能耗降低且费用低于掺稀费用，产油量又高于掺稀的产油量。另外，乳状液的外相水源充足（主要为采出的地层水），这样又减少了采油成本，提高了经济效益。

稠油属于油包水（W/O）型乳状液，黏度很大。稠油乳化降黏就是在稠油中加入表面活性剂水溶液，在表面活性剂作用下使 W/O 型乳状液反相成为水包油（O/W）型乳状液而降黏。表面活性剂也可使 W/O 型乳状液破乳而生成游离水，根据游离水量和流速形成"水套油心""悬浮油""水漂油"而降黏（破乳降黏）。将表面活性剂水溶液注入油井，也可破坏油管或抽油杆表面的稠油膜，使表面润湿性反转为亲水性，形成连续的水膜，减小抽油过程中原油流动的阻力（吸附降黏）。

随着采油深度增加和地层条件的复杂化，对乳化降黏剂提出了更高的要求，不仅要求其具有低界面张力，而且要求它耐盐、耐高温、低成本。因此，研究廉价的耐盐、耐高温的降黏剂是乳化降黏的重要发展方向。今后还需要结合特定油藏，筛选和复配出适宜的表面活性剂，并结合某些基团的特点合成出具有某些特定功能的新型乳化剂、降黏剂。还可将表面活性剂乳化降黏与其他降黏技术，如加热降黏、掺稀降黏等结合使用，进行优势互补，提高降黏效果。

四、油田工业中的表面活性剂

油田化学应用技术离不开表面活性剂技术[14]。油田化学应用技术成果从某种意义上说是表面活性剂应用技术在油田化学中的具体化、实用化和针对性应用研究的成果。油田化学专用药剂的性能、功能的优劣在很大程度上取决于表面活性剂技术的开发和应用技术水平。因此，可以说表面活性剂是油田化学应用技术成果研发成功与否的关键因素之一。目前，表面活性剂在油田中的应用越来越广泛，新的体系、化学剂日益增多，可以说表面活性剂已渗透到油田工业的各个领域。

（一）钻井领域中的表面活性剂

钻井液是指钻井中使用的工作流体，是油气钻井过程中以其多种功能满足钻井工作需要的各种循环体的总称。钻井液以黏土泥浆为主要成分配制而成，又称钻井泥浆。钻井中，通常使用水基钻井液，由水、膨润土和处理剂配成。

在钻井液的配置和维护过程中，为了满足钻井液的某些性能需要加入的材料或化学剂，都称为钻井液添加剂，也叫钻井液用油田化学剂。目的是保证钻井、完井和固井作业顺利进行，主要在近井地带起作用。

1. 钻井液起泡剂

钻井液起泡剂用于泡沫钻井液。若在水基钻井液中加入起泡剂并通入气体（氮气或二氧化碳气），可配成泡沫钻井液。泡沫钻井液具有摩阻低、携带岩屑能力强、对低压油气层有保护作用等特点。

配制泡沫钻井液的起泡剂可用烷基磺酸钠、烷基苯磺酸钠、烷基硫酸酯钠盐、聚氧乙烯烷基醇醚、聚氧乙烯烷基醇醚硫酸酯钠盐等。

2. 钻井液乳化剂

钻井液乳化剂用于配制乳化钻井液。乳化钻井液可分为水包油型和油包水型。前者使用水包油型乳化剂，如烷基苯磺酸钠和山梨糖醇酐聚氧乙烯醚等，适用于易卡钻或易产生钻头泥包；油包水型钻井液使用油包水型乳化剂，如烷基苯磺酸钙、山梨糖醇酐单油酸酯（Span 80）和山梨糖醇酐三油酸酯聚氧乙烯醚（Span 85）等，适用于页岩（黏土含量高的岩石）层、岩盐层和石膏层的钻井。

3. 页岩抑制剂

页岩中的黏土含量高。当水基钻井液与页岩接触时就可引起黏土膨胀、分散，使井壁坍塌。页岩抑制剂俗称防塌剂，是主要用来抑制页岩中所含黏土矿物的水化、膨胀、分解作用，以防止井塌的处理剂。由于阳离子型表面活性剂在水中解离后可产生有表面活性的阳离子，它在黏土表面吸附，可中和黏土表面的负电性而抑制页岩的膨胀、分散，有稳定井壁的作用。可用的阳离子型表面活性剂有烷基三甲基氯化铵、烷基氯化吡啶和烷基苄基二甲基氯化铵等。

4. 钻井液润滑剂

钻井液的润滑包括润滑井壁的泥饼和润滑钻井液本身两个方面。两者都是为了减少旋转阻力和提拉阻力。钻井液润滑剂含油和表面活性剂。表面活性剂可在钻柱表面和井壁表面吸附，使它们反转为亲油表面，从而使钻柱表面和井壁表面形成一层均匀的油膜，强化了油的润滑作用。钻井液润滑剂所用的表面活性剂为油酸钠、蓖麻酸钠和聚氧乙烯蓖麻油等。

5. 沥青质沉积预防剂

钻井过程中，沥青容易黏附在钻头、钻杆、套管和其他与钻探泥浆接触到的钻井器械上。这对钻井作业的危害是不言而喻的。因此，需要在钻井液中加入抗沥青沉积的添加剂（bitumen anti-accretion additive）。比较有效的是利用有机硅表面活性剂，如聚二甲基硅氧烷和聚氧乙烯-聚氧丙烯的共聚物[15]。硅表面活性剂向油、水和固体的界面间迁移，影响表面和界面张力，其作用像非粘连的涂层一样，使得沥青遇到金属表面不粘连。

（二）采油过程中使用的表面活性剂

随着石油储量的减少，对老油田提高采收率的要求越迫切；采油地层越深，须用能在高温高盐条件下使用的化学剂；当采油接近后期，控水稳油要求更高；对于低渗透油藏和稠油油藏，须用化学剂强化开发；而海上采油对化学剂在配制条件、用量和环保上比陆上采油要求更苛刻。所有这些现状，推动了采油用化学剂研究的发展。

1. 驱油剂

驱油剂是指为了提高原油采收率而从表面井注入油层，将油驱至采油井的物质。

用表面活性剂配成的驱油剂是一类重要的驱油剂。表面活性剂是通过降低界面张力、乳化、润湿反转、增加岩石表面电荷密度等机理来提高原油采收率的。可用表面活性剂配成活性水、胶束溶液、微乳状液等类型的驱油剂使用。配制驱油剂所用的表面活性剂主要为阴离子型表面活性剂，大多用石油磺酸盐和石油羧酸盐。此外，还可用非离子型表面活性剂如聚氧乙烯辛基苯酚醚（如 OP-10、OP-15）等和山梨糖醇酐单油酸酯聚氧乙烯醚（如 Tween 80）等配制驱油剂。

对于高温、高盐油层，可用阴离子-非离子型表面活性剂（混合型表面活性剂）。混合型表面活性剂也可避免将阴离子表面活性剂和非离子型表面活性剂直接混合使用带来的色谱分离的弊端。

2. 堵水剂

堵水剂是用于封堵油层的大孔道或裂缝以减少油层产水的物质。可用表面活性剂配制的堵水剂有下列几种。

① 泡沫 由水、气和起泡剂配成，它在地层是通过贾敏效应（Jamin effect）

封堵高渗透层或裂缝。

② 乳状液 由水、油和乳化剂配成，它也是通过贾敏效应起封堵高渗透层的作用。

③ 沉淀 由含羧基的表面活性剂（如脂肪酸皂、环烷酸皂、松香酸皂等）与油层中钙、镁含量高的地层水产生的沉淀。

3. 酸化用添加剂

为了提高油层的渗透性，可用酸处理油层。在酸处理油层的酸液中需加入若干添加剂以改进酸液的性能。与表面活性剂有关的酸液添加剂有下面几类。

① 缓速剂 岩石表面被油膜覆盖后，阻止了氢离子向岩石传递，降低了酸岩反应速率。缓速剂是能延缓酸液对地层反应速率的化学药剂。其机理是缓速剂被岩石表面吸附，使岩石具有油湿性。常用的缓速剂有阴离子型的烷基磺酸盐、烷基磷酸盐等，也可用脂肪胺盐酸盐和非离子-阴离子型表面活性剂作缓速剂。

② 缓蚀剂 缓蚀剂也可称为腐蚀抑制剂，它以适当的浓度和形式存在于环境（介质）中时，可以防止或减缓材料腐蚀。可用阳离子型表面活性剂作缓蚀剂，如松香胺盐酸盐、1-聚氨乙基-2-烷基咪唑啉、烷基氯化吡啶、烷基三甲基氯化铵、聚氧乙烯烷基胺盐酸盐等。这些缓蚀剂通过吸附起缓蚀作用。

③ 防乳化剂 是防止乳状液生成的化学剂，在酸化作业中用来防止油酸乳化，避免乳堵；降低流体表面张力，利于酸化后排液；保持和改善地层水润湿，进一步提高酸化效果。对砂岩油气层酸化不宜采用阳离子型表面活性剂，它会使地层造成油润湿，降低油的相对渗透率。对高矿化度地层水与油同出的油井酸化时，一般不采用阴离子型表面活性剂，两者会发生反应，造成地层孔喉堵塞。

可通过有分支结构的表面活性剂如聚氧乙烯聚氧丙烯丙二醇醚、聚氧乙烯聚氧丙烯五乙烯六胺等吸附在原油与酸的界面上，使酸化过程形成的液珠易于聚并，从而防止乳状液的生成。

④ 黏土稳定剂 黏土稳定剂属季胺类产品，能有效地吸附在黏土表面，防止水敏性矿物水化膨胀及分散运移而对油气层造成伤害，具有适用范围广、长久有效、用法简单、用量少、抗酸液、盐液、碱液和油水的冲刷等特点。适用于活性水、射孔液、压裂液、钻井液及酸化液等入井工作液体。在黏土稳定中所使用的表面活性剂型黏土稳定剂与钻井液中所使用的表面活性剂型页岩抑制剂相同。

⑤ 助排剂 助排剂（clean up additive）是能帮助酸化、压裂等作业过程中的工作残液从地层返排的化学品。表面活性剂是理想的助排剂。这类表面活性剂耐酸、耐盐，在浓酸和高盐条件下仍能有效地降低界面张力，减小由油珠产生的贾敏效应，使乏酸易从地层排出。助排剂要求本身具有很低的界面张力，对地层的吸附力尽可能低，对其他工作液不发生作用，同时对地层不产生伤害。

常用的助排剂包括胺盐型、季铵盐型、吡啶盐型表面活性剂以及非离子型表面活性剂等。但最好的助排剂是含氟表面活性剂，因含氟表面活性剂可使表面张力降得更低，使乏酸更易从地层排出。

⑥ 防淤渣剂　酸化淤渣是原胶体分散体系的动力稳定性、电力稳定性和空间稳定性被破坏后胶质和沥青质从油相中析出后形成的。酸中的 H^+ 和 Fe^{3+} 可与油中的胶质与沥青质反应产生淤渣。可用油溶性表面活性剂如脂肪酸、烷基苯磺酸等作防淤渣剂，通过防淤渣剂吸附层，减小了酸与油的接触，防止淤渣的生成。

⑦ 润湿反转剂　润湿反转剂是指能改变油层表面润湿性的化学剂。在酸化中它主要用于油井。酸液中的缓蚀剂在油井近井地带吸附可将油层的亲水表面反转为亲油表面，减小了地层对油的渗透性，影响酸化效果。可用润湿反转剂消除这种影响。表面活性剂型润湿反转剂是常用的润湿反转剂，它主要通过在油层表面吸附第二吸附层而起润湿反转作用。例如可用聚氧乙烯聚氧丙烯烷基醇醚与磷酸酯盐化的聚氧乙烯聚氧丙烯烷基醇醚的混合物作酸化的润湿反转剂。

4. 压裂用添加剂

压裂就是用压力将地层压开，形成裂缝并用支撑剂将它支撑起来，以减小流体流动阻力的增产、增注措施。为了提高压裂效果，也使用酸化用的添加剂如防乳化剂、黏土稳定剂、助排剂、润湿反转剂等，因而使用相应的表面活性剂。

5. 防蜡剂

在原油由油层流入井底上升到井口的过程中，由于压力、温度的降低，原油对蜡的溶解度减小，引起结蜡，可用表面活性剂型防蜡剂防止结蜡。若用油溶性表面活性剂（如胺型表面活性剂）作防蜡剂，则表面活性剂是通过在蜡晶表面吸附，形成极性表面防止蜡分子的进一步析出而起到防蜡作用。若用水溶性表面活性剂（如聚醚型表面活性剂）作防蜡剂，则表面活性剂是通过在结蜡表面（如油管表面、抽油杆表面和设备表面）吸附，使它变成极性表面并附有一层水膜，防止蜡在其上沉积而起到防蜡作用。

6. 乳化降黏剂

乳化降黏剂主要用于稠油的开采。稠油乳化降黏可使用 HLB 值为 7~18 的水溶性表面活性剂，如烷基磺酸钠、烷基苯磺酸钠、聚氧乙烯烷基醇醚、聚氧乙烯烷基苯酚醚，聚氧乙烯聚氧丙烯丙二醇醚等表面活性剂作稠油乳化降黏剂。

7. 油井解堵剂

油井作业时需用压井液压井，压井液中的水漏入油层，与油乳化后产生的液珠可通过贾敏效应使油层被堵。可向油井注入油溶性表面活性剂（如 Span80、Span85）的柴油溶液，降低液珠的表面张力，减少贾敏效应，并使液珠排出，消除油层的堵塞。

8. 保护油层的化学剂

近年来，保护油层的化学剂日益受到重视。这类化学剂是一批新型化学剂，可用在钻井液、注水等系统中，减少对油层的损害，主要以阳离子聚合物为主，也有聚乙烯醇类的黏土矿物微粒稳定剂。

（三）集输过程中使用的表面活性剂

1. 乳化原油破乳剂

乳化原油是指以原油作分散介质或分散相的乳状液。乳化原油分油包水型乳化原油和水包油型乳化原油。一次采油（靠油层能量采油）、二次采油（水驱采油）采出的乳化原油多是油包水型乳化原油；三次采油（如表面活性剂驱油和碱驱油）采出的原油多是水包油型乳化原油。

破坏油包水型乳化原油的破乳剂主要用高分子破乳剂，它们通过不牢固吸附膜的形成、对水珠的桥接和对乳化剂的增溶等机理破乳。如聚氧乙烯聚氧丙烯烷基醇醚、聚氧乙烯聚氧丙烯烷基苯酚醚、聚氧乙烯聚氧丙烯丙二醇醚型破乳剂、聚氧乙烯聚氧丙烯丙二醇醚松香酸醚、聚氧丙烯聚氧乙烯聚氧丙烯烷基醇醚、聚氧丙烯聚氧乙烯聚氧丙烯烷基苯酚醚、聚氧丙烯聚氧乙烯聚氧丙烯丙二醇醚的二异氰酸酯扩链产物、聚氧乙烯烷基苯酚甲醛树脂、聚氧乙烯聚氧丙烯烷基苯酚甲醛树脂、聚氧乙烯聚氧丙烯多乙烯多胺、聚氧丙烯聚氧乙烯聚氧丙烯多乙烯多胺、聚氧乙烯聚氧丙烯酚胺树脂等。

破坏水包油型乳化原油的破乳剂也主要用表面活性剂型破乳剂。可用阳离子型表面活性剂如烷基三甲基氯化铵和阴离子型表面活性剂，它们主要通过与乳化剂反应或形成不牢固吸附膜等机理破乳。

2. 起泡沫原油的消泡剂

原油主要在油气分离和原油稳定过程中遇到起泡沫问题。可用表面活性剂型消泡剂消除起泡沫原油的泡沫，如聚氧乙烯聚氧丙烯丙二醇醚、聚氧乙烯聚氧丙烯甘油醚、聚氧乙烯聚氧丙烯甘油醚硬脂酸酯、聚氧丙烯聚氧乙烯聚氧丙烯多乙烯多胺等。当将这些消泡剂喷洒在原油泡沫上时，由于它与气的表面张力和与油的界面张力都低而迅速扩展，使液膜局部变薄而导致泡沫的破坏。

（四）油田污水处理用化学剂

1. 污水的除油剂

从油井产出液中脱出的水称为污水。为了脱出污水中的油可用污水除油剂。污水中的油是以油珠的形式存在于水中。油珠表面由于吸附了阴离子型表面活性物质而带负电，因此可用阳离子型表面活性剂（如烷基三甲基氯化铵）或有分支结构的表面活性剂（如聚氧乙烯聚氧丙烯丙二醇醚），分别通过中和油珠表面的电性和不牢固吸附膜的形成，使油珠易于聚并、上浮而在分离器中除去。

2. 污水的防垢剂

在一定条件下，从水中析出的溶解度很小的无机物质称为垢。在油田中最常见的垢是碳酸钙垢、硫酸钙垢、硫酸锶垢和硫酸钡垢。表面活性剂型防垢剂是一类重要的防垢剂。非离子-阴离子型表面活性剂比其他表面活性剂有更好的防垢作用。

3. 污水的缓蚀剂

污水的 pH 值为 $6 \sim 8$，属中性介质，可用中性介质缓蚀剂缓蚀。在中性介质缓蚀剂中，吸附膜型缓蚀剂是最有效的缓蚀剂。能形成吸附膜的缓蚀剂是表面活性剂，如烷基三甲基氯化铵、烷基氯化吡啶、1-聚氨乙基-2-烷基咪唑啉、聚氧乙烯烷基胺、聚氧乙烯酰胺、聚氧乙烯松香胺等。

4. 污水的杀菌剂

在污水中，主要遇到的细菌是硫酸盐还原菌、铁菌和腐生菌。它们可引起金属腐蚀、地层堵塞和化学剂变质，因此需要杀菌。在杀菌剂中，吸附型杀菌剂是有效的杀菌剂。由于细菌表面通常带负电，所以季铵盐型表面活性剂是特别有效的吸附型杀菌剂（如十二烷基苄基二甲基溴化铵、十二烷基氯化吡啶等）。

（五）油砂分离剂

油砂开采方法与常规石油截然不同，油砂开采是"挖掘"石油，而不是"抽取"石油。根据油砂矿的不同条件，国际上通常采用的开采方法有露天开采、就地开采及其他开采方法，其中以露天开采及就地开采为主。国外油砂分离技术主要有热水碱洗提取法、有机溶剂提取法、热裂解干馏法、超声波辅助分离提取法等。目前露天开采工艺流程一般如下：首先将油砂采掘出来，粉碎后用高温碱水冲洗，再用过滤法分离油和砂，用离心机分离油和水，最后再炼制成油品。

油砂开采的关键技术是油砂分离技术。在油砂开采早期，较多采用有机溶剂萃取法、热处理法等提取油砂中的原油，但成本高，能耗大，污染严重。近期油砂开采趋向于采用热碱溶液或热碱-表面活性剂洗脱法，其原理和洗涤完全相同，和三次采油中的表面活性剂驱基本相同。从原理上讲，凡是用于洗涤剂的表面活性剂都可以用于油砂的分离，或者说，凡是洗涤剂都可以作为油砂分离剂。与表面活性剂驱相似，凡是可用于表面活性剂驱的表面活性剂也可以作为油砂分离剂。与碱驱的原理也相似，凡是可用于碱驱的碱也可以用于油砂的高温碱水冲洗。由此看来，似乎油砂的分离是很容易的事，但有一个关键点——成本。油砂中"油"（主要是沥青类）的含量比较低，用表面活性剂"洗涤油砂"，其投入产出比就远低于三次采油中的表面活性剂驱，更不能与普通的洗涤相比了。因此，从理论上讲，可用于油砂分离的表面活性剂很多，但考虑到投入产出比，就需要成本很低的表面活性剂，否则，油砂的开采就没有什么实际价值了。

经过提油后的油砂被称为尾砂，其仍然具有一定的含油量。尾砂直接堆放，遇到雨天会有油溶出，造成环境污染。因此，对尾砂的处理也是油砂开采的一个重要问题。同样的，尾砂的处理也是一个洗油的过程，洗涤剂、碱驱、表面活性剂驱的原理仍然适用，关键问题仍然是成本。

（六）蠕虫状胶束在油田中的特殊应用

当表面活性剂浓度远高于 CMC 或在有电解质影响的情况下，胶束会转变成柔性柱状胶束，并会继续增长，直到几百纳米甚至更长。当这些柔性的胶束相互缠绕，结成一定的网络结构后，便形成了具有高表面能和类高分子黏弹性的蠕虫状胶束（WLM）。近年来，蠕虫状胶束在油田上的应用研究进展较快，主要在以下方面[16]。

① 压裂液　压裂液采用的聚合物存在一个共同缺陷，即不易破胶且破胶后残渣滞留在裂缝内，降低了支撑剂充填层的渗透率及油井的产出效率。由小分子表面活性剂形成的蠕虫状胶束可以很好地克服这些缺点，故称为清洁压裂液（VES），相比聚合物压裂液，VES 体系具有高导流、低残渣、悬沙效果好、滤失量少以及效率高等优点。

② 三次采油中的驱油剂　阴离子 WLM 的高界面活性和高黏度能很好地满足三次采油驱油剂的基本要求，由于体系无聚合物，可以很好地保证洗油效率和波及系数。

随着石油工业勘探开发的发展和油气生产过程中环保执行的日益严格，对表面活性剂技术也提出了更高的要求。新型功能表面活性剂的开发以及油田化学中的应用技术的研制能够使油田化学专用药剂及其形成的油田化学工作液体系的技术质量、应用效果和环境效益及经济效果得以进一步地提升。

值得一提的是表面活性剂的原料来源越来越广，表面活性剂的原料来源目前已由石油扩大至煤、油页岩、微生物和工业废液等领域。例如由煤加氢裂解产生的粗柴油或由煤焦油分馏产生的杂酚油，由于富含芳香烃成分，所以是制备磺酸盐型表面活性剂的理想原料；由油页岩干馏得到的页岩油，由于富含含氮化合物，所以是阳离子型表面活性剂的重要原料；由微生物新陈代谢产物得到的生物表面活性剂可用于驱油；由造纸厂废液中得到的木质素磺酸盐可通过烷基化和氧化产生表面活性剂用于处理地层等。表面活性剂原料来源的扩大，降低了表面活性剂成本。

同时，还应注意发挥表面活性剂的多种效用，如十二烷基三甲基氯化铵有杀菌、缓蚀、黏土稳定、防止蜡的析出和抑制酸化淤渣生成等作用；聚氧乙烯聚氧丙烯酚醛树脂有乳化降黏、润湿减阻和破乳等作用。

利用表面活性剂的协同效应是表面活性剂应用研究中的重要课题。表面活性剂多是复配使用的。表面活性剂复配的使用效果往往优于同条件下单一表面活性剂的使用效果，这就是协同效应。协同效应可以减少表面活性剂的用量并扩大其使用范围。

需要指出的是，由于钻井和采油地层越来越深，地层温度和地层水矿化度越来越高，因而对表面活性剂的使用提出更苛刻的要求，需要研发在苛刻条件下使用的表面活性剂。苛刻条件是指超出正常状况的条件，如地层温度在 $90\sim180℃$，地层水矿化度在 $8\times10^4\sim30\times10^4\,mg/L$。在这些条件下，许多表面活性剂都不能使用。新的表面活性剂将在研究如何满足苛刻条件的要求中不断涌现、更新、完善和优化。

参考文献

［1］赵福磷．油田化学．青岛：中国石油大学出版社，2007.

［2］佟曼丽．油田化学．青岛：中国石油大学出版社，1996.

［3］赵福麟．采油化学．东营：中国石油大学出版社，1989.

［4］陈大钧．油气田应用化学．北京：石油工业出版社，2006.

［5］范洪富，等．油田应用化学．哈尔滨：哈尔滨工业大学出版社，2003.

［6］何更生．油层物理．北京：石油工业出版社，1994.

［7］韩冬．表面活性剂驱油原理及应用．北京：石油工业出版社，2005.

［8］朱友益，沈平平．三次采油复合驱用表面活性剂合成、性能及应用．北京：石油工业出版社，2002.

［9］赵福麟．采油用剂．东营：石油大学出版社，1997.

［10］莱克 L.W. 著．提高石油采收率的科学基础．李宗田，译．北京：石油工业出版社，1992.

［11］唐纳森 E C，等．提高石油采收率：第一分册，第二分册．北京：石油工业出版社，1992.

［12］韩显卿．提高石油采收率原理．北京：石油工业出版社，1993.

［13］朱珏瑶，赵振国．界面化学基础．北京：化学工业出版社，1996.

［14］赵福麟．日用化学品科学，1999（增刊）：10.

［15］US 20100298173A1.

［16］任杰，范晓东，陈营，等．材料导报，2010，24（12）：60.

第五章

表面活性剂在日用化学工业中的应用

日用化学工业是指生产日用化学品的工业。通常的日用化学品都是以某些化学物质或天然产物为原料，经过无毒无害的加工程序，生产出满足人们日常生活需求的特定功能的制品。

日用化学工业品单独统计产量的有洗涤剂、肥皂、香精、香料、化妆品、牙膏、油墨、火柴、干电池、烷基苯、五钠、三胶（骨胶、明胶、皮胶）、甘油、硬脂酸、感光材料（胶片、感光纸）等。

日用化学工业有技术密集、附加值高、品种繁多、多学科交叉、与人们日常生活紧密相关的特点。其生产原理、制造工艺、原材料性能及评价、产品的安全使用和质量鉴定与管理涉及化学、药学、医学、生物化学、物理化学、化学工艺学、生理学、心理学、法律学、管理学、美学等多门学科，是一门综合性的应用学科。

日用化学工业产品更具有安全性、稳定性、有效性和使用的舒适性的优点。

多数日用化学品是多组分、多相体系，可以是固态、液态、气态的。许多流体的日化用品是热力学不稳定体系，对生产工艺、配方设计有特殊的要求，以保证产品的相对稳定性、安全性和有相当长的使用寿命。

在日用化学品生产中，大量应用复配技术（如化妆品中除有效成分外，还需要乳化剂、防腐剂、抗氧化剂、流变性能调节剂等）才能满足产品的多功能性和良好的协同作用。因此，研究和制定某种产品的配方（产品的组成种类、数量、组分间的匹配等）是日用化学行业的核心技术。

日用化学工业内容广泛。我们无力全面论述表面活性剂在其中的作用。本章仅就与洗涤有关的科学和洗涤剂做简明介绍。

一、洗涤作用及其影响因素

（一）洗涤作用

表面活性剂在日常生活和许多工业部门的最重要应用是利用其在界面上的吸附作用及表面活性剂的诸多应用性基本功能（如润湿、渗透、增溶、乳化、起泡、分散等），以达到从固体表面除去某些外来物质（污垢）的效果，这种作用称为洗涤作用（detergency）[1~3]。

广义地说，洗涤作用无疑是重要的表面和胶体化学现象。涉及许多表面和胶体化学学科领域的基本原理，例如润湿、吸附、增溶、乳化、表面电现象、分散、聚集、胶体稳定性等。狭义地说，洗涤作用是表面活性剂的实际应用之一，其含义为：①是在液体介质中进行的固体表面净化过程；②是主要发生于污垢、固体底物和溶液体系中的各界面间的作用。

表面活性剂分子的两亲性结构使其在不同类型物质上的吸附机制和吸附层结构不完全相同，但这类吸附可以改变各种界面的物理、化学、力学性质。例如，阴离子型表面活性剂用于洗涤纺织品时，其吸附可提高织物表面负电性，使污垢与织物间电性排斥作用增强；应用非离子型表面活性剂时，吸附层的空间阻碍作用和吸附层的增溶作用在洗涤作用中可能起更重要的作用。

总之，洗涤作用是复杂的涉及胶体化学及其他边缘学科的问题，其机理因具体体系不同而异。用现有的胶体与界面化学知识尚难给出圆满的解释和分析。本节介绍现已公认的洗涤作用的基本概念、理论和表面活性剂的作用。

（二）污垢的类型

有人将污垢定义为处于错误位置的固态或液态物质。污垢可分为两类：油性液态物质和固体微粒。

常见的液态污垢有皮脂、脂肪酸、醇、植物和动物油脂、合成油脂、乳制品和化妆品的某些组分。皮脂主要成分是脂肪酸甘油酯（包括单、双、三酯）和游离脂肪酸，脂肪醇有胆固醇等。含长碳氢链的甘油酯、脂肪酸、醇等在温度低时可成固态或半固态，其洗涤除去机制与除去液态污垢不同。

固体污垢主要有蛋白质、黏土矿粉、碳质粉粒（炭黑等），以及处于各种表面上的金属氧化物（如铁锈等）。

（三）固体污染垢的去除

固体污垢都是以固体小粒子形式黏附于固体基底上的，它们之间的作用力主要是范德华力，有时也有静电作用力。从基底物上除去固体污垢至少包括两个过程：一是使污垢脱离基底；二是使脱下的污垢较稳定地分散于洗涤用液体中，不使其发生再沉积。

首先要了解污垢粒子何以能附着于固体基底上。在第一章润湿作用中介绍的液体在固体上的沾湿，式（3.10）定义之黏附功也可用于固体在固体上的黏附：

$$W_A = -\Delta G_A = \gamma_P + \gamma_S - \gamma_{PS} \tag{5.1}$$

式中，各表（界）面张力之下角标 P、S、PS 分别表示污垢粒子、基底物及两者间作用，故 γ_P、γ_S、γ_{PS} 表示污垢粒子、基底物的表面张力和两者形成的界面张力。根据式（5.1），$W_A > 0$，黏附可以进行。W_A 越大，污垢在基底上的黏附越易于进行。换言之，γ_P、γ_S 越大越有利于黏附。大多数无机物污垢都有大的表面能。降低污垢粒子和基底物的表面能，显然将不利于黏附的自发进行。

用水或洗涤液除去污垢粒子，首先要求这些液体能在污垢粒子和基底物上铺展，若液体以 B 表示，则其在污垢上的铺展系数 $S_{B/P}$ 为：

$$S_{B/P} = \gamma_{PA} - \gamma_{PB} - \gamma_{AB} = \gamma_{AB}(\cos\theta - 1) \tag{5.2}$$

B 在基底物上的铺展系数 $S_{B/S}$ 为：

$$S_{B/S} = \gamma_{SA} - \gamma_{SB} - \gamma_{AB} = \gamma_{AB}(\cos\theta - 1) \tag{5.3}$$

上面两式中，角标 PA、SA、AB 分别表示污垢粒子、基底物及洗涤液与空气间的界面。

根据铺展进行的条件，只有当 $S > 0$ 时方可自发进行。洗涤液中加入表面活性剂能显著降低 γ_{PB}、γ_{SB} 和 γ_{AB}，故可增大液体在两固体表面铺展的趋势。当然，表面活性剂的存在也可减小 γ_{PA} 和 γ_{SA}，这当然对铺展不利。因而要权衡利弊。式（5.2）和式（5.3）中 θ 为液体在污垢和基底物上的接触角，显然 θ 的降低有利于铺展。如果洗涤液能在污垢和基底物上完全铺展（即 $\theta = 0°$），污垢将脱离基底物进入洗涤液。

当洗涤液中含离子型表面活性剂或多价无机离子时，污垢和基底物对这些离子的吸附可增大它们之间的电性斥力，利于污垢的去除。非离子型表面活性剂虽不影响表面电性质，但其吸附层的空间阻碍作用也能对污垢的去除起到良好作用。

由上述介绍可知，洗涤法去除固体污垢，洗涤液在固体表面的润湿作用、污垢与基底物间因各种原因产生的静电作用（可沿用胶体稳定性的 DLVO 理论予以说明）等都是重要的理论基础，在洗涤作用中还有其他因素的影响。如洗涤中机械功的不可或缺，并且污垢粒子的大小有时有很大影响。理论和实验证明，污垢越小，越难以去除，当污垢半径小于 0.1μm 时，由于其表面电势很大，去除这种粒子实际上很困难[4]。

去除固体污垢过程中表面活性剂的润湿作用可见图 5.1。

固体污垢从基底物上脱下后的稳定性是洗涤作用的重要方面，对污垢再沉积稳定性的量度有多种方法，如 Lange 的污垢与基底物电势的几何平均值法、Durham 的电势乘积法等。Imamura 等提出下面的公式表征稳定性常数 θ

$$\theta = \frac{\zeta_1 \zeta_2}{k A_{123}} f\left(\frac{\zeta_2}{\zeta_1}\right) \tag{5.4}$$

式中，ζ_1 和 ζ_2 分别表示污垢和基底物（纤维）的电动电势，A_{123} 为在介质 3

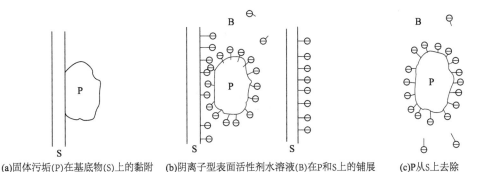

(a)固体污垢(P)在基底物(S)上的黏附　(b)阴离子型表面活性剂水溶液(B)在P和S上的铺展　(c)P从S上去除

图5.1　表面活性剂在固体污垢去除中的润湿作用示意图

中基底物 1 和污垢 2 间的 Hamaker 常数。已知 $A_{123} = (A_{113} \cdot A_{223})^{1/2}$；$f(\zeta_2/\zeta_1) = a\exp[b(\zeta_2/\zeta_1)]$，$a$，$b$ 为常数。由式（5.4）可知，稳定性常数 θ 与 ζ 有密切关系，ζ_1、ζ_2 和 ζ_2/ζ_1 越大，θ 越大；而 θ 越大，洗净力也越大。图 5.2 是炭黑污布和泥污布污垢再沉积稳定性常数 θ 与洗净力的关系，由图可知当 $\theta <$ 1.5×10^{-2} 时，洗净力随 θ 线性增长，当 $\theta > 2 \times 10^{-2}$ 时，洗净力趋于恒定值。

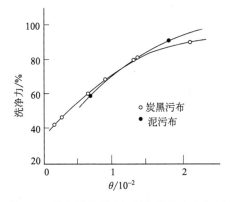

图5.2　稳定性常数 θ 与污布洗净力的关系

（四）液态油污的去除

液态油污一般以铺展状态黏附于基底物表面，接触角近于 0°。用洗涤液去除液态油污多用"滚落"机制（roll back mechanism），即表面活性剂吸附于油污水或基底物/水界面，降低相应界面的界面张力。根据 Young 方程（参见图 5.3），应有

$$\cos\theta_O = \frac{\gamma_{SW} - \gamma_{SO}}{\gamma_{WO}} \tag{5.5}$$

由于洗涤剂降低了 γ_{SW}，故使 θ_O（油污的接触角）增大，θ_W（洗涤液的接触角）减小，而 $\theta_O + \theta_W = 180°$。当然，洗涤剂也降低 γ_{WO} 和 γ_{SO}，这将阻碍 θ_O 的增大。

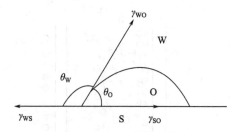

图 5.3　在水（洗涤液 W）-油污（O）-基底物（S）交界处的接触角

如果 θ_O 增大至 180°，油污将自动从基底物上脱落。在实际洗涤过程中，只要 $\theta_O > 90°$，在洗涤液流体动力和被洗物摩擦等外力作用下，油污会收缩成油滴而从基底物上脱落，如图 5.4 所示，此即为滚落机理。

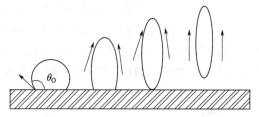

图 5.4　$\theta_O > 90°$，在有外力作用下油污以油滴状从基底物上去除的示意图

若基底物与油污作用强烈，在 $\theta_O < 90°$，即使有强烈外力作用，也难以使油污完全除去（图 5.5），只能使部分油污脱落。

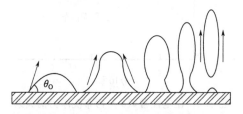

图 5.5　$\theta_O < 90°$，在强烈外力作用下大部分油污的去除，少量油污残留的示意图

油污以油滴形式"滚落"，只是油污去除机理之一。当油污较厚，在机械搅动作用下洗涤剂中表面活性组分与油污的 HLB 匹配合适时，形成有一定稳定性的 O/W 型乳状液也是去除油污的重要途径。关于乳化机理和乳化剂的选择见本书第一章。

乳化机理除去液态液污，在一些条件下是可能的。如人们在洗衣物时常用手揉搓或洗衣机的机械力作用显然有助于油污的乳化效果。特别是在一些系统中可能发生自发乳化的作用就更有利于乳化机理的解释。如脂肪酸、脂肪醇等极性油和矿物油的混合物油污与 0.1% 十六烷基硫酸钠水溶液接触时，即可发生自发乳化作用。甚至当椰子油滴入 0.9 mol/L 的 NaOH 水溶液中时，由于瞬间形成的脂肪酸钠盐的乳化作用而立即自发乳化。

　　油污在胶束中的增溶作用也是去除液态油污的重要因素之一。需注意的是只有当表面活性剂浓度远大于 CMC 时才能表现出可观的油污增溶效果。油污的增溶效果还与表面活性剂分子结构及其分子有序组合体的结构有关。

　　油污在乳化剂胶束中的增溶作用使油污去除的机理在许多情况下难以实现。因为增溶作用只有在表面活性剂浓度远大于其 CMC 时方能实现。而常用的离子型表面活性剂（如十二烷基苯磺酸钠是日用洗衣粉中最常见的活性组分）CMC 值都较大，常用的浓度多达不到其 CMC。

　　上述三种去污的机制都是由表面活性剂溶液的基本性质而来，即降低表（界）面张力、乳化作用和增溶作用。

　　很可能这些基本作用都在起作用，或许对某一系统某一种作用更大一些。本来洗涤作用就是一种复杂的过程，还有许多外界因素（如温度、机械强度、污物的性质等）应当顾及。

（五）影响洗涤作用的一些因素

1. 表面活性剂在表（界）面上的吸附作用的影响

　　表面活性剂在污垢及洗涤织物或固体表（界）面上的吸附会引起这些表（界）面性质发生变化。

　　表面活性剂在油污/水界面上的吸附引起界面张力降低，根据式（5.4），使得油污在织物上接触角增大，在外力作用下收缩的油珠可能会从织物（或固体）上脱落。或者由于油/水界面张力降低，而形成 O/W 型乳状液，从而脱离被污染物。若表面活性剂为离子型的，其吸附可以在油/水界面形成带电的膜，更使乳状液有相当的稳定性，油污液珠也不易在吸附有相同电号表面活性剂离子的被污染物上沉积。

2. 表面活性剂类型和结构的影响

　　多数固体污垢及被污染物在中性水介质中带负电荷，一般不易吸附阴离子型表面活性剂，易吸附阳离子型表面活性剂。带负电的被污染物吸附阳离子型表面活性剂将其表面电荷中和且使表面疏水性增强，吸附有阳离子型表面活性剂的固体污物更易于沉积于被污染物上。但若固体污物电荷密度较小，在吸附表面活性剂阳离子超过一定量后可能使污物粒子重新带电（正电荷），而使污物又有一定的稳定性。但此时所用阳离子型表面活性剂量较大，且价格昂贵，故阳离子型表面活性剂很少用于做洗涤剂的。且在洗涤过程中，表面活性剂浓度会降低，从而使吸附的能使污物粒子带正电荷的阳离子型表面活性剂脱附，质点表面将又变成不带电的疏水状态，粒子将再次聚沉并重新沉积于被污染物上。但是，阳离子型表面活性剂在带负电织物上的吸附却可以大大改善织物的柔软性。因为此时表面活性剂带电端基吸附于织物表面，而亲油性的疏水基指向外面，织物的表层是表面活性剂的碳氢链，故常将阳离子型表面活性剂用作柔软剂。早年，市面上有出售

"阳离子布"的，即此种以阳离子型表面活性剂为柔软剂对织物表面改性的不严谨称谓。

虽然带负电荷的固体污垢粒子难以吸附阴离子型表面活性剂，但表面活性剂大的疏水基与固体表面仍有相当大的色散力作用（特别是与碳质粒子间），而吸附的表面活性剂是以疏水基在粒子上，极性基向上（指向水相），粒子间大的负电性相互排斥，使粒子不易聚集，也不易在荷负电的织物表面沉积。

非离子型表面活性剂（主要指聚氧乙烯醚类的）在带电固体表面吸附时亲水的聚氧乙烯链大部分伸在水相中，形成厚的保护性水化层，对固体粒子的聚集起阻碍作用，使污垢难以聚集和沉积。一般来说在疏水基相同时，聚氧乙烯链越长对粉体悬浮体的稳定作用越强即为上述看法的佐证。

非离子型表面活性剂在亲水性强的棉纤维上的吸附，是以其亲水的聚氧乙烯链吸附在纤维上，疏水基朝向水相，从而使得棉纤维上的油污较难以去除。而阴离子型表面活性剂在带负电荷的棉纤维上是以亲水端基（负电荷）指向水相吸附的。故而对棉纤维制品，阴离子型表面活性剂的洗涤效果比非离子型的要好。对非极性和弱极性织物则相反。

在同系列表面活性剂中，碳氢链越长，洗涤性能越好。这与它们的表面活性、润湿性、乳化能力等的性能规律是一致的。图 5.6 是烷基硫酸钠的洗涤性能曲线图，图 5.7 是脂肪酸钠的洗涤性能曲线图[5]。

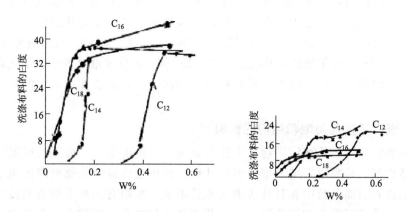

图 5.6　烷基硫酸钠的洗涤曲线（55℃）　图 5.7　脂肪酸钠的洗涤曲线（38℃）

由图可见，烷基硫酸钠系列确实是随碳链越长洗涤性能越好。而脂肪酸钠系列规律性较差，C_{18} 和 C_{16} 酸钠的次序颠倒。这可能是由于实验温度 38℃ 长链皂的溶解度太小，难以发挥其效力（溶解度低于其 CMC 时，表面活性剂的许多能力如乳化、增溶等就不能发挥）。

表面活性剂亲水基性质的影响主要指电荷的影响。离子型表面活性剂带有某种电荷，易在带相反电荷的污垢上吸附，其疏水链朝向水相，故不易从带反号电荷表面洗涤污垢。非离子型表面活性剂不带电，故不受电性的影响，起主要作用的是大的聚氧乙烯亲水基团的空间阻碍作用。当聚氧乙烯链太大时，溶解度太大，难以在材料表面吸附，从而降低了洗涤能力。

3. 增溶作用、乳化作用的影响

如果洗涤作用的增溶机理、乳化机理是正确的话，表面活性剂增溶能力、乳化能力越强，洗涤效果就应越好。比较表面活性剂的增溶能力和乳化能力，发现只有在一定条件下才是这样的。

根据第一章增溶作用知，增溶作用只有在大量形成胶束时才能发生，即只有当表面活性剂浓度大于其 CMC 时才能发生。因此，如果当溶液中表面活性剂浓度低于 CMC 时就有明显的洗涤作用发生，就难说增溶作用是洗涤进行的主要原因。事实是，对离子型表面活性剂，当其浓度达不到 CMC 时，或者说起始浓度可能达到或超过 CMC 值，但考虑到织物或被污染物的大表面积引起的吸附作用使表面活性剂的平衡浓度显著降低到 CMC 以下时，仍有明显的洗涤效果。这样增溶作用的机理就难以解释了。而且，与表面活性剂浓度超过 CMC 以后，洗涤能力并不随浓度的增加而增大，这种现象似乎与表面张力随浓度增大的变化规律一致，即达到 CMC 以后，表面张力、洗涤能力都不再有明显的变化。这些现象似乎都说明增溶作用在洗涤作用中不是主要因素。但有的非离子型表面活性剂，浓度超过 CMC 后，浓度增加，洗涤能力也显著增大，这似乎又说明增溶作用在这些表面活性剂使用时又起明显作用[6]。

如果说增溶作用在洗涤作用中的地位还存在争议（至少有些实验结果与设想不符），乳化作用在洗涤作用中的重要作用却是公认的。表面活性剂降低油/水界面张力，形成有一定机械强度的油/水界面吸附膜，有效的抑制油珠（油污）的聚集，并保持系统的一定稳定性，使油污不致再沉积。这些都保证了洗涤过程的顺利进行。

4. 温度和机械力等物理因素的影响

温度升高对洗涤作用有利。这主要是因为温度升高利于离子型表面活性剂溶解度增加和大量胶束的形成。因此，温度升高无论是对乳化作用还是增溶作用都十分有利。非离子型表面活性剂的溶解度虽随温度升高会降低，但在浊点附近却会形成胶束相，因而也会促进乳化和增溶作用，利于洗涤增效。同时，温度的升高可使油污软化甚至可能熔化，减弱油污与衣物等的结合牢度，有些织物的纤维在温度高时会发生溶胀，也有利于油污的卷缩、脱落。

因此，一般来说，适当提高温度对洗涤作用有利，但是由于酶的活性一般低于 10℃ 时不高，在 40℃ 时酶活性最高，再升高温度酶活性降低。故加酶洗衣粉在温水中使用效果最佳。

手搓洗、洗衣机涡轮搅动有利于油污被乳化和增溶，但是机械力作用太强烈不仅可能损坏衣物，还可能引起污物的再沉积。

5. 水质的影响

此外，洗涤效果与洗涤用水的质量有很大关系。通常将水中含有 Ca^{2+}、Mg^{2+} 等总浓度称为硬度。水的硬度单位是 mmol/L 或 mol/m³。水的硬度名称和高价阳离子浓度关系如表 5.1 所示[7]。

表 5.1 水的硬度

硬度/(mmol/L)	<0.5	0.5~1.5	1.5~3.0	3.0~4.5	>4.5
名称	极软水	软水	中硬水	硬水	极硬水

含碳酸氢钙、碳酸氢镁的硬水称为暂时硬水，加热至沸腾生成碳酸盐沉淀，即可使水软化，

$$Ca^{2+} + 2HCO_3^- \xrightarrow{\triangle} CaCO_3 \downarrow + CO_2 \uparrow + H_2O$$

而含 $CaCl_2$、$MgCl_2$ 和 $CaSO_4$、$MgSO_4$ 的硬水，用上述方法不能软化，需加入其他化学物质使 Ca^{2+}、Mg^{2+} 等形成碳酸盐除去而软化。

硬水在洗涤作用中有以下害处[8]。

① 在荷负电的污垢和被洗涤物上吸附多价阳离子将使其表面电势减小，不仅不利于污垢的清除，而且可引起污垢的再沉积。

② 多价阳离子在带负电的被洗涤物和带负电的固体污垢间起键合作用，能使污垢再沉积。多价阳离子也可以在阴离子型表面活性剂的亲水性负电基团和带负电的被洗涤物或固体污垢间起键合作用，使得表面活性剂阴离子定向地吸附于被洗涤物和固体污垢上，而其疏水基指向水相，从而使被洗涤物与洗涤液之间的界面张力和固体污垢与洗衣液间的界面张力升高。这就增大污垢在被洗涤物上的黏附功，并阻碍润湿作用和油污的滚回（roll-back）。

③ 多价阳离子在分散于洗衣液中的固体污垢上吸附，可降低其表面负电势，使其发生絮凝并沉积于被洗涤物上。

④ 多价阳离子浓度大时，洗涤液中的阴离子型表面活性剂可与其形成相应的难溶金属盐，从而降低其表面活性，并且，洗涤助剂（如磷酸盐、硅酸盐等）中的某些阴离子和高价阳离子也可形成难溶盐沉淀。

为免除硬水的这些危害，一方面可以选择硬度不高的水用于洗涤，如一般硬度不太高的中等硬度的水（Ca^{2+} 含量<100mg/L）可以不用软化处理。另一方面在洗涤剂中加入一些助剂，以减小硬水对洗涤作用的不利影响。

此外，水质的 pH 对洗涤作用也常有影响。

Visser 研究介质（水）pH 对固体粒子（炭黑）从赛璐玢上脱落的影响[9,10]。他们是将沉积有炭黑粒子的赛璐玢膜贴附于同心转筒的内筒上，内外筒间有窄的缝隙，其间充满一定 pH 的水（用 NaOH 或 HCl 调节 pH），以一定转速转动内筒，测定转动一定时间后脱落炭黑粒子的百分数，根据转速、内外筒间距、介质黏度等数据，依 DLVO 理论处理，计算出表面与脱落粒子间的黏附力 F。图 5.8 即他

们所得结果。

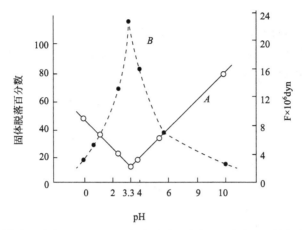

图 5.8 炭黑粒子脱落率（曲线 A）、炭黑粒子与赛璐玢黏附力 F（曲线 B）与介质（水）pH 的关系图

注：$1dyn = 10^{-5}N$

图中曲线 A 表示在转速为 4700r/min，转动 15min 后脱落粒子的百分数与介质 pH 的关系。A 线显示在 pH=3.3 时有最小值，此时恰为炭黑粒子的等电点。已知赛璐玢在 pH＞2 时表面带负电荷。图中 B 线是脱落 50％时黏附力 F 与 pH 值的关系。与 pH=3.3 时 A 线最低点相对应的 B 线最高点的 F 为 $2.3 \times 10^{-5}dyn$。

后来的实验表明随转筒旋转速率增加，脱落率也平稳增大。由于炭黑粒子大小分布相当宽，计算出的黏附力在相当大的幅度内变化。因此实验结果只有定性的意义。但是，这一结果可以能说明，介质 pH 对固体污物的洗涤效果有一定影响。

二、洗涤剂

能有效去除各种污垢的物质称为洗涤剂（或称去垢剂，washing agent）。

（一）洗涤剂配方原则

洗涤剂多不是纯的单一化合物，而是多种化学物质按一定比例配制的产品。选择哪些物质配制的最主要原则是针对某种被清洗物的污物，配制的产品有最佳的洗涤效果，适用于最简单方便的应用条件，并有最低廉的价格。洗衣粉配方的原则，至少应有以下几点。

① 选择活性高、热稳定性好、溶解度大的表面活性剂。制备洗衣粉多要喷雾干燥，温度较高。非离子型表面活性剂一般耐热性差，宜在后配料时加入。常用洗衣粉表面活性剂多选用阴离子型的。

② 手洗用洗衣粉中适当添加增泡剂和稳泡剂。机用洗衣粉宜加入抑泡剂（如

$C_{18}H_{37}SO_4Na$ 等）或加入非离子型表面活性剂。

③ 调节洗衣粉的酸碱性。重垢型洗衣粉 pH 值宜为 9.5～10.5，轻垢型宜为中性，不宜以三聚磷酸钠碱性物质为主要助剂。

④ 加入适量的抗沉积剂、抗结块剂（如羟甲基纤维素钠、对甲苯磺酸钠等）。

（二）洗涤剂用表面活性剂

洗涤剂中应用最多的是阴离子型表面活性剂，它们有良好的洗涤去污能力，且价格便宜。而阳离子型表面活性剂易在带负电表面吸附（大多数衣物和固体污垢在中性水中均带负电荷），而使表面疏水化，故不宜用作洗涤剂。两性型表面活性剂和阳离子型表面活性剂类似，去污能力较差，但有灭菌、消毒、抗静电和使织物柔软等作用，宜作助剂使用，或作为少量活性组分应用。非离子型表面活性剂是仅次于阴离子型表面活性剂而使用的。

1. 阴离子型表面活性剂

以脂肪酸盐（FA-M）、烷基硫酸盐（AS）、烷基苯磺酸盐（ABS，直链 LAS）应用最多。其中主要品种有肥皂、烷基硫酸钠、十二烷基苯磺酸钠、α-烯烃磺酸盐（AOS）、脂肪醇聚氧乙烯醚羧酸钠、N,N-油酰基甲基牛磺酸钠（Igepon T）、脂肪醇聚氧乙烯醚硫酸钠（AES）、烷基磺基琥珀酸钠、磷酸酯盐、间油酰氨基苯甲醚磺酸钠（LS）、烷基糖苷硫酸钠、烷基糖苷磺酸盐、烷基糖苷聚氧乙烯醚磺酸盐、烷基糖苷聚氧乙烯醚磷酸盐等。

2. 阳离子型表面活性剂

不适用于多数物质的洗涤，因为多数物质在中性水中带负电荷。只有在物体带正电荷才可能应用于洗涤。如丝毛织物在弱酸性溶液中洗涤时，阳离子型表面活性剂才显现良好的去污能力。但是由于阳离子型表面活性剂具有杀菌能力，且在多数织物、固体表面的强烈电性作用而形成的吸附层，使织物柔软性增大，故也常用作助剂，用于改善织物的柔软性、防静电性能等。常用的阳离子型表面活性剂有烷基三甲基硫酸铵、N-椰子酰精氨酸乙酯、CTAB 等。

3. 非离子型表面活性剂

非离子型表面活性剂具有很强的去污能力，这是由于这种表面活性剂 CMC 很低，对硬水和外加电解质不敏感，耐酸碱，对水质的要求不高，在各种物质上都能强烈吸附，并可形成厚厚的亲水性保护层增大污物的悬浮能力和防止其再沉积的能力。非离子型表面活性剂种类繁多，产量随石油工业发展逐年增加。因而日益成为洗涤剂的主要组成部分或重要的助剂。用于洗衣液的非离子型表面活性剂有脂肪醇聚氧乙烯醚（AEO）、烷基酚聚氧乙烯醚（OP、Triton X）、脂肪酸聚氧乙烯醚（FAE）、聚氧乙烯烷基胺、聚醚、蔗糖酯等系列产品，每一系列又有多种商品产品。要注意的是，有的虽然采用常见的非离子型表面活性剂系列名称，但却不一定是非离子型表面活性剂，如 Triton X 系列大多是非离子型的，如 Triton

X-45、Triton X-55、Triton X-100、Triton X-102、Triton X-114 等。编号的不同只是在辛基酚聚氧乙烯醚中含氧乙烯基数目的不同（和编号数字无明确的对应关系），但 Triton X-301 却是烷芳基聚醚硫酸钠阴离子型表面活性剂。

4. 两性型表面活性剂

这类物质兼有阴、阳离子型表面活性剂的特点。既有良好的洗涤能力，又能对织物的柔软性改善，并对皮肤无伤害。故常用作洗涤剂的助剂，特别适用于制造化妆品、人体和毛发洗涤用品（如各种香波、护肤、护发类制品）。常用的两性型表面活性剂有烷基氨基酸盐、烷基甜菜碱、咪唑啉型、氧化胺类等。

（三）洗涤剂中用的助剂

洗涤剂中用的助剂[11]的主要作用是：①增强表面活性剂的洗涤能力，即增强对污垢的分散、乳化和增溶能力，防止污垢的再沉积；②软化硬水，增强无机离子降低表面活性剂 CMC 的作用，调节水质的 pH 值；③改善起泡性能，适当提高水溶液的黏度；④减少溶液对皮肤的刺激性，提高织物的柔软性、抑菌与灭菌性能和抗静电作用等。

在洗衣粉中常用的助剂有两类：无机助剂和有机助剂。

1. 无机助剂

主要的无机助剂如下。

（1）磷酸盐　如磷酸三钠（Na_3PO_4）、三聚磷酸钠（又称三磷酸钠 $Na_5P_3O_{10}$，STTP）、焦磷酸四钾（$K_4P_2O_7$）等。其中以 STTP 应用最多，其主要作用是能与 Ca^{2+}、Mg^{2+} 等离子起螯合作用，避免活性组分成皂垢失效，STTP 的助洗效果很好，但其缺点日益受到批评，即易引起洗涤废水对江河湖海的污染（水质富营养化）。许多国家已限用。现逐渐有用 4A 沸石、亚胺磺酸盐、聚丙烯酸盐、羧甲基淀粉取代之势。聚磷酸盐等在固体粒子上吸附，可以提高其电动电势，对防止污垢再沉积有利。现已有用各种螯合剂（如 EDTA 等）取代 STTP 进入配方。

（2）硫酸钠　硫酸钠作为惰性无机助剂，它的主要作用是降低表面活性剂的 CMC，提高其表面活性，提高其在污物和洗涤物体上的吸附能力，以增强污物的分散稳定性和防止再沉积的作用。硫酸钠常是合成表面活性剂时的副产品（如烷基苯磺酸钠合成时，多余的硫酸与碱中和生成硫酸钠），因此也算是废物利用。作为重要助剂（有的洗涤剂中硫酸钠的含量常高达 $20\%\sim40\%$）既提高了洗涤剂的洗涤能力，又处理了副产物，两得利。但是，无机盐浓度过高，会使洗涤能力下降，这是因为在表面活性剂的吸附达到饱和后，再增大无机盐的浓度会引起表面电势下降，不利于洗涤作用。

（3）硅酸钠　硅酸钠是一种碱性物质。常见的水玻璃即为无定形硅酸钠。其作为无机助剂的作用是调控洗涤剂的 pH 值，增大碱性，使系统有强的乳化、悬浮能力和对油污的溶解能力，并能保持泡沫稳定性，防止污垢的再沉积。能抑制金属的腐蚀作用；对高价金属离子也有一定螯合能力。碳酸盐有与硅酸盐相似的效果。

(4) 漂白剂　漂白剂的作用是用氧化（或还原）作用除去被洗涤物上的有色物质。漂白剂的添加量很少，一般不超过 1%，常用的漂白剂有次氯酸盐、过酸盐等。

2. 有机助剂

(1) 羧甲基纤维素钠（NaCMC）　这种物质是高分子电解质，在水中易溶解。能吸附于固体表面，增大表面电荷密度，从而提高粒子的分散稳定性和不易再沉积。但在亲水性较差的合成纤维上 NaCMC 不易吸附，因而对防再沉积效果较差。改用非离子型的纤维素衍生物、聚醚（聚氧乙烯-聚氧丙烯共聚物）、聚乙烯吡咯烷酮（PVP）为抗再沉积剂有较好效果。

(2) 起泡和稳泡剂　主要用于泡沫的调节，以利于泡沫在洗涤中对污垢的去除和防止污垢的再沉积。常用的有脂肪醇酰胺（如月桂酰单乙醇胺、月桂酰二乙醇胺等）、廿二碳酸皂等。

(3) 各种酶　如蛋白酶、淀粉酶、脂肪酶、纤维素酶等。用以洗除各种油脂类污物。

此外，有时在洗涤剂中添加助溶剂（如尿素、乙醇、聚乙二醇等）以促进表面活性剂的溶解。

根据不同用途，有时还要在洗涤剂中加入有机抑菌剂（如三溴水杨酸替苯胺、六氯苯、三氯碳酰替苯胺等）、柔软剂、抗静电剂等。

实际上，洗涤剂配方中以阴离子型表面活性剂作为主表面活性剂为最多，其次为非离子型表面活性剂；复配型较单一型的为多。从表面活性剂的降低表面张力的能力和 CMC 大小而言，并非都是越低越好，而是要适当的小和低。但表面活性剂溶解性好是极为重要的。

表 5.2 列出三种普通型家用洗衣粉的配方；表 5.3 列出三种复配型家用洗衣粉的配方；表 5.4 中列出一种餐具洗洁精的配方。从这些配方中可体会洗涤剂中各组分的作用。

表 5.2　三种普通型洗衣粉配方

组分	甲	乙	丙
烷基苯磺酸钠	30	30	15
烷基磺酸钠			10
STTP	30	20	16
碳酸钠			4
硫酸钠	25.5	38	44
硅酸钠	6	6	6
NaCMC	1.4	1.4	1.2
荧光增白剂	0.1	0.1	0.08

表 5.3　三种复配型洗衣粉配方

组分	甲	乙	丙	组分	甲	乙	丙
烷基苯磺酸钠	20	16	8	硫酸钠	22.9	38.8	20
AEO-9	1	3		硅酸钠	8	6	6
TritonX-100	1.5			NaCMC	1.4	1	1.4
聚醚				荧光增白剂	0.2	0.2	0.3
皂片				对甲基苯磺酸钠	2.4		3
STTP	30	16	18	过硼酸钠		1	
碳酸钠		12					

表 5.4　一种餐具洗洁精的配方

组分	含量/%
脂肪醇聚氧乙烯醚（AEO-9）	3
脂肪醇聚氧乙烯醚（AEO-7）	2
烷基苯磺酸钠	5
三乙醇胺	4
苯甲酸钠	0.5
香精	0.5
去离子水	85

（四）纺织工业中用的净洗剂

在纺织工业生产中为了去除印染及后整理过程中残留在纤维或其制品上的各种杂质、污垢、助剂和浆料等而应用的清洗物称为净洗剂。

过去阴离子型表面活性剂（如脂肪酸皂类、十二烷基苯磺酸钠等）最常用作净洗剂，这些物质有良好的乳化、增溶、润湿、起泡、悬浮等性能。且有耐硬水、在水中不产生游离碱、对织物不损伤、洗涤过程快、用量少、对温度不敏感、室温即可进行操作等优点。

随后考虑到环境保护及织物的柔软、抗静电等多方面的要求，非离子型、两性型表面活性剂受到青睐。近些年发展和研究的孪连型表面活性剂和传统的阴、非离子型表面活性剂比较，不仅表面活性高，而且生物安全性、低刺激性和生物降解性等方面都有优越性，在纺织工业中作净洗剂大有前途。

（五）金属表面清洗剂

在机械工业和金属加工工业中都涉及的金属表面污垢（尘埃、积炭、水垢、金属锈、氧化层、油腻、漆层等）需要清除[12]。这些污垢大致可分为水溶性和油溶性两大类。水溶性污垢用水刷洗通常可有良好效果，油溶性污垢的清洗比较困难。

清除油溶性污垢可用两类清洗剂：水基清洗剂和溶剂基（有机溶剂）清洗剂。

溶剂基清洗剂的溶剂有石油溶剂和氯化烃溶剂两类。这类清洗剂清洗油溶性污垢虽有良好效果，但其本身易燃、易爆，对人体的刺激和伤害很大，大量应用既浪费资源，又造成严重的环境污染。因而这种清洗剂不适合广泛采用。

水基性清洗剂主要活性组分是表面活性剂。这种清洗剂，去污能力强。相比于油基性清洗剂，安全、污染小，不仅能清洗油污，对无机盐等污垢也有清洗能力，因不用有机溶剂，故适于机械化自动清洗。

常用的水基性清洗剂的表面活性剂有月桂酰二乙醇胺、脂肪醇聚氧乙烯醚、烷基酚聚氧乙烯醚、月桂酰烷醇胺磷酸酯、N,N-油酰甲基牛磺酸钠、十二烷基硫酸钠、油酸钠、油酸三乙醇胺、十二烷基苯磺酸钠、十二烷基苯磺酸铵等。

无机助剂有磷酸钠、磷酸氢二钠、六偏磷酸钠、硅酸钠、三聚磷酸钠、偏硼酸钠等。这些物质的作用有能使硬水软化、对油污有良好吸附能力、有抗再沉积的能力等。

防锈缓蚀剂有羧酸盐类（如油酸三乙醇胺等）、磺酸盐类（如石油磺酸钠盐、钙盐等）、有机胺类（如有机酸胺盐、酰胺等）、杂环化合物（如苯并三氮唑等）。

助溶剂有尿素等。

在水基金属清洗剂通常还要加入泡沫控制剂、抗污垢再沉积剂等。

表 5.5 列出一种金属酸性清洗剂的配方，表 5.6 列出一种金属碱性清洗剂的配方。

表 5.5　一种金属酸性清洗剂配方

组分	质量分数/%	
磷酸（85%）	35.0	配制方法：先将磷酸和羟基乙酸加入水中，再加入 Triton X-100
羟基乙酸	1.0	
Triton X-100	1.5	使用浓度：7.5～15.0 g/L
水	62.5	

表 5.6　一种金属碱性清洗剂配方

组分	质量分数/%	
N-(1,2-二羧基乙基)-N-十八烷基磺化琥珀酸四钠	10	配制方法：将后三种粉状组分混合，研磨，在搅拌下加入第一种物质（表面活性剂）
碳酸钠	40	
偏硅酸钠	20	
氢氧化钠	10	

（六）干洗

干洗（dry-cleaning）是在非水液体中进行洗涤。通常以四氯乙烯（C_2Cl_4）等极性小的有机物为溶剂。其优点是避免水洗时某些基底物变形和提高去油污能力。

以洗涤织物为例。织物上的污垢有油溶性的（非极性的）和水溶性的（极性的）之分。油溶性污垢可直接被 C_2Cl_4、癸烷、$CHCl_3$、CCl_4、C_2HCl_3 等溶解。为使极性污垢也能去除，必须在上述溶剂中加入表面活性剂和少量水，以形成反胶束。极性污垢增溶于反胶束内核的"水池"中。显然这一过程并非完全的"干"洗。在干洗过程中表面活性剂的作用是：①表面活性剂极性基团吸附于固体污垢和基底物表面，阻碍污垢的再沉积；②利用反胶束内核保持的水，增溶极性污垢。在此两种作用中，表面活性剂极性基团均有重要作用。

用于干洗的表面活性剂必须能溶于作为洗涤液的有机溶剂中，这种表面活性剂有石油磺酸盐、烷基苯磺酸盐（或铵盐）、脂肪醇聚氧乙烯醚、烷基酚聚氧乙烯醚等。表5.7给出一种干洗液的配方。

表5.7 一种干洗液的配方

组分	质量分数/%
琥珀酸二辛酯磷酸钠	3.2
四氯乙烯	95.8
水	1.0

三、化妆品中表面活性剂的应用[13~15]

（一）化妆品的定义、作用及分类

1. 什么是化妆品

化妆品是清洁、保护和美化人们的面部、躯体皮肤和毛发、指甲等的日常生活用品。化妆品的应用有益于增进人们的身心健康、促进社会和谐。

化妆品的应用已有数千年的历史。考古发现，我国在殷商时期已使用胭脂，战国时期就有以白粉敷面，以墨画眉的现象。

近年来，我国对外开放，经济发展迅速，人民生活水平日益提高，对化妆品的需求与日俱增。作为日用化学工业的重要领域——化妆品的生产得到巨大发展，化妆品已成为市场热点消费品。

2. 化妆品的作用

化妆品的作用大致可有以下几种。

（1）保护和清洁作用 如防止在风吹、日晒、高温、严寒条件下皮肤的开裂、失水等而应用的雪花膏、防晒霜、冷霜、发乳等。在日常生活中受到外界环境污染引起的皮肤污垢和新陈代谢造成的皮肤干燥等而经常需要涂抹的防护类化妆品（如清洁霜、浴液、面膜、洗发液等）。

（2）美化、营养和治疗作用 如美化、修饰口唇的唇膏，香水，染、洗、烫发用膏，眉笔等。面膜有美化、滋润皮肤等作用，牙膏、爽身粉等也有一定的治疗、保护作用。

3. 化妆品的分类

化妆品有多种分类方法，如按照制品类型可分为乳液类、粉制剂类、香水类、香波类等。按照用途可分为皮肤用品、毛发用品、口腔清洁用品、芳香类用品等。按照使用目的和使用部位可分为基础化妆品、美容化妆品、身用化妆品、头发用化妆品、口腔用化妆品和芳香化妆品等，表 5-8 列出这种分类方法的化妆品用途及主要制品。

表 5.8　化妆品的一种分类方法及使用目的和制品举例

分类	使用目的	制品实例	分类	使用目的	制品实例
基础化妆品	清洁	洗面奶、泡沫洁面剂	头发用化妆品	洗发	洗发香波
	润肤	润肤霜		护发	调理剂
	保护	保湿露		整型	发膏、发油
美容化妆品	基础美容	粉底霜、白粉		烫发	烫发剂
	重点美容	胭脂、唇膏、眼影		染发	染发剂、头发漂洗液
	指甲化妆	指甲油		生发	生发水
身用化妆品	沐浴	沐浴液	洁齿、口腔用化妆品	皓齿	牙膏
	防晒	防晒霜、防晒油		口腔清爽	口腔清爽剂
	抑汗，祛臭	祛臭喷剂	芳香类化妆品	芳香	香水、花露水
	脱色	除毛霜			

基础化妆品也称护肤化妆品，以面部和皮肤化妆为主，注重皮肤生理特点。美容化妆品也称装饰用化妆品，除注意皮肤、指甲等施用部位的生理特性外，还要刻意在美学上的润色和保健作用的追求。身用化妆品是指除颜面部皮肤以外人体其他部位使用的化妆品，如防晒霜、沐浴液等。

头发用化妆品指涉及头发用的洗理、防护等，如洗发、染发、烫发、生发等用品。口腔用化妆品以牙膏制品为主，如现在流行的口腔清爽液等。至于芳香类化妆品则主要为保留较久的香味，以满足于社交和自己的爱好，主要有各种气味的香水及花露水等。

（二）化妆品对表面活性剂的要求

化妆品是一种含多种组分的多相分散体系，其中虽以水和油相为主要组成，但防腐剂、香精、色素是为保持其稳定、有效必须加入的功能性的表面活性剂。和其他领域使用表面活性剂一样，在化妆品中应用表面活性剂量不在多，而在于要能发挥其在制备、储存、使用中的特殊功效。即应用表面活性剂能大大提高生产效率、降低成本，产品质量优良、稳定，保证有足够长的保质期，人们使用安全、舒适，能达到化妆品的清洁、保护和有一定的辅助治疗等作用。对表面活性剂的具体要求如下。

(1) 功能性要求　每种化妆品都有一定的针对性，即要求特定的用途和功效。因此，加入的表面活性剂能保障产品在清洁、保湿、遮瑕方面的作用，也能充分发挥产品在抗皱、美白等方面的生物学作用，还要求能改善产品在香味持久、色彩符合消费者要求的心理学方面的作用。实际上，任何化妆品不可能是万能的，任何表面活性剂也不是万能的。因此在许多化妆品中要应用混合表面活性剂，应用化妆品也常要调换品牌使用，如经常调换牙膏品牌对牙齿和口腔保健是有益的。那种将一种品牌说成是"最好""万能"等宣传是不可信的。

(2) 安全性要求　对人体无害、无毒、无过敏是对化妆品的基本要求。使用化妆品的目的是为了保洁、保健、改善和美化人们的形象，给别人、给自己愉悦的好心情。那种有怪异气味和不良刺激的物料是不能添加到化妆品中的。在化妆品储存和使用时可能出现生物污染等卫生安全问题，这也是要注意到的。因此选用的表面活性剂最好应具备抗微生物污染的能力。

(3) 稳定性要求　多数化妆品不是一次性的，从生产到储存，到销售，再到使用有一定的时间过程。因此要求化妆品性态稳定，乳剂不发生分层、变潮，膏剂不析水、析油、硬化、变味等。这就需要选择合适的乳化剂、分散剂、稳定剂等。特别是在使用混合表面活性剂时更要注意各组合的性质、组成比例的匹配。

(4) 商品性要求　作为日用化学品，化妆品是人们经常使用的商品，要求有良好的外观和使用舒适的优点，而且须香气持久、怡人，品质细腻、光滑柔软，有良好的涂抹性，能铺展均匀。在生产制造时须工艺简单、操作方便，性价比越大越好，成本尽可能低廉。

（三）表面活性剂在化妆品中的作用

表面活性剂在化妆品中的主要作用实际上都包含在本书第一章的表面活性剂的各种功能中。只是在不同的化妆品中有一种或几种功能起主要作用。当然，最基本的作用还是降低界面张力和体相溶液中胶束和其他分子有序组合体的形成（详见本书第一章）。

(1) 乳化作用　许多化妆品属乳状液，即将非水溶性物质（或水溶性物质）均匀分散于水（或"油"）中形成 O/W 型或 W/O 型乳状液。为达到均匀分散的目的必须加入表面活性剂（称为乳化剂）。乳化剂的基本作用是其在油水界面上吸附而降低油水界面张力。这种在表面活性剂作用下形成乳状液的过程称为乳化作用。乳化剂在化妆品生产中主要用于生产乳液、膏、霜类化妆品，如雪花膏（O/W 型乳状液）、冷霜（W/O 型乳状液）、乳化香波等。

(2) 增溶作用　化妆品增溶作用主要应用于化妆水、生发油、生发养发剂的生产中，在这类化妆品中香料、油脂、油溶性维生素等需用增溶剂（表面活性剂）使它们增溶，以制备出稳定的产品。增溶作用只有在表面活性剂浓度达到其 CMC 后才能发生。增溶剂要根据被增溶物的性质来确定。

(3) 分散作用　化妆品除了液体分散在与其不相混溶的另一液体中形成的乳

状液外还有将固体小粒子分散到非溶剂（水或"油"）形成的分散系统（固液分散系统），这种系统通常称为悬浮液。化妆品用的固体粉体多为无机颜料［如二氧化钛（俗称钛白粉）、云母、滑石粉、炭黑、珍珠粉等］和一些有机颜料（如酞菁蓝等）。在化妆品的固液分散系统中，用作使固体粉体以均匀、稳定分散的分散剂的表面活性剂大多既是良好的乳化剂，又是良好的分散剂（详见本书第一章），如脂肪醇聚氧乙烯醚、烷基磺酸盐等。

（4）润湿渗透作用和柔软抗静电作用　作为清洁、洗涤用化妆品要注意其对皮肤、毛发表面的润湿作用和渗透作用，只有能润湿皮肤、毛发或固体污垢，才能清洁皮肤和毛发。但也要顾及对皮肤的刺激性，即所选择的各种表面活性剂不能伤及表皮细胞；不会与皮肤的蛋白质发生作用；不会溶出皮肤的有效成分；可以保持皮肤油脂及皮肤本身的正常状态。两性型表面活性剂是温和的清洁用表面活性剂，是配制高档清洁皮肤、护发香波和婴儿清洁用产品的优先选择。阴离子型表面活性剂物美价廉是通用产品的选择。阳离子型表面活性剂（如单烷基和双烷基季铵盐类、烷基苄基季铵盐等）都是普遍适用的有柔软、抗静电功能的毛发柔软清理剂的有效成分。其他如牛油基、辛基二甲基季铵盐及 3-鲸蜡基甲基铵盐对头发干梳、湿梳有好处，去黏性好。磷脂类生物表面活性剂对人体肌肤有很好的保湿性和渗透性。糖脂类生物表面活性剂对皮肤有奇特的亲和性，使皮肤有柔和、湿润之感。用生化合成方法，制造出相应的生化活性物质和维生素衍生物、酶制剂、胶原蛋白、透明质酸、细胞生长因子等，通过适当配置成化妆品，有可能将生物活性物质渗入皮肤，参与细胞的代谢，改变皮肤组织结构，从而达到防衰老、增白、防皱等功效。

（四）化妆品的原料

制备出各种化妆品需要多种原料，因化妆品用途不同，性能各有差异，原料和辅料千变万化、多种多样，各有其功效。但化妆品也有主要的基础原料。这些主要的基础原料包括油脂和蜡类原料，起各种作用（如乳化、增溶、润湿、保湿、分散、稳定等）的表面活性剂，及其他辅助原料。

（1）油脂和蜡类　油脂、蜡及其衍生物类物质在化妆品中占的比例最大，其主要作用是有润肤作用，用来调节制品的黏稠性质。

常用的油脂有椰子油、橄榄油、杏仁油、花生油、大豆油、棕榈油、棉籽油等植物性油脂和牛油、猪油、海龟油等动物性油脂。油脂的主要作用是使皮肤有柔润光滑感［能在皮肤上形成疏水性（油性）膜］，能防止微生物侵蚀，能抑制水分蒸发，起保护皮肤的作用。

蜡类有蜂蜡、棕榈蜡、羊毛脂、树脂等。蜡类物质的作用是，作为固化剂，提高产品的稳定性，提高液态油类的熔点，改善对皮肤的柔润效果，增强产品使用光泽，改善产品成形性能和使用效果。

油脂和蜡类的衍生物也是化妆品的主要原料。它们包括长碳链脂肪酸（如硬脂酸、棕榈酸等)、脂肪醇(如十六碳醇、十八碳醇等)、磷脂、十二个碳原子以上的金属皂类(如铝皂、锌皂等)以及高碳烃类[如液体石蜡(如 C_{15} 以上的各种饱和烃),液体石蜡常称为白油,根据碳链长短和黏度不同而标为不同牌号]、固体石蜡(C_{16} 以上的直链饱和烃)和凡士林(液体石蜡和固体石蜡饱和烃的混合物,油脂状石油产品,含微量不饱和烃)。高碳烃类在化妆品中主要作用是用作溶剂,能净化皮肤并能形成疏水性保护膜,抑制水分蒸发,提高化妆品的效果。这类原料主要用于膏、霜类化妆品制作。

(2)溶剂　溶剂是乳状液、膏、浆液类化妆品(如雪花膏、牙膏、香水、花露水、指甲油等)不可缺少的主要原料。有的固态化妆品也需使用一定量溶剂(如用于溶解某些香料,或使饼块状化妆品成形)。最常用的溶剂是去离子水和蒸馏水。在制备香水、花露水时常用低碳醇(如乙醇)作溶剂,可使产品有清凉感和杀菌作用。高碳醇除有时直接应用外还可作为表面活性剂制备中亲油基的原料。常用的高碳醇有月桂醇(C_{12} 醇)、鲸蜡醇(C_{15} 醇)、十八醇、油醇等。多元醇(如乙二醇、聚乙二醇、丙二醇、甘油、山梨糖醇等)可作为某些香料的溶剂、定香剂、黏度调节剂,也是某些非离子型表面活性剂合成的原料。

(3)保湿剂　保湿剂是指化妆品中用以保持皮肤角质层及化妆品本体中水分的物质。人体皮肤角质层中本已含有天然的保湿性物质[称为保湿因子(NMF)],主要是氨基酸、吡咯烷酮羧酸、尿素、糖、肽等水性物质。理想的保湿剂要有持久的吸湿能力、不易挥发、与其他组分相溶性好、黏度适宜、使用舒适等优点。常用的保湿剂有甘油等多元醇和乳酸盐等。

(4)表面活性剂见下节介绍。

(五)化妆品中常用的表面活性剂[16]

表面活性剂也是化妆品中的主要组分。但其品种繁多,作用各异,难以全面介绍。其在化妆品中的基本作用在前边已有说明。本节中仅就清洁、护肤类化妆品中用量较大的温和型和较新型的表面活性剂的性能作简单介绍。

1. 阴离子型表面活性剂

(1)琥珀酸单酯磺酸钠　这是一种应用广泛、性质温和、价格低廉、合成方便的表面活性剂,此类表面活性剂常用的有表 5.9 中所列的几种。

表 5.9　几种琥珀酸单酯磺酸钠

缩写	名称
DSUA	十一烯酰单乙醇胺琥珀酸单酯磺酸钠
DSL	十二烷基琥珀酸单酯磺酸钠
DSLE	月桂醇聚氧乙烯醚琥珀酸单酯磺酸钠
DSCA	聚氧乙烯($n=4$)椰子油酰单异丙醇胺琥珀酸单酯磺酸钠
DSRA	蓖麻油酰单乙醇胺琥珀酸单酯磺酸钠

缩写	名称
DSSE	甾醇聚氧乙烯醚（$n=14$）琥珀酸单酯磺酸钠
DSLC	聚氧乙烯（$n=5$）十二烷基柠檬酸琥珀酸单酯磺酸钠

这类表面活性剂有很好的皮肤舒适感，可与起泡的阴离子型表面活性剂（如 SDS）复配使用。

（2）N-烷酰基肌氨酸盐（缩写为 ASS）　ASS 适用于弱酸性配方中，可用作皮肤清洁剂（溶液、沐浴露、洗面奶等）。

（3）N-烷酰基-N-甲基-牛磺酸（盐）（缩写 AMT）通常为钠盐。AMT 刺激性小，对皮肤、毛发的亲和性好，泡沫丰富，脱脂力较低。由油酸衍生的 AMT 商品名 Igepon T。椰子油酰甲基牛磺酸钠是高档香波、沐浴露的主要表面活性剂。同类的烷酰氧乙基磺酸钠（缩写 AIS），商品名 Igepon A，性质与 Igepon T 相似。

（4）脂肪醇聚氧乙烯醚硫酸酯盐（缩写 AES）AES 在高碱性体系中较稳定，多用于洗发香波。

（5）单烷基磷酸酯盐（缩写 MAP）及脂肪醇聚氧乙烯醚磷酸单酯　这类物质乳化性能好、发泡性好，亲和性优良，适宜用作洗面奶、沐浴露、婴儿香波等。

2. 阳离子型表面活性剂

在化妆品中应用最多的阳离子型表面活性剂是单烷基季铵盐（缩写 MAQA），MAQA 可在酸性膏霜类化妆品中作 O/W 型乳化剂，且有杀菌活性。但这种表面活性剂常与许多阴离子物质生成沉淀，使表面活性丧失。对 MAQA 进行化学改性可改善其与阴离子物质的相容性，并减小刺激性。增长 MAQA 的烷基链也可减小其刺激性，并改善其乳化能力。MAQA 烷基支链化常能降低表面张力和 CMC，可用于头发调理剂，可提高头发的梳理性，减弱油感性。

另一类季铵盐也是常用的阳离子型表面活性剂。二烷基季铵盐（缩写 DAQA）常用作抗静电剂、调理剂和柔软剂。P&G 公司已将其用于二合一洗发香波中。

3. 非离子型表面活性剂

在化妆品中应用最多的就是非离子型表面活性剂。其中尤以聚氧乙烯醚类和多元醇型类的非离子型表面活性剂应用最多。这两类非离子型表面活性剂中脂肪醇聚氧乙烯醚（AEO）、烷基酚聚氧乙烯醚（APEO）、失水山梨醇脂肪酸酯（Span 型）和聚氧乙烯失水山梨醇脂肪酸酯（Tween 型）、蔗糖酯都是最常应用的 O/W 型或 W/O 型化妆品的乳化剂、稳定剂、增溶剂等。

近来含氮原子的和由葡萄糖衍生的非离子型表面活性剂越来越受到重视。以烷基多糖苷（缩写 APG）为例。用长链（$C_6 \sim C_{18}$）的脂肪醇和单糖（如葡萄糖）、高聚糖（如玉米、马铃薯淀粉）为原料在酸催化条件下进行苷化反应，最终可得 APG。控制烷基碳链长度和糖的单元数可得到具有不同 HLB 值的 APG。APG 水溶液无浊点，具有高表面活性、低表（界）面张力和 CMC 的特点。APG 具有良好的去污能力，与各种表面活性剂复配均有协同效应，有良好的发泡和稳泡能力，对皮肤温和、刺激性小、无毒或低毒性。除适用于洗涤剂，也可用于各种洁肤、护肤、护发类化妆品。

4. 两性型表面活性剂

　　主要包括咪唑啉型、甜菜碱型、氨基酸型表面活性剂。一些两性型表面活性剂列于表 5.10 中。

表 5.10　几种化妆品用两性型表面活性剂

缩写	名称
SB	磺基甜菜碱
CAP	椰油基两性咪唑啉丙酸钠
CADA	椰油基两性咪唑啉二乙酸二钠
LADA	十二烷基两性咪唑啉二乙酸二钠
CAPA	椰油酰胺丙基甜菜碱
RAPB	蓖麻油酰胺丙基甜菜碱

　　两性型表面活性剂的特点是与其他类型表面活性剂均有良好配伍性，在酸、碱性溶液中稳定，对皮肤温和、刺激性小，适合用作乳化剂制造香波和其他个人护理品。但两性型表面活性剂价格较高，产量少。

（六）护肤品中表面活性剂的应用

1. 护肤类化妆品

　　护肤用化妆品的功能是清洁和保护皮肤、滋润皮肤、促进皮肤的新陈代谢。

　　人体皮肤由表皮、真皮、皮下组织三层构成。表皮仅 0.1～0.3mm 厚，分为角质层、透明层、颗粒层、棘状层和基底层。其中最上部分角质层是化妆品直接接触和作用的部分。真皮层中有血管、神经、汗腺、毛囊和皮脂腺等。皮脂腺分泌皮脂，可滋润皮肤和毛发。化妆品的某些成分通过角质层细胞膜渗透入细胞，再通过表皮各层进入真皮层。油脂和油溶性物质可通过角质层和毛囊吸收。皮肤对油脂的吸收能力大致是动物性油脂最易吸收，矿物几乎不能吸收。油溶性维生素（如维生素 A、维生素 D、维生素 E、维生素 K 等）较易吸收，而水溶性的维生素 B、维生素 C 难被吸收。

　　皮脂腺分泌的皮脂和汗腺分泌的汗液等在皮肤表面形成有保护作用的脂膜，可以抑制皮肤水分的蒸发、软化角质层、防止皮肤干裂，并可能有抑菌作用。皮肤角质层中含有相当量（10%～20%）水分可使皮肤富有弹性，水分不足会引起皮肤干燥、粗糙、龟裂。

　　护肤类化妆品的成分尽可能配制得与皮脂十分接近，这样才能起到补充皮脂不足，既能防止外界不良刺激，又能抵御细菌感染，且能维护皮肤的正常生理功能。

洗面膏是以清洁为主要功能的化妆品，也有一定的护肤作用。洗面膏一般由脂肪酸、表面活性剂、脂肪醇、润湿剂、保湿剂、抗氧化剂、防腐剂、香料等组成。表 5.11 列出一种洗面膏配方。

表 5.11　一种洗面膏配方

组分		含量/%
油脂	牛脂	40
	椰子油	15
脂肪醇	鲸蜡醇	1.0
	油醇	1.0
润湿剂	精制羊毛脂	1
中和剂	NaOH	2
	KOH	6.5
抗氧化剂和香料		0.3
水		33.2

雪花膏和冷霜是最常用的护肤、润肤用化妆品。前者是 O/W 型、后者是 W/O 型乳状体膏霜。它们的主要成分是硬脂酸、多元醇、碱、羊毛脂、防腐剂、香料等。其中硬脂酸与碱在制备过程中发生化学反应生成的硬脂酸皂即为自发乳化的乳化剂。一种普通雪花膏的配方见表 5.12。冷霜类油性润肤用品多为 W/O 型（也有 O/W 型的）的乳化体。其中油、脂、蜡含量多于水含量。表 5.13 是一种冷霜配方。

表 5.12　雪花膏配方举例

雪花膏基本配方		雪花膏实例配方	
原料	含量/%	原料	含量/%
硬脂酸	18	硬脂酸	14
氢氧化钾	0.94	单硬脂酸甘油酯	1
甘油	15	十六醇	1
水	余量	白油	2
香精	少量	甘油	8
		氢氧化钾	0.5
		香精，防腐剂	适量
		水	余量

表 5.13　一种 W/O 型冷霜（润肤霜）的配方

组成	含量/%	组成	含量/%
油相		十六醇	5.0
蜂蜡	3.0	乳化剂	
角鲨烷	34	亲油性单硬脂酸甘油酯	3.5
石蜡	2.0	聚氧乙烯（$n=20$）脱水山梨醇单油酸酯	1.0
微晶蜡	9.0	水相	
凡士林	5.0	丙二醇	2.0
氢化羊毛脂	8.0	精制水	22.0
十六烷基己二酸酯	10.0	香料	0.5
脂肪酸甘油酯	4.0	抗氧化剂、防腐剂	适量

　　面膜是一种能使皮肤与外空气隔离的薄膜。其主要作用是面膜的某些成分（如维生素、水解蛋白等营养物）渗入皮肤，增进皮肤的生理功能，在一定条件下经过一定时间除去面膜时还能将皮肤上的皮屑等污垢除去。因此，面膜既有滋润、营养皮肤的功能，也有洁净皮肤的功能，现已成为妇女保养面部皮肤的常见方法。对面膜的设计要求是，敷用、揭取方便，有良好的养护面部皮肤的效果，无刺激性、无异味，成膜和涂敷时间适宜等。面膜的基本原料是淀粉、钛白粉、氧化锌等粉质材料，动物或植物性胶（如树胶、果胶、明胶等），甘油、聚乙二醇、吡咯烷酮羧酸盐等保湿剂，营养性物质（如牛奶、蜂蜜、果汁、杏仁油、橄榄油等）及适当量的药物、漂白剂等。一种活肤滋养面膜配方见表 5.14。

表 5.14　一种滋养面膜配方

组成	含量/%	组成	含量/%
聚乙烯醇	14.0	汉生胶	0.3
聚乙二醇 400	2.0	二氧化钛（TiO_2）	3.0
甘油	4.0	尼泊金甲酯（对羟基苯甲酸甲酯）	0.2
透明质酸钠	0.01	尼泊金丙酯（对羟基苯甲酸丙酯）	0.10
金缕梅提取液	2.0	柠檬酸	适量
D-醇	0.50	香精	适量
Tween-20（乳化剂）	0.50	去离子水	余量

　　美容化妆品用来美化面部皮肤、眼睛、眉毛、唇部及指甲等，掩饰缺陷、瑕

疵，同时也有一定保护作用。这类化妆品主要有香粉、胭脂、唇膏、眼影、指甲油等。在这些制品中或多或少都要用到表面活性剂，用以起到乳化、分散、稳定等作用。如以一种粉底露为例。粉底露是乳状液，使用方便，效果好。在粉底露就加有多种表面活性物质，以保持产品均匀、稳定。表 5.15 列出一种粉底露的配方。

表 5.15　一种粉底露的配方

组成	含量/%	组成	含量/%
油相		丙二醇	4.0
硬脂酸	2.4	羧甲基纤维素钠	0.2
C$_{16}$醇，C$_{18}$醇	0.2	颜料	
液体石蜡	3.0	氧化钛	8.0
肉豆蔻酸异丙酯	8.5	滑石粉	4.0
单硬脂酸丙二醇酯	2.0	膨润土	0.2
对羟基苯甲酸丙酯	适量	着色颜料	适量
水相		香料	适量
精制水	64.1	防腐剂	适量
三乙醇胺	1.1		
对羟基苯甲酸甲酯	适量		

2. 护发类化妆品

护发类化妆品包括护发和美发两类。护发品主要为使头发柔顺、发亮、润滑等。这类的有发乳、发膏、发蜡、护发素等。发乳主要用来使头发滋润、有光泽，护发素主要使头发柔软、易梳理，抑制静电产生。

护发素用的表面活性剂多是阳离子型的。一般毛发、天然纤维的等电点多偏弱酸性，故在水中大多表面带负电荷。阳离子型表面活性剂易在毛发上吸附形成疏水基在外的吸附层，使其柔顺，显油性光泽，便于梳理。一般季铵盐类阳离子型表面活性剂还有一定的抑菌、灭菌能力。护发素的基本配方列于表 5.16 中。

表 5.16　护发素的基本配方

组成	含量/%	组成	含量/%
十六烷基三甲基溴化铵	4	脂肪醇聚氧乙烯醚	1
十八醇	2	甘油	1
硬脂酸单甘油酯	1	香料	适量
三乙醇胺	1	去离子水	余量

美发类化妆品用于染发、烫发、生发等。常用的美发品有染发剂、生发剂、烫发剂、摩丝等。现在常用的能使头发较持久变色的染发剂称为氧化型染发剂，其基本原理是先将小分子染料中间体（如对苯二胺、间苯二酚）渗入头发内部，再用氧化剂将其氧化成较大分子的不溶性色素并被封闭于头发内部以达到持久染发的效果。染料中间体渗入头发内部能与组成头发的氨基酸形成氢键、离子键等作用，这样在氧化变色后不致轻易被洗掉。小分子染料中间体较大分子染料中间体效果更好，只是由于分子量小更易于向毛发内渗透，从牢固性而言，大分子量的可能更好。最常用的染黑色的染料中间体是对苯二胺，在染发剂配方中适量加入苯二酚类多元酚物质可使着色更牢固，染色更光亮。氧化剂常用过氧化氢、过硼酸钠、过硫酸钠等。通常染发剂分为染色和氧化两种乳液，分别包装，先后施用。表5.17列出一种染发剂的配方。

表 5.17　一种染发剂的配方实例

(a) 染发乳液

组成	含量/%	组成	含量/%
对苯二胺	0.8	聚氧乙烯 ($n=5$) 羊毛醇醚	3
间苯二酚	1.6	丙二醇	12
邻氨基苯酚	1	异丙醇	10
对氨基苯酚	0.2	EDTA	0.5
油酸	20	氨水（28%）	适量
油醇	15	亚硫酸钠	0.5
		精制水	余量

(b) 氧化乳液

组成	含量/%	组成	含量/%
壬基酚聚氧乙烯醚	5	过氧化氢（35%）	17
8-羟基喹啉硫酸钠	0.1	去离子水	余量

使用时将 A、B 两乳液等量混合施用。

染发剂中表面活性剂是既可起渗透剂、分散剂、起泡剂的作用，又可起清洁剂的作用。常用的表面活性剂是高级脂肪醇硫酸酯、脂肪酸聚氧乙烯醚、烷基酚聚氧乙烯醚、羊毛醇聚氧乙烯醚等。高级脂肪酸的铵皂也常用作染料中间体的分散剂。高碳醇（如十六醇、油醇等）、脂肪醇聚氧乙烯醚、烷基酰胺和羧甲基纤维素等也常用作增稠剂、增溶剂、稳泡剂等。

在染发剂中还常加入一些稍大分子量的两亲性有机物，这些物质除有一定的表面活性剂作用常还起其他作用。如羊毛脂的衍生物、聚乙烯吡咯烷酮、氨基酸等可起头发调理剂作用。配方中的异丙醇、丙二醇、甘油等低碳醇有助于染料中间体的溶解并兼有保湿剂作用，减少水分蒸发，提高染色效果。为减缓微量重金属离子引起的过氧化氢分解，常加入 EDTA 等螯合剂。少量加入碱类物质（如氨水）既可使头发柔软、膨胀，又利于染料中间体被头发吸收。

烫发剂通常由头发软化剂、中和剂两剂型构成，有时再增加护发素成三剂型。

软化剂的作用是使头发软化，便于后续处理。其中含有碱类物（使头发角蛋白膨胀，利于烫发剂有效成分渗入）、表面活性剂（有助于烫发剂在头发表面铺展和渗透，并可使不溶于水的某些成分得以在水中分散和乳化）、稳定剂、油分等。常用的表面活性剂有脂肪醇醚、吐温、脂肪醇硫酸铵等，既可单独使用，也可复配使用。

中和剂的作用是使头发在卷曲成型后的结构复原，外形固定，并能去除残留的烫发剂。软化剂起还原作用，中和剂起氧化作用。

表 5.18 列出一种烫发剂的软化剂、中和剂配方。

表 5.18　一种烫发剂的软化剂和中和剂配方

软化剂		中和剂	
组成	含量/%	组成	含量/%
疏基乙酸	7.5	溴酸钠	8.5
氨水（25%）	9	瓜尔胶	0.1
碳酸铵	1	柠檬酸	0.025
尿素	1.5	甘油	5
油醇醚-30	0.1	丙二醇	3
壬基酚聚氧乙烯醚	3	Tween60	1
十六烷基三甲基溴化铵	3	M550	1.5
EDTA	0.1	防腐剂、香精	适量
去离子水	余量	去离子水	余量

发胶（又称喷发胶）是将聚合物溶解于乙醇和精制的水配成的混合溶剂中，喷在头发上，溶剂挥发后头发上形成聚合物薄膜使头发定型。摩丝（mousse）又称泡沫定型剂，是一种新型喷发胶。摩丝喷出的是乳白色易消散的泡沫，可调整发型并使头发柔软发亮。摩丝的主要成分是合成的可溶于水或乙醇的树脂（如聚乙烯吡咯烷酮、乙烯吡咯烷酮和乙烯乙酸乙酯共聚物、丙烯酸衍生物等）、整形剂（如羊毛脂衍生物、乙二醇类）、溶剂（主要用乙醇或乙醇与水的混合液）、喷射剂

（如 F12、F11、丙烷、异丁烷、丁烷、N$_2$ 等）。再加上少量香精等辅料。发胶中常用的表面活性剂有聚乙二醇烷基酚醚、烷基聚氧乙烯硫酸酯（AES）、吐温（Tween）等。表 5.19 是一种喷发胶和一种摩丝的配方。

表 5.19　一种喷发胶、摩丝配方

喷发胶		摩丝	
组成	含量/%	组成	含量/%
聚乙烯吡咯烷酮	3.0	聚乙烯吡咯烷酮	18
丙二醇	2.0	鲸蜡醇	2.0
十八醇聚氧乙烯醚	1.5	Tween-20	0.8
乙醇	10	十二烷基硫酸钠	4.0
防腐剂，香料，染料	适量	硅油	6.0
去离子水	83.5	乙醇	40
		EDTA	0.1
		香精	1.2
		尼泊金乙酯	0.8
		去离子水	余量

参考文献

［1］Myers D. Surfactant Science and Technology. 2nd edn. New York：Acdemic Press，1975.

［2］Rosen M J. Surfactants and Interfacial Phenomena. New York：Wiley，1978.

［3］顾惕人，等. 表面化学. 北京：科学出版社，1994.

［4］Durham K. J appl Chem，1956，6：153.

［5］Preston W C. J Phys Colloid Chem，1948，52：84.

［6］Ginn M E，Harris J C. J Am Oil Chem Soc，1961，38：605.

［7］周公度. 化学是什么. 北京：北京大学出版社，2011.

［8］Rosen M J，Kunjappu J T. Surfactants and Interfacial Phenomena. 4th edn. Canada：Wiley，2012.

［9］Visser J. J Colloid Interf Sci，1970，34：26.

［10］Vold R D，Vold M J. Colloid and Interface Chemistry. Canada：Addison-Wesley，1983.

［11］赵国玺，朱珬瑶. 表面活性剂作用原理. 北京：中国轻工业出版社，2003.

［12］杨继生. 表面活性剂原理与应用. 南京：东南大学出版社，2012.

［13］颜红侠，张秋禹. 日用化学品制造原理与技术. 北京：化学工业出版社，2011.

[14] 张光华. 精细化学品配方技术. 北京：中国石化出版社，1999.

[15] 化妆品生产工艺编写组. 化妆品生产工艺. 北京：中国轻工业出版社，1987.

[16] 梁梦兰. 精细化工，1998，15（增刊）：28.

第六章

表面活性剂在食品工业中的应用

食品工业是指主要以农、牧、渔业、林业或化学工业的产品或半成品为原料，制造、提取、加工成食品或半成品，连续而有组织的经济活动工业体系。目前我国食品工业还处于以农副食品原料的初加工为主、精细加工程度较低的阶段，在我国食品工业中，中小型企业多，技术水平低，利润空间小。

表面活性剂可以降低食品工业实际体系的表（界）面张力，根据实际应用需求，使体系产生乳化或破乳、分散或聚集、润湿或不润湿、起泡或消泡等作用。这样，表面活性剂可以在食品工业中作为乳化剂、破乳剂、润湿剂、分散剂、起泡或消泡剂、黏度调节剂等使用。

一、食品的化学组成及分类

为保持人体正常发育和健康，从外部摄入需要的各种营养物质称为食物[1]。通俗地说，能充饥的东西称为食物。经过加工后再食用的食物则称为食品。但时常将食物也称为食品。因此，食品肯定是食物，但食物却不一定称为食品。因为食品中可能要加入某些原食物原料中不含有的东西，这些东西可能有助于改进食物的品质适合人们的需要，或者有利于食物的加工处理，这些外加入物质称为食品添加剂或助剂。

食品的化学组成主要有：无机成分的水、矿物质；有机成分的脂类化合物、碳水化合物、蛋白质、维生素类等；天然的或人工合成的各种助剂[2,3]。

食品的种类繁多，人们的生活和饮食习惯各异。将食品科学分类是困难的，因而就产生了各种分类方法。如按饮食习惯分，食品可分为主食、副食两大类。主食以粮食及其制品为主，副食是瓜果、蔬菜等植物类和肉食及加工的动物性制品。按营养成分或功能分，食物可分为热能食品（粮食类、油脂等）和保护食品（蔬菜、鱼、肉、蛋、奶等）。按食品原料分，可分为天然食品（动、植物类未加工食品）和加工类食品等[2]。分类的目的在于使人们在饮食中摄入适合于自己体质的能量，既能健康体魄，又不致能量过剩或营养不良。

二、健康食品及加工工艺对表面活性剂的要求

由于食品是维持生命的最重要的生活资料，俗话说"民以食为天"。因此对向食品中添加的任何物质（食品添加剂）和食品加工所需要的任何助剂都首先必须是对人体有益无害，至少是无害的，其次才考虑到提高食品质量，改善食品的色、香、味和改善加工工艺、降低生产成本等。换言之，任何食品添加剂和助剂只要对人体有危害，就"一票否决"。国际、国内对各类食品添加剂（包括使用的表面活性剂）和助剂都有严格的卫生标准、使用规范和管理办法。

表面活性剂作为食品添加剂和食品加工助剂的基本要求[4]如下。

① 食品添加剂应进行病理性鉴定，充分保证在允许使用的剂量范围内长期摄入对人体是无毒无害的。

② 食品添加剂在摄入人体后应能参与正常新陈代谢，或能被人体器官正常解毒并能排出体外，或因不能被消化吸收而排出体外，不在人体内分解或与其他物质发生反应生成对人体有毒有害物质。

③ 对食品的营养物质无破坏作用，不影响食品的质量和风味，不影响营养物的正常消化和吸收。

④ 使用量尽可能少而使用效果显著。不能掩饰食物的变质与腐败（防腐剂应可抑制变质）。

⑤ 食品添加剂和助剂最好能在应用过程中分解成无毒无害物质或自然除去而不摄入人体。

⑥ 食品中的添加剂和助剂残留能有成熟的分析方法测定。

⑦ 使用方便，效果明显，价格低廉，易储存、运输，对环境友好。

三、表面活性剂在食品工业中的作用

（一）作为食品工业乳化剂的表面活性剂

乳化作用及乳化剂的知识见本书第一章。

由于乳化剂在油/水界面的吸附作用可形成 O/W 型或 W/O 型的均匀油/水乳

状液体系，改善食品成分的结构形式和食品外观、口感，提高食品的保存性能。食品乳化剂不仅有乳化功能，而且有分散、润湿、增溶、悬浮、起泡和消泡等多种功能，还能与食品的成分发生相互作用，改进和提高食品品质和产品价值（营养价值和经济价值）。世界卫生组织（WHO）、世界粮农组织（FAO）及各国相关政府职能部门都制定有相应的法规或标准，明确规定了允许使用的食品添加剂品种、使用范围和最大用量。目前，允许使用的食品乳化剂约 65 种，常用的有甘油脂肪酸酯、蔗糖脂肪酸酯、失水山梨醇脂肪酸酯、聚氧乙烯失水山梨醇脂肪酸酯、丙二醇脂肪酸酯、大豆磷脂、硬脂酸、乳酸钙（钠）、酪蛋白酸钠等（常用的见表 6.1)[5]。

表 6.1　允许使用的食品乳化剂

表面活性剂名称	使用范围	最大用量/(g/kg)	备注
蔗糖脂肪酸酯	肉制品、乳化香精、香肠	1.5	
	苹果、橘子、鸡蛋保鲜剂	1.5	
酪蛋白酸钠	椰子汁、肉制品、罐头		
Span 60（失水山梨醇单硬脂酸酯）	果汁、牛奶、奶粉、冰淇淋、面包、糖果、巧克力、人造奶油	3.0	
Span 65（失水山梨醇三硬脂酸酯）	饮料混浊剂	0.05	
田菁胶	冰淇淋	0.5	
甘油硬脂酸酯	糖果、巧克力糖、饼干、面包、乳化香精、冰淇淋	5.0	
失水山梨醇单硬脂酸酯	糖果、人造奶油糕点	5.0	
	面包	3.0	
	乳化香精	40.0	汽水中含量0.04g/kg
单棕榈酸山梨糖甘酯	椰汁	6.0	
硬脂酸酰乳酸钙（钠）	糕点、面包	2.0	
松香甘油酯	口香糖基础剂	1.0	
	乳化香精	100	汽水中含量0.1g/kg
乙酸、异丁酸蔗糖酯	乳化香精	70.0	汽水中含量0.14g/kg
Span 80（失水山梨醇单油酸酯）	椰汁、果汁、牛乳面包、人造奶油、糕点、奶糖	1.5	
	饮料	0.05	
Tween 60（聚氧乙烯失水山梨醇单硬脂酸酯）	面包	2.5	
	乳化香精	0.05	

表面活性剂名称	使用范围	最大用量/(g/kg)	备注
Tween 80（聚氧乙烯失水山梨醇单油酸酯）	蛋糕，冰淇淋	1.0	
	牛乳	1.5	
聚氧乙烯失水木糖醇单硬脂酸酯	人造奶油	5.0	
氢化松香甘油酯	味精发酵	5.0	
	饮料	0.1	
	口香糖	100.0	
双乙酰酒石酸单、双甘油酯	乳化香精	100.0	
	人造奶油、打搅奶油、面包、糕点	10.0	
改性大豆磷脂	人造奶、饼干、面包、方便面、糕点、通心粉、巧克力、糖果、肉制品	正常生产需要	
丙二醇脂肪酸酯	糕点、面包、人造奶油、冰淇淋	0.5~2	
二聚甘油单硬脂酸酯	糕点、面包	0.1	
	冰淇淋	1~3	

常用的食品添加剂和加工助剂中表面活性剂除涉及乳化剂外，还用于增稠剂（黏度调节剂）和稳定剂、发泡和消泡剂、抗结剂和保湿剂等。其中以增稠剂和起泡和消泡剂应用较多。

（1）乳化剂与类脂化合物的作用 油脂在食品中占有很大比例。固态油脂有同质多晶现象，即同一物质有不同的固体形态。天然油脂一般都有多种晶型。按熔点高低，从低起，依次为：玻璃质固体（亚 α 型或 γ 型）、α 型、β' 型和 β 型（其中 α、β' 和 β 型为真正晶体）。α 型熔点最低、密度最小，不稳定；β' 和 β 型熔点高、密度大，稳定性好。油脂的晶型受油脂分子结构、油脂的来源、加工工艺的影响。一般来说单纯性甘油酯易得 β' 型晶型，豆油、花生油、玉米油等油脂易得 β 型，工艺条件，特别是熔融状态冷却速度、温度等对晶型有明显影响。

在有水条件下乳化剂可使水/油体系形成稳定的 O/W 型或 W/O 型乳液体系。在无水时油脂的晶型不同大大决定食品的品性，给予人的口感、视觉感受可以不同。已知油脂的 α 晶型较不稳定，而 β 晶型较稳定，熔点较高。应用蔗糖脂肪酸酯、Span 60、Span 65 等乳化剂可以调节油脂晶型，利于保持晶型结构稳定，不致使食品发生明显变化。

（2）乳化剂与蛋白质的作用 蛋白质是以酰氨基连接多个氨基酸分子而形成的生物大分子，完全由氨基酸组成的称为简单蛋白质（如白蛋白、球蛋白等），由简单蛋白质的一部分与非蛋白的辅基（如核酸、多糖等）结合组成结合蛋白质（如核蛋白、糖蛋白等）。

蛋白质也是食品的主要成分。一般蛋白质中的肽链不能与乳化剂作用，而只有肽链上氨基酸的侧链才能与乳化剂作用。这种作用有氢键结合、静电作用和疏水相互作用。

乳化剂与蛋白质的作用程度通常以二乙酰酒石酸甘油单脂肪酯与蛋白质的作用为100做标准衡量。在食品加工，特别是在烘烤食品中常用乳化剂与蛋白质作用和结合来改善食品的加工性能，提高食品品质。并从而可根据乳化剂与蛋白质的作用程度评判乳化剂的优劣。表6.2中列出几种乳化剂与蛋白质的作用程度。

表 6.2　多种乳化剂与蛋白质的作用程度

乳化剂	与蛋白质的作用程度	乳化剂	与蛋白质的作用程度
甘油单 $C_{16} \sim C_{18}$ 脂肪酸酯（90%）	15	蔗糖单硬脂酸酯	25
甘油单 C_{18} 脂肪酸酯（90%）	15	硬脂酰乳酸钠	95
乙酰甘油单脂肪酸酯	20	硬脂酰乳酸钙	95
乳酰甘油单脂肪酸酯	20	二乙酰酒石酸甘油单脂肪酸酯	100
柠檬酰甘油单脂肪酸酯	20		

（3）乳化剂与碳水化合物的作用　食品中的碳水化合物主要包括单糖、双糖、低聚糖、多糖和糖苷。乳化剂和碳水化合物主要依靠形成氢键和疏水相互作用而作用。

在水体系中，单糖、低聚糖水溶性好，不与乳化剂发生疏水相互作用。淀粉属多糖，乳化剂主要与直链淀粉作用。直链淀粉在水中形成 α-螺旋结构，乳化剂进入螺旋结构内，利用疏水链与之结合形成复合物或络合物。乳化剂与淀粉的结合能力比较列于表6.3中。乳化剂与淀粉、蛋白质的相互作用和结合在面包等烘烤食品中能起到防老化、松软等效果。

表 6.3　乳化剂与直链淀粉的结合能力比较

乳化剂	ACI[①]	乳化剂	ACI[①]
大豆磷脂	16	二乙酰酒石酸甘油单脂肪酸酯	49
甘油单硬化动物油脂脂肪酸酯（90%）	92	丙二醇脂肪酸酯	15
甘油单非硬化动物油脂脂肪酸酯（90%）	35	硬脂酰乳酸钠	79
甘油单硬化大豆油脂脂肪酸酯（90%）	87	聚甘油脂肪酸酯	34
		蔗糖脂肪酸酯	26
甘油单、二脂肪酸酯	28	蔗糖二硬脂酸酯	50
乳酸甘油单脂肪酸酯	22	失水山梨醇单硬脂酸酯	18

续表

乳化剂	ACI[①]	乳化剂	ACI[①]
聚乙二醇（20）失水山梨醇单硬脂酸酯	32	硬脂酰乳酸钠	73
		十八烷基富马酸钠	67
硬脂酰乳酸钙	65		

① ACI 值为与直链淀粉结合指数，表示乳化剂与直链淀粉形成复合物的能力，是用乳化剂作用前后淀粉流出物的碘亲和力求出的。

（二）作为增稠稳定剂的表面活性剂在食品中的作用

增稠剂（或称增稠稳定剂、黏度调节剂、稳定剂）在食品加工中起稳定食品的作用，如乳液稳定、悬浮稳定、泡沫稳定等。即，使食品内部组织不易变动，因而不易改变品质或使产品（食品）的状态在一定时间内不沉淀、不分层、不聚集、不膨胀、不脱水收缩等。

1. 作为增稠剂的表面活性物质

食品增稠剂多为多糖类植物胶、多肽类动物胶、微生物类胶质物质[6]，可分为天然产物和合成物质。食品及食品加工用增稠剂列于表 6.4 中。

表 6.4　作为食品及食品加工助剂表面活性物质的增稠剂

名称	应用范围	最大用量/（g/kg）
槐豆胶	罐头食品	10.0
瓜尔豆胶[①]	果冻，果酱，冰淇淋，奶酪，汤料	正常生产需要
琼脂	果酱，冷饮，罐头，酱菜，糕点	正常生产用量
食用明胶	冷饮食品，罐头，糖果，糕点	正常生产用量
羧甲基纤维素	罐头，冰淇淋，速煮面	5.0
海藻酸钠	各类食品	30～50
海藻酸钾	罐头，冰淇淋，面条	1.5
果胶	罐头，果酱，果汁，糖果，冰淇淋，巧克力	正常生产需要
阿拉伯胶	饮料，巧克力，冰淇淋，果酱	5
卡拉胶[②]	乳制品，调味品，罐头，汤料，冰淇淋	正常生产需要
黄原胶（汉生胶）[③]	面包，冰淇淋，乳制品，肉制品，果冻，果酱	0.5～1
	饮料	0.1
海藻酸丙二醇酯	乳化香精	0.5～2
	冰淇淋	0.5～1
	啤酒，饮料	0.1～0.3
	乳制品，果汁，乳粉	1～3

续表

名称	应用范围	最大用量/（g/kg）
羧甲基淀粉钠	果酱，酱类	0.01～0.1
	面包	0.015～0.2
	冰淇淋	0.02～0.05
	果汁，牛乳	1.2
羧丙基淀粉	冰淇淋	8～12
	果酱，果冻，午餐肉	30
	汤料	20～30
乙酰化二淀粉磷酸酯	午餐肉	0.5
	果酱	1.0
聚丙基二淀粉磷酸酯	冰淇淋	0.3
	果冻	2.5
磷酸化二淀粉磷酸酯	方便面，面条	0.2
	固体饮料	0.5
	果酱	1.0
罗望子多糖胶④	冰淇淋，果冻，糖果	<2

① 甘露糖与半乳糖结合成的线性树脂。
② 一种磷酸酯化的半乳聚糖。
③ 由 2.8 份 D-葡萄糖、3 份甘露糖、2 份葡萄糖醛酸组成的生物高分子聚合物。分子中还含有乙酸和丙酮酸的钾、钠、钙盐。
④ 由葡萄糖、木糖、半乳糖构成的支链极多的多糖。

2. 增稠剂在食品及食品加工中的作用

增稠剂可提高食品在静止状态的黏稠度，使原料易从容器中挤出，或更好地在食品上黏着，可使食品有柔滑、稠厚的口感。在果酱、奶冻、蜜饯、软糖等食品中，增稠剂既可是胶凝剂又可有赋形剂的作用，如明胶、琼脂凝胶既有一定的坚实性，又有一定强度（明胶尤优），卡拉胶透明度好，适于做奶类凝胶制品，果胶凝胶有诱人的水果香味，适于做果品类果冻等儿童食品。食品用增稠剂多为动、植物胶性物质，形成的凝胶结构稳定，在淀粉类制品中有防老化、防回生的作用，在冰淇淋等食品中有防止冰晶生长作用，在糖果中可抑制结晶析出；在啤酒、汽酒中能稳定泡沫，延长挂杯时间等。

亲水性强的食品用胶可使食品中水分不易挥发，起到保水、防透气、保鲜的作用。

通常食品增稠剂常和乳化剂配合应用，以发挥协同效应。

（三）食品及食品加工中的稳泡剂、消泡剂与疏松剂

在食品加工和用发酵方法制造食品时，起泡往往会有危害性。在加工许多食

品原料时，也可能会产生泡沫（如有些清洗剂可能是起泡剂）。在加工高淀粉的植物性原料时，产生的泡沫可能更多。在用煎炸方法制备食品时，用的油可能因多种原因而起泡沫（如油料不精、混有起泡物质、被煎炸物中有起泡物质、油料中含有某种稳定泡沫的物质，如磷脂类表面活性物质等）。在制造啤酒、葡萄酒、味精、罐头、饮料等食品时常用的发酵工艺也会产生泡沫。如此种种，既不利于生产，又有安全隐患，故必须应用能起消泡作用的表面活性剂（称为消泡剂）。

泡沫是由液态薄膜（或固体薄膜）隔开气体小泡而形成的聚集体。啤酒、香槟等的泡沫是液体泡沫，面包、馒头等形成的泡沫为固体泡沫。在产生泡沫的过程中（如发酵过程、煎炸过程），某些物质（表面活性物质）将会吸附于气液界面上，降低液膜的界面张力，增加液膜黏度，使泡沫趋于稳定。消泡剂也都有较高的表面活性（即能更强烈降低界面张力，易在界面吸附，降低液膜黏度，导致液膜液体流失，液膜变薄，最终使液膜破裂，泡沫中气体拼合，泡沫消失）。

食品工业用的消泡剂通常还有抑制泡沫生成的作用。虽然工业部门用的消泡剂很多，但在食品工业中还要考虑其对人体的毒性等要求，所用的消泡剂并不多。表 6.5 中列出我国允许使用的消泡剂。

表 6.5　我国食用消泡剂及使用标准

名称	使用范围	最大用量/(g/kg)
乳化硅油	味精发酵	0.2
高碳醇脂肪酸酯复配物（DSA-S）	制糖工艺，味精工艺	3
	酿造工艺	1
	豆制品工艺	1.6
聚氧乙烯聚氧丙烯季戊四醇胺	味精生产工艺	正常生产需要
聚氧乙烯聚氧丙烯胺醚	味精生产工艺	正常生产需要
聚氧丙烯甘油醚，聚氧丙烯聚氧乙烯甘油醚	酵母、味精发酵	正常生产需要
山梨糖醇	豆制品工艺、制糖工艺、酿造工艺	正常生产需要

还有一些表面活性剂可用作食品消泡剂，列于表 6.6 中。

表 6.6　用作消泡剂的表面活性剂

名称	使用范围	最大用量（质量）/%
油脂类（大豆油、玉米油、蓖麻油、米糠油、棉籽油、亚麻油等）	发酵工艺，豆制品生产工艺	0.05~2
脂肪酸类（硬脂酸、油酸、棕榈酸等）	发酵工艺	

续表

名称	使用范围	最大用量（质量）/%
脂肪酸酯类（失水山梨醇单硬脂酸酯、失水山梨醇三油酸酯、甘油单硬脂酸酯、聚氧乙烯失水山梨醇单油酸酯等）	制糖及各种食品加工工艺	0.05～2
聚硅氧烷（二甲基聚硅氧烷）	发酵过程、食品加工工艺	0.0002～0.01
有机极性化合物类（聚乙二醇 400～2000、聚丙二醇 1200～2500 等）		
醇类（戊、辛、C_{12}、C_{14}、C_{16}、C_{18}醇、山梨醇等）	发酵、酿造工艺	0.001～0.011
磺酸酯类（月桂基磺酸酯）	煎炸油消泡	

此外，聚硅氧烷乳液是很好的食品消泡剂，其稳定性好、用量少、消泡效率高、适用范围广。实际使用聚硅氧烷乳液时还补加入非离子型表面活性剂（如失水山梨醇脂肪酸酯、蔗糖脂肪酸酯等）作乳化剂、羧甲基纤维素钠作稳定剂复配使用。

在有些食品中泡沫是有益的。如典型的泡沫食品搅拌奶油（搅奶油）、充气糖果（海绵糖、牛轧糖、泡泡糖、明胶软糖等）、泡沫点心、夹心泡沫巧克力、泡沫蛋白食品、冰淇淋、发酵乳饮料、蛋糕、面包、馒头、啤酒、软饮料、香槟、油条等。为使这些食品中的泡沫稳定柔顺，须加入某些称为稳泡剂的表面活性剂，常用的稳泡剂如下：

① 合成表面活性剂，如蔗糖脂肪酸酯，可用于糕点、饼干和冰淇淋中。

② 蛋白质类，如明胶、卵蛋白（蛋清）、大豆蛋白、棉籽蛋白等。天然蛋白在气液界面吸附，虽降低表面张力能力不强，但其在界面变性可形成有一定强度的蛋白质薄膜，起到稳定泡沫的作用。当然，蛋白质变性受温度和介质酸碱性的影响。

③ 纤维素衍生物，如甲基纤维素、羧甲基纤维素、甲乙基纤维素等。其稳泡作用机理与蛋白质的类似。

④ 植物胶质物，如阿拉伯胶可用作啤酒的稳泡剂。

⑤ 固体微粉，如可可粉、香料粉在气液界面上，粉体的疏水性既可增大表面黏度，又能阻碍泡沫中气体的并集。

在糕点、饼干等食品的烘烤和膨化过程中，若在原料中加入某种能受热分解的物质，可能形成均匀的多孔结构，使食品有松软、酥脆、疏松的特点。加入的这种添加剂称为疏松剂。在我国食品添加剂标准中有消泡剂、有疏松剂、有稳定剂、抗结（块）剂等，无起泡剂。疏松剂在某种意义上起到发泡的作用。

疏松剂分为碱性、酸性、复合、生物疏松剂四大类。

我国食品添加剂使用卫生标准中列入的疏水剂列于表 6.7 中[6]。

表 6.7　我国食品疏松剂及其卫生标准

名称	使用范围	最大用量/（g/kg）
碳酸氢钠	饼干，糕点，羊奶	正常生产需要
碳酸氢铵		
轻质碳酸钙	配制发酵粉，罐头	正常生产需要
钾明矾（硫酸铝钾）	油炸食品，水产品，豆制品，威夫饼干，虾片，膨化食品	正常生产需要
铵明矾（硫酸铝铵）		
磷酸氢钙	饼干，代乳品	正常生产需要

　　表 6.7 中前 3 种为碱性疏松剂，受热分解生成 CO_2、H_2O 和 Na_2CO_3 或 NH_3，使食品成品呈碱性，影响口味，也可能使某些维生素在碱性条件下遭到破坏。但这类疏松剂价格低廉，稳定性较好，至今仍广泛使用。

　　表 6.7 中后 3 种为酸性疏松剂，硫酸铝钾为酸式盐，主要用于中和碱性疏松剂，生成 CO_2 和中性盐。可避免不良气味产生，也避免因碱性大而使产品质量下降。硫酸铝铵是复盐，水解成弱碱、强酸，水溶液呈酸性，其作用与硫酸铝钾相同。

　　复合疏松剂是由多种成分组成的，如发酵粉。发酵粉的组成有碳酸氢钠（铵）、酸（如酒石酸、柠檬酸、乳酸等）、酸式盐（如酒石酸氢钾、富马酸一钠、磷酸氢钙、磷酸二氢钙、磷酸铝钠等）、明矾（如钾明矾、铵明矾、烧明矾等）、淀粉。发酵粉比单一碱性盐产气量大，加热时产气多而均匀，分解后残余物对食品风味、质量影响较小。一种市售复合膨松剂的主要成分是碳酸氢钠、硫酸铝铵、碳酸钙、香兰素（4-羟基-3-甲氧基苯甲醛）、糖精钠（0.2%）、食用玉米淀粉。发酵粉用于生产糕点、馒头等，用量 1%～3%。

　　生物疏松剂就是酵母。酵母在发酵过程中，在酶的作用下糖类发酵生成酒精和 CO_2，而使面坯起发，体积膨大，经烘烤后使食品成膨松状，并有一定弹性。酵母本身也含有蛋白质、糖、脂肪和维生素，使食品的营养价值更高。市售酵母有三种：①鲜酵母。块状，鲜酵母每克含酵母 50 亿～100 亿个，鲜酵母易变质，需在 0～4℃下保存。②干酵母。鲜酵母，挤压，干燥除水，在 32～33℃可保存活性 3 个月。③液体酵母。是酵母菌培养后的发酵液。

 四、表面活性剂在烘烤食品中的应用

（一）面包乳化剂的多种作用

　　一些乳化剂主要与脂肪和蛋白质作用，增强面团筋力，提高面团弹性、韧性和强度，改善面团的持气性，从而使面包体积膨大。这类乳化剂称为面团强化剂或面团调节剂。另一些乳化剂主要与淀粉形成复合物，延缓淀粉老化，防止面包老化，延长面包储存保鲜期，提高面包的柔软性。这类乳化剂称为面包软化剂或面包老化防止剂。实际上许多面包乳化剂兼有上述两种作用，即既起面团强化剂，又起面包软化剂的作用。这种性质可由表6.8看出。

表6.8　一些乳化剂兼有面团强化剂和面包软化剂作用

乳化剂	面团强化作用	面包软化作用	乳化剂	面团强化作用	面包软化作用
硬脂酰乳酸钠	极好	很好	琥珀酸甘油单酸酯	好	好
硬脂酰乳酸钙	极好	很好	软型甘油单脂肪酸酯	无	极好
羟乙基甘油单酸酯	极好	差	蔗糖脂肪酸酯	中	很好

多种面包乳化剂采用复配使用。常用几种面包乳化剂的性状、用量、功能、用法列于表6.9中。两种复配配方列于表6.10、表6.11中。

表6.9　几种面包乳化剂

乳化剂	HLB值	形态	用量/%	功能	用法
失水山梨醇单硬脂酸酯	4.7		0.5～1.0	面包软化剂	分散于油脂中
琥珀酸甘油单硬脂酸酯	5.3	粉或小球状	0.25～0.5	优质面团强化剂，有一定软化作用	分散于油脂中
二乙酰酒石酸甘油单硬脂酸酯	8～10	细粉状	0.5～1.0	优质面团强化剂	直接加入液体发酵桶中，亦可加入面粉中
蔗糖单硬脂酸酯	15	粉状	5	优良强化剂，有一定软化作用	加入面粉中
硬脂酰乳酸钠（钙）	15～20	粉或小球状	0.25～0.5	优异强化剂和很好软化剂	先分散于油脂中，粉状可加入面粉中

表6.10　一种面包混合乳化剂配方1

组分	质量分数/%	组分	质量分数/%
聚氧乙烯（20）失水山梨醇单硬脂酸酯	40	甘油单、二硬脂酸酯	60

表6.11　一种面包混合乳化剂配方2

组分	质量分数/%	组分	质量分数/%
甘油单硬脂酸酯	20	酪朊酸钠	1
硬脂酰乳酸钙	40	淀粉	37.5
蔗糖脂肪酸酯	1.5		

（二）蛋糕乳化剂

蛋糕生产用的主要是发酵面糊。当用酵母发酵面糊时，乳化剂的作用与生产面包时的基本相同。用非酵母发酵面糊时，乳化剂主要起增加气孔、增大蛋糕体积、软化糕饼和乳化油脂及起酥油的作用。一般用的糕点生产乳化剂也常是复配的。一种粉状糕点乳化剂的配方为：丙二醇单硬脂酸酯 61%（质量分数），α-晶型甘油单脂肪酸酯 24%，乳酰甘油单、二脂肪酸酯 15%。糕点原料的具体配方是：面粉 41.8%（质量分数），白糖 41.7%，玉米糖浆 3.0%，起酥油 2%，脱脂奶粉 2%，盐 0.7%，香料 0.5%，植物胶 0.5%，发酵粉 3%，乳化剂 4.8%。

五、表面活性剂在冰淇淋中的应用

冰淇淋是以饮用水、牛奶、奶粉、奶油（或植物油脂）、食糖等为主要原料，加入适量食品添加剂，经混合、灭菌、均质、老化、凝冻、硬化等工艺而制成的体积膨胀的冷冻饮品。冰淇淋的初始产品是我国元代商人用蜜糖、牛奶、珍珠粉和冰水制成的，经马可波罗带入意大利，并传入法国。1700 年左右经英国传入美洲大陆，1851 年美国人费斯赛尔在巴尔的摩开办了首家制作工厂。

现代的冰淇淋虽仍以奶油为原料，但已加入多种水果、蔬菜、果仁和巧克力、可可、酸奶等组分。

冰淇淋是一种含有优质蛋白及高糖、高脂食品，还含有多种氨基酸及多种金属、非金属元素，具有调节生理机能、保持渗透压和酸碱性的功能。

（一）冰淇淋的乳化剂

冰淇淋是 O/W 型乳状液。常用于冰淇淋生产的乳化剂有甘油单脂肪酸酯、蔗糖脂肪酸酯、聚甘油脂肪酸酯、失水山梨醇脂肪酸酯、丙二醇脂肪酸酯、聚氧乙烯失水山梨醇脂肪酸酯、大豆磷脂等。其中以蒸馏甘油单硬脂酸酯、甘油单油酸酯和甘油单棕榈酸酯以及复配乳化剂应用最多。显然，这些乳化剂都是形成 O/W 型乳状液的乳化剂。

（二）冰淇淋的增稠稳定剂

冰淇淋中加入增稠稳定剂的作用是为了保持混合料有适当的黏度，提高冰淇淋的稳定性和膨胀率，并能增加冰淇淋的耐热性，延缓融化，保持干燥感，改进整体组织的均匀性。常用的冰淇淋稳定剂有明胶、洋槐豆胶、卡拉胶、琼脂、羧甲基纤维素、海藻酸钠、果胶、瓜尔豆胶、阿拉伯胶、刺梧桐胶等等。不同的稳定剂对冰淇淋性能会有不同的影响。明胶可使冰淇淋有最好的稳定性，并对提高冰淇淋的膨胀率、改善组织结构和口感有很好的作用。海藻酸钠的特点是在二价金属离子（Hg^{2+}、Mg^{2+} 除外）存在下仍可形成凝胶，因而对冰淇淋的膨胀有利，并使产品有良好的形态，且有一定抗热融化性。卡拉胶对抑制蛋清析出有利，黄原胶的胶凝对温度和介质 pH 不敏感，适于在较大温度范围（18～100℃）和较宽 pH 值（2～12）范围内形成冰淇淋。羧甲基纤维素在 pH 值为 5～9，黏度变化较小，对油脂有良好的稳定作用，适宜于改善冰淇淋的外形。魔芋胶可防止粗冰晶形成，抗热融性好。果胶在一定条件下能与糖或在酸性条件下形成凝胶，故适宜制造果味冰淇淋。为得到最佳效果，常选用复配稳定剂。如有几种复配都有良好效果（表 6.12）

表 6.12　冰淇淋的三种复配稳定剂配方

配方 1		配方 2		配方 3	
组成	质量分数/%	组成	质量分数/%	组成	质量分数/%
海藻酸钠	65	瓜尔豆胶	62.63	甘油单脂肪酸酯	45
丙二醇海藻酸钠	11	黄原胶	25.95	天然物	48.5
羧甲基纤维素钠	15	鹿角藻胶	10.52	碳酸钠	3.2
聚磷酸钠	9	角豆胶	0.9	富马酸	1.8
				碳酸钙	1.5

 六、表面活性剂在乳制品中的应用

固态的粉剂（如奶粉、可可粉）生产中表面活性剂主要用作分散剂、润湿剂，对于半固态或液体奶制品（如人造奶油、奶酪、酸奶等），表面活性剂主要用作乳化剂、增稠剂、稳定剂等。

（一）人造奶油的乳化剂

人造奶油是食用植物油、奶或奶粉、水在乳化剂和其他添加剂作用下形成的 W/O 型乳状液。一种典型人造奶油的脂肪组成如下：牛油 15%，椰子油 15%，棕榈仁油 50%，花生油 10%，棉籽油 10%[7]。乳化剂的作用在于使水分均匀分散、乳化，防止相分离成水相和油相，防止加热时人造奶油飞溅，改善产品性状、风味和口感，并能延长储存保鲜时间。

由于人造奶油是 W/O 型乳状液，故使用亲油性乳化剂。常用的人造奶油乳化剂有卵磷脂、甘油单硬脂酸酯、甘油单软脂酸酯、甘油单油酸酯、柠檬酰甘油单酸酯、聚甘油脂肪酸酯、蔗糖脂肪酸酯、失水山梨醇脂肪酸酯、丙二醇脂肪酸酯等。和前面的几种食品乳化剂一样，人造奶油也常用复配乳化剂，表 6.13 列出一种复配乳化剂配方。

表 6.13　一种人造奶油的复配乳化剂配方

组分	质量分数/%	组分	质量分数/%
甘油单硬脂酸酯	40	失水山梨醇单硬脂酸酯	35
蔗糖脂肪酸酯	20	大豆磷脂	5

人造奶油中乳化剂含量为 0.1%～1%。但烘烤食品用的人造奶油乳化剂含量

可高达6%～25%。对于煎炸用人造奶油，为防止飞溅，常添加入磷脂，柠檬酰甘油单硬脂酸酯，失水山梨醇脂肪酸酯等可有效抑制飞溅。二乙酰酒石酸甘油单酸酯用于制造低脂肪人造奶油，较蔗糖脂肪酸酯有更大的乳化容量，与不饱和脂肪酸酯复配使用效果更佳。高HLB值的蔗糖单硬脂酸酯适合做人造掼奶油（搅打奶油）、易溶奶油粉、冲咖啡用高黏度奶油等。使用失水山梨醇脂肪酸酯、卵磷脂、蔗糖脂肪酸酯、甘油单脂肪酸酯等为乳化剂可制得良好的多重乳状液（油包水包油，O/W/O）的人造奶油。表6.14为几种不同类型人造奶油配方。

表6.14　三种人造奶油配方

配方1（家用人造奶油）		配方2（低热量人造奶油）		配方3（低热量人造奶油）	
组分	质量分数/%	组分	质量分数/%	组分	质量分数/%
油脂	80	水	54.5～56.5	水	51.5～52.5
水和发酵乳	16～18	乳清粉，乳蛋白	1.0～2.5	酪蛋白	7.0
甘油单脂肪酸酯	0.2～0.3	明胶	1.5～2.5	食盐	0.15～1.5
磷脂	0.1～0.3	食盐	1.0～2.5	柠檬酸钠和磷脂	0.5～1.0
食盐	2～3	调味料	适量	调味料	适量
防腐剂	1×10^{-2}～1×10^{-4}	蒸馏甘油单硬脂酸酯	0.6	蒸馏甘油单硬脂酸酯	0.6
抗氧化剂	1×10^{-5}～2×10^{-5}	食用色素	0.3	食用色素	0.2
香精	1×10^{-6}～2×10^{-6}	混合油脂[①]	39.1	混合油脂[②]	39.2
食用色素	1×10^{-6}～3×10^{-6}	香精	适量	香精	适量
维生素A	$(0.15～3)\times10^5\mu g/450g$				

① 棕榈油-大豆油25份，液体大豆油75份。
② 黄油60份，液体大豆油40份。

（二）酸奶、牛奶冻和乳酪用乳化稳定剂

将淀粉40～80份，羧甲基纤维素20～45份，黄原胶3.0～8.0份，角豆胶0.7～3.0份（质量）组成的增稠剂混合物加入牛奶中，加糖、香精、酸后进行强力搅拌，均质，即可得酸奶（类似于发酵酸奶）。用丙二醇藻酸酚45%～60%、海藻酸钠15%～35%、瓜豆胶10%～20%、鹿角藻胶2%～10%组成的混合稳定剂55%～75%，与乳化剂（甘油单酯、二酯、卵磷脂、Span 65、Span 80等）45%～25%配合使用，可以制出软质和硬质冰冻酸奶，产品膨胀最大可达50%以上。

（三）速溶奶粉的乳化润湿剂

将除油的大豆磷脂（36.8%）溶于甘油癸酸酯（70%）、甘油辛酸酯（30%）

的混合物（63.1％）中，再加入 0.1％的抗氧化剂即制得速溶奶粉乳化润湿剂。将这种润湿剂喷涂在奶粉颗粒上，这种奶粉即可溶于冷水中。当以奶粉、奶油、磷脂为主要原料制造速溶全脂奶粉，用甘油单脂肪酸酯为乳化剂，用大豆磷脂为润湿剂可显著提高奶粉在冷水中的溶解性。

 七、表面活性剂在巧克力和糖果中的应用

表面活性剂在巧克力和糖果生产中主要用作乳化剂、稳定剂、结晶抑制剂、脱模剂。

（一）巧克力乳化剂

巧克力是以烘焙可可粉、可可脂或代可可脂为主要原料，添加糖类、奶粉、乳化剂、香料等加工而成的。乳化剂可以降低巧克力浆料黏度，使结晶细致均一，并能抑制油脂酸败和表面"起霜"，提高产品的耐热和保形能力，并能增加产品表面光泽度和减少可可脂用量。常用的巧克力乳化剂有磷脂、蔗糖脂肪酸酯、失水山梨醇硬脂酸酯（Span 60）、Tween 60 等。巧克力乳化剂的一种复配配方为蔗糖二硬脂酸酯 50％（质量），大豆磷脂 40％，天然物质 10％。Span 60 有防止起霜的作用，Tween 60 有改进风味和口感的作用，大豆磷脂和聚甘油多蓖麻酸酯复配物作乳化剂可控制浆料流动性、黏度和塑变性，适于制作棒状或夹心巧克力。

（二）糖果乳化剂、稳定剂和脱模剂

糖果生产所用乳化剂的作用是，使油脂乳化、分散、提高口感，防止与包装纸的粘连，防止砂糖晶化和油脂析出，提高产品光泽度和香料的稳定性等。常用的乳化剂有蔗糖脂肪酸酯、聚甘油脂肪酸酯、Span 60、甘露醇硬脂酸酯等。这些乳化剂在奶糖生产中还能抑制熬糖时产生泡沫，提高产品白度，防止粘牙，改善口感，对糯米糖，添加甘油单硬脂酸酯、甘露糖醇硬脂酸酯能防止这类糖果的老化。乳化剂中加入高 HLB 值的蔗糖脂肪酸酯有助于片状糖的脱模，一种焦香乳脂糖的乳化、脱模剂的配方如下：甘油单脂肪酸酯 30％（质量），蔗糖酯 15％，失水山梨醇脂肪酸酯 15％，大豆磷脂 25％。

口香糖是以植物性树脂、合成树脂、胶质物、蜡类物及乳化剂为基料，辅以糖、有机酸、香精、色素和无机粉末而制成的。口香糖中的乳化剂能增加各种原料的亲和性，便于混合，还可以防止粘牙，改善口感，提高产品的柔性和可塑性。口香糖常用的乳化剂有蔗糖脂肪酸酯、甘油单脂肪酸酯、Span 60、Tween 60 等。各种动、植物胶质物可作为糖果的胶凝剂和增稠稳定剂。

用天然乳化剂（如磷脂、藻酸、明胶、阿拉伯胶、琼脂等）可提高夹心口香糖的香味，防止香料外渗。这类口香糖制备实例如下：将 0.07％阿拉伯胶加到 0.2％薄荷油中，将这种液体香料加到由山梨醇（15％～25％）、转化糖（20％～30％）、麦芽糖（25％～40％）、蔗糖（4％～10％）和水（5％～10％）的混合物

中即成混合浆料（其中液体香料占 0.07％）。口香糖的基质由天然树脂（0～20份）、天然石蜡（15～25份）、聚乙烯乙酸树脂（20～30份）、酯树胶（15～25份）、合成橡胶（5～20份）和其他物质（25～30份）构成。

一种通用糖果脱模剂组成为油脂 99％、大豆磷脂 1％。

 ## 八、表面活性剂在酒类和饮料中的应用

（一）酒类和饮料的消泡、稳定剂及澄清剂

充气饮料在生产流程中产生泡沫影响准确计量和灌装。加入甘油单脂肪酸酯（微量）即可明显消泡。常用的饮料泡沫消泡剂还有二甲基硅烷、单羧酸-2-乳酸酯钠盐等。

啤酒生产时加入的消泡剂要求能在生产过程中消弱起泡性，又不能影响最终产品的起泡性。有机硅、啤酒生产中全麦芽浸出浆后的酒糟压榨浓缩液都是啤酒的良好消泡剂，都不影响终产品的泡沫性能和口味。

丙二醇褐藻酸酯可作为啤酒泡沫稳定剂，可使泡沫持续时间达 1～2min。能作稳泡剂的还有卡拉胶、皂角汁等。

为使酒类、饮料澄清，易于过滤，可用动物蛋白类胶质物（如明胶、角胶、蛋清蛋白等）作为絮凝剂，但这类物质要在酸性条件下方有效（因为蛋白质的 IEP 约为 pH＝4.5）。

藻朊酸和卡拉胶的澄清效果很好，且 pH 值越低效果越好，用途广泛。

白酒的浑浊多是因少量高碳脂肪酸、醇、酯、醛的生成。处理白酒浑浊主要用过滤法、吸附法和增溶法。其中增溶法即利用表面活性剂（如高 HLB 值的蔗糖酯）的胶束增溶高碳表面活性物质以达到既不改变酒的风味，又能使酒液澄清。

（二）饮料和酒类的稳定剂和乳化剂

乳化剂在饮品中的主要作用是乳化分散、助溶、赋色、抗氧化等作用。常用的乳化剂有大豆磷脂、甘油脂肪酸酯、蔗糖脂肪酸酯、丙二醇脂肪酸酯、Span 型、Tween 型表面活性剂等。使用复配乳化剂效果更好。表 6.15 列出两种混合乳化剂配方。

表 6.15　两种饮料复合乳化剂配方

配方 1		配方 2	
组分	质量分数/％	组分	质量分数/％
甘油单硬脂酸酯	50	甘油单硬脂酸酯	28
蔗糖脂肪酸酯	25	蔗糖脂肪酸酯	19
失水山梨醇脂肪酸酯	25	失水山梨醇脂肪酸酯	14
		酪蛋白酸钠	22
		天然物质	17

饮料用增稠稳定剂有各种植物胶（卡拉胶、果胶等）、酪蛋白酸钠、海藻酸钠等。卡拉胶是最佳添加剂，可用于可可牛奶中。角豆胶在酸性条件下可使饮料稳定 1 年以上。果胶作稳定剂用于果汁、汽水饮料可使饮料具天然饮料口感。表 6.16、表 6.17 列出几种饮料配方。

表 6.16　饮料配方（营养乳化饮料）

组分	含量（质量）/%	组分	含量（质量）/%
混合植物油（米糠油、玉米油、葵花籽油等）	1～15	乳化剂（大豆磷脂、蔗糖酯、甘油酯、丙二醇酯、Span 型、Tween 型等，或它们的混合物）	0.1～1.0
脱脂奶粉	8～14		
水	44～91		

表 6.17　巧克力乳饮料配方

巧克力乳饮料[①]		浓缩巧克力乳饮料[②]	
组分	质量/kg	组分	质量/kg
全脂奶	80	可可粉	50
脱脂奶	2.5	脱脂奶，脱脂奶粉，豆奶；大豆粉或脱脂大豆粉的发酵凝乳或非发酵液	1000
白砂糖	6.5	失水山梨醇单硬脂酸酯	3
可可粉	2.5	丙二醇单硬脂酸酯	3
海藻酸钠	0.2	1.5%果胶溶液	0.2
明胶	0.3	蔗糖脂肪酸酯	4
色素	0.01	白砂糖	700
水	9.47	焦磷酸	2
		酸味剂，香精	适量

① 巧克力乳饮料的制法：将海藻酸钠与白砂糖按 1:5 混合，备用；把可可粉与剩下的白砂糖混合，然后于搅拌下加入水、明胶、色素和脱脂乳，搅拌至混合均匀，加热至 66℃，于搅拌下加入海藻酸钠和白砂糖的混合物，再加热至 82～88℃，保持 15min，迅速冷却至 10℃，制成可可糖浆；将可可糖浆与均质化的全脂乳按 1:9 混合均匀，杀菌、冷却、包装，即得产品。

② 浓缩巧克力乳饮料的制法：将可可粉、失水山梨醇单硬脂酸酯和丙二醇单硬脂酸酯混合，加热熔化后温度保持在约 60℃，在搅拌下加入果胶溶液，再添加蔗糖脂肪酸酯使其溶解，并在 60℃下保持 10min 以上；然后加入乳酸发酵凝乳或非发酵液，再添加白砂糖，加热到砂糖完全溶解后再添加焦磷酸、酸味剂、香精，用酸或碱调 pH 至酸性或中性，在 14.71～24.52MPa 压力下进行均质，杀菌、灌装后冷却，即得成品。制得的浓缩巧克力乳饮料有优良的稳定性，饮用时加水稀释。

九、表面活性剂在豆腐制作中的应用

表面活性剂在豆腐制作中主要用作乳化剂、消泡剂和质量改良剂。其主要作用是：抑制和消除泡沫；提高大豆蛋白的亲水性，使豆渣充分分离，提高出浆率；改善豆腐质量、口感和口味；提高豆腐的保水性，减小脱水收缩，增加豆腐得率。

（一）作为消泡剂的作用

消除制造豆腐生产过程中产生的泡沫有利于提高产品质量和生产效率。而在煮浆过程中，大豆所含蛋白质、皂苷等不可避免地会产生泡沫。

广泛使用的豆腐消泡剂有甘油酯、失水山梨醇酯、丙二醇酯、硅树脂、天然油脂及其氢化物以及这些酯类与大豆磷脂、碳酸钙、磷酸钙、硅酸钙、碳酸镁、硅酸镁等的复配物。例如一种简单的消泡剂配方是：硅树脂30％（质量），失水山梨醇脂肪酸酯1.5％或4.0％，甘油单硬脂酸酯3.0％或2.0％。

（二）作为豆腐凝固剂的作用

下面列出三个凝固剂的配方（表6.18）。

表6.18　豆腐凝固剂配方

配方1		配方2		配方3	
组分	质量分数/％	组分	质量分数/％	组分	质量分数/％
葡萄糖酸-δ-内酯	62	氯化镁	2.0	氯化镁	62.5
硫酸镁	34	硫酸钙	65	甘油单硬脂酸酯	7.5
蔗糖脂肪酸酯	1.0	葡萄糖	9.0	天然物	20
乳酸钙	1.0	葡萄糖酸-δ-内酯	4.0	富马酸一钠	10
L-谷氨酸钠	1.8	蔗糖脂肪酸酯	2.0		
S-肌苷酸钠	0.2				

参考文献

[1] 中国现代设计法研究会，食品科学技术学会，食品保健研究部编译组. 应用食品学. 北京：中国食品出版社，1988.

[2] 黄丽梅，江小梅. 食品化学. 北京：中国人民大学出版社，1986.

[3] 韩雅珊. 食品化学. 北京：北京农业大学出版社，1992.

[4] 张天胜. 表面活性剂应用技术. 北京：化学工业出版社，2003.

[5] 韩敏. 河南化工，2010，27（2）：1.

[6] 刘程，周汝思. 食品添加剂实用大全. 北京：北京工业大学出版社，1994.

[7] 贝歇尔 P. 乳状液——理论与实践：修订本. 北京大学化学系胶体化学教研室译. 北京：科学出版社，1978.

第七章

表面活性剂在纺织工业中的应用

据估计，表面活性剂总产量的一半用于纺织业。表面活性剂对纺织工业非常重要，特别是在高级纺织品生产中起着越来越重要的作用。纺织工业中助剂的使用流程及相应的助剂名称为：原纤维→清洗（清洗剂或净洗剂）→纺纱（纺纱助剂）→织布/编织（助剂）→精练/染色（精练剂、染色助剂）→加工整理（加工整理剂）→缝制[1]。

纤维制品的整个印染织造加工过程，基本上都是在水相乳液中进行，因此常遇到液/固、液/气和气/固三种界面现象，而改变界面性质正是表面活性剂发挥的作用。表面活性剂及含表面活性剂的助剂的大量使用，也为提高纺织品的质量、改善性能、缩短加工工期创造了条件。

本章主要介绍普通表面活性剂在纺织工业中的应用。特种表面活性剂（氟/硅/氟硅表面活性剂）在纺织工业中的应用将在本书第十七章中详细介绍。

 一、纺织工业中的各种表面活性剂类助剂

（一）净洗剂

在纤维纺织过程中，如棉布的退浆和煮炼、羊毛的脱脂和洗呢、生丝的脱胶、合成纤维的脱油、织物染色和印花后清除未固色的染料等工序，都要用到净洗剂[2]。比如在工业毛洗涤剂中用到净洗剂 601（十六烷基磺酸钠）、SDBS（十二烷基苯磺酸钠）。它们在水中有乳化、润湿、起泡、胶溶、悬浮等性能，而且耐硬水性较好，遇到钙镁离子不易沉淀。在水中不产生游离碱，不会损伤丝、毛的强度。

它们不仅能在碱性和中性溶液中使用，而且可以在酸性溶液中使用。洗涤过程快，用量少，低温也可以洗涤。

目前，用于纺织工业净洗的表面活性剂有阴离子型，如肥皂、脂肪醇硫酸盐、仲烷基硫酸盐、烷基磺酸盐、烷基苯磺酸盐、脂肪酰甲基牛磺酸盐等；非离子型有烷基酚聚氧乙烯醚、脂肪醇聚氧乙烯醚、脂肪酸聚氧乙烯酯、烷醇酰胺、聚醚等；两性离子型如氨基酸型、甜菜碱型、乌洛托品型等[3]。净洗剂的分类可分为阴离子型表面活性剂及其复配物、两性型表面活性剂及其复配物、膨润土改性物，以及高聚物类净洗剂[4]。最早常用的活性染料净洗剂主要是阴离子型表面活性剂或者以阴离子型表面活性剂为主的复配物[4]。

随着人们环保意识的增强和纺织品出口面临着更加严峻的国际环境标志认证壁垒，开发高效、低刺激性和易生物降解的净洗剂已成为当今纺织业面临的迫切课题。在纺织加工的洗涤过程中，有些工序不仅要考虑到洗涤效果，还要考虑到织物的柔软性和是否褪色等问题，因此开发新型的、具有良好洗涤效果、又能保持织物的柔软性和色泽的稳定性的表面活性剂也成为当今新型表面活性剂研发的热点。

孪连型（Gemini）表面活性剂具有优异的性能，已经成为当今研究的热点。同传统的表面活性剂相比，它具有很高的表面活性、很低的 Krafft 点和良好的钙皂分散性，并且在生物安全性、低刺激性、生物降解性等方面的表现都很出色。孪连型表面活性剂有望在纺织工业特别是净洗剂方面起到很重要的作用。

（二）润湿剂与分散剂

关于润湿和分散作用见本书第一章。

一般来说，纤维表面的表面张力比较低，不易被水润湿。润湿理论认为，欲使有低能表面特性的纤维被水完全润湿，则要求水的表面张力等于或小于纤维的临界表面张力。加入表面活性剂使水的表面张力降低，可迅速润湿纤维。这里表面活性剂即为润湿剂。

用作润湿剂的表面活性剂主要有阴离子型表面活性剂和非离子型表面活性剂。阳离子型表面活性剂不适于作润湿剂，因为它们对纤维有强烈的吸附作用，反而阻碍进一步的润湿。需要指出的是，表面活性剂的润湿性可用表面活性剂的亲水亲油平衡值（HLB）进行粗略判断，HLB 值太低，适用于作乳化剂，HLB 值太高适用于洗涤剂，居中者作润湿剂。

许多染色和印花过程都涉及到应用分散状的不溶性染料。在这些染料的制造和应用中都需要分散剂。这种分散剂也能使染整加工如煮炼、洗毛中所用的其他不溶性物质保持分散状态。它也包括一些用来产生和稳定悬浮体的助剂。分散剂在纺织工业中的重要性是显而易见的。可以认为，各种工业用的分散染料和还原染料含有 20%～60% 的分散剂。此外，在染浴中还需加入大量分散剂[5]。

从化学的观点来看，纺织工业中所用的分散剂有两种类型，即表面活性剂和水溶性聚合物及低聚物。表面活性剂类主要是阴离子型和非离子型。水溶性聚合物也称为保护胶体。染料中的分散剂一般是阴离子型高分子电解质。这两类化合物有一共同点，它们都是两亲性的，即同时具有疏水和亲水部分。

不溶性染料粉末在水或其他液体介质中的分散有三个不同阶段：液体润湿粉末→群集体破碎成初级粒子→分散体的稳定化。这三个阶段对分散染料或还原染料的成品制造以及对不同染色过程的应用都极为重要。分散剂对染料溶解速率和溶解度、结晶速率、凝聚速率、熔融过程、熔体的乳化和再分散等等过程均有影响。

尽管表面活性剂能促进染料破碎，但聚集体和晶体颗粒在没有机械能作用下是不能破碎的。因此，为了将晶粒破碎施加少量机械力是必要的。

由于离子型表面活性剂吸附在群集体的颗粒表面，粒子就获得了相同的电荷，产生的斥力超过引力，最后就形成自然的分散体。一旦分散体形成，就力图使分散体在接着的整个加工和应用过程中保持稳定。"稳定"的涵义是指悬浮粒子的总数和大小保持不变。就分散剂而言，要使分散体系稳定，分散剂就必须从溶液中吸附到固体颗粒的界面上。

在纺织工业中，当分散剂应用于还原染料和分散染料的制造和使用时，由于这两类染料水溶性极小，它们需要研磨成很细的粒子，才能迅速分散形成稳定的分散体。因此，必须将这些染料进行一种特殊的"成品加工"，即在染料合成后进行各种后处理：沉淀、过滤、在分散剂存在下研磨和干燥等。这种成品加工的质量会严重影响染料的染色性能和染色效果。染色和印花所用分散染料和还原染料的染料分散体的颗粒度应为 $0.1\sim2\mu m$。颗粒度的分布应尽可能均匀，因为单一的分散体系比多分散体系稳定得多。还原染料颗粒度的均匀分布对它们的还原效率很重要，这种性质在连续染色时尤为突出。

用作染料成品加工的分散剂主要有两类化合物，分别是含有磺酸基的芳香族化合物的缩合物以及木质素磺酸盐。

除了分散染料制造中需用大量分散剂外，在合成纤维特别是聚酯纤维染色过程中也需要相当数量的分散剂。

聚酯染浴中的分散剂主要是 NSC 系产品、各种非离子型表面活性剂和聚乙二醇醚硫酸酯，此外还含有一些载体、乳化剂、纤维润滑剂、消泡剂和缓冲剂等，这些助剂也会影响染料分散体的稳定性。

显色染料染色也是应用分散剂的一个重要方面。在纳夫妥染料的溶解以及浸渍浴和显色浴中都要用分散剂和保护胶体。各种磺化油、木质素磺酸盐、蛋白质-脂肪酸的缩合物和 NSC 系产品均可用于浸渍浴。在显色浴中脂肪醇聚氧乙烯醚可使过量的不溶性偶氮染料保持良好的分散状态，并能使染料迅速漂洗干净。同样，若用还原染料隐色酸酯染色时，显色浴中要加入非离子型分散剂。

有时，特别是染深色染品时往往把分散剂加到用其他方法染色，并含有别种染料的染浴中去。其原因有二：一是使染色过程在染料溶解度极限下进行；二是使染浴中仍然含有易于从纤维上除去的未固着的染料。

（三）渗透剂与匀染剂

渗透剂广泛用于退浆、煮炼、丝光、漂白、染色、印花以及后整理等工序。用作渗透剂的表面活性剂主要有阴离子型表面活性剂和非离子型表面活性剂。漂白中选用渗透剂与漂白方式有关。次氯酸钠漂白一般选用非离子渗透剂，如中、高碳醇或脂肪酸的聚氧乙烯加合物，烷基酚聚氧乙烯加合物等。也可选用磺酸基琥珀酸酯基和烷基萘磺酸盐；H_2O_2 漂白选用壬基酚聚氧乙烯醚。

酸碱性不仅影响渗透剂的溶解度和使用效果，严重时还会使渗透剂分解。表 7.1 列出了溶液酸碱性与渗透剂的关系。

表 7.1　溶液酸碱性与渗透剂的关系

酸碱性	阴离子渗透剂	非离子渗透剂	用途
强碱性	相对分子质量小的可溶解，能用，带酯基的不能用	不易溶解，不可使用	丝光渗透剂
弱碱性	可使用	多数可使用	煮炼渗透剂
近中性	可使用	可使用	树脂整理剂、退浆渗透剂
弱酸性	可使用，硫酸酯盐有时会分解	可使用	次氯酸钠漂白渗透剂
强酸性	几乎全部不能使用，磺酸盐类可使用	多数可使用	羊毛碳化渗透剂

在纺织品染色中，表面活性剂可作助染剂和匀染剂。匀染即染料在产品表面及纤维内部均匀染色。避免染色不均匀现象或染斑，是印染工艺的主要任务之一。最常用方法是添加匀染剂。匀染剂有助于染料从高浓度的部位转移到低浓度的部位。其匀染能力是移染性、分散性、缓染性的综合反映。此外，还必须具备起泡低、抗电解质和抗硬水能力强等性能。匀染剂一般由酯型非离子型表面活性剂和高分子型阴离子型表面活性剂构成。现在匀染效果较好的匀染剂是各种阴离子型表面活性剂的复配体系或阴离子型和非离子型表面活性剂的复配体系。

（四）抗静电剂

顾名思义，抗静电剂是防止或抑制纤维表面聚集电荷的倾向。在纺织纤维加工过程和纺织成品应用中常常产生静电荷积聚现象，对加工和应用造成干扰。抗静电剂的加入能够消除静电，或使静电积聚抑制到可以承受的程度[6]。

不同材质的纤维其带电性质不同，如表 7.2 所示[7]。当两种纤维织物相互摩擦后分开时，介电常数 ε_r 大的取正电荷，小的取负电荷，即在电序列中靠左边的纤维带正电，而靠右边的纤维带等量负电。

表7.2 常用纺织纤维的电序列

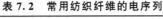

ε_r 大 ——————————→ ε_r 小

高（＋）——————————→ 低（一）

聚氨酯　尼龙66　羊毛　蚕丝　黏胶纤维　棉纤维　醋酯纤维　聚甲基丙烯酸甲酯　聚乙烯醇缩甲醛　聚对苯二甲酸乙二酯　聚丙烯腈　聚氯乙烯　聚碳酸酯　聚氯醚　聚偏三氯乙烯　聚苯醚　聚苯乙烯　聚乙烯　聚丙烯　聚四氟乙烯

　　根据抗静电剂的水洗牢度和干洗牢度，可以区分为暂时性和耐久性抗静电剂。暂时性抗静电剂是水溶性的，易于被水洗除，表面活性剂多属此类。而耐久性抗静电剂则是通过下述途径改变纤维本身的性质：纤维物质的化学改性或者加入具有抗静电活性的物质、纤维表面的化学改性、用具有抗静电效果且能和纤维进行化学反应的物质涂层，或在纤维表面产生不溶性抗静电覆盖物。耐久性抗静电剂包括线型或立体交联的聚合物、聚电解质以及某些涂层材料等等，这里不做介绍。

　　所有抗静电剂的主要作用都是改变纤维的下列性能：一是提高纤维表面的电导率，二是在纤维和摩擦表面之间产生具有高介电常数的中间层，三是降低接触电势，提高纤维光滑性。抗静电的最有效方法是提高纤维表面的电导率，绝大部分实际应用的抗静电剂是基于这一原理。纺丝油剂、络丝油剂等加入抗静电剂形成复配油剂也是上述作用的综合。不要把这几种作用孤立地分割开来，通过涂覆亲水剂来提高电导率，同时也提高了表层的介电常数。许多仅仅改进表面电导率的抗静电剂或者赋予纤维较大光滑性的复配油剂，也就附带降低了摩擦和静电充电的倾向。降低接触电势的作用是很小的，因为这与纤维-摩擦物体的结合情况有关。

　　提高纤维的电导率对抗静电剂提出两种要求：一是要具有吸水性；二是具有可移动的离子化基团。只要具备其中一条，就有抗静电性能；如果两者均有，则效果更佳。具有吸水性的包括各种表面活性剂，含羟基、羧基、环氧基等的化合物。季铵盐中含有可移动的卤离子，进一步强化了改善电导率的作用。

　　抗静电剂的抗静电效果随空气中湿度和温度的降低而降低。有效的抗静电剂必须在相对湿度在40%以下（最好25%以下）起作用，即使在低温和低湿度下也必须有较低的电阻率。抗静电剂要求对于纺织品的手感、色泽、气味、外观等不产生干扰，对于后面的加工没有妨碍。易于积聚电荷的织物也具有易沾污性，如果静电被消除，沾污自然会降低。

　　暂时性抗静电剂的作用是在纺丝、拉伸、纺纱、编织等工艺中，避免静电所造成的不利影响；包括毛丝、断头、"三绕"等现象，这些现象严重时甚至导致无法操作，并使产品质量和生产效率大大降低。在纺丝加工所应用的纺丝油剂、络丝油剂、润滑油剂和织造油剂中添加暂时性抗静电剂可以解决这些困难。这些抗静电剂包括许多化合物和复配产品，其应用价值取决于纤维的种类、助剂的组成和应用。一种对腈纶纤维效果好的抗静电剂，对锦纶纤维可能完全无效。经验说明，在许多情况下两种或多种抗静电剂相结合，效果会好得多，即产生所谓的增效作用。一种单独应用的抗静电剂，如果与矿物油或其他油剂组分复配，大多数情况下效果会显著提高。因而表面活性抗静电剂往往和油类共用，这样有利于油的乳化，便于在后洗涤中除去。

暂时性抗静电剂主要有无机及有机盐类、多元醇、聚乙二醇、各种表面活性剂四类。表面活性剂是主要的暂时性抗静电剂，包括阴离子型、阳离子型、非离子型和两性型化合物。

需要指出，使用抗静电剂应注意[8]：①并非所有表面活性剂都可用作抗静电剂，应根据其性能和纤维类别来选择。如阴离子型表面活性剂不适宜作亲水性纤维的抗静电剂，因为亲水基定向吸附在纤维上而亲油基指向空气，反而增加纤维的静电性。②处理织物时应注意使用浓度。表面活性剂分子最初是亲水基指向空气取向，随着浓度增加，第2层分子是憎水基指向空气，如此反复多次，最终几层分子处于无取向状态，抗静电作用反而下降，实验表明，临界胶束浓度附近往往表现出最好的抗静电性。③注意抗静电性表面活性剂与其他助剂的配伍性，并对纤维不产生物理或化学的不良影响。④抗静电剂用于纺织过程中，使用后应易于清除；用于织物整理时，应具有耐磨性和耐洗性。

表面活性剂在纤维外层形成一层连续的膜，能吸收空气中的湿气供给离子，而且离子能在此表面上移动，因此能防止静电荷的积聚。当表面活性剂进入纤维内部，或在纤维上不能均匀分布，或用量不够时，则在纤维表面不能生成连续的水膜，这样抗静电效果将减弱。良好的抗静电剂能在纤维表面生成一连续的导湿膜，从而发挥其优良的抗静电效果。

下面将对表面活性剂类抗静电剂进行分类介绍。

1. 阴离子型[9]

在表面活性剂中，阴离子型抗静电剂的品种是最多的。阴离子型种类如下：

① 脂肪族磺酸盐，通式为 RSO_3Na；

② 高级醇硫酸酯盐，通式为 $ROSO_3Na$；

③ 高级醇环氧乙烷加成物硫酸酯盐，通式为 $RO(CH_2CH_2O)_nSO_3Na$；

④ 高级醇磷酸酯盐，通式为 $ROPO_3Na$；

⑤ 高级醇环氧乙烷加成物磷酸酯盐，通式为 $RO(CH_2CH_2O)_nPO_3Na$。

阴离子型抗静电剂价格便宜，对染色影响少，无毒性，在纺织加工中经常应用。

油脂、脂肪酸和高碳脂肪醇的硫酸化物，既有抗静电性能，也有柔软、润滑和乳化性能。其中以烷基磺酸盐，尤其是铵盐、乙醇胺盐等抗静电效力较高。不过，在阴离子型抗静电剂中，以烷基酚聚氧乙烯醚硫酸酯盐和磷酸酯盐特别有效。烷基酚聚氧乙烯醚硫酸酯钠其水溶性高，除具有抗静电效果外，还有优良的洗涤、乳化、分散和润滑作用。

磷酸酯类抗静电剂一般是正磷酸的单酯、双酯的钠盐和钾盐，也有使用铵盐或有机胺盐的。磷酸酯中的疏水基和疏水纤维表面结合，而亲水性基团向上排列。这样，表面活性剂-水系统就在纤维上形成了连续的水膜，而具有能在水层中移动的 K^+ 或 Na^+，抗静电效果更好。磷酸酯的烷基为 $C_{10} \sim C_{14}$ 时，抗静电效果最佳。有机胺盐和乙醇胺盐比无机盐的效力强。

磷酸酯类表面活性剂耐硬水性较差，特别对于钙、镁离子不稳定。其优点是在水中溶解性能良好，起泡性小，并具有柔软作用。烷基磷酸酯用于合成纤维纺丝油剂，无论是长丝或短纤维，都具有良好的抗静电性、适度的平滑性、良好的耐热性，并能增加油膜强度，减少磨耗和纺纱工序的白粉，防止和抑制烷基硫酸酯和烷基磺酸盐等引起纤维着色和设备生锈等弊病。

烷基磷酸酯的烷基中含有环氧基时，抗静电性能提高，当环氧基数量增多时，其抗静电性能近于非离子型表面活性剂，但其平滑性反而下降。抗静电剂 P 和抗静电剂 PK 均为实际生产中经常使用的抗静电剂，抗静电剂 P 为磷酸酯和二乙醇胺的缩合物。这种抗静电整理剂外观呈淡黄色到酒红色黏性液体，其抗静电效果很好，稳定性也好，但不耐水洗[10]。抗静电剂 PK 为烷基磷酸酯钾盐，外观为淡米色至淡黄色半固体状物，它的 0.1％溶液 pH 值为 7～9[10]。

◀ **2. 阳离子型** ▶

一般阳离子型抗静电剂不仅是效力较高的抗静电剂，而且兼具优良的柔软效果和杀菌作用，可防止织物及油浴发霉。但缺点是价格较贵、能使染料变色、耐晒牢度降低、不能和阴离子型表面活性剂共用、能使金属腐蚀、毒性强、对皮肤有刺激性等。故使用受到限制，很少用于油剂，而主要用于织物的整理。

阳离子型表面活性剂用作抗静电剂的有季铵化合物、烷基吗啉鎓盐、咪唑啉、烷基咪唑啉鎓盐、烷基吡啶鎓盐、脂肪胺和脂肪酰胺类季铵盐等。

季铵盐是应用最广泛的暂时性抗静电剂，它吸附在纤维或织物表面，定向排列成一层极薄的表面膜，亲水基伸向空气，形成吸湿导电层，又有在水层中能转移的卤离子，产生离子导电，因此抗静电效果很好。只要加入纤维重量的 0.25％的季铵化合物，就具有很好的抗静电保护效果。十二烷基三甲基溴化铵和十六烷基三甲基溴化铵国内简称 1231 和 1631，都是常用的抗静电剂。实际生产中经常使用的阳离子型抗静电剂还有抗静电剂 TM。抗静电剂 TM 属季铵盐型阳离子型表面活性剂，其外观为透明淡黄色黏液，游离三乙醇铵含量≤4％，易溶于水，具有吸湿性。生产中，可以与阳离子型表面活性剂、非离子型表面活性剂并用。它对涤纶、腈纶、锦纶等合成纤维有优良的抗静电效果[10]。抗静电剂 SN 也属阳离子型表面活性剂，其外观为棕红色油状黏性液体，pH 值为 6～8，季铵盐含量为 60％

±5％。能溶于水、丙酮、苯、正丁醇、二甲基甲酰胺、乙二醇及乙酸等。在5％的酸、碱液中均稳定，但180℃时会分解。它可与阳离子型或非离子型表面活性剂混用[10]。

三丁基十六烷基溴化铵是锦纶的有效抗静电剂。其他阳离子型抗静电剂还有二甲基二可可脂基氯化铵、双阳离子季铵化合物 N,N,N',N',N'-五甲基-N-牛脂基-1,3-丙二铵二氯化合物，等等。在季铵化合物的氮原子上的一个或多个烷基用聚氧乙烯基取代，可以改进水溶性。

3. 两性型

两性型表面活性剂的金属盐可用作抗静电剂，其中以甜菜碱型最为有效，对染色的影响也小。但更多是使用具有抗静电效果的阳离子型表面活性剂和阴离子型表面活性剂生成的盐，即正负离子表面活性剂，可以获得预期的增效效果。甜菜碱型抗静电剂如二甲基十二烷基甜菜碱，氨基羧酸盐型抗静电剂如 N,N-二氨基乙基甘氨酸烷基酯。

两性型表面活性剂的金属盐加入丙纶纤维中，作为内部抗静电剂（在纺丝前的聚合物原液中添加的抗静电剂称为内部抗静电剂，能提高整个纤维的电导率，而不是仅限于表面）。β-氨基丙酸和咪唑啉的金属盐作为内部抗静电剂具有优异性能。

4. 非离子型

非离子型表面活性剂的烃链和疏水纤维结合，而环氧乙烷能与空气中的水结合，所以能够增加纤维的吸湿性，使纤维外层保持一层吸湿膜。但不像磷酸酯和季铵盐那样有可移动的离子，因而抗静电效果稍差。它们一般不影响染料及染色性能，可以在较宽范围内调整黏度和稠厚度，其毒性小，对皮肤的刺激性小，因而被广泛使用，是合纤油剂的重要组分。

适于油剂的非离子型表面活性剂主要类型有脂肪醇聚氧乙烯醚、烷基酚聚氧乙烯醚、脂肪酸聚乙二醇酯、环氧乙烷和脂肪胺（或酰胺）的缩合物、聚醚等。它们的类别虽不相同，但由于都是环氧乙烷缩合物，抗静电性也都良好。

环氧乙烷缩合数对抗静电性能有较大影响。例如，脂肪酸聚乙二醇酯的环氧乙烷单元数在20个时抗静电性能最强，而脂肪酸的烷基碳链长短并没有显著影响。又如壬基酚聚氧乙烯醚的环氧乙烷缩合数为8～10时，抗静电效果最佳。烷基磷酸酯如再与环氧乙烷缩合，则其抗静电性能更为增强。烷基酚聚氧乙烯醚被用作合成纤维纺丝、织布时的抗静电剂，也用于和毛油作抗静电添加剂。脂肪胺聚氧乙烯醚也是合纤加工油剂中添加的非离子抗静电剂。聚醚类环氧乙烷环氧丙烷嵌段共聚物既是良好的抗静电剂，又是耐高温的平滑剂和低起泡的乳化剂，用于油剂，特别适合于高速纺丝和加捻。

特别值得一提的是，除了上述介绍的抗静电剂，有机硅表面活性剂以及有机氟表面活性剂则是相对较新的高端抗静电剂，目前有机硅抗静电剂常见的有聚醚型改性硅氧烷。乙酰氧基封端的聚烯丙基聚氧乙烯醚与聚甲基氢硅氧烷加成形成的高分子抗静电剂用于锦纶、涤纶的抗静电整理，效果极好[11]。而有机氟表面活性剂具有表面张力低、耐热、耐化学品、憎油和润滑性好等特点，抗静电性能比烃类化合物大得多，但价格昂贵[11]。

（五）防水剂

防水剂在纺织工业中属于加工整理剂的范畴。其中有重要的一类即防水防油剂，甚至更为高端的"三防"（防水、防油、防污）整理剂，其中是由氟表面活性剂发挥作用的。有关含氟织物整理剂的内容将在后续章节中详细介绍。这里仅介绍其他防水剂。

防水剂是对织物进行透气性防水处理的整理剂。防水整理是在织物表面形成一层使织物既不吸水又具有透气性的疏水膜。由于透气性整理使衣服穿着舒适、轻便，无臭味，并有柔软的手感，所以发展很快，应用较广。防水剂一般分为暂时防水剂和耐洗防水剂两类。暂时性防水剂有石蜡、硬脂酸铝、硅树脂等自身防水性化合物，用很少量的表面活性剂把它们乳化分散在水中制成乳液。暂时防水剂由于只是把防水化合物简单地涂于表面，因此洗一次就失去防水效果。耐洗性防水剂是使防水剂和纤维的官能团发生化学反应而彼此牢固地结合，从而使织物具有良好的耐洗涤性、耐干洗性，以及耐久的拒水性。耐洗性防水剂采用硬脂酸酰胺亚甲基吡啶氧化物表面活性剂的效果颇佳[2]。

早期应用脂肪酰胺型防水剂以及有机硅型防水剂。目前国际上开始应用聚氨酯系防水剂、聚四氟乙烯系防水剂，两者均为具有微孔的高分子表面活性物。

纳米技术应用于织物拒水整理是基于研究成果"荷叶效应"原理。在荷叶叶面上存在着非常复杂的多重纳米和微米级的超微结构，这种纳米结构使荷叶具有自清洁功能。将"荷叶效应"应用于织物整理，通过把降低材料的表面能和产生纳米微观结构的粗糙程度结合，使织物表面通过纳米材料整理后，在织物表面形成如荷叶的纳米微观结构的粗糙表面，纳米整理剂颗粒尺寸的微细化使织物具有表面效应、小尺寸效应和宏观量子隧道效应，达到防水的作用。无氟系列防水剂即利用树状聚合物的自排能力，在纺织品上形成纳米级的晶状结构，具有良好的防水、耐洗和耐磨等特性。整理时无需很高的温度（140℃左右），适用于体育运动和户外纺织品的防水整理。

有机硅表面活性剂是一种具有优良性能的功能型表面活性剂，在纺织工业中主要用于织物的后整理，如作防水剂、柔软剂、抗静电剂、防熔融整理剂、卫生整理剂、消泡剂、润滑剂及防缩皱剂等[12]。有机硅表面活性剂用于织物的后整理，可赋予织物柔软滑爽的手感，提高弹性，使织物变得挺括且耐皱折，还能使织物具有吸湿透湿性和抗静电性等[12]。原料成本不高、无毒、对环境污染小，所以，此类表面活性剂是纺织服装加工工业中的一类重要助剂[12]。这里简要介绍其作为防水剂的功能。

有机硅赋予整理织物防皱、防静电、防起球、柔软等性能，使织物具有滑、爽、挺的风格，且无毒、无副作用，是纺织印染工业中一类重要助剂。根据 Int Dyer 的助剂分类，有机硅可被用作憎水剂、柔软剂、抗菌剂、纤维和纱线润滑剂、抗起球剂等。基于有机硅的整理剂长久以来一直被用来做咖啡、茶、酒、软饮料和果汁等普通水基防污剂。作为织物整理剂，除了具有防护功能之外，有机硅还能赋予织物卓越的柔软性。

有机硅树脂类型的织物整理剂一般是以线形含氢聚甲基硅氧烷为基础的，美国 Dow Coming 公司的 SiliconeconcV、德国 Bayer 公司的 PerlitSI-SW 等是有机硅类拒水整理剂，此类产品具有优良的拒水效果，但不具备明显的拒油性能。最近开发的硅胶技术在防水和耐磨性方面体现出碳氟整理剂的一些性能。但是，有机硅整理剂还无法提供碳氟类产品所具有的防油性能。对于拒油抗污性要求不高的情况下也可采用改性有机硅聚乳液，它们不仅赋予织物优异的防水性，又耐水洗和干洗，而且在拒油性方面也比以前的有机硅树脂有所改进，如德国 Wacker 公司的 Finish WS 60E 等。

二、表面活性剂在毛纺工业中的应用

羊毛及其混纺织物因风格独特，服用性能优良，是高档服饰面料的首选原料。从原毛加工到各种羊毛制品需用各种表面活性剂，用量按重量计占羊毛重量的 5.6%，1985 年数据显示，全世界用于羊毛的表面活性剂约 14 万吨，我国大约用量在一万吨以上，如以每吨洗净毛消耗 25~30kg 洗涤剂计算，我国需用羊毛洗涤剂 4000~5000t 之多[13]。国际上用于毛纺加工的表面活性剂，品种很多，专用性亦强，以日本为例，用于毛纺加工的表面活性剂有几百种之多，仅原毛洗涤剂就有数十余种。

（一）洗毛工艺中的表面活性剂

羊毛的组成杂质差别很大，尤其是羊毛脂含量尤甚，有的羊毛脂高达 30% 以上，是羊皮腺分泌出来而附着于羊毛上的一种混合脂，较纯的羊毛脂是淡黄色膏体，熔点为 36~42℃，碘值为 18~36，酸值不大于 1，皂化值为 92~106，其结构上是羊毛酸和羊毛醇组成的各种混合物。羊毛汗主要成分为碳酸钾，易溶于水，可以与羊毛脂中易于被皂化的部分脂肪酸起皂化作用，生成钾皂而溶于水，如采用碱性洗涤则加入碳酸钠，也可生成钠皂。采用洗涤剂是利用物理和化学的方法、机械的作用来得到洗净羊毛[13]。

洗净羊毛是毛纺产品的基础，洗净羊毛质量的好坏，直接关系到以后加工能否顺利和质量的优劣，因此，在洗毛过程中一定要保持羊毛固有的弹性、强度、着色力、手感等特性，洗后的羊毛要保持洁白有光、松散、不毡并、手感好等优点，要达到这个目的，除了要有合理的洗毛工艺外，还要有高质量的羊毛洗涤剂[13]。原毛的去污过程为：欲将羊毛上的羊毛脂、羊汗和尘土杂质去除，首先要破坏污垢与羊毛的结合力，降低或削弱它们之间的结合力，因此，去污过程的第一阶段首先是润湿羊毛，降低羊毛表面的自由能，降低溶液的表面张力；第二阶段是污垢与羊毛表面的脱离，污垢乳化和分散，悬浮于溶液中，使之不易在羊毛表面上再沉积；第三阶段是洗液中的油污和尘土杂质，使其均匀地分散于洗液中，防止羊毛的再污染[13]。

洗毛是毛纺工艺中的重要工序，洗毛质量直接影响后道加工及成品质量[14]。长期以来，洗毛一直采用阴离子洗涤剂，常用的洗涤剂包括脂肪酸钠（肥皂）、烷基苯磺酸钠（ABS）、烷基磺酸钠（601）等。洗衣粉大都是碱性的，pH 值都在 10.2 以上，使洗毛只能采用碱性洗毛工艺，这样会使羊毛受到损伤，影响羊毛强度，降低羊毛的使用价值。国外目前多采用非离子洗涤剂洗毛，非离子洗涤剂洗毛质量比阴离子洗涤剂好，手感柔软，利于后道加工，但价格偏高[14]。为了进一步提高洗毛质量，同时考虑经济效益，可将表面活性剂进行复配后再应用于洗毛工艺。复配后的洗毛效果比单一表面活性剂好。洗毛是化学、物理、机械作用的复杂过程，影响洗净毛含脂率的因素除洗剂类型、浓度外，还有洗毛温度、机械力大小、助剂类型及浓度、洗毛槽数、浴比等，在制定洗毛工艺时应加以全面考虑。对于中性洗毛可适当提高洗毛温度，保证羊毛纤维无明显损伤的情况下，增强去污力，利于洗毛。

有研究表明，脂肪醇聚氧乙烯醚系列对羊绒纤维损伤较小而且随 EO 数的增加而减小，而阴离子型表面活性剂对纤维的伸长损伤较小但对纤维强力保持相对差些。阴离子型表面活性剂去油脂能力不强，有的洗涤持续性差，但某些烷基链较长的皂和硫酸酯洗绒手感丰满，能产生独特的滑爽感。非离子型表面活性剂的洗绒效果随 EO 数的增加而减弱，手感普遍较松。但是，某些非离子洗涤剂有防止再沾污的能力。某些两性型表面活性剂如甜菜碱类，洗绒白度好，去除油脂能力强，手感介于长链阴离子型表面活性剂和非离子型表面活性剂之间。阳离子型表面活性剂去污力较差，且由于价格和来源等问题，在洗涤剂应用中受到很大限制。由此看来，没有单独一种表面活性剂可以同时兼顾羊绒洗涤剂的多种功能，大多是采取性能单项择优，再考虑协同效应，综合平衡而复配[15]。

在复配羊绒洗涤剂时，除选用适当的表面活性剂外，还要添加某些无机盐和有机物作助洗剂。助洗剂或由于协同效应而提高洗净率，或由于吸附、络合作用防止再沾污，抗硬水，提高白度等。在十六醇硫酸酯盐和 ABS 洗涤剂中加三聚磷酸盐（pH＝9.7）和六偏磷酸盐（pH＝6.4）助洗作用强，而加焦磷酸盐作用就差，磷酸盐能与碱土金属离子和重金属离子形成络合物，降低水的硬度，能促使色料和污垢悬浮或胶溶，防止再沾污。诚然，某些洗涤剂不可单纯追求净洗涤绒的单一指标而取用，要综合性能指标，斟酌平衡后使用[15]。

羊毛的脱脂和洗呢、生丝的脱胶、染色和印花后清除未固色的染料等工序，都要用到洗涤剂。比如在工业毛洗涤剂中用到洗涤剂 601（十六烷基磺酸钠）、

SDBS（十二烷基苯磺酸钠）。它们在水中有乳化、润湿、起泡、胶溶、悬浮等性能，而且耐硬水，遇到钙镁离子不沉淀。在水中不产生游离碱，不会损伤丝、毛的强度。它们不仅能在碱性和中性溶液中使用而且可以在酸性溶液中使用。洗涤过程快，用量少，低温也可以洗涤酸性染料用于羊毛、蚕丝和尼龙的染色。

茶皂素是一种优良的天然非离子型表面活性剂，具有良好的乳化、分散、发泡、渗透等能力，性能柔和。其水溶液呈微酸性，因而复配后的茶皂素洗涤剂特别适合做含天然蛋白质的丝、毛、发、羽绒等织物的专用洗涤剂，既能保持使用寿命，又能保持织物艳丽的色彩。

（二）毛纺工业中的抗静电剂

羊毛织物容易产生静电而吸附灰尘，透气性较差，黏附身体，在穿着时给人以不适感，尤其在北方地区更为严重。因此，提高毛及其混纺织物的抗静电性能，具有十分重要的意义。目前，新开发的毛纺织物抗静电技术主要有三类：一是抗静电纤维和导电纤维；二是在后整理中施加抗静电剂；三是通过纤维接枝改性或与亲水性纤维混纺和交织，提高纤维吸湿性[16]。

（三）表面活性剂用于羊毛染色

合适的阴离子型表面活性剂可帮助染料溶解于染浴中，对亲水性纤维进行染色，从而可得到比相应的含有磺酸基的染料更好的上染率、匀染、色泽浓深的染色物，且染色物的耐洗度能提高 1～2 级。

陈胜慧等[17]的研究表明，5 种表面活性剂如磷酸酯醚盐、芳族磺酸盐类大分子、烷基硫酸盐、硫酸酯醚盐及油脂硫酸化盐有最佳协同效应。它们一方面形成更大的胶束，有效地增溶和吸收染料分子；另一方面，对纤维的亲和力也大为提高。表面活性剂与羊毛之间是具有亲和力的，当体系中存在多种表面活性剂时，除了离子键的结合之外，羊毛纤维与各种表面活性剂之间、表面活性剂分子相互之间将形成一种混合的复杂的多元化的结合，羊毛和表面活性剂间更有效地互相吸引缔合、迟滞染料的吸收势头、减缓上染速率；同时，表面活性剂对羊毛的溶涨作用也有利于染料在纤维内部的渗透。

苏喜春等[18]在进行羊毛染色实验中发现：十八烷基胺聚氧乙烯醚硫酸酯钠盐能显著改善弱酸性艳蓝 RAW 对羊毛的匀染性，浓度越大，匀染性越好。表面活性剂能够改善羊毛的润湿性能，为染料均匀上染创造条件。另外，助剂和染料在染浴中形成络合物，降低了染料的亲水性，使它较容易上染羊毛的疏水性部分，提高了匀染性。

羊毛纤维吸湿保暖性和弹性好，但纤维表层由于疏水性鳞片层的覆盖，在染色过程中阻碍了染料向纤维内部的扩散转移，使其染色性能较差，成为羊毛纤维产业化的壁垒。常规的羊毛染色在高温沸染条件下进行，虽然有利于染料向纤维内部的扩散转移，提高上染率，但高温也造成了羊毛纤维的损伤，使其出现失重、手感粗糙、色泽泛黄和纺纱性能差、制成率低等问题，同时增加了能耗，不符合当前社会节能减排及可持续发展的原则。因此，羊毛低温染色研究一直是毛纺织行业的研究热点。表面活性剂可应用作羊毛低温染色助剂，使用最广的有两性型表面活性剂及阴离子型表面活性剂两种。羊毛纤维吸附助剂，纤维溶胀，从而加速染料的上染和扩散，最低可在 40～50℃进行染色。两性型表面活性剂主要有甜菜碱类，基本结构有 N-脂肪酰胺基甜菜碱、N-脂肪基甜菜碱、咪唑啉甜菜碱和羟丙基甜菜碱。甜菜碱的阴离子部分主要包括羧酸根和磺酸根两种。使用的两性型表面活性剂其阳离子基团有胺盐型、季铵盐型、吡啶型、具有取代基的嘧啶型，其阴离子基团有羧酸盐、磺酸盐、硫酸酯盐，在阳离子基团和阴离子基团之间可以接上聚氧乙烯基[19]。

（四）表面活性剂用于配制和毛油

和毛油是一种毛纺织加工过程中必不可少的助剂，它可以对原毛洗涤后的含脂量进行补充，增强原毛粗纺或精纺时纤维间的抱合力，减少毛纺织过程中纤维的毛损伤，防止出现断头和飞毛现象，并能使纤维柔软和保持弹性。它是羊毛纤维梳理纺纱加工中必不可少的一种重要助剂[20]。

对于和毛油剂而言，其组成可以分成两部分：基础油剂和添加剂。基础油剂是油剂的主体成分，主要起到平滑作用，故又称平滑剂。添加剂仅占少量，起到抱合、抗静电、润湿渗透、吸湿、杀菌、消泡、防锈等作用，多为表面活性剂。基础油剂种类很多，如油酸、亚油酸、亚麻酸等，矿物油，还有植物油乳化油剂，又称中性和毛油。表面活性剂作为添加剂起乳化剂的作用。油剂一般是由油酸、矿物油、非离子乳化剂、聚乙二醇或三乙醇胺等组成的混合物，这种油剂能提供较好的纤维-纤维、纤维-金属间的润滑性，不足的是要碱性洗除。

乳化剂可通过表面活性剂复配而成，如由表面活性剂司盘 S-60 及乳化剂 EL-40（各占 40%和 60%）复合而成，油剂含油量可达 85%，提高了和毛油的纤维间抱合力、平滑性及抗静电等性能。常温下可自乳化，乳液 6 个月不分层。配制和毛油的稳定乳液根据 HLB 值法选择表面活性剂，从而为确定配制稳定乳液的最佳配比提供满意的结果。

（五）表面活性剂用于柔软剂

蔗糖酯为多元醇型非离子型表面活性剂，是由蔗糖与正羧酸反应生成的一大类有机化合物的总称。蔗糖酯具有良好的洗涤性能、优异的生物降解性，且无毒、不刺激皮肤，可以作为纺织印染清洗剂和家用洗涤剂的活性成分，能改善毛纺织物的手感，使织物柔软[21]。

（六）表面活性剂用作毛纺织物的抗菌剂

通常阳离子化合物具有杀菌力，季铵盐类便是其中代表。小分子季铵盐通常也有杀菌能力，季铵盐类，尤其是含 12～18 个碳原子的季铵盐类阳离子型表面活性剂，常用作纤维的消毒剂和杀菌剂[22]。

季铵盐类阳离子型表面活性剂最具代表性的是三甲氧基丙基硅烷十八烷基二

甲基氯化铵。N-十二烷基-N，N-二甲基甘氨酰胱氨酸盐酸盐（DABM）能通过巯基与羊毛反应，具有优异的抗菌性。还有一些大烷基三烷基氯化铵，可用反应树脂将其固定在纤维表面。其他的主要品种还有十六烷基二甲基苄基氯化铵、聚氧乙烯三甲基氯化铵、聚烷基三烷基氯化铵、3-氯-2-羟丙基三甲基氯化铵等。目前，新型的季铵盐阳离子表面活性剂主要为含有功能团的单季铵盐阳离子表面活性剂和可以聚合的多季铵盐阳离子表面活性剂[22]。

报道显示，国外已有人用硫羟阳离子型表面活性剂对羊毛织物进行抗菌整理，能通过巯基与羊毛反应，形成不对称的二硫键，并使其具有良好的抗菌性。羊毛用其处理后，能彻底杀灭 B. pumilus 细菌，并抑制 S. aureus 的活性。

此外，季铵盐类改性氨基硅油抗菌卫生整理剂适用于纯棉、羊毛、混纺织物，应用范围广，同时具有很好的超柔软整理效果。

（七）毛纺行业中的防水剂

在毛纺行业中通常采用季铵盐防水剂和有机硅防水剂。前已述及，这里不做重复介绍。毛纺行业很少选用含氟防水剂（三防整理剂），但聚酯纤维和纤维素纤维的纺织产品要用到。

（八）毛纺行业中禁用的表面活性剂[23]

当前在毛纺行业中问题最大的危害化学品是烷基酚聚氧乙烯醚，特别是壬基酚聚氧乙烯醚（NPEO）用量大，它会消解产生环境激素，主要表现如下：

① 用金属络合染料染羊毛时在染浴中添加匀染剂 OP；

② 用分散染料染涤纶时染浴中也添加匀染剂 OP；

③ 毛织物在染色前含 0.2%～1.0%匀染剂 AN 的染浴在 50～80℃先处理10min，然后加入溶解好的毛用染料，按常法进行染色可获得好的匀染效果，其中匀染剂 AN 是用硬脂酰胺和乙二胺的缩合物甲基化后的非离子型表面活性剂与乳化剂 OP 的 1∶1 组合物。

④ 毛织物或麻毛织物染色后常用的净洗剂 105 是匀染剂 102（24%）、净洗剂6501（24%）和非离子型表面活性剂 TX-10（12%）的混合物。

因此开发 NPEO 的替代品至关重要，目前主要有五种替代品：脂肪醇聚氧乙烯醚、烷基多糖苷、仲醇聚氧乙烯醚、失水山梨醇酯及其聚氧乙烯醚、脂肪酸酯聚氧乙烯甲醚。缺点是性价比目前都不如 NPEO。

 ## 三、表面活性剂在化纤工业中的应用

（一）化纤油剂及组成

合成纤维是从煤、石油、天然气中提炼出来的低分子化合物经聚合而成的高分子化合物产品，它吸湿性小，导电性差，摩擦系数大且本身不含脂肪类化合物，因此，在纺丝加工过程中丝条易滑落、散乱，造成毛丝、废丝。为此，需要在纺丝和卷绕筒管之间用油剂处理，在其表面形成一层油膜，增加纤维间的抱合力和平滑性、降低纤维与机械之间的摩擦系数、减少静电的产生、增加可纺性、提高纺丝效率和保护纤维质量。化学纤维上的纺丝油剂和织造加工过程中添加的助剂都是必须使用的助剂，因为化学纤维回潮率较低、介电常数较小，而摩擦系数较高，在纺丝和织造过程中连续不断的摩擦，会产生很大的静电，必须防止和消除静电的积累，同时赋予纤维以平滑和柔软的特性，使加工顺利进行，因此必须使用油剂（助剂）。

化纤油剂主要由多种表面活性剂复配而成，用于防止静电、提高纤维抱合力、改善手感及使用性能等，是纤维生产和加工过程中不可缺少的助剂之一。

化纤油剂的主要成分包括平滑剂、乳化剂、抗静电剂，还可根据纤维的不同用途添加其他成分，如抗氧剂、防霉剂、防锈剂、消泡剂、与橡胶附着的促进剂、有机溶剂和水等以形成各种用途的油剂[24]。化纤油剂中的平滑剂、抗静电剂和乳化剂大部分是表面活性剂，不同表面活性剂复配可比较全面地满足油剂的使用要求，是油剂的组成主体。

◀ 1. 平滑剂 ▶

纤维在加工过程中产生的摩擦会影响纤维之间的抱合力，使丝束松散、起毛，产生断裂、静电等现象。吸附一层平滑剂后，可使摩擦发生在互相滑动的憎水基之间，因此会获得柔软效果。憎水基越长，越容易滑动，摩擦就越小，碳原子数为 16～18 时效果最佳[24]。平滑剂一般选用矿物油、脂肪酸一元醇酯、多元醇酯、脂肪酸双酯、脂肪酸多元醇酯、脂肪酸三羟甲基丙酯、脂肪酸季戊四醇酯等。

在化纤油剂中工业白油被广泛用作平滑剂。但因其耐热性较差，高温下易挥发，油膜强度较差，在高速纺丝如 POY 中使用受到限制。

合成酯是纺丝拉伸一步法 FDY、工业长丝等油剂的主要平滑剂，性能较天然矿油优越。它们具有挥发性小、抗氧化性强、凝固点低、黏温性好、相溶性高、易乳化等优点[25]。

硅油做平滑剂时，目前在化纤行业应用最多的是二甲基硅油、聚醚硅油和氨基硅油等。

平滑剂在长丝油剂配方中一般占 40%～60%，在成品油中比例更高些。油剂中平滑剂多，纤维的平滑性好，但却增加了配制乳液的难度[25]。

◀ 2. 集束剂 ▶

纺丝时，为防止丝束紊乱，要求油剂对纤维的集束性一定要好。因此应选择对纤维附着性好、油剂自身凝聚性好的组分。一般采用高级脂肪酸三乙醇胺盐、磺化蓖麻油酯盐、烷基醇酰胺酯类或醚类非离子型表面活性剂和甜菜碱型两性型表面活性剂。集束性好坏的测定，可将无油的化学纤维在 2% 的油剂中浸泡 5min

后取出，悬挂 24h，观察在 20CN 张力下剪断时丝束断面的散开程度[25]。

3. 乳化剂

化纤油剂中有些成分不溶于水，上油操作不方便，需要加入一些乳化剂，配成乳状液，以降低界面张力，促使油剂稳定，便于纤维上油。化纤油剂一般为水包油型，因此，乳化剂 HLB 值要求在 7～18[24]。

乳化剂的选择是能否复配出性能优良的油剂的关键。乳化剂应对平滑剂和抗静电剂有良好的乳化和稳定能力。所以要根据所选用的平滑剂和抗静电剂的种类来确定乳化剂类型。选择乳化剂可参考 HLB 值，并与实践经验相结合。一般要求乳化剂的疏水性与被乳化物要有较好的亲和性，同时还必须保持较大的亲水性，这样才能配制出好的乳液。

一般乳化剂多选用非离子型表面活性剂，例如司盘（Span 60）、吐温（Tween 60）等聚醚型表面活性剂，它具有耐热性好，使纤维平滑剂好、不发烟、不凝聚的特点。在高速纺丝和超高速纺丝油剂中使用聚醚，可使纤维在 3500～6200m/min 的速率下使油剂快速、均匀地铺展在表面。且在 200℃ 高温下，油剂挥发小，可减少白粉[25]。

乳化剂用量一般为 30%～50%。

4. 抗静电剂

化纤油剂的抗静电原理与其在纤维表面的吸附方式有关：疏水基吸附在纤维表面，亲水基趋向空气而形成一层亲水性膜，由于亲水性基团的吸湿作用和极性作用降低了表面电阻，增加了电导率，从而使其难以产生静电。同时亲水膜吸收空气中的水分形成水层，产生的静电易传递到大气中去，起到抗静电作用[24]。

常用的抗静电剂有烷基磷酸酯、脂肪醇聚氧乙烯醚、烷基磺酸盐、烷基酚聚氧乙烯醚硫酸酯盐、抗静电剂 SN、聚醚、抗静电剂 TM 等。

烷基磷酸酯盐的耐热性好、热挥发性小，用作油剂组分能增加油膜强度、减少磨损、改善梳棉状态、减少缠绕现象。在具体使用时，还要根据纤维的种类和抗静电性的要求，在脂肪酸碳数、中和剂种类的选择上进行筛选。一般低碳醇磷酸酯盐的抗静电性好、平滑性差，而高碳醇磷酸酯盐的抗静电性稍差，但平滑性好。对于变形丝，选用 β-烷基磺酸盐（R＝C_{12}～C_{14}），效果较好[25]。

聚酯短纤维油剂是合纤油剂中需用量最大的一个品种，当前国内外聚酯短纤维油剂一般以烷基磷酸酯钾盐为主组分，配以高级脂肪酸的环氧乙烷加成物，或加入其他类型的表面活性剂作为平滑剂、乳化剂及润湿剂等[26]。

磷酸酯盐的抗静电性主要与烷基碳数有关，还与单双酯的比例有关。单酯含量高，则平滑性差，但抗静电性好；双酯含量高，则平滑性好，但抗静电性差[25]。

二甲基硅油具有极强的疏水性，使纤维产生较大的静电，因此常在油剂配方的设计中加入抗静电剂。而加入一般的抗静电剂时，油剂的性能并非两者优势的加和，油剂的平滑性以及抗静电性都会下降。经研究发现，加入聚醚改性硅油或磷酸酯改性硅油，同配方中的硅油有良好的亲和性且可赋予油剂一定的抗静电性。另外，有一些油剂配方中还使用专门为解决抗静电性而设计的硅油，使油剂配方既保持了硅油的良好平滑性又改善了抗静电性[27]。

抗静电剂含量一般为 5%～20%[25]。

5. 平衡调节剂

平衡调节剂是制备稳定乳状液不可或缺的一种组分。它可使油剂中各种成分的表面活性剂组分互溶，充分发挥协同效应。通常加入高级脂肪酸、高级脂肪醇、多元醇类等[25]。

针对以上 1～5 需要指出，不同纤维所用的油剂成分各不相同。短纤维所使用的油剂主要是使纤维有良好的抗静电性，消除纤维在清花、梳棉、并条、粗纺、细纺和牵切成条各工序中的静电影响。其油剂的成分以抗静电剂为主，以平滑剂和集束剂为辅。长丝所用的油剂应有利于纺丝时的卷装成形，保证拉伸、假捻、针织和织造加工顺利进行，其油剂的成分以润滑剂为主，以乳化剂、抗静电剂为辅。在化纤生产中，常在油剂中加入一些硅油或硅油类表面活性剂，以降低油剂的表面张力，使油剂能够在纤维表面快速均匀地铺展，且可提高上油效率。

当然纤维品种不同，对油剂的要求也不同，如有涤纶长丝假捻丝油剂、锦纶长丝帘子线油剂、腈纶短纤维油剂、维纶牵切纺丝油剂等。又如，由于氨纶本身具有多孔结构，因此常用的油剂组分常会对其产生溶胀作用，导致毛丝、断头等现象，而硅油由于分子较大，化学惰性好，又具有良好的平滑性，因此氨纶油剂一直是以二甲基硅油作为主平滑剂，同时常在油剂配方中加入 10%～20% 的氨基硅油，利用氨基硅油中的氮原子与氨纶具有一定的相似相容性来提高油剂对氨纶的亲和力。另外在碳纤维的生产过程中，由于纤维需经过 200～300℃ 的氧化，以及 700℃ 以上的高温炭化，油剂除要求平滑性、集束、抗静电等性能外，还要求有足够的耐高温性、防融着性，而一般的油剂都无法达到要求，因而许多碳纤维油剂中的主要成分是耐热性很好的硅油类产品。

这里列举一种涤纶变形丝油剂：三羟基丙烷三癸酸酯 30.5%、十二烷基聚氧乙烯（5）醚磷酸酯钾盐 4.3%、鲸蜡醇硫酸酯钠盐 6.1%、聚氧乙烯（10）蓖麻油 13.2%、十二烷基酚聚氧乙烯（5～6）醚 17.2%、聚醚 13.0%、稳定剂 15.7%。

化学纤维油剂所用的原料，一般是由润滑油和表面活性剂组成，润滑油为矿物油、酯化油、液体石蜡、有机硅油、合成树脂和油蜡乳化液等，表面活性剂为高级脂肪醇、脂肪酸、脂肪酸酯或天然动植物酯及其衍生物等。例如，化纤厂的纺丝油剂（高碳磷酸酯、蓖麻油、矿物油、甘油醚、棕榈酸辛酯等）、棉纺厂的纺纱油剂（二甲基硅油、蓖麻油乙氧化物等）和织造油剂（氢化蓖麻油、动植物性蜡、烃类蜡的氧化物等）。表 7.3 为几种油剂的示例。

表 7.3 不同油剂的示例

纺丝油剂		纺纱油剂		织造油剂	
液体石蜡（80s）	15%	二甲基硅酮（或端羟基硅酮）乳液	80%	石蜡（熔点 40～70℃），或聚乙烯蜡（M 5000～70000）	50%～80%
月桂酸十八烯酯	40%	聚氧乙烯（12EO）蓖麻油	20%	非离子表面活性剂（HLB 10）	5%～45%
聚氧乙烯（5EO）十二烷基醚	20%			聚乙二醇（2～10）	0.5%～12%
聚氧乙烯（25EO）蓖麻油	15%				
磺化丁二酸二辛酯钠盐	2%				
磷酸-2-辛基十二烷基酯钠盐	8%				

（二）除油剂及组成

除油剂亦称去油剂或去油灵（deoiling agent）。除油剂在印染行业的开始使用应该与化纤的染整加工同步诞生。早期使用的除油剂主要是去除化学纤维（涤纶、维纶、腈纶、锦纶和黏胶等纤维）上的纺丝过程中添加的油剂（即纺丝油剂）和织造过程中添加的油剂（助剂）[28]。

随着化纤品种的发展，化纤油剂和织造工艺的改善，余留在化纤织物上的油污（即纺丝油剂、织造油剂）已经发生很大变化，各厂使用的纺丝油剂、织造油剂都不一样，特别是近年来，纺织机械的高速化，油剂使用量也随之增加，还有化纤针织物片面追求克重量大，油剂增加使用，并且有些化纤织物放在室外，沾满了大量污物，与油污混在一起，这些都给染整前处理的除油工序带来了一定难度。因此近年来除油剂的使用量和除油剂的品种越来越多。

除油剂除油的原理是表面活性剂与助洗剂的综合效能，即润湿、渗透、乳化、分散和洗涤。即利用多种表面活性剂分子结构中的亲水基团和亲油基团，加和性和协同增效作用，获得适宜的 HLB 值，吸附于溶液和油污之间的界面上，其亲水基团指向溶液，而亲油基团指向油污（油污在织物上）定向地排列，使得油/液界面的张力大大降低，并借助机器搅动，使留在织物上的油污松动，并分散成细小的油珠而脱离织物表面，表面活性剂与助洗剂又通过乳化和分散作用，使油珠之间不能相互合并或重新黏附于织物表面，从而达到油污去除的作用。

化学纤维除油剂必须能彻底去除上述油剂中的各种化学品，油剂中的润滑油一般都不是水溶性的，只有通过溶剂或乳化的方法来去除，其复配的表面活性剂一般都必须具有亲水基团和亲油基团的高分子化合物，选择表面张力较低的表面活性剂，也可采用多种表面活性剂的协同作用，对目前重油垢并带有污垢的化纤织物也可采用碱性助洗剂进行复配[28]。

　　表面活性剂调整适当的亲水基与亲油基（即一定的 HLB 值）使表面活性剂有一定的润湿、渗透、乳化等作用，也有一定的去污和抗静电作用，对聚乙二醇型非离子型表面活性剂来说，一定的亲油性起始原料，其不同的氧乙烯基数（即 EO 数）缩合物有不同的抗静电和不同的去污性。化纤被污染有两种情况，一种为机械接触而被污染；另一种为静电吸引污物而污染。抗静电性好的表面活性剂使化纤减少吸污而污染减少；另外抗静电剂本身也有渗透乳化等作用，也可能是一种去污剂。因此抗静电与去污性是表面活性剂关系十分密切的两种性质。聚乙二醇型非离子型表面活性剂中，不同 EO 数对化纤有不同的抗静电性能。有较好抗静电性能的 EO 加成物，一般也有良好的去污性[29]。

（三）表面活性剂用于化学纤维改性

　　为提高化学纤维对紫外线的抵抗力，可对化纤织物使用抗紫外整理剂。一般成品紫外吸收剂是不溶于水的粉末状晶体，需要把它做成乳状液或者分散液才适合于纺织品整理加工。紫外线吸收剂油状微粒通过乳化或者分散作用能长期稳定的分布在液体中，进一步在整理过程中达到对织物的扩散吸附。紫外线吸收整理剂中乳化剂一般由非离子型表面活性剂和阴离子型表面活性剂复配而成，非离子型表面活性剂具有良好的润湿和渗透作用，且易形成胶束，乳化效果好。常用的非离子型表面活性剂有脂肪醇聚氧乙烯醚和烷基酚聚氧乙烯醚，碳链长度和环氧乙烷加成数不同，性能有较大差别。从乳化力和渗透力等方面考虑，脂肪醇聚氧乙烯醚宜选择脂肪醇碳数在 10～14 和环氧乙烷加成数在 6～7 的物质。一般非离子型表面活性剂浊点较低，应用受温度的限制，通过与阴离子型表面活性剂复配，浊点能大大提高，阴离子型表面活性剂有烷基苯磺酸钠、烷基萘磺酸钠、烷基磺酸钠、蓖麻油硫酸酯盐等[30]。

　　一般复配紫外线吸收整理剂所选用的阴/非离子型乳化剂的 HLB 值在 12～14，且相互要比较接近。阴/非离子型乳化剂的摩尔比约为 1∶1。复配得到的紫外线吸收整理剂应达到下列性能目标：高浊点，浊点＞100℃；耐酸性强，在酸液中不发生漂油及沉淀现象；产品为 20％～30％浓度的乳液[30]。

　　为了改善化学纤维的抗静电性能，采用纤维改性或加入表面活性助剂的办法，改善织物手感、防止吸尘吸灰。在后一种处理方法中应用较多的表面活性剂主要是有机硅表面活性剂类和阳离子型表面活性剂季铵盐类。季铵盐类作为织物染整助剂适用于所有纤维，主要包括烷基三甲基铵盐、双烷基二甲基铵盐、双酰胺基烷氧基铵盐和咪唑啉铵盐等[31]。

　　由于硅油类表面活性剂所具有的通用特征（倾向于聚集在表面，而本身又具有很好的耐热性），因此在纤维的熔体中加入硅油类表面活性剂，可使纤维的使用性能或加工性能得到如下改善[27]。

　　① 纤维润湿性、水洗性提高　日本专利报道，聚酯切片与 0.001％～5％的硅

油类表面活性剂混合，在240～280℃进行真空加热后熔融挤出后可得到改性涤纶，该纤维具有良好的润湿性。纤维挤出后经过热处理，熔体中的硅油类表面活性剂聚集到纤维的表面，从而使纤维表面产生一定的亲水性，进而可提高涤纶等疏水性纤维在水洗、抗静电等方面的特性。

② 加工性能提高。

③ 在锦纶熔体中加入0.05%～1%的硅油类表面活性剂纺丝，由于硅油本身具有良好的平滑性，在相同的纺丝工艺条件下，可使纺丝断头率由0.143次/km变为0.013次/km。

④ 功能性增加　日本专利将硅油类阳离子型表面活性剂（含季铵盐的硅油）溶于有机溶剂，与黏胶液混合后纺丝，可制成抗菌纤维。

参考文献

[1] 刘旭峰. 日用化学工业, 2006, 36 (2): 99.

[2] 肖卫军. 广东化纤, 2002, (2): 30.

[3] 周镇江. 印染助剂, 1994, 11 (3): 15.

[4] 展义臻, 赵雪. 染整技术, 2009, 31 (6): 40.

[5] Heimann S. Review of Progress in Coloration & Related Topics, 1981, 11 (1): 1.

[6] 张澍声. 精细与专用化品, 1990, (8): 11.

[7] 刘建平. 染整技术, 2014, 36 (4): 9.

[8] 刘杰, 孟庆霞, 郝波. 应用科技, 2000, 27 (3): 23.

[9] 丁星星, 王培培, 刘虎, 等. 科技传播, 2012, 1: 78.

[10] 吴红玲, 张成. 四川丝绸, 2007, 2: 30.

[11] 张治国, 尹红, 陈志荣. 纺织学报, 2004, 25 (3): 121.

[12] 韩富, 刘志妍, 周雅文, 等. 日用化学工业, 2009, 39 (3): 200.

[13] 郑富源. 精细化工, 1985, (4): 185.

[14] 唐静. 毛纺科技, 2005, (5): 8.

[15] 葛启, 郭霖, 邓宝祥. 天津纺织工学院学报, 1996, 15 (1): 10.

[16] 王译晗, 王利平. 印染, 2015, (2): 49.

[17] 陈胜慧, 金晓红, 刘华丽. 日用化学工业, 2003, 33 (4): 215.

[18] 苏喜春, 王华清, 苏开第, 等. 印染助剂, 2002, 19 (4): 30.

[19] 王译晗, 王利平. 印染, 2015, 5: 30.

[20] 陆彬. 化工之友, 2007, (9): 39.

[21] 崔迎春, 乔卫红. 中国洗涤用品工业, 2011, (1): 72.

[22] 梁颜玲. 阳离子表面活性剂对羊毛织物的抗菌性能研究. 青岛: 青岛大学, 2009.

[23] 章杰. 上海毛麻科技, 2013, 2.

[24] 刘方方, 曹亚琼, 王超. 印染助剂, 2008, 25 (5): 40.

[25] 金莹. 辽宁丝绸, 2006, (4): 10.

[26] 孙玉. 聚酯短纤维抗静电剂的研究. 天津: 天津工业大学, 2006.

［27］刘燕军，周存，姜虹．合成纤维工业，2002，25（1）：40.

［28］唐增荣．"博澳-艳棱"杯 2015 全国新型染料助剂、印染实用新技术研讨会论文集，2015：315.

［29］金学文，张济邦．精细化工，1985：181.

［30］王健宁．纺织品抗紫外整理剂的开发与应用研究．上海：东华大学，2005.

［31］付薇，梁亮，郑敬生，等．日用化学工业，2009，39（5）：308.

第八章

表面活性剂在造纸工业中的应用

 一、造纸过程中胶体与界面化学的应用

　　纸浆体系就是纤维素和各处填充料、助剂在水介质中的粗分散系统和胶体分散系统的混合体系[1~3]。

　　从造纸工艺知，制浆过程就是将各种植物纤维分散成胶体分散系统的过程。在复杂的纸浆中胶体系统的诸多性质（如微小粒子的布朗运动）对分散粒子的扩散、沉降性质必产生影响。各种组分因多种原因而带有电荷对纸浆粒子间会产生吸引或排斥作用，从而导致植物纤维素的分离或聚集作用。从造纸工艺可知，纸浆纤维的分离、分散和絮凝是制浆过程的关键。在此过程中有大量的表面化学问题，如表面活性剂在纤维-水界面上的有序吸附可以降低固/水界面张力，改变纤维表面的润湿性质，使纤维的分散性能增大。在以印刷废纸为原料的制浆过程中，表面活性剂又能起到使油墨乳化、分散、增溶、发泡、絮凝、捕集等作用而将油墨除去。随后的调制过程和抄纸过程中的许多步骤都要用到胶体与界面化学的原理。如使稀的纸浆在抄纸网上均匀分布，涉及胶体稳定性和吸附原理的应用。为改善纸张的表面性质，提高印刷质量要进行施胶，即将某些物质压入纸页中，或用涂布的方法涂在纸表面。这一步骤涉及表面张力（表面能）和润湿与铺展的原理，至于涂料的性质更涉及涂料的分散稳定性和流变性质的内容，因为这些性质对涂布过程的顺利进行和涂布效果有极大影响。

　　可以不夸大地说，在造纸工艺中，从原料粉碎、制浆过程到将原始纸浆调制成可用于抄纸的稀纸浆的调制工艺，直到抄纸工艺中烘缸步骤以前的所有工艺过程中的基本原理，无不与胶体与界面化学有关。因此，我们曾说过胶体与界面化学"与生产和生活实际联系和应用之广泛是化学学科中任一分支所不能比拟的"[1,2]。

 ## 二、表面活性剂在造纸工艺中的应用

表面活性剂广泛应用于除使湿纸干燥以后的工艺过程外其余全部的工艺过程，这些工艺过程主要包括造纸原料的粉碎、制浆、调浆、抄纸等过程，以及最后的废水处理工艺。

近年来，由于世界木材资源的紧缺，印刷废纸再生率大大提高，环境保护意识的增强，许多高新技术得到快速发展和应用，以及世界经济复苏和发展，都对纸张和纸板等纸制品需求日益多样化，产量和质量的要求越来越高，并对造纸废水、废物对环境的影响要求越来越严格[3]。对于落后工艺和对环境污染的零容忍，大大促进了造纸工业的发展。提高产量、改进质量、减少污染和提高经济效应都必然要求开发和利用新的脱墨剂、施胶剂、增强剂、助留助滤剂、防腐灭菌剂等造纸用精细化学品。所有造纸用的精细化学品几乎都是表面活性剂。

（一）表面活性剂在制浆过程中的应用

造纸用的原料主要来自木材、多纤维植物的秸秆和再生多纤维物等。将这些物质中的木素、半纤维素、树脂、色素、灰分等尽量与纤维素分离开，可利用表面活性剂的分散作用功能和洗涤功能以达到分离纤维素的目的。将这些木质材料和非木质材料制成造纸用的浆体主要有机磨法和化学法两大类。表面活性剂在化学法中主要用作蒸煮助剂，在制造纤维浆中主要用作废纸脱墨剂。

1. 蒸煮助剂

将各种木质造纸原料经初步切割粉碎，在蒸煮缸中与烧碱（或硫酸钠）等化学蒸煮液在高温高压下蒸煮使木质素和其他杂质溶解除去而得木浆。蒸煮过程是蒸煮液对木材或非木材的植物秸秆材料的润湿、渗透，与非纤维物质发生复杂的化学反应除去一些杂质，并分散其中树脂类物质。这一过程显然有一些属于表面化学的作用，因而加入表面活性剂作为蒸煮助剂。常用的表面活性剂有：用作渗透剂的丁基磺酸钠、仲辛醇聚氧乙烯醚（渗透剂 JFC-2，$C_8H_{17}O(C_2H_4O)_nH$，$n \approx 6$）、磺化琥珀酸酯盐（渗透剂 T）等；用作树脂脱除剂的阴离子型表面活性剂，如十二烷基硫酸钠（SDS）、四聚丙烯苯磺酸钠、脂肪醇硫酸酯盐、十二烷基苯磺酸钠（SDBS）、二甲苯磺酸、缩合萘磺酸钠、烷基酚聚氧乙烯醚等。用非离子型表面活性剂作树脂脱除剂时以壬基酚聚氧乙烯醚最为有效。阴离子型和非离子型表面活性剂复配使用既能促进木质素和树脂的脱除，又能提高纸浆收率［例如用 1：（1～2）的二甲苯磺酸与缩合萘磺酸钠和壬基酚聚氧乙烯复配使用］。

2. 脱墨剂[4,5]

用印刷废纸制浆关键是除去印刷油墨（脱墨）。因为油墨中的炭黑、颜料和填充物粒子在印刷时黏附在纸张纤维上，影响产品质量。脱墨过程就是破坏这些粒子在纤维上的黏附。因此，脱墨类似于用表面活性剂将固体或液体污垢从衣物上清除过程（见本书第五章）。实际应用的脱墨剂是以非离子型和阴离子型表面活性剂复配组分为主要组分，碱性物质（如氢氧化钠、碳酸钠、三聚磷酸钠、硅酸钠等）和漂白剂（如过氧化氢、亚硫酸钠、次氯酸钠等）为次要组分构成的多组分混合物。其中表面活性剂组分常用的有如下几种。

① 阴离子型表面活性剂　脂肪酸盐、磺酸盐、磷酸酯盐、磺基琥珀酸酯等。

② 阳离子型　胺盐、季铵盐等。

③ 两性型　甜菜碱、咪唑啉、氨基酸盐等。

④ 非离子型　烷氧基化合物、多元醇酯、脂肪酸酯、烷基酰胺、烷基糖苷等。

选用何种表面活性剂复配视印刷废纸所用油墨和纸质及脱墨工艺而定。

有学者认为，附着于纸张上的油墨层分为 T、S、P 三层。T 层是表层，S 为中层，P 为下层。机械力作用可以除去 T 层和 S 层的上部，不能使紧附于纸张纤维上的 S 层除去。脱墨剂的化学软化作用有助于脱除 S 层和 P 层的油墨粒子，其原因是表面活性剂可降低脱墨液的表面张力，增大脱墨液对油墨粒子和纤维的润湿和渗透能力，纤维膨胀，油墨粒子软化。表面活性剂在油墨粒子和纤维表面的吸附，降低油墨粒子间和油墨粒子与纤维间的黏附张力，从而在机械力的协助作用下油墨粒子脱离纤维表面。因此使油墨粒子脱离纤维表面是机械作用、化学作用，特别是表面活性剂的作用引起的表（界）面能变化的综合结果。

从纤维表面脱落的油墨粒子还可能在纤维上沉积。必须将其聚集，收集除去。通常用泡沫浮选分离技术（见本书第三章），为此需使用油墨捕集剂。油墨捕集剂的作用是将脱离纤维表面并分散的油墨小粒子聚集并附着于空气泡上，气泡上浮成泡沫层，经撇除泡沫层而除去油墨。油墨捕集剂应难溶或不溶于水，吸附于油墨粒子表面增大其疏水性，易附着于气泡上，捕集剂还需有调节气泡表面张力的能力，使气泡有一定的稳定性，不致在上浮期间破裂。常用的捕集剂有脂肪酸盐类。

① 洗涤脱墨及洗涤脱墨用的表面活性剂　洗涤脱墨是对印刷纸张油墨、污物的机械性粗处理，以除去废纸上较大的油墨污物粒子。应用表面活性剂的润湿功能可使纸张纤维加速膨胀，并可使油墨树脂皂化，进而使油墨粒子与纤维分离。表面活性剂也可使油墨活物分散成小粒子或形成 O/W 型乳状液体系，分散于洗涤液中，随洗涤液的更换而除去。常用的洗涤脱墨用表面活性剂雾具有良好的润湿、分散和乳化功能。洗涤脱墨中常用的表面活性剂有脂肪醇聚氧乙烯醚和烷基酚聚氧乙烯醚类非离子型表面活性剂，其中带支链的烷基又优于直链烷基的表面活性剂。常用的洗涤脱墨非离子型表面活性剂有壬基酚聚氧乙烯醚（EO＝9 或 11）、C_{12} 醇聚氧乙烯醚（EO＝9）、直链（$C_9 \sim C_{11}$）醇聚氧乙烯醚（EO＝9）、支链

（C$_{11}$～C$_{15}$）仲醇聚氧乙烯醚（EO＝9）等。

②浮选法脱墨就是泡沫分离除去油墨粒子，其基本原理是表面活性剂吸附在油墨粒子上，这种油墨粒子黏附于气泡上，气泡上浮成泡沫层，分离出黏附有油墨粒子的泡沫层，以达到分离油墨的目的。浮选脱墨用的表面活性剂既要有润湿、分散功能，使油墨易于从低纤维上除去，又能吸附到油墨粒上，以降低油墨/空气界面张力和增大油墨/水的界面张力，利于油墨粒子附着于气泡上，这种作用即捕集剂的作用。但是选用浮选脱墨剂时，又不能用润湿能力和分散功能最强的表面活性剂，因为这将导致油墨粒子过于亲水而不能黏附于气泡上，且强分散功能使油墨粒径太小，也不利于泡沫分离。

在实际脱墨过程中，常应用洗涤-浮选法脱墨的混合工艺。通常是在较温和的条件下（如50～60℃）用浮选法除去较大的油墨粒子，再在高温下用洗涤法除去细小油墨粒子。采用这种工艺常选用同一类型的表面活性剂既作为浮选的捕集剂，又作为洗涤的分散剂，这类表面活性剂是不同聚氧乙烯链分布的醚的混合物。它们有不同的浊点，并与不同油墨粒子有不同的吸附能力。在50～60℃时，这类表面活性剂通过聚氧乙烯链的表面活性剂可以将其疏水基吸附到较小的非极性油墨粒子上。而长聚氧乙烯链的表面活性剂对小油墨粒子仍有良好的分散和稳定作用，以保证洗涤除油墨过程的进行。

在实际脱墨过程中有时应用复配表面活性剂，使用它们之间的协同增效作用，常可起到事半功倍的效果。

浮选法脱墨常用的复配表面活性剂有：烷基酚聚氧乙烯（EO 7～12）醚或脂肪醇聚氧乙烯（EO 7～12）醚与烷基苯磺酸钠或α-烯基苯磺酸钠；C$_{15}$～C$_{18}$ α-烯基磺酸钠、壬基酚聚氧乙烯（EO 4）醚和壬基酚聚氧乙烯醚（EO 15）以50：25：25的复配物；脂肪酸皂与脂肪醇聚氧乙烯醚或脂肪酸聚氧乙烯酯的8：1复合物；硬脂酸钠与癸醇聚氧乙烯醚硫酸钠的复合物；油酸与鲸蜡醇聚氧乙烯（EO 13）醚硫酸钠的1：1混合物等。

洗涤法脱墨中也常用表面活性剂复配体系。利用复配物常有明显的效果。如以废纸质量计在加入2％NaOH、3％硅酸钠的条件下，加入0.6％的单一表面活性剂烷基苯磺酸钠或脂肪醇聚氧乙烯醚硫酸钠、蓖麻油硫酸钠、脂肪醇聚氧乙烯醚复合物的洗涤除油墨效果（以白度计）分别为71.8％和82.6％。

（二）表面活性剂在造纸湿部的应用

在造纸工业中，将在制浆工序之后、在纸页烘干之前的各工序称为造纸湿部。

在湿部有造纸工艺的大部分工序，几乎每个工序都需要使用助剂，这些助剂大多是表面活性剂。其中有些也不仅限于湿部应用。如消泡剂在制浆工艺中就是不可缺少的。下面仅选几种应用较多的做简单介绍。

◀ 1. 纸张柔软剂 ▶

随着人民生活水平的提高，生活用纸不再只是书写工具，生活中也不再只是用一条手帕擦汗、擦手，生活用纸变得多样化，毛巾纸、餐巾纸、手帕纸、美容纸、妇女卫生巾用纸、尿布用纸、便纸等等。这些纸都要求柔软性好。对柔软性的要求也是多样的：柔软吸水、柔软抗水、柔软透气、柔软抗静电等等，因此对柔软剂的要求也各有不同。

柔软是对纤维而言的。表面活性剂若能在纤维表面形成疏水基向外的吸附层，就能降低纤维的摩擦系数，使人获得平滑柔软、油润的感觉。阳离子型表面活性剂直接在带负电荷的纤维表面上吸附，纤维表面立即显示良好的柔软性。而在中性水中，大多数植物、动物纤维表面均带负电荷。脂肪酸双酰胺环氧氯丙烷主要用于柔软性要求高的纸张，如卫生纸、皱纹纸、卫生巾、餐巾纸等。阳离子型表面活性剂用作柔软剂的实例是美国杜邦公司的商品名为 Zelan（分子式为 $C_{17}H_{35}CONHCH_2CH_2NHR_2$）的表面活性剂。

两性型表面活性剂作柔软剂适用范围很广。其带正电荷基团可吸附于纤维上，带负电荷基团可通过纸浆中的聚电解质或铝离子与纤维结合，同样能使其疏水基朝外，使表面能降低、表面油润性增加，1-(β-氨乙基)-2-十七烷基咪唑啉羧酸衍生物即为此类柔软剂。此外，阳离子型和两性型表面活性剂具有抑菌、杀菌能力，可有效地防止纸制品霉变。

非离子型表面活性剂在水中不解离、不带电荷、较少用作柔软剂。但非离子型表面活性剂在纤维上（或带电固体表面）并非不能吸附，因而非离子型表面活性剂作为柔软剂也可使纤维表面有滑腻、柔软感，而且有时可起到起皱剂的作用，大多用作生活用纸的柔软剂。

阴离子型表面活性剂在水中带负电荷，原则上在带负电的纤维上难以吸附，但实际上固体表面因电荷密度大小不同，在某些部位仍可能发生范德华力引起的吸附作用，并且在纸张脱水时纤维上可能附着一些介质中未被吸附的表面活性剂，其疏水基在纤维上形成油性膜，这种因纸张干燥而附着的阴离子型表面活性剂亲水基大多是外向的（因外向原为水相）。这种附着虽不及阳离子型表面活性剂吸附形成的定向膜平滑而柔润，但也使纸张有一定的柔软感。

总之，各类表面活性剂都可以用作柔软剂，但感觉优劣有差异，而且还要考虑使用时水质的 pH 性质。

有机硅表面活性剂属特种表面活性剂，有很好的表面活性，可用作柔软剂，但价格较高，通常与其他类型的柔软剂配合使用。

在参考文献 [4] 中给出三种柔软剂的实例，都是复配的结果。

① 结构式为 $2RN^+2R'X^-$（R 为 $C_{14}\sim C_{22}$ 烷基，R′为 $C_1\sim C_6$ 烷基或烃烷基，X^- 为可溶性阴离子）的季铵盐与甘油和聚乙烯醇（平均分子量 $200\sim4000$）按一定比例混合，实际应用纸浆质量的 1％量，加入纸浆中作柔软剂。

② 先用硬脂酸锌或聚乙二醇二硬脂酸酯和聚乙二醇二月桂酸酯处理多孔、吸水性好的卫生纸后，再用硬脂基二甲基氯化铵进行改性，可使卫生纸手感柔软。

③ 季铵盐 $(C_{18}H_{37})_2N^+(CH_3)(C_2H_4O)_{10}Br^-$ 与甘油、异丙醇和水按一定

比例混合，将这种混合物喷于纸面上，可得有良好柔软性的纸。

2. 消泡剂[4,6,7]

在抄纸和制浆过程中，纸浆中存在有脂肪酸盐、木质素、松香皂类和人工添加物，这些物质有起泡能力，纸浆中还有剩余的亚铁酸盐法制浆的废液或硫酸盐法制浆废液，或者有洗涤不净而残余的碱等物都可能对泡沫有稳泡作用。为此需使用消泡剂。

工业消泡剂中通常含有活性组分（多为表面活性剂）、分散剂（也多为表面活性剂）和载体。

常用的消泡剂有聚醚类、脂肪酸及其衍生物、有机硅、高碳醇、矿物油等，其中以前三种最多。消泡剂中活性组分起消泡作用，分散剂的作用是提高消泡剂的渗透和扩散能力，常用水和有机溶剂为载体，用水时制成水基乳剂，用有机溶剂可制成油基乳剂。

表 8.1 中列出造纸工业中常用的消泡剂。

表 8.1　造纸工业常用的消泡剂性能和用途[4]

消泡剂活性组分	消泡剂组成	性能和用途
聚醚	聚乙二醇醚，环氧乙烷-环氧丙烷嵌段共聚物	消泡性能优良，抑泡能力稳定。有较强的乳化、分散和渗透能力。与硅油、矿物油复配使用效果更好。适用 pH=4~10，可用于制浆、抄纸和涂布
脂肪酸及其衍生物	脂肪酸酰胺，脂肪酸酯，脂肪酸，磺化脂肪酸，脂肪酸皂	消泡、抑泡能力俱佳、价格便宜，分散能力较强，一般与硅油、矿物油复配使用效果更好，可用于碱法制浆和抄纸工艺
有机硅	二甲基硅油、羟基硅油	消泡、抑泡能力均强，用量少，价格较贵，一般与其他消泡剂复配使用，适用于各工序
矿物油	矿物油、石蜡、煤油、汽油	有一定消泡能力，抑泡能力差，一般复配使用，可用于黑水消泡
醇类	异丙醇、丁醇、辛醇、十八醇	有一定消泡能力，抑泡能力差，一般复配使用
其他	磷酸三丁酯、磺化蓖麻油	消泡能力较强，抑泡能力不大好

用多种表面活性剂和有机物复配成的消泡剂效力可成倍增加。例如以乙二醇单硬脂酸酯 4%、液体石蜡 20%、复合乳化剂（Span 60、Tween 60 各占 2.5%）、甲基纤维素（增稠剂）0.3%，以去离子水补至 100%复配成 O/W 型乳状液型消泡剂，有良好的稳定性和消泡、抑泡能力[8]。以月桂酸、辛醇聚醚为主要原料，以对甲基苯磺酸为催化剂合成酯醚型消泡剂（酯化率为 98%），其消泡率达 80%[9]。消泡剂大多都配成 W/O 型乳状液应用。

3. 表面施胶剂[4,10]

施胶是指在纸浆中或纸、纸板上施加胶料的一种工艺技术。表面施胶和涂布加工都是为了提高和改善纸张和纸板的表面强度性能和印刷适印性能。两者的区别主要是，表面施胶是将某些胶料用胶黏剂填充到纤维与纤维之间的孔隙中，纤维内部空隙和毛细孔也得到适当填充，这样就可以减少润板液的渗透。在烘干纸张时，胶黏剂在纸张表面形成疏水层。涂布加工中除了施胶剂外还要有固体颜料粒子。故涂布是将颜料涂在纸的表面上的。

表面施胶剂的作用机理一般都认为是纸表面对施胶剂（表面活性剂）吸附，只是吸附的原因不同。阴离子型表面活性剂是被纸层内的明矾（硫酸铝钾）或阳离子聚合物的阳离子吸附。而阳离子型表面活性剂是与纸纤维本身在中性水中带的负电荷静电作用而吸附。这两者实际上是说都是靠电性吸附。这种机理颇为牵强，有待深入研究。

施胶用的胶料主要有松香、分散松香、改性松香、沥青、白明胶等。用表面活性剂作乳化剂，将这些胶料制成乳状液型胶液。常用的乳化剂有聚氧乙烯型的脂肪醇聚氧乙烯醚磷酸酯、2-对苯二酚-3-（连苯乙烯酚二聚氧乙烯）丙烯磺酸钠等。有的用阳离子型乳化剂制成阳离子胶料乳液。

有的胶料乳液可直接施胶。如用松香酸钠皂作乳化剂，在高温高压下的沥青剧烈搅拌，乳化成沥青松香胶都可直接施胶。

许多情况下施胶时要用施胶剂。

表面施胶剂可有不同分类方法，如天然的与人工合成的、离子型的和非离子型的、水溶液型的和乳状液型的等。但主要活性成分都是表面活性剂（有时还要配合其他组分）。

主要施胶剂有改性淀粉类、聚乙烯醇类（PVA）、羧甲基纤维素钠和聚丙烯酰胺类（PAM）、烷基烯酮二聚体类（AKD）、烯基琥珀酸酐类（ASA）等。

淀粉类表面施胶剂与纤维亲和力差，施胶处理后纸张表面强度低，但成本低，有逐渐被淘汰的趋势，但改性淀粉类仍被广泛使用。

PVA、PAM类施胶剂因PVA、PAM溶于水，故此类施胶剂施胶纸张耐水性差，有时用添加Zr盐、硼砂和甲醛树脂等助剂提高抗水性。随着石油工业发展，逐渐开发出新的聚合物，如苯乙烯-马来酸酐聚合物（SMA）、苯乙烯-丙烯酸聚合物（SAA）、苯乙烯-丙烯酸酯聚合物（SAE）等都有良好的成膜性、耐水性和可塑性，有望成为施胶剂的主要活性组分。

我国对纸张施胶剂开发应用较落后。以前多用皂化松香和用马来酸酐加成而得的强化松香施胶剂。近年来发展为分散松香施胶剂，这是用不同的表面活性剂制备的，有阴离子型、阳离子型和两性离子型分散松香。目前用量最大的是阴离子型分散松香。

4. 树脂控制剂

纸浆处理后，在漂白过程中会析出残余的树脂，不及时分离就会形成黏性淤积物，黏附于各种设备（如抄纸铜网、毛布毯、烘缸）上，使造纸运转困难，并使产品质量无法保障。以印刷废纸为原料时，造浆中废纸中的胶黏剂、油墨黏合剂、涂布黏合剂及其他工艺中的添加或产生的树脂类物质析出也会引起各种障碍。因此需加入树脂控制剂。常用的树脂控制剂主要还是表面活性剂。如阴离子型的长链脂肪醇硫酸酯盐、烷基苯磺酸的高级醇和磷酸酯等。阳离子型的有烷基胺、胺盐和季铵盐。非离子型的主要有聚乙二醇和多元醇型的。还有两性型的和各种类型表面活性剂的复配物。此外，也有用滑石粉等无机物、杀菌剂、螯合剂、阳离子聚合物、脂肪酶及膜分离剂为树脂控制剂。剥离剂也是一种树脂控制剂，用以控制烘缸和纸页间的黏附、润滑刮刀、烘缸、控制黏合剂的分布等。剥离剂主要有聚酰胺类聚合物的乳状液（如聚乙烯醇乳液）、矿物油等。

（三）表面活性剂在涂布加工中的应用

如前所述，涂布加工是将由多种助剂和颜料制成的涂料，涂布在纸面上，以达到改进纸的表面性质、满足印刷要求、提高纸制品的强度等要求。

涂料中的各种助剂有分散剂、润滑剂、防腐剂、抗静电剂、乳化剂等。这些助剂都是表面活性剂，当然，表面施胶剂更是不可缺少的。

◀ 1. 表面施胶剂 ▶

涂布用表面施胶剂与造纸湿部用的表面施胶剂是相同的，主要有变性淀粉、PVA、NaCMC 和 PAM 等，可根据不同需要选择。如提高防水性，可用 AKD 分散松香、石蜡、聚乙烯-马来酸酐共聚物及其他合成树脂胶乳等；为增加防黏性可选用有机硅树脂；为改善印刷性能可选用变性淀粉、PVA、NaCMC 等；为提高印刷光洁度可选用 NaCMC、海藻酸钠等等。有时采用多种施胶剂复配使用，效果更为明显[11]。

◀ 2. 涂料分散剂 ▶

分散剂主要作用是保证涂料中的颜料不发生或少发生絮凝和沉降，并能降低涂料的黏度。作用机理是分散剂吸附于颜料表面使其带电，或增加其电荷密度，使颜料粒子间产生或增大电性排斥力、不易发生聚集；分散剂的吸附起保护胶体的作用；能提高胶黏剂（施胶剂）与颜料的混合相容性。

含固体颜料少的涂料分散剂有六偏磷酸钠、焦磷酸钠、四聚磷酸钠等无机物。高固含量涂料分散剂多用高分子有机分散剂，如聚丙烯酸钠、聚甲基丙烯酸钠及其衍生物、二异丁烯与马来酸酐共聚物的二钠盐、烷基酚聚氧乙烯醚和脂肪醇聚氧乙烯醚等。

涂料分散剂的用量一般为颜料量的 1%～3%。制备高固含量的涂料宜选用高 HLB 值（20～30）的非离子型表面活性剂。

◀ 3. 涂料润滑剂 ▶

涂料润滑剂的作用在于其能降低界面张力，使涂料有良好的流动性，易在纸张表面铺展流平，改善涂料的涂布性能，并使干涂层有一定的可塑性，适宜压光、减少或消除纸面起毛、掉粉等不良现象。

　　涂料润滑剂主要有硬脂酸钙等不溶性皂类、脂肪酸酯和脂肪胺类等，也有用水溶性脂肪酸盐作水溶性润滑剂的。

4. 防腐剂

　　某些施胶剂易降解发霉。季铵盐类阳离子型表面活性剂、含氟环状化合物、有机硫及有机溴化合物、N-(2-苯并咪唑基)-氨基甲酸酯（多菌灵）等已广为应用。

5. 抗静电剂

　　抗静电剂也多是表面活性剂，它们的特殊之处在于其在纤维材料表面吸附能形成疏水基朝向材料表面，亲水基伸向外面空间，这就使得材料表面电阻降低，从而防止表面电荷积累。因此，对抗静电剂的要求是分子有大的疏水基和强的亲水基。

　　常用的抗静电剂有：阳离子型的季铵盐及脂肪胺的氧化物或衍生物；阴离子型的磺化脂肪酸、脂肪醇、磷酸酯、脂肪醇聚氧乙烯磷酸盐等；非离子型的聚乙二醇烷基胺、烷醇酰胺、脂肪醇聚氧乙烯醚、脂肪酸聚氧乙烯醚等。

（四）其他方面的应用

1. 纤维分散剂

　　在造纸过程中，纤维、颜料和一些带长碳链的造纸助剂大多水溶性较差，有自发聚集的趋势，这些物质的自相聚集必影响其功能，从而难以得到性质均匀、强度理想的纸品。

　　加入某些表面活性剂使纤维、颜料和助剂能充分润湿和分散，并能使已聚集的各种聚集体能分散或降低一些小聚集体的沉降速度，维持纸浆体系悬浮体的相对稳定性，不致发生明显的相分离效应。

　　关于分散和聚集作用的机理请参阅本书第一章。

　　常用的分散剂有部分水解的聚丙烯酰胺、聚氧乙烯等。

2. 毛毯清洗剂

　　在造纸过程中一些细小纤维、填料和树脂很容易黏附在毛毯上，使用废纸的纸浆毛毯的污染更严重，可能会造成毛毯孔堵塞，抄纸后会产生不透明点，影响纸的质量，造成停机，降低毛毯使用寿命。

　　常用的毛毯清洗剂有酸性清洗液、碱性清洗液、中性清洗液和碱性合成纤维毯清洗液等。所用表面活性剂有氨基磺酸、磷酸单酯、烷基酚聚氧乙烯醚、脂肪醇聚氧乙烯醚、聚醚、烷基酰胺等[12]。表8.2给出几种表面活性剂复配的清洗剂配方[4]。

表 8.2　毛毯清洗剂配方实例

配方类型	组成及质量分数
酸性清洗剂	盐酸：烷基酚聚氧乙烯醚：水＝20：2：1

续表

配方类型	组成及质量分数
中性清洗剂	$C_1 \sim C_6$烷基聚氧乙烯（$1 \sim 6$）醚：$C_4 \sim C_{22}$烷聚氧乙烯醚磷酸酯＝（$60 \sim 99$）：（$40 \sim 1$）
中性清洗剂	异辛醇烷基聚氧乙烯醚倍半磷酸酯：$C_{12} \sim C_{14}$脂肪醇聚氧乙烯（19）醚硫酸盐＝10：90
碱性合成纤维洗涤剂	氢氧化钠：N-甲基-2-吡咯烷酮：丁醇聚氧乙烯醚：有防腐作用的表面活性剂：水＝4.3：8.8：8.8：5.2：余量

在造纸工业中还有许多地方应用表面活性剂，以上只是最重要的一些应用。而且一种表面活性剂可能在许多工序中应用。能用于某种用途的也不止一两种表面活性剂。造纸工业和其他许多工业部门一样都离不开表面活性剂发挥各种作用。因此研发新的表面活性剂和充分开发各种表面活性剂的新用途，是造纸业和胶体与界面化学学者必须努力从事的研究方向。表 8.3 列出一些常见的表面活性剂在造纸工业各工艺过程中起的作用。

表 8.3　一些常用表面活性剂在造纸工业中的用途

表面活性剂	浸透剂	脱树脂剂	脱墨剂	乳化剂	分散剂	消泡剂	润湿剂	柔软剂	特种纸助剂	洗涤剂	絮凝剂
非离子型表面活性剂											
烷基酚聚氧乙烯醚		+	+	+	+		+			+	
聚氧丙烯聚氧乙烯二醇	+					+					
聚氧乙烯脂肪胺			+	+							
脂肪醇聚氧乙烯醚	+	+	+	+		+				+	
脂肪酸聚氧乙烯酯				+							
多元醇脂肪酸酯						+					
烷基醇酰胺		+									
吐温 60		+									
脂肪酸烷基醇酰胺								+			
阴离子型表面活性剂											
脂肪酸皂		+			+						+
烷基硫酸盐	+	+									
α-烯烃磺酸盐		+									
脂肪醇羧酸酯盐		+									

续表

表面活性剂	用途									
	浸透剂	脱树脂剂	脱墨剂	乳化剂	分散剂	消泡剂	润湿剂	柔软剂	特种纸助剂	洗涤剂	絮凝剂
烷基酚聚氧乙烯醚硫酸酯盐	+				+						
甲醛与萘磺酸缩合物					+						
阳离子型表面活性剂											
季铵盐								+			
咪唑啉季铵盐									+		
烷基三甲基氯化铵										+	
两性表面活性剂											
硬脂酸三乙醇胺					+						
特种表面活性剂											
全氟烷基硫酸酯盐									+		

注：表中"＋"表示在造纸过程中有应用。

三、造纸废水的处理

（一）造纸废水处理法

造纸废水主要来自造纸工业生产中的制浆和抄纸两个生产过程。制浆是把植物原料中的纤维分离出来，制成浆料，再经漂白，这个过程会产生大量的造纸废水；抄纸是把浆料稀释、成型、压榨、烘干，制成纸张。这个过程也容易产生造纸废水。

制浆产生的造纸废水，污染最为严重。洗浆时排出废水呈黑褐色，称为黑水，黑水中污染物浓度很高，BOD❶ 高达 $5\sim40g/L$，含有大量纤维、无机盐和色素。漂白工序排出的造纸废水中也含有大量的酸碱物质。抄纸机排出的造纸废水，称为白水，其中含有大量纤维和在生产过程中添加的填料和胶料。

造纸废水处理应着重于提高循环用水率，减少用水量和废水排放量，同时也应积极探索各种可靠、经济和能够充分利用废水中资源的废水处理方法。例如：燃烧废水处理法可回收黑水中氢氧化钠、硫化钠、硫酸钠以及同有机物结合的其

---

❶ BOD 生化需氧量为水中有机物被好氧微生物分解所需的氧气量。BOD 值越高表示水中需氧分解的有机物越多。

他钠盐。中和废水处理法调节废水 pH 值；混凝沉淀或浮选法可除去废水中悬浮固体；化学沉淀法可脱色；生物处理法可去除 BOD，对牛皮纸废水有效；湿式氧化法处理亚硫酸纸浆废水较为成功。此外，国内外也有采用反渗透、超过滤、电渗析等造纸废水处理方法。

（二）造纸废水处理剂

1. 聚丙烯酰胺

聚丙烯酰胺在造纸领域中广泛用作驻留剂、助滤剂、均度剂等。它的作用是能够提高纸张的质量，提高浆料脱水性能，提高细小纤维及填料的留着率，减少原材料的消耗以及对环境的污染等。聚丙烯酰胺在造纸中使用的效果取决于其平均分子量、离子性质、离子强度及其他共聚物的活性。非离子型聚丙烯酰胺主要用作纸张的干湿增强剂和驻留剂；阳离子型共聚物主要用于造纸业废水处理和助滤作用，另外对于提高填料的留着率也有较好的效果。此外，聚丙烯酰胺还应用于造纸废水处理和纤维回收。

2. 硫酸铝

硫酸铝极易溶于水，硫酸铝在纯硫酸中不能溶解（只是共存），在硫酸溶液中与硫酸共同溶解于水，所以硫酸铝在硫酸中溶解度就是硫酸铝在水中的溶解度。常温析出含有 18 分子结晶水，为十八水硫酸铝，工业上生产多为十八水硫酸铝。含无水硫酸铝 51.3%，即使 100℃也不会自溶（溶于自身结晶水）。不易风化而失去结晶水，比较稳定，加热会失水，高温会分解为氧化铝和硫的氧化物。加热至 770℃开始分解为氧化铝、三氧化硫、二氧化硫和水蒸气。溶于水、酸和碱，不溶于乙醇。水溶液呈酸性。水解后生成氢氧化铝。水溶液长时间沸腾可生成碱式硫酸铝。工业品为灰白色细晶结构多孔状物。无毒，粉尘能刺激眼睛。

3. 焦亚硫酸钠

焦亚硫酸钠为白色或黄色结晶粉末或小结晶，带有强烈的 SO_2 气味，相对密度 1.4，溶于水，水溶液呈酸性，与强酸接触则放出 SO_2 而生成相应的盐类，久置空气中，则氧化成 $Na_2S_2O_6$，故该产品不能久存。高于 1500℃，即分解出 SO_2。

焦亚硫酸钠用于生产保险粉、磺胺二甲基嘧啶、安乃近、己内酰胺等，以及氯仿、苯丙砜和苯甲醛的纯化。照相工业用作定影剂的配料。香料工业用于生产香草醛。用作酿造工业防腐剂、橡胶凝固剂和棉布漂白后脱氯剂。有机中间体、染料、制革用作还原剂；用作电镀业、油田的废水处理以及用作矿山的选矿剂等。工业上用于印染、有机合成、印刷、制革、制药等部门；在食品加工中作防腐剂、漂白剂、疏松剂；在印染和摄影等方面用作漂白剂、媒染剂、还原剂、橡胶凝固剂，也用于有机合成制药及香料等。

参考文献

[1] 周祖康，顾惕人，马季铭. 胶体化学基础. 北京：北京大学出版社，1987.

[2] 赵振国. 应用胶体与界面化学. 北京：化学工业出版社，2008.

[3] 赵振国. 胶体与界面化学——概要、演算与习题. 北京：化学工业出版社，2004.

[4] 何北海，胡芳，赵丽红. 造纸过程的胶体与界面化学. 北京：化学工业出版社，2009.

[5] 刘传富，等. 中国造纸，2003，22（4）：47.

[6] 徐永英. 造纸化学品，2000，（4）：21.

[7] 张国运. 西南造纸，2003，32（7）：24.

[8] 陈红，等. 精细石油化工进展，2000，1（11）：17.

[9] 陈忻，等. 合成化学，2002，10（3）：66.

[10] 张天胜. 表面活性剂应用技术. 北京：化学工业出版社，2003.

[11] 张光华. 表面活性剂在造纸中的应用技术. 北京：中国轻工业出版社，2001.

[12] 周立国，等. 日用化学品科学，1999（增刊）：29.

第九章

表面活性剂在水泥工业中的应用

 一、表面活性剂在混凝土中的应用

（一）水泥的基本知识[1]

1. 水泥的定义和分类

凡磨成粉末状的固体，加入适量水后，搅拌可成塑性流体，既能在空气中硬化，又能在水中继续硬化，并能与砂、石等粒状材料黏结在一起的硬性胶凝材料，通称为水泥。或者说水泥是一种建筑材料，灰绿色或棕色粉末，用石灰石、黏土等煅烧、粉碎而成，加水拌和，干燥后硬化、坚固。水泥英文名 cement，旧译西门汀、水门汀或士敏土。

水泥按其用途和性能大致可分为三类。

① 通用水泥 主要用作建筑工程材料，如硅酸盐水泥（包括矿渣、粉煤灰、火山灰、石灰石等硅酸盐水泥）。

② 专用水泥 通常以用途命名，如油井用水泥、砌筑水泥等。

③ 特性水泥 以矿物名称兼冠以特性命名，如块硬硅酸盐水泥、膨胀硫酸盐水泥等。

2. 水泥生产工艺简述

水泥生产分为三个阶段。

① 配料阶段 将石灰石、黏土和少量校正原料（常用的有低品位铁矿石、铁厂尾矿、硫铁矿渣、硅藻土、铝矾土、铝渣等）破碎后混合，粗磨、磨细，各种

原料按一定比例混合，配合成"生料"。

② 煅烧阶段 生料在水泥窑中煅烧（1350～1450℃），部分熔融，得硅酸盐水泥"熟料"。

③ 熟料粉碎磨细阶段 将熟料加适量石膏、混合材料和外加剂一同磨细成粉状成品。

以上工艺简称"两磨一烧"，即"一磨"原料成"生料"，生料经"一烧"成"熟料"，熟料配合以外加物质，经"二磨"成粉状水泥成品。

3. 水泥的矿物组成和化学成分

水泥熟料的化学组成：

化学成分	CaO	SiO_2	Al_2O_3	Fe_2O_3	MgO
组成/%	62～67	20～24	4～7	3～5	<5

硅酸盐水泥的矿物组成：

硅酸二钙 $2CaO \cdot SiO_2$（简写 C2S），含量37％～60％；

硅酸三钙 $3CaO \cdot SiO_2$（简写 C3S），含量15％～37％；

铝酸三钙 $3CaO \cdot Al_2O_3$（简写 C3A）含量7％～15％；

铁铝酸四钙 $4CaO \cdot Al_2O_3 \cdot Fe_2O_3$（简写 C4AF），含量10％～18％。

4. 硅酸盐水泥的水化[2,3]

水泥的水化是水泥矿物与水作用，由无水状态变为水合状态。

① 硅酸三钙的水化反应较快：

$$2(3CaO \cdot SiO_2) + 6H_2O \longrightarrow 3CaO + 2SiO_2 \cdot 3H_2O + 3Ca(OH)_2$$

$3CaO \cdot 2SiO_2 \cdot 3H_2O$ 称为水化硅酸钙，近似为无定形，呈凝胶状。

② 硅酸二钙的水化反应速率较慢：

$$2(2CaO \cdot SiO_2) + 4H_2O \longrightarrow 3CaO \cdot 2SiO_2 \cdot 3H_2O + Ca(OH)_2$$

③ 铝酸三钙的水化生成水化铝酸钙 $3CaO \cdot Al_2O_3 \cdot 8H_2O$ 和 $4CaO \cdot Al_2O_3 \cdot 13H_2O$。

在加石膏后，水化铝酸钙与石膏反应生成水化硫铝酸钙 $3CaO \cdot Al_2O_3 \cdot 3CaSO_4 \cdot 31H_2O$。此物为难溶于水的针状晶体。覆盖于 $3CaO \cdot Al_2O_3$ 表面，阻止其进一步水化，使水泥凝结缓慢。

④ 铁铝酸四钙的水化主要产物为 $CaO \cdot Al_2O_3 \cdot 3CaSO_4 \cdot 31H_2O$、$3CaO \cdot Fe_2O_3 \cdot 3CaSO_4 \cdot 31H_2O$、$3CaO \cdot Al_2O_3 \cdot 6H_2O$、$3CaO \cdot Fe_2O_3 \cdot 6H_2O$、$3CaO \cdot Al_2O_3 \cdot CaSO_4 \cdot 12H_2O$、$3CaO \cdot Fe_2O_3 \cdot CaSO_4 \cdot 12H_2O$、$Al_2O_3 \cdot 3H_2O$、$Fe_2O_3 \cdot 3H_2O$ 及固溶体等。

5. 硅酸盐水泥的凝结和硬化

水泥矿物的水化时间一般随加入石膏量的增加而缩短，随混合料的增多而延长，水泥浆逐渐变稠。失去塑性，不具有大的强度的过程称为水泥的凝结（即形成网状结构的凝胶体，凝胶体还是有一定机械强度的），随后未经水化的小水泥粒子继续水化，水化产物交叉连接，并充填毛细孔，水泥凝胶体强度逐渐增大，直至成为坚硬的水泥块状固体。这一过程称为水泥硬化。水泥矿物组成水化、凝结、硬化是一连续不间断过程，虽然理论上可以分为几个阶段。

硅酸盐水泥的初凝时间一般小于 45min，终凝时间不得超过 10h（有一说为 6.5h）。

（二）混凝土的基本知识

用水泥为黏合建筑材料，常将水泥与砂子按一定比例混合（有时也加入石灰，或其他水硬添加物，如硅藻土等硅质材料）使用。

混凝土是水泥与砂子和天然的或人工碎石块（碎石子、碎砖块等）混合，加水搅拌而成的拌合物，将这种尚未完全固化的混凝土拌合物倒入预先放置有钢筋的模型中，硬化后即成为建筑构件。

简言之，混凝土是用水泥、砂、石块、水按比例拌合而成的建筑材料，具有耐压、耐水、耐火、可塑性（未硬化前）的性能。

（1）混凝土拌合物的和易性　混凝土拌合物的和易性是指这种拌合物易于施工操作（即易于拌合、运输、浇灌、捣实），并能得到质量均匀、成型密实（无虚孔）的混凝土。影响和易性的主要因素有水泥用量、水灰比、砂石率以及所用水泥品种、骨料条件、时间和温度、外加剂等。现实混凝土的指标是混凝土的坍落度。

混凝土的坍落度是根据建筑物的结构断面、钢筋含量、运输方式、运输距离、浇注方法、震捣能力和气候等条件决定的。

坍落度是在一喇叭状圆桶中测定的。按一定程序加入混凝土拌合物，并按一定规程捣实、抹平等，测定桶高减去坍落后混凝土最高点高度称为坍落度（以 mm 计）。

（2）混凝土的强度　混凝土的强度主要由水泥石（块）强度及其与骨料表面的粘接强度。而这又与水泥标号、水灰比及骨料性质有关。一般来说水泥标号越高混凝土强度越大。对于同一种水泥，混凝土的强度取决于水灰比。水灰比越小，水泥石强度越高，其与骨料粘接力越大，混凝土强度也就越大，当然，混凝土的强度还受施工质量、养护条件及龄期的影响。

 二、混凝土减水剂

（一）减水剂

减水剂是一种在维持水泥混凝土坍落度不变的条件下，为减少拌和混凝土的用水量而施用的外加剂。减水剂大多为阴离子型表面活性剂（如木质磺酸盐、萘磺酸盐甲醛聚合物）。减水剂的主要作用是对水泥粒子有分散作用，改善混凝土拌合物的流动性，减少用水量、也能减少混凝土中的水泥用量，节省水泥，降低施工成本[1,2]。

（二）减水剂的作用机理

粉体因受分子间引力作用都有自发聚结的本能。减水剂可有以下作用。

（1）减水剂在水泥粒子表面吸附作用　水泥粒子的表面电性质受介质 pH 的影响，硅酸盐矿物的电性质很复杂。例如 4A 沸石（一种结晶型的硅铝酸盐）的等电点为 pH＝5～6[4,5]。可以设想，水泥粒子的等电点也在此值左右。再从水泥矿物组成看，已知氧化硅的等电点为 pH＝1～3，Al_2O_3 的 IEP 约为 pH＝9，Fe_2O_3 的 IEP 为 pH 6～7[6]，因此水泥的带电状况就极可能难以确定（因为水泥的矿物组成可以有变化）。阴离子型表面活性剂（大多数减水剂均是）在带正电表面易吸附而使粒子表面疏水化（表面活性剂亲水带电基在水泥表面）；在带负电的表面上减水剂难以吸附，但并非完全不吸附（因其疏水基可以以范德华力吸附于表面）。少量的吸附也增大了水泥表面的负电荷密度，从而增大水泥粒子间的静电排斥作用，使有相互聚结趋势的水泥絮凝结构破坏，释放出絮凝体包裹的水，从而有效地增大混凝土拌合物的流动性。以上是因减水剂在水-水泥界面上吸附而引起的粒子间静电排斥，最终导致分散作用，并起到减水的效果。

（2）润滑作用　减水剂在水泥粒子表面形成的吸附层中，减水剂中的亲水基团的极性强，能与水形成氢键，导致在粒子表面形成水化膜，水化膜有良好的润滑作用，能有效提高混凝土流动性。

（3）空间位阻作用　减水剂中若有亲水性支链，将会伸展于水相中，形成有立体结构的吸附层，这一层吸附层比水化膜厚，使粒子间产生空间阻滞空间位阻力增大，使混凝土坍落度不致太大。

（4）接枝共聚类减水剂支链的缓释作用　新型高效聚羧酸类减水剂在制备时，向减水剂分子上接枝一些支链，这些较大的支链除有上述空间位阻作用外，在一定条件下（如高碱性介质存在）这些支链的一部分可能从分子主链上断开，这些支链都是各类酸化合物，它们也能起到分散作用的效果。

从以上讨论可知，减水剂在水/水泥界面上吸附和水泥表面带电性质是减水剂能起到减水作用，改善混凝土各项性能的主因，这也正是表面活性剂基本作用和功能之重要性所在。

（三）减水剂的分类

根据减水剂减水及增强能力，分为普通减水剂（又称塑化剂，减水率不小于8％，以木质素磺酸盐类为代表[7]）、高效减水剂（又称超塑化剂，减水率不小于14％，包括萘系、密胺系、氨基磺酸盐系、脂肪族系等[7]）和高性能减水剂（减水率不小于 25％，以聚羧酸系减水剂为代表[7]），并又分别分为早强型、标准型和缓凝型。

按组成材料分为木质素磺酸盐类、多环芳香族盐类、水溶性树脂磺酸盐类。

　　高效减水剂按其组成材料又可分为萘系高效减水剂、脂肪族高效减水剂、氨基高效减水剂、聚羧酸高性能减水剂等。

　　按化学成分组成通常分为木质素磺酸盐类减水剂类、萘系高效减水剂类、三聚氰胺系高效减水剂类、氨基磺酸盐系高效减水剂类、脂肪酸系高减水剂类、聚羧酸盐系高效减水剂类[8]。

◀ 1. 木质素磺酸盐 ▶

　　木质素磺酸盐是亚硫酸法制纸浆的副产物[9]。木质素磺酸盐的分子量为2000~5000，可溶于各种 pH 值的水溶液中，不溶于有机溶剂，官能团为酚式羟基[10]。其结构如图 9.1 所示。它的原料是木质素，一般从针叶树材中提取，木质素是由对豆香醇、松柏醇、芥子醇这三种木质素单体聚合而成的，包括木质素磺酸钙、木质素磺酸钠、木质素磺酸镁。木质素磺酸酸盐减水剂是常用的普通型减水剂，属于阴离子型表面活性剂，可以直接使用，也可作为复合型外加剂原料之一，因价格便宜，使用较广泛。用于砂浆中可改进施工性、流动性，提高强度，减水率在 8%~10%[8]。

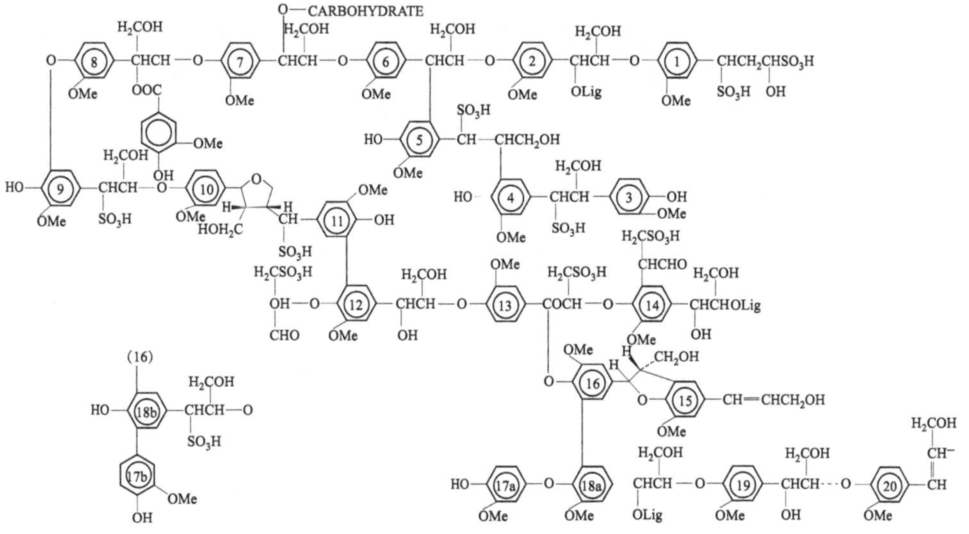

图 9.1　木质磺酸盐结构图

　　国内木质素磺酸盐减水剂主要有三方面的出路：①单独用作减水剂配制混凝土；②用于各种早强剂、早强减水剂、缓凝减水剂、缓凝高效减水剂、泵送剂、防水剂等复合外加剂的配制组分；③用于出口。根据调查，30%的木质素磺酸盐则被出口[10]。

　　在国内，木质素磺酸钙应用最为广泛。当在混凝土中掺入水泥量 0.25%的木质素磺酸钙，可减少拌合用水量 10%左右，可使混凝土抗压强度提高 10%~20%，节省水泥 10%左右。

在国外，木质素磺酸盐被看作是一种环保型的产品，韩国每年从中国进口 16 万吨液体木质素磺酸盐，英国、美国、日本等也从中国进口木质素磺酸盐，主要是单独作为减水剂使用，或用于复合减水剂产品的原料[12]。

2. 萘磺酸盐减水剂

萘系减水剂为芳香族磺酸盐醛类的缩合物。主要成分为萘的同系物磺酸盐与甲醛的缩合物，属阴离子型表面活性剂，其结构通式为：

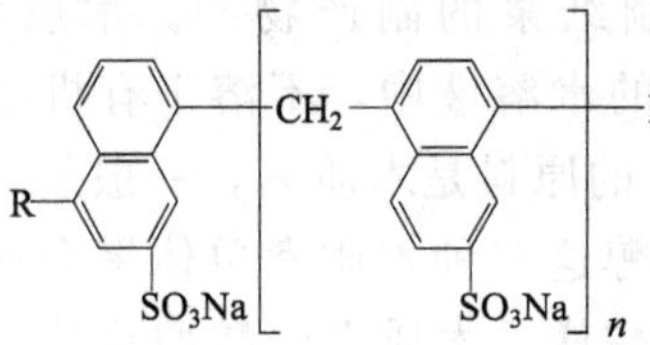

萘系减水剂是我国最早使用的，是萘通过硫酸磺化，再和甲醛进行缩合的产物。该类减水剂对不同类型水泥适应性强，可配制多种类型的混凝土。该类减水剂减水率可达 $10\%\sim20\%$，节省水泥 $15\%\sim20\%$。

萘系减水剂是 1962 年日本服部健一博士发明的一种混凝土添加剂，它是萘磺酸甲醛缩合物的一种化学合成产品，以工业萘、浓硫酸、甲醛、碱为主要原料。在混凝土中添加萘系减水剂不仅能够使混凝土的强度提高，而且还能改善其多种性能，如抗磨损性、抗腐蚀性、抗渗透性等，因此，萘系减水剂广泛应用于公路、桥梁、隧道、码头、民用建筑等行业[11]。

3. 密胺系减水剂

密胺系减水剂是三聚氰胺通过硫酸磺化，再和甲醛进行缩合的产物，因而化学名称为磺化三聚氰胺甲醛树脂，属于阴离子型表面活性剂，结构通式如图所示。

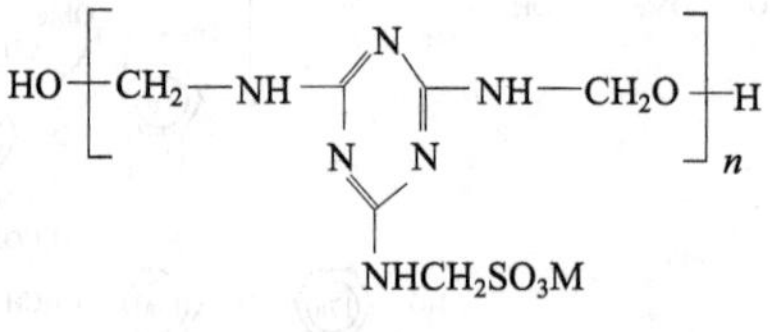

该类减水剂外观为白色粉末，易溶于水，对粉体材料分散好，减水率高（可达 $20\%\sim30\%$），其流动性和自修补性良好。

ASM 密胺系高效减水剂系列产品已应用到预制构件厂、商品混凝土搅拌站等单位。构件厂用户普遍反映混凝土的工作性能大为改善，需蒸养构件的蒸养时间大大缩短；搅拌站用户也反映该产品对水泥的适应性强，可有效地改善混凝土由于骨料质量差而出现的和易性不佳问题，并且可泵性大大提高，解决了150m 高度泵送难题。ASM 密胺系高效减水剂可单掺使用，更适合复配使用。一系列的试验表明，ASM 密胺系高效减水剂可与其他系列高效减水剂复合使用，而且性能更趋完善。按适当的比例复合后，减水效果出现叠加效应，特别是对胶结材料用量多的混凝土不再出现抓底现象，因而适合配制高强度性能混凝土。该产品如果添加木质素类或羟基羧酸类缓凝剂，就可以复配出性能优良的泵送剂，用该种泵送剂配制的商品混凝土的和易性好，保塑效果显著，泵送性能大为改善[12]。

4. 氨基磺酸盐系高效减水剂

氨基磺酸盐系高效减水剂的化学名称为芳香族氨基磺酸盐聚合物，以对氨基苯磺酸钠、苯酚为原料经加成、缩聚反应最终生成具有一定聚合度的这类大分子聚合物，其减水率可达30%，成本较高，容易泌水，常与萘系高效减水剂复合使用，可以解决萘系高效减水剂与水泥相容性问题[8]。

氨基磺酸盐高效减水剂是一种单环芳烃型高效减水剂，主要由对氨基苯磺酸、单环芳烃衍生物苯酚类化合物和甲醛在酸性或碱性条件下加热缩合而成。其结构通式如下：

$$\text{H}\left[\underset{\substack{\\ SO_3M}}{\overset{\substack{NH_2 \\ }}{\bigcirc}}-CH_2-\underset{\substack{\\ }}{\overset{\substack{OH \\ }}{\bigcirc}}\right]_x\left[CH_2-\underset{\substack{\\ R}}{\overset{\substack{OH \\ }}{\bigcirc}}-CH_2\right]_y\right]_n OH$$

R为—H、—CH₂OH、—CH₂NHC₆H₄SO₃或—CH₂C₆H₄OH

氨基磺酸系高效减水剂的分子结构比较复杂，并且采用不同的单体会有不同的分子结构[13]。

5. 脂肪酸系高效减水剂（脂肪族羟基磺酸盐）

脂肪酸系高效减水剂的化学名称为脂肪族羟基磺酸盐聚合物，生产用的原料主要是丙酮、甲醛、Na_2SO_3、$Na_2S_2O_5$、催化剂等。其结构通式如下：

$$\left[-O-\underset{\substack{\\ SO_3Na}}{\overset{\substack{CH_3 \\ }}{C}}-CH_2-\right]_n$$

这类减水剂是浓度为30%～40%的棕红色液态成品，减水率可达20%，可以用于低标号混凝土，会使混凝土染色。

HSB（high strence bing）是高分子磺化合成的羰基焦醛。憎水基主链为脂肪族烃类，是一种绿色高效减水剂。本产品不污染环境，不损害人体健康。对水泥适用性广，对混凝土增强效果明显，坍落度损失小，低温无硫酸钠结晶现象，广泛用于配制泵送剂、缓凝、早强、防冻、引气等个性化减水剂，也可以与萘系减水剂、氨基减水剂、聚羧酸减水剂复合使用。

6. 粉末聚羧酸酯

粉末聚羧酸酯是研制开发的新型高性能减水剂，它具有优异的减水率、流动性、渗透性。能明显增强水泥砂浆的强度，但制作工艺复杂，一般价格较高。

7. 聚羧酸系高性能减水剂

聚羧酸系高性能减水剂是目前世界上最前沿、科技含量最高、应用前景最好、综合性能最优的一种混凝土超塑化剂（减水剂）。聚羧酸系高性能减水剂是羧酸类接枝多元共聚物与其他有效助剂的复配产品。下图为一种聚羧酸系高性能减水剂的结构示意图。

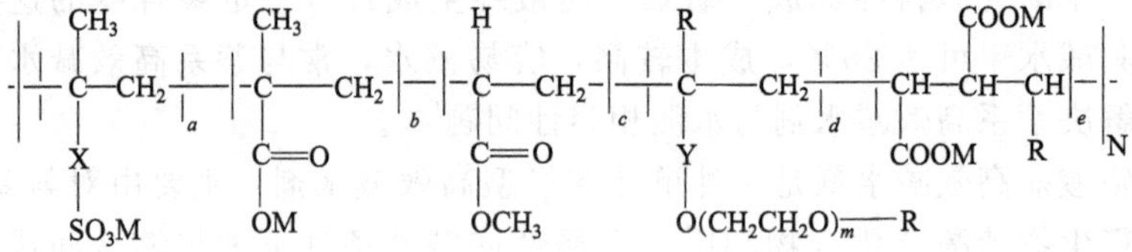

X=CH$_2$,CH$_2$O
Y=CH$_2$,C═O
R=H,CH$_3$,CH$_2$CH$_3$
M=H,Na

它的性能特点如下：

① 掺量低、减水率高，减水率可高达 45%；

② 坍落度经时损失小，预拌混凝土坍落度损失率 1h 小于 5%，2h 小于 10%；

③ 增强效果显著，砼 3d 抗压强度提高 50%～110%，28d 抗压强度提高 40%～80%，90d 抗压强度提高 30%～60%；

④ 混凝土和易性优良，无离析、泌水现象，混凝土外观颜色均一，用于配制高标号混凝土时，混凝土黏聚性好且易于搅拌；

⑤ 含气量适中，对混凝土弹性模量无不利影响，抗冻耐久性好；

⑥ 能降低水泥早期水化热，有利于大体积混凝土和夏季施工；

⑦ 适应性优良，水泥、掺合料相容性好，温度适应性好，与不同品种水泥和掺合料具有很好的相容性，解决了采用其他类减水剂与胶凝材料相容性差的问题；

⑧ 低收缩，可明显降低混凝土收缩，抗冻融能力和抗碳化能力明显优于普通混凝土；显著提高混凝土体积稳定性和长期耐久性；

⑨ 碱含量极低，碱含量≤0.2%，可有效地防止碱骨料反应的发生；

⑩ 产品稳定性好，长期储存无分层、沉淀现象发生，低温时无结晶析出；

⑪ 产品绿色环保，不含甲醛，为环境友好型产品；

⑫ 经济效益好，工程综合造价低于使用其他类型产品，同强度条件下可节省水泥 15%～25%。

聚羧酸系高性能减水剂于 20 世纪 80 年代中期由日本开发，1985 年开始应用于混凝土工程，20 世纪 90 年代在混凝土工程中大量使用。1998 年底日本聚羧酸系产品已占所有高性能减水剂产品总数的 60% 以上，其用量更是占到高性能减水剂的 90%。北美和欧洲各国近几年在聚羧酸系高效减水剂产品方面也推出了一系列产品，如 Grance 公司的 A＜1va 系列，MBT 公司的 phe＜mix700FC 牌号、

Rheohuik13000FC 超早强减水剂，Sika 公司的 Viscocre te3010 等。日本生产的聚羧酸系减水剂的厂家主要有花王、竹木油脂、NMB 株式会社、藤泽药品等，每年利用此类减水剂用于各类混凝土生产量在 1000 万立方米左右，并有逐年递增的发展趋势。

虽然我国减水剂品种主要以第二代萘系产品为主体，但是聚羧酸系高性能减水剂的发展和应用比较迅速。几乎所有国家重大、重点工程中，尤其在水利、水电、水工、海工、桥梁等工程中，聚羧酸系减水剂得到广泛的应用。如三峡工程、龙滩水电站小湾水电站、溪洛渡水电站、锦屏水电站等，还有大小洋山港工程、宁波北仑港二期工程、苏通大桥、杭州湾大桥、东海大桥、磁悬浮工程等[13]。

◁ 8. 其他减水剂 ▷

还有一些价格低廉的工业废料（废液、废渣）综合利用的一些产品可用作减水剂。

糖蜜系减水剂，这是制糖废液用石灰中和而形成的盐类物质，其中含还原糖和转化糖等形成的类似于非离子型表面活性剂的表面活性物质，这类减水剂，减水率较低（6%～10%），水泥节省率 10%左右，这类减水剂有缓凝效果（一般可延缓 3h），对混凝土的抗渗、弹性模量、抗冻等性能也有提高。

腐植酸是泥炭、泥煤或褐煤中溶于碱的物质。腐植酸本是动植物残骸，经微生物分解、转化形成的大分子有机物，其分子基本结构是芳环和稠环，环上连有羧基、羟基、羰基、醌基、甲氧基等基团。腐植酸在农业上有广泛的应用，在工业上可以做陶瓷泥料调整剂、石油钻井水泥浆处理剂等。腐植酸盐属阴离子型表面活性剂，因而也可用作混凝土减水剂，减水率 10%左右，节省水泥用量 8%左右。

（四）减水剂适用条件

普通减水剂宜用于最低气温 5℃以上的施工混凝土，高效减水剂宜用于最低气温 0℃以上的施工混凝土，并适用于大流动性、高强度及蒸养混凝土。

（五）减水剂发展历史

20 世纪 30 年代，人们发现在混凝土中加入亚硫酸盐纸浆废液能改善混凝土拌合物的和易性、强度和耐久性。1935 年美国人 Scripfure 首先研制了木质素磺酸盐为主要成分的减水剂。

1962 年日本人服部健一等研制出以萘磺酸甲醛缩合物钠盐为主要成分的减水剂，简称萘系减水剂。此类减水剂减水率高，极适宜制造高强度的混凝土。1964 年联邦德国研制出三聚氰胺甲醛树脂减水剂。此类减水剂也具有高减水率、低引气量的特点。同时其对蒸养混凝土制品和 $3CaO \cdot Al_2O_3$ 的铝酸盐水泥经制品适应性好。由此法国人发明了流态混凝土技术（即将过去的人工灌注发展成泵送施工）大大节省人力，提高工效。大大改进了混凝技术水平和施工水平。20 世纪 90 年代，美国首选提出高性能混凝土（HPC）概念，即要求混凝土具有高强度、高流动性、高耐久性等性能。因而对减水剂提出更高要求。要求减水剂减水率提高。随之开发出聚羧酸系、氨基磺酸系高效减水剂。

我国混凝土外加剂起步较晚，但发展迅速。20 世纪 50 年代开始木质磺酸盐和引气剂的研究和应用。20 世纪 70 年代以后萘系高效减水剂和 20 世纪 90 年代后期，改性三聚氰胺、氨基磺酸盐、脂肪族高效减水剂得到研制和应用。2006 年以来，在高铁建设的带动下，聚羧酸系高性能减水剂得到快速发展，促进了我国混凝土新技术的发展，也促进了工业副产品在胶凝材料中的应用[14]。

 ## 三、混凝土的引气剂和引气减水剂

（一）引气剂和引气减水剂

混凝土拌合物搅拌时，能引入空气形成微小气泡的外加剂称为引气剂。绝大部分引气剂是松香衍生物、各种磺酸盐（如烷基磺酸钠、烷基苯磺酸钠）、脂肪酸钠、烷基酚聚氧乙烯醚等。

引气剂的作用是能改善混凝土坍落度，提高混凝土的均质性，减少混凝土泌水、离析，降低混凝土的热扩散及传导系数，提高混凝土的体积稳定性、耐候性，延长混凝土构材使用寿命，并能提高混凝土的抗冻、抗渗、耐盐蚀性能等。

引气减水剂是用多种表面活性剂配制而成的。它具有无氯、低碱、缓凝、坍落度损失小、明显降低混凝土的表面张力、改善混凝土的和易性、减少泌水、防析、提高抗渗、抗冻、耐久性等特点，换句话说，引气减水剂兼有引气和减水的功能。

（二）引气剂作用机理

概括起来讲，引气剂的作用机理和减水剂的作用机理类似。最基本的作用是表面活性剂（引气剂和减水剂）在各界面上的吸附造成的。具体到引气剂还有起泡、稳泡作用。

（1）界面活性作用　不加引气剂时，搅拌商品混凝土过程中，也会裹入一定量的气泡。但是当加入引气剂后，在水泥-水-空气体系中，引气剂分子很快吸附在各相界面上。在水泥/水界面上，形成憎水基指向水泥颗粒，而亲水基指向水的单分子（或多分子）定向吸附膜；在气泡膜（也即水/气界面）上，形成憎水基指向空气，而亲水基指向水的定向吸附层。由于表面活性剂的吸附作用，大大降低了整个体系的自由能，使得在搅拌过程中，容易引入小气泡。

（2）起泡作用　泡可分为气泡、泡沫和溶胶性气泡三种。商品混凝土中的泡属于溶胶性气泡。

清净的水不会起泡，即使在剧烈搅动或振荡作用下，使水中卷入搅成细碎的小气泡而混浊，但静置后，气泡立即上浮而破灭。但是当水中加入引气剂（比如洗衣粉）后，经过振荡或搅动，便引入大量气泡。其原因是液体表面具有自动缩小的趋势，而起泡是一种界面面积大量增加的过程，在表面张力不变的情况下，必然导致体系自由能大大增加，是热力学不稳定的系统，会导致气泡缩小、破灭。但在引气剂存在的情况下，由于它能吸附到气-液界面上，降低了界面能，即降低了表面张力，因而使起泡较容易。

（3）稳泡作用　通过试验发现，将有些表面活性剂加入商品混凝土中，在搅拌过程中也能引入大量微小气泡，但是当将商品混凝土静置一定时间，或经过运输、装卸、浇注后，商品混凝土的含气量却大大下降，大部分气泡都溢出消失了，而引气剂则不同，掺入后，不但能使商品混凝土在搅拌过程中引入大量微小气泡，而且这些气泡能较稳定地存在，这是使硬化商品混凝土中存在一定结构的气孔的重要保证。

研究表明，气泡的稳定与静表面张力并非简单的关系，还取决于一些其他的条件，包括在气泡周围形成有一定机械强度和弹性的膜、要有适当的膜表面黏度、适当的液相介质黏度、使泡膜不易流失、泡膜动电电位提高等，对于商品混凝土这样的多项系统，情况就更复杂了。

由于上述作用，使得掺加引气剂的商品混凝土在搅拌过程中所形成的气泡大小均匀（$20 \sim 1000 \mu m$）、迁移速率小，且相互聚并的可能性也很小，基本上都能稳定地存在于商品混凝土体内。

这样，引气剂即能使微气泡稳定，又具有分散水泥粒子和润湿固液界面的作用，也使混凝土分散体系稳定。另外，引气剂使得引入的微气泡稳定也切断了粒子之间毛细管通络，减小毛细作用引起的渗透性，这也是引气剂具有提高混凝土抗压、抗冻、抗盐蚀等作用的原因。引气剂对固体粒子表面润湿性质的改变，同时也必然改善物料粒子间的润滑作用和混凝土的流动性。混凝土流动性的增加，使得泵送混凝土更为便利，大大降低泵送时的泵压损失，提高泵送效率。但泵送混凝土的含气量也不能太高，因为含气量太大，空气泡的压缩性会引起相反的效果。

（三）引气剂对混凝土生产的作用

1. 改善混凝土拌合物的和易性

引气剂的加入使混凝土拌合物内形成大量微小封闭的球形气泡。这些气泡如滚珠一样，减小骨料颗粒间的摩擦阻力，增大拌合物的流动性。若保持流动性不变就可减少用水量。在气/水界面引气剂的极性端基作用（如形成氢键、水合作用等），使得水相中可移动水量减少，从而可减少混凝土的泌水量，使混凝土的保水性、黏聚性增高。

2. 增加混凝土中的含气量，提高混凝土的抗冻性

加入引气剂使混凝土含量增加（通常可增加 $3\% \sim 6\%$），这些微小气泡直径多在 $0.025 \sim 0.25mm$。在混凝土中，由于气泡的隔离，切断了混凝土中的毛细管束，使水不易渗入，减缓低温水结冰膨胀的可能性，因而可提高混凝土的抗冻性能和

混凝的抗压强度。在水灰比和坍落度恒定条件下，混凝土使用引气剂后，抗冻性可提高几倍。

3. 降低混凝土强度，但抗裂性增高

由于使用引气剂可起一定的减水作用（特别是引气减水剂这种作用尤为明显）。一般来说使混凝土的总强度略有增加，但抗压和抗折强度却有降低（在水灰比固定时，空气体积增加 1%，抗压强度降低 4%～5%，抗折强度降低 2%～3%），这也是要严格控制引气剂使用量的原因。同时，大量气泡的存在，也能使混凝土弹性变形增大，弹性模量降低，有利于提高混凝土的抗裂能力。

（四）常用引气剂

我国常用的引气剂有三种：十二烷基苯磺酸盐、三萜皂苷类和松香衍生物。

三萜是由 30 个碳原子组成的化合物，分子中有 6 个异戊二烯单位，即三萜是 6 个异戊二烯分子的聚合体。三萜与糖结合成苷的形式即为三萜皂苷。三萜类成分在多种植物（如菊科、豆科、云参科等）、中药（如人参、甘草、灵芸、黄芪等）、各动物体（如羊毛脂、海参、鱼肝等）中都有。有些三萜皂苷化合物有很强的表面活性，如大豆皂苷就常作为食品添加剂应用。

松香的化学结构复杂，其中含有树脂酸类、脂肪酸等，在一定条件下松香与碱作用生成松香热聚物，能用作引气剂。

上述三种引气剂在混凝土中都有应用。

十二烷基苯磺酸盐产生的气泡大，易消泡，只能起改善混凝土拌合物和易性或减少泌水的作用。

三萜皂苷类引气剂产生的气泡壁厚，气泡质量好于松香热聚物的，但三萜皂苷类所产生的气泡强度大，积聚性强，相互间阻力大，在混凝土中均匀分散性差。综合考虑从混凝土拌合物和易性、流动性、泌水性等方面，上述三种引气剂以松香热聚物为佳。

参考文献

[1] 李国豪. 中国土木建筑科辞典. 北京：中国建筑工业出版，2006.

[2] 张天胜. 表面活性剂应用技术. 北京：化学工业版社，2003.

[3] 涅克拉索夫. 普通化学教程：下册. 北京：高等教育出版社，1955.

[4] 赵振国，王志杰. 高等学校化学学报，1992，13：1134.

[5] 赵振国. 精细化工，1992，（5-6）：76.

[6] Kitahara A，Watanabe A. 界面电现象. 邓彤，等译. 北京：北京大学出版社.

[7] 郭登峰，刘红，刘准. 混凝土减水剂研究现状和进展. 中国知网，2010.

[8] 付枚. 减水剂品种和作用机理. 中国知网，2009.

[9] 易聪华，邱学青，杨东杰，等. 化工学报，2009，60（4）：2.

[10] 孙振平，蒋正武，于龙，等. 我国木质素磺酸盐减水剂生产应用现状及发展措施. 中

国知网，2006.

　[11] 杨孟. 萘系减水剂自动控制系统的研制. 哈尔滨：哈尔滨工业大学，2013.

　[12] 陈涛，支霞辉. ASM 密胺系高效减水剂的研制及应用. 中国知网，2007.

　[13] 张国政，唐林生，胡广镇等. 氨基磺酸盐系高效减水剂. 中国知网，2011.

　[14] 许润龙. 聚羧酸系高性能减水剂及其应用. 中国知网，2006.

第十章

表面活性剂在金属加工工业中的应用

在金属加工工业中，表面活性剂被广泛应用于金属的清洗[1,2]、酸洗[1,2]、金属防护[3]，以及金属的车、铣、刨、钻、磨、拔、轧、抛光、锻造、焊接和防蚀[4~7]等工艺中。

◆ 一、在金属清洗剂中的应用

金属清洗是现代工业生产中不可或缺的工序之一。在不同的金属加工工序中，金属零件及设备的表面可能黏附各种类型的污垢，污垢的存在会影响下一工序的顺利进行和产品的加工质量。因而金属清洗就是针对金属加工前后处理过程以及金属设备使用过程中的清理洗涤。在最早的金属清洗过程中，常采用煤油、柴油或汽油来进行零件和设备的清洗。这不仅是对能源的浪费，更存在着不安全因素，稍有不慎便会导致发生火灾。因此，金属清洗剂的开发与应用受到了工业界的格外重视，也成为近年来各企业相继研究与开发的技术。金属清洗剂广泛应用于各行各业，按照清洗对象不同可分为大型工业部件清洗和精密清洗。其中，大型工业部件清洗对象为各种反应器、反应塔、储罐、管道、产热换热设备及各种大型生产装备；精密清洗对象包括各种精密金属零部件、电子仪表零部件、光学元件及医疗零部件等。按照行业不同，金属清洗遍布石油化工、机械、医疗、表面处理、电子、光学、化学、生物、半导体、纺织印染、钟表首饰、仪器仪表等行业中。

（一）金属清洗剂的分类

金属清洗剂有多种类型，针对不同的污垢类型常选用化学酸洗（主要除去金属氧化物）、化学碱洗（除去动植物油脂）、有机溶剂清洗（靠溶剂溶解污垢）和水基清洗（以表面活性剂为主要活性组分）。前几种清洗剂都存在不同的缺陷，而且使用范围较窄，以表面活性剂为主体的水基清洗剂则克服了其他几种清洗剂的不足，成为金属清洗工业的主要发展方向。

（1）酸性金属清洗剂　包括无机酸和有机酸两种，无机酸主要为盐酸、硫酸等，有机酸包括柠檬酸、草酸、乙酸等。酸性清洗主要用于清除金属表面的腐蚀产物，如氧化物、氢氧化物和无机盐等。酸洗在常温下清洗效果很好，但易腐蚀金属部件，且对环境及人体危害较大。

（2）碱性金属清洗剂　主要是强碱性的无机碱或无机盐，如氢氧化钠、碳酸钠、硅酸盐、磷酸盐等。碱性清洗剂是利用碱与油污的皂化反应生成可溶性皂盐来达到清洗效果，但常温清洗效果不佳，一般需加热，且腐蚀性强，目前仅用于黑色金属的清洗中。

（3）溶剂基清洗剂　主要靠有机溶剂溶解污垢来达到清洗目的，主要包括石油烃（汽油、煤油、柴油等）及卤代烃。清洗效果好，但石油烃容易挥发、闪点低、易着火；而卤代烃也容易挥发、毒性强且价格高。

（4）水基清洗剂　以表面活性剂为主要活性组分，此外还添加少量助洗剂、缓蚀剂、助溶剂、消泡剂、抗再沉积剂及乳化剂等。表面活性剂主要添加在水基清洗剂中。水基金属清洗剂主要有以下优点。

① 清洗效率高，去污力强。

② 安全性能好，不污染环境。溶剂清洗会因有机溶剂的挥发而污染空气，且易燃、易爆，不安全。化学清洗也有污染，对设备有腐蚀，对工人不安全。而水基清洗剂属于安全无污染的清洗过程，在微观和宏观方面都是安全的。

③ 节约能源，洗涤成本低。

④ 洗涤过程对被洗机件无损伤，洗后对机件不腐蚀。

（二）表面活性剂在金属清洗剂中的作用

表面活性剂具有润湿、乳化、增溶等性质，应用这些性质可有效清除金属制品表面的污垢。

表面活性剂的润湿作用是指表面活性剂溶液取代固体表面上的另一种不与之相混溶的流体的过程。润湿作用是一种表面及界面过程，具体可分为沾湿、铺展、浸湿三种过程。液体表面张力对三种润湿过程的影响各不相同。表面张力低有利于沾湿，不利于铺展，而浸湿与表面张力大小无关。

表面活性剂的乳化作用可使体系形成水包油型和油包水型乳状液。乳化剂在乳状液的形成中所起的主要作用有：①降低界面张力，使乳化作用易于进行；②乳化作用在乳化剂存在下，两相易于形变，便于形成乳状液；③在分散相周围形成坚固的保护膜，阻止液珠聚并；④产生界面电荷，可增大液珠间的斥力，阻止液珠聚并。

表面活性剂的增溶作用是指表面活性剂可增加溶剂中难溶物质的溶解度。表面活性剂胶束对油垢的增溶是固体表面去除油污的重要机理。

水基清洗剂的去污作用就是借助于表面活性剂的润湿、渗透、乳化、分散、增溶等性质来实现的。表面活性剂主要是通过润湿和渗透把污物润湿下来，通过其他的助剂一起把目标物剥离下来，再分散、乳化和增溶到体系里面去。

表面活性剂的去污过程可大致分为以下几步。

① 洗涤剂溶液对被洗基质和污垢的润湿及对两者界面之间的渗透。

② 清洗剂中的表面活性剂使油性污垢乳化、增溶、分散。使污垢与固体表面分离，并分散或乳化于洗涤介质中（通常是水）。

③ 防止已被乳化的油性污垢和已被分散的固体污垢重新沉积于基质表面。洗涤过程是一个可逆过程，分散和悬浮于介质中的污垢也有可能重新沉积于固体表面，这一过程称为污垢再沉积作用。

在上述过程中施加一定的机械力，将大大提高清洗效果。

整个洗涤过程是在清洗介质中进行的，在洗涤结束之后应安排漂洗和干燥过程。因此整个去污过程可表示为下述三个过程：

① 基质·污垢＋洗涤剂·溶剂 ══ 基质·洗涤剂·溶剂＋污垢·洗涤剂·溶剂

② 基质·洗涤剂·溶剂＋水 ══ 基质·水＋洗涤剂·溶剂·水

③ 基质·水（加热）══ 基质＋水

在其他金属清洗方法中，表面活性剂也发挥着重要作用。

（1）在酸洗过程中　欲提高酸洗效果，首先要使酸洗液能迅速润湿金属表面上，并渗入锈斑、氧化皮等锈蚀产物的空隙中，即加速氧化层的溶解；其次要延缓酸对基体的腐蚀，抑制氢向基体的扩散。为此，在金属酸洗液中常常加入少量表面活性剂，因为加入的表面活性剂还可以定向吸附在酸洗干净的金属表面上，在金属表面形成一层薄膜，起到一定的缓蚀作用。这些表面活性剂不仅可加快酸洗速率，还可防止金属表面的过酸洗。酸洗缓蚀剂产品通常由硫脲及衍生物、烷基酚聚氧乙烯醚、咪唑啉等多种表面活性剂复配而成。

在酸洗过程中会产生大量酸雾，为消除或减轻这种危害，可加入抑酸雾剂。抑酸雾剂通常由非离子型表面活性剂、羧酸盐等多种表面活性剂复配而成。其抑雾的机理是表面活性剂分子在溶液表面定向排列，形成单分子表面膜，降低了界面上的蒸气分压，抑制了酸雾的产生。有些表面活性剂还可以在酸洗液表面形成一层泡沫，防止酸雾外逸。常用的抑制剂有十二烷基硫酸钠、OP乳化剂和尿素等。一些性能优异的酸洗缓蚀剂其缓蚀、抑雾效果明显，能防氢脆，提高材料酸洗后的机械强度，而且使金属表面光滑平整。

（2）在碱洗过程中　一方面表面活性剂的主要作用就是降低表面张力、乳化、分散污垢，从而显著提高清洗效率。另一方面，大量的无机盐组分能降低表面活性剂的临界胶束浓度（CMC），从而提高其表面活性。此外，非离子型表面活性剂（如烷基酚聚氧乙烯醚、聚醚等）具有良好的润湿和渗透能力，加入少量非离子型表面活性剂可提高碱性成分对油性污垢、水垢和锈垢的润湿和渗透能力。

（3）在有机溶剂清洗过程中　主要使用的表面活性剂有酯、醚和胺的环氧乙烷加成物或它们的混合物，也可采用非离子型和阴离子型表面活性剂的复配物。表面活性剂的选择由溶剂的类型和拟配制的清洗剂乳化液的类型来决定。另外，在溶剂基清洗剂中还应加入某些助溶剂（如高级醇、乙二醇、乙二醇衍生物等），以提高溶剂的溶解量。

（三）对水基清洗剂的性能要求

◄ 1. 去污能力 ►

去污能力是评估金属清洗剂最重要的指标。一般工业清洗要求清洗率在90%以上，即为有效清洗，但对精密金属的清洗，对其清洗率、清洗时间及清洗剂残留量有更高的要求。

◄ 2. 泡沫性能 ►

金属清洗可大致分为浸泡清洗与喷淋清洗两种方式。在清洗过程中，清洗剂泡沫过多会造成清洗过程中溢流，影响清洗效果，且易产生安全事故。另外，泡沫量过大会影响后续冲洗，减缓污垢的沉淀分离。因此，在保证去污能力的同时，清洗剂需要具有适宜的泡沫性能。

◄ 3. 防锈性 ►

为了避免清洗过程造成设备腐蚀，酸性清洗剂中通常添加表面活性剂作为缓蚀剂。长碳链、含疏水基的表面活性剂的防锈性能好，如长链聚三元羧酸酯对黑色金属有很好的缓蚀作用。通常在表面活性剂的配方中加入阴离子型表面活性剂如 C_{16}～C_{18} 烷基磺酸盐或烷基苯磺酸盐或烷基硫酸盐作为缓蚀剂，此外在某些缓蚀剂中也会加入阳离子型表面活性剂如季铵盐等。

◄ 4. 稳定性 ►

稳定性是评价清洗剂质量的一项重要指标。清洗剂在不同温度下、长时间放置后需保持溶液均匀稳定，不产生沉淀、浑浊、分层等现象，且清洗性能不变。表面活性剂的选择常取决于其对酸、碱和氧化剂的化学稳定性。对非离子型表面活性剂而言，无机盐的存在会降低其浊点，而且浓度过大会产生分层。磺酸盐型阴离子型表面活性剂具有很好的耐酸性和耐碱性，通常可以满足稳定性的要求。

（四）水基金属清洗剂的分类

水基金属清洗剂克服了溶剂基清洗剂及酸、碱性清洗剂的不足，具有去污力强、清洗效率高，洗后对机件不腐蚀、无损伤，使用安全、环境友好，应用成本低、范围广等特点，是目前金属清洗工业的主要发展方向。按配方组成不同，水基金属清洗剂可分为单一清洗剂、复合清洗剂、含助剂的复合清洗剂、含两亲（亲水、亲油）溶剂的复合清洗剂、乳化清洗剂和低泡清洗剂等。

① 单一清洗剂　指由单一表面活性剂配制的清洗剂。一般的金属由于其工业污垢的多样性，没有用单一清洗剂清洗的。

② 复合清洗剂　复合清洗剂是指由几种表面活性剂复合而成的金属清洗剂。不同表面活性剂复配后常可获得比任意一种组分都好的性能，即发生了协同效应。因此，为提高产品性能、降低成本，大多数金属清洗剂均为多种表面活性剂的复配产品。其复配的指导思想是表面活性剂复配产生的协同效应能改善性能，并充分发挥其在清洗过程中的润湿、渗透、乳化、增溶等作用，满足除油污、防腐蚀、稳定性和抗硬水等要求。水基金属清洗剂多为阴离子型、非离子型表面活性剂复配型产品，并添加多种助剂，以提高产品的综合性能。去污能力、泡沫性能、防锈能力与稳定性是评价金属清洗剂性能的主要指标。

根据表面活性剂的类别，通常有两种复配方式：一种是阴离子型表面活性剂与非离子型表面活性剂复配。阴离子型表面活性剂能有效地消除或提高非离子型表面活性剂溶液的浊点，以适应加热清洗和高温存放的需要，这一类清洗剂无浊点或浊点高，可用于加温清洗。另一种是非离子型表面活性剂复配，非离子型表面活性剂之间复配可适当改变复合物的浊点，清洗能力也有所增强。当清洗能力差的组分和清洗能力好的组分复配时，复配物的清洗能力通常接近清洗能力好的组分，一般不会降低清洗能力，这一类清洗剂常用于常温清洗。

③ 含有助洗剂的复合清洗剂　由于复合金属清洗剂在除污垢性能上还不够理想，为了适应更多金属材料和多种污垢的清洗，往往在复配的金属清洗剂中，添加多种助洗剂或其他添加剂，以改善清洗剂的去污性，尤其是去除硬质污垢的能力。

④ 含有两亲溶剂的金属清洗剂　这类金属清洗剂中除含表面活性剂外，还添加了具有两亲性质的有机溶剂。因为这类溶剂在水和油中都有一定的溶解作用，故称为两亲溶剂。常用的有：醇类，如乙醇、正丁醇、环己醇；醚类，如乙二醇乙醚、乙二醇单丁醚、乙二醇苯醚等。加入此类分子偶极矩较大的溶剂，主要是为了提高除油的能力，并增大某种添加剂或清洗剂活性物在水中的溶解度。

⑤ 乳化清洗剂　有机溶剂可以除去它能溶解的油脂，在洗涤剂中它是一种活性组分，有时为了进一步提高清洗效率，在清洗剂组成中加入有机溶剂和表面活性剂两种活性组分。这不仅可大大地改善溶液的除油能力，而且可弥补它们单一使用时的若干不足。有机溶剂和表面活性剂溶液并用的清洗过程，称为乳化清洗或两相清洗。

⑥ 低泡清洗剂　工业采用的水剂清洗有两类最常见：一类是浸泡清洗，另一类是喷淋清洗。因为浸泡清洗是比较传统的工艺，清洗过程相对慢一些，它对泡沫的要求并不高。喷淋清洗，主要运用于一些比较快速的清洗过程，它可以提高生产效率。在这个过程中，表面活性剂的泡沫控制非常关键，因为当用水去喷淋

时就会产生泡沫。喷淋清洗一部分是以压力冲洗工艺实现的，清洗剂的发泡性往往造成溢流。在强力搅拌下，清洗液所占体积将增大，造成金属零件清洗上的困难。低泡型清洗剂即可解决这一问题。要达到低泡沫的要求，可有两种解决方法，一种是在原清洗剂中添加消泡剂，另一种是采用低泡表面活性剂，如采用聚醚型表面活性剂。在工业清洗中，常用的低泡表面活性剂通常有两个特征，其一为低碳链、异构化；其二为 EO/PO 嵌段改性。低碳链的表面活性剂黏度低，不易形成稳定的泡沫。异构化的支链表面活性剂具有良好的渗透性，也不易形成稳定的泡沫。含有 EO/PO 嵌段聚醚的表面活性剂在水溶液中更易形成胶束，表面张力较大，由于亲水亲油基团交错混合排列，空间相互阻碍，形成大量液膜空隙减弱了液膜强度，形成的泡沫易破裂，因而具有低泡性能。

最常规的低泡表面活性剂应该是聚醚类的。传统的表面活性剂一般是含乙氧基化合物，它在气-液表面会形成比较整齐的基团排列，当有外力作用时，它的亲水、亲油排列是非常完整的、稳定的。低泡的表面活性剂和一些消泡剂，则排列会有一些差异，不能够形成一个稳定的膜，也就是说表面会有一些亲油的基团，导致表面的分布不一致。所以，在低泡聚醚类表面活性剂的末端都含有疏水基，但也有一些特例。

消泡剂与低泡表面活性剂是有一定相似性的。它与低泡表面活性剂有类似的结构，泡沫形成时，泡沫的液膜当有一些其他的基团存在时，比如亲油的基团、环氧 PO 的产品结构，如果使气-液表面发生变化，这个膜就会变得脆弱、易破裂。

值得注意的是单纯聚醚型清洗剂的清洗能力不如一般的清洗剂。而加有消泡剂的清洗剂往往又存在着消泡能力随时间降低的问题。

 二、在金属的腐蚀防护中的应用

金属腐蚀抑制剂可分为控制腐蚀速率的缓蚀剂和防止生锈用的防锈剂两类。缓蚀剂通常加在水溶液或其他腐蚀性的介质（如金属清洗剂与金属除垢剂）中，以减缓金属的腐蚀，按其化学成分可分为无机缓蚀剂和有机缓蚀剂。无机缓蚀剂的典型组分有聚磷酸盐、硅酸盐、铬酸盐、亚硝酸盐、硼酸盐和亚砷酸盐等；有机类缓蚀剂，其组分多为有机胺类及含硫有机物。防锈剂是指添加到防锈油脂中的油溶性表面活性剂。经常是将其添加到矿物油中，再辅以其他助剂，配制成防锈油。

利用表面活性剂的诸多特性，在金属防护中可作为酸洗、除油、电镀、封闭、低温磷化、缓蚀及环保中的各类功能型添加剂，作用机理主要为吸附，但使用条件不同，效果也不同。以表面活性剂为主要成分的缓蚀剂具有许多优点：高效、低毒、价廉、易于生产制造；而且清洗废液经过处理，可用作金属油污清洗剂、除锈剂等。需要指出的是，表面活性剂的种类繁多，有的类型是完全没有缓蚀性能的，一些具有缓蚀性能的表面活性剂常用在弱酸性和中性溶液中，特别是含油污水中金属防腐常采用亲油基大的表面活性剂。

可用作金属缓蚀剂的表面活性剂种类很多，但应用研究最多的是阳离子型表面活性剂、非离子型表面活性剂及含多官能团的表面活性剂，特别是季铵盐型阳离子型表面活性剂，由于兼具缓蚀杀菌作用，在油田回注污水中钢铁的缓蚀方面应用十分广泛。此外，对于分子中有多个官能团的表面活性剂而言，由于多个官能团可与金属表面形成不溶性的螯合物膜，从而具有高的缓蚀作用，而且多官能团的表面活性剂常常会兼具缓蚀、阻垢、杀菌三种性能中的两种或全部性能，可使水处理药剂的配方简化，所以成为合成与应用研究的热点。

（一）表面活性剂的缓蚀作用机理

某些表面活性剂和有机胺化合物一样可作为金属的缓蚀剂。原因是两者有相似的结构和吸附特性。具有缓蚀作用的表面活性剂通过与金属表面的物理作用或化学键，形成吸附膜或表面膜，使金属的表面状态和性质发生变化，从而抑制金属的腐蚀。在含表面活性剂的腐蚀介质中，表面活性剂在金属表面发生吸附时，亲水基团吸附在金属表面上，因亲水基团性质的不同而与金属表面发生物理吸附或化学吸附。分子中含有 N、O、S、P 等原子带孤对电子的极性基团和烃基非极性基团的表面活性剂，通过极性基上孤对电子与金属表面的络合，形成静电物理和化学吸附。同时，不饱和双、三键及苯环上 π 电子云与金属也形成化学键，使金属表面具有双电层吸附膜，而非极性基团定向排列形成疏水性保护膜，抑制了介质对金属的腐蚀。表面活性剂在金属表面的吸附改变了金属表面的能量和双电层结构，增加了腐蚀反应的活化能，产生"负催化效应"；表面活性剂分子的非极性基团在金属表面形成疏水保护膜，阻碍了与腐蚀反应有关的电荷或物质的转移，这种"几何覆盖效应"也会使金属腐蚀过程的阳极或阴极反应难以进行。金属表面吸附膜的状态和性质同表面活性剂的表面活性有密切关系。表面活性剂的表面活性与其对金属的缓蚀能力与效率的高低密切相关。不同表面活性剂在金属表面上的吸附遵循不同的吸附等温式。表面活性剂浓度低时，在金属表面形成单分子吸附层，疏水的非极性部分在水溶液中形成一层斥水的屏障覆盖着金属表面，使金属表面得以保护。当浓度较大时，则由于疏水相互作用而在金属表面上形成双分子层吸附膜。

表面活性剂浓度的增大可提高其缓蚀效率。当浓度增大到使其在金属表面达到饱和吸附时，呈现出最佳的缓蚀效率。对某些表面活性剂来说，缓蚀效率在临界胶束浓度（CMC）附近达到最大。

疏水长链烷基对缓蚀作用的影响比较复杂。当链长较短及杂原子上烷基较少时，碳链的加长及烷基的增加可使表面活性剂的缓蚀作用提高。这是由于：①表面活性剂在金属表面的吸附是由杂原子提供孤对电子与金属表面的金属离子形成配位键。烷基是斥电子基，碳链的增长及烷基的增多可提高斥电效应，使杂原子上的电子云密度增大，使得形成的配位键更加稳定，有利于提高缓蚀效率。②疏水碳链增长使疏水层厚度增加，金属离子、氧分子、氢离子的扩散难度增大，从而提高了缓蚀效率。但碳链太长的表面活性剂溶解度下降，使其在腐蚀介质中的浓度达不到饱和吸附所需的浓度，所以达到一定的链长后，再进一步增加碳原子数，缓蚀效率反而下降。另外，碳链过长及烷基上侧链（特别是靠近极性端点附近）增多会对吸附造成空间阻碍，显著影响表面活性剂在表面的吸附强度，使之不易吸附，导致缓蚀效率下降。所以，作为缓蚀剂使用的表面活性剂有一个最佳的碳链长度。总之，表面活性剂的缓蚀效果取决于作为亲水基团的原子或原子团在金属表面的吸附强度，以及作为疏水基团的长链烷基的结构。

（二）用作金属缓蚀剂的表面活性剂类型

1. 阳离子型表面活性剂

（1）长链胺类 带有长的疏水碳链的胺在中性或碱性溶液中的溶解度小，但易溶于酸性水溶液中，所以长碳链的胺一般用作酸性介质中金属的缓蚀剂。在酸性水溶液中，胺首先形成铵离子，然后吸附到金属表面。如氯化十六烷基吡啶（CPYCl）是一种叔胺，可在 $0.5 mol/L$ HCl 溶液中使用作为金属锌的缓蚀剂。有机胺也可作为钢铁的缓蚀剂，其缓蚀作用随疏水基团碳链长度的增长而提高。有机胺类表面活性剂与 NO_3^- 复配使用时，对不锈钢的缓蚀具有明显的协同效应。

（2）季铵盐 有的季铵盐兼具明显的缓蚀作用。可用作缓蚀剂的季铵盐除了链状、环状季铵盐外，还包括咪唑啉系及喹啉系季铵盐。新洁尔灭（十二烷基二甲基溴化铵）是医药及油田污水中常用的杀菌剂，也可作为 KOH 溶液中金属锌的缓蚀剂。N-取代烷基异喹啉季铵盐对铁具有缓蚀作用。季铵盐也可与其他有机或无机缓蚀剂复配后用作金属缓蚀剂。如环状季铵盐（双环季铵盐、烷基吡啶季铵盐或喹啉季铵盐）与非离子型表面活性剂、炔醇复配后可用作高压注水井中钢的缓蚀剂，与 ClO_2 共同使用可抑制钢的氧化孔蚀。

2. 非离子型表面活性剂

非离子型表面活性剂在金属缓蚀方面的应用十分广泛，特别是经复配后使用的非离子型表面活性剂具有很高的缓蚀作用，如脱水山梨糖醇脂肪酸酯与其聚氧乙烯衍生物复配后可作为锅炉冷却水系统中的钢缓蚀剂。烷基酚聚氧乙烯醚与碱金属硼酸盐、钼酸盐或硝酸盐-亚硝酸盐复配使用，可作为循环冷却水和锅炉水中钢的缓蚀剂。其中以壬基酚聚氧乙烯醚与钼酸钠复配使用的效果最佳，钼酸钠的作用主要是使钢表面形成紧密的四氧化三铁膜。壬基酚聚氧乙烯醚及聚氧乙烯基胺的一种或几种的混合物与环状季铵盐、炔醇复配后可用作油田注水井中金属孔蚀的缓蚀剂。

聚氧乙烯型表面活性剂最好用壬基酚聚氧乙烯醚，环状季铵盐以烷基吡啶季铵盐最佳，炔醇可以选用辛炔醇或炔丙基醇。酰胺羧酸型和聚氧乙烯型非离子型表面活性剂与羧酸钠复配使用对碱性冷却水中的钢具有协同缓蚀作用。非离子型表面活性剂包括椰油酰基、月桂酰基和油酰基肌氨酸（或它们的钠盐）、聚氧乙烯脱水山梨醇单月桂酸酯、棕榈酸酯、硬脂酸酯或油酸酯。

月桂酰肌氨酸（LS）是一种羧酸酰胺型非离子型表面活性剂，与钼酸钠复配使用对 Q_{235} 钢具有协同缓蚀作用。

非离子型表面活性剂单独使用也可用作金属缓蚀剂。Tween 系列非离子型表面活性剂可以抑制酸性氯化物溶液中钢的腐蚀，在临界胶束浓度（CMC）范围可得到最佳的缓蚀效率，疏水碳链长度的增加也可提高缓蚀效率。此外，L-548、OP-10、聚乙二醇（分子量 10000）单独使用及复配使用均对盐酸介质中的碳钢有缓蚀作用。L-548 为阳极型缓蚀剂，OP-10 和聚乙二醇为混合型缓蚀剂。N-烷基月桂酰胺（NALA）在硫酸溶液中对碳钢具有缓蚀作用，NALA 在碳钢表面发生化学吸附，具有优良的缓蚀性能，属于阻滞阳极过程为主的缓蚀剂。

含 N 的长碳链脂肪酸烷醇酰胺是一种常用的非离子型表面活性剂，它具有较好的抗盐、耐温性能和较高的表面活性，同时也是一种缓蚀剂。

3. 阴离子型表面活性剂

某些阴离子型表面活性剂对硫酸中纯铝的点腐蚀具有缓蚀作用，特别是十二烷基硫酸钠的缓蚀作用最佳。此外，十二烷基硫酸钠还可作为盐酸介质中碳钢的缓蚀剂，主要抑制碳钢腐蚀的阴极过程。实验发现，十二烷基硫酸钠与 OP-10 复配后对碳钢腐蚀的阳极和阴极过程都有抑制作用，而十二烷基硫酸钠与 EDTA 复配也有良好的协同缓蚀作用。

脂肪酸烷醇酰胺磷酸酯盐由于同时含有氮和磷原子，它不仅具有防锈性能，还具有优良的抗静电性，并具有增溶、分散、润滑、螯合等性能，而且生物降解性好。这类含氮的有机磷酸盐已成为近年来在研究和应用方面发展较快的一类性能优良的阴离子型表面活性剂。

4. 两性型表面活性剂

当介质的 pH 值低于两性型表面活性剂的 pK_a 值时，表面活性剂以正离子形式存在，所以在酸性介质中其正离子发生作用。N-烷基甜菜碱是 1mol/L HCl 溶液中铁的良好缓蚀剂。实验结果表明 N-烷基甜菜碱的缓蚀作用随介质 pH 值的升高而降低，说明起缓蚀作用的是该甜菜碱衍生物中的正离子，所有降低正离子浓度的因素改变均会降低其缓蚀效率。浓度低时，缓蚀效率随缓蚀剂浓度增大而提高，在 CMC 附近缓蚀效率达到最大。

N-十二烷基甘氨酸属氨基酸型的两性型表面活性剂，可作为盐酸介质中低碳钢的缓蚀剂。在 CMC 附近，N-十二烷基甘氨酸在低碳钢表面形成双分子层吸附膜，是低碳钢的良好缓蚀剂。

5. 新缓蚀剂的开发研究

工业表面活性剂的大量使用，也会造成有机物污染。长期以来，工业冷却水和油田回注水处理（包括缓蚀、阻垢等）主要是采用磷系水处理剂。近年来为避免环境水体的"富营养化"，各国都在努力开发非磷系水处理剂。因此，应尽量选用无毒、稳定、多功能的表面活性剂。目前，国内外又研制出许多性能优良的表面活性剂，尤其是非离子型表面活性剂，如新型的非离子型表面活性剂——烷基糖苷（APG）已被称为第三代表面活性剂，兼有阴离子型表面活性剂和非离子型表面活性剂的双重特性。在酸、碱中有优良的溶解性、表面活性和高温稳定性，无毒、可生物降解、不造成污染。可优先选用于金属清洗和电镀行业。由于非离子型表面活性剂与离子型表面活性剂相比，具有某些更独特的表面化学特性，随着其原料成本的降低，其应用将更为广泛。对有机缓蚀剂的研究主要着眼于能在金属表面形成螯合型吸附膜的表面活性剂，该方面的研究主要集中在开发对环境友好的、低毒、易生物降解的复合缓蚀剂及多功能型的缓蚀剂。

油田污水中 Cl^- 含量高，而且含有一定浓度的 CO_2、H_2S、油污及有机杂质等腐蚀性强的物质。咪唑啉类表面活性剂分子中含有多个杂原子，可以在金属表面形成难溶性的螯合物膜，从而具有较高的缓蚀作用，可用作油田污水中钢铁的缓蚀剂。

有些表面活性剂可单独作缓蚀剂，有些可与其他缓蚀剂复配使用。通常在缓蚀剂中加入少量的表面活性剂，是为了增加缓蚀剂在腐蚀介质中的分散、润湿和渗透性。两者的复配不只是量的加合，更主要是依靠竞争吸附和协同效应来增加缓蚀剂主组分的缓蚀作用。如：阴离子型表面活性剂高级羧酸盐、磷酸酯盐可单独作为油溶性缓蚀剂；$C_{12}H_{25}SO_4Na$ 与直链胺及 $NaNO_2$ 复配作孔蚀缓蚀剂，能抑制 304 不锈钢在盐水中的孔蚀；阳离子型表面活性剂胺的亚硝酸盐、碳酸盐和铬酸盐等可分别作黑色金属及有色金属 Al、Mg、Ni、Sn、Cu、Zn 的气相缓蚀剂；季铵盐、2-烷基二甲基氨烷炔溴化物在 1mol/L HCl 中是优良的阳极型缓蚀剂；炔氧甲基季铵盐适用于浓酸、高温的恶劣条件；非离子型表面活性剂分子中含有多个醚键，是良好的乳化剂和缓蚀剂，可以消除点蚀，例如：对酸中的铁、N-烷基三甲铵乙内酯及 N-癸基吡啶盐在各自临界胶束浓度附近缓蚀良好；酯类在中性水中有优异的缓蚀阻垢性能；氧化胺、咪唑型两性型表面活性剂常用作油田污水和气井抗 H_2S 腐蚀的缓蚀剂。

吸附型缓蚀剂的最大缺点是在温度高时易脱附，不宜在高温条件下使用，但经与其他无机缓蚀剂复配使用后，其耐热性能可得到改善。如咪唑啉类表面活性剂可与无机缓蚀剂复配用于发电厂的钢保护。复配后的缓蚀剂可使 20A 钢及其他合金钢表面形成钝化膜，使钢可在 200～400℃的温度下得到保护。

（三）应用实例——防锈油

防锈油的作用是使金属表面与环境隔离，以保护金属不受环境中腐蚀介质的侵蚀，防止金属锈蚀。

◀ 1. 防锈油的类型 ▶

防锈油主要是由基础油、防锈添加剂、成膜剂等组成，其各成分的作用如下。

① 基础油 占 85%～95%。

② 防锈添加剂 又称油溶性缓蚀剂。防锈油之所以能对金属起保护作用，主要是防锈剂添加的缘故，因此，防锈油的性能好坏与添加剂有直接关系。防锈添加剂是各种高级防锈油的精髓，防锈添加剂的性能对溶剂型防锈油的防锈性能起决定性作用，且大多数是以 5%～15% 加入到基础油中。

③ 成膜剂 增强防锈油膜的机械强度。

根据用途和状态不同，目前常用的分类方法有以下两种：

① 按 SH/T 0692—2000《防锈油》标准分类，防锈油可分为除指纹型防锈油、溶剂稀释型防锈油、脂型防锈油、润滑油型防锈油和气相防锈油共 5 类产品。

a. 除指纹型防锈油 主要用于除去在金属表面留下的手汗及指纹痕迹和少量水分的防锈油。

b. 溶剂稀释型防锈油 由稀释剂、成膜剂、防锈剂组成，按溶剂种类不同，可分为石油系列溶剂、有机溶剂和水稀释 3 种类型；按油膜形状，又可分硬膜油和软膜油。

c. 脂型防锈油 以凡士林和石蜡为基础，在常温下为脂状的一种防锈油，其特点是油膜厚，不易流失和挥发。

d. 润滑油型防锈油 在基础油中加入防锈剂及抗氧防腐剂等多种添加剂后组成，以防锈为主，并具有一定的润滑作用。

e. 气相防锈油 在润滑油型防锈油基础上，加入气相缓蚀剂调制而成，主要依靠气相缓蚀剂在常温下变成气体对金属腐蚀起到抑制作用。

② 按产品防锈周期分类，防锈油可分为工序间防锈油（防锈期 1～3 个月）、中短期防锈油（防锈期 3～6 个月）、中长期封存防锈油（防锈期 12 个月）、长期封存防锈油（防锈期大于 1 年）共 4 类产品。

2. 防锈原理

防锈油是一种暂时性防护材料，其作用机理是通过在基础油中添加各种防锈剂，防止空气中氧气和水分及酸性物质对金属表面的侵蚀而起防锈作用。普遍认为是通过以下几个作用得以实现。

（1）油溶性缓蚀剂的吸附作用 金属表面是具有多个活性中心的高能晶体结构。极易在水、氧的存在下发生电化学腐蚀。而防锈油中的油溶性缓蚀剂是具有极性基团和较长碳氢链的有机化合物，它是由不对称的极性基团和非极性基团两部分组成的表面活性剂，其极性基团与金属氧化物、水等极性物质有很强的亲和力，而非极性基团具有亲油憎水的特性。当与金属表面接触后，其极性基团依靠库仑力或化学键的作用，能与金属基体的氧化膜发生物理或化学作用，能定向吸附在油/金属界面，在金属表面形成牢固的紧密排列吸附膜，非极性基团阻滞腐蚀介质与金属表面接触，基础油分子则穿插排列于极性分子之间的空隙处，组成一种混合多分子层的保护膜，抗拒氧、水等腐蚀性介质向金属表面的侵入，从而大大降低锈蚀概率和速率。

（2）防锈油的水置换和溶剂化作用　防锈油中的油溶性缓蚀剂是具有不对称结构的表面活性物质，防锈剂以胶束溶存于油中。当其分子极性比水分子极性更强、与金属的亲和力比水更大时，便可将金属表面的水膜或水滴置换掉，从而减缓金属的锈蚀速率；当防锈剂的浓度超过临界胶束浓度时，防锈剂分子就会以极性基团朝里、非极性基团朝外的"反胶束"状态溶存于油中，吸附和捕集油中酸性和极性的腐蚀性物质，并将其包溶（封存）于胶束之中，使之不与金属接触，起到防锈作用。

（3）基础油的增效作用　没有防锈剂的基础油防锈性能很差，但没有基础油的油溶性缓蚀剂防锈效果同样不好。油的作用主要有两点：①载体作用，使防锈剂及其他各种功能性添加剂在油中均匀分散并充分发挥作用；②油效应作用，即在缓蚀剂吸附少的地方进行物理吸附，在添加剂的共同作用下，在金属表面形成牢固致密的吸附膜，并深入到定向吸附的防锈剂分子之间，与防锈剂分子共同堵塞孔隙，使吸附膜更加完整和紧密，并使吸附不够牢固的极性分子不易脱落，从而更有效地保护金属。防锈油产品的某些性质，完全取决于基础油的性质，如蒸发损失、闪点、对添加剂的溶解性能等。基础油的黏度、黏温性能、倾点则决定了可调配防锈油产品的品种，因而基础油的质量是防锈油产品质量的基础。基础油因其种类、精制程度与含烃基的结构的不同而对防锈效果有不同的影响。黏度小的基础油较黏度大的基础油更有利于油品防锈性能的发挥。

此外，一些防锈添加剂还可抑制阳极、阴极反应中的任何一个或两个，从而起到防锈作用。

随着市场要求的不断提高，不但要求防锈油具有良好防锈功能，还须具备其他的功能，比如润滑、清洗、减振等功效，满足多种条件下金属制品的防护和使用需要。

3. 防锈油常用表面活性剂（油溶性缓蚀剂）

防锈油添加剂主要是油溶性缓蚀剂，是防锈油中起防锈作用的关键组分，按其极性基团通常分为以下 5 类。

① 磺酸盐　磺酸盐化学表达式为 $(R—SO_3)_n M$，式中 R 代表碳氢链，M 代表金属，n 代表金属的价数。

磺酸盐是应用最早、使用最广泛的防锈剂，对黑色、有色金属均有良好的防锈、抗盐雾效果。磺酸盐对水和极性物质有增溶作用，磺酸盐能够捕集、分散油中的水和酸等极性物质，将它们包溶于胶束中，从而排除其对金属表面的侵蚀。钠盐是强吸水性的亲水化合物，能阻止水分与金属表面的直接接触。但是亲水的极性基端所吸收的水分达到饱和后，就失去防锈作用。因此一般用作防锈油添加剂的磺酸盐多为二价金属盐，如磺酸钡、磺酸钙等，这些二价金属磺酸盐不仅其非极性的烃端为疏水性的，同时其极性基端的钡盐也是疏水性的，能够起到双重隔离水的效果。目前用的最多的是钡盐，其次是钙盐、钠盐和镁盐。石油磺酸钡和合成磺酸钡具有优良的抗潮湿、抗盐雾和抗盐水性能，以及较好的水膜置换性和人汗置换性，且适用于多种金属，是其他4类防锈剂所不具备的。但缺点是耐大气腐蚀不如羧酸皂类，故在实际使用中常与其他防锈剂或表面活性剂复合使用，以达到相辅相成的目的。另外，磺酸盐还有一定的增溶作用，能使一些在矿物油中溶解度较低的防锈剂溶于油中。

② 羧酸及其衍生物　其化学表达式为 R—COOH 及 $(R—COO)_n M$。常用的主要有烯基丁二酸、环烷酸锌、硬脂酸铝、氧化石油脂及其钡皂等，满足内燃机油、液压油和齿轮油的使用条件。一般来讲，长链脂肪酸的极性较相应的羧酸皂要弱，因而防锈性也稍差。羧酸型防锈剂有较好的抗潮湿性能，百叶箱暴露试验的结果也较好，但缺乏酸中和性能。对铅、锌的防腐性能也较差。但它们的金属盐对金属有较好的防锈性能。羧酸类防锈剂还起催化、助溶或分散剂的作用，有较好的抗湿热性能。大多数羧酸及其金属盐的抗盐水性能和水置换性能都较差。羧酸型防锈剂与磺酸盐复合使用，有明显的增效作用。

③ 酯类及其衍生物　其化学表达式为 RCOOR′。一般简单的酯类由于极性较弱须在油中加入很多才会有效，因此，往往在酯类化合物上引入另外的极性基团，以增加它的极性，提高其防锈效果。酯类的优点是比酸类油溶性好，抗湿热性好，能改善重叠性，还有一定的助溶、分散作用。酯类的酸中和性不如皂类，但比羧酸类要好，与其他缓蚀剂复合使用既可提高其防锈性，又可作为其他缓蚀剂的助溶剂。常用的酯类是山梨糖醇单油酸酯（司班80）。除防锈作用外，该类添加剂还有一定的助溶、分散作用。可用于防锈剂的其他酯类化合物还有季戊四醇脂肪酸酯、丁二醇或丁三醇单油酸酯、羊毛脂、羊毛脂镁皂、羊毛脂磺酸钙等。

④ 胺类及其衍生物　其化学表达式为 $R—NH_2$。单纯的胺类在矿物油中的溶解能力和防锈效果均不理想，但若用油溶性磺酸、环烷酸、有机磷酸及某些羧酸中和成盐，其油溶性和防锈性大大提高。如油酸十八烷胺、油酸三乙醇胺、N-油酰肌氨酸十八胺等。有机胺脂肪酸盐常具有较好的抗潮湿、水置换和中和酸等性能，但百叶箱试验性能较差，对铅腐蚀较大，对锌、铜也有一定的腐蚀性。由于胺类添加剂多具有酸中和作用，因而与酯类等添加剂联合使用效果更佳。

⑤ 硫、氮杂环及其他杂环化合物及其衍生物　杂环化合物及其衍生物具有分子结构紧凑、良好的防锈性能、含活性元素、环境危害低等优点，其防锈性能主要是杂环上与N成键的官能团的作用。疏水基团远离金属表面形成一种疏水层，对电极表面起到外围阻止作用，并对腐蚀介质向金属表面的迁移起到阻碍作用；而亲水基团可以有效地提高缓蚀剂的水溶性来增强缓蚀剂的缓蚀性能。常用的有咪唑啉的烷基磷酸酯盐、咪唑啉的丁二酸盐、2-巯基苯骈三氮唑的油溶性衍生物和苯骈三氮唑等。前两者适用于黑色金属及有色金属。后两者适用于铜等有色金属的防腐防锈。

三、在金属电镀中的应用

在电镀的整个工艺过程中，如镀前处理的化学脱脂、酸洗除锈、电解脱脂、基体活化到电镀中单金属、合金电镀用的添加剂，镀后处理的防镀层变色剂，镀层保护膜乃至电镀废水处理，几乎都用到表面活性剂。在镀液中加入适当的表面活性剂，可提高镀层和基体金属的结合力、消除镀层出现的针孔、改善镀层的均匀性、增加镀层的光亮度。这类表面活性剂，在金属带材、线材连续高速电镀工艺中，以及金属零部件的表面精饰工艺中，均得到广泛的应用。

（一）在电镀工艺中的应用

1. 表面活性剂的作用机理

表面活性剂作为电镀液添加剂，虽然加入量很少，但它在电极表面上的吸附改变了界面状态，影响了电极过程，对电沉积过程起着直接和间接的作用，因而对镀层质量影响很大。

① 电镀中所使用的表面活性剂的作用的实质就是在电极和溶液界面上有机化合物的表面活性作用。在电镀过程中金属离子在阴极还原的同时，还伴随着析氢副反应，随着析氢反应的进行，电镀溶液的润湿性能降低，此时，氢气泡容易在阴极表面上停留，从而使沉积层出现凹痕和针孔。为了防止该缺陷的产生，在电镀液中加入表面活性剂，表面活性剂的加入起润湿作用，使电镀液的表面张力及液/固间的界面张力下降，使阴极电沉积过程伴随着的析氢过程变得容易，阴极产生的氢气泡就难以在阴极表面停留，可以迅速逸散排除，从而防止镀层产生凹痕、麻点和针孔，使镀层与基体结合好。

② 表面活性剂的憎水基在电极界面的定向吸附形成双电层，界面双层结构中介电常数大、自由能高的水分子会被自由能低、介电常数小而体积较大的有机分子所取代，微分电容显著降低，这种作用不仅改变了镀件表面的电流分布，使微观沟槽填平，达到表面平整，而且往往改变了电极的电位分布，提高了电极反应的过电位，加大了电沉积过程的极化，促进了晶核的生成，使得镀层晶粒细化。各种离子型表面活性剂由于所带电荷不同，界面电势发生变化，影响金属离子与微粒的共析。

③ 利用表面活性剂的增溶作用，可将电镀液中微溶于水或不溶于水的成分（如有些光亮剂中的组分）分散为极小的微粒均匀地分布在溶液中。表面活性剂的增溶、分散特性帮助某些不溶于水的主光亮剂分散在溶液中，它们之间的协同效应可获得光亮、整平性好的镀层。表面活性剂也可作为光亮剂的载体。

④ 表面活性剂也可改进电解液和镀镍产品的某些特性，如改善镀层的内应力、硬度、柔韧性、延展性等机械性能。

⑤ 表面活性剂在气/液界面上的定性吸附，形成了一层致密的表面液膜，加之

某些表面活性剂的起泡作用形成泡沫层，阻止了酸雾的逸出。而在高速电镀中，要求使用空气进行剧烈的搅拌，这就需使用起泡性小的表面活性剂，如 2-乙基己基硫酸钠。在滚镀镍的过程中，由于滚桶转动时起到搅拌溶液的作用，同样要求采用起泡性小的表面活性剂，如滚镀镍中常用异戊醇磺化的产物，不仅有起泡性小、防止凹痕的作用，还有提高镀液的覆盖能力和镀层柔软性的效果。

⑥ 有的表面活性剂能去除镀镍溶液中的有害金属离子，如 Fe^{2+}、Cu^{2+}、Zn^{2+}、Cr^{3+}、Cr^{6+} 等。

⑦ 带有—OH、—SO_3H、—COOH、—SH、 RN＝NR 等基团的表面活性剂，还可取代水合离子中的 H_2O，与金属离子形成络合物。这些络合物中的金属离子在阴极放电沉积时，夹杂在镀层中，增加了镀层的光亮度。

⑧ 某些阳离子型表面活性剂使镀液中的固体微粒带正电荷，并在微粒表面形成一层保护膜，降低了固体微粒的表面张力，有效地防止了固体微粒在溶液中聚集成团，使固体微粒在溶液中均匀分散，并随着金属的电沉积均匀地镶嵌在镀层中，实现复合电镀的目的，赋予镀层特殊的性能。

⑨ 在复合电镀中，有时固体微粒并不发生共沉积，这就需要共沉积促进剂，促进剂的加入可使本身不能与金属共沉积的微粒进入复合镀层，也可提高复合镀层中某些微粒的含量。在复合电镀液中，阳离子型表面活性剂和一价阳离子可能在固体微粒表面吸附，从而赋予微粒相应的电荷，在电流作用下带电的微粒和金属离子一起向阴极移动，从而增大微粒在阴极的沉积量。

2. 应用实例

① 在氰化物镀铜溶液中加入少量的油醇聚氧乙烯醚、壬基酚聚乙烯醚等非离子型表面活性剂，防止产生凹痕的效果很好。在酸性硫酸盐光亮镀铜、弱酸性硫酸盐光亮镀镍溶液中，加入少量的十二烷基硫酸钠阴离子型表面活性剂，可防止镀层产生针孔。

② 为获得光亮性、整平性良好及结晶细致的沉积层，电镀溶液中需加入光亮剂。在光亮剂中常添加表面活性剂。如在酸性光亮镀铜和酸性光亮镀锡溶液中，非离子型表面活性剂聚乙二醇（$Mr＝6000$）可用作初级光亮剂使用。初级光亮剂能在金属表面发生吸附，对电沉积过程产生影响，细化晶粒，得到半光亮的镀层。若初级光亮剂和其他光亮剂组合使用，则可获得全光亮的沉积层。在光亮镀镍和镍铁合金镀液中，也常用阴离子型表面活性剂十二烷基硫酸钠作润湿剂，防止镀层针孔和麻点的产生。

③ 在酸性硫酸亚锡镀锡溶液中，以甲醛和邻甲苯胺的缩合物为光亮剂，辛基硫酸钠或壬基酚聚氧乙烯醚为分散剂，在搅拌状态下能获得全光亮的锡沉积层。在氯化钾镀锌溶液中，苄叉丙酮作为光亮剂，二萘甲烷二磺酸钠为分散剂，可以获得全光亮的锌沉积层。氯化钾镀锌溶液中光亮剂苄叉丙酮微溶于水，须在非离子型表面活性剂"平平加O"的作用下，才能均匀地分散到溶液中，起到使镀层光

亮的作用。

④ 现代电镀镍及镍合金为了提高电镀效率，都用大的阴极电流密度，镀液循环过滤，无油压缩空气搅拌，润湿剂都采用低泡表面活性剂。如 2-乙基己基硫酸钠、脂肪醇聚氧乙烯醚和烷基酚聚氧乙烯醚等。2-乙基月桂硫酸盐在镀镍溶液不仅可防止针孔、麻点产生，而且还可有效改善镀层的柔软性、减少内应力、降低硬度。咪唑啉型两性型表面活性剂可用作多层镍中的镍封闭剂的分散剂。

⑤ 在光亮镀锌配方（$ZnCl_2$ 0.25mol/L，NH_4Cl 4mol/L，H_3BO_3 0.5mol/L，pH＝5.4，OP 4g/L，胡椒醛 1g/L）中，OP 和胡椒醛分别起细化镀层和光亮作用。

⑥ 镀镍液中的糖精、香豆素等常用作整平剂。

⑦ 在退除液中也可使用表面活性剂。如 HCl 5％～20％，含铜量 2.6～6.0g/L，含锡量 9～40g/L，H_2O_2 0.5ml/L，表面活性剂 0.015ml/L，可退除锡及其合金镀层，并可防止铜的腐蚀。适用于接触开关锡合金的退除，H_2O_2 和表面活性剂应在退镀时加入。

⑧ 镀银后要进行防变色工艺处理。在防变色处理中有一种方法是浸渍含有表面活性剂的溶液，浸渍后银镀层表面形成一层单分子的疏水吸附膜，该膜层起着屏蔽作用，将水或其他腐蚀性介质隔绝，从而起到防止银镀层变色的作用。一般认为，这种表面活性剂主要是含有 N、O、S、P、碳碳双键或三键、苯环的水溶性良好的活性剂。

⑨ 铝合金阳极氧化后需要进行封闭处理，以提高氧化膜的耐蚀性。封闭液中加入表面活性剂可发挥其润湿、渗透的特性，利用表面活性剂的吸附特性，降低固/液界面张力，改善封闭液的性能，促进封孔的水化作用，提高室温封闭效果，起到防粉、去污、絮凝的作用。

⑩ 在复合镀液中，阳离子型表面活性剂如十六烷基三甲基溴化铵等，阴离子型表面活性剂如十二烷基硫酸钠、长链烷基苯磺酸钠等，及非离子型表面活性剂如聚氧乙烯醚等，都有促进共沉积的作用。在 Cu-Al_2O_3 复合电镀中加入聚亚胺等阳离子型表面活性剂，可以促进 Al_2O_3 微粒的共沉积。对镍或铜电镀液中氟化石墨 $(CF)_n$ 的共沉积，若在电镀液中加入阳离子型表面活性剂，可得到良好的 Ni-$(CF)_n$ 及 Cu-$(CF)_n$ 润滑性复合沉积层。在 Zn-MoS_2 润滑性复合镀层电沉积中，由于 MoS_2 微粒具有憎水性，首先必须用表面活性剂使微粒润湿溶于镀液中，然后加入非离子型表面活性剂，可促进 MoS_2 微粒的共沉积。在纳米微粒复合电镀中，为防止纳米微粒在溶液中的团聚，先用少量水使纳米微粒润湿，添加阴离子型表面活性剂，在超声波作用下维持 1h，然后加入到镀液中连续超声波分散 3h，能形成良好的纳米微粒复合电沉积层。

需要注意的是，需要控制表面活性剂的用量。添加量不足，效果不明显，过量反而会产生副作用。如光亮镀镍液中加入十二烷基硫酸钠过量会造成镀层出现白雾和含硫量增大，导致镀层耐蚀性下降；铝合金热封闭液中防粉剂加入过量，使封闭氧化膜出现斑痕，难以去除。

（二）在电镀污染控制中的应用

在金属的电镀加工工业中，槽液污雾及废水是电镀污染的主要来源。对此国内外电镀业都有严格要求，实行环境监测和达标排放。表面活性剂在此也发挥了较大的作用。如：在电解除油液中加入的 $C_{12}H_{25}SO_4Na$（$1\sim2g/L$），除了洗涤乳化作用外，还有抑雾剂功能。一般在通电 $2\sim3min$ 后，即可产生 $60\sim80mm$ 高的泡沫层覆盖于液面，抑制大量的 H_2、O_2 气泡带出的碱雾。同样的抑雾原理，F-53型铬抑雾剂，早已用于镀铬生产，并能减少 27.2% 的铬酐消耗。此外，在酸洗、封闭及其他各种镀槽中的功能添加剂，也有一定的抑雾作用。长直链烷基芳醚磺酸钠，属离子型表面活性剂，不仅应用于常规的电镀（铬、镍、锌），也适用于含氰电镀，可抑制含 CN^- 毒雾扩散。特别是在含 Cr^{6+} 的槽液中使用时，能使 Cr^{6+} 成膜浮于槽液表面，易于集中除去，防止污染。另外，在用气浮法回收镀镍废水中的 Ni^{2+} 时，也是利用 LC-1 型起泡剂中表面活性剂的吸附、发泡、絮凝特性，将 $Ni(OH)_2$ 沉淀物与上浮的体系分离并回收。

镀铬过程中，铬酸会挥发形成铬雾，对大气造成污染，对人体和环境产生危害。为减少铬雾的危害，在镀铬电解液中，加入一定量的表面活性剂，称为铬雾抑制剂。最有效的铬雾抑制剂是含氟表面活性剂，将在第十九章介绍。

四、在金属焊接中的应用

在金属焊接过程中，表面活性剂最主要的应用是作为助焊剂（flux）的主要成分之一。助焊剂是在焊接工艺中帮助和促进焊接过程，同时具有保护作用，阻止氧化反应的化学物质。助焊剂可分为固体、液体和气体。主要作用为辅助热传导，去除母材和液态钎料表面的氧化物，降低被焊接材质表面张力，去除被焊接材质表面油污、增大焊接面积，防止母材和钎料在钎焊过程中再氧化等。

助焊剂主要由活化剂、表面活性剂、成膜剂、添加剂（稳定剂、缓蚀剂、阻燃剂、消光剂等）、溶剂等组成，其中比较重要的两个部分是活化剂和表面活性剂。作为助焊剂的重要组成部分，表面活性剂具有重要作用。

（一）助焊剂中表面活性剂的作用

表面活性剂主要用于软钎焊助焊剂中。通常将焊接温度低于 $450℃$，且母材不熔化只有焊料熔化，通过物理结合形成良好的钎焊接头，这样的焊接方式称之为软钎焊。在软钎焊过程中，必备的钎焊条件主要有两个方面：①被焊接物表面必须洁净（无氧化层或异物）；②熔化的焊料必须被充分浸润，然后充分流动并完全填塞于金属接合面之间，同时形成具有一定强度，并有着良好润湿角的焊点（通常情况下，焊点润湿角在 $30°\sim45°$ 为宜）。

在软钎焊过程中，焊料呈现出固态到液态再到固态的过程，并完成焊接工作。

在软钎焊工艺中，影响焊接质量的原因是很多的，焊料不能充分浸润是影响焊点质量的一个重要原因，也是比较难以解决的一种状况。钎焊焊接过程中，钎料基本处于液体状态，在液态焊料与固态基材接触时，所表现出来的表面张力是相当大的，如果不能有效降低液态焊料的表面张力，在焊接后段，即焊料由液态转化为固态焊点的时候，所表现出的形状应该是球型，而不具备适合要求的润湿角，从而不能润湿钎料和钎焊表面，不能铺满焊盘或不能铺展、浸润至所需焊接的部位，这是一种典型的焊接不良状况，通常称之为润湿不良，这种现象的存在影响焊点形成的面积、体积或形状。润湿不良主要是因为表面张力的存在，无论是在焊锡丝焊接还是手浸焊、波峰焊或者是焊锡膏的热风回流焊等，在所有的软钎焊工艺中都有可能发生。

　　表面活性剂作为助焊剂中的重要组成部分，其分子结构使得它们在助焊剂体系表面发生定向排列，形成紧密排列的单分子吸附层，从而降低助焊剂的表面张力，同时减小锡液与被焊材质之间的界面张力。表面张力和界面张力的降低增强了锡液流动、增加了助焊剂对无铅钎料和母材的亲润性。锡液对母材表面的润湿能力的增加一方面能够充分地去除被焊母材表面的氧化膜、油污，防止焊点焊后被氧化，另一方面能够确保锡液在被焊接物表面扩展、流动、浸润等，使助焊剂能够完全覆盖钎料和被焊母材，提高了无铅钎料焊接互连可靠性，减少无铅钎料焊点缺陷，使焊接部位更加牢固。此外，在焊接前，在焊接部位的周围、涂敷含有表面活性剂的液体，可以防止焊接飞溅物的黏附。

（二）助焊剂对表面活性剂的要求

　　助焊剂主要是应用在波峰焊中，为使助焊剂在整个波峰焊中能够充分发挥作用，要求助焊剂应具有较强的持续性，且在不同温度范围内均能发挥去除氧化膜和增强润湿性的作用。

　　根据助焊剂的使用要求，助焊剂用表面活性剂还应满足以下几点要求。

　　① 具有较强的表面活性效果。能够在添加量极小时也表现出较高的润湿效果。

　　② 焊后无残留，或残留物不能分解成导电离子状态。这一点比较重要，一般表面活性剂（或胺卤素类产品）比较容易分解成导电离子，并在板面形成离子状残留，既有可能造成后续腐蚀也可能影响产品的电气性能。

　　③ 具有较好的热稳定性。这是因为助焊剂对焊料起浸润作用一般从焊料熔融时开始，而焊料熔融必须达到焊料的固相线以上温度，锡铅焊料在183℃左右，而无铅焊料更是达到212℃左右，因而对助焊剂的使用要求更为苛刻。

　　④ 具有较好的化学稳定性。化学稳定性决定了表面活性剂在整个配方体系中的稳定性，以及与其他物质（如活化剂、添加剂等）的配伍性，确保表面活性剂在整个焊接过程中都能发挥作用。

　　⑤ 表面活性剂不能或只能具有较弱的活化性能，表面活性剂的重要作用是对熔融态焊料起到浸润作用，而不是去除被焊基材表面的氧化层，所以表面活性剂

可以不具备较强的活化性能，较强的活性在焊接过程中，会与焊料起反应，特别是在焊锡膏助焊剂中使用时，较强的活化物质会与锡粉表层发生反应，从而影响焊接质量（虽然这一点有些活化剂的影响更大，但表面活性剂不需要具备活化性能也是很重要的）。

⑥ 具有较合理的使用成本。

助焊剂中添加表面活性剂主要是运用了表面活性剂的润湿性能，然而由于表面活性剂种类繁多且功能不一，要选取合适的助焊剂用表面活性剂是相当困难的。助焊剂用表面活性剂的选取方法：①根据亲水亲油平衡值（HLB）选择表面活性剂；②根据亲油基团选择表面活性剂；③根据分子量选择表面活性剂。除此之外还应该考虑亲水基团、分子形态、溶解度、安全性等其他因素。

（三）助焊剂常用的表面活性剂

在配制助焊剂时主要使用非离子型表面活性剂，一些高效助焊剂也使用碳氟类特种表面活性剂。由于表面活性剂的种类繁多，不同类型的表面活性剂所具有的作用也各不相同，并且表面活性剂的种类呈不断增长的势头。目前随着电子行业的飞速发展及环保意识的提高，已把助焊剂中是否含卤素作为评价现代助焊剂的一项性能指标，于是根据表面活性剂中是否含有卤素，把助焊剂用表面活性剂分为含有卤素的表面活性剂和不含有卤素的表面活性剂。

1. 含有卤素的表面活性剂

含卤素的表面活性剂具有活性强、助焊能力高等优势。目前助焊剂中主要使用碳氟表面活性剂，它的含氟烃基既憎水又憎油，其独特的性能被概括为"三高""两憎"，"三高"即高表面活性、高耐热稳定性及高化学稳定性。在助焊剂中添加碳氟表面活性剂，能显著降低助焊剂的表面张力，在焊接过程中使熔融焊料和固体基材表面的界面张力减小，保证有良好的润湿性和焊接可靠性。助焊剂中常使用的碳氟表面活性剂有全氟辛基磺酰季胺碘化物、水溶性乙氧基类非离子型碳氟表面活性剂、全氟烷基胺、全氟烷基季铵盐、全氟烷基甜菜碱、六氟丙烯环氧齐聚物、FC4430、FC4432、FSN-100 和 FS-300 等，并有一些它们在助焊剂中应用的专利。

但因含有卤素的助焊剂其卤素离子很难清洗干净，离子残留度高，卤素（主要是氯化物）有强腐蚀性，故含有卤素的表面活性剂不适合用作免洗助焊剂的原料。并且含有卤素化合物的电子废料、塑胶产品燃烧后，易产生二噁英类化合物，经由生物累积，将造成健康危害。国际大公司如 Apple、DELL 等相继于 2006 年底公布无卤要求规范，明确定义其产品不含卤素相关物质。所以目前应用含有卤素的表面活性剂受到了一定的限制，但是只因为环保原因立即停掉或禁止的可能性还是比较小的，可能会有一个漫长的过程。

2. 不含有卤素的表面活性剂

为适应电子行业迅速发展的需要，低固含量、无卤素、免清洗是今后助焊剂发展的主趋势，这就要求在配制助焊剂时应选择无卤素的表面活性剂。不含有卤素的表面活性剂与含卤素的表面活性剂相比，润湿性能弱，降低表面张力的能力差，活性小，但离子残留少，可以免清洗。

目前助焊剂常用的无卤素表面活性剂为多元醇型的非离子型表面活性剂如烷基酚聚氧乙烯醚（NP、OP、Tx）系列、脂肪醇聚氧乙烯醚（AEO）系列等。

由于非离子型表面活性剂在水中不电离，不以离子形式存在，因此决定了它在某些方面比离子型表面活性剂更为优越。非离子型表面活性剂具有如下特点：①稳定性高，不易受强电解质无机盐类存在的影响；②不易受 Mg^{2+}、Ca^{2+} 的影响，在硬水中使用性能好；③不易受酸碱的影响；④与其他的表面活性剂相容性好；⑤此类表面活性剂的产品大部分成液态和浆态，使用方便。此外添加 OP 系列非离子型表面活性剂可增进助焊剂对被钎焊材料的均匀润湿作用，使得焊点和钎缝规则、饱满。

 ## 五、在水基切削液中的应用

切削液是用在金属切削、磨加工过程中，用来冷却和光滑刀具和加工件的工业液体。表面活性剂在水基切削液中应用十分广泛，它是水基金属切削液的主要成分之一，其作用有多种，如乳化、防锈、润湿、润滑、防腐等。表面活性剂的用量和种类将直接影响水基切削液的性能。

（一）乳化作用

目前切削液用的乳化油几乎都是水包油型（O/W 型）。在水溶性切削液中，表面活性剂最主要的用途就是作乳化剂。用作乳化剂的表面活性剂通常为阴离子型和非离子型表面活性剂，如聚乙二醇二油酸酯、壬基酚聚氧乙烯醚、脂肪醇聚氧乙烯醚、Tween 80、油酸三乙醇胺、石油磺酸盐、烷基苯磺酸盐、脂肪酸盐等。而且阴离子型和非离子型表面活性剂复配使用，效果更好。多种乳化剂复配，可以发挥它们的协同效应，从而提高乳化效率，有助于减少乳化剂的用量，而且具有不同 HLB 值的非离子型表面活性剂复配时，其增溶能力大大超过其中任何一个。

（二）清洗作用

在金属切削过程中，工件表面常粘有金属粉末、砂粒、油等污垢。为除去这些污垢，使切削液具有一定的洗涤能力，可在切削液中加入适量碱性物质如碳酸钠、三乙醇胺，或其他表面活性剂如非离子型表面活性剂如平平加 O、OP-7、OP-10 等；或阴离子型表面活性剂如脂肪酸皂、烷基苯磺酸钠、十二烷基硫酸钠等。切削液的清洗作用是润滑、渗透、分散等综合作用的结果。若采用非离子型表面活性剂和阴离子型表面活性剂复配能起到显著降低切削液表面张力的作用，从而满足切削液的清洗作用。

（三）防锈作用

在水溶性切削液中防锈剂必不可少。切削液中使用的防锈剂许多都是表面活性剂，如油溶性防锈剂有石油磺酸盐（钠、钙、钡盐等）、金属皂等；水溶性防锈剂有单乙醇胺、二乙醇胺、三乙醇胺、油酸三乙醇胺、十二烷基二乙醇酰胺等。

（四）极压润滑作用

通常认为乳化油含油较多，其润滑性要比不含油的透明切削液好。这是由于乳化油中的基础油是油性基团，依靠物理吸附作用黏附在摩擦表面，从而起润滑作用。但有关文献表明，乳化油起润滑作用的并不是基础油，而是带极性基团的表面活性剂。单独用这些表面活性剂溶于水所得溶液的摩擦系数和乳化油本身的摩擦系数相近，甚至更小。而乳化油中如不含具有极性基团的表面活性剂，摩擦系数就变大。这是由于带极性基团的表面活性剂在金属表面能形成物理或化学吸附，吸附膜比较牢固，能起到良好的润滑作用。

合成切削液不含油，其润滑作用也主要取决于表面活性剂，只要选择合适的表面活性剂，合成切削液完全有可能达到或超过乳化切削液的润滑水平。

六、其他方面的应用

（一）在金属注射成型工艺中的应用

金属粉末注射成型（metal powder injection molding，简称为 MIM）是一种从塑料注射成型行业中引伸出来的新型粉末冶金近净成型技术。在金属粉末注射成型中表面活性剂的加入可以降低表面张力，减小润湿角，有效地改善黏结剂的润湿性能和增强黏结剂与粉末的结合力，减少由于黏结和粉末分离所产生的产品缺陷，同时改善喂料的流变性。少量的表面活性剂可在硬质合金球磨过程中通过降低界面张力和形成表面电势，优化球磨工艺，减少球磨时间。

（二）在金属的机械抛光和化学抛光中的应用

在金属制件的精加工过程中，抛光是一种常用的技术。在金属的机械抛光和化学抛光工艺中，表面活性剂也得到广泛的应用。所用的表面活性剂，按在抛光过程中所起的作用分类，有润湿剂、分散剂、光亮剂和消泡剂等，表面活性剂不仅可改善抛光面的光亮度，还具有保护表面的作用。

以非离子型表面活性剂为主要成分的新型液体抛光剂，由于其中的分子对金属钨及其他多种硬质合金制件有较大的亲和力及润湿性能，同时又具备一定的洗净及防锈效果，因此可广泛用于各种金属制件的精抛光。

（三）在金属的压力加工过程中的应用

在金属的压力加工过程中，特别是在轧制和高速拉拔时，为获得表面光洁、形状良好的产品以及延长工具的寿命，广泛采用含有表面活性剂的乳液，用于冷却，润滑工、模具，控制辊型和模孔尺寸。由于乳液中含有比例合适的矿物油和动、植物油，所以它不仅具有良好的冷却性能，还具有优良的润湿性能。这类乳液已广泛用于金属带材、板材的轧制，以及线材、丝材的拉拔等工艺。钢带在冷轧后的退火工序中，由于强烈受热，使残留的油分炭化、分解，因而沾污了钢带的表面，给随后的再加工带来麻烦。为消除这种现象，近年来已研制出不仅具有优良的冷却、润滑性能，而且具有抗退火沾污性能的乳状液。采用这种乳状液，钢带轧制后不经清洗，直接退火，也能得到光洁度较好的表面。

（四）金属铸造行业中的应用

在金属铸造行业，采用了"流态自硬砂"新工艺，即在型砂中加入表面活性剂和添加剂，使型砂具有很好的流动性。灌注在砂箱或芯盒内后，经过几小时就可自动硬化造型。这种新工艺，和传统的人工桩砂、撬砂、高温烘烤的落后工艺相比，工艺简单，可节约劳动力 4/5，生产效率提高 2～3 倍，型砂消耗减少30％～40％，而且消除了由于车间烟、尘弥漫造成直接影响工人身体健康的弊端。

（五）钢铁的热处理工艺中的应用

在钢铁的热处理工艺中，表面活性剂被广泛用于配制淬火液。在许多淬火油中，加入表面活性剂，可使淬火后粘在工件上的淬火油易于用水冲洗干净。在快速淬火油中，加入表面活性剂，可提高冷却速率。在光亮淬火油中，加入的光亮剂是无灰分的表面活性剂。近年来已采用含有表面活性剂的水基淬火液，它的冷却速率范围宽，淬火性能优良，受到普遍欢迎。

参考文献

[1] 霍月青，牛金平．中国洗涤用品工业，2016，(7)：42．

[2] 苗琦，苗华威．台声：新视角，2005，(2)：195．

[3] 李春梅，谷宁．电镀与环保，1998，(4)：5．

[4] 余浩，蒋显全．表面活性剂在金属注射成型工艺中的应用研究，加速功能材料自主创新，促进西部战略性新兴产业发展——2011 中国功能材料科技与产业高层论坛，中国重庆，2011：3．

[5] 谢协忠，李燕，孙学军．化学清洗，1999，(4)：25．

[6] 郑家春，杨晓军，雷永平，等．天津工业大学学报，2011，(4)：57．

[7] 欧阳平，蒋豪，张贤明，等．应用化工，2015，(5)：944．

第十一章

表面活性剂在农业中的应用

表面活性剂在农业中的应用主要体现在农药和化肥两大领域。此外，表面活性剂还用于污染土壤修复和农业节水两个领域。表面活性剂应用于污染土壤的修复将在本书第十四章介绍。本章主要介绍表面活性剂在农药[1~3]和化肥工业[4~5]中的应用。

 一、表面活性剂在农药中的应用

农药剂型有粉剂（D）、可湿性粉剂（WP）、乳油（EC）、粒剂（G）、悬浮剂（F）、溶液剂（S）、微囊剂、锭（片）剂、熏蒸剂等十余种。绝大多数农药剂型都是用水稀释后，用喷雾器喷洒使用。农药有效成分只有与有害生物或被保护对象接触并且摄取或吸收后才可发挥作用，但由于大部分农药原药难溶于水而无法直接加水喷雾或以其他方式均匀分散并覆盖于被保护作物或防治对象上，因此只有少部分药剂能真正到达和黏附在靶标上。由于药液分布或渗透性不好，农药活性成分在进入植物到达靶标部位前有较大的损失。对此，常通过添加表面活性剂助剂以增加到达靶标的药量和提高活性成分的药效。

表面活性剂通过改变界面状态从而在固体界面上发生吸附，改善化学过程，增强药剂功能。表面活性剂在农药中起着润湿、分散、乳化和增溶等作用，可改善农药原药的润湿性、渗透性、起泡/消泡性、乳化性、分散性等。农药与表面活性剂的配合使用，大大降低溶液的表面张力，增强药剂在植物或害虫体表的润湿、铺展以及附着力，大大提高了农药的药效，降低用药成本并减少环境污染，并对农药剂型的稳定性产生重要影响。目前，作为农药制剂中重要的组成部分，表面活性剂广泛应用于乳油、可湿性粉剂、悬浮剂、水乳剂和微乳剂等农药剂型中。

表面活性剂作为农药增效剂可应用在除草剂、杀虫剂、病毒防治等方面。表面活性剂用于农药制剂还可作防漂移剂、展着剂、防尘剂、增黏剂、消泡剂、发泡剂；用作稳定剂时，主要保持和增强产品物理化学性能，特别是防止和减缓有效成分的分解；还可利用本身性质起生物作用，可插入到细胞质膜中，破坏膜结构。

（一）表面活性剂在乳油中的应用

乳油是将农药原药按规定的比例溶解于有机溶剂中，再加入一定量的农药专用乳化剂而制成的均相透明油状体系。乳油有效成分含量较高，加水稀释成一定比例的乳状液便可使用。

在乳油的加工过程中，表面活性剂作为乳化剂起乳化、分散和润湿等作用。农药原药和溶剂一般都是憎水型的，当乳油被水稀释时，表面活性剂的乳化作用使体系形成相对稳定的水包油型乳状液；表面活性剂的分散作用可防止乳状液分层沉积或絮凝，从而使乳状液保持稳定；表面活性剂的润湿作用主要是使药液能完全润湿并附着于靶标上，防止药液流失，从而发挥药剂的防治效果。

（二）表面活性剂在可湿性粉剂中的应用

可湿性粉剂是一种以无机矿物质为载体，并与一定量助剂按比例充分混匀和粉碎后，达到一定质量标准的细粉。表面活性剂作为其中的助剂，赋予制剂遇水润湿、分散、悬浮的功能，使六六六等固体农药制剂由粉剂升级为可湿性粉剂。

（1）润湿剂　农作物的茎叶害虫表面会存在一种疏水性蜡质层，这些物质构成了低能表面，大多数化学类农药本身难溶或不溶于水，而大多数农药常以水溶液形式喷施。由于药液的表面张力比这些低能面的临界表面张力高，在通常情况下，药液与植物直接接触是不易铺展的，多数农药原药由于憎水，容易在水稀释液中产生漂浮。所以农药的使用过程中，以水为基质的制剂如悬浮剂、微乳剂、水分散料剂等都需要加入表面活性剂作为润湿剂，可增加润湿性和渗透性，提高粉剂在水中的润湿程度，从而形成悬浮液。润湿剂不仅可以有效地降低农药药液的表面张力和液/固界面张力，降低药液与生物靶标的接触角，增加药液在生物靶标表面的润湿和铺展能力，还可以保持农药的有效浓度，增强植物的吸收，从而提高药效，加强农药的药性发挥。优良的润湿剂应能在动态条件下有效降低表面张力，所以润湿剂应具有以下结构特点：亲油基不宜太长，且带支链；亲水基在亲油基中间；亲水基与溶剂的作用不宜太强。目前在可湿性粉剂中常用的润湿剂有以十二烷基硫酸钠（SDS）和十二烷基苯磺酸钠（SDBS）为代表的阴离子型表面活性剂以及以脂肪醇聚氧乙烯醚（JFC）和烷基酚聚氧乙烯醚（NP）为代表的非离子型表面活性剂。

（2）分散剂　表面活性剂可吸附于油/水界面或固体粒子表面，亲水基团朝向水相，亲油基团朝向药物颗粒，定向排布在水相和药物颗粒之间，在粒子周围形成电荷或空间位阻势垒，使粒子间的排斥力、粒子表面的电荷、颗粒上的吸附层力度加大，因而可作为分散剂以促进可湿性粉剂粒子在水中的分散，使其以细小微粒均匀的分散溶于水中或悬浮，也能有效降低原药中的粒子密度，阻碍可湿性粉剂悬浮液在被应用之前发生沉降、结晶、絮凝等再次凝结，使其在较长时间内保持均匀分散。

目前广泛应用于可湿性粉剂中的分散剂有木质素磺酸盐系列产品，如木质素磺酸钠（钙）和羧基化木质素磺酸钠等。

（3）其他助剂　用于可湿性粉剂中的表面活性剂还可作渗透剂、展着剂、稳定剂、抑泡剂和助流剂等，这些助剂对可湿性粉剂的稳定性和使用方便性同样起到很好的作用。如有机硅等作为渗透剂，油酸钠和油酸三乙醇胺等作为展着剂。

（三）表面活性剂在悬浮剂中的应用

悬浮剂又称胶悬剂，是由不溶或微溶于水的固体原药借助助剂，通过超微粉碎均匀地分散于水中，形成一种颗粒细小的高悬浮、能流动的稳定液固体系。悬浮剂有效成分粒子很细，能够比较牢固地黏附于植物表面，耐雨水冲刷，有较高的药效，适用于各种喷洒方式，也可用于超低容量喷雾，在水中具有良好的分散性和悬浮性。应用于悬浮剂中的表面活性剂主要起润湿分散和消泡作用。

（1）润湿分散剂　由于悬浮剂的原药颗粒很小，且与水有很大的相界面，裸露的原药颗粒界面间亲和力很强，吸引能很高，很容易导致原药颗粒聚结并变大、结块，从而降低悬浮剂的稳定性。在悬浮剂中加入表面活性剂可有效解决这一问题：一方面，表面活性剂吸附在原药预混物粒子的表面，润湿有效成分粒子，排出粒子间的空气，使其不再以裸露的形式存在，从而减小粒子间的吸引能；另一方面，表面活性剂在粒子周围形成扩散双电层或在粒子界面上形成致密的保护层，通过静电斥力或位阻效应阻止粒子絮凝和凝聚，从而提高悬浮剂的稳定性。

（2）消泡剂　除少数特殊场合外，大多数农药在使用过程中是不需要靠表面活性剂产生泡沫的。在悬浮剂的加工和应用过程中极易产生气泡，气泡的存在会降低有效成分的均匀性和田间作业效果。在悬浮剂中加入消泡剂，可有效控制泡沫。消泡剂的表面张力较低，容易在溶液表面铺展。当消泡剂进入气泡液膜后，顶替原来液膜表面上的表面活性分子，使接触处的表面张力和液膜其他处的表面张力不一致，继而发生一系列变化，最终导致气泡破裂而消除。

以改性聚醚为活性成分的有机硅消泡剂不仅与水有良好的亲和性，耐高温、耐强碱，而且具有自乳化性、浊点现象等，使其能充分发挥消泡和抑泡的作用。

（四）表面活性剂在水乳剂中的应用

大多数农药原药都不溶于水，油和水明显分层，这样的乳状液不具有实用价值。加入含有乳化作用的表面活性剂来稳定原药中的乳状液，乳化剂可对保护膜起到保护作用，阻止油滴重新聚集，增加农药乳状液的稳定性。

表面活性剂应用于农药乳化剂中，主要是能促使两种互不相溶的液体形成稳定乳状液，是制备农药乳状液并赋予乳状液稳定性的物质，是水乳剂制作中的一个关键环节，决定乳油质量的一个关键因素。乳化剂质量和性能的好坏直接决定了水乳剂的储存稳定性。选择合适的乳化剂能形成良好的水包油型体系，延长产品的货架寿命，有利于提高产品的施药效果和药效的持久发挥。

（五）表面活性剂在微乳剂中的应用

农药微乳剂也被称为水基乳油或可溶化乳油，是基质水和液体的农药原药在表面活性剂和助表面活性剂存在下自发形成的热力学稳定的分散体系，粒径一般为 10～100nm，外观呈透明或半透明。农药微乳剂具有配制工艺简单、稳定、传递效率高和安全等优点，是近年来很受欢迎的新型绿色农药剂型。

形成微乳剂的先决条件是表面活性剂，选择合适的表面活性剂作为乳化剂是制备微乳剂的关键。微乳剂在微观结构上存在 3 种类型：水包油（O/W）型、油包水（W/O）型和双连续结构，但只有水包油型的农药微乳剂与环境相容，具有使用价值。常采用非离子型表面活性剂或含非离子基团的混合型表面活性剂来制备水包油型微乳剂，使用阴离子/非离子型表面活性剂复配，既能增加非离子型表面活性剂的浊点，又能增加低温时阴离子型表面活性剂的溶解度，保证微乳剂在相当宽的温度范围内保持均相透明。

（六）表面活性剂在其他剂型中的应用

除以上农药剂型外，表面活性剂也在其他剂型如水分散粒剂、微囊悬浮剂和悬乳剂等农药剂型中有所应用。

表面活性剂已经成为现代农药制剂中不可缺少的组成部分，农药制剂如今朝向水性化、颗粒化、多功能、省力化和精细化等多方向发展，高效、安全、经济且与环境相容的农药制剂正在创新兴起，农药加工中对表面活性剂的使用需要更精准的选用和配备，因此需要大力开展乳化能力、分散能力、吸附能力等全方位性能强的表面活性剂的研究，促进新型表面活性剂及其他助剂的产生，特别是有机硅表面活性剂的应用，更是极大地改善了农药的施用效率和效果。关于硅表面活性剂在农药中的特殊应用见本书第十八章。

二、表面活性剂在化肥工业中的应用

（一）表面活性剂在化肥防结块中的作用

化学肥料在储存、运输过程中容易发生结块，其主要原因有 2 种：①由于物理原因（如湿度、温度、压力和储存时间等外部因素或颗粒粒度、粒度分布、吸湿性、溶解性和晶习等内部因素），肥料颗粒表面发生溶解，水分经蒸发后重结晶，然后颗粒间发生桥接作用而结块。尿素、硝铵、硫铵、氯化钾和复合（混）肥料都易因此而结块。②由于化学原因（如晶体表面化学反应或晶粒间的液膜中发生复分解反应），有杂质存在的晶粒表面在接触中产生化学反应，与空气中的 O_2、CO_2 发生化学反应或在堆置储存过程中继续发生化学反应。如过磷酸钙和重过磷酸钙，由于原料磷矿特性不同，若与硫酸反应后得到的鲜肥黏度过高、结构密实，不仅熟化期过长且熟化后的产品易形成坚硬的块状物。

产品结块不仅给使用带来诸多不便，而且有时还会造成有效养分损失。目前，为防止肥料产品结块常采用：①惰性粉末，此类如高岭土、二氧化硅、硅藻土和滑石粉等；②无机盐，例如硫酸铝、硝酸铝（镁）或多磷酸铵（钾）等，这类防结块剂特别适合结晶化肥硝酸铵和硫酸铵等；③非表面活性的有机化合物，此类如石蜡、聚烯烃与氯硅烷等；④表面活性剂，本节主要介绍表面活性剂法。

1. 表面活性剂的防结块作用机理

在肥料颗粒表面涂敷表面活性剂或在结晶过程中向反应体系加入少量的表面活性剂，则所得产品具有良好的防结块或疏松性能。表面活性剂的防结块或疏松作用机理如下：

① 表面活性剂在晶体表面形成包裹膜，在晶粒间产生机械隔离效果；

② 表面活性剂吸附在晶体表面以形成疏水层，将化肥颗粒表面由亲水性转变成疏水性，阻碍晶体产品与大气的水分交换，保护颗粒不受外界潮气的影响，从而抑制晶体表面的溶解和重结晶过程；

③ 表面活性剂可降低溶液的表面张力及固液间的接触角，从而降低晶体物料对溶液的毛细管吸附力；

④ 表面活性剂参与晶体生长过程，改善化肥结晶习性，改进晶体的生长。表面活性剂有选择地吸附于特定的晶面上，大大降低化肥晶体的界面能，抑制成核作用，以改变各晶面的相对生长速率，从而改变晶体的形态（晶习），产出疏松、平滑、不易结块的晶体。

以碳酸氢铵化肥用防结块剂十五烷基磺酰氯为例。十五烷基磺酰氯加入碳化系统后，与氨水反应生成十五烷基磺酸铵。此种阴离子型表面活性剂在碳化氨水溶液中形成乳状液，其中存在着由一定数目、有多个表面活性阴离子组成的胶团。由于胶团表面及附近的 NH_4^+ 浓度比远离胶团处的 NH_4^+ 浓度大得多，通入变换气后碳酸氢铵晶核首先在胶团的附近形成，这样晶核形成的数目将被胶团所控制，有利于结晶长大。同时表面活性剂在碳酸氢铵微晶的表面上以亲水基接触碳酸氢铵颗粒表面而形成选择定向吸附，使界面被疏水基覆盖显示疏水性，这样可防止化肥成品与空气中水汽接触，使界面状态性质发生显著变化，有效防止晶体间黏结，从而达到良好的防结块效果。

2. 用于防结块作用的表面活性剂

可以作为防结块剂的表面活性剂应具备如下条件：

① 混入产品后，应具有持久的防结块能力；

② 具有良好的化学稳定性；

③ 没有明显地降低产品的质量；

④ 对产品的使用无不良影响；

⑤ 处理使用方便；

⑥ 不显著增加产品成本，即添加剂价格不高或用量不大。

适用于肥料防结块的表面活性剂见表 11.1。

表 11.1　肥料防结块用表面活性剂及处理方式

表面活性剂	处理方式	适用的肥料品种
（1）烷基硫酸盐、烷基苯磺酸盐、烷基萘磺酸盐等阴离子型	颗粒表面处理	硫铵、硝铵
（2）上述阴离子型与膨润土、高岭土复配、脂肪酸及其衍生物、烷基胺盐	颗粒表面处理	尿素、复合（混）肥料
（3）烷基苯磺酸铵、仲烷基硫酸铵、十五烷基磺酰氯等阴离子型和二氰二胺两性型	颗粒表面处理或参与结晶过程	碳酸氢铵
（4）十七至二十一烷基胺	颗粒表面处理	氯化铵
（5）高分子-表面活性剂络合物、脂肪胺矿物油剂。其中高分子：聚乙酸乙烯酯、聚乙烯醇缩丁醛、聚丙烯酸酯、聚乙烯醇及其部分乙缩醛合物、聚乙烯烷基醚、聚乙烯丙烯酰胺；表面活性剂：烷基硫酸盐、烷基苯（萘）磺酸盐，烷基（芳基）聚氧乙烯醚	颗粒表面处理或参与结晶过程	磷铵、过磷酸钙、尿素、重过磷酸钙、硝酸磷肥、硫铵、氯化铵
（6）胺盐阳离子型或与惰性剂的复配	颗粒表面处理	硝铵、复合（混）肥料

一般来说，阴离子型表面活性剂能吸附在颗粒的表面上形成抗黏结层而起防结块作用，或加入反应系统中以改善反应产物的结晶状况，从而改善其产品质量；阳离子型表面活性剂也可在肥料颗粒表面形成疏水膜而起防水的效果，烷基链越长效果越明显。

（二）表面活性剂在化肥工业中的其他应用

1. 改进晶习

在湿法磷酸生产中，通过添加表面活性剂能改善结晶过程的习性，获得粗大、易过滤的硫酸钙晶体。如将烷基苯磺酸（ABS）、异丙基萘磺酸盐或癸基苯磺酸盐加入反应系统，能抑制二水物晶核的生成，使晶体成长得更为粗大，还能促进半水物结晶在较低温度下的介稳定性，以提高磷石膏结晶的过滤速率，减少 P_2O_5 的损失。

2. 减水剂

减水剂是在不影响料浆（或矿浆）流动性能等条件下而使用水量减少的一种添加剂。表面活性剂作为减水剂在磷复肥生产中使用的一个主要领域是湿法过磷酸钙生产。湿法过磷酸钙生产具有噪音低、环境污染程度轻等优点。加水量低，则矿浆黏度过高，不利于矿浆的流动，尤其对于亲水性磷矿；加水量高，不仅导致产品物性变差、易结块，而且易使产品水分含量超标成为不合格产品。选择合适的减水剂就能对磷矿颗粒起分散作用，降低矿浆的黏度，增强矿浆的流动性。

3. 颗粒崩解剂

粉状肥料由于存储、施用不便而日益受到国内市场冷落，东南亚、韩国、日本等周边国家对颗粒钙镁磷肥、过磷酸钙也有一定的需求。我国的传统粉状肥料品种钙镁磷肥、过磷酸钙、氯化钾等如能进行粒化，则一定会深受国内外广大用户的欢迎。

颗粒肥料在施入土壤中要求具有较好的崩解性（即速散性），以便使肥料与土壤和植物根系有较大的接触面积，利于养分的吸收。颗粒肥料崩解剂是在肥料造粒时加入，使得肥料颗粒能在水中或土壤中崩解溶于或分散于水和土壤中。用作崩解剂的常用表面活性剂有 $C_8 \sim C_{18}$ 烷基磺酸盐、α-烯基磺酸盐、脂肪酸-N-甲基牛磺酸盐等。

4. 消泡剂

在湿法磷酸生产搅拌、流动、过滤等操作中，常因空气的混入而产生大量气泡，而气泡在溶液中又不易消散，给进一步加工操作造成困难。为消除这些弊端，必须添加消泡剂以防止气泡的生成或使已经生成的气泡能迅速破灭或逸出。

消泡剂能降低空气与溶液的界面自由能，从而使气泡难以生成或形成后马上消失。对消泡剂的性能要求有以下几点：①消泡剂必须与泡沫表面的活性物质有一定亲和力；②消泡剂的表面张力一定要低于起泡液的表面张力，以便消泡剂的微粒在泡膜上扩展和渗入；③消泡剂在起泡液中应该是不溶或难溶的，这有利于消泡剂在泡膜上集中和浓缩，并在低浓度下发挥作用。

消泡剂的种类主要有低级醇系、有机极性化合物系、矿物油系和聚硅氧烷树脂系等。低级醇系只有暂时性破泡性能，因此仅用于泡沫增加时的临时消泡。聚硅氧烷树脂系具有良好的破泡能力和抑泡能力，但价格较高。矿物油做消泡剂价格最为低廉，但性能不如聚硅氧烷树脂系。有机极性化合物做为消泡剂的消泡能力和价格均处于聚硅氧烷树脂系和矿物油系之间。

5. 肥料缓释剂或增效剂

为提高肥料的利用率，可采用一些表面活性剂以物理或化学的方法加入到扑粉剂、添加剂中或形成包裹或微胶囊层，所制得的产品在施入土壤中能有效地控制肥料的养分释放速率（如对尿素等氮肥品种）或减少有效磷在土壤中的固定，以减少养分的流失和低效释放。这种表面活性剂要求持续时间长、对环境的污染和残留毒性均较低。目前文献认为比较有效的尿酶抑制剂有邻苯基磷酰二胺（PPD）、N-丁基硫代磷酸三胺（NBPT）、氢醌和硫脲等，其作用是延缓尿酶对尿素的水解，使较多的尿素能扩散移动到土表以下的土层中，以减少氨挥发损失。比较有效的硝化抑制剂有 2-氯-6-三氯甲基吡啶（CP）、脒基硫脲（ASU）、1，2，4-三唑盐酸盐（ATC）和双氰胺（DCD）等，其作用是抑制硝化速率，减缓铵态氮向硝态氮的转化，从而减少氮素的反硝化损失和硝酸盐的淋溶损失，此外还减

少消化过程中 N_2O 的逸出和 NO_2—N 的积累以及改善作物的品质，如国内开发的"长效碳铵"就是选择了 DCD 作为硝化抑制剂。

6. 液肥的乳化稳定剂、增溶剂和叶面展着剂

随着施肥、节水技术的进步，液面喷施作为强化作物营养、防治某些缺素病状、降低施肥成本的一种施肥措施正在兴起。液肥以及配合滴灌、喷灌技术的全水溶性和悬浮性肥料已经引起肥料开发者的极大兴趣。表面活性剂在研制和生产这些肥料中的应用主要体现在 4 个方面：①作为乳化剂来稳定乳液；②作为增溶剂来提高和改善肥料在水中的溶解性能；③作为叶面分散剂便于肥料有效成分在叶面上的润湿、附着和吸收；④作为叶面展着剂，要求其具有抗蒸腾性、低泡性、延效性、增效性和生物降解性等。常用的表面活性剂为脂肪酸聚氧乙烯酯非离子型、聚丙烯酰胺阴离子型及复合型。

7. 作牲畜粪便脱臭剂或垃圾处理剂

针对土壤有机质含量的下降和环境保护意识的增强，将牲畜粪便或生活垃圾制成商品有机肥料供农业使用不失为一条化废为宝、化害为利的途径。选择合适的阳离子型表面活性剂，如季铵盐、吡啶盐、咪唑啉盐和异喹啉盐等杀菌剂以及烷基酚聚氧乙烯醚、壬基酚聚氧乙烯醚等清香型表面活性剂作牲畜粪便脱臭剂或垃圾处理剂，可提高其便利使用的程度，从而拓展有机肥的使用。

三、表面活性剂在农业节水中的作用

我国是世界上最缺水的 13 个国家之一，保护水资源的方法之一就是抑制水的自然蒸发，特别在干旱地区有重要的和实际的意义。表面活性剂在农业节水中的应用主要用于抑制大面积水体表面的蒸发损失，最可行的方法是在水体表面铺展水分蒸发抑制剂，包括两个方面：水分蒸发抑制剂和液体地膜。

（一）表面活性剂单分子膜抑制水和底液蒸发

早在 20 世纪 50 年代初，我国胶体科学的主要奠基人之一傅鹰院士在他的胶体科学讲义中就指出"在水坑上铺一层油可以阻止水的蒸发，此种研究在理论上很有研究价值，因为它们可以帮助我们了解扩散的机理；在国民经济中也有很大的价值，因为在不久的将来在我国许多天气干燥的地区，特别是西北，必有无数的大蓄水池，而在夏天蓄水池中的水蒸发是一个极大的消耗。"近年我国吴燕等研究了十六碳醇与脂肪醇聚氧乙烯醚（AEO-3）形成的混合单分子膜抑制水分的蒸发[38]。其研究结果表明，25℃时当膜表面浓度为 8.0×10^{-2} g/m² 时，十六醇的抑制水蒸发率最高为 35%，引入 AEO-3 后，C_{16}醇与 AEO-3 比为 7∶3 时抑制率最高达 60%。室外实验表明，混合膜表面浓度为 4.0×10^{-1} g/m² 时 15d 后抑制率大于 30%。在 15～40℃范围内混合膜抑制率都高于十六醇的。并且十六醇膜和混

合膜都不妨碍气/水界面的氧气交换。AFM 图像表明，混合膜比十六醇膜有更好的凝聚性。

底液的蒸发是底液分子从底液中逃离至蒸气相的过程。当底液上铺有膜时，底液分子逃离液相受到阻力有三：液相分子的阻滞力（碰撞及分子间的各种作用力）、气相分子碰撞阻滞力、单层膜分子的阻滞力。当有表面膜存在时，上述三种阻滞力中膜的阻力 R_f 最大。

当温度、底液性质一定时，底液的蒸发速率 dQ/dt（Q 为 t 时间内通过 A 面积的膜的物质的量）与 R_f、表面面积 A、液相与气相的浓差 Δc 有关，即

$$dQ/dt = A\Delta c/R_f \tag{11.1}$$

显然，R_f 越大，蒸发速率越小。R_f 也称为蒸发比阻，单位为 s/cm。R_f 与成膜物的性质、表面压 π 大小、成膜物的溶剂（展开剂）有关：①R_f 随 π 增大而增大；②当 π 相同时，同系列成膜分子随碳原子数增多而增大（图 11.1）；③对于同一成膜物，展开剂非极性大的 R_f 大（图 11.2）。

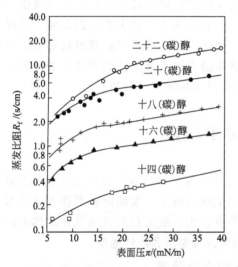

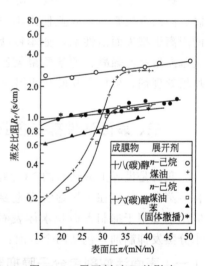

图 11.1　正构脂肪醇碳链长短对水的蒸发比阻 R_f 的影响　　图 11.2　展开剂对 R_f 的影响

虽然蒸发比阻 R_f 对底液的蒸发有很大影响，但也并非 R_f 越大越有利于实际应用，这是因为抑制底液蒸发对单层膜有多种要求：①形成的单层膜表面压高；②膜有扩张性，成膜分子间的作用力既不能太大也不能太小，膜在受外力作用下的破损易恢复；③底液为水时，膜有良好的空气通透性，不影响水质和水生动植物生存；④无毒、无害、不破坏环境、价格适宜等。几十年来在抑制水蒸发的研究中广泛应用的成膜物为十六（碳）醇，这不仅是因为十六醇是易于制备的工业用表面活性物质，而且其蒸发比阻 R_f 和展开速率间有较好的协调关系，其单层膜有抗风能力等。不溶性单层膜抑制水蒸发的研究早已在室外实际水面进行。Roberts 报道在美国伊利诺斯州两个相邻小湖进行对比实验，结果表明，铺有十六

醇单层膜的可减少水蒸发 40％，平均 1kg 十六醇一个夏季可减少 64000m³ 水的蒸发。我国水资源贫乏，人均水占有量仅有 2300m³，约为世界人均水平的 1/4，全国 600 多个城市中，400 多个缺水，开发大西北的首要困难就是水资源的开发和科学利用及保护。利用不溶性单层膜抑制水蒸发无疑是一种可行的方法，有待更广泛地深入研究。

（二）液体地膜

覆膜种植是我国北方地区农业生产的主要技术模式之一，但塑料地膜存在严重的环境污染问题，近年来液体地膜的出现解决了该问题。液体地膜是一种乳状悬浮液，经喷施后在土壤表层形成一层胶状薄膜，使土壤颗粒联结起来，起到地膜的作用。液体地膜的使用可使土壤表面形成多分子的网状膜，该膜能够封闭土壤表面孔隙，阻隔水分散失渠道，抑制土壤水分挥发，但不影响水分的渗入，同时分散的土壤颗粒可以胶结在一起，形成土壤团粒结构。液体地膜也有升高地表温度、促进种子萌发和生长的多重优点。因此，液体地膜具有良好的保墒、保温、固土、固沙等作用，可促进植被恢复、提高作物产量、改善作物品质、保护生态环境。

目前，我国液体地膜主要以可生物降解高分子材料、富含腐殖酸的有机物废液或煤粉、植物秸秆为原料，通过添加各种助剂、肥料、除草剂等制成黑色或棕褐色的乳状悬浮液，喷洒在土壤表面形成一层薄膜，起到地膜作用。

在液体地膜的加工过程中，少不了表面活性剂的参与，如欲使液体地膜成为乳状悬浮液，乳化剂和分散剂是必不可少的。在液体地膜中应用最多的是沥青乳化剂，大多为阳离子型表面活性剂。实际上，在液体地膜的加工过程中，一些高分子物质就被引入亲水基，成为高分子表面活性剂，如木质素磺酸盐，它们即可起到乳化剂和分散剂的作用。

 四、表面活性剂在种衣剂中的应用

种衣剂（seed coating agent）是在拌种剂和浸种剂基础上发展起来的。将干燥或湿润状态的种子，用含有黏结剂的农药组合物包覆，使在种子外形成具有一定功能和包覆强度的保护层，这一过程称为种子包衣，包在种子外边的组合物质称为种衣剂。种衣剂是工厂生产的含有不同农药成分，具有成膜性外观，砖红色的粉状物质，用此药剂对种子包衣，播种后可防止土壤中病虫的侵袭，同时，随着种子发芽出土，药剂从种衣中逐渐释放，被作物吸收，还可防治地上病虫害。

种衣剂由两部分组成：①活性成分，主要为杀虫剂和杀菌剂，有效成分主要有氟虫腈、咯菌腈、精甲霜灵、吡虫啉、苯醚甲环唑、多菌灵、福美双、克百威等；②非活性成分，也称为助剂，主要包括成膜剂、胶体分散剂、胶体稳定剂、乳化剂、渗透剂等。

种衣剂按形态分为：①干粉型种衣剂，将活性成分及非活性成分经气流干法粉碎、混合，采用拌种式包衣；②悬浮型种衣剂，将活性成分及部分非活性成分经湿法研磨后与其余成分混合而成的悬浮分散体系，采用雾化等方式包衣，该类种衣剂是主流类型；③胶悬型种衣剂，将活性成分用适当溶剂及助剂溶解后与非活性成分混匀而成的胶悬分散体系。

可以看出，不论是种衣剂本身的成分，还是种衣剂的加工过程，都少不了表面活性剂的参与。在种衣剂的加工过程中，表面活性剂起到成膜、分散、稳定、乳化、渗透等作用，在种衣剂的存放和使用过程中，表面活性剂可使杀菌剂和杀虫剂更有效，有些表面活性剂本身也起到杀菌和杀虫作用。

参考文献

[1] 周雅文，贾美娟，刘金凤，等. 日用化学工业，2015，(11)：606.
[2] 童富强. 化工管理，2014，(14)：47.
[3] 蒋殿君，陈维洪，范小英，等. 广东化工，2013，(23)：101.
[4] 汤建伟，张宝林. 化肥工业，2001，(3)：3.
[5] 张春霞，张应军，徐扬，等. 日用化学工业，2002，(6)：44.

第十二章

表面活性剂在高新技术领域中的应用

目前世界上表面活性剂约有 2 万种，年产量超过 1200 万吨。其中约 50％应用于工农业生产的各个领域，只有不到 50％应用于生活洗涤和个人防护品生产。21世纪以来，以信息技术、材料技术和生物技术为重点的高新技术产业迅速发展，已成为国家竞争力的重要组成，也是国民经济发展新的增长点。经过多年努力，我国已经建立了包括航空航天、核能、电子技术、光电工程、计算机科学、新材料技术、自动化技术和精密仪器仪表等在内的高新技术产业。表面活性剂在高新技术产业中的应用也越来越广泛和深入，成为其中不可或缺的重要助剂。

本章简要介绍了表面活性剂在电子信息技术、新材料、新能源和环境保护中的应用。

 一、表面活性剂在电子信息技术中的应用

电子信息技术是近年来发展最为迅速的行业，使人类社会进入信息化时代。依赖具备润湿、增溶、乳化及去污等性能，表面活性剂在电子信息技术领域有广泛的应用。随着科学技术的进步，表面活性剂与电子信息技术的结合必将更加密切。

表面活性剂主要应用于微电子元器件加工、影像材料制造及磁记录材料生产等方面。

（一）表面活性剂在微电子元器件加工中的应用

半导体集成电路是电子信息工业的核心产品，是电子产品性能的决定性因素。

近年来，集成电路的制备技术不断发展。Intel 公司在 1995 年实现 350nm 加工工艺，并在此后不断更新，依次实现了 250nm（1997 年）、180nm（1999 年）、130nm（2001 年）、90nm（2004 年）、45nm（2007 年）、32nm（2009 年）加工工艺。2016 年，Intel 推出了第三代 14nm 产品，并计划于 2017 年推出 10nm 产品，此后开始试制 7nm 和 5nm 产品。随着加工工艺的精细化，相同尺寸硅片上排列的晶体管数目显著增大，体积更趋微型化，排列更加紧密，晶体管性能受硅片表面规整程度和洁净水平的影响更大。集成电路加工工艺有数百个步骤，每次加工都可能产生污染导致性能缺陷，降低器件成品率。因此对硅片表面进行清洗是集成电路加工中的重要步骤，表面活性剂在清洗过程中有重要应用。

硅片表明常存在的污染物有以下三种：分子型污染物（加工中使用的油脂、光刻胶、黏合剂等的残留）、离子型污染物（磨料、抛光剂、腐蚀剂残留等，常含有 K^+、Na^+、Mg^{2+}、Ca^{2+}、Fe^{2+}、H^+、Cl^-、OH^- 和 CO_3^{2-} 等离子）和原子型污染物（加工中使用的铜、银和金等金属沉积到硅片表面）。表面活性剂水溶液与硅片接触后，会迅速在其表面展开形成保护层，并将污染物剥离硅片表面，从而达到清洗目的。常见的集成电路清洗剂配方如表 12.1 所示，采用非离子型表面活性剂与离子型表面活性剂复合体系。

此外，表面活性剂在硅片切割、打磨、抛光及刻蚀等工艺中也有一定应用。

表 12.1　半导体清洗剂配方

成分	质量分数
烷基醇聚氧乙烯醚	6%～15%
烷基酚聚氧乙烯醚	3%～5%
烷基醇酰胺	3%～5%
油酸三乙醇胺	5%～10%
EDTA	0.1%～1%
醇类	1%～5%
去离子水	余量

（二）表面活性剂在影像材料中的应用

影像技术是将信息（光、电子及射线等）固定为可见图像的技术，其基础为影像材料。常见的影像材料有感光乳剂型、液晶型、半导体型和磁介质型等。表面活性剂在感光乳剂型材料中具有重要应用。

感光材料常通过乳状液涂布法附着于基体（相纸、玻璃及膜等）表面后干燥得到成品。涂布液在基体表面厚度的均一稳定是产品质量的决定性因素。涂布液与基体表面可能存在的不浸润现象，以及涂布液中疏水组分（如油脂类物质）在基体表面聚集等现象严重影响感光材料的品质。在涂布液中加入表面活性剂后，涂布液表面张力降低到基体表面临界表面张力以下，使得涂布液与基体表面浸润，可迅速铺展成膜，实现均一涂布；同时，表面活性剂可提高涂布液中疏水组分在水中的溶解性，避免其局部富集，增强了涂布的均匀性。常见用于涂布液中的表面活性剂有二异辛基琥珀酸酯硫酸钠、辛基苯基聚氧乙烯醚、脂肪醇聚氧乙烯醚硫酸钠、烷基氧化胺、烷基甜菜碱和聚醚改性硅油等。

烷基醇聚氧乙烯醚、烷基酸聚氧乙烯酯和聚乙二醇基甜菜碱{$(C_n H_{2n+1} N^+$ $[(CH_2CH_2O)_p H]_2 CH_2 COO^-)$}等表面活性剂可作为感光材料显影过程中的显影促进剂使用。同时，表面活性剂在静电复印、喷墨打印和热转移印刷等领域也有应用。

（三）表面活性剂在磁记录材料中的应用

磁记录材料指以磁化形式实现记录、还原和储存声音、图像和数码等信息的记录材料，由磁粉制成的磁性层和承载它的支持体组成。其中磁粉有 γ-Fe_2O_3、钡铁氧体和合金磁粉等品种。颗粒度均匀分散良好的磁粉是磁记录材料制造中的关键技术之一，常通过对原料的分步研磨实现。原料和表面活性剂水溶液首先在球磨机中进行研磨，之后向研磨液中加入聚合物继续分散。表面活性剂可促进磁粉大颗粒解体、磁粉颗粒表面润湿，使磁粉形成稳定性好的磁浆。

磁记录材料制备中所用的表面活性剂有以下几种：有机磷酸酯类表面活性剂、聚醚改性硅油、十二烷基磺酸钠、二异辛基琥珀酸酯磺酸钠和十二烷基苯磺酸钠等。

（四）表面活性剂在电子陶瓷中的应用

电子陶瓷是指在电子工业中应用的具有特定电/磁性质的陶瓷。通过对材料表面、晶型和尺寸结构的精密控制，电子陶瓷具有不同于普通陶瓷的特性，作为电容器、电阻、传感器、振荡器及燃料电池的重要组成部分，广泛应用于能源、家用电器及汽车等方面。电子陶瓷的生产过程主要有原粉生产、成型加工、烧结处理和表面金属化等工艺，原粉品质决定了最终产品的性能，在陶瓷原粉生产过程中，表面活性剂具有很好的分散、螯合及润湿等作用，可阻碍粉体在液相中的团聚，从而达到通过液相合成法制备粒径较小、粒径分布均匀且纯度较高的粉体材料的目的。

钛酸钡（$BaTiO_3$）是应用较多的电子陶瓷材料，广泛应用于电容器、热敏电阻、压电陶瓷和光电器件中。国内外高纯钛酸钡的生产方法主要有固相法、草酸共沉淀法和水热法三种，前两种方法存在粉体粒径大（大于 100nm）及批次稳定性较差等缺陷。水热法具有粒径小、粒径分布窄且团聚少等优点，是钛酸钡生产的发展方向。

十二烷基三甲基氯化铵/十二烷基苯磺酸钠、聚乙二醇、氢氧化钡、氢氧化钛和蒸馏水置于水热反应釜中，搅拌 10min 后密闭升温至 $150\sim240℃$，控制反应时间为 $4\sim24h$，反应结束后冷却，抽滤收集滤渣并用蒸馏水洗涤，再烘干得到钛酸钡粉体。研究发现，十二烷基苯磺酸钠用量适当时，颗粒吸附表面活性剂后能增加颗粒间静电斥力和空间位阻，较好地改善粉体的分散性；十二烷基三甲基氯化铵浓度越高，颗粒表面电势越大，颗粒分散性越好；聚乙二醇浓度越高，其在颗粒表面的覆盖率越大，颗粒间位阻越显著，颗粒团聚越少，分散越稳定。

烷基葡萄糖苷（APG）、十二烷基甜菜碱、十六烷基三甲基溴化铵及十二烷基硫酸钠分别同聚氧乙烯配合使用，也可用于高纯钛酸钡超细粉末的生产。与其他表面活性剂相较，APG减小钛酸钡粒径的能力最强；其用量为0.5％时，颗粒粒径减小、比表面积最大（12.02m²/g），当烷基葡萄糖苷用量高于0.5％时，颗粒比表面积下降、粒径变大。钛酸钡粉体的粒度及分散性能随APG加入量变化的原因是APG是非离子型表面活性剂，其分散机理可概括为电荷效应和位阻效应。分散剂加入量太少，不但颗粒间的静电斥力不够强，而且也不能彻底遮蔽颗粒间的非架桥羟基和吸附水，外来粒子就可以吸附在空白位置上形成搭桥效应，引起颗粒团聚，粒度增加，无法达到良好的分散效果。分散剂加入量过大，没有明显改善分散效果，并且有使颗粒粗大的趋势。一方面因为表面活性剂浓度过高时，引起溶液黏度增大，胶粒移动困难，已成核的胶粒易于聚结，形成大颗粒；另一方面过量的表面活性剂之间产生桥连作用，使纳米晶粒聚集长大。因此，表面活性剂作为分散剂使用时，选择合适的使用浓度是科研生产中的研究重点。

随着人民生活水平的提高，家电、计算机及通信设备等领域发展迅速，以陶瓷电容器为代表的电子陶瓷产品需求量越来越大。近年来我国电子陶瓷生产技术有了很大提高，电子陶瓷用超细粉末的生产也取得了长足发展，一些高纯度粉末如 $BaTiO_3$、$BaCO_3$、$SrCO_3$ 及 TiO_2 等初步实现了国产化。但是在粉末某些性能方面与国外产品尚有明显差距。随着国内相关产业技术进步与发展，表面活性剂也将在该领域发挥越来越大的作用。

社会科技水平的不断提高对电子产品的性能提出了更高的要求，电子元件加工精密度不断提高、影像技术及磁记录材料的不断进步均受到表面活性剂在该领域应用的影响。表面活性剂与电子信息技术的结合是今后一个时期内表面活性剂应用发展的重要方向。

二、表面活性剂在新材料领域中的应用

材料科学是指研究材料组成、结构、工艺、性质和应用之间相互关系的学科，为材料设计、制造、生产和应用提供科学依据。材料科学历史悠久，随着社会科技水平的提高，多孔材料和纳米材料成为现代材料科学的研究热点，表面活性剂在两者的制备中有重要应用。

（一）表面活性剂在多孔材料中的应用

多孔材料是相互贯通或封闭的孔洞构成网络结构的材料，可以按孔径分为三

类：微孔材料（孔径小于 2nm）、介孔材料（孔径 2～50nm）和大孔材料（孔径大于 50nm）。多孔材料具有较大的比表面积及高吸附量等特性，在化学催化、生物技术、环境能源和信息通信等领域具有重要的应用价值，是具有广泛应用前景的一类新材料。多孔材料可通过模板法制备，而表面活性剂具有多种聚集结构，可为多孔材料的合成提供多样性的模板，在多孔材料制备中有重要应用[1~4]。

有序介孔材料是常见的多孔材料，通常利用表面活性剂形成的超分子结构为模板，采用溶胶-凝胶工艺，通过有机物和无机物间的界面定向导引作用组装成一类孔径为 2～50nm、孔径分布较窄的无机多孔材料，在大分子催化、吸附与分离等领域有重大意义。介孔材料合成体系中常用的表面活性剂如下。

① 阴离子型表面活性剂　二异辛基琥珀酸酯磺酸钠、十二烷基硫酸钠等。

② 阳离子型表面活性剂　长链胺，烷基季铵盐型表面活性剂 $C_nH_{2n+1}N^+$-$(CH_3)_3X^-$，$n=10～22$，$X=Cl$，Br 或 OH 等。

③ 非离子型表面活性剂　脂肪酸聚氧乙烯酯、脂肪醇聚氧乙烯醚等。

双子表面活性剂、Bola 型表面活性剂、生物表面活性剂及表面活性剂混合体系在介孔材料合成中也有应用。

1992 年，美国 Mobil 公司首先提出了硅基介孔材料的制备方法：十六烷基三甲基氯化铵/十六烷基三级甲基氢氧化铵混合溶液与四甲基硅溶液混合后 150℃ 处理 48h，冷却过滤后得到固体，540℃ 煅烧后得到氧化硅介孔材料，其比表面积大于 1000m²/g；用十二烷基三甲基氯化铵/十二烷基三甲基氢氧化铵模板体系时，制备的氧化硅介孔材料孔径为 3nm。十八烷基三甲基氯化铵聚集体为模板，$(CH_3O)_3Si—(CH_2)_2—Si(OCH_3)_3$ 为硅源也成功制备出硅介孔材料，水热实验表明该材料具有较高的热稳定性。十八烷基聚氧乙烯醚 $\{C_{18}H_{37}N([C_2H_4O]_x—H)([C_2H_4O]_y—H)$，$x+y=5\}$ 溶于含盐酸的水/四氢呋喃混合溶液中，搅拌后加入正硅酸乙酯，再继续搅拌 2h，转移至培养皿中 25～40℃ 下放置两天使溶剂挥发完全，收集产物，在 550℃ 下焙烧 6h 后研磨成粉，即得孔径为 1～2nm 的二氧化硅粉体材料。脂肪醇聚氧乙烯醚 $[C_{12}H_{25}(OC_2H_4)_8H$、$C_{16}H_{33}(OC_2H_4)_8H]$ 也被应用于氧化硅介孔材料的制备。

乙氧基铌 $[Nb(OC_2H_5)_5]$ 与十二烷胺混合后加入水中，迅速搅拌，静置分离收集沉淀，升温处理后得到氧化铌介孔材料，孔径为 2.2nm。研究表明，长链胺 $C_nH_{2n+1}NH_2$（$n=12～18$）均可用于合成，随着表面活性剂链长增大，材料孔径有 2.2nm 逐渐增大至 3.3nm。

二甲基-正丁基-磺化木质素基氯化铵是一种两性表面活性剂，由碱木质素与过氧化氢、甲醛、二甲胺及氯代正丁烷反应制备，可将水溶液表面张力降至 52mN/m 左右，可作为天然表面活性剂应用于多孔钛材料的制备。钛酸正丁酯 $[Ti(OC_4H_9)_4]$、二乙醇胺和乙醇室温混合后搅拌，向其中加入一定量水/乙醇混合溶液，再加入一定量二甲基-正丁基-磺化木质素基氯化铵水溶液，在 50℃ 反应

3h 后，老化及高温煅烧后得到氧化钛介孔材料。

随着化学工业的不断进步，以介孔材料为基础的高效固相催化体系的需求增长迅速，应用表面活性剂高效率生产介孔材料具有良好的发展前景。

（二）表面活性剂在纳米材料中的应用

纳米技术是 20 世纪 80 年代末诞生的并不断发展的前沿交叉技术。纳米材料是指构成材料的微粒在空间中至少有一维处于纳米尺度范围的材料。纳米材料具有不同于普通材料和单分子的特殊物理化学性质，具有量子尺寸效应、小尺寸效应和量子隧道效应，这些特性使得纳米材料在催化、超导、复合材料和电子学等领域具有广阔的应用前景[5~13]。

纳米材料可分为以下三种。

① 纳米颗粒　也称为量子点，微粒三维尺度均处于纳米尺寸范围内，如金纳米颗粒、富勒烯、二氧化钛纳米颗粒等。

② 纳米线（管）　也称为量子线，指在空间中有两个维度处于纳米尺寸范围内的材料，如碳纳米管、硅纳米线、金纳米棒及纳米纤维等。

③ 纳米薄膜　也称量子阱，指空间中有一个维度处于纳米尺寸范围内的材料，如石墨烯和超薄膜等。

表面活性剂在纳米材料的制备、修饰及应用方面均有较多应用。

纳米二氧化钛是一种新型无机材料，具有催化降解有机污染物的性能，广泛应用于染料、陶瓷、催化剂及环境治理中，可通过表面活性剂存在下的水热反应制备。乙二氨基-二脱氢松香酰甘氨酸酯双子表面活性剂[（$RCONHCH_2COO^-$）$_2$（$NH_{3+}-CH_2CH_2-NH_3^+$）]的醇溶液中加入钛酸四丁酯，搅拌下加水室温反应 2h，再转移至水热反应釜中 110℃反应 24h，冷却后收集固体得到纳米二氧化钛。分析表明该纳米二氧化钛直径约 500nm，具有优良的光催化活性。该方法亦可用于纳米二氧化硅及纳米碳酸钙的制备。

金纳米颗粒在化学催化、光学领域、细胞提取及诊断成像领域均有应用，是目前纳米材料的研究热点之一。阳离子型表面活性剂，特别是季铵盐型阳离子型表面活性剂在金纳米颗粒合成中应用最为广泛。研究表明，烷基三甲基溴化铵[$C_nH_{2n+1}N^+(CH_3)_3Br^-$，$n=10\sim16$]的疏水链长度对金纳米颗粒的结构形貌具有显著影响，当疏水链长由癸烷基（C_{10}）向十六烷基（C_{16}）变化时，制备的金纳米颗粒长径比随之从 1 增大到 23，更趋向于棒状。近年来，非离子型表面活性剂也被应用于金纳米颗粒的制备：聚醚改性硅油 {[（CH_3）$_3SiO$]$_2Si(CH_3)-$（CH_2）$_3-$（OC_2H_4）$_8-OH$}与氯金酸加入高纯水中，再加入抗坏血酸水溶液并快速搅拌混合，再静置，离心收集固体，充分洗涤后即为金纳米颗粒。透射电镜观察结果显示，所得金纳米颗粒粒径为 20nm 左右且均匀性很好。

十六烷基三甲基溴化铵、十二烷基苯磺酸钠、十二烷基硫酸钠等在纳米材料合成中均有应用。

　　碳纳米管是一维纳米材料（径向尺寸为纳米级、轴向尺寸通常为微米级），主要由一层或多层碳原子以六边形结构沿轴向卷曲构成，具备优良的电学和力学性质，在材料科学、药物载带及化学物质检测领域有广泛的应用。碳纳米管疏水性强，常以集束状态存在，导致其水溶性差。在水溶液中使用需要进行亲水性修饰或加入表面活性剂辅助，提高水溶性并将集束打开形成单分散状态。

　　十二烷基硫酸钠与碳纳米管在水中超声处理后，可将碳纳米管集束（约100根/束）打开，得到单根分散且稳定的碳纳米管分散液。十二烷基苯磺酸钠、胆酸钠、十二烷基硫酸锂、Triton-X 100及吐温20等也可作为碳纳米管分散剂使用，其中吐温20分散的碳纳米管可作为抑菌剂使用。

　　石墨烯是一种由有单层或多层碳原子构成的二维纳米材料，C-C键以 sp^2 杂化结合，呈密集的蜂窝状。石墨烯具有优异的物理、化学及电学性能，是当前的研究热点之一。与碳纳米管类似，石墨烯也极易团聚。表面活性剂可以促使石墨烯解聚，增加石墨烯在水中的分散性，为其应用奠定基础。研究表明，十六烷基三甲基溴化铵/十二烷基苯磺酸钠、聚乙烯吡咯烷酮和石墨烯混合后加入水中，可得到稳定的石墨烯分散液；十二烷基苯磺酸钠可将石墨烯均匀分散于环氧树脂中，再固化得到复合材料，该材料具有电磁屏蔽能力。

　　多孔材料和纳米材料是当前材料科学的研究重点，在化工生产、国防技术及社会生活均有重要意义，市场前景十分广阔。表面活性剂在这些新材料的制备、修饰及应用中均有应用。构建适合工业化的生产/应用体系、拓展表面活性剂的应用领域将成为今后一段时间内科学家们的研究重点。

　　表面活性剂在纳米技术中的应用也详见本书第十三章。

三、表面活性剂在新能源领域中的应用

　　能源是人类赖以生存的基础，人类文明的每一次重大进步都伴随着能源的改进和更替。近几十年来，以太阳能、风能、水力发电、潮汐能及生物质能为代表的可再生能源不断发展，但受限于能量密度及使用便利性，使用范围受到了一定限制。开发出能量密度高且使用便捷的能源是今后一段时期内能源行业的发展方向。

　　表面活性剂与能源产业结合的较早，广泛应用于稠油乳化降黏、天然气井泡沫排水及石油三采等领域。近年来，燃料电池[14~15]和水煤浆[16~18]等技术是表面活性剂在能源产业中新的应用热点。

（一）表面活性剂在燃料电池中的应用

　　燃料电池是一种将存在于燃料与氧化剂中的化学能直接转化为电能的发电装置。

　　质子交换膜氢氧燃料电池是一种清洁发电系统，以氢气为燃料、氧气为氧化

剂，产物只有水。该电池由阴极、阳极、电解质及质子交换膜组成，氢气在阳极中解离产生质子和电子，质子通过电解质及质子交换膜到达阴极，并与此处的氧气和电子结合产生水；阳极产生的电子不能通过质子交换膜达到阴极，只能通过外电路（即负载）到达，从而达到将氢气氧化反应中产生的化学能直接转化为电能的目的。在实际应用中，阳极需保持一定的湿度来保持质子电导率，常通过反应产生的水来达到此目的，但水的聚集形成液滴会阻碍氧气的输送，降低燃料电池的效率。将表面活性剂引入燃料电池设计中，使得阳极处产生的水滴与表面活性剂接触，降低其表面张力，通过毛细作用及气流压迫顺利从阳极排除，保证电池正常工作。研究表明，十二烷基二甲基甜菜碱、磷酸烷基酯、烷基聚氧乙烯丁二酸二钠及烷基聚氧乙烯醚等均适用于该体系。

微生物燃料电池也是燃料电池的重要组成，可将蕴含于燃料底物（有机物）中的化学能在微生物作用下直接转化为电能。与氢氧燃料电池类似，微生物燃料电池也由阴极、阳极、质子交换膜等组成。燃料底物在微生物作用下分解为小分子有机物，释放出质子、电子及代谢产物；质子通过质子交换膜进入阴极，与阴极处的电子及受体（氧气、硝酸盐或铁氰化钾）反应，将受体还原；而电子不能跨质子交换膜传递，只能通过外电路（负载）到达阴极。鼠李糖脂是由假单细胞菌或伯克氏菌产生的一种生物表面活性剂，也是一种糖脂类阴离子型表面活性剂，在微生物燃料电池中有重要应用。库伦效率是衡量微生物燃料电池的重要指标，反映了装置电子回收效率。向电池中添加鼠李糖脂后，库伦效率最高可达12.3%，较未添加时（5.7%）提高了116%。同时，电池的功率密度提高了136%，燃料底物利用率也得到了提高。

关于燃料电池中全氟磺酸质子交换膜详见本书第十七章。

（二）表面活性剂在水煤浆中的应用

水煤浆是一种新型洁净煤技术，通常由60%~70%煤、约30%水和0.3%~1%表面活性剂制成的煤水固液混合物，可作为良好的代油燃料。我国煤炭资源丰富，而原油却高度依赖进口，大力开展水煤浆技术是我国能源自给的重要方向。

品质优良的水煤浆主要有以下特性：煤含量高、稳定期长、流变性好且黏度低。原煤特性、煤粉粒径分布和表面活性剂种类是影响水煤浆质量的关键因素。表面活性剂分子通过润湿作用定向吸附于煤/水界面，提高了煤粉颗粒的亲水性；离子型表面活性剂可改变煤粉表面荷电情况，提高煤粉颗粒间的静电斥力使之难于聚集；同时，表面活性剂的加入增加了颗粒间的空间位阻，提高了煤浆的稳定性。木质素磺酸盐、石油磺酸盐、脂肪醇聚氧乙烯醚及高分子表面活性剂均可作为水煤浆的分散剂，近期，季铵盐型双子表面活性剂也在本领域有一定应用。

木质素磺酸盐是从植物中提取的成分复杂的高分子型阴离子型表面活性剂，

来源丰富、价格低廉、应用较多。原煤和木质素磺酸钠水溶液加入研磨机中粉碎研磨后，继续搅拌后过滤得到颗粒细腻的煤浆，向其中加入稳定剂后得到水煤浆成品。研究表明，木质素磺酸盐中，离子型亲水基对煤粉分散起到关键作用；木质素磺酸盐添加量越高（0.5%~2%），水煤浆黏度越低，煤粉颗粒体积越小。石油磺酸盐也显示出类似的作用。

双子表面活性剂具有高表面活性的特点，是近年来新兴的表面活性剂种类。将原煤研磨成粉后加入 $[C_{12}H_{25}N^+(CH_3)_2-(CH_2)_m-N^+(CH_3)_2C_{12}H_{25}]_2 \cdot 2Cl^-$ 水溶液，高速搅拌均匀得到水煤浆。研究发现，m 越大，煤浆稳定性越高；表面活性剂浓度越大，水煤浆的表面电势越大，即煤粉表面正电荷越丰富，煤浆稳定性越好。

新能源和节能技术开发是我国能源产业的基本方向。《国务院关于加强节能工作的决定》指出，把节能作为转变经济增长方式的主攻方向，从根本上改变高耗能、高污染的粗放型经济增长方式。随着技术水平的进步和工业水平的提高，表面活性剂作为一类可对界面性质产生影响的功能型化工原料，已作为主要功能助剂进入新能源技术领域，并将继续在其中发挥越来越大的作用。

 四、表面活性剂在环境保护中的应用

现代工业的迅速发展极大地提高了人民生活质量，但与此同时也带来了严重的环境污染。在此情况下，世界各国都加大了环境保护工作的力度，一些环境保护新技术被开发出来。

环境污染主要有水体污染、大气污染和土壤污染三种形式，工农业生产生活产生的污染物经多种途径进入上述三个体系时，会涉及很多界面问题。由于具备特殊的界面活性，表面活性剂在污染物处理和环境污染治理方面有重要作用。表面活性剂在环境保护中的应用有污水处理、烟气处理及除尘和土壤修复等[19~21]。

表面活性剂在环境科学中的应用也详见本书第十四章。

（一）表面活性剂在废水处理中的应用

随着工农业技术水平的提高和人口的增长，全球水消耗量急剧增加，相应的工业和生活废水排放量也相应增加。从可持续发展的角度考虑，废水必须经处理后才能排放入环境。常见的废水处理手段有絮凝沉淀法、浮选法、液膜分离法等，表面活性剂具有独特的结构和性质，在上述领域中均有所应用。

1. 表面活性剂在絮凝沉淀中的应用

现代生产生活产生的废水中有机物含量大增，这类污染物常聚集成胶体颗粒的形式，颗粒保持分散悬浮状态，难以自然沉降。表面活性剂（如烷基苯磺酸钠、烷基三甲基氯化铵等）可用作絮凝沉淀剂来破坏胶粒的稳定性使它们相互黏结、聚集成较大的絮凝体而沉淀。

胶体颗粒能维持其稳定悬浮状态主要源于其表面电势（ζ），该值越大，颗粒间的静电斥力越大，颗粒越难于聚集沉降；同时，ζ越大，颗粒表面极性越大，水合作用越强，悬浮状态越稳定。在带正（负）电荷的胶体颗粒中加入阴（阳）离子型表面活性剂后，大量的阴（阳）离子通过电荷作用与颗粒表面结合，实现"电荷中和"，颗粒ζ下降，颗粒间斥力降低，易于聚集沉淀。

表面活性剂可作为絮凝剂使用，具有沉淀速率快、用量低等优点。由于水体中的蛋白质等有机胶体颗粒表面带负电荷，阳离子型絮凝剂在废水处理中应用较多。目前应用的絮凝剂主要为高分子表面活性剂，国内常用的絮凝剂为聚丙烯酰胺（PAM），按结构可分为阳离子型（C-PAM）、阴离子型（A-PAM）和非离子型

图 12.1　聚二甲基二烯丙基氯化铵结构

等多种结构，C-PAM 对印染废水中的脱色絮凝效率较高；A-PAM 几乎不溶于水，常用于高价金属离子处理。

聚二甲基二烯丙基氯化铵结构如图 12.1 所示，是一种具有特殊功能的新型水溶性阳离子型表面活性剂，具有正电荷密度高、水溶性好、分子量可调、絮凝效率高、毒性低及成本低廉等优点，在炼油废水处理中，对胶体颗粒的去除率可达 87%，油品回收率达 83%。

2. 表面活性剂在浮选中的应用

浮选法是向废水中通入空气，并以微小气泡形式从水中析出成为载体，使废水中的乳化油和微小悬浮颗粒等污染物黏附在气泡上，并随气泡一起上浮到水面，形成泡沫（气、水、颗粒三相混合体），通过收集泡沫实现废水净化。

表面活性剂是浮选法水处理技术中常用的一种药剂。根据其作用的不同，可分捕收剂和起泡剂。捕收剂的极性头基与污染物颗粒结合，使亲水性颗粒转变为疏水性颗粒，而后者易于随气泡迁移至液面。起泡剂可以起到降低气液界面的表面张力，防止气泡兼并的作用。

常见的重金属离子如 Au^+、Ag^+、Zn^{2+}、Cr^{6+}、Ni^{2+}、Co^{2+}、Al^{3+}、Fe^{3+}、Mn^{2+}、UO_2^+、Cr^{4+}、Pb^{2+}、Cd^{2+} 及 Hg^{2+} 等均可通过浮选法除去。鼠李糖脂及范莎婷（多肽型生物表面活性剂）在本领域有较多应用，前者可有效降低水中 Cu^{2+}、Pb^{2+} 和 Cd^{2+} 的浓度，后者在 Cr^{4+}、Zn^{2+} 脱除方面效果显著。

3. 表面活性剂在液膜分离中的应用

液膜分离技术是近二十年来发展起来的一项新的分离技术，具有快速、高效及选择性好等优点，因而用途较广。在环保领域中应用液膜分离技术处理废水，特别是回收废水中一些有效物质，具有很高的经济前景。

液膜分离技术是以液膜为分离介质，以浓度差为推动力的分离过程。液膜通

常为添加了表面活性剂的溶剂相，将两个可互溶的液相隔离，外相（待处理废水）中的待处理组分通过液膜的渗透作用传递到内相（提取液）中，从而实现目标物质的提取，同时实现了废水处理。液膜通常由溶剂（水或有机物）及表面活性剂组成。

苯酚、硝基酚、苯胺、氨氮化合物及重金属离子等都可以通过液膜分离法除去。其中硝基酚的脱除率可达 99.95%，苯胺和氨氮化合物脱除率可达 99.9% 以上。该方法用于造纸工业废水处理时，废水化学需氧量降低达 85% 以上，色度除去率达 98%。

（二）表面活性剂在烟气处理和除尘方面的应用

近年来，以 PM 2.5 污染物为代表的大气污染是我国面临的重大环境问题。大气污染物主要有 SO_2 和粉尘等，表面活性剂可用这些污染物的处理。

我国是世界第一产煤大国，在一次能源消费量构成中，原煤占比高达 70% 左右，且在近期内不会有较大变化。煤炭燃烧产生的 SO_2 和煤尘等是大气污染物的重要来源，有效控制燃煤污染是我国环境保护面临的重大问题。

烟气脱硫方法很多，其中湿法烟气脱硫具有技术成熟、工艺简单、运行稳定和脱硫效率高等优点，是目前国际上烟气净化的主要技术。在湿法烟气脱硫剂中添加表面活性剂，可以降低溶液的表面张力、改善润湿性，大幅提高脱硫效率，并且对脱硫剂的成分和酸碱度影响较小。在湿法烟气脱硫工艺中，石灰浆液吸收 SO_2 的速率受液膜和气膜共同控制，两相界面存在一定的界面张力。若加入一定量的表面活性剂，可以明显改善浆液的化学性质，使其表面张力和黏度下降，提高水对 SO_2 的吸收效率，进而提高了脱硫效率。石灰浆液滴表面张力降低后，对煤尘的捕获能力提高，除尘效率也有一定提高。表面活性剂的添加量小，无毒、无味、无腐蚀，对喷淋产物（石膏）的品位和喷淋液后处理的影响很小。研究表明，十二烷基硫酸钠以 0.03% 的质量分数加入石灰浆液中，喷淋液使用量相同时，除尘效率和脱硫效率较不加表面活性剂时有较大提高，

表面活性剂进行湿法除尘是在水力除尘基础上发展起来的一种除尘技术，最早应用于煤炭采掘领域。悬浮于气体中的 $5\mu m$ 以下（特别是 $1\mu m$ 以下）的尘粒和水滴表面均附着一层气膜，很难被水润湿而使处理效果降低。为了增加尘粒在液体中的分散程度和润湿性，改善除尘效果，在实际操作过程中采用表面活性剂的水溶液进行喷施，尘粒被润湿和分散的效果有了很大提高。在煤炭采掘工作中用高压喷嘴喷施质量分数为 0.01%～0.5% 的脂肪醇聚氧乙烯醚的水溶液，可除去工作空间中粉尘量的 95.5%。当然，该方法在开放空间中的降尘应用还有较长的路要走。

（三）表面活性剂在土壤修复方面的应用

表面活性剂增溶修复是常见的土壤和地下水有机污染修复技术，这种方法从

本质上说是污染物的物理转移过程，即利用表面活性剂溶液对疏水性有机污染物的增溶和吸附作用来促使吸附于土壤粒子上的有机污染物解吸、溶解并迁移，从而达到修复的目的。实验室研究表明，该方法可用来清除土壤中的多环芳烃、酚类、苯胺类、联苯类以及有机染料等多种污染物。

表面活性剂增溶修复技术在理论及实验室研究中取得了较好的效果，但在实际应用中还存在一定的局限性。首先，表面活性剂在增溶修复中的用量较大，容易形成高黏性乳状液，有些容易形成沉淀。其次，有的表面活性剂很容易被土壤吸附，使实际用于增溶的表面活性剂的量减少，从而导致修复效果降低。此外，假若表面活性剂的分子较大，土壤空隙较小，它们之间表现出排斥性，限制了能直接影响的污染物的数量，不利于小空隙中的非极性有机物的去除。

综上所述，环境污染是我国现代化过程中面临的严峻挑战，开创新型环保技术和扩大环保技术应用范围是今后一段时期内科学家需要特别关注的问题。表面活性剂具有独特的界面活性，必将在今后环保技术快速发展中起到越来越重要的作用。

参考文献

[1] Kresge C T，Leonowicz M E，Roth W J，et al. Nature，1992，359：710.

[2] Antonelli D M，Nakahira A，Ying J Y. Inorganic Chemistry，1996，35：3126.

[3] 艾青. 木质素基两性表面活性剂的合成及多孔钛材料的制备. 哈尔滨：东北林业大学，2010.

[4] 韩世岩. 松香基双子表面活性剂合成及纳米材料制备. 哈尔滨：东北林业大学，2012.

[5] 张震东. 非离子表面活性剂导向下新型多孔分子筛材料的合成与表征. 上海：复旦大学，2004.

[6] 贾寒. 表面活性剂辅助制备金纳米材料. 济南：山东大学，2013.

[7] Liu T，Luo S，Xiao Z W，et al. J Phys Chem C，2008，112：19193.

[8] Vichchulada P，Shim J，Lay M D. J Phys Chem C，2008，112：19186.

[9] Doherty E M，De S，Lyons P E，et al. Carbon，2009，47：2466.

[10] Liu S B，Wei L，Hao L，et al. ACS Nano，2009，3（12）：3891.

[11] 张瑾. 石墨烯在水溶液及基体中的分散研究. 淮南：安徽理工大学，2013.

[12] 莫雪魁. 钛酸钡粉体的水热合成及性能研究. 济南：济南大学，2008.

[13] 董赛男，商少明，王璟. 世界科技研究与发展，2008，30（5）：538.

[14] 阿布德埃尔哈米德 M H，维亚斯 G，米克海尔 Y M. CN1971994A，2007-5-30.

[15] 彭海利. 生物表面活性剂强化剩余污泥微生物燃料电池产电特性研究. 长沙：湖南大学，2014.

[16] 张慈忠. 精细与专用化学品，2002，8：17.

[17] 敖先权，周素华，曾祥钦. 煤炭转化，2004，27（3）：45.

[18] 闫学海，朱红，赵炜. 精细化工，2004，21（1）：19.

［19］贾志刚 . Cn-m-Cn 型 Gemini 双季铵盐表面活性剂与煤沥青润湿作用及低浓度煤沥青水浆的制备 . 太原：太原理工大学，2015.

［20］袁平夫，廖柏寒，卢明 . 环境保护科学，2005，31：38.

［21］马帅帅，赵莉，张华涛，等 . 日用化学工业，2015，45（10）：546.

第十三章

表面活性剂在纳米科技中的应用

 一、纳米粒子及纳米科技

在 1～100nm 大小范围内的物质粒子称为纳米粒子（nanoparticle），早期也称其为超细粉或超微粉（ultrafine particle，ultrafine powder）。也有人将小于 $1\mu m$ 的粒子称为超细粒子。至少在一维大小在 1～100nm 的固体材料称为纳米材料（nanosize material，nanomaterial）。纳米材料包括零维的纳米粒子、一维的纳米线、二维的纳米薄膜和三维的纳米块体。

研究纳米材料的制备、性质、测试和应用的科学与技术称为纳米科技。

在纳米材料中最为基础的是纳米粒子。纳米粒子的大小基本上与疏液胶体的粒子大小一致。虽然纳米粒子的说法是近几十年的事，但疏液胶体的性质、制备的研究始于百年以前。

（一）纳米粒子的特性[1, 2]

由于纳米粒子的粒径小，构成粒子的原子或分子多处于表面位置。因而使系统有巨大的表面能，即产生"表面效应"，同时处于体相的原子减少，产生"体效应"。具体表现是纳米粒子有特殊的物理和化学性质（与大块固体比较）。

① 易形成团聚体　有大的表面能使多个粒子相互聚集，以降低系统能量，这也是机械分散物体以降低粒子大小时，常有极限大小，若欲再减小粒径需加入第三种物质（分散剂），即使如此也不可能无限地使粒径减小。

② 熔点降低　金属纳米粒子熔点随粒径减小而减小。例如块状金的熔点为 1064℃，当金粒子直径降低到 2～5nm 时其熔点可降到 300℃左右（图 13.1）。

③ 磁性能好　几十纳米数量级的粒子，一个粒子就可形成一个磁畴（即每个粒子为一个磁矩全部向同一方向排列的永久磁铁），这种粒子称为单磁畴颗粒，能呈现高磁力的条件。高密度磁记忆是由一个记忆单元中含的磁性粒子数决定的，因此使单磁畴颗粒子沿磁矩方向排列，磁性能就可提高。早期有报道，录像磁带使用成分为 Fe-Co 磁性合金纳米粒子（气体中蒸发法制备），与传统的加 Co 磁带比较，功率提高了约 7dB（6dB 相当于 2 倍功率）。

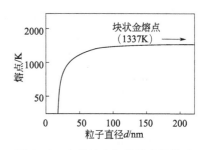

图 13.1　金的熔点与粒子直径关系

④ 光学性质　在高真空中形成的金属沉积膜反射率极高且有金属光泽。而在适当的低压气体中使金属蒸发（如在 400Pa 的 N_2 中，使 Au 蒸发）可得具有强烈光吸收性能的黑色纳米粒子（膜），称为金属黑。如金黑比油烟黑和黑漆有更低的可见光反射率（图 13.2）。

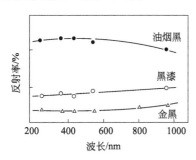

图 13.2　黑金在可见光区域的反射率

⑤ 化学活性　纳米粒子的化学活性与其表面化学性质和其聚集结构有关。而表面化学性质将影响许多界面过程（如吸附、催化、腐蚀与抑蚀、氧化还原、润滑、润湿等界面现象）。纳米粒子巨大的比表面积使其大部分组成的原子处于表面，这就大大增加了固体与液态或气体接触的机会，而且大的比表面具有丰富的边、棱、沟、穴和缺陷，构成了吸附和多相催化的活性中心。已经证明，某些单分散的金属纳米粒子具有特别高的催化活性，如 Ni 的纳米粒子比传统的瑞尼镍有更高的氢化反应选择性，即有更高的催化加氢作用。因此，有"纳米催化"之称。

（二）纳米粒子的传统制备方法

由于纳米粒子与疏液胶体粒子大小近似，故一些早期的纳米粒子制备方法由胶体制备方法衍生而来。到了 20 世纪末，纳米科技兴起，表面活性剂各种有序组合体的研究发展以及各种物理化学手段的不断开发和应用，使得纳米粒子的制备方法有了飞跃的发展。

传统胶体制备方法有凝聚法和分散法两大类[3]。前者是利用物理和化学方法使分子、离子聚集成胶体粒子（如各种生成不溶性固体物质粒子的化学反应方法）；后者是利用多种物理手段（如研磨、电分散、超声等）将大块物体分散成胶体粒子大小。与这些方法类似，传统的纳米粒子制备方法有三种。

1. 气相法

（1）物理气相沉积法（physical vapor deposition，PVD）　用物理手段（如电

弧、高频、等离子体等）使块状物体加热分散成气态，再骤冷成纳米粒子。此法主要用于制备金属、合金及个别金属氧化物的纳米粒子。

（2）化学气相沉积法（chemical vapor deposition，CVD）　将金属化合物蒸发，在气相中进行化学反应以制备纳米粒子。此法优点是产物纯度高，粒度分布窄，能制备金属、金属氧化物、氮化物、碳化物、氧化物等的纳米粒子。

2. 固相法

此法是用机械方法将固体粉碎，或通过固-固相反应、热分解反应等形成粉体的方法。这种方法所得粉体较粗大，难以生成很细的纳米粒子。

3. 液相法

在均相溶液中，某种或几种组分通过物理或化学的方法形成小粒子并能与溶液分离，得到前驱体粒子，再经适当处理得到某种成分的纳米粒子。此法可用于金属氧化物、各种氢氧化物、碳酸盐、氮化物等纳米粒子的制备。常用的液相法有沉淀法、水解法、水热法、氧化还原法等。表面活性剂分子有序组合体的发展和应用又为液相法开辟了新的领域（如微乳法、乳状液法、胶束、反胶束法等），在表面活性剂分子有序组合体中形成纳米粒子的方法又称软模板法。有时将液相法称为湿化学法。

二、表面活性剂在纳米粒子的湿法制备中的基本作用

1. 降低表面能的作用

表面活性剂是两亲性物质，其最基本的功能是在低浓度时，就能大大降低溶剂或者其他各种界面的表（界）面张力，从而提高系统的稳定性。

在湿法制备纳米粒子时，无论利用何种方法，在液相形成的纳米粒子，都有巨大的表面积，即有大的表（界）面能。每个纳米粒子的原子，大多居于表面位置，这是纳米粒子表面能远大于块状物质的根本原因。表 13.1 中列出 1mol 的铜分散成均匀的不同粒径大小铜颗粒时的表面能。

表 13.1　1mol 铜分散成的铜颗粒的粒径和表面能

颗粒边长	1mol 铜的颗粒数	1 个粒子中的原子数	1 个粒子的质量/g	全表面积/cm^2	表面能/erg
5nm	5.69×10^{19}	1.06×10^4	1.12×10^{-18}	8.54×10^7	1.88×10^{11}
10nm	7.12×10^{18}	8.46×10^4	8.93×10^{-18}	4.27×10^7	9.40×10^{10}
100nm	7.12×10^{15}	8.46×10^7	8.93×10^{-15}	4.27×10^6	9.40×10^9
1μm	7.12×10^{12}	8.46×10^{10}	8.93×10^{-12}	4.27×10^5	9.40×10^8
10μm	7.12×10^9	8.46×10^{13}	8.93×10^{-9}	4.27×10^4	9.40×10^7
100μm	7.12×10^6	8.46×10^{16}	8.93×10^{-6}	4.27×10^3	9.40×10^6

注：1erg＝1×10^{-7}J。

由表可见，随着粒子越来越小，总表面能越来越大。若是液体，这种表面能的增大，使其表面缩小，同体积的水将以表面积最小的形状存在，最终以成规则的球形最为有利。若是固体，由于表面原子难以移动，当粒子小到纳米级时也可能会有某种外形的变化，或者使其晶体结构发生某种变化，即所谓表面效应的结果。前述金属熔点的降低和电、磁性质的变化也是表面效应的结果。

这种纳米粒子高表面能使系统有极大的不稳定性，粒子间力图聚集成团聚体（以降低表面能）。当有表面活性剂存在时，强烈的吸附作用使纳米粒子表面能降低，减少了粒子间的团聚，此时表面活性剂即起分散剂的作用。

2. 空间阻碍效应

表面活性剂在固/液界面吸附不仅大大降低固/液界面能，使粒子不易团聚，而且当表面活性剂以其亲水基朝外（向水相）、疏水基向疏液性固体表面方式吸附时，形成的吸附层具有亲水性。甚至在吸附层上可进一步形成吸附溶剂（水）化层]。这种吸附层起到阻碍纳米粒子团聚的作用。长碳氢链表面活性剂和聚合物大分子在纳米粒子上吸附层更易于起到空间阻碍作用。非离子型的含长的聚氧乙烯链的表面活性剂在纳米粒子表面吸附，其聚氧乙烯链可以卷曲状深入水相，这种厚的聚氧乙烯链的水化层更能起到空间阻碍作用，并能大大降低粒子间 Hamaker 常数，减小粒子间的范德华力作用。

3. 静电作用

无论是极性的粒子或非极性的粒子，应用离子型表面活性剂都可在其表面发生吸附作用引起表面电性的变化：若表面电势增大，同号的粒子间电性斥力增大，团聚趋势减小；若表面活性剂离子与粒子带反号电荷，则表面活性剂吸附可能使表面电势减小，但若增大这种离子型表面活性剂浓度，则可能使粒子重新带电（带电符号与表面活性剂同号），从而又使本已不稳定的粒子重新获得稳定性。

当以离子型表面活性剂（正）胶束为微反应器形成纳米粒子时，胶束表面的双电层间的电性排斥作用保证了胶束的稳定性，使纳米粒子得以在胶束中生成。显然，在（正）胶束内能形成的多是有机物的纳米粒子或纳米线。

上述的表面活性剂的基本作用的原理在本书第一章中有更多的介绍。

4. 表面活性剂在传统湿法制备纳米粒子中的应用举例

（1）氧化物类纳米粒子的制备　TiO_2 是重要的工业白颜料和瓷器釉药，可用于金属钛、铁钛合金、硬质合金的制造，也可在电机工业上用于制造绝缘体、电焊条、电瓷等，在造纸、橡胶、人造纤维工业都有重要应用。纳米级 TiO_2 有吸收和散射紫外线能力，可用于防护品（涂料、纤维制品、护肤品）的制造。纳米 TiO_2 有很好的光催化活性，有分解某些有机污染物和杀菌的能力，并有光电转换性能，在电化学工业和环境保护等现代重要的新兴工业领域有巨大的应用前景。

制备纳米 TiO_2 主要有气相法和液相法，其中尤以液相法最适用：反应温度低，设备简单、操作方便。在液相法中主要有沉淀法、sol-gel 法、醇盐水解法，乳状液法和水热法等。在这些方法中以液相沉淀法最为方便。由于此方法是在液相中进行，反应的基本过程是使 $TiCl_4$（或钛酸四丁酯）水解：

$$TiCl_4/Ti(OBu)_4 \rightarrow Ti(OH)_4 \rightarrow TiO_2$$

水解中先形成 $Ti(OH)_4$，无定形 $Ti(OH)_4$ 极易团聚。选用适宜的表面活性剂对防止团聚很有益处，如聚乙烯醇类表面活性剂常被选用[4]。这类表面活性剂的羟基可与 $Ti(OH)_4$ 的羟基形成氢键，防止 $Ti(OH)_4$ 的团聚，避免二级颗粒的生成。实际制备过程中，常还加入助剂（一般为小分子醇类，或小分子有机酸），其作用也是与 $Ti(OH)_4$ 的羟基形成氢键，防止 $Ti(OH)_4$ 粒子间的团聚。

因此，在应用沉淀法制备 TiO_2 时，常用的表面活性剂大多都含有羟基或能与羟基形成氢键的基团，除聚乙烯醇外还有聚乙二醇、Triton X-100、羟丙基纤维素、琥珀酸二异辛酯磺酸钠等。

ZnO、ZrO_2、MoO_2、CoO、Al_2O_3、SnO_2 等金属氧化物类纳米粒子的制备中也常用表面活性剂以减少团聚，并易使产物粒径变小。应用最多的是非离子型或大分子表面活性剂。

硅酸盐的化学稳定性好，硅酸锆有极高的机械强度，耐高温，是非常好的耐火材料。在制备硅酸锆时应用不同的表面活性剂对生成硅酸锆纳米粉体的分散性有很大影响。在以 $ZrCl_4$、$Si(OC_2H_4)_4$ 为原料，以 LiF 为矿化剂制备 $ZrSiO_4$ 纳米粉体时，发现以十六烷基三甲基溴化铵为分散剂时所得 $ZrSiO_4$ 粒径减小，但粉体团聚严重，用 SDS 时团聚有改善，只有用聚乙二醇-1000 时所得 $ZrSiO_4$ 纳米粉体粒径小，且均匀，团聚也得到改善[5]。

（2）表面活性剂对共沉淀法制备 $PbTiO_3$ 纳米粒子大小的作用[6]　复合氧化物类钛酸盐微粉可用于橡胶、塑料、金属和陶瓷等的制造，有提高这些产品的机械强度、韧性、耐热、耐磨、耐腐蚀等性能。钛酸钡、钛酸铅纳米级微粉更可用于高介电陶瓷和电子功能陶瓷的制造。掺有稀土元素的钛酸盐 PT 系列复合氧化物上述的功能更为显著。

钛酸铅（$PbTiO_3$）是 PT 系列复合氧化物中研究较多的一种。工业上可用 PbO 与 TiO_2 等摩尔比混合物熔融而成。实验室制备 $PbTiO_3$ 常以 $TiCl_4$ 和 $Pb(NO_3)_2$ 等为原料，以水为溶剂，调节水溶液的 pH 至碱性，原料水解形成的 PbO 和 TiO_2 混合沉淀，经洗涤、干燥、高温焙烧即可得 $PbTiO_3$ 浅黄色产物。

考虑到 $TiCl_4$ 极易水解，难以准确配制，且操作条件繁琐，赵振国等以钛酸四丁酯 $[Ti(OBu)_4]$ 和 $Pb(Ac)_2$ 为原料，将它们分别溶于无水乙醇和甲醇中，以等摩尔比混合二物质的醇类溶液用 NH_4OH 水溶液调节混合液的 pH 值（维持 pH＝8.9～9.2），同时加入 30％的 H_2O_2 液（H_2O_2 与铅、钛化合物的摩尔比为 2.5：1），待沉淀完全，水洗至中性，得共沉物[6]。分别在 0.5％SDS、氯化十四烷基吡啶（TPC）、Triton X-100（TX-100）Tween 80（T-80）和 TX-100 与 T-80 1：1 混合液中陈化共沉物 72h（温度 35～40℃），得陈化物。陈化物经 110℃ 干燥后，在 500℃ 和 600℃ 热处理。在不同性质的表面活性剂溶液中，陈化后的陈化物的粒径和经 600℃ 处理所得最终产物 PbTiO₃ 粒子的平均大小及晶粒大小均发生变化（见表 13.2）。

表 13.2　陈化条件对陈化物粒径和产物 PbTiO₃ 粒径和晶粒大小的影响

陈化介质	600℃ 处理后的粒子平均大小[①]/μm		晶粒平均大小[②]/nm	
	陈化物	600℃ 处理产物	(100)	(001)
H₂O	0.24	0.40	18.8	18.0
SDS	0.47	0.59	26.1	13.5
TPC	0.52	0.38	27.6	14.2
TX-100	0.17	0.38	14.9	11.4
T-80	0.15	0.40	14.2	11.2
TX-100, T-80	0.08	0.32	16.8	11.8

① 粒子平均大小用 CAPA-500 型粒子大小测定仪测定。
② 微粉晶粒大小用 X 衍射线半高宽法测定。

共沉物在陈化过程中粒子大小的变化由两个因素决定：①在陈化过程中，根据 Kelvin 公式高分散度的粒子，小粒子有更大溶解度，故陈化时小粒子减少，大粒子长大，最后使粒子趋于均匀。②粒子团聚。粒子间由于存在相互聚集的作用力，最终由粒子间的吸引与排斥平衡所决定。

在 pH=7 的中性介质中测得共沉物粒子的 ζ（电势）与表面活性剂浓度的关系见图 13.3。

由图可知，在很大的表面活性剂浓度范围内（$10^{-5} \sim 10^{-1}$ g/L）共沉物均带正电，ζ（电势）在 +20～+30mV。当表面活性剂浓度＞0.1g/L 时 ζ（电势）有较明显变化。当浓度为 0.5% 时在 TPC、TX-100、TX-100 与 T-80 混合物、T-80 和 SDS 中的 ζ（电势）依次为 +30.0mV、+16.2mV、+7.67mV、约 0 和 −29.8mV。

尽管在 0.5% 的 SDS 和 TPC 水溶液中粒子的 ζ（电势）都相对较大，但它们都表现出较强的聚集倾向（表 13.2 中陈化物粒子大）。这就是说，在这两个体系

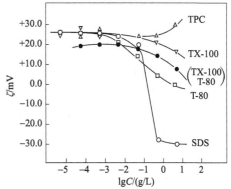

图 13.3　表面活性剂浓度对共沉物粒子 ζ（电势）的影响

中双电层的排斥作用小于其他使粒子聚集的作用。实验表明，在 0.5% SDS 和 TPC 中所得陈化物干燥后有明显的疏水性（在水中漂浮）。这可能是因为共沉物是铅、钛的氢氧化物或水合氧化物[7]，它们在中性介质中荷正电的原因是表面羟基的两性解离和从溶液中吸附质子 H⁺[6]。阴离子型表面活性剂 SDS 以其极性端基吸附在荷正电的表面上使粒子 ζ（电势）下降，同时 SDS 在表面上也可能形成不溶性的

Pb 等的化合物[8]，直至ζ（电势）降低到较大的负值。这样，在粒子表面吸附 SDS 就可形成碳氢链向水的疏水结构。阳离子型表面活性剂 TPC 难以其阳离子吸附在带正电的粒子上，但由于其吡啶环的富电子性仍可与表面强正电位置吸引而吸附[9]，使粒子ζ（电势）略有升高。此时 TPC 在粒子表面上也是碳氢链向水的。实验表明，在 SDS 和 TPC 溶液中陈化粒子的 IR 谱上，约 $2800cm^{-1}$ 处有强烈的 C—H 伸缩振动峰，约 $1120cm^{-1}$ 处有 SO_4^{2-} 吸收峰。这样，粒子因吸附 SDS 和 TPC 而形成的疏水表面在水中相互作用引起聚集。由这种疏水相互作用而引出的疏水絮凝理论在矿物分选中已有应用。

非离子型表面活性剂 TX-100、T-80 和它们的混合物对共沉物有良好的分散稳定作用。这可能是因为以下原因。①TX-100 和 T-80 都含有相当数量的聚氧乙烯（EO）基，它们的亲水性强。TX-100 的苯环和部分 EO 基吸附在粒子表面，大部分 EO 基以卷曲状伸入水相中，形成阻碍粒子聚集的空间障碍。②在水中 EO 基是高度水化的，因而 TX-100 和 T-80 的吸附可能降低引起粒子间吸引作用的有效 Hamaker 常数，使粒子不易聚集。③TX-100 和 T-80 混合物可以形成混合吸附膜，在此混合膜中被吸附的 TX-100 的苯环和碳氢链与 T-80 的碳氢链有较强的作用，使更多的 EO 基伸入水相，从而使粒子表面的表面活性剂吸附层更为紧密，达到使粒子分散稳定的作用[6,10]。

由表 13.2 数据可知，不同陈化条件下陈化物粒子大小与高温反应生成的 $PbTiO_3$ 粒子大小和晶粒大小有大体一致的关系，即陈化物粒子小的，$PbTiO_3$ 粒子和晶粒也小。

根据晶体生长知识，成核过程越快，形成晶核数目越多；最后形成的晶粒越小。在进行粉体的固-固相反应时前体粒子越小越均一，反应速率越快。因此，在相同的反应温度下，陈化物粒子越小对生成小晶粒越有利。

高温固-固相反应烧结现象难以避免。烧结的初级阶段是晶粒的生长和微粒尺寸的长大。在诸多因素中除过高温度和过长加热时间外，原始粉料的尺寸分布太宽也会使晶粒非正常增长。在一般前体中常因多种原因形成团聚体，而这种团聚体可使烧结异常，形成二次结晶，使晶粒长大。用离心沉降法测出的陈化物粒子大小实际上反映了粒子团聚程度。因此，利用适宜的陈化条件减少团聚，可使陈化物粒子趋于均一，对形成小晶粒有利。

三、软模板法制备纳米材料

在第一章中已经介绍，表面活性剂类两亲分子在水（或疏水有机液）中达一定浓度时可以形成胶束（反胶束），并随其浓度增大，还可以形成更大的分子有序聚集体。这些聚集体大多都在纳米量级范围内，它们可以作为微型反应器进行化学反应（如胶束催化、吸附胶束催化、微乳催化），也可以进行生成纳米材料的化学反应。控制这类微反应器的组成和结构就可以有效控制在这类微反应器中形成的纳米材料的尺度、形态和结构。用这种方法制备纳米材料常称为"软模板法"[11,12]。当然,"软模板法"绝不止表面活性剂的各种分子有序组合体,其他如凝胶系统、LB 膜、粗乳状液等都可进行这类反应。相对于软模板法,还有在以有限空间的刚性介质(如微孔或介孔类吸附剂)为模板的"硬模板法"(如在分子筛和活性炭孔隙中形成纳米粒子也有不少报道)。

一般来说,硬模板有较高的稳定性和有限的空间,但结构单一、固定化,由其制备的材料形貌变化较少。而软模板法提供的反应空间是处于动态平衡状态的空间,反应物可通过空间腔壁扩散,故软模板稳定性较差,但易自发形成,不需复杂设备。

(一)反胶束模板法

表面活性剂在非极性溶剂中将以亲水端基向内,疏水基向外的状态聚集成反胶束,反胶束的极性内核可以增溶水分子成"水池"。一般反胶束的聚集数都不大(远小于胶束的聚集数),因此反胶束的"水池"通常也不大。在此纳米量级的"水池"微环境中进行生成纳米粒子的化学反应所得产物也应当是纳米量级的。利用反胶束制备纳米粒子的反应可通过以下三种方法进行:①将一种反应物水溶液增溶于反胶束中,另一种气体反应物直接通入反胶束的溶液中,使两者发生反应,生成纳米粒子;②将两种反应物的水溶液分别增溶于两种反胶束中,使含有不同反应物的反胶束溶液混合,发生反应;③反应物从反胶束溶液的油相进入"水池",发生水解反应,生成纳米粒子。第三种方式中,反应物多是金属醇盐,当醇盐渗透进"水池"中时,发生水解反应,形成金属氧化物或复合氧化物纳米粒子。例如,以 SDS 反胶束为模板,以有机锆醇盐为反应物,可制成蠕虫状介孔结构的四方相氧化锆纳米粒子。

齐利民等在非离子型表面活性剂的反胶束中首次合成出立方形 $BaSO_4$ 纳米粒子。他们发现反胶束中增溶水量对生成粒子的形状有很大影响:随增溶水量增加,粒子由球形逐渐变为立方形,且粒子大小随"水池"增大而增大[13]。

反胶束(胶束亦同)不仅可以用于制备纳米粒子,在表面活性剂浓度足够大时,反胶束可以进而组成棒状或其他有序组合体形式,因而也可用于制备纳米线等。图 13.4 是用 CTAB 棒状反胶束制备金纳米棒的示意图。实验以 $HAuCl_4$ 为金源,维生素 C 为还原剂,在 CTAB 溶液中加入 2～3nm 的金粒子作为晶种,诱导CTAB 形成棒状反胶束 [图 13.4(a)]。由于 CTAB 为阳离子型表面活性剂,其正电端基可吸附 $AuCl_4^-$,在维生素 C 的还原作用下生成金粒子,随着浓度增加,金粒子生长成纳米棒 [图 13.4(b)],再经陈化分离,除去 CTAB 模板,得金纳米棒。图 13.5 是以 CTAB 反胶束为模板制备金纳米棒的过程示意图。

现用反胶束模板法,已制备了金属、氧化物、卤化物、硫化物等的多种纳米粒子和纳米线等材料。

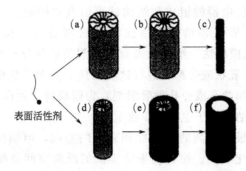

图 13.4　表面活性剂模板法合成一维纳米结构的原理示意图

（a）形成柱状反相胶束；（b）目标材料纳米线被反相胶束包覆的结构；
（c）去掉表面活性剂分子得到单独的纳米线；（d）柱状（正）胶束

注：（d）～（f）和（a）～（c）过程相似，区别在于反相胶束的内表面是模板，而正相胶束的模板是外表面。

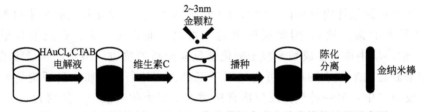

图 13.5　表面活性剂（CTAB）作为模板合成金纳米棒的过程示意图

　　齐利民等在非离子型表面活性剂反胶束中制备出长 $100\mu m$、直径仅为 $10\sim30nm$ 的 $BaCO_3$ 纳米线，每条纳米线均为 c 轴沿纳米线长轴取向的单晶。通过电镜观察其晶体生长过程，提出了形成纳米线的取向生长机理。实验结果证明，反胶束能用来实现有择优取向的单晶态无机纳米线的合成[1]。

　　反胶束和反相微乳液模板并无本质区别。只是后者的"水池"较大，能有更大的反应空间，形成的纳米材料的大小和形状更大和更丰富。并且后者更适用于水溶性反应物进行的反应，而前者更适于制备有机物的纳米材料。许多情况下对这两种方法不加区分[11]。

（二）反相微乳液模板法

　　由于微乳液粒子直径为 $10\sim100nm$，对于反相微乳液（即 W/O 型微乳液），其"水池"的大小也约在此范围，反应在"水池"中进行，故可生成纳米级粒子。

　　根据第一章介绍已知微乳液系统由有机溶剂（油相）、水溶液（水相）、表面活性剂和助表面活性剂组成。常用的有机溶剂有 $C_4\sim C_6$ 直链烃或环烷烃，表面活性剂一般有 AOT、SDS、SDBS（十二烷基苯磺酸钠）、CTAB（十六烷基三甲基溴化铵）、Triton X（聚氧乙烯醚类非离子型表面活性剂，如 Triton X-100），助表面活性剂常用中等长度碳链的脂肪酸。当增溶在微乳液"水池"中的一种反应物与增溶有另一反应物的微乳液混合时，微乳液液滴相互碰撞，融合，水池的反应物发生反应，先生成产物分子，再聚集成核，最终生成粒子。由于水池大小和形状基本恒定，晶核长大也局限于水池中，形成粒子大小主要由水池大小决定。

利用反相微乳液制备纳米粒子的方法与利用反胶束的方法类似。具体说明如下。

1. 两种微乳液法

将反应物 A、B 增溶于两种反相微乳液的"水池"中，含有 A、B 反应物的两种反相微乳液混合后，微乳液液滴碰撞，"水池"内反应物接触，并继而在液滴内发生反应 [图 13.6 (a) 和 (b)]，成核和生长均在合并的液滴内进行，产物的大小受液滴大小限制，即"水池"的大小决定了产物粒子的大小 [图 13.6 (c)]。

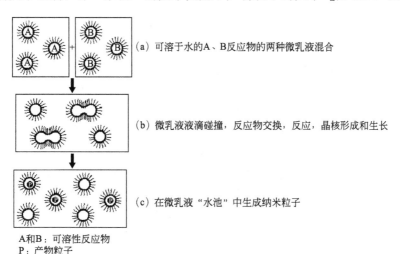

(a) 可溶于水的A、B反应物的两种微乳液混合

(b) 微乳液液滴碰撞，反应物交换，反应，晶核形成和生长

(c) 在微乳液"水池"中生成纳米粒子

A和B：可溶性反应物
P：产物粒子

图 13.6　混合两种微乳液法制备纳米粒子示意图

2. 单一微乳液法

将一种反应物 A 增溶于反相微乳液中，将另一种反应物 B 以溶液或固态、液态，甚至气态形式直接加入到上述含 A 的微乳液中，B 可通过扩散进入含 A 的微乳液液滴中进行反应。换句话说，这种方法是在一种微乳液中含有所有的反应物。并且这些反应物可以被许多物理方法活化和控制（如脉冲射解法、激光光解法、超声法、升高温度等）。

两种或单一微乳液法液滴的大小和微乳液液滴的动力学性质对最终纳米粒子的形成有关键性作用。

图 13.7 是用十一酸、癸烷、PEG-b-PMAA 等反相微乳液法制备的 $BaMoO_4$ 纳米带的透射电镜图[12]。

反相微乳液模板法制备纳米材料首先要受到微乳液组成的影响。在组成决定后（当然要根据反应物的性质来决定微乳液的成分和比例关系），决定因素有水和表面活性剂的摩尔比、反应物的浓度、表面活性剂在油相中浓度及助表面活性剂

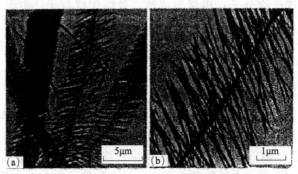

图 13.7　微乳液法自组装 $BaMoO_4$ 纳米带的透射电镜照片

与表面活性剂的质量比以及表面活性剂的性质等等。

① 水与表面活性剂的摩尔比（W）对形成纳米粒子的影响　$W=[H_2O]/[$表面活性剂$]$。W 对微乳液液滴的大小、形状和界面膜的强度有显著影响，因而决定了粒子大小和形状。当 W 低时，水池中的水与表面活性剂极性端基作用强烈，成为"结合水"，界面膜强度大；W 增大，结合水饱和，"自由水"比例增大，界面膜强度减小，使反相微乳液液滴碰撞时易破裂，导致不同液滴水池中的纳米粒子聚结，粒子长大，因而 W 增大，形成的纳米粒子也增大。

实际情况可能要更复杂。在反相微乳液中，纳米粒子的成核、生长都在纳米级的"水池"中进行，"水池"的大小由水量控制。显然，W 减小，应可以得到粒径小的粒子，并且当 W 小时，水池直径小，界面强度大，生成的模板更易为球形，W 增大，"水池"变大，生成的模板可能为椭球形，随着 W 增大"水池"的形状更趋复杂，从而可能形成棒状、线状等粒子。这种复杂形态的粒子已不再是在一个液滴中形成的，因此反相微乳液法制出的纳米粒子常比微乳液液滴大（得多）。图 13.8 是用反相微乳液法制备的 $PbTiO_3$ 纳米粒子流体力学直径 D 与 W 关系图[14]。由图可见，在反相微乳液中形成的 $PbTiO_3$ 纳米粒子大小随 W 的改变在 $10\sim150nm$ 变化。这一大小比微乳液液滴本身大小（$2\sim5nm$）大很多倍。这说明生成 $PbTiO_3$ 的过程（醇盐水解法制备）不可能完全限制在微乳液液滴内，而可能是先在微乳液液滴内发生水解反应，继而发生的聚结过程可以在液滴内部和液滴之间同时进行，这一过程导致粒子的形成、生长、聚结成粒子的聚集体。

② 反应物浓度对形成纳米粒子的影响　改变反应物浓度可以使反应物在微乳液中增溶量改变，当一种反应物浓度增大至某一临界浓度时，每个微乳液液滴内反应物较多，产物成核速率大于晶核生长速率，随反应物浓度增加，产物粒径更小。

对于反相微乳液，当 W 一定时，反应物浓度小于某一临界值时，微乳液液滴中反应物的量不足以形成核，此时需通过液滴间的相互作用形成晶核和使粒子长大，此时纳米粒子粒径会随反应物浓度增加而增大。图 13.9 是醇盐在反相微乳液中水解生成 $PbTiO_3$ 反应的结果，即为一例[15]。

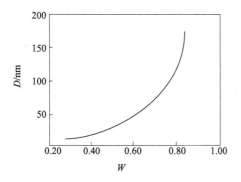

图 13.8　PbTiO₃粒子的 D-W 关系图

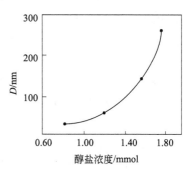

图 13.9　在低醇盐浓度时 PbTiO₃
粒子直径 D 与醇盐浓度关系图

③ 表面活性剂性质及浓度对形成纳米粒子的影响　表面活性剂类型、结构和浓度不同时，常会影响形成的纳米粒子大小和形状。有的研究工作结果表明，当表面活性剂的疏水基碳原子数相同时，形成微乳液的聚集数多少依次为：非离子型＜阳离子型＜阴离子型的表面活性剂。显然聚集数越大其"水池"越大，形状也越偏离球形。有人认为，不同类型的表面活性剂带电符号、电荷密度不同，形成的微乳液（或反胶束）中带电端基与反应物产生的相互作用不同，从而可能影响粒子的大小和形状。也有工作认为表面活性剂的结构可能影响产物的晶型。如在非离子型表面活性剂的反相微乳液模板中可形成面心立方结构的γ-Fe 粒子，而在阳离子型季铵盐的反相微乳液中可形成体心立方结构的α-Fe 粒子。这种看法认为表面活性剂决定了反应生成的铁原子形成晶核的结合方式。还有人认为，表面活性剂的浓度对形成纳米粒子的大小及稳定性有影响。浓度太大时，过多的表面活性剂覆盖在粒子表面阻止晶核生长可导致粒径减小。总之，这些因素大多都有一定的实验依据，但都缺乏深入探讨，有的相互矛盾，有的互为印证。看来，一切还有待更全面的研究，给出更有说服力的论证。

（三）囊泡模板法[16,17]

由天然的或人工合成的磷脂所形成的球形或椭球形、单室或多室的封闭双层结构称脂质体（liposome）。由人工合成的表面活性剂形成的类似结构称为囊泡（vesicle），有时也称为泡囊。脂质体与囊泡也常统称为囊泡。囊泡的内层为表面活性剂极性端基，故其包围的内核空间所包容的极性物质（如可溶于水的无机盐类水溶液）可成为极性形成无机纳米粒子的反应的反应器。而囊泡的双分子层结构中间为非极性尾基部分，可增溶有机物。可作为发生形成有机纳米材料的反应器。这样，利用囊泡作为模板可以制备无机物球形或类球形纳米粒子，也可以使反应在囊泡外层（亲水端基部分）发生形成无机纳米材料的反应。除去表面活性剂后可得中空的球状材料。利用囊泡的双层中间部分为反应器可制备空心球状的有机高分子纳米材料。当然，若选择合适的原料和条件，也可以制备有机-无机复合材料，在水溶液中，阴、阳离子型表面活性剂混合物能自组装成球形胶束、囊泡和薄层结构的有序聚集体，以其为模板可制备出囊泡状介孔 SiO_2。以嵌段共聚物 pluronic P103 与阴离子型表面活性剂 SDS 为共模板剂，TEOS（硅酸四乙酯）为前驱体，调节两种表面活性剂的摩尔比和盐浓度，可制备出多层囊泡状介孔 SiO_2。

囊泡模板法制备纳米材料举例如下：

① Tanev 等人利用多层囊泡模板制备孔性层状二氧化硅[18]。将 TEOS（硅酸四乙酯）加入到 1，2-十二烷基二胺的水与乙醇的混合溶液中，中性条件下，室温水解 18h，即可得直径 300～800nm 的多层囊泡状二氧化硅，除去有机模板，所得材料热稳定性良好，有大的比表面和孔体积。

② Ozin 的小组利用囊泡模板合成出了更为复杂的具有等级结构的形态花样[19]。他们将水合氢氧化铝与磷酸二氢十二铵（DDP）在四乙二醇（TEG）溶液中进行水热反应，得到了具有复杂形态的介层磷酸铝（所谓介层是指层间距为介观尺度大小的层状结构）。这种介层磷酸铝的宏观形态为实心球或空心壳，而在这宏观尺度的形体上又雕刻了各种表面花样与微米尺度的小孔。这些人工合成的无机形态花样中，有的与自然界存在的生物矿物（如硅藻和放射虫的骨骼）的形态有着惊人的相似之处。这种具有等级结构的形态花样的形成机理示于图 13.10[19,20]。DDP 本身具有平面层状结构，在 TEG 溶液中 TEG 本身可作为助表面活性剂参与到 DDP 的双层结构中使之产生一定的曲率，从而导致了囊泡的形成。在水热条件下溶液中的 Al（Ⅲ）物种与磷酸根在表面活性剂头基区域发生聚合矿化反应，而矿化的 Al（Ⅲ）物种能够引发该离子型表面活性剂与 TEG 的相分离，最终囊泡中的这些 TEG 区域导致了表面精细结构（微米级表面孔）的产生 [图 13.10(a)]。那些宏观尺度的表面花样（如碗状花样）则是由于囊泡黏附于正在生长的球体表面造成的。这种形态花样化过程的一个重要特点是这些囊泡聚集体在发生微相分离的同时，也会发生融合、断裂、变形和塌陷，从而导致更为复杂的形态花样 [图 13.10(b)]。

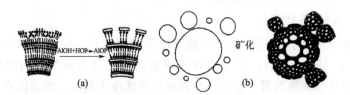

图 13.10　囊泡模板法合成具有等级结构的介层磷酸铝的机理示意图

（四）液晶模板法

液晶是一类特殊结构的物质。液晶分为溶致液晶和热致液晶两种。溶致液晶是由一定浓度的表面活性剂溶液所形成的特定结构，当表面活性剂浓度远远超过临界胶束浓度时，可形成各种溶致液晶相（层状、六角状、反六角状、立方相等）。热致液晶呈现液晶相，是由温度决定的，换言之，热致液晶只能在一定温度范围内存在，是单一组分。

液晶用作制备纳米材料的依据是，液晶界面为刚性的，层与层间距为纳米大小，在此空间内形成纳米材料尺度可控，且液晶相黏度较大，粒子不易团聚和沉降，利于生成单分散的粒子。液晶相的形状受表面活性剂浓度影响。在形成纳米材料反应中，液晶模板结构相当稳定，而且液晶模板是表面活性剂聚集而成的，极易去除（如加热灼烧即可）。

液晶模板法主要用于制备具有纳米微孔的分子筛类材料。以液晶为模板制备纳米材料，通常的方法是先形成表面活性剂自组装聚集体，同时无机先驱物在自组装聚集体与溶液相的界面上发生反应，并利用自组装聚集体的模板作用形成无机-有机复合物，除去有机模板剂（表面活性剂）即可获得有一定结构和形状的无机纳米材料。

溶致液晶模板常用的表面活性剂有下列几类：①单一表面活性剂，如聚氧乙烯醚类、聚乙二醇辛基苯基醚，正十二烷基乙烯基醚类等非离子型表面活性剂；②混合表面活性剂，如阳-阳离子型混合、阳-阴离子型混合、阳-非离子型混合表面活性剂；③复合非离子型表面活性剂，如利用蔗糖单硬脂酸酯、失水山梨醇单硬脂酸酯和甘油硬脂酸酯形成的具有液晶结构的复合物作为模板，可制备带状、棒状、椭球状、平行束状、网状的 ZnO 晶须。

液晶模板法制备纳米材料举例：

1992 年，美国 Mobil 石油公司的研究人员首先报道利用表面活性剂液晶模板合成了具有介晶结构的中孔二氧化硅和硅酸铝（直径为 $1.5\sim10nm$)[21]。他们通过在季铵盐型阳离子型表面活性剂的存在下二氧化硅或硅酸铝凝胶的水热反应制备出这种中孔分子筛，孔的大小可以通过改变表面活性剂烷基链长或添加适当溶剂来加以控制。这种中孔分子筛突破了传统分子筛的孔径范围（小于 $1.5nm$），从而迅即得到人们极大的关注。进一步的研究不仅揭示了其合成机理，而且将表面活性剂类型扩展到阴离子型和中性表面活性剂，合成的材料也扩展到各种金属氧化物乃至非氧化物。

在这些合成过程中，表面活性剂的浓度通常较低，在没有无机物种的存在下形成不了液晶，而只以胶束形式存在。随着无机物种的引入，这些胶束通过与无机物种之间的协同作用发生重组，生成由表面活性剂分子与无机物种共同组合而成的液晶模板，例如经硅酸根阴离子与阳离子表面活性剂的协同作用可生成共组合的"硅致"液晶[22]。通过控制水解条件，还可能发生由层状相向管状相的转变，最近 Lin 等人就据此机理合成出了具有"管中管"等级结构的中孔硅酸铝分子筛，即一个较大空管（直径为 $0.3\sim3\mu m$）的管壁完全由六方密堆积的小空管构成[23]。

如果将液晶模板与能控制较大尺度形态的油-水界面模板结合起来，还可制备出同时具有介观结构和微米级或宏观形态的等级结构。最近 Schacht 等人[24]将液晶模板与 O/W 液乳状液模板结合起来，合成出了由中孔二氧化硅薄盘构成的微米级空球，他们还通过油/水水平界面上的液晶模板复制合成出了直径为 10cm，厚度

为 $10\sim500\mu m$ 的中孔二氧化硅薄片。

最近 Attard 等人报道了利用非离子型表面活性剂液晶作为稳定的预组织模板来合成中孔二氧化硅的研究结果[25]。他们将硅酸四甲酯（TMOS）加入到酸性的 $C_{12}H_{25}(OC_2H_4)_8OH$（简写 $C_{12}EO_8$，下同）六角液晶相中，在室温下水解 18h，然后于 350℃ 加热除去有机模板即可得到六角液晶状的中孔二氧化硅（图 13.11）。研究还发现此合成过程中液晶模板是相对稳定的。当使用由 $C_{16}EO_8$ 形成的立方或层状液晶相时，所生成二氧化硅也具有相应的介晶结构。

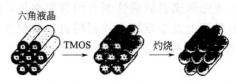

图 13.11 预组织液晶模板法合成中孔二氧化硅的示意图

四、表面活性剂在纳米材料表面修饰中的应用

表面修饰过去习惯称为表面改性（surface modifacation），或表面处理。固体的表面修饰即应用物理的或化学的方法改变固体表面结构、状态，降低固体表面能，改变表面电性质及亲水亲油性，以达到固体表面某些实用性能（如粒度、流动性、吸附能力、润湿性质、分散性质等）的要求。

最简单的改性方法如研磨、抛光、电晕放电、化学刻蚀等，大多都是简单改变表面的光滑性和利用表面的某些特殊反应，使表面性质有某种变化。

由于表面活性剂类两亲性物质实行纳米材料的表面修饰是将两亲性物质的一端束缚于粒子表面，另一端暴露于外，使粒子表面呈现暴露于外的一端的亲水亲油性质。也可以利用表面活性剂分子有序组合体的软模板法形成核-壳状纳米材料，以满足实际需要。

（一）抑制纳米粉体的团聚

粉体的团聚有两类：软团聚和硬团聚。软团聚是物理性力（色散力和静电力）所引起的，这种团聚体较松散。硬团聚是除物理力作用外，在粒子间有化学键力（如氢键、桥氧键等），即粒子间形成不大牢固的键合作用，这种团聚体较紧密，不易分散开。

表面活性剂能克服团聚作用，由于表面活性剂分子的两亲性，易于在界面上吸附，形成的吸附层阻碍粒子间接触和形成某种化学键，同时吸附作用降低了界面能，利于保持粉体系统的稳定性（纳米粒子系统因表面积大，表面能大，故有自发团聚的倾向）。当应用离子型表面活性剂时，因其在粒子表面吸附而使粒子表面带电或使其表面电荷密度增大，都将增大粒子间静电排斥力，使系统稳定，团聚不易发生。

但是，当粒子的带电符号与表面活性剂离子符号相反时，吸附作用将使表面电性中和或电荷密度降低，从而使系统变得更不稳定。只有当发生第二层离子型表面活性剂离子的吸附，使粒子表面重带电，才使系统具有稳定性。

（二）表面活性剂在纳米材料表面的吸附改性

许多氧化物和氢氧化物纳米粒子在水溶液中都有自己的等电点。当水溶液的 pH 大于等电点时，粒子表面带负电荷；反之，带正电荷。因此，根据粒子的等电点，调节溶液的 pH 值，使其带有某种电荷，选择适宜的离子型表面活性剂在其表面吸附即可达到表面改性的目的。例如，SiO_2 的等电点在 $pH=1.0 \sim 2.0$，故在中性、碱性，甚至在弱酸性水中表面带有负电荷，极易吸附表面活性剂阳离子，从而使本来亲水的 SiO_2 表面变成带有阳离子型表面活性剂碳氢链的疏水性表面。表 13.3 列出 SiO_2 吸附不同浓度的十六烷基三甲基溴化铵（CTAB）后，水在 SiO_2 表面上的接触角（θ）变化。

表 13.3 SiO$_2$ 自不同浓度 CTAB 吸附后水在其上的接触角（度）

CTAB 浓度/（mol/L）	0	10^{-7}	10^{-6}	10^{-4}	2×10^{-4}	5×10^{-4}	10^{-3}
接触角/（°）	0	84	90		68	51	0

由表中数据可知，当 CTAB 浓度增大时，在浓度低于其 CMC 时（CTAB 的 CMC 为 8.5×10^{-4} mol/L）即可形成憎水性的吸附层（$\theta = 90°$）。这种阳离子型表面活性剂吸附改性的 TiO_2 将明显改善其在有机介质中的分散稳定性。当浓度超过 CMC 后，可发生第二层吸附（亲水的带正电荷的端基朝向水相），θ 将逐渐减小，直至 $\theta = 0°$。

（三）包覆改性

阳离子型表面活性剂虽然对许多氧化物类表面减小以及改性（即将表面由亲水性改为疏水性）是适宜的，但其价格较高，且有一定毒性，故人们更愿意用阴离子型表面吸附剂吸附进行表面改性。为此，需先将低等电点的表面，包裹以高等电点物质（主要用 Al_2O_3），这样就可以用阴离子型表面活性剂吸附进行表面改性了。如在 TiO_2 的浆液中加入铝盐或偏铝酸盐，再以碱或酸中和，使析出的 Al_2O_3 覆盖在 TiO_2 表面，在中性水中 Al_2O_3 表面荷正电，因而可吸附阴离子型表面活性剂而得以有机改性。这一过程可用图 13.12 示意。

与包覆改性有异曲同工作用的是核壳状纳米结构材料的形成。核壳状纳米结构由核和壳两部分组成，核的直径和壳的厚度均为纳米量级。核与壳的化学组成和性质完全不同。如以金属为核，以金属或非金属氧化物为壳构成的纳米粒子，也有以无机物为核、有机聚合物为壳构成的纳米粒子。

将金属纳米粒子包覆于无机或有机材料的壳中有许多益处：使核部分对氧化作用有高的稳定性，并提高其生物相容性。特别使人关注的是利用反相微乳液技

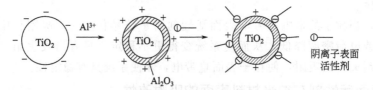

图 13.12　TiO$_2$ 粒子被 Al$_2$O$_3$ 包覆过程示意图

术制备的带有 SiO$_2$ 外壳的核-壳状纳米结构材料。例如，有人用非离子型表面活性剂反相微乳液为模板制备出了 CdS-SiO$_2$ 的核-壳状纳米结构材料。SiO$_2$ 约为 40nm 厚，CdS 粒子核约为 2.5nm。这种材料的制法是使 CdS 在反相微乳的"水池"中共沉和 TEOS 在微乳中水解同时形成 SiO$_2$ 壳[11]。

以磁性纳米粒子为核，以 SiO$_2$ 为壳的纳米结构材料因其在生物医学和技术方面的应用前景引起人们极大的关注。有人已用微乳液模板法制出了 1nm 厚的 SiO$_2$ 为壳，小于 5nm 的氧化铁为核的核-壳状纳米结构材料。实例是一种用反相微乳液模板法制备的以超顺磁性 α-Fe 为核，以 SiO$_2$ 为壳的纳米球（直径约 50nm 的纳米球）。图 13.13 是用非离子反相微乳技术制备的 α-Fe/SiO$_2$ 复合纳米球的 TEM 图[26]。

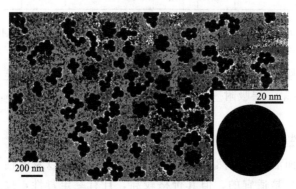

图 13.13　α-Fe/SiO$_2$ 纳米球 TEM 图

外壳为 SiO$_2$，深色球体为 α-Fe 纳米晶体

参考文献

[1] 一ノ瀬升，尾崎义活，贺集诚一郎. 超微颗粒导论. 武汉：武汉工业大学出版社，1991.

[2] 薛宽宏，包建春. 纳米化学. 北京：化学工业出版社，2006.

[3] 沈钟，赵振国，康万利. 胶体与表面化学：第 4 版. 北京：化学工业出版社，2012.

[4] 李玲. 表面活性剂与纳米技术. 北京：化学工业出版社，2004.

[5] 江伟辉，程忠，等. 中国陶瓷，2012，48（12）：17.

［6］赵振国，程虎民，马季铭. 化学学报，1994，15：1063.

［7］Chapur F，Boilot J P. High Tech Ceramics（Vincenaini P ed）Amsterdam：Elevier Sci Publishers B V，1987：1459.

［8］Blake T D. Surfactants（Tadros Th F ed）. London：Academic Press，1984.

［9］Rosen M L. Surfactants and Interfacial Phenomena. New York：Wiley，1989.

［10］Lu S C，Song S X. Colloids Surf，1991，57：59.

［11］Qi L. In Encyclopedia of Surface and Colloid Science（Somasandaran ed.）New York：E-ESCS，2006.

［12］陈翌庆，石瑛. 纳米材料学基础. 长沙：中南大学出版社，2009.

［13］齐利民，马季铭，程虎民，等. Colloids Surf A，1996，108：117.

［14］齐利民，马季铭，程虎民，等. J Phys Chem B，1997，101：3460.

［15］马季铭，齐利民，程虎民，等. "先进材料进展"（国家高技术新材料领域专家委员会编），1995.

［16］金谷. 表面活性剂化学：第2版. 合肥：中国科技大学出版社，2008.

［17］齐利民，马季铭. 化学通报，1997，（5）：1.

［18］Tanev P T，Pinnavaia T J. Science，1996，271：1267.

［19］Mann S，Ozin G A. Nature，1996，382：313.

［20］Walash D，Mann S. Nature，1995，377：320.

［21］Kresge C T，Leonowicz M E，Roch W J，et al. Nature，1992，359：710.

［22］Firouzi A，Kumar P，Stupp S L. Science，1995，267：1138.

［23］Lin H P，Mou C Y. Science，1996，273：765.

［24］Schacht S，Hoo Q，Voigt-Martin I G，et al. Science，1996，273：768.

［25］Attard G S，Glyde J C，Goltmer C G. Nature，1995，378：366.

［26］Tartaj P，Serna C J. Chem Mater，2003，15：4944.

第十四章

表面活性剂在环境科学中的应用

 一、环境科学的基本内容[1~4]

（一）定义

环境科学是研究人类生存环境质量及其保护与改善的科学。环境科学研究的环境，是以人类为主体的外部环境。即人类赖以生存的物质条件的综合体，包括自然环境和社会环境。自然环境是直接或间接影响到人类的一切自然形成的物质及能量的总体。

环境保护是世界人民共同关心的重大社会经济问题，也是科学技术领域中的重大研究课题，环境科学是一门综合性科学。在世界范围而言，环境科学列为一门科学只有二三十年的历史。

（二）环境问题的产生

人类生存于地球表面的大气圈、水圈和土壤-岩石圈以及适于生物生存的生物圈之中。气圈、水圈、土壤-岩石圈和生物圈构成了人类的生存环境。这一环境属于自然环境。人类自然环境出现问题古已有之，如自然灾害。人类生活和生产活动排出的废物引起的大的环境问题是近两三万年的事。这些环境问题大大超过了环境的自净能力，人口的增长和生产活动的增强使得矿物燃料消耗大幅度增长，森林面积急剧减小，热带雨林大面积砍伐，沙漠化日益严重。诸多自然环境（包括以上的说的气、水、土和生物圈环境）恶化大大影响了生态平衡，也威胁了人类自身的生存，上述未包括社会环境的变迁。

（三）环境科学的研究内容

环境科学研究领域起初侧重于自然科学和工程技术方面，现已逐渐向社会科学方面扩散。当今环境科学仍以研究人类活动排放的污染物分子、原子等在有机体内迁移、转化和蓄积的过程及其运动规律，探索它们对人类生命的影响及作用机理为主。

环境科学的主要研究内容有环境评价、自然资源保护、环境监测、环境污染控制、环境规划、环境政策及标准制定等。

环境科学有多个分支学科，如环境地学、环境化学、环境生物学、环境物理学、环境医生、环境法学等。其中环境化学的主要研究内容是鉴定和监测化学污染物在环境中的含量，研究它们的存在形态和迁移、转化规律、探讨污染物回收、利用和分解成无害简单化合物的原理。

本章内容只涉及表面活性剂在被污染的水、气固体治理中的应用，只是环境科学中的点滴内容。

 ## 二、水处理与表面活性剂在水处理中的应用

（一）水和水的纯化与软化

1. 水的概况

水是构成地球以至宇宙万物的基本物质之一，是一切动植物及人体的组成物质（人体 65% 是水）。人类和一切生物体生存、繁衍都离不开水，据说没有食物人可以活一个月，没有水，七天可能就死了。正常生理活动都要依靠水。

在地球表面上、大气层中、土壤和岩石中、生物体中有多种形态的水，全球总水量约有 1.386×10^{18} m³，其中约 97% 在海洋中，冰川及冰冠占约 2%，只有约 3.5% 水储于陆地上（其中 73% 在冰川、冰冠和冻土层中）。

世界各国拥有水资源不同，以巴西、俄罗斯、加拿大、美国、印尼和中国拥有量占前 6 位，但人均水资源的以大洋洲最多（2.3×10^6 m³）、亚洲最少，我国人均拥有水量约 2474 m³，仅为世界人均拥有水量的 1/4。据不完全统计，我国有近 200 个城市缺水，其中 40 个有供水危机，5000 万农村人口饮用水不足。因此，保护水资源在我国尤为重要。

2. 水的纯化与软化

水的纯化是将天然水中的有机物、无机物和细菌通过物理或化学的方法完全除去或大部分除去以达到人类生活和生产需要。

水的纯化方法主要有离子交换法（用离子交换树脂交换除去金属阳离子、阴离子等）、渗透膜法（根据膜的孔径可除去大离子、大的有机分子和细菌等）、蒸馏法（除去水中一切不易挥发的组分）等。

水的软化是除去水中过量的 Ca^{2+}、Mg^{2+} 等高价金属离子，主要方法有沉淀法（加入沉淀剂形成不溶性金属盐沉淀）、离子交换法、加热法等。

（二）废水处理

在人类日常生活和生产活动中几乎无时无刻不在产生污水（dirty water）、废水（waste water）和废液（liquid waste），污水和废水都是不干净的水，前者多是日常生活产生的，后者多是工业生产产生的，有时不严格地将两者通用。我国水资源缺乏，废水处理二次应用是重要的课题。

1. 废水处理概述

按处理程序不同，废水处理分为三级。

一级处理只除去水中悬浮物，以物理方法为主，处理后废水达不到排放标准。

二级处理大幅度除去废水中胶体物和溶解状态有机物，常用生物处理法，处理尚残存一定量悬浮物、生物不能分解的可溶性有机物、可溶性无机物、病毒和细菌。二级处理后的水尚不能满足较高要求排效标准，不能直接作自来水、工业用水和地下水补给水。

三级处理采用化学法（化学氧化、还原法）、物理化学法（吸附离子交换、膜合离技术等）以除去二级处理后残存物质和特定污染物。

2. 污水检测指标

（1）生化需氧量（BOD）　水中有机污染物被好氧微生物分解所需的氧量称为生化需氧量（BOD），以 mg/L 为单位。它反映在有氧条件下，水中可生物降解的有机物量。BOD 越高表示水中需氧的有机污染物越多。

（2）化学需氧量（COD）　化学氧化剂氧化水中污染物所消耗的氧化剂量，用氧气量表示（mg/L）COD 越高表示水中有机污染物越多。常用的氧化剂有重铬酸钾和高锰酸钾。

（3）植物营养元素　磷为植物营养元素。水体中 N、P 含量越多水体富营养化越严重，P 的作用远大于 N 的。

（4）pH 值　一般要求处理后污水的 pH 值为 6～9，天然水体 pH 值为 6～9。

3. 废水处理的方法

（1）物理法　利用物理作用除去污水中主要呈悬浮状态的物质，物理法不改变水体化学性质。物理法处理技术有：

① 沉淀（重力分离）。

② 筛选（截流）　利用筛选介质除去悬浮物，所用设备有格栅微滤机、砂滤池、压滤机、真空滤机（用于污泥脱水）。

③ 气浮　将空气通入污水，产生微小气泡，水中微小粒状污染物黏附于气泡上，浮至水面，形成泡沫浮渣。为提高效果有时需加入混凝剂。

（2）化学法　向污水中加入化学物质，利用化学反应分离回收污染物的方法

（或使污染物转化为无害物）具体方法如下。

① 混凝法　向水中投放混凝剂，使污染物脱稳，在架桥等作用下使水中污染物凝聚并沉降，此法可处理含油废水、染色废水、洗毛废水等。常用混凝剂有硫酸铝、氯化铝、三氯化铁、硫酸亚铁等（此法将在下文中展开介绍）

② 中和法　加入酸或碱中和污水中的碱或酸，也可通入 CO_2（如含 CO_2 的烟道气）中和碱。

③ 氧化还原法　投入氧化剂（O_2、O_3、漂白粉、二氧化氯、Cl_2 等）或还原剂（如铁屑、Fe_2SO_4、亚硫酸氢钠等）进行氧化还原反应，以除去污染物。氧化法常用于含酚、含氰废水，还原法常用于含铬、含汞废水。

④ 电解法　插入电极电解，产生的 H_2 和 O_2 分别在电极上发生氧化还原反应。主要用于处理含铬及含氰废水。

⑤ 吸附法　分为物理吸附、化学吸附和生物吸附法等。其中，化学吸附法选择性强。

⑥ 化学沉淀法　加入化学药剂与污水中某些物质发生生成难溶盐的沉淀反应。多用于处理含重金属离子的工业废水。

⑦ 离子交换法　用离子交换剂处理无机离子或有机离子。用此法时要考虑离子交换树脂的选择性及再生方法，以充分发挥此法的作用。

⑧ 渗析、电渗透、超滤、反渗透等法　用特殊的半透膜分离水中的离子或分子的技术，统称膜分离法。电渗透主要用于水的脱盐，回收某些金属离子。反渗透与超滤虽均属于膜分离法，但本质不同。反渗透作用由膜表面化学本性决定。分离物质粒径小，除盐率高，工作压力大；超滤是筛滤作用，分离物粒子粒径较大，透水率高，除盐率低，工作压力小。

（3）生物法　利用微生物的新陈代谢作用，使污水中呈溶解和胶体状态的有机污染物降解并转化为无害物。

生物法可分为好氧法和厌氧法两类，前者效率高，效果好，使用广泛。生物法有以下几种工艺。

① 活性污泥法　将空气连续通入大量溶解有机污染物的污水中，经一般时间，水中形成大量好氧性微生物絮凝体——活性污泥，活性污泥能吸附水中有机物，生活在活性污泥上的微生物以有机物为食料，获得能量，不断增殖，有机物被分解去除，使污水净化。

② 生物膜法　使污水连续流过固体填料，在填料上就能形成污泥状生物膜，生物膜上繁殖大量微生物，从而吸附和降解水中有机污染物，起到与活性污泥同样的净化污水作用。从填料上脱落下来的死亡的生物膜随污水流入沉淀池，经沉淀池澄清、净化，生物膜法需有多种处理和构筑物，如生物膜池、生物转盘、生物接触氧化池和生物流化床等。

③ 厌氧生物处理法　利用兼性厌氧菌在无氧条件下降解有机污染物。主要用以处理高浓度难降解有机工业废水、污水，此法需要的主要构筑物为消化池（近

年有新型高效厌氧处理构筑物，如厌氧转盘、上流式厌氧污泥床、厌氧流化床等）。这种方法能耗低，且能产生能量，污泥产量少。对不同废水的处理方法虽大不相同，但基本上是先设隔栅，除去大型杂质。接着设初沉淀池，除去一定粒径的固体杂质，再经隔油和浮选处理，可以去除大量固体悬浮物及有机杂质，这两步处理多分两级进行，也可起到破乳作用，再后进二次沉淀池（二次沉淀、除去有机杂质），随后生物处理。生物处理多用活性污池法，这种方法可采用间歇曝气、生化塘、氧化沟等手段和措施，接着再进行沉淀或过滤等处理。

（三）表面活性剂在废水处理中的应用[3, 7]

1. 化学絮凝法[5,6]

化学絮凝法是用各种絮凝剂（或称混凝剂，如铝盐、铁盐、各类高分子混凝剂等）使各种污染物聚集沉降分离。一般来说，使污染物小粒子的电动电位降低相互聚集成大粒子的过程称为聚集（agregation），而加入无机或有机大分子破坏悬浮粒子的稳定而形成沉淀的过程称为絮凝（flocculation）。通常将聚集与絮凝混称混凝。关于聚集、絮凝和无机絮凝剂的有关内容请参阅本书第一章有关内容。

作为絮凝剂的大分子聚合物或共聚物，分子中有多种活性基团，它们多属于高分子表面活性剂，它们的分子也是由亲水、亲油两大部分构成。也可分为阴离子型、阳离子型、两性型和非离子型四大类型。常用的有机高分子絮凝剂有：

（1）阴离子型高分子絮凝剂　此类絮凝剂主要处理带正电污物粒子（特别是一些金属的氢氧化物）。

① 聚丙烯酸钠　遇水膨胀后先成凝胶态，后成黏稠液态。易溶于氢氧化钠水溶液，但在氢氧化镁、氢氧化钙溶液中沉淀。

② 甲基纤维素钠（NaCMC）　能溶于氢氧化钠水溶液。

③ 含磺酸基团的阴离子聚合物　如聚苯乙烯磺酸钠。

阴离子型絮凝剂不仅用于带正电荷污染物粒子的絮凝。若将带负电污物先与阳离子无机絮凝剂（如铝盐无机絮凝剂）作用，使污物粒子带上正电荷，再用阴离子型高分子絮凝剂处理可有满意效果，这种方法的原因是阳离子型无机絮凝剂分子量较小，架桥能力不大，絮凝能力差，但可使粒子带上正电荷。

（2）阳离子型高分子絮凝剂　此类絮凝剂主要用来处理带负电荷的污染物粒子（如在中性或弱酸性和弱碱性介质中的硅酸盐，蛋白质类粒子）。

① 丙烯酸和甲基丙烯酸酯聚合物，可以是均聚体，也可以是与其他单体（如丙烯酰胺）的共聚物，以甲基丙烯酸二甲氨基乙酯应用较多。

② 聚二甲基二烯丙基氯化铵

这是一种阳离子型高聚物。多用于饮用水和工业用水前处理，比常用的无机絮凝剂和一般的有机絮凝剂处理效果好。

（3）非离子型高分子絮凝剂　主要包括聚丙烯酰胺及其改性聚合物和聚氧乙烯类聚合物。聚氧乙烯类聚合物的活性基团为分子中的醚键，易和含 H、Cl 等元

素的物质形成氢键，利于架桥絮凝。非离子型聚丙烯酰胺的大分子链上

$$-\left[\begin{array}{c} CH-CH_2 \\ | \\ CONH_2 \end{array}\right]_n$$ 没有离子基团，故不带电。但酰胺基却可与许多物质（如黏土矿物、

纤维素、蛋白质、金属氧化物等）形成氢键，因而也可以起桥连絮凝作用。

聚丙烯酰胺（PAM）是一种比较特殊的高分子絮凝剂，它虽本质上是非离子型絮凝剂，但由于其分子链上多个酰胺基，酰胺基的化学活性很强，可以和多种化合物反应生成系列衍生物。这些衍生物既可以是阴离子型的高分子聚合物，如：

$$-[CH_2-CH]_n[CH_2-CH]_m[CH_2-CH]_o-$$
$$\quad\ CONH_2 \quad CONHCH_2OH \ CONHCH_2SO_3Na^+$$

也可以是阳离子型高分子聚合物，如：

$$-[CH_2-CH]_n[CH_2-CH]_m-$$
$$\quad\ CONH_2 \quad CONHCH_2N^+RR'R''$$

2. 生物表面活性剂作为废水处理絮凝剂的应用[8]

（1）生物表面活性剂的特性　与一般化学表面活性剂比较，生物表面活性剂除具有降低表面张力、乳化、增溶等用作外，其酸碱稳定性、热稳定性和抗菌性能更优于一般表面活性剂。并且生物表面活性剂固有的可降解性和低毒性使其在环境治理领域有更广阔的应用前景。

（2）生物表面活性剂可用于废水脱色、去除固体悬浮物、改善污泥沉降性能等。例如分枝杆菌是一种细胞表面含多种基团的高荷负电、高疏水性的微生物。这种微生物具有表面活性，可用为磷矿、赤铁矿、煤及黏土矿物的絮凝剂。研究证明，用草分枝杆菌处理铁矿、磷酸盐矿泥时取得了十分明显的效果，4min 即可产生明显絮凝沉降，而在同样条件下用化学絮凝法 45min 也无法达到相同的沉降效果。同时，用聚丙烯酰胺为絮凝剂时，当浓度达到 40mg/kg，沉降后的物质难以脱水回收，而利用草分枝杆菌处理，絮凝后的沉淀物脱水较易，过滤性也明显提高。

（3）生物表面活性剂用作废水中金属离子浮选捕集剂　常规金属离子泡沫浮选分离的捕集剂多用黄原酸酯类和二硫代氨基甲酸盐类衍生物（DTC）类。黄原酸酯是一类不溶性固体，螯合容量小，难以连续投药处理。DTC 类衍生物的亲水性/疏水性决定了其与重金属离子螯合后从水中沉析出来的难易程度，亲水性越大，与重金属离子螯合后从水中析出的难度就越大，从而影响沉淀效果。采用生物表面活性剂替代传统的捕集剂，即可避免化学捕集剂对活性污泥中微生物的毒害作用，又避免了使用化学捕集剂可能引起的二次污染。Zoubouli 等[9]利用脂肽类生物表面活性剂莎梵婷（由枯草芽孢杆菌产生）和地衣芽孢杆菌毒（由地衣芽孢杆菌产生）作为浮选捕集剂去除废水中有毒重金属离子。结果表明，在 pH 4 时

生物表面活性剂从废水中分离出吸附了 Cr^{4+} 的 α-FeO(OH)或 Cr^{4+} 和 $FeCl_3$ · $6H_2O$ 形成的螯合物，使 Cr^{4+}（500 mg/L）的去除率高至 100%；在 pH 6 时，莎梵婷对废水中的 Zn^{2+}（500mg/L）的去除率高达 96%。

3. 胶束增强超滤法（MEUF）的应用[10]

分子量小的有机物分子或一般金属离子由于其大小小于一般超滤膜材料滤孔的大小，难以用一般超滤的方法除去。为此人们考虑到当这些小分子和离子若增溶于表面活性剂胶束中，而胶束的大小一般小于 $0.01\mu m$，增溶有机物后胶束的大小可以比 $0.01\mu m$ 更大，因而可以将有机物用超滤膜分开，金属离子可以吸附阴离子型表面活性剂胶束外壳，从而与胶束一起被超滤膜分离。这种利用表面活性剂胶束化作用和胶束对有机物的增溶作用，及离子型表面活性剂胶束表面带电而静电吸附反号带电离子后通过超滤膜实现污物中有机物和离子的分离的方法称为胶束增强超滤法（micellar enhanced uitrafitration，MEUF）。显然，这种方法只有表面活性剂浓度大于其 CMC 时方能实现，并且所用表面活性剂应有以下条件：

① 增溶能力要大，胶束的聚集数要大，能使增溶后胶束体积大，足以被滤孔阻挡。

② CMC 小，以减少表面活性剂用量。

③ 对离子型表面活性剂 krafft 点要低，对非离子型表面活性剂浊点要高，利于在较低温度下进行。

（1）利用 MEUF 法除去污水中有机物　有机污物的除去效果与污物本身的性质和表面活性剂的胶束的大小，特别是污物在胶束中增溶量的大小及增溶位置有关。增溶量大的除去率高，带电污物更易被带相反号电荷的胶束增溶，除去率高。现已有许多用 MEUF 技术去除废水中有机物的实例[11,12]。MEUF 优点在于能处理浓度低于 1 mmol/L 的溶解性有机物废水[13]。表 14.1 列出 MEUF 法对废水中有机物的去除效果。

表 14.1　胶束增强超滤法对水中有机物的去除效果

污染物	透过液中污染物浓度/（mmol/L）	去除率/%	污染物	透过液中污染物浓度/（mmol/L）	去除率/%
正己醇	1.56	92.2	4-叔丁基酚	0.0727	99.6
正庚醇	0.323	98.4	苯	2.33	88.4
正辛醇	0.141	99.3	甲苯	0.8	96.0
苯酚	1.42	92.9	正己烷	0.05	99.8
间苯二酚	0.526	97.4	环己烷	0.204	99.0

（2）利用 MEUF 除去金属离子　用阴离子型表面活性剂胶束可从废水中方便地除去带正电荷金属离子和有机物正离子（如有的染料）[14,15]，一般来说，高价阳离子去除率更高。阳离子型表面活性剂胶束（如季铵盐类表面活性剂胶束）可以

去除带负电的无机阴离子（如 CrO_4^{2-}、$AuCl_4^-$、$Fe(CN)_6^{3-}$ 等）和有机阴离子。一般来说，当废水中污染物浓度太高时，去除率会降低，但 MEUF 却仍能使去除率达 99％以上[16]。

（3）MEUF 存在问题之一——膜污染

① 膜污染的原因　膜污染的主要原因是膜与溶质（污染物和表面活性剂）的相互作用，在膜上形成凝胶滤饼层，堵塞滤孔。而且，大多数膜污染是不可逆的。

② 为避免和减小膜污染，在用 MEUF 法清除废水污染物操作时，要控制条件（流速、温度、压力等）尽可能减少污物在膜面上的浓度，减轻凝胶层的形成，防止膜面的生物污染，尽可能采用低压操作和恒通量操作。虽然温度适度升高，原料液黏度会减小，减小了膜的污染，但也要顾及原料液中各组分对温度的敏感性和膜材料的耐温性质。膜的清洗要根据膜的材质和处理料液的性质决定。处理料液的性质主要是指污染物在不同 pH、温度下在不同盐类及不同浓度溶液中的溶解性能和它的可氧化性及可酶解性能等。

膜清洗一般先用物理法，再用化学法。

物理法包括正冲、反冲、负压清洗、超声清洗、电场清洗等。

化学法包括酸碱液清洗（无机离子）、表面活性剂清洗、氧化剂处理、酶清洗法等。化学清洗法要特别注意不要造成新的污染。

三、大气环境的治理

（一）废气治理

废气是指人类在生产生活活动中产生的有毒有害气体，特别是多种工业生产产生的废气，许多是有毒有异味的废气，严重污染环境和损害人体健康。废气多种多样，性质各异，治理方法也各有不同，但一般方法可总结如下[17~18]。

废气处理一般有物理法、化学法、物理化学法和生物法四大类。

（1）物理法

① 液体吸收法　可溶性气体可通入适宜液体（溶剂）使废气溶于液体。吸收饱和后，更换溶剂。废气饱和溶液可采用一定的方法回收。

② 冷凝回收法　有机废气可经过冷凝器，低于其沸点冷凝成液态回收，故要有冷凝设备

③ 静电除尘法　固体粒子常带有电荷，在电场中，粒子失去电荷，失稳、聚集、沉降，以达到分离目的。

（2）化学法　酸性（或碱性）气体通入碱性（或酸性）液体中发生中和反应而去除，同理有的气体可发生氧化还原或其他化学反应而去除。只是都要考虑反应产物的回收。

（3）物理化学法

① 吸附法　固体表面可发生气体的物理吸附，吸附能力的大小由固体表面和气体性质决定。多孔性大比表面的吸附剂有良好吸附能力，碳质吸附剂（如活性炭、碳纤维等）对非极性气体（如饱和烃和苯类）有良好的吸附能力。硅酸盐和硅铝酸盐类吸附剂（如分子筛、硅胶、硅铝胶等）对极性气体（如水汽、脂肪醇、脂肪酸蒸气）有良好的吸附能力。吸附分物理吸附与化学吸附两大类。物理吸附设备简单、脱附容易。吸附饱和后用水蒸气吹扫易于脱附和回收。常用的吸附剂有活性炭、硅胶、分子筛、碳纤维等。化学吸附法的原理是某些废气可在吸附剂表面进行选择性的化学吸附，即发生了化学反应，形成了新的化学键。化学吸附除有选择性外，还要求一定的温度等条件。被化学吸附的气体难以简单脱附，即使采用某种手段强行脱附，产物已不是原来的吸附气体了。因此，难以用化学吸附法分离和回收有价值的原料气体。

② 催化燃烧法　此法适于高浓度有机蒸气除去，但有机资源浪费较大。

（4）生物法　将人工筛选的特种微生物菌群固定于生物载体上，污染气体通过时，微生物菌群从污染气体中获得营养，在适宜条件（温度、pH 等）下菌群生长、繁殖，在载体上形成生物膜，污染气体接触生物膜被相应微生物菌群捕获并消化。

在上述这些方法中，表面活性剂难以直接发挥作用。因为表面活性剂只有在溶液中才能形成胶束，在有各种界面存在时才能发生吸附作用，各处功能才能得以发挥。上述这些方法或直接溶于某种液体或直接从气态变液态回收，或被吸附剂吸附，再脱附回收等等。但是只要有液相存在就可能有表面活性剂的应用。废气被液体溶解或与液体中某种化合物反应形成新的物质，在回收这些物质时表面活性剂就可能发挥其作用。当然，这就相当于"废水"处理了。

（二）雾霾治理

严格地讲，雾与霾是不同的体系。

雾是一种自然天气现象，在水汽充足，微风和大气压平稳的条件下，气温接近 0℃，相对湿度近 100％时空气中的水汽会凝结成微小的水滴悬浮于大气中，形成水为分散相、空气为分散介质的液气分散体系，这种现象称为雾。出现雾时能见度大大降低。给人类生活带来不便。

霾是在一定温度、湿度和相对稳定的状态下，漂浮于大气中的微小固体微粒、粉尘等粒子产生的一种自然现象。当霾形成时，能见度也会大大降低。霾是以固体微粒为分散相，以空气为分散介质形成的固气分散体系。霾与雾可以同时发生，也可能单独存在，或以某一现象为主的出现。现在常将两者混称雾霾。

霾产生的主要原因有：①气象条件，大气压较低，空气流动性差，空气中微小粒子难扩散；②物质条件，许多工业部门产生的粉尘，以化石类能源（煤炭、石油）为燃料或动力资源造成的二次污染物（燃煤锅炉、烟道排放、汽车尾气排放）日益严重；③生态环境恶化，森林过度开发，土地盐碱化、沙漠化，以及风沙灾害，城市建设规划失当，建设土地裸露等造成的粉尘飞扬等。

雾霾治理的主要方法有：减少粉尘类污染物排放，减少石化类能源的使用，尽可能开发利用清洁能源；植树造林搞好水利工程建设，减少水土流失，调节气候，减少风沙等自然灾害的发生；合理规划国民经济发展，避免盲目城市化，城市建设不贪大求洋，控制人口过度增长，不能无限制发展大城市和发展汽车的拥有量；提倡和推进人类生活低碳化等等。

（三）表面活性剂在抑尘中的作用[19~20]

可从粉尘特性和起尘机理出发研制适宜的化学抑尘剂，也可从克服粉尘轻、小、带电等特点出发，抑制粉尘飞扬。表面活性剂因其有良好的润湿、渗透、分散和聚集等功能被广泛用作抑尘剂的主要组分。目前化学抑尘剂以有机高分子聚合物、表面活性剂（起功能调节作用）为主要组分。表面活性剂的主要作用是乳化、润湿、增溶和保水作用。

◀ 1. 阴离子型表面活性剂的配方型抑尘剂 ▶

在此类抑尘剂中阴离子型表面活性剂主要起润湿、聚集作用，达到黏结粉尘的目的。此类抑尘剂有：①以水玻璃、增塑剂、阴离子型表面活性剂、甲基苯乙烯乳液等为主要组分的抑尘剂；②以碱金属盐类、阴离子型表面活性剂和改性剂等为原料制备的煤抑制剂；③以渣油、水、十二烷基硫酸钠、十二醇为主要原料用来黏结粉尘的渣油/水乳状液型抑尘剂；④以渗透剂 JFC、腐殖酸钠、十二烷基苯磺酸钠、金属洗涤剂、六偏磷酸钠为主要原料的高效水泥降尘剂等等。

◀ 2. 阳离子型表面活性剂的配方型抑尘剂 ▶

阳离子型表面活性剂的亲水离子中大多含氧原子，也有含磷、硫原子的。实际应用的阳离子型表面活性剂多为含氮原子的。如胺盐和季铵盐，在化学抑尘剂中应用阳离子型表面活性剂的较少，这是因为多数矿物或植物类物质粉尘，在水中多带负电荷，阳离子型表面活性剂吸附后表面疏水化，并且胺盐型表面活性剂水溶性较差，在中性、碱性介质中发生水解，析出胺。而季铵盐型阳离子表面活性剂润湿能力差，成本高，毒性较大。但也有用阳离子型表面活性剂参与抑尘剂配制的。如以季铵盐阳离子型表面活性剂、絮凝剂聚氮丙啶、聚 2-羟丙酯-1-*N*-甲基氯铵、环氧乙烷、水为主要组分的煤尘抑制剂。

◀ 3. 两性型表面活性剂的配方型抑尘剂 ▶

两性型表面活性剂毒性小，耐硬水性好，与其他类型表面活性剂相容性好，但价格昂贵。少用于抑尘剂。但也有以酰基甜菜碱、三乙醇胺烷基硫酸盐为主要组分的粉尘抑制剂。

◀ 4. 非离子型表面活性剂的配方型抑尘剂 ▶

非离子型表面活性剂有良好的分散、乳化、润湿、分散等性能，在以改善润湿性能为主的抑尘剂中一半多的表面活性剂为非离子型的，如 Kim 等以多种非离子型表面活性剂（Surfynol 440、Macol 30、plurafac RA 43、Mindust 293、Neodol 92）为主要成分制成润湿煤尘的抑尘剂[21]，以聚氧乙烯月桂酸酰醚、1，2-二丁酯萘-6-硫酸钠为主要组分的煤尘润湿抑尘剂。以黏结性为主的抑尘剂中也广泛应用非离子型表面活性剂，如聚醚改性环氧硅烷油、聚氧乙烯壬基酚醚和聚氧乙烯烷基醚等非离子型表面活性剂为主要组分的粉尘黏结剂，以无机黏结剂、丙烯酸钠聚合物、聚乙二醇非离子型表面活性剂或硫酸酯为主要组分的粉尘黏结剂等。

5. 高分子表面活性剂的配方型抑尘剂

在抑尘剂中应用的高分子表面活性剂有聚乙烯醇、部分水解的聚丙烯酰胺及聚丙烯酸盐等。一般多用作乳化剂和分散剂。如以水溶性阴离子丙烯酸聚合物、丙烯酰胺、丙烯腈、丙烯酸或甲基丙烯酸醚、水溶性非离子亚烃基醇共聚物、水溶性非离子聚烷氧基醇表面活性剂及其他高分子物质等制成抑尘剂，以多糖类水溶性聚合物（如瓜尔豆胶）及其衍生物、多元醇、聚丙烯酸及其衍生物等为原料制成煤尘抑制剂，以 PVA、丙烯酸酯、聚乙烯酰胺树脂、OP、Span、Tween、过硫酸钠等为原料制成树脂型抑尘剂[22]，以淀粉接枝聚丙烯酸钠为原料制备的用于路面抑尘的树脂型抑尘剂[23]，以可溶性淀粉、硅酸钠、丙三醇等为原料的生态型抑尘剂[24]，等等。

总体来说化学抑尘剂的研究中以阴离子型、非离子型和高分子表面活性剂应用较多，成果显著。但表面活性剂的降解似是实际应用的顾忌之一。降解和选择价廉、稳定性好、润湿性、黏结性俱佳的表面活性剂仍是抑尘剂研究的重要内容。

（四）表面活性剂在湿法除尘中的应用[25]

湿法除尘也称洗涤式除尘，是使废气与液体（一般为水）直接接触，将污染物（粉尘）从废气中分离出去的一种方法。此法结构简单，净化效率高，适用于净化非纤维性和不与水发生化学反应的各种粉尘。

在湿式除尘过程中，含尘气体与液体接触程度对除尘效果有很大影响。悬浮于气体中的 $5\mu m$ 以下的小粒子和水滴表面均有一层气膜。很难被水润湿而使处理效果降低。为了增加尘粒的润湿性，改善除尘效果，采用加有各种阴离子型和非离子型表面活性剂的洗涤水，尘粒被润湿和分散效果有很大改善。以上两类表面活性剂有良好的润湿功能，而且可以吸附在尘粒的狭缝中产生劈分压力、增加狭缝深度，减少粒子破碎的机械能。当应用阴离子型表面活性剂时，其在粒子表面吸附可使粒子荷负电，增大粒子间的静电斥力，使粒子更易于分散到液体中，在煤矿采煤工作面用高压喷嘴将浓度为 $0.01\%\sim0.5\%$ 的含 AE 的水进行喷洒，可除去 95％的粉尘[26]，在爆破尘毒的治理中，用表面活性剂水溶液处理后除尘率可提高 31.59％[27]。

四、表面活性剂在修复污染土壤中的应用

化学工业、制药工业生产的污物（污水、废渣）都会造成土壤中污染物残存，农业生产施用的农药也会在农田中造成污染。淋洗技术修复污染土壤是当前常用的方法。研究结果表明，淋洗剂中添加表面活性剂对除去土壤中污染物（特别是有机污染物），提高土壤的修复效果大有益处。这是因为表面活性剂的优良增溶、乳化能力，可以增加污染物的溶解性，利于其从土壤粒子表面清除。重金属离子污染物与阴离子型表面活性剂胶束的相互作用也会大大影响重金属离子在土壤中的滞留性质和对环境的影响。

（一）表面活性剂在有机污染土修复中的增溶洗脱作用

有机污染物的水溶性常影响其在土壤中的迁移转化。有些有机污染物微溶于水，称其为非水相液体（non-agueous phase liquids，NAPL），这种有机污染物在迁移过程中通过滞留、溶解、挥发等过程污染土壤、水体和空气。其在地下的运动、迁移受其本身的物理化学性质、土壤的性质、渗漏条件等影响。NAPL中有些物质对土壤的污染修复很难，如三氯乙烯（TCE）、多芳环烃（PAH）、多氯联苯（PCB）等。这些物质又常和重金属或放射性物质共存，使修复更为困难。

表面活性剂胶束的增溶作用使NAPL有机污染物溶解度大大增加，使其在土壤环境中的迁移转化受到影响，有利于土壤和地下水的修复。例如，陈宝梁等[28]研究发现，在表面活性剂浓度小于其CMC时，对萘的增溶能力比较，非离子型表面活性剂Triton X-100与阴离子型表面活性剂SDS相当，但都大于阳离子型表面活性剂CTMAB的；表面活性剂浓度高于CMC时，虽Triton X-100的增溶能力与SDS仍相当，但两者却都低于CTMAB的。Doong等[29]的研究却表明，非离子型表面活性剂Triton X-100对苯乙烯的溶解度没有大影响，而阴离子型表面活性剂SDS使苯乙烯的溶解度增大20%～43%。Zhu等[30]研究发现，混合表面活性剂对多环芳烃的增溶能力比单一表面活性剂强。由上述结果不难看出，表面活性剂的类型、浓度、有机物的结构与性质都对增溶作用产生影响（详见本书第一章第一节）。

由于表面活性剂的增溶作用是只有胶束大量形成时才发生，这就不难理解，表面活性剂的增溶洗脱应当只有表面活性剂浓度大于其CMC时才有意义。有研究结果表明[31]，当各种表面活性剂浓度大于CMC时所有土壤中的有机农药莠去津（2-氯-4-二乙胺基-6-异丙胺基-1,3,5-三嗪）的脱附作用都有明显增强，增强幅度与土壤中有机质含量的大小有关。这一结果不难理解，因为土壤中的有机质也会参与被增溶的竞争。一定浓度的表面活性剂即使浓度大于CMC，胶束的数量是有限的，增溶量也是有限的。表面活性剂对土壤中农药残留的洗脱效果与表面活性剂类型、分子结构、农药的性质、土壤中有机物的性质等因素有关。如Park等研究发现[32]，五氯苯酚在土壤中含量为200mg/kg时，用浓度为5g/L的非离子型表面

活性剂 DNP 10 溶液可洗脱 71%～79%的五氯苯酚，而且清水洗脱只能去除 0.7%～2%。Mulligan 等的研究发现，在土壤中五氯苯酚的含量为 1000mg/kg 时，Triton X-100 能洗脱 85%的五氯苯酚，而鼠李糖脂只能洗脱 61%。Juan 等研究发现[33]，当表面活性剂的量接近土壤的饱和（吸附）量时，才会增加对杀虫剂的洗脱作用，而表面活性剂的量远低于土壤的饱和（吸附）量时，则其洗脱作用减弱。他们的解释是此时土壤对表面活性剂吸附，导致土壤疏水性增强，对杀虫剂吸附增强。其实，只有当表面活性剂在水中浓度大于 CMC 时才可能发挥其对杀虫剂的增溶作用，洗脱效应才明显。所以表面活性剂的量超过土壤的饱和吸附量后才能发挥增溶功能。表面活性浓度很小时本来就不大可能发挥大的洗脱效力。

表面活性剂增溶功能用于土壤中有机污染物的清除在国内还有许多报道，主要用于多环芳烃、酚类、苯胺类、联苯类及有机染料等污染物[34,35]。

一些生物表面活性剂具有抑菌特性。既能用于农作物病虫害的防治，又能促进一些杀虫剂的溶解，提高杀虫剂的有效性，避免因杀虫剂使用过量而带来的环境污染[8]。Wattanaphon 等[35]发现伯克霍尔德菌分泌的糖脂类生物表面活性剂对土壤中残留的杀虫剂甲基对硫磷、氟乐灵等有很好的增溶能力，能够修复这些杀虫剂农药污染的土壤。Carolina 等利用分离得到的生物表面活性剂修复被油类污染的土壤。Barkay 等和刘辉等研究了某些细菌产生的生物表面活性剂浓度大到 500 mg/L 时，在一定的温度、pH 条件下对萘、蒽、苯并蒽等有明显的增溶能力[36,37]。

表面活性剂的增溶洗脱作用对污染土壤的修复应用有一定的局限性：①需表面活性剂量大，且易形成难以处理的乳状液。有的表面活性剂还易形成沉淀。②土壤对表面活性剂的吸附作用若很强烈会导致形成胶束的表面积活性剂量减少，降低其洗脱污染物的作用。而且如果表面胶束也对污染物有增溶作用，污染物反而不能清除。③若表面活性剂分子较大，土壤粒子间空隙小，将对表面活性剂有屏蔽作用，不利于污染物清除。

（二）表面活性剂在重金属（离子）污染土壤修复中的应用

重金属离子进入生态环境后，不仅对水生生物构成威胁，而且可以通过食物链损害人体健康。重金属污染土壤，直接造成农作物重金属含量超标，也威胁动物和人类的健康。

修复重金属污染的土壤通常也是应用加入各种化学物质（如酸、螯合剂 EDTA）的水溶液淋洗，但效果多不理想。近年来有用表面活性剂溶液淋洗的尝试。以下的讨论均指表面活性剂在重金属离子污染土壤中的应用。

1. 普通表面活性剂的修复应用

已有研究报道普通表面活性剂（指一般人工合成或天然的碳氢表面活性剂）能活化土壤中的重金属离子，提高其在土壤中的迁移性和生物的可利用性，对去除土壤中的重金属污染物有明显效果。阴离子型表面活性剂 SDS 和十二烷基苯磺酸钠（SDBS）在浓度达到一定值时对 Cd^{2+} 有明显去除效果[38]。SDS 和 Triton X-100 对 Cd、Pb、Zn 污染的土壤，有明显促进重金属脱附的作用，而阳离子型表面活性剂十六烷基三甲基溴化铵（CTAB）却无此效果[39]。

◀ 2. 生物表面活性剂的修复应用 ▶

　　生物表面活性剂对重金属污染土壤有良好修复功能。时进钢等发现[40]，生物表面活性剂鼠李糖脂对去除沉积物中的 Cd、Pb 有良好效果。Asha 等研究发现[41]，与蒸馏水洗除比较，二鼠李糖脂对污染土壤中的 Cr、Pb、Cu、Cd、Ni 的去除率比蒸馏水洗除高 13 倍、9～10 倍、14 倍、25 倍和 25 倍。Mulligan 等分别用由枯草芽孢杆菌产生的脂肽类生物表面活性剂莎梵婷、鼠李糖脂和槐糖脂三种生物表面活性剂连续 5 天冲洗受重金属污染土壤发现[42]，0.5％的鼠李糖脂对有机结合态的 Cu 去除率达 65％，4％的槐糖脂对氧化物结合态和碳酸盐结合态的 Zn 去除率达 60％，0.25％的莎梵婷对两者的去除率均为 10％，而不加生物表面活性剂的水冲洗污染土壤，金属离子去除率均不到 10％。

◀ 3. 复合修复应用 ▶

　　复合是指将表面活性剂与 EDTA 螯合剂等联合使用，其结果可能是协同作用（增效）、拮抗作用（抑制）或无影响的独立作用。有人将 SDS 与 EDTA 复合应用于去除污染土样的重金属离子，发现当 EDTA 浓度低时，SDS 抑制了 EDTA 对 Cr、Pb 的脱附，不利于去除金属离子。EDTA 浓度增加，SDS 和 EDTA 去除金属离子能力增强，Cd^{2+} 的去除率增加 18.01％，Pb^{2+} 去除率增加 32.09％。

　　大多数植物有从土壤中吸收利用重金属的能力，以减轻土壤的污染，此即植物对污染土壤的修复。引入表面活性剂常能促进植物对重金属的吸收，提高植物对土壤的修复能力。陈小勇等[43]研究了表面活性剂 SDBS（十二烷基苯磺酸钠）、CTAB（十六烷基三甲基溴化铵）、Triton X-100、[辛基酚聚氧乙烯（10）醚]对超富集植物长柔毛委陵菜吸收和富集重金属污染土壤的影响，结果表明三种表面活性剂都能提高长柔毛委陵菜修复重金属污染土壤的效率，增加了长柔毛委陵菜各部位对 Zn^{2+}、Pb^{2+}、Cu^{2+} 的吸收，同时促进 Zn^{2+}、Pb^{2+}、Cd^{2+} 和 Cu^{2+} 从根部向茎、叶的输送，从而增加上述离子在植物地上部分的富集。还有一些研究证明，对不同植物不同类型表面活性剂起到的促进植物吸收金属离子能力不同[44]。

　　通常，表面活性剂与螯合剂复合使用，促进吸收重金属离子的效果优于单独使用表面活性剂的效果。而且有实验表明，对雪菜吸收 Cd 的结果表明，阴离子型和非离子型表面活性剂与 EDTA 复合应用的效果优于阳离子型表面活性剂与 EDTA 复合使用的。对此的解释是表面活性剂与 EDTA 复合应用，可以降低土壤对 Cd^{2+} 的吸附能力，从而促使 Cd^{2+} 向植物转移，有利于被 Cd^{2+} 污染土壤的修复。

（三）表面活性剂修复重金属污染土壤的机理

　　应当说，这一机制尚不十分清楚，一些解释似乎缺乏足够实验证据，现将有的说法简单介绍如下。

Wang 等认为[45]，表面活性剂能显著降低界面张力，胶束等与重金属离子结合，使重金属离子进入土壤液相，从而提高了重金属离子的流动性。实验证明，金属阳离子容易与阴离子型表面活性剂结合，而生物表面活性剂降低界面张力的能力更强。因此这两类表面活性剂去除金属阳离子效果更好。有的研究认为，阴离子型表面活性剂去除重金属阳离子的机理是离子交换、静电作用和土壤中有机质的溶解[44,46~50]。还有人认为，阳离子型表面活性剂去除重金属离子的作用机制是通过改变土壤表面性质，促进金属离子从固相转移到液相中，这一转移是通过离子交换完成的。阴离子型表面活性剂作用机制是先吸附土壤粒子表面再与金属离子发生结合作用，使金属离子溶于土壤液相中[51,52]，这一看法似乎更不靠谱。

（四）影响表面活性剂修复重金属污染土壤的因素

1. 表面活性剂浓度

一般认为去除土壤中重金属离子的表面活性剂浓度必须大于其 CMC。这也就是说明胶束形成是去除金属离子至关重要的因素，对用 SDS、AOT、Triton X-100 修复 Cu^{2+}、Zn^{2+} 污染土壤研究表明，去除 Cu^{2+}、Zn^{2+} 效果最好时上述三种表面活性剂的浓度为：Triton X-100 是 2.17CMC，SDS、AOT 的浓度略大于 CMC[53]。有的研究工作表明，当 SDS 的浓度为 0.25CMC、4CMC 和 25CMC 时，对沉积物中砷离子的去除率依次为 57%、61% 和 68%，随 SDS 浓度增加而增加。对生物表面活性剂修复重金属离子污染土壤也有类似的结果。

2. 土壤的 pH 值

一般来说随 pH 增加，重金属离子脱附率减小，例如用 30 mmol/L 的七叶皂苷溶液淋洗重金属污染土壤，pH 2.8 时能去除 25% 的 Pb^{2+}，pH 值大于 7，去除率小于 10%。也有不同的结果，用 Span 对土壤中 Cd^{2+} 的去除研究表明在 pH 3 时去除效率不明显，而到 pH 4 时去除效率明显增大[38]。

3. 重金属离子的浓度和存在形态

有人用脂肽类生物表面活性剂和三种合成表面活性剂对土壤中 Pb^{2+} 的活化作用效果进行比较。发现当土壤中含铅量为 400mg/kg 时，上述四种表面活性剂活化效果相当，当含铅量为 800mg/kg 时，生物表面活性剂的活化效果明显优于合成表面活性剂的[54]。

参考文献

[1] 窦贻俭．环境科学导论．南京：南京大学出版社，2013. 孙强．环境科学概论．北京：化学工业出版社，2012.

[2] 赵振国．应用胶体与界面化学．北京：化学工业出版社，2008.

[3] 周正文，等．污水处理剂与污水监测技术．北京：中国建筑工业出版社，2007.

[4] 李亚峰，等．实用废水处理技术．北京：化学工业出版社，2007.

［5］ 常青. 水处理絮凝学：第 2 版. 北京：化学工业出版社，2011.

［6］ 张天胜. 表面活性剂应用技术. 北京：化学工业出版社，2003.

［7］ 肖进新，赵振国. 表面活性剂应用原理. 北京：化学工业出版社，2003.

［8］ 顾信娜，等. 环境科学与技术，2012，35（61）：155.

［9］ Zoubouli A L，et al. Minerals Engineering，2003，16：1231.

［10］ Dunn R O，Seamehorn J F. Sep Sci Tech，1985，20（4）：257.

［11］ Tounissen P，et al. J Coll Interface Sci，1996，183：491.

［12］ Gelinas S，Weber M E. Sep Sci Techn，1998，33：1241.

［13］ Reillerp Lemordanf D，Hafiane A，et al. J Coll Interface Sci，1996，177：519.

［14］ Scamehorn J F，et al. Surfactanfs（Rosen M ed）. New York：Dekker，1987.

［15］ Hong J J，Yang S M，et al. J Coll Interface Sci，1998，202（1）：63.

［16］ Sadaoui Bz，et al. J Envir Eng，1998，124（8）：695.

［17］ Ling H，Gorg W，et al. Desalinafion，2008，220（1-3）：217.

［18］ Kobayashi A L，et al. Japanese J Appl Phys，2000，39（5）：2980.

［19］ 常婷，程芳琴. 科技情报开发与经济，2009，19（11）：121.

［20］ 谢德瑜，等. 选煤技术，2004，10（5）：19.

［21］ Kim J F. Infernafional Mining and Minerals，1999，2（14）：38.

［22］ 彭兴文，李锦. 工业安全与防尘，1995，（9）：1.

［23］ 王海宁，吴超. 中南工业大学报，1995，26（3）：319.

［24］ 谭卓英，刘文静，等. 环境科学学报，2005，25（5）：675.

［25］ 袁平夫，廖柏寒，卢明. 环境保护科学，2005，31：38.

［26］ 周叔良. 世界采矿快报，1997，8：23.

［27］ 朱利中，等. 中国环境科学，1998，18（5）：450.

［28］ 陈宝梁，马战宇，朱利中. 环境化学，2003，22（1）：53.

［29］ Doong B，Lei W，Chen T，et al. Water Sci Techn，1996，34：327.

［30］ Zhu L，Feng S. Chemosphere，2003，53：459.

［31］ Scanchez-Camazand M，et al. Chemosphere，2000，41：1301.

［32］ Park S K，Bielefelat A R. Water Research，2005，39：1388.

［33］ Juan C M，Kams J，Torrents A. Envir Sci Techn，2002，36：4669.

［34］ 戴树桂，董亮. 上海环境科学，1999，18（9）：41.

［35］ Wattanaphon H T，Kerdsin A，et al. J App Microbiology，2008，105（2）：416.

［36］ de Gusmao C A B，Rufino R O，Sarubbo L A. World J Microbio Biotechn，2010，26（9）：1683.

［37］ 刘辉，梁明易，等. 环境科学与技术，2011，34（3）：11.

［38］ 胡随喜，巴雅尔，张建平. 江苏环境科技，2007，（20）：4.

［39］ Nivas B T，et al. Wat Res，1996，30（3）：511.

［40］ 时进钢，袁兴和，等. 环境化学，2005，24（1）：55.

［41］ Asha A，et al. Indian J Microboiol，2008，48：142.

［42］ Malligan C N，Yong R N，Gibbs B F. J Hazardous Materials，2001，85：111.

［43］ 陈小勇，仇荣亮，胡鹏杰，等. 生态学报，2009，29（1）：283.

[44] 郝春玲. 安徽农学通报, 2010, 16 (9): 158.

[45] Suling Wang et al. Water, Air, and Soil pollution, 2004, 157: 315.

[46] Doong R A, Wu Y W, Lei W G. Water Sei Techn, 1998, 37 (8): 65.

[47] Mulligan C, Yong R, et al. Envir Sei Techn, 1999, 33 (21): 3812.

[48] Giannis A, et al. Desalination, 2007, 211: 249.

[49] Shin M, et al. Water, Air, and Soil pullation, 2005, 161 (1-4): 193.

[50] Zhang W, et al. J Hazardous Materials, 2008, 155 (3): 433.

[51] 可欣, 李培军, 等. 生态学杂志, 2004, 23 (5): 145.

[52] 刘素纯, 等. 湖南农业大学学报: 自然科学版, 2004, 30 (9): 493.

[53] Ramamurthy A S, et al. Water, Air, and Soil Pullution, 2008, 190: 197.

[54] 叶和松, 等. 环境科学学报, 2006, 26 (10): 1631.

第十五章

表面活性剂在医药和生物技术中的应用

随着社会经济发展水平的提高，医药生物技术大规模产业化已经展开，近期已进入高速发展阶段，是国际贸易中增长最快的行业之一，表面活性剂在本领域中也有广泛应用。

表面活性剂在医药领域中的应用主要有药物剂型[1]、药物合成[2]、药物提取[3,4]、药物分析[5]及药物载体[6~8]等，一些表面活性剂还可作为药物直接使用。表面活性剂主要作为发酵促进剂和提取剂应用于生物技术领域。

在医药生物领域，阴离子型、阳离子型、非离子型和两性型表面活性剂均有应用，常用的表面活性剂结构如图 15.1 所示。

本章主要介绍普通表面活性剂在医药和生物领域的应用。特种表面活性剂如全氟碳流体在医药和生物领域的应用将在本书第十七章中介绍。

一、表面活性剂在医药领域中的应用[5]

表面活性剂用于制药工业历史悠久，但直到合成表面活性剂的陆续问世，其在制药工业中才得到迅猛发展，被广泛用于制药工业，并在其中占有举足轻重的地位。

（一）表面活性剂在药物剂型中的应用[9, 10]

药物在供给临床使用前，均必须制成适合医疗和预防应用的形式，这种形式称为药物剂型。药物剂型可以按照给药途径、分散类型及物质形态等方式进行分类，依照给药途径不同，常见药物可分为以下几种。

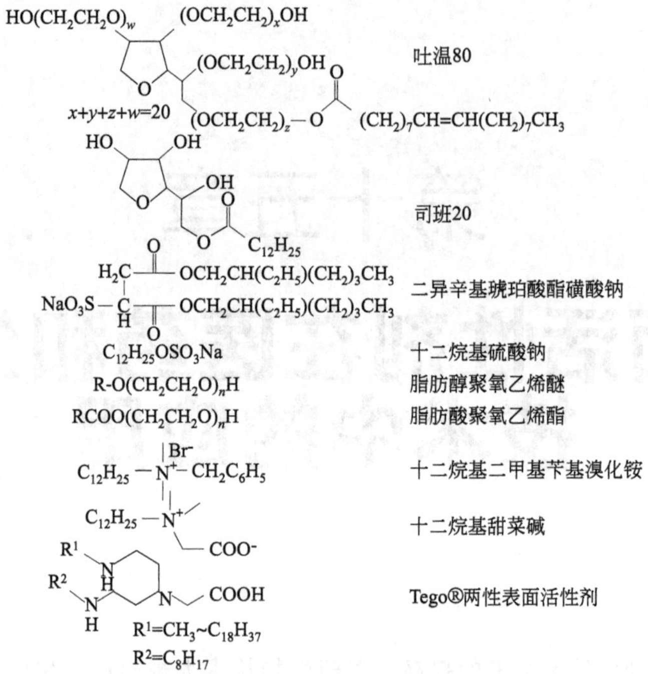

图 15.1　医药和生物技术领域常用表面活性剂

① 固体剂型，如片剂、胶囊剂及膜剂等。

② 液体剂型，如注射剂、溶液剂及洗剂等。

③ 气体剂型，如气雾剂及喷雾剂等。

④ 半固体剂型，如膏剂、糊剂及栓剂等。

1. 表面活性剂在片剂中的应用

口服制剂占医药制剂的 $50\%\sim60\%$，片剂是口服制剂中最常见的类型。表面活性剂在片剂中运用的不断提高和创新，推动了剂型的发展，提高了片剂的疗效。表面活性剂在片剂中可作为包衣助剂、润滑剂、润湿剂、崩解剂、增溶剂及缓释剂等。

（1）表面活性剂作包衣助剂[1]　部分药物具有苦味或其他异味，使人难以下咽。为了掩盖药物味道，提高药物稳定性、防潮性，同时保护药物的有效成分，常在药物表面包覆一层糖衣。在包覆涂层中表面活性剂的加入有利于改进涂层的性质，使片剂更好地发挥作用。

吐温 80 与蔗糖、明胶、环糊精等在纯净水中溶解形成预混剂，涂布在药物固体表面，热风干燥后即可形成浇薄的包衣层。该包覆工艺具有耗时较短及操作简便等优点，包覆完成后药物增重 $10\%\sim30\%$，色泽均一性好，储存稳定性高。

二异辛基琥珀酸磺酸钠代替糖衣，与苯甲酸钠、PEG 等与乙醇混合用于药片表面包覆。其中，苯甲酸钠增加表面硬度，PEG 改进包衣光泽性及塑性。多种药物片剂包衣处理后，片剂具有着色、味道、坚固度均好，毒性小、耐热、耐光、包衣工时短、成品外观好、崩解时限短等优点。

可用于糖衣材料的非离子型表面活性剂有吐温类；阴离子型表面活性剂有琥珀酸二辛酯磺酸钠和月桂醇硫酸钠等；阳离子型表面活性剂因毒性较大，很少应用于包衣工艺。

（2）表面活性剂作润滑剂　片剂压制前对药物粉粒进行润滑，不仅可以减少药物与冲头、冲模之间的摩擦和粘连，而且还能使片剂更光滑美观，增加剂量的准确度。为此，一般在加工过程中加入适量的润滑剂，该润滑剂具有抗黏和抗静电作用，可以在药物粉粒表面形成薄膜。常见的润滑剂有硬脂酸镁、月桂醇硫酸镁、油酸钠、十二烷基硫酸钠、高级脂肪酸盐和聚氧乙烯单硬脂酸酯等。

硬脂酸镁是最早应用于片剂润滑剂的表面活性剂，具有良好的附着性，与药物粉粒混合后分布均匀且不易分离，一般用量为药物重量的 $0.3\% \sim 1\%$。硬脂酸镁、十二烷基硫酸钠和淀粉/环糊精等混合使用，可作为非那西丁片、扑热息痛片和氨基比林片的润滑剂。硬脂酸镁疏水性较高，适用于吸湿性药物，用量过多会导致药片开裂并影响药物崩解速率。月桂醇硫酸镁可显著改善硬脂酸镁用量较大时产生的药片开裂现象，同时保持较高的润滑能力。

月桂醇聚氧乙烯醚溶于丙酮，加入药物粉体后可作为抗坏血酸片、乳酸钙片和碳酸氢钠片等的润滑剂，产品性能优良。

（3）表面活性剂作润湿剂　据统计，40% 的药物难溶于水，一些具有较强疏水性的片剂，服用后不能被体液润湿，不能供人体吸收，甚至会被整粒排出体外。因此，需要向药物中加入表面活性剂来提高其润湿性以促进片剂崩解、药物释放，实现药物疗效。表面活性剂分子中的两亲基团吸附在固体表面，形成定向排列的吸附层，降低界面张力，从而有效改变固体表面润湿性能。可作药物润湿剂的表面活性剂有二异辛基琥珀酸酯磺酸钠、吐温 80 和卵磷脂等。

（4）表面活性剂作崩解剂　崩解指药物制剂在吸收前的物理溶解过程，是影响口服药物生物利用度的重要因素。崩解时间指在一定条件下，固体药物崩解变为颗粒所需的时间。在片剂中加入适量的表面活性剂可通过润湿和助溶作用加快药物的崩解速率。

二异辛基琥珀酸酯磺酸钠和丁二酸己酯磺酸钠可以增进乳酸钙片、阿司匹林片和碳酸氢钠片的崩解速率，但会阻碍水杨酸钠片的崩解；月桂醇硫酸钠可显著加快息痛宁片和阿米妥片的崩解速率。这些表面活性剂与淀粉混合使用效果更佳，标志着两者间存在协同效应。

吐温 80 以 0.3% 的质量分数加入安定片后，药物崩解速率显著加快。硫糖铝片具有强疏水性，加入吐温 80 后不仅崩解速率加快，还解决了药片开裂现象。十二烷基硫酸钠、硬脂醇磺酸钠和十六烷基三甲基溴化铵也可作为崩解剂应用于片剂。

表面活性剂作崩解助剂的使用方法主要有三种：①溶解于黏合剂中；②与淀

粉混合后加于药物颗粒上；③制成醇溶液喷在干颗粒上。其中第三种方法崩解最迅速，但是单独使用表面活性剂崩解效果并不好，通常须与干燥淀粉等混合使用。

（5）表面活性剂作增溶剂　用作药物增溶剂的表面活性剂主要有吐温 80、聚氧乙烯甘油单蓖麻油酸酯、高分子聚醚型两性型表面活性剂等表面活性剂，可以使药物性能稳定，提高生物利用度，发挥更有效的治疗作用。

近年来，新型化学合成类口服药物层出不穷，这些药物往往疏水性较高，需要表面活性剂增加水溶性以提高生物利用度，推动着表面活性剂在药物增溶方面的应用不断发展。表面活性剂对药物的吸收有着很大的影响，它的存在可能会增加或降低药物的吸收速率，因此需考虑表面活性剂与蛋白质的相互作用及其刺激性和毒性。目前，对表面活性剂的研究，并非单纯地依靠降低表面张力进而达到增溶目的，而是有选择性地开发和应用表面活性剂来达到增溶且提高药效的目的。目前的主要研究方向为安全、温和、易降解、具有特殊作用的表面活性剂。

（6）表面活性剂作缓释剂　缓释、控释剂是近几十年医药研制的热点，其目的是使药物在体内缓慢释放，以达到吸收后的长效作用。运用缓释剂可以达到减少服药次数、长时间稳定血药浓度、减除药物不良反应发生次数、减少服药总剂量和增加药物吸收量的目的。

缓释剂用表面活性剂主要为聚合物型表面活性剂，如 Fluronic F-68 和脂肪醇聚氧乙烯醚等。月桂醇硫酸钠和硬脂酸等小分子表面活性剂亦有一定应用。

片剂缓释可通过包衣法和包埋法实现。包衣法是将药物制成小颗粒并在其外部包覆厚度不同的缓释剂，再将这些小颗粒压制成片；缓释剂依厚度次序溶解从而实现药物的逐步释放。包埋法是将药物与缓释剂直接混合压片，每层由不同溶解速率的颗粒组成，服用后最外层先释放起效剂量，之后再逐层释放延效剂量。

2. 表面活性剂在胶囊剂中的应用

胶囊剂分为硬胶囊和软胶囊两类。硬胶囊常用于填充固体颗粒状药物；软胶囊用于填充油类、液体药物或药物混悬液，也可用于填充固体药物。

空胶囊常用明胶为原料，亦有采用甲基纤维素、海藻酸钙和聚乙烯醇等材料制成。胶囊剂可以掩盖药品味道（气味及口感），同时具有外表光滑、易于服用及携带方便等优点。与片剂相比，胶囊剂可以提高药物填料溶解速率，提高药物对光、湿、热敏感药物的稳定性。随着自动胶囊填充机的出现，胶囊剂已成为世界上应用的广泛的口服剂型之一。

表面活性剂可以提高胶囊内填充药物的水溶性，进而提高其生物利用度。

吐温 80 加入芴甲醇（抗疟疾药物，水溶性极差，约为 $1\mu g/mL$）胶囊中，服用后药物在体内迅速乳化，有利于药物在胃肠中的吸收。向芴甲醇胶囊中加入油酸也可提高药物生物利用度，同时，油酸可作为载体协助药物跨越胃肠道壁，加速药物吸收。

微胶囊是近年来发展起来的新剂型，即利用表面活性剂或高分子材料将固体或液体药物包裹成直径为 $1 \sim 5000 \mu m$ 的微型胶囊。药物经微囊化后,可以实现药物缓释、降低药物消化道副作用、提高药物稳定性、减少复方配伍禁忌及改进药物理化特性的优点,并可实现将液态药物制成固体制剂的优点。

司班 60 与 PEG6000 和硫酸亚铁混匀后,搅拌分散于热的液体石蜡中,形成 W/O 型乳状液,冷却凝聚后得到硫酸亚铁微胶囊。司班 85 和吐温 20 与天门冬酰胺酶和天门冬氨酸混合后于水-有机溶剂体系中搅拌,经离心分离后得到天门冬酰胺酶微胶囊。

3. 表面活性剂在膜剂中的应用

膜剂是 20 世纪 60 年代开始研究应用的一种新型制剂,广泛应用于临床。药物溶解或分散于成膜材料中制成薄膜状的药物制剂,膜剂的厚度一般为 $0.1 \sim 0.2mm$,面积可依给药途径灵活调节。膜剂按给药途径有口服、口含、植入、眼用及外敷等。常用膜剂组成如表 15.1 所示。膜剂可通过匀浆制膜法、吸附法或热塑法生产。① 匀浆制膜法,将成膜材料溶解于水中,加入药物及表面活性剂,充分搅拌使药物均匀分散在成膜材料的胶体溶液中,然后倾于平板玻璃上形成涂层,烘干后剪切成单剂量的薄膜即可;② 吸附法,先将成膜材料制膜,将药物和表面活性剂制成溶液,通过浸渍、喷雾或涂抹等方法吸附于膜上,经干燥除溶剂后,剪切包装得到成品;③ 热塑法,药物粉末和成膜材料供热熔融后冷却成膜。

表 15.1　常用膜剂组成

组分	质量分数
药物	$0 \sim 70\%$
着色剂 (二氧化钛、色素等)	$0 \sim 2\%$
成膜材料 (聚醋酸乙烯酯)	$30\% \sim 100\%$
增塑剂 (甘油、山梨醇等)	$0 \sim 20\%$
表面活性剂 (吐温80、月桂醇硫酸钠、大豆磷脂等)	$1\% \sim 2\%$
填充剂 (碳酸钙、二氧化硅、淀粉等)	$0 \sim 20\%$
脱模剂 (液体石蜡)	适量

聚乙烯醇溶于热的 80% 乙醇后,向其中加入吐温 80、药物 (潘生丁、醋酸地塞米松及醋酸维生素 E 等) 和辅料,冷后制膜即得到复方口腔溃疡膜剂,可直接贴于溃疡处,可立即减轻疼痛,促进愈合。

聚乙烯醇溶于 80℃ 水中,加入羧甲基纤维素钠、乙醇、金莲花黄酮粉、甘油及吐温 80,通过匀浆制膜法制成金莲花黄铜膜剂,可作为抗菌消炎药,用于治疗上呼吸道感染、咽炎、扁桃体炎、疮疖脓肿及外伤感染等。

吐温 80 在膜剂中使用较多,可通过匀浆制膜法应用于口腔止血膜、氟化钠膜、甲硝唑复合膜及鼻腔止血消炎膜等膜剂;也可用于万年青苷膜剂、白芨胶外用膜及养阴生肌散膜等中药膜剂的制备。

4. 表面活性剂在液体制剂中的应用

液体制剂是指以液体形态应用于治疗的制剂，可分为内服、外用及注射三大类，表面活性剂广泛用作液体制剂的分散剂、增溶剂和乳化剂等。

（1）表面活性剂对维生素的加溶　脂溶性维生素 A、维生素 D、维生素 E 和维生素 K 均难溶于水，常通过加入表面活性剂增溶制成溶液或注射剂使用。

司班类、吐温类、脂肪醇聚氧乙烯醚和脂肪酸聚氧乙烯酯类非离子型表面活性剂均可用于维生素 A 的增溶。研究表明：上述非离子型表面活性剂的增溶能力随亲水基（聚氧乙烯结构单元）的增加而减小，随着疏水基（碳氢链）的增长而加大。同时，对维生素 A 和维生素 D、司班类表面活性剂较其他非离子型表面活性剂增溶能力要大，且毒性较低，可应用于维生素 A 和维生素 D 注射剂中作增溶剂。对维生素 A 和维生素 D，司班类表面活性剂较其他非离子型表面活性剂增溶能力要大，且毒性较低，可应用于维生素 A 和维生素 D 注射剂中作增溶剂。

吐温 20 和 PEG300 联用可用于维生素 K 的增溶；吐温 80 和异丙醇联用已用于维生素 K 水溶液的制备并供临床应用。

吐温 80 和吐温 85 联用，可与维生素 D_2 和果糖酸钙配制成注射液用以治疗佝偻病、痉挛症和钙缺乏等病症，不加表面活性剂时，制剂常因维生素 D_2 氧化而失去药效，加入表面活性剂可显著提高药物稳定性。进一步研究表明，与吐温 80 相比，聚氧乙烯蓖麻油与维生素 D_2 制备的制剂，水解稳定性较高，增溶量大，可供静脉注射使用。

聚氧乙烯蓖麻油也可用于维生素 E 的增溶，且效果较吐温 80 要好。

（2）表面活性剂对甾体类药物的加溶　甾体类药物一般难溶于水，其水溶液常用作滴眼剂或注射剂，故需要表面活性剂对其进行增溶。

吐温 20、聚氧乙烯单月桂醇醚、聚氧乙烯单月桂酸酯和壬基酚聚氧乙烯醚可用于甾体药物的增溶。研究结果显示：增溶剂浓度相同时，亲水基（聚氧乙烯结构单元）数目越少，增溶效果越好。油酸钠、胆酸钾/钠和脱氧胆酸钠等亦可用于甾体药物的增溶。

（3）表面活性剂对抗生素的增溶　氯霉素在水中的溶解度为 0.25%，而治疗中需用 2.5% 的注射液。以前常用丙二醇、甘油和乙醇作混合溶剂以增大其溶解度，但注射后常有副作用产生，且会导致氯霉素水解加速。吐温 80 的 20% 水溶液作溶剂溶解氯霉素，可得到稳定的注射液供临床使用。

异丁基哌力复霉素、吐温 80 和辅料溶于灭菌蒸馏水中，灭菌后分装于瓶中得到利福平眼药水，临床中可用于流行性出血性结膜炎和角膜炎，效果较好。

5. 表面活性剂在气雾剂中的应用

气雾剂是指药物和抛射剂共同封装于耐压容器中，使用时借助抛射剂的压力，将药物喷出的制剂，具有起效迅速和定位准确的优点。其中抛射剂为无毒、反应性较低、蒸气压较高的气体，常用的有丙烷、异丁烷、二氧化碳、压缩空气和氮气等。气雾剂可分为混悬型、泡沫型和溶液型三种。

混悬型气雾剂是指药物微粉直接分散在抛射剂中形成的制剂。该制剂通常为无水体系，同时需要药物微粉（$1\sim10\mu m$ 粒径）和抛射剂在储存状态下的密度尽量接近，还需要添加适量表面活性剂作为助悬剂。司班 85 和麻黄碱重酒石酸盐（粒径 $1\sim5\mu m$）混合后加入抛射剂中，再压入瓶中分装即得到麻黄碱重酒石酸盐气雾剂；司班 80、十二烷基磺酸钠、吐温 80、大蒜油和抛射剂混合后装瓶，得到大蒜油气雾剂，具有降低胆固醇及血脂水平，增强血管弹性及降低血压，降低血小板凝集等作用，适用于发烧、疼痛、咳嗽、喉痛及鼻塞等感冒症状。

泡沫型气雾剂的喷出物不是药物颗粒而是泡沫，作用于皮肤及直肠等器官表面。泡沫气雾剂在容器内呈乳状液，其中抛射剂是分散相，被药物乳化，乳状液喷出后分散相中的抛射剂立即气化膨胀使乳液转化为泡沫。表面活性剂在其中作为乳化剂使用，常用的乳化剂有两类，一类由硬脂酸/月桂酸/三乙醇胺组成，泡沫丰富且稳定性好，适用于耐碱性的药物；另一类由吐温/司班/月桂醇硫酸钠组成，泡沫渗透性强，持续时间短，适用于耐酸性药物。

溶液型气雾剂中，固体或液体药物溶解在抛射剂中，形成均匀溶液，喷出后抛射剂挥发，药物以固体或液体微粒状态达到作用部位。表面活性剂在本剂型中应用较少。

（二）表面活性剂在药物提取中的应用

天然药物来源于植物、动物和矿物，分离提纯后得到药用有效成分。常见植物药的有效成分有生物碱、苷类、挥发油、氨基酸及多糖等；动物药的有效成分有多糖、肽和甾体等；矿物药的有效成分有硫酸钠（玄明粉）、硫化钾（雄黄）、硫酸钙（石膏）及汞（朱砂）等。提取分离具有药用效能的成分，研究其化学结构与疗效的关系是天然药物研究的主要范围。

表面活性剂在天然药物有效成分提取中有重要作用，是提取体系的重要组成部分。天然药物常用提取剂为水、醇、丙酮、乙醚、乙酸乙酯及氯仿等；辅助剂为各类表面活性剂。表面活性剂可以降低表/界面张力，增加细胞渗透性，促使有效成分溶解于提取剂中。离子型表面活性剂可以进行离子交换，使有效成分离开其吸附表面进入提取剂；非离子型表面活性剂具有化学惰性，毒性较低，应用较广。常用于药物提取的非离子型表面活性剂有吐温 20、吐温 80、司班 20 及油酸聚乙二醇等；离子型表面活性剂有烷基磺酸钠等。阳离子型表面活性剂由于毒性较大，易与生物碱产生沉淀，且具有溶血作用，故很少应用于天然药物的提取。

孙俊杰用吐温 20、吐温 60、吐温 80、司班 80 及烷基糖苷等用于穿心莲总生物碱的提取。其提取流程为：干燥的穿心莲子粉末经石油醚脱脂后收集固体，向其中加入含有表面活性剂的乙醇溶液，浸泡一段时间后超声处理，过滤收集滤液，将滤液蒸干，向残渣中加入 5% 盐酸溶解，过滤，用氯仿萃取滤液，将氯仿溶液蒸干即得到总生物碱。研究结果表明，表面活性剂以 1% 的质量分数加入提取剂中，即可大幅提高生物碱的提取率；超声提取法较热回流法及索氏提取法效率更高，也更经济便捷。后续研究表明，吐温 80 以 0.05％的质量分数加入乙醇/水混合提取剂中，可提高生物碱提取量，节约提取剂用量。

十二烷基硫酸钠、脂肪醇聚氧乙烯醚、脂肪醇聚氧乙烯硫酸钠、十二烷基甜菜碱和椰油酰二乙醇胺等可用于沙棘叶黄酮的提取，结果表明椰油酰二乙醇胺的提取效果最好。

吐温 80 可用于芦荟叶和鼠李皮中蒽醌苷的提取，报春根皂苷、番泻苷和黄芩苷的提取，也可用于植物中挥发性油脂、类胡萝卜素及叶绿素的提取。吐温 80 用于水蒸气法提取薰衣草油时，可使提取量增加 20％。

随着中医药走向世界，对传统中药的有效成分的提取与指认工作正在蓬勃发展，以青蒿素为代表的中药提取物研究工作日益得到关注，表面活性剂作为提取助剂在该领域中的应用会越来越多。

（三）表面活性剂在药物合成中的应用

随着医学的发展和进步，合成类化学药物在人类与疾病的斗争中扮演者越来越重要的角色。化学药物合成中常遇到非均相反应，这类反应速率慢、效果差。自 1965 年 Makosa M、Starks C M 及 Brandstroon 等人发表一系列报告后，发明了相转移催化技术，并发现很多表面活性剂做相转移催化剂可使反应在非均相体系中进行。表面活性剂能改变离子的溶剂化程度并增大离子的反应活性，进而加快反应速率。同时，相转移催化剂参与的反应处理简单，反应效率较高。有机药物分子结构十分复杂，往往要经过几步甚至十几步的反应才能合成。通常至少有一步，甚至几步可用相转移催化法进行。药物合成领域中，常用的相转移催化反应有亲核取代反应、消除反应、氧化/还原反应、酰胺和多肽的合成等，通过以下两个例子说明这类应用。

氯丙嗪系吩噻嗪类的代表药物，为中枢多巴胺受体的拮抗药，具有多种药理活性，常用于抗精神病、镇吐、降温及镇静之用。其制备过程的最后一步为前体与二甲氨基氯丙烷的缩合反应（如图 15.2 所示），氢氧化钠作为缚酸剂。该反应中，反应物的水溶性均较差，反应效率低；将溴化四丁铵（TEBA）作为相转移催化剂加入体系后，可显著提高氯丙嗪的收率。

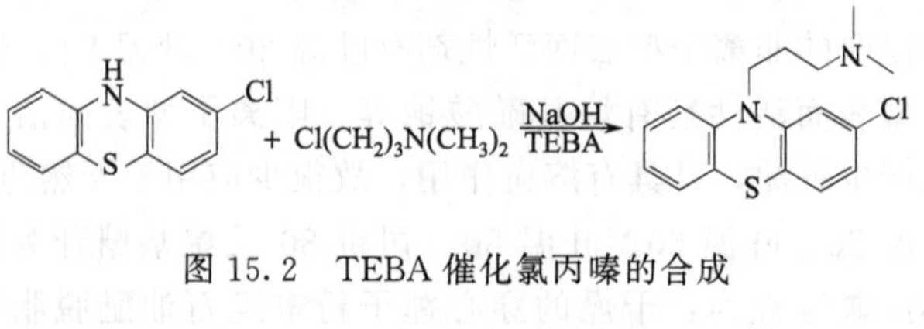

图 15.2　TEBA 催化氯丙嗪的合成

原甲酸三乙酯主要用于制备抗疟药氯喹、喹哌等，也用于诺氟沙星的制备。原甲酸三乙酯常通过氯仿与乙醇在氢氧化钠/十六烷基三甲基溴化铵作用下合成（如图 15.3 所示），收率可达 76.8％，而不采用表面活性剂时，产率较低。

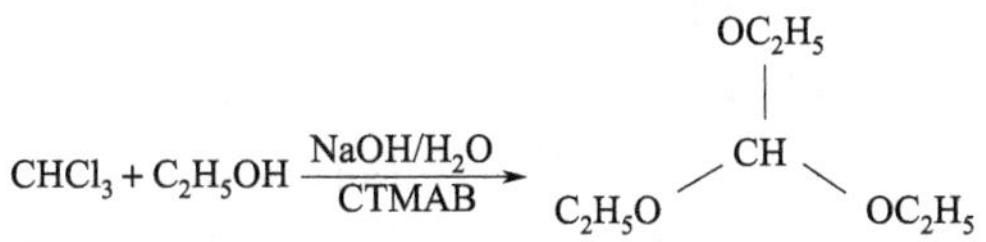

$$CHCl_3 + C_2H_5OH \xrightarrow[\text{CTMAB}]{\text{NaOH/H}_2\text{O}} C_2H_5O-\underset{\underset{OC_2H_5}{|}}{\overset{\overset{OC_2H_5}{|}}{CH}}-OC_2H_5$$

图 15.3　十六烷基三甲基溴化铵催化原甲酸三乙酯的合成

（四）表面活性剂作药物载体 [11]

脂质体是表面活性剂聚集形成的球状聚集体，药物载体用脂质体指将药物包封于类脂质双分子层内而形成的微型球体。用于脂质体制备的表面活性剂可以为天然表面活性剂和合成表面活性剂，前者以磷脂酰胆碱（来源于大豆和蛋黄）为主，后者有二棕榈酰磷脂酰胆碱（DPPC）、二棕榈酰磷脂酰乙醇胺（DPPE）和二硬脂酰磷脂酰胆碱（DSPC）等，其结构均如图 15.4 所示，其中 R^1、R^2 为烷基，R^3 为烷基氨基。胆固醇（及其衍生物）、吐温和司班型表面活性剂也可用于药物载带体系之用。

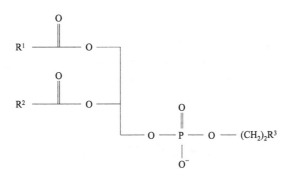

图 15.4　磷脂酰氨类化合物

脂质体包封的药物在生物体中保留时间较游离药物长。神经鞘髓磷脂经二硬脂酰胆碱脂质体包封后，在体内停留时间增长，可提高治疗指数；地塞米松经脂质体包封后注射进关节可用于风湿性关节炎的治疗，脂质体在炎症部位恒速释放药物，具有明显的消炎作用，实现长效可控释放药物。

维甲酸是天然维生素 A 类药物，是用于普通痤疮治疗的外用药物。通过烷基葡萄糖苷和烷基聚氧乙烯醚载带后形成囊泡用于皮肤涂抹，载带体系显著增加了维甲酸在皮肤角质层中的滞留量，作为皮肤病药物的输送体系具有明显的优势。

合成类磷脂酰氨类化合物结构具有很高的灵活性，可调节 R^1 及 R^2 端烷基长度控制脂质体结构，选择适当的 R^3 基团可作用作靶向性药物载带体系。肝脏表面具有丰富的半乳糖受体，通过化学合成制备包含有半乳糖结构的磷脂酰氨衍生物可用于阿霉素的载带，相较于游离阿霉素，载带体系向肝细胞的药物输送效率很高。

（五）总结

在药物制剂的应用中，非离子型表面活性剂的表现尤为突出。它的性能在许多方面均优于离子型表面活性剂，如稳定性高；不受强电解质、酸、碱、盐的影响；与其他表面活性剂相容性好，能很快混合使用；在水和有机溶剂中都有较好的溶解性能；由于在溶液中不电离，所以不易在固体表面发生吸附。特别重要的是非离子型表面活性剂毒性和溶血作用小，能与大多数药物配伍，所以既可供外用也可供内服，甚至可用于注射。当然，阴离子型表面活性剂在其中也有一定应用。

在天然药物提取领域，表面活性剂作为提取剂与提取溶剂配合使用，通过多种提取方法可实现天然药物有效成分的高效提取。

在化学合成药物的制备过程中，表面活性剂作相转移催化剂的作用较大，可大幅提高多种反应的反应速率与收率，经济意义重大。

靶向药物载带是近期研究的热点，以脂质体和囊泡为代表的药物输送体系层出不穷，这类给药机制可实现药物的靶向释放，提高药效并降低毒副作用，是今后药物发展的重要方向。表面活性剂作为载体的组成部分，其稳定性、毒性及可降解性能是今后研究的重点。

随着近年来表面活性剂的发展日趋"绿色天然"，表面活性剂的研究转向安全、温和、无毒并易生物降解等方向，具有这些特点的表面活性剂在制药工业中的应用将更为广泛。可以预见，随着表面活性剂的应用研究日益深入，它在制药工业中的应用将会受到越来越多的重视，这将推动制药工业向更深层次发展，新的表面活性剂及其应用体系等待广大科学工作者去发掘。

二、表面活性剂在生物领域中的应用[12~20]

生物技术是指人们以现代生命科学为基础，结合其他基础科学的科学原理，利用微生物、动植物体对物质原料进行加工，以提供产品来为社会服务的技术。主要包括发酵技术、基因工程和酶工程等。表面活性剂在发酵技术和反胶束萃取领域有重要作用。

（一）表面活性剂在发酵工程中的应用

我国发酵工业生产的产品有发酵调味品（酱油、醋、酱及豆豉等）、乙醇及赖氨酸等，发酵工业除了靠自身的发展取得经济效益外，更重要的是作为一种生物技术，对相关行业的发展有重要的促进作用，对降低国家粮食消耗、增加产品花色品种、提高产品质量以及改善环境等均有重要作用。

目前国内外对于表面活性剂作为发酵促进剂应用方面的研究报道比较多，主要集中在发酵生产各种氨基酸、酶、胶质、药物、生物表面活性剂和新型材料等方面。

发酵过程经常遇到的问题是泡沫控制，泡沫量过大会造成发酵罐装料系数降低并可能造成料液逃逸、体系染菌等问题；泡沫量过小或无泡沫，又不利于氧气传递，降低发酵速率，因此通常需要加入消泡剂控制泡沫。对泡沫控制的要求是既要有一定的泡沫量又要除去多余的泡沫，以及控制泡沫的能力不因发酵时间的延长而降低。表面活性剂在水相发酵体系中得到广泛的应用。在该领域中，应用较多的是以脂肪醇聚氧乙烯醚和脂肪醇聚氧丙烯醚为主要成分的非离子型表面活性剂，十二烷基苯磺酸钠、硅表面活性剂和脂肪酸盐表面活性剂也有一定的应用。

表面活性剂在发酵生产的洗涤及灭菌消毒中有所应用。即可作为直接杀菌剂使用，亦可作为消毒药物的助溶剂使用。本领域中常用的表面活性剂主要有季铵盐型阳离子型表面活性剂和氨基酸型两性型表面活性剂，如十二烷基二甲基苄基溴化铵（新洁尔灭）、十二烷基二甲基苄基氯化铵（洁尔灭）、十二烷基二甲基苯氧乙基溴化铵（度米芬，又名消毒宁）、十四烷基-2-甲基吡啶溴化铵（消毒净）及羧酸型 α-亚氨基乙酸系两性型表面活性剂 [结构通式为 $HOOCCH_2N(NHCH_2CH_2R^1)(NHCH_2CH_2R^2)$，$R^1$、$R^2$为烷基，商品名 Tego®] 等。

（1）表面活性剂在氨基酸生产中的应用　氨基酸是含有氨基和羧基的一类有机化合物的通称，是生物功能大分子蛋白质的基本组成单位，是构成动物营养所需蛋白质的基本物质。其中，氨基连在 α-碳上的为 α-氨基酸，组成蛋白质的氨基酸均为 α-氨基酸。氨基酸是人体必需的重要的营养物质，在医药上可作为药物使用及用于合成多肽类药物。谷氨酸、精氨酸、天门冬氨酸及胱氨酸等可用于治疗肝病、消化道疾病、心血管病及呼吸道疾病等，是重要的发酵工业产品。

表面活性剂在氨基酸生产中有重要作用。以甜菜蜜糖为原料发酵生产谷氨酸时，黄色短杆菌是常用菌种。在发酵体系中加入质量分数为 $0.1\%\sim0.2\%$ 的硬脂酸聚氧乙烯醇酯、吐温 40 或吐温 60 等非离子型表面活性剂时，谷氨酸转化率达到 40% 以上，500L 发酵罐扩大实验表明，产酸率达到 40%。季铵盐型阳离子型表面活性剂也可以提高谷氨酸分泌量，在其作用下，干重为 1g 的细菌产酸量可达 0.58mol。

（2）表面活性剂在酶生产中的应用　酶是指具有生物催化功能的大分子物质，通常为蛋白质，也有一些 RNA 分子作为核酶也具有催化功能。酶在疾病诊断、临床治疗及生产生活中具有多种应用。

在固态发酵中，表面活性剂吐温 80 和鼠李糖脂对堆肥中常见的放线菌栗褐链霉菌产酶产生了明显的影响。添加 0.05% 的吐温 80 能使微生物淀粉酶、蛋白酶和半纤维素酶最高酶活分别提高 46.5%、65.9% 和 70.5%；添加 0.006% 的鼠李糖脂能使菌体产蛋白酶和半纤维素酶酶活分别提高 14.6% 和 37.6%；而当鼠李糖脂添加量为 0.018% 时，对微生物产酶有显著抑制作用。

液态发酵中，利用木霉菌并以稻草为唯一碳源，分别加入鼠李糖脂或吐温 80 可提高酶产量。添加鼠李糖脂能够促进木霉菌产酶，分别使滤纸酶活、羧甲基纤维素酶活、微晶纤维素酶活提高 1.08 倍、1.6 倍和 1.03 倍；与吐温 80 相比，鼠李糖脂促进产酶的效果具有明显优势。

表面活性剂可影响嗜热脂肪芽孢杆菌生产高温蛋白酶的效率。研究结果表明，表面活性剂吐温 80 在 0.05%～0.1%质量分数内对酶产量有一定的促进作用，可使发酵液酶产量提高 12.7%，吐温 20 和聚乙二醇辛基苯基醚则抑制嗜产酶。

吐温 20 可有效促进枯草芽胞杆菌合成 γ-谷氨酰转肽酶的效率，与无表面活性剂的体系相比，产量提高了 21.6%。吐温 80 和油酸钠也有类似效果。

耐热梭状芽孢杆菌可用于生产耐热性 β-淀粉酶和支链淀粉酶。向该发酵体系中加入聚乙二醇辛基苯基醚可提高酶产量，当表面活性剂加入量为 1.0mmol/L 时，β-淀粉酶产量是无表面活性剂条件下的 1.4 倍，支链淀粉酶产量是无表面活性剂条件下的 1.14 倍。

（二）表面活性剂在反胶束萃取中的应用

反胶束萃取技术是 20 世纪 80 年代发展起来的生物技术，可实现对蛋白质的高效分离，也是表面活性剂在生物工程中应用的范例。

反胶束是指表面活性剂在油中的浓度高于其临界胶束浓度后，表面活性剂分子排列成亲水基向内、疏水基向外的具有极性内核的聚集体。反胶束的极性内核可用于溶解某些极性物质，特别是蛋白质、核酸及氨基酸等生物活性物质。该技术实现了生活活性物质的高效分离，在蛋白质、氨基酸、药物及农药等物质的分离分析中有较多应用，是表面活性剂的重要应用领域。

反胶束的形成与表面活性剂种类、浓度和温度相关，其萃取能力还与水相 pH 及离子强度有关。通常阳离子型表面活性剂形成的反胶束较小，而聚氧乙烯型非离子型表面活性剂形成的反胶束较大。

阴离子型表面活性剂二异辛基琥珀酸酯磺酸钠在油中可形成反胶束，其内壁带负电荷，当水相（内相，外相为油）的 pH 值低于蛋白质等电点 pI 时，蛋白质带正电荷，通过静电作用可使蛋白质进入反胶束内相实现萃取；当水相的 pH 值高于蛋白质等电点 pI 时，蛋白质带负电荷，与反胶束内壁相斥，难于实现萃取。阳离子型表面活性剂形成的反胶束与此刚好相反，因此水相 pH 值是萃取效率的决定性因素。

反胶束萃取体系中，研究最多的是二异辛基琥珀酸酯磺酸钠/异辛烷体系，该体系结构简单稳定，反胶束体积相对较大，适用于 pI 较高且分子量较低的蛋白质萃取。磷酸二油醇酯、三辛基甲基氯化铵、十六烷基三甲基溴化铵和二辛基二甲基氯化铵等也有应用，非离子型表面活性剂应用较少，主要有吐温 85 和烷基酚聚氧乙烯醚等。

二异辛基琥珀酸酯磺酸钠/异辛烷体系可用于 α-核糖核酸酶、细胞色素 C、溶菌酶、α-淀粉酶、脂肪酶、胃蛋白酶、过氧化氢酶和胰蛋白酶的萃取。利用该体系对不同蛋白质萃取能力的差异，也可用于蛋白质混合物的分离，如 α-核糖核酸酶/细胞色素 C/溶菌酶和胰蛋白酶/胃蛋白酶/溶菌酶的分离。

（三）总结

随着生物技术的不断发展，表面活性剂在其中的应用显示出巨大的潜力和优越性，受到越来越多的关注。特别是在制备、分离和纯化生活活性物质领域具有处理量大、可连续操作和活性损失低等优点，使表面活性剂在生物工程技术中的应用成为研究热点。随着科学技术水平的不断提高和相应研究的深入发展，表面活性剂的特殊结构和功能在生物技术领域必将发挥更大的作用。

参考文献

[1] 伦西全，赵长友，刘晓昆，等 . CN102188714A. 2011-09-21.

[2] Schalker W L, Vincent M C. Journal of Pharmaceutical Sciences, 1964, 53 (7): 818.

[3] 孙俊杰 . 表面活性剂-超声协同提取莲子心总生物碱工艺研究 . 重庆：重庆大学，2014.

[4] 于良云，徐宝财 . 精细化工，2002，19 (S1)：98.

[5] 钟静芬 . 表面活性剂在药学中的应用 . 北京：人民卫生出版社，1995.

[6] 王军 . 表面活性剂新应用 . 北京：化学工业出版社，2009.

[7] Lee M, Lee E Y, Lee D, et al. Soft Materials, 2015, 11: 2067.

[8] Chandra N, Tyagi V K. Journal of Dispersion Science and Technology, 2013, 34: 800.

[9] 王媛，徐宝财 . 精细化工，2003，20 (10)：596.

[10] 周雅文，刘金凤，贾美娟，等 . 日用化学工业，2015，45 (12)：670.

[11] 王仲妮，李干佐，张高勇 . 自然科学进展，2004，14 (11)：1209.

[12] 邹文苑，杨许召，宋浩，等 . 日用化学品化学，2016，39 (7)：55.

[13] 傅贤明，李春来 . 海峡药学，2007，19 (7)：90.

[14] 张晋，刘少杰，郑利强，等 . 山东大学学报（理学版），2006，41 (4)：131.

[15] 成朋 . 表面活性剂聚集体的性质及作为药物载体的研究 . 济南：山东师范大学，2011.

[16] 赵晓宇，李慧，张保献 . 中国医院药学杂志，2008，28 (10)：833.

[17] Zhao C, Feng Q, Dou Z P, et al. PLOS One, 2013, 8 (9): e73860.

[18] 赵美蓉 . 企业科技与发展，2013，356：28.

[19] 章一 . 科技风，2013，13：120.

[20] 赵二劳，范建凤，张小燕 . 日用化学工业，2009，39 (1)：22.

第十六章

表面活性剂在化学研究中的应用

　　表面活性剂因其分子的两亲性结构而易在各种表（界）面上吸附，并能在其水相中形成多种有序分子组合体，利用表面活性剂的这些特性可能开发新的研究手段，提高现有检测液体中无机、有机组分方法的灵敏度和选择性。表面活性剂分子有序组合体为微环境，可以增大难溶有机物溶解度，分离和富集某些无机物。并可建立新的分离、分析方法。当以表面活性剂各种分子有序组合体（如胶束、囊泡、微乳液等）为微反应器时，可能提高多种反应的反应速率。

◈ 一、在分析化学中的应用[1, 2]

　　表面活性剂已广泛用于光化学分析、电化学分析、色谱法分析、容量分析等。在这些分析方法中表面活性剂的主要作用是增敏作用、增溶作用、增稳作用、催化作用和抗干扰作用等。

　　离子型表面活性剂浓度很小时，表面活性离子以单个离子状态与溶液中的配离子形成多元缔合物，这种缔合物可提高分析灵敏度。如，在分光光度法中，用阳离子型表面活性剂与配合物阴离子生成有计量组成的特征性缔合物，可提高显色灵敏度，使摩尔吸光系数增大，并可使光谱峰发生红移。再如，在甜菜碱型两性型表面活性剂存在时，锆与铬天青 B 的显色反应有很高的灵敏度，摩尔吸光系数高达 2.17×10^6（锆的检测浓度可低于 $10^{-7}\,mol/L$），并且反应可在较高酸性（pH 1.2～2.2）下进行，具有良好的选择性[2]。

　　非离子型表面活性剂的增敏作用是由于在这类表面活性剂分子结构中有羟基

或醚键，它们可与配体或配合物分子形成氢键，从而使配合物分子中的共轭体系电子云密度重新分配，引起吸收峰红移，摩尔吸光度增大。此外，非离子型表面活性剂可使显色剂浓集，提高金属离子与试剂的反应能力，加速显示反应。表面活性剂对水合金属离子也有浓集作用。即，使胶束表面反应物浓度增大，抑制水合离子的水解，提高显示反应的反应活性。总之，这些因素也都使非离子型表面活性剂在分光光度法分析中有增敏作用。

表面活性剂胶束溶液中胶束的微环境中可以增溶被增溶物（显色剂）形成热力学稳定体系。例如多种阴、阳离子型表面活性剂胶束都可以增溶 7,7,8,8-四氰基醌二甲烷，从而提高分光光度法测定的灵敏度。非离子型表面活性剂可用于中性金属螯合物的增溶。金属螯合物的疏水部分可部分插入胶束的内核，其亲水部分在胶束外壳，对于含聚氧乙烯链的非离子型表面活性剂胶束，金属螯合物或显色剂若含有能与表面活性剂形成氢键的酚羟基，则可能增溶于胶束的聚氧乙烯壳层或胶束内核，这种增溶作用常优于有机溶剂的萃取。非离子型表面活性剂也可对某些离子缔合物增溶，如 Cu(I) 与新亚铜试剂形成的配阳离子与铬天青 S 形成的离子缔合物，在增溶于 Triton X-100 胶束中后可进入水相，直接用光度法测定 Cu。

下面就在分光光度、色谱分析、电化学分析等方法中表面活性剂的应用作进一步介绍[3,4]。

（一）表面活性剂在光分析法中的应用

在光分析中表面活性剂能起到增溶、增敏、增稳、催化和抗干扰等作用，从而引入新的光分析技术。这些方法和技术有胶束增敏荧光、胶束增稳磷光、胶束增敏化学发光和胶束增感火焰原子吸收等。例如，占海红等在碱性条件下，加入 0.1%十四烷基二甲基苄基铵（阳离子型表面活性剂）使甲硝唑与硝普钠反应生成红褐色产物使吸收红移，吸光度增大[5]；吴和舟等以 CTAB 为增敏剂催化光度法测定痕量铬，可使溶液由红色变为蓝紫色，吸收峰红移（420nm→550nm），灵敏度提高 4.8 倍[6]；卢菊生等应用铬天青 S（CAS）分光光度法测定微量铝，采用 2mol/L NaCl 溶液 1mL，10.0 g/L 十六烷基氯化吡啶（CPC）溶液 2mL，在 Al-CAS 显色体系中，吸收峰明显红移，摩尔吸光度系数提高 3 倍多[7]。表面活性剂 CPC 胶束溶液明显起增敏、增稳作用。

表面活性剂用于荧光分析法时荧光强度常会大大增强。席会平等用 CTAB 增敏荧光光度法测定牛奶中的环丙沙星（CPLX）[8]，马红燕等用 SDS（十二烷基硫酸钠）荧光增敏法测定氧氟沙星[9]，欧阳运富等用非离子型聚乙二醇辛基苯基醚胶束增敏荧光光度法测定人尿中痕量 1-羟基芘[10]，领小、王晗等用非离子型表面活性剂荧光光谱法测定痕量有机芳烃类有机物时，都有明显的增敏、增稳、增溶等作用[11,12]。

（二）表面活性剂在色谱分析中的应用

在色谱分析中，表面活性剂常用于流动相，吸附在固定相上的表面活性剂使固定相极性降低，提高色谱柱的柱效、灵敏度和选择性，能分离生物样品。当使用两性型表面活性剂时，选择性更为独特，可分离亲水和疏水物质、带电组分和不带电组分。当表面活性剂用于毛细管色谱时，可抑制分析物与毛细管内壁间的吸附作用，改善分离效果。例如，刘倩等在酸性条件下，用低浓度的双子表面活性剂作为缓冲液添加剂，大大提高蛋白质的分离效率[13]。表面活性剂既可用作色谱分析的流动相，也可用于毛细管色谱中毛细管壁的静态或动态涂层，以控制电渗流，提高分离效率。

（三）表面活性剂在电化学分析中的应用

在极谱分析中，表面活性剂常作为增敏试剂加入待测液中，能显著提高分析灵敏度、选择性、重现性和抗干扰性。李玲霞等在铜的示波极谱测定及高铁试剂络合物研究中，加入十二烷基苯磺酸钠，可使峰电流增敏约 27 倍[14]。

二、在表面活性剂有序组合体微环境中的化学反应

表面活性剂分子在溶液中可以自发形成多种有序组合体。胶束、反胶束、脂质体和囊泡都是表面活性剂常见的分子有序组合体。广义地说，微乳液，甚至乳状液也可视为表面活性剂分子有序组合体所构成的系统。在界面上形成的表面活性剂吸附胶束，各种界面膜也都是表面活性物质的有序组合体。

多数化学反应都在一定的介质中进行，这些反应介质常是宏观的水溶液或有机液体，介质可视为反应环境。反应速率常数与介质的性质有关，亦即与反应进行的环境有关。

表面活性剂胶束的大小约为 $10^{-2}\mu m$，微乳液粒子的大小为 $10^{-2}\sim 10^{-1}\mu m$，而粗乳状液分散相粒子大小为 $2\sim 10^2\mu m$，因此，在胶束、脂质体、微乳液系统中进行的反应是在很小的介质环境（微环境）中进行的，有一些独特的性质。

（一）胶束催化

许多实验证明，以胶束（反胶束）为反应介质（或称为微反应器）对许多化学反应有抑制或加速的作用。如，阳离子型表面活性剂胶束可加速亲核阴离子与中性有机底物的反应，而阴离子型表面活性剂胶束抑制这类反应，非离子型表面活性剂胶束对有机亲核取代反应无明显的催化效果。有些胶束系统对无机反应也有明显的催化作用。如，在十六烷基硫酸钠胶束溶液中 Hg^{2+} 与 $Co(NH_3)_5Cr^{2+}$ 的反应速率比在纯水中提高 140000 倍[15]。在胶束催化中，胶束的主要作用是：①在极小的胶束容积内，增溶的反应物浓度较体相溶液中要大得多；②常用的胶束的非极性内核为非极性的，而胶束表面不同位置极性大小不同，反应物处于胶束中的不同位置时各种性质可有适当的调节（如电离势、解离常数、氧化还原性质等），以利于化学反应的进行；③某些离子型表面活性剂的带电胶束可与反应物间有静电作用，从而降低反应活化能[16]。

反胶束对某些水合反应有催化作用的原因在于极性反应物可增溶于极性的反胶束水核中。反胶束的水核与一般水相有很大差异。如在 $C_8H_{17}N^+(CH_3)_3 \cdot C_{13}H_{27}COO^-$ 的反胶束溶液中 $Cr(C_2O_4)_3$ 的水合反应速率比在纯水中提高 5400000 倍[17]。

研究胶束催化的意义在于：①有些化学反应在胶束系统中反应速率大大提高，有利于实现其工业化，开辟了现代催化技术的新领域；②由于表面活性剂分子有序组合体常可用于生物膜模拟，故胶束催化研究有助于了解生物膜功能的机理；③有助于了解许多反应机理，并可能探讨影响反应速率的因素[18]。

1. 胶束催化反应的速率常数

胶束催化反应可用下式表示：

$$
\begin{array}{ccc}
 & \xrightarrow{K_s} & \\
M+S & \rightleftharpoons & MS \\
\downarrow k_0 & & \downarrow k_m \\
P & & P
\end{array}
\qquad (16.1)
$$

式中，M 表示胶束；S 是反应物；P 是产物；MS 是胶束-反应物复合物；k_0 是在溶剂中直接生成产物反应的速率常数；k_m 是在胶束中形成产物反应的速率常数；K_s 称为结合常数，即为反应物与胶束形成复合物过程的平衡常数。

设在 t 时系统内反应物的总浓度为 $[S]_t$，在体相溶液中反应物 S 的浓度为 $[S]$，反应物-胶束复合物的浓度为 $[MS]$，则应有：

$$[S]_t = [S] + [MS] \qquad (16.2)$$

因而，式 (16.1) 反应的速率方程为：

$$-\frac{d([S]+[MS])}{dt} = -\frac{d[S]_t}{dt} = \frac{d[P]}{dt} \qquad (16.3)$$

而

$$\frac{d[P]}{dt} = k_0[S] + k_m[MS] \qquad (16.4)$$

实验测出的形成产物的总速率常数（表观速率常数）k_ψ 为：

$$k_\psi = -\frac{d[S]_t/dt}{[S]_t} = k_0F_0 + k_mF_m \qquad (16.5)$$

式中，F_0 和 F_m 分别为未与胶束复合的和已与胶束复合的反应物的化学计量分数。

对于准一级反应，$[M] \gg [MS]$，故 F_m 可视为常数。K_s 可用复合的和未复合的反应物的分数表示：

$$K_s = \frac{[MS]}{([S]_t - [MS])[M]} = \frac{F_m}{[M](1-F_m)} \qquad (16.6)$$

当表面活性剂浓度大于其临界胶束浓度 CMC 时，表面活性剂单体的浓度为常数（即 CMC 值），$[M]$ 即为：

$$[M] = \frac{[D] - CMC}{n} \tag{16.7}$$

式中，[D] 为表面活性剂总浓度；n 为胶束聚集数；CMC 和 n 的数值可由手册中查出。由式（16.5）和式（16.6）可得：

$$k_\psi = \frac{k_0 + k_m K_s [M]}{1 + K_s [M]} \tag{16.8}$$

联系式（16.7）与式（16.8）可得：

$$\frac{1}{k_0 - k_\psi} = \frac{1}{k_0 - k_m} + \left(\frac{1}{k_0 - k_m} \right) \left[\frac{n}{K_s ([D] - CMC)} \right] \tag{16.9}$$

$$或 \quad \frac{k_\psi - k_0}{k_m - k_\psi} = \frac{K_s ([D] - CMC)}{n} \tag{16.10}$$

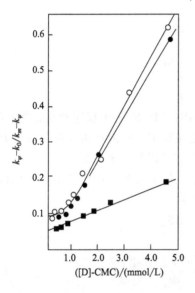

图 16.1 几种磷酸二硝基苯酯在十六烷基三甲基溴化铵胶束水溶液中胶束催化速率常数与浓度关系图（pH = 9.0，25℃）
● 1.8×10^{-5} mol/L 2, 6-二硝基磷酸酯
○ 9.4×10^{-5} mol/L 2, 6-二硝基磷酸酯
■ 6.3×10^{-5} mol/L 2, 4-二硝基磷酸酯

k_ψ 和 k_0 可根据动力学实验测出，n 可用测定聚集数的方法测得（或由相关手册查出）。故根据式（16.9），以 $1/(k_0 - k_\psi)$ 对 $n/([D] - CMC)$ 作图，由直线的斜率可得出 K_s，由截距可求出 k_m。

图 16.1 是几种磷酸二硝基苯酯在十六烷基三甲基溴化铵水溶液中水解反应的反应速率常数与胶束浓度的关系依式（16.9）处理的结果[19]。

胶束催化速率常数原则上可用各种化学反应动力学研究方法测定。当研究含芳环的反应物时用紫外-可见分光光度法测定反应物或产物浓度随时间的变化进行研究是十分方便的[20]。

K_s 是胶束催化研究中重要的物理量。一般来说 K_s 的大小与反应物疏水性大小有关，疏水性越大，K_s 也越大。常用的 K_s 测定及求算方法如下。①速率常数法，即前述的根据式（16.9）求算 K_s。②增溶量测定法。即测定反应物在无表面活性剂和有表面活性剂时的溶解度（浓度），依下式算 K_s：

$$K_s/n = \frac{[S_M]}{[S_W]([D] - [S_M] - CMC)} \tag{16.11}$$

式中，[S_W] 和 [S_M] 分别为在水相和胶束中反应物的浓度；[D] 为表面活性剂的总浓度；n 为胶束聚集数。③荧光猝灭光谱法[18,19]、液相色谱法、核磁共振谱法[21]等。表 16.1 列出几种反应物与胶束的结合常数 K_s 值及测定方法。

表 16.1 在一些胶束系统中反应物的结合常数 K_s/ (L/mol)

反应物	表面活性剂	K_s	测定方法
对硝基苯乙酸酯碱性水解	$R_{10}NHCH_2C_6H_4N^+ (CH_3)_3Cl^-$	1.0×10^4	动力学方法
对硝基苯乙酸酯水解	$R_{12}NO (CH_3)_2$	5×10^4	动力学方法
磷酸-2,4-二硝基苯酯水解	$R_{16} (CH_3)_3N^+Br^-$	1.1×10^5	速率常数法
磷酸-2,6-二硝基苯酯水解	$R_{16} (CH_3)_3N^+Br^-$	3.9×10^4	速率常数法
2,4-二硝基氯苯碱性水解	$R_{16} (CH_3)_3N^+Br^-$	1.6×10^4	增溶量法
1,3,6,8-四硝基萘碱性水解	$R_{16} (CH_3)_3N^+Br^-$	1.9×10^5	速率常数法

2. 胶束催化的基本原理

　　化学反应速率与反应物的浓度、性质、温度、介质（环境）的性质等因素有关。在有催化剂存在时当然也与催化剂的性质有关。在胶束催化中胶束的存在可使某些不溶或难溶的有机反应物增溶于胶束中时，反应物的浓度大大提高。离子型表面活性剂胶束可使带反号电荷的反应物离子在胶束表面富集，胶束的这类作用均可称为对反应物的富集（或浓集）作用。由于表面活性剂是两亲分子，在水溶液中一般胶束从表面的极性基团的强极性到胶束内核的非极性，不同位置极性大小不同。不同极性大小的反应物都可能有与其匹配的极性位置，适于其发生化学反应的微环境。胶束的这种作用可称为介质效应。当构成胶束的表面活性剂的极性基团具有特殊的结构时，还可能对增溶的有机反应物的定向方式产生影响，从而导致产物结构的差异或催化效果的不同。胶束的存在可能影响反应的活化能和活化热力学参数。

　　(1) 浓集效应　有机反应物通过疏水效应和静电作用在体积很小的胶束中增溶，从而使反应物浓度大大增加，反应速率也增大。以 $25℃$ 2,4-二硝基氯苯（DNCB）为例，实测得 DNCB 在 $0.0298mol/L$ 的十六烷基三甲基溴化铵（CTAB）阳离子型表面活性剂胶束溶液中的增溶量为 $0.23mol/[L \cdot (mol\ CTAB)]$[22]。Bunton 等报道在胶束相中反应区域体积 V_m 在 $0.14 \sim 0.371L/mol$[23]。由上述实测 DNCB 在 CTAB 胶束溶液中的增溶量可以计算出，当在胶束中 DNCB 浓度在 $0.62 \sim 1.64mol/L$ 时，此浓度比体相溶液中 DNCB 的浓度大 $76 \sim 202$ 倍。表 16.2 列出四种烷基三甲基溴化铵胶束溶液对 DNCB 的增溶量及胶束相中 DNCB 的浓度，显然胶束相中反应物浓度的增大，可使反应速率增加。

表 16.2 在 4 种烷基三甲基溴化铵胶束溶液中 DNCB 的增溶量、体相溶液中和
胶束相中 DNCB 的浓度及相应浓度比

表面活性剂	表面活性剂浓度/ (mol/L)	DNCB 增溶量/[mol/ (mol 表面活性剂)]	体相溶液中 DNCB 浓度 c/ (mol/L)	胶束相中 DNCB 浓度 c^M/ (mol/L)	c^M/c
$C_{12}H_{25}N (CH_3)_3Br$	0.0301	0.01	3.96×10^{-3}	$0.07 \sim 0.027$	$17 \sim 6.8$

续表

表面活性剂	表面活性剂浓度/ (mol/L)	DNCB增溶量/[mol/ (mol 表面活性剂)]	体相溶液中 DNCB 浓度 c/ (mol/L)	胶束相中 DNCB 浓度 c^M/ (mol/L)	c^M/c
$C_{14}H_{29}N(CH_3)_3Br$	0.0300	0.18	6.63×10^{-3}	$1.29 \sim 0.49$	$195 \sim 74$
$C_{16}H_{33}N(CH_3)_3Br$	0.0298	0.23	8.11×10^{-3}	$1.64 \sim 0.62$	$202 \sim 76$
$C_{18}H_{37}N(CH_3)_3Br$	0.00322	0.28	2.12×10^{-3}	$2.0 \sim 0.76$	$943 \sim 354$

对于如 DNCB 碱性水解反应这类的双分子反应，是增溶的 DNCB 与胶束表面的 OH^- 反应生成 2，4－二硝基苯酚：

$$+ \ OH^- \longrightarrow + \ Cl^- \qquad (16.12)$$

对于 DNCB 碱性水解反应，胶束催化反应速率不仅与 DNCB 在胶束中的增溶浓度有关，而且与胶束表面反应活性离子 OH^- 的浓度有关。OH^- 在阳离子型表面活性剂胶束表面的浓度与 OH^- 与胶束的作用有关。这类作用可用胶束的反离子结合度表征。胶束的反离子结合度是指反离子与胶束结合的程度，是在胶束中平均每个表面活性剂离子结合反离子的个数，反离子结合度与表面活性剂的结构及反离子的性质等有关，一般为 0.5～1.2。反离子结合度 K_0 与表面活性剂的临界胶束浓度 CMC 有下述经验关系：

$$\lg CMC = A - K_0 \lg c_i \qquad (16.13)$$

式中，c_i 为反离子浓度。

离子型表面活性剂胶束的反离子结合度越大表示反离子越易与胶束结合，胶束表面反离子浓度越大，将越能减弱胶束中表面活性剂离子间的电性排斥作用，从而有利于胶束的形成，表面活性剂的 CMC 减小。当反离子是参与反应的活性离子时，显然反离子结合度增大使得 CMC 减小和胶束表面反离子浓度增加都可引起胶束催化作用增强。

实验测出表 16.2 中 4 种烷基三甲基溴化铵的氢氧根反离子结合度依次为 0.52、0.56、0.61 和 0.66[22]。这一结果说明，对同系列表面活性剂，随碳链增长，反离子结合度增大，胶束表面反应活性离子 OH^- 的浓度增大，利于 DNCB 碱性水解反应进行。

在胶束催化反应中，只考虑反应物在胶束中的增溶量是不够的，还要顾及反应物的增溶位置。只有增溶于胶束表面区域，并且反应物的可反应基团有适宜的定向方式（利于反应离子有效接触）方可使胶束催化反应进行。例如，在季铵盐阳离子型表面活性剂胶束溶液中萘磺酸甲酯的碱性水解反应，萘磺酸甲酯虽增溶于胶束表面层，但其反应基团—SO_3CH_3必须朝向水相时才有利于与表面活性离子OH^-接触，使反应速率提高（图16.2）[24]。

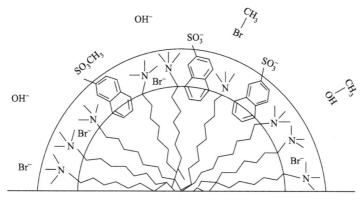

图 16.2　季铵盐阳离子型表面活性剂胶束中萘磺酸甲酯碱性水解反应的二维图解示意

（2）介质效应　介质效应主要是指微反应器和反应介质对胶束催化反应的影响。作为反应介质，胶束不同部位的极性大小、胶束的微黏度、胶束的电性质等都会对产物的增溶量、增溶位置、增溶反应物的定向方式、反应过渡态的稳定性、反应的选择性等产生影响。

胶束可使有机反应物增溶于胶束的某一位置，并采取一定的定向方式。这种以几何的和空间的方向控制反应物在胶束中的位置和取向，有利于提高反应活性。已知带电的反应物多定位于带反号电荷的胶束表面层附近，这种定向方式有利于反应物与在胶束表面的反应活性离子接触。当反应物为芳香族阴离子时，阳离子型表面活性剂胶束的表面活性剂亲水端基的正电离子和反应物的芳环π电子更易于相互作用。例如芳香酸碱性水解、硝基氯苯的亲核取代反应等在阳离子型表面活性剂胶束中的催化反应即有此特点。

胶束的微黏度比体相水溶液大得多［如 Triton X-100 胶束的微黏度高达上百厘泊(1厘泊＝1毫帕斯卡·秒)，比水的大百倍］，这将导致在胶束中增溶的反应物分子平动和转动自由度大大减小，从而使反应速率常数减小，并可能影响反应产物的选择性。

胶束的极性从表面到内核的减小从大到小（即从近于水的极性到烃类的极性），反应物易增溶于与其大小匹配的位置，这种作用对那些对于介质敏感的反应尤为重要。例如 DNCB、2-氯-3，5-二硝基苯甲酸阴离子、4-氯-3，5-二硝基苯甲酸阴离子在阳离子型表面活性剂 $C_{16}H_{33}NR_3Br$（R＝ Me，Et，n-Pr，n-Bu 基）胶束溶液中进行亲核取代去氯羟化反应时，随 R 基增大，DNCB 的反应速率增大，而后两种反应物的反应速率减小。这是因为，R 增大时胶束表面区域极性减小，而后两种反应物反应中间体带两个负电荷（DNCB 反应中间体带一个负电荷）对介质极性更为敏感。

已知 DNCB 亲核取代生成硝基苯酚的反应机制是首先生成负离子σ-配合物，然后离去基团脱除，生成产物：

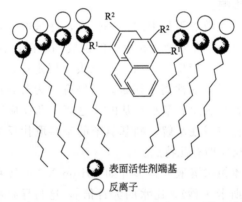

负电性σ-配合物

(16.14)

该反应分两步进行：①活性反离子 OH^- 进攻苯环上与 Cl 连接的碳原子，形成带负电的σ-配合物；②Cl 的离去反应。第一步为反应的决速步骤[25]。阳离子型表面活性剂胶束与负电性σ-配合物作用，分散其负电荷，形成的胶束-σ-配合物比原σ-配合物势能低，有利于反应进行。

（3）胶束对有机反应选择性的作用 有时反应物在胶束中预定向作用对反应产物的结构产生影响。例如，在有机溶剂中用紫外线照射 2-取代萘主要生成反式二聚体。在胶束催化时却主要生成顺式二聚体。这是因为在离子型表面活性剂胶束中 2-取代萘有一定取向方式，即 2-取代萘的亲水性基团 R^2 要朝向胶束表面（亲水方向）。图 16.3 为示意图[26]。

○ 表面活性剂端基
○ 反离子

图 16.3 2-取代萘的亲水基团 R^2 在胶束表面的预定向作用示意图

可以预料，若胶束中有两种反应物，他们都含有极性基团，这些亲水极性基团总是采取朝向胶束表面的方式。当这两种分子发生反应时，其产物的极性基必在一个方向。若为二聚反应，则将生成顺式结构产物。例如，在离子型表面活性剂胶束中蒽的 9 位取代化合物，若取代基为亲水基，将发生端—端二聚反应[27]。

胶束催化某些有机反应，若手性表面活性剂分子构成的胶束表面具有独特的手性排列组合，具有手性识别能力。手性反应物的对映选择反应可在手性表面活性剂胶束或手性催化剂与手性表面活性剂的混合胶束中进行。在这类反应中反应物的手性最为重要[28]。

（4）胶束催化的活化能 根据化学动力学的过渡状态理论，由反应物生成产物之间，先生成活化络合物，活化络合物与反应物零点能之差即为活化能。换言之，活化能是非活化的反应物分子转变为活化分子所吸收的能量，即反应物分子要克服其与产物间的能垒所必须具有的能量[29]。

反应速率常数 k 与反应温度 T 和活化能 E_a 的关系服从 Arrhenius 方程：

$$k = A\exp[-E_a/(RT)] \tag{16.15}$$

或

$$\ln k = \ln A - [E_a/(RT)] \tag{16.16}$$

式中，A 为指前因子；R 为气体常数。

赵振国等测定了在不同温度下 DNCB 在十六烷基三甲基氯化铵（CTAC）、十六烷基氯化吡啶（CPC）胶束溶液中碱性水解反应的动力学数据，计算出相应的二级反应速率 k_2，以 $\ln k_2$ 对 $1/T$ 作图，均为直线关系。根据式（16.16）可由直线斜率求出相应系统的表观活化能 E_a（列于表 16.3 中）[30]。

表 16.3　在不同系统中 DNCB 碱性水解反应的活化能 E_a

系统	$E_a/$（kJ/mol）
H_2O	91.0
0.003mol/L CPC	49.2
0.005mol/L CPC	49.0
0.00064mol/L CTAC	49.8
0.0022mol/L CTAC	49.0
0.0764mol/L 正丁醇 ＋ 0.0043mol/L CPC	54.2
0.0177mol/L 叔丁醇 ＋ 0.0013mol/L CPC	46.8

由表 16.3 中数据可知：①在胶束溶液中 DNCB 碱性水解反应的活化能比在纯水中的降低约一半。②在表面活性剂浓度大于各自 CMC 后胶束催化反应的活化能基本恒定，与表面活性剂浓度改变关系不大（CPC 的 CMC 约为 10.5×10^{-4} mol/L，CTAC 的 CMC 约为 9×10^{-4} mol/L）。③在 CPC 和 CTAC 胶束溶液中 DNCB 水解反应的活化能接近。这说明表面活性剂亲水基的性质对活化能影响不大。④在胶束中添加丁醇对活化能有影响（添加正丁醇 E_a 略有增加，添加叔丁醇略有减小），这可能与不同分子结构的丁醇加入，使胶束表面带电的极性基的电性斥力大小不同，对 DNCB 水解中间过渡态σ-配合物的电性作用不同。

◁ 3. 影响胶束催化的一些因素 ▷

影响胶束催化反应速率常数的因素很多，主要有表面活性剂、反应物的结构与性质、添加无机盐和有机添加物的性质和浓度、反应温度等。

胶束催化反应速率常数与表面活性剂浓度的关系曲线大致有三种类型：L 型、S 型和有最大值型，其中 S 型最为常见。S 型曲线表明，在表面活性剂浓度低于其 CMC 时，溶液中只有几个表面活性剂分子（或离子）的小聚集体（有时称为预胶束），无大量胶束形成。只有当表面活性剂浓度大于 CMC 时才有大量胶束形成。当表面活性剂浓度大到一定值后，反应物已全部增溶于胶束中，反应速率常数也趋于平缓。L 型曲线可能是 S 型曲线的特例。即若表面活性剂的 CMC 小，而使用的表面活性剂浓度大于 CMC，故 S 型低浓度点缺失，而成 L 型。有最大值的曲线也是常见的。这是由于在浓度大于 CMC 后，可以会有大量无增溶反应物的"空白"胶束存在，这些胶束可以竞争反应活性离子，或者反应物在胶束中平衡分配使胶束中反应物浓度降低，都会速率常数下降。图 16.4 是三种曲线示意图。

（1）表面活性剂性质的影响　表面活性剂性质这里主要指其类型、极性基的性质和大小、结构特点、疏水基的大小和结构等。

不同类型表面活性剂的胶束催化性能由反应机理决定。如，在阳离子型表面活性剂十六烷基三甲基溴化铵（CTAB）、非离子型表面活性剂聚氧乙烯烷基酚（Igepal）、阴离子型表面活性剂十二烷基硫酸钠（SDS）胶束溶液中，6-硝基苯并异噁唑-3-羧酸根阴离子脱羧反应的表观速率常数 k_ψ 与各表面活性剂浓度关系如图 16.5 所示[21]。由图可知，三种表面活性剂对此反应的催化活性依次为 CTAB＞Igepal＞SDS。反应机理如图 16.6 所示。

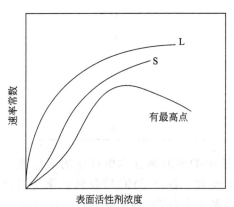

图 16.4　胶束催化反应速率常数
与表面活性剂浓度关系类型示意图

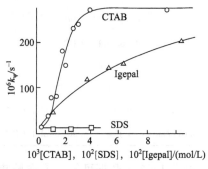

图 16.5　不同类型表面活性剂对
6-硝基苯并异噁唑-3-羧酸根
阴离子脱羧反应速率常数的影响

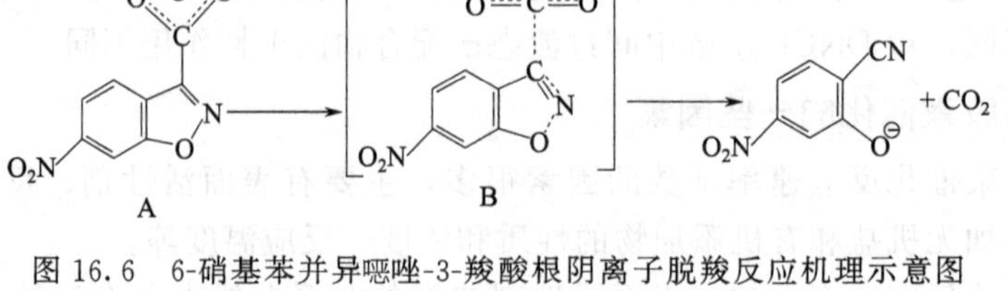

图 16.6　6-硝基苯并异噁唑-3-羧酸根阴离子脱羧反应机理示意图

根据这一机理，带有非定域电荷的过渡态阴离子（图 16.6 中的 B）比原始态（图 16.6 中的 A）更为稳定。SDS 阴离子胶束对反应过渡态有排斥作用，不利于胶束催化反应。这种解释不能说明非离子表面活性剂 Igepal 的催化作用。

　　一般来说，对于有胶束作用的同系表面活性剂，其端基体积增大，催化活性也增大。如季铵盐类阳离子型表面活性剂胶束对磷酸-2,4-二硝基苯酯两价阴离子的碱性水解反应就有这样的结果[31]。这种端基大小影响的原因可能是端基大小对反应物离子及活性反离子与端基电性作用的改变所致，对于同一反应系统，表面活性剂疏水链长度也对反应速率有影响：在实际可应用的碳链长度内，随链长增加催化活性增大，这是由于随碳链增长，对有机物的增溶量增大。以 DNCB 在烷基三甲基溴化铵胶束系统中的碱性水解反应为例，在十二烷基、十四烷基、十六烷基、十八烷基三甲基溴化铵胶束中 DNCB 的增溶量[22]和碱性水解反应速率常数与在水相中的反应速率常数之比 (k_ψ/k_0)[32]列于表 16.4 中。

表 16.4　DNCB 在烷基三甲基季铵盐胶束溶液中增溶量及相对胶束催化反应速率常数

表面活性剂	增溶量/（mol/mol）	k_ψ/k_0
十二烷基三甲基溴化铵	0.01	1
十四烷基三甲基溴化铵	0.18	4.8
十六烷基三甲基溴化铵	0.23	12
十八烷基三甲基溴化铵	0.28	—

　　（2）反应物结构与性质的影响　反应物的疏水性决定了其在水相中和胶束相中的溶解与增溶能力。疏水性越大，增溶能力也越强，胶束催化反应速率增大。如 CTAB 胶束可使 N— C_{16}—或 N—C_{12}-4 氰基吡啶碱性水解进行，但不能使相应的甲基化合物水解。

　　反应物分子结构常能决定其在胶束中增溶位置。对于双分子反应（如亲核取代反应、脂肪酸酯等的碱性水解反应）多发生于胶束表面区域，因而增溶位置在胶束内核或靠近内核的反应物难以进行反应。因此，CTAB 可对增溶于胶束表面的苯胺和邻位有卤素取代的硝基苯甲酸酯进行催化反应，而对增溶于胶束内核的对位有卤素取代的硝基苯甲酸酯无催化作用[33]。

　　（3）盐的影响　当外加无机或有机盐的浓度不很大时，胶束催化反应速率随外加盐浓度增加而减小。盐的作用：①降低表面活性剂的 CMC，增大胶束聚集数，从而增大反应物的增溶量，利于胶束催化作用；②盐在水中电离可生成惰性反离子，竞争胶束表面浓集的活性反离子，从而降低胶束催化活性。例如，DNCB 在 CTAB 胶束溶液中的碱性水解反应的准一级反应速率常数 k_1 与外加 5 种溴盐（NaBr、Me_4NBr、Et_4NBr、Bu_4NBr、辛基三甲基溴化铵 C_8TAB）的关系为：随溴盐浓度增加，k_1 减小，且 k_1 与浓度关系曲线五种盐完全重合在一起，这说明 CTAB 反离子 Br^- 的浓度直接决定对 k_1 的影响，与外加盐的阳离子（Na^+、Et_4N^+、Me_4N^+、Bu_4N^+、C_8TA^+）性质无关（图 16.7）[34]。

　　具体到本实例中，溴盐对 DNCB 碱性水解反应胶束催化的抑制作用除 Br^-

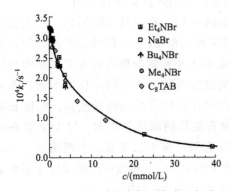

图 16.7 DNCB 碱性水解反应准一级速率常数 k_1 与外加 5 种溴盐浓度的关系
($c_{CTAB} = 1.49$ mmol/L, $c_{NaOH} = 0.046$ mol/L)

对活性离子 OH$^-$ 的竞争减少了胶束表面 OH$^-$ 浓度外，Br$^-$ 比 OH$^-$ 对带正电胶束有更强的亲和力，更有利于压缩胶束表面双电层，增大胶束的聚集数和胶束直径。

添加盐中反离子的种类和价数对胶束催化的抑制作用是有区别的，即不同的反离子抑制能力不同。这是因为不同的反离子（如 Br$^-$ 与 Cl$^-$）离子半径、离子极限摩尔电导率、离子淌度、离子活度都不尽相同，对胶束表面电性质影响不相同。一般来说反离子价数大，离子半径大，对胶束催化反应的抑制作用更强[18]。

（4）小分子有机添加物的影响 多数情况下，小分子有机（非盐类）添加物常对胶束催化不利，其原因是这些添加物改变水相的性质，增加有机反应物在水相中的溶解度。同时若这些添加物进入胶束，将对胶束的结构、大小、电性质产生影响（通常使胶束变大，表面电荷密度减小），不利于胶束催化反应进行。

（二）吸附胶束催化

胶束催化具有效率高、不使用有机溶剂、易于控制等优点，胶束催化现象研究得较深入，并在理论上得到发展。已提出假相离子交换模型（PIE）、泊松-玻尔兹曼（P-B）模型和过渡态模型等，这些理论对许多实验结果给出了定量的处理和说明[23,35]。但是，胶束催化也有一些不足之处：①产物大多在水相，所用表面活性剂是水溶性的，产物分离困难。②胶束体积很小，欲达到有实际应用的产物产量需大量表面活性剂。因此，从 20 世纪 90 年代起，从多相催化、表面活性剂在固/液界面吸附和表面增溶的研究中得到启发，开始研究吸附于固/液界面上的表面活性剂有序聚集体（吸附胶束）的催化作用，简称吸附胶束催化。

1. 吸附胶束催化的简单研究方法

吸附胶束催化反应速率的测定通常在恒定 pH 值的介质中（常用缓冲溶液）进行。即在一定 pH 值的缓冲溶液中加入一定量表面活性剂（加入量要保证达到吸附平衡后体相溶液中表面活性剂浓度不大于其 CMC 值）和经认真处理过的固体样品，放置一定时间（孔性固体可能需几天）达吸附平衡。向上述系统中用微量注射器注入一定量反应物，开始检测反应物或产物浓度。最方便的方法是用带循环泵的装置连续检测反应物或产物浓度。

2. 吸附胶束催化的反应速率常数

在胶束催化研究中一般是在恒定表面活性剂浓度，根据反应物（或产物）浓度随时间变化求出反应速率常数。在吸附胶束催化中由于有固体存在而复杂化。反应速率不仅与表面活性剂浓度有关，而且与表面活性剂在固体上的吸附量有关。胶束催化反应实际上是在恒定的表面活性剂胶束浓度下进行的。因为在体相溶液中表面活性剂总浓度 [D] 一定时，形成胶束的表面活性剂浓度 [D_M] 就一定，[D_M] ＝ [D] － CMC。而在吸附胶束催化中吸附胶束的量（即形成吸附胶束的表面活性剂的浓度）不仅与体系浓度有关，而且与加入固体的量有关。即吸附胶束的表面活性剂浓度 $C_{AM}＝\Gamma C_s$，C_s 为反应系统中固体的浓度（g/L），Γ 为在表面活性剂某一平衡浓度时对每克固体吸附的表面活性剂量（mol/g）。显然，即使体相溶液中表面活性剂浓度一定时，加入不同固体的量，形成的吸附胶束的量也不相同，反应速率常数也不会相同。因此，表示吸附胶束催化效果，除恒定固体量，考察速率常数与表面活性剂浓度的关系，还要考察反应速率常数与吸附量的关系。为此，常用比速率常数与形成吸附胶束的表面活性剂浓度的关系表达。比速率常数是每摩尔吸附胶束形成的表面活性剂的速率常数，如一级反应的比速率常数单位为 L/[min·（摩尔吸附胶束）]。

3. 影响吸附胶束催化的一些因素

吸附胶束的研究开始得晚，报道极少。现仅以原苯甲酸三甲酯酸性水解的吸附胶束催化的结果予以介绍[36]。这一介绍显然难以对吸附胶束催化有全面的认识，但至少对酯的水解反应的吸附胶束催化的了解是有意义的。

由于酯的水解反应，通常是形成带电的过渡态（酸性水解中间过渡态带正电，碱性水解的过渡态带负电），然后酰氧键断裂，生成产物。阴离子型表面活性剂十二烷基硫酸钠（SDS）吸附胶束对原苯甲酸甲酯（TMOB）酸性水解催化作用机理是：H^+ 在带负电的 SDS 吸附胶束上富集，带负电的吸附胶束对带正电的反应过渡态起稳定作用，TMOB 水解产物为苯甲酸甲酯和甲醇。

（1）表面活性剂吸附量对吸附胶束催化反应速率常数的影响　图 16.8 是 SDS 在氧化铝上的吸附等温线，由图可知，SDS 的吸附等温线为 L 型，由吸附量和氧化铝比表面可算出，在 SDS 吸附量达 544 μmol/g 时氧化铝表面有约 40% 形成吸附双层。吸附量也达最大值。图 16.9 表示 TMOB 酸性水解反应一级反应速率常数 k_1 与 SDS 吸附量的关系。由图可见，在 SDS 吸附量低于 200μmol/g 时 k_1 很小，随吸附量增大，k_1 变化较小。当 SDS 吸附量大于 300 μmol/g 以后，k_1 随吸附量增加快速增大。对此图的解释是，SDS 吸附量小时吸附胶束少且小，不能起有效的胶束催化作用，只有当有大覆盖度的双分子层吸附胶束时才能发生明显的吸附胶束催化作用。

（2）介质 pH 的影响　介质 pH 的影响可能表现在两个方面：①由于酯水解反应，活性反离子是 H^+ 或 OH^-，介质 pH 的改变表示 H^+ 或 OH^- 浓度的变化；②若吸附胶束在金属和氧化物类固体上形成，这些固体的表面电势决定离子是 H^+ 或 OH^-，pH 对表面符号和电荷密度会有直接影响，从而影响表面活性剂的吸附量和吸附胶束的结构。对于 TMOB 酸性水解反应，pH 值减小，H^+ 增多，反应速率

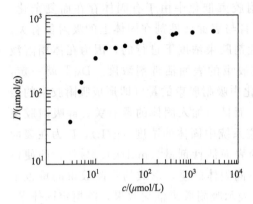

图 16.8 SDS 在氧化铝上的吸附等温
线（0.01 mol/L 乙酸钠缓冲液，pH=5.4）

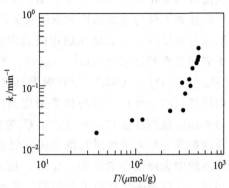

图 16.9 TMOB 在 SDS 吸附胶束系统中的酸
性水解反应表观一级反应速率常数 k_1 与
SDS 吸附量的关系

增大。在氧化铝表面，pH 值减小（pH<IEP，表面带正电荷），氧化铝表面正电
荷密度增大，有利于负电的 SDS 离子吸附胶束的形成，从而对 TMOB 酸性水解反
应有利。

图 16.10 是介质 pH 对 TMOB 在 SDS 吸附胶束存在下酸性水解反应表观一级
反应速率常数 k_1 的影响图。由图可知，在 SDS 吸附量一定时，介质 pH 值越小，
k_1 越大。这种影响在 SDS 吸附量大于 380 μmol/g 时尤为明显。

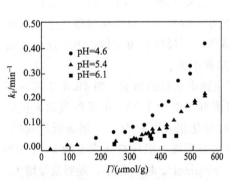

图 16.10 介质 pH 值对 TMOB 酸性水
解反应速率常数 k_1 与 SDS 吸附量
的关系图（0.01 mol/L 乙酸盐缓冲液）

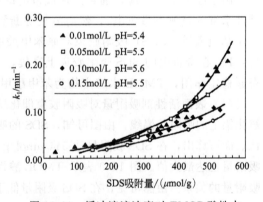

图 16.11 缓冲溶液浓度对 TMOB 酸性水
解反应速率常数 k_1 与 SDS 吸附量关系图

（3）缓冲溶液浓度的影响（无机盐的影响） 与胶束催化的规律相同，加入
无机盐通常也会增大吸附胶束的催化活性。

在此乙酸钠缓冲液调节介质 pH 值时，实际上是改变 Na$^+$ 的浓度。图 16.11
是在 pH≈5.6 时进行 TMOB 酸性水解 SDS 吸附胶束催化的 k_1 与 SDS 吸附量的关
系图，只是改变了乙酸钠的浓度。得到的曲线形态与图 16.10 相似，这一结果说

明，随缓冲液浓度增大，系统中惰性反离子 Na^+ 增加，其将竞争结合于吸附胶束上的活性反离子 H^+，从而减小反应速率。换言之，缓冲溶液浓度增大，反应速率常数降低，对反应起抑制作用。

（三）微乳中的有机反应

某些有机反应发生在有机物和无机盐之间，它们在水中的溶度相差较大，微乳（微乳液）是这两者的良好溶剂，反应物的增溶和相接触面积的增大常使反应速率提高。反应物在油/水界面的定向排列还可能引起反应区域选择性的改变。微乳介质与水溶液介质极性不同，常对具有一定电荷分布的反应过渡态的稳定性有所改变。

◀ 1. 微乳在一些有机反应中的作用

（1）改善反应物间的不相溶性　在某些有机反应中，常遇到非极性有机物和极性无机盐的有效接触问题。解决这一问题的通常方法如下所示。①使用可以溶解有机物和无机盐的溶剂或混合溶剂，如一些对质子惰性的溶剂。但这类溶剂大多毒性较大或在低真空蒸发难以除去，故不适合大规模应用。②在两种不相混溶的溶剂中进行反应，通过加强搅拌使相接触面积增大，相转移催化剂，尤其是季铵盐，对许多两相反应的相接触很有帮助，冠醚在克服相接触问题上也很有效，但它们的使用都受到其昂贵价格的限制。

微乳对疏水有机物和极性无机盐都有良好的溶解能力，而且微乳是高度分散的分散体系，分散相体积分数可达 $20\% \sim 80\%$，相接触面积可达 $10^9 \, cm^2/L$[31]，这为大量溶解反应物并使反应物充分接触提供了有利条件。

芥子气（$ClCH_2CH_2SCH_2CH_2Cl$）是众所周知的危险品，它在水中溶度很小（$0.0043mol/L$，$25℃$），水面上，暴露于阳光和空气中可维持数月不变。半芥子气（$CH_3CH_2SCH_2CH_2Cl$）与芥子气相似，但毒性较小。Menger 等人以微乳为介质，进行了半芥子气的氧化反应，这是微乳克服反应物不相溶性的典型例证[37]。

$$CH_3CH_2SCH_2CH_2Cl \xrightarrow{ClO^-} CH_3CH_2\overset{\overset{O}{\|}}{S}CH_2CH_2Cl \tag{16.17}$$

实验结果表明，以 HClO 为氧化剂，无论是在阳离子、阴离子还是非离子型表面活性剂形成的 O/W 型微乳中，将半芥子气氧化为亚砜的时间都不超过 15s，而同样反应在相转移催化剂帮助下的两相体系中完成需 20min[38]。

另一个用微乳克服反应物间不相溶性的实例是金属卟啉的合成反应。

$$Cu^{2+} + TPPH_2 \longrightarrow CuTPP + 2H^+$$

$$TPPH_2 = 卟啉 \tag{16.18}$$

由于卟啉只溶于有机相中，金属盐只溶于水相中，故反应只能在界面上发生。在以水、苯、环己醇和表面活性剂形成的 O/W 型微乳中，在含阴离子型表面活性剂的体系中反应速率最大[39]。这是因为表面活性剂的阴离子头基和 Cu^{2+} 的静电吸引，使金属离子更易于进入界面层。而在水、甲苯、2-丙醇和表面活性剂形成的 W/O 型微乳中，在含阳离子型表面活性剂的体系中反应速率最大[40]。原因是界面层的存在阻碍了反应物间的接触，为与 TPPH$_2$ 接触，Cu^{2+} 必须穿过反离子层进入油相。在含阳离子型表面活性剂的微乳中，Cu^{2+} 先被静电吸引进入反离子层，如果反离子是适宜的阴离子 X$^-$，Cu^{2+} 可与之形成络合物：

$$Cu^{2+} + 4X^- \rightleftharpoons CuX_4^{2-}$$

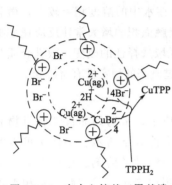

图 16.12 在十六烷基三甲基溴化铵（CTAB）存在下，Cu^{2+} 与 TPPH$_2$ 结合过程模型

由于 CuX$_4^{2-}$ 带有负电荷，所以它被阳离子型表面活性剂静电吸引进入油相（见图 16.12）。含有阴离子型表面活性剂及不能与 Cu^{2+} 形成负电络合物的阳离子型表面活性剂的 W/O 型微乳对反应速率都没有太大影响，说明了上述机理的合理性。

Schomacker 描述了包括亲核取代、甲基化、Knoevenagel 缩合、酯水解、氧化和还原等一系列以微乳为介质的反应[40,41]。在这些反应中都存在反应物间不相溶问题。利用水、油和一种非离子型表面活性剂形成的微乳为介质，许多反应都可以在 2h 内完成，且反应步骤简单、过程温和、产物分离简便。

（2）改变反应速率　微乳和胶束对化学反应的催化或抑制作用是通过将反应物和产物的浓集和分隔而实现的。但是除表面活性剂本身是反应物的反应以外，胶束体系的反应物通常浓度很低，这就限制了利用胶束催化大量制备产物的价值。而微乳中油相、水相和界面相的极性不同，介电常数梯度为 2~78，溶质可在不止一相中分配，故可以获得很高的增溶能力[42]，且表面活性剂的类型和浓度可在较大范围内选择，从而使其具有比胶束体系更大的催化潜力。

例如：Fe(Phen)$_3^{2+}$，Fe(5-NO$_2$Phen)$_3^{2+}$ 的水解、碱性氧化和氰解反应[43]

$$\text{Fe(x-Phen)} \xrightarrow{\;\;H^+\;\;} \text{Fe}^{2+}(aq)+3x\text{-PhenH}^+ \tag{16.19}$$

$$\xrightarrow{\;\;OH^-,O_2\;\;} \text{Fe}_2O_3(aq)+3x\text{-Phen} \tag{16.20}$$

$$\xrightarrow{\;\;CN^-\;\;} \text{Fe(x-Phen)}_2(CN)_2+x\text{-Phen} \tag{16.21}$$

x=H 或 5-NO$_2$　　　　　Phen=1,10-二氮杂菲（　　　）

反应（16.19）～（16.21）在水中和微乳中的反应速率列于表 16.5 中。

表 16.5　在水中和两种微乳中反应（16.19）～（16.21）的反应速率常数（$T=298K$）

反应	(16.19) k/s^{-1}			(16.20) $k_2/$ [L/(mol·s)]			(16.21) $k_2/$ [L/(mol·s)]		
	水中	微乳 A	微乳 B	水中	微乳 A	微乳 B	水中	微乳 A	微乳 B
Fe (Phen)$_3^{2+}$	7.33×10^{-5}	2.17×10^{-4}	2.3×10^{-4}	0.018	44.9[a]	87.7[b]	0.024	>300	>200
Fe (5-NO$_2$Phen)$_3^{2+}$	4.87×10^{-4}	2.41×10^{-3}	5.2×10^{-3}	0.093	>200[a]	>200[b]	0.51[c]	>300	>200

注：1. a 表示 $[OH^-]=2\times10^{-3}$ mol/L；b 表示 $[OH^-]=3\times10^{-3}$ mol/L；c 表示 $T=305K$。
2. 微乳 A 组成：60%（摩尔分数）2-丁氧基乙醇、20%（摩尔分数）辛烷、20%（摩尔分数）水。
3. 微乳 B 组成：45%（摩尔分数）2-丙二醇、40%（摩尔分数）己烷、15%（摩尔分数）水。

由表 16.5 数据可知，在氰解反应中，微乳提高反应速率的作用效果最显著，由于反应太快，在初始反应物混合 1s 左右反应即已完成，故无法准确测定其速率常数。微乳中与 OH^- 的反应稍慢，可以得到比较准确的结果，用 W/O 型微乳代替水溶液作为反应介质，反应速率可增加 1000 倍以上。微乳对水解反应的作用效果虽不及氰解和碱性氧化反应显著，但也明显提高了反应速率。

（3）改变反应的区域选择性　在某些有机反应中，反应物和试剂按两个或多个方向进行，从而可得到两个或多个异构的产物。如果这些产物的生成量不同，呈现一定的选择性时，则称该反应具有区域选择性。微乳体系中，油/水界面的存在，使得有一定极性的反应物定向排列，从而可以影响有机反应的区域选择性。

苯酚的选择性硝化反应就是微乳介质影响有机反应区域选择性的典型实例[44]。

在水溶液中，硝化苯酚通常得到邻位和对位硝基苯酚的比例为 1:2，而在 AOT（琥珀酸二异辛酯磺酸钠）形成的 O/W 型微乳中进行时，可以获得 80% 的邻位产物。微乳中硝化主要发生在邻位的可能原因是酚在油/水界面的聚集和定向作用使水相中的 NO_2^+ 进攻其羟基邻位比对位更容易（见图 16.13）。

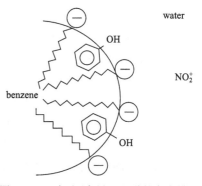

图 16.13　在油/水界面上酚的定向排列

（4）对过渡态稳定性的影响　有机反应的过渡态理论认为，反应物相互作用的过程中，可形成一势能高于反应物及生成物的极不稳定的中间阶段结构，即过渡态。反应物与过渡态势能差为活化能。活化能越小，过渡态越稳定，有利于此反应的进行，即反应速率快。微乳液滴可以溶解底物并提供极性不同于主体溶剂的环境。有机反应的过渡态常具有一定的电荷分布，微乳中表面活性剂头基带有电荷常导致反应过渡态表现出与在水溶液中反应时不同的稳定性。例如苯甲酸乙酯的水解反应[45]。

$$\text{(苯环)}-COC_2H_5 \ (O) \quad + \quad OH^- \quad \longrightarrow \quad \text{(苯环)}-C-O^- \ (O) \quad + \quad C_2H_5OH \tag{16.22}$$

因为反应（16.22）的过渡态是负电荷分散的，所以低介电常数的环境将使过渡态稳定。实验所得的活化参数显示，在微乳中进行的反应比在丙酮-水体系中进行时活化熵减小约 90 J/(mol·K)。因此，与反应物相比过渡态的运动自由度大大减小。实验测得反应（16.22）在 CTAB 组成的微乳中（介电常数为 20）和在丙酮-水混合物中（介电常数为 44）的活化能分别为 47.7 kJ/mol 和 67.3 kJ/mol，这说明了介质的低介电常数对该反应过渡态的稳定作用。

微乳对有机反应的多种作用并非彼此孤立，不同作用之间都有或多或少的联系，而且对任一反应，上述各种作用并不一定都能显示出来。

2. 影响微乳作用的几个因素

（1）表面活性剂性质的影响　表面活性剂是形成微乳的主要组分之一，其性质对微乳的影响很大。首先，对于不同电荷类型的离子型表面活性剂形成的微乳，因其界面性质不同，对带电荷的反应物的静电作用（吸引或排斥）就不同，从而产生不同的效果。例如，在不同电荷类型的表面活性剂形成的 W/O 型微乳中，反应（16.23）具有不同的反应速率[46]。

$$CV^+ + OH^- \Longrightarrow CV + H_2O \tag{16.23}$$
$$CV^+ = (ME_2NC_6H_4)_3C^+$$

反应（16.23）中，两种反应物虽都溶于水中，但它们具有相反电荷，根据通常看法，表面活性剂离子电荷类型对此反应速率不应有大的影响，但事实上，与水中进行的反应相比，AOT 形成的微乳可略降低反应速率，BHDC [$C_6H_5CH_2N^+(CH_3)CH_2C_{16}H_{33}Cl$] 形成的微乳可轻微提高反应速率。这是因为 CV^+ 带正电荷，可以与 AOT 的 SO_3^- 头基形成强离子对，这一强烈去活化作用大于 OH^- 与 SO_3^- 头基互相排斥产生的活化作用。而 BHDC 微乳中，CV^+ 与 RN^{4+} 相互排斥的活化作用大于 OH^- 与 RN^{4+} 相互吸引的去活化作用。

其次，相同电荷类型的不同表面活性剂对同一反应的反应速率也有影响。仍以 CV^+ 与 OH^- 反应为例，在十二烷基磺酸钠（SDS）/水/己醇形成的微乳中，该反应速率大于 AOT/水/癸烷形成的微乳中的[47]。这是由于前一体系中水滴更小。文献报道，$W = [H_2O]/[表面活性剂] = 30(\text{mol/mol})$ 时，AOT 体系中水滴半径为 5.6nm，而 SDS 体系中，水滴半径为 1.8nm，无疑，水滴的减小使反应物局部浓度变大，故有利于反应进行。

（2）助表面活性剂的影响　在形成微乳时，有时还需加入适量助表面活性剂。助表面活性剂通过其在有机相和水相中的分配改变它们的溶剂性质。常用的助表面活性剂是含 3~8 个碳原子的醇，醇的加入可以减少表面活性剂分子聚集数和液滴大小，防止形成规则的结构，如凝胶、液晶和沉淀等，并可降低体系黏度[48]。在高 pH 值时，醇还可作为较好的亲核试剂。

例如，对硝基苯基二苯基磷酸（PNPDPP）的碱性水解反应：[49]

$$\text{(16.24)}$$

反应在 pH 值较高的微乳中进行时，作为亲核试剂，普通脂肪醇的烷氧基离子比 OH^- 的亲核反应速率小，但当使用苄醇时，因其酸性较强，可以给出更多的苄氧基离子，所以在含苄醇的微乳中，PNPDPP 的水解速率大于相同酸度下水介质中的反应速率。

同样对于 PNPDPP 的碱性水解反应，用 IBA（）作催化剂时，不同助表面活性剂对水解反应速率提高作用的大小依次为[50]：

$$n-C_4H_9OH < DBF < \text{Adogen } 464 \approx MP$$

◆ 三、表面活性剂在化学分离技术中的应用

（一）液膜分离

1. 多重乳状液

在乳状液分散相液滴中若有另一种分散相液体分布其中，这样形成的体系称为多重乳状液（multiple emulsions）[51~53]。多重乳状液可分为 W/O/W 和 O/W/O 两大类型。图 16.14 是 W/O/W 型多重乳状液的示意图。由图可知，这种多重乳状液大液滴外的连续相和大液滴内分散的小液滴为水相，大液滴内的连续介质为油相。对于 W/O/W 型或 O/W/O 型多重乳状液若其两水相或两油相性质不同时则可写作 $W_1/O/W_2$ 型和 $O_1/W/O_2$ 型。

制备多重乳状液的基本原则是选用两种乳化剂，一种是 HLB 值低、亲油性强的，另一种是 HLB 值高、亲水性强的。用其中之一先制成稳定的某种类型的初级乳状液（primary emulsion），再用另一种乳化剂使初级乳状液分散于连续介质中。

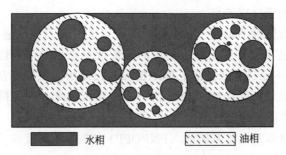

水相   油相

图 16.14   W/O/W 型多重乳状液示意图

现以 W/O/W 型多重乳状液制备予以具体说明。先用低 HLB 值的乳化剂（如
Span 80、Span 60 等）制备稳定的 W/O 型乳状液，这种初级乳状液的油、水相体
积分数一般为 0.4～0.6。再用高 HLB 值的乳化剂（如 Tween 20、Pluronic L61
等）在水中乳化上述初级乳状液即可得到 W/O/W 型多重乳状液。应当注意的是：
①适当在外相中加入增稠剂（如羧甲基纤维素等聚合物）和某些可能产生凝胶化
作用的物质（如藻酸盐等）有利于多重乳状液的稳定；②使用高剪切力混合机械
有利于制备高分散的稳定初级乳状液，但在使初级乳状液进一步乳化为多重乳状
液时宜用低剪切力搅拌方式，以避免过度搅动引起的多重乳状液液滴的聚结。

根据多重乳状液分散相内部微滴的多少可将其分为三种类型，如图 16.15 所
示。以 W/O/W 型多重乳状液为例，A 型是在多重乳状液的油滴中含有一个水滴，
而且，水滴体积很大，占据了油滴的大部分体积；B 型是油滴中含有少量小水滴；
C 型是在油滴中充满了小水滴，这些小水滴几乎达到紧密堆积的程度。实验证明，
用不同的乳化剂可得到不同类型的多重乳状液。如制备 W/O/W 型多重乳状液：
以 2%的 Brij 30 [聚氧乙烯（4）月桂醇醚] 为乳化剂可得到 A 型；以 Triton X-
165 [辛基酚聚氧乙烯（16.5）醚] 为乳化剂可得到 B 型；用 3∶1 的 Span 80 和
Tween 80 的混合乳化剂可得 C 型。

A 型   B 型   C 型

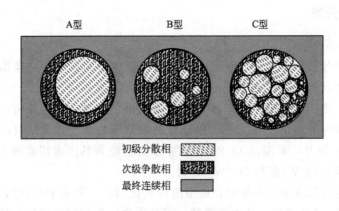

初级分散相

次级争散相

最终连续相

图 16.15   多重乳状液的三种类型

2. 液膜分离技术

液膜分离（liquid membrane separation）[54~56]技术是结合萃取和渗透法优点的分离方法，是 20 世纪 60 年代由美国黎念之提出的。液膜比固体膜（如聚合物薄膜）更薄，分离组分在液膜中的扩散速率快，分离效果更好。

有实用价值或应用前景的液膜有两种：多重乳状液型和固体支撑型。

（1）多重乳状液型液膜　如前所述，多重乳状液有 W/O/W 和 O/W/O 两种类型，在多重乳状液中介于被封闭内相液滴和连续的外相之间的为液膜相，如 W/O/W 型多重乳状液的油相和 O/W/O 型多重乳状液的水相即是，前者称为油膜，后者称为水膜。

①液膜的结构与组成　两种类型的多重乳状液液膜结构如图 16.16 所示意。用于液膜分离的多重乳状液中初级乳状液液滴直径约 1μm，其中的分散相微滴平均直径约为 100μm，液膜的厚度在 1~10μm 不等，比大多其他类型人工膜薄 9/10。

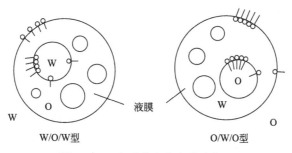

图 16.16　多重乳浊液液膜示意图

在制备稳定的初级乳状液和多重乳液时都要加入表面活性剂。因此其基本组成是油、水和表面活性剂。为了提高被分离物质通过液膜的迁移速率和加强分离效果，经常在内相和外相加入能与被分离物质发生反应的试剂，在膜相加入有选择性地帮助分离迁移的物质（称为流动载体）。液膜中主要成分及作用如下。

a. 表面活性剂　主要作用是使多重乳状液稳定，也就是使液膜稳定，它们吸附于油/水界面，表面活性剂的类型有时对被分离物的渗透产生影响。油膜常选用 W/O 型乳化剂（HLB＝4~6），水膜选用 O/W 型乳化剂（HLB＝8~18）。在液膜中表面活性剂含量为 1%~3%。

b. 溶剂　液膜的主要成分，占液膜总量 90% 以上。油膜选择有机溶剂的原则是：（a）在水相中溶解度低；（b）能优先溶解被分离物质。常用的有机溶剂有煤油、柴油、中性油、磺化煤油等。有时为提高液膜黏度加入增稠剂（如液体石蜡、聚丁二烯等）。

c. 流动载体　占液膜总量的 1%~2%。对于难于直接分离的无机或有机离子，在液膜中加入有特殊选择性的流动载体。对流动载体的要求是：（a）能与被分离物形成溶于膜相的络合物；（b）形成的络合物稳定性适中，便于透过膜相后分解。

常用的萃取剂（如羧酸、三辛胺、环烷酸、肟类化合物等）可作为流动载体。选择性强的流动载体如图 16.17 所示的物质。大环状聚醚二苯并-18-冠-6 能有选择地络合碱金属，且传质速率与离子大小有关。大环状抗菌素莫能菌素能使钠离子以比钾离子快 4 倍的速率逆着其浓梯方向浓集。

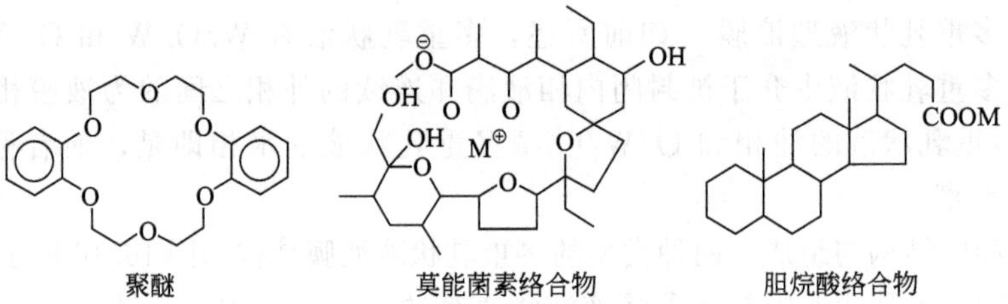

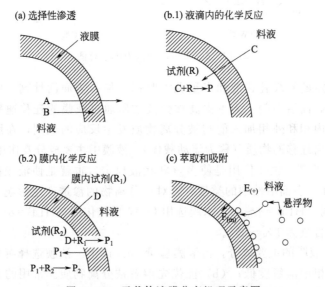

聚醚　　　　　　　莫能菌素络合物　　　　　　胆烷酸络合物

图 16.17　液膜分离的三种流动载体

② 液膜分离机理

a. 无载体液膜分离机理（参见图 16.18）

（a）选择性渗透 [图 16.18（a）]。欲将料液中之 A 与 B 成分分离。B 不溶于液膜，A 可溶于液膜相，A 将渗透过液膜进入膜外连续相，最终使 A 在膜两侧液相中浓度相等，而 B 仍留在原液相中。

(a) 选择性渗透

液膜

A

B

料液

(b.1) 液滴内的化学反应

料液

C

试剂(R)

C+R──→P

(b.2) 膜内化学反应

膜内试剂(R₁)

D

料液

试剂(R₂)

D+R₁──→P₁

P₁

P₁+R₂──→P₂

(c) 萃取和吸附

E(+)　料液

悬浮物

E(m)

图 16.18　无载体液膜分离机理示意图

（b）在多重乳状液初级乳状液分散相液滴内发生化学反应 [图 16.18（b.1）]。欲分离成分为料液中的 C。在制备初级乳状液时分散相液滴内加入可与 C 反应的试剂 R，C 与 R 反应产物 P 又不能透过液膜。这样，透过液膜的 C 将在内液相浓集。

　　(c) 在液膜内发生化学反应［图 16.18 (b.2)］。欲分离成分为料液中的 D。制备初级乳状液时分散相内加入反应试剂 R_2，连续相中加入反应试剂 R_1。被分离物 D 溶于液膜相，与 R_1 反应生成产物 P_1，P_1 进入微滴内与 R_2 反应得产物 P_2。产物 P_1 不能回渗入料液相，产物 P_2 不能溶于液膜相，从而使料液中的 D 分离。

　　(d) 在液膜与连续相界面上的选择吸附。由于多重乳状液中连续相与液膜间有大的相界面，可以吸附料液中的悬浮粒子及浮油等，料液中的有机物被溶于液膜相中使其分离［图 16.18 (c)］。

　　b. 有流动载体之液膜分离机理举例　对有些被分离体系，在液膜中加入流动载体可大大提高其分离效率和选择性。流动载体的主要作用是：加速被分离物在液膜相中的迁移；流动载体只与某种被分离物在液膜与料液界面上络合，可提高选择性；流动载体及流动载体与被分离物形成的络合物迁移时有方向性，因而可使被分离物从液膜一侧转移到另一侧。

　　现以含莫能菌素（流动载体）液膜分离钠离子

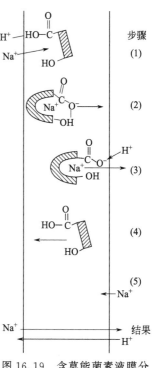

图 16.19　含莫能菌素液膜分
离 Na^+ 的工作原理

的过程说明其工作原理。液膜一侧为 0.1mol/L NaOH，另一侧为 0.1mol/L NaCl 和 0.1mol/L HCl，液膜相溶剂为辛醇。液膜分离 Na^+ 机理示于图 16.19 中。图中步骤 (1) 为位于液膜碱性液一侧界面的流动载体与钠离子迅速反应形成络合物。然后，该络合物在液膜内向酸性一侧迁移［步骤 (2)］。在液膜与酸性液界面钠离子被氢离子取代［步骤 (3)］，流动载体恢复原状，并向碱性液一侧迁移［步骤 (4)］。然后再重复上面的步骤。整个过程的净结果是钠离子从膜左侧移至膜右侧，氢离子做相反方向的迁移。

　　莫能菌素对 Na^+ 有特殊的选择性，而胆烷酸无选择性，这是选择前者为 Na^+ 分离流动载体的原因。表 16.6 给出上述两种流动载体对 Na^+、K^+、Cs^+ 选择性比较。

表 16.6　流动载体对 Na^+、K^+、Cs^+ 的相对选择性

项目	$Na^+:Li^+$	$Na^+:K^+$	$Na^+:Cs^+$
莫能菌素	8：1	3：1	4：1
胆烷酸	1：1	1：1	1：1

③ 液膜分离应用举例

a. 废水处理　液膜法处理废水多用上述无流动载体过程，可处理含酚、有机酸、柠檬酸等的废水。以处理含酚废水为例，一种液膜的组成是 Span 80、石油中间馏分（脱蜡 S-100N）、NaOH。图 16.20 是液膜法除酚示意图。

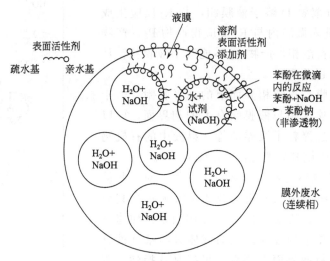

图 16.20　液膜除酚原理示意图

苯酚部分溶于液膜油相，从膜外水相透过油膜进入膜内碱性水溶液液滴，与碱（NaOH）发生中和反应，生成不溶于油的酚钠，酚钠不能再扩散到膜外水相中。处理有机酸和碱采用相似的原理，溶于液膜再与膜内微滴中的强碱或强酸中和，生成的离子型盐不再溶于油相。

除去废水中离子（如 Cu^{2+}、Hg^{2+}、Ag^+、S^{2-}、NO_3^- 等）等则要在油相中加入流动载体，以使不溶于油相的离子能进入油相迁移。这些流动载体大多为离子萃取剂，如液膜除 Cu^{2+} 可用肟类萃取剂，液膜除磷酸根可用油溶性胺或季铵盐作萃取剂。

在实际应用液膜进行废水处理时，液膜组成、外界条件对处理效果都有直接影响。仍以前述液膜除酚为例，搅拌强度、表面活性剂浓度、乳状液组成等对处理效果有影响。实验结果表明，适当提高搅拌速率除酚速率增加，但搅拌速度达一定值后，酚的去除率不再改变。图 16.21 是表面活性剂浓度对除酚效果的影响。

由图 16.21 可知，处理开始的短时间内无论何浓度的表面活性剂的液膜酚浓度急剧减小，达一定时间后又都有回升，但以 2% 的 Span 80 液膜效果最好。随时间延长酚浓度回升可能是由于液膜破裂所致。除表面活性剂浓度外，表面活性剂溶液与试剂溶液之比（R）、液膜内包封试剂溶液中 NaOH 浓度等都对除酚率有明显影响：R 增加，液膜变厚，改善液膜稳定性，除酚率增加；NaOH 浓度减小，液膜稳定性提高，除酚率提高。

b. 用于生物化学和生物医学分离　实例之一是用液膜除去胃肠道中过量

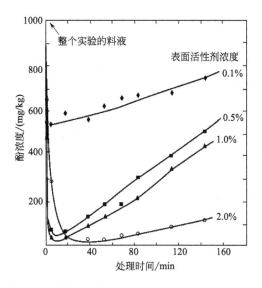

图 16.21　表面活性剂浓度对除酚率的影响

的药物，可以用于急救。如苯巴比妥（鲁米那）是一种镇静剂，用于治疗失眠、高血压、惊厥等，此药物为酸性药物，易溶于碱，不电离时有较大油溶性。过量服用此药有生命危险。用包封 NaOH 溶液的液膜捕集苯巴比妥，在最好的情况下，5min 后液膜可除去 95% 的药物。用液膜除阿司匹林的速率更快，9min 可完全除去。实例之二是用液膜包封酶，以提高这些酶的活性。如用液膜包封的尿素酶可在胃肠道中定期释放，除 NH₃ 的速率加快，对治疗尿毒症有良好的实用前景。

（2）支撑液膜　将溶解有流动载体的溶液浸入多孔支撑固体小孔形成的液膜。将支撑液膜（supported liquid membrane）置于料液与反萃取液间，用与乳状液液膜分离类似的原理将料液中被分离物转移至反萃取液相。

常用的多孔支撑固体有聚砜、聚四氟乙烯、聚丙烯、聚乙烯等疏水性物质，不用极性固体是因为构成液膜主要成分的溶剂多为有机液体。多孔固体孔径常在 $0.02 \sim 1\ \mu m$，膜厚 $10 \sim 150\ \mu m$。

液膜由溶剂和流动载体（萃取剂）组成，支撑液膜都用流动载体以提高选择性。溶剂应不溶解于膜两侧的液体。因用支撑液膜分离的多为水溶性物质，故都用油膜。常用的油膜溶剂有煤油、芳烃等，这与乳状液型油膜的溶剂大致相同。

支撑液膜与乳状液液膜比较，优点在于不需表面活性剂、溶剂用量少、对环境污染小。缺点在于液膜厚、传质速率较慢、液膜稳定性差。

影响支撑液膜稳定性的因素十分复杂，涉及固/液、液/液界面性质和因流动载体的存在液膜体相性质的变化，以及实际运转中的流动载体及溶剂的流失等问题。用支撑液膜分离水溶性组分时，应选用在水中溶解度小，与水界面张力大的液膜，但是因流动载体多为两亲性物质，它将能提高油－水相互溶度，使界面张力下降。同时流动载体也可能会对水有一定的增溶能力，使得油膜中含水，破坏了油膜的连续性。此外，在选择支撑固体材料时要保证液膜溶剂能润湿固体孔壁，这就要求液膜的表面张力应低于聚合物固体的临界表面张力。换言之，选用临界表面张力大的支撑固体可以使油膜溶剂的选择范围更大。

（二）泡沫分离 [1, 56, 57]

泡沫分离也称泡沫吸附分离，是一种利用溶液中的固体粒子或某种溶质（离子或分子）优先吸附或附着于泡沫的气液界面而被从液相中带出、浓集和分离的方法。

泡沫分离的重要应用是矿物浮选和金属阳离子、阴离子、蛋白质、染料等的分离与浓集等。

1. 泡沫分离的基本原理

在体相溶液中若含有表面活性物质，通过空气鼓泡，形成大量气泡，同时形成大量的气液界面，表面活性物质分子的两亲性结构使其将正吸附于气液界面上，并随气泡上浮至体相溶液表面，形成富含表面活性物质的泡沫层，经简单分离后，可得到富集的表面活性物质。若欲被分离的就是表面活性物，则由此操作即已完成分离目的。若欲分离的是金属阳离子或其他可溶性物质，可借助于这些物质与表面活性物质（各种表面活性剂）的相互作用，同时吸附于气泡表面，进而上浮成泡沫层，达到分离目的。

2. 离子浮选

如上所述，离子（金属阳离子、阴离子等）浮选的根据是某种离子能与表面活性剂间有强烈的相互作用，随表面活性剂一同吸附于气液界面上。这种表面活性剂与离子间的相互作用大致分为 3 种。

① 电性缔合作用　离子型表面活性剂在气液界面形成的带电吸附层，可以靠静电作用与反号待分离离子作用。这些待分离离子和离子型表面活性剂在气液界面形成扩散双电层结构。

图 16.22 是电性缔合（静电）相互作用使金属阳离子附着于气泡表面的示意图。影响金属阳离子在吸附有表面活性剂阴离子的气泡表面上吸附量的因素有阳离子在体相溶液中的浓度、阳离子价数、离子电位等。当体相溶液中还有其他阳离子时将发生竞争吸附，干扰待分离阳离子的吸附。例如，以烷基苯磺酸钠阴离子型表面活性剂分离 Sr^{2+} 时，当溶液中 Na^+ 含量过大（如 $[Na^+]/[Sr^{2+}] > 10^3$ 时），Sr^{2+} 的分离无法有效进行。因此，依靠静电力的吸附作用进行离子泡沫分离的选择性易受同号电荷的其他金属离子的干扰。依靠离子与表面活性剂间形成氢键等作用而进行的泡沫离子浮选选择性也较差。

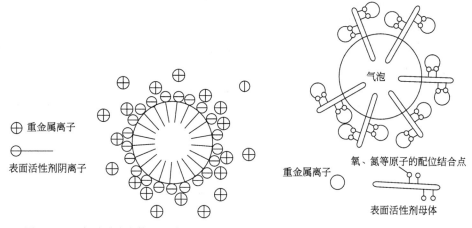

　　图 16.22　离子浮选之静电吸附机理示意图　　图 16.23　离子浮选之络合或螯合机理示意图

　　② 络合或螯合作用　当表面活性剂的极性基含有可与金属阳离子（或其他离子）形成络合物（或螯合物）的氧、氮等原子时，表面活性剂的疏水基仍插入气相，极性基及所结合的金属离子（或其他离子）留在水相中（这些络合物为可溶性的），从而附着于气泡上，上浮成浮沫层，达到分离目的，如图 16.23 所示。

　　③ 络（螯）合作用形成的疏水性沉淀物　烷基黄药、烷基和芳基氨荒酸盐、烷基硫醇、双苯硫脲、丁二肟、试铜灵、α-呋喃基二肟、苯基-α-吡啶基酮肟、α-亚硝基-β-萘酚、β-亚硝基-α-萘酚、8-羟基喹啉、苯酰丙酮等与大多数有色金属、稀有金属、贵金属离子生成沉淀，这种沉淀物有疏水性，直接向泡沫富集（如图 16.24）。这就是所谓第络合沉淀浮选。这种机理还涉及沉淀物的润湿性质。

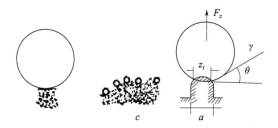

　　图 16.24　离子浮选之络合（螯合）沉淀黏附机理示意图

　　例如，用镍试剂浮选 Ni^{2+} 有下面的反应：

这种靠络合螯合或疏水性沉淀的分选过程具有较好的选择性。

3. 矿物的泡沫浮选[58]

许多重要矿物中有用金属的含量很低，在冶炼前需要提高其品位。泡沫浮选是常用的方法。泡沫浮选分离的一些应用列于表 16.7 中。

表 16.7　浮选分离的一些应用

浮选产物	浮选原料	应用工业部门
沥青	油砂	石油工业
氟化钙	萤石矿或其他矿粉（渣）	涂料工业；HF 的前体
精煤	页岩渣和金属硫化物矿石除去 SO_2 后的废渣	电力
铜	酸处理矿粉排出物	金属工业
颜料粒子	造纸污水	再生纸生产
陶土精粉	粗陶土	造纸添加物
非铁系金属（Cu、Pb、Zn、Ni、Co、Mo、Hg、Sb）的硫化物	矿粉	金属工业
氯化钾	钾碱	肥料工业
银	照相材料	再生、回收
硫	硫化物矿的废液	硫酸工业

矿物的泡沫浮选过程大致如下：先将原矿石磨成粉（0.01～0.1mm 大小），倒入盛水的大桶中，大多矿粉易被水润湿，沉于水桶底部，加入某种称为促集剂的表面活性剂［如黄原酸盐、ROCSSNa（K）等］，硫化物类矿物（如 Mo、Cu 等的硫化物）易吸附促集剂，使矿粉表面疏水性增大（即水在其上的接触角 θ 增大）。向水中鼓入空气，形成大量气泡，矿粉附着于气泡上上浮成泡沫层，刮出泡浮层，回收有用矿粉。不易吸附促集剂的矿粉（渣）仍留在桶底。选用不同促集剂和其他助剂可使不同的矿物分别浮起分别回收。

促集剂的作用是改变矿粉表面的亲水亲油性质，利用其在气泡上附着。促集剂用量要适中，以能达到饱和吸附为宜。用量过大，可能形成促集剂的第二层吸附，反而使已具疏水性表面变为亲水性的。促集剂也称捕集剂。

由上面的简述可知，矿物泡浮得以进行的基本条件是：

① 无用矿粉粒子完全被水润湿（水在其上的接触角为 0°），这种矿粉可能在水相中保持悬浮状态或聚集沉降至底部。

② 只要水在有用矿粉上的接触角 θ 约大于 20°，矿粉粒子就有可能附着于气泡上（图 16.25）。

③ 矿粉粒子在气泡上附着要有一定的稳定性，即矿粒不会受外界因素影响而轻易脱落。

若设矿粒为立方体，粒子在水面上漂浮，在各种作用力达到平衡时应有以下关系（图 16.26）[56]

$$4a\gamma_{lg}\sin\theta + a^3\rho_1 g + a^2 h\rho_s g - a^3\rho_s g = 0 \tag{16.25}$$

式中，a 为粒子边长，$4a$ 即固液接触线总长度；h 为粒子表面没入液面下的深度；γ_{lg} 为气液界面张力；θ 为接触角；ρ_1 和 ρ_s 分别为液体和固体粒子密度。

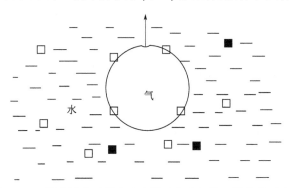

图 16.25　泡沫浮选过程中疏水性矿粒在气泡上附着的示意图
粒子大小约 20 μm，气泡大小约 0.1 cm，■为亲水性矿粒，□为疏水性矿粒

式（16.25）中，前三项是使粒子漂浮的上浮力，最后一项是粒子重量，是粒子脱离气液界面的沉降力。显然，只有在上浮力与沉降力相等时方能达到平衡。

Fumkin 和 Kobanov 导出了矿粒-气泡黏着时的平衡方程（图 16.27）[17]，当小矿粒附着气泡上时可写为如下形式：

$$\pi a\gamma_{lg}\sin\theta = q + \frac{\pi a^2}{4}\left(\frac{2\,\gamma_{lg}}{b} - H\rho_1 g\right) \tag{16.26}$$

式中，q 为矿粒在液体中的重量，$q = V_s(\rho_s - \rho_1)g$；$V_s$ 为矿粒体积；ρ_s 为矿粒密度。

若已知矿粒密度、体积及相应接触角，也可用式（16.26）计算在静态下矿粒与气泡附着时的最大尺寸（即 a）。

在实际浮选过程中，矿粒在气泡上的稳定和脱落受到多种力作用的影响。Schulze 认为这些力有重力、矿粒浸入液体部分受到的浮力、三相接触面低于水平面而受到的静压力、气液界面张力在与重力相反方向的垂直分量、由 Laplace 公式决定的气泡内气体对固气界面施加的毛细压力、惯性脱落力（矿粒质量乘以粒子在湍流场中所获的加速度）[18]。根据这些力的平衡关系式，可得到能在气泡表面稳定的球形矿粒的最大尺寸 R_{max}：

$$R_{max} = \left[\frac{3\,\gamma_{lg}\sin(180° - 0.5\theta)\sin(180° + 0.5\theta)}{2(\rho_s - \rho_g)g + \rho_s b_m}\right]^{1/2} \tag{16.27}$$

式中，b_m 是湍流场加速度。由上式可知，随 b_m 增大在气液界面能稳定存在的矿粒尺寸减小；在相同 b_m 时，随 θ 减小，R_{max} 也减小。图 16.28 是不同接触角条件下，由式（16.27）计算出的 R_{max} 与 b_m 的关系。

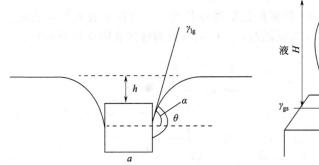

图 16.26　水面漂浮立方体矿粒稳定性示意图 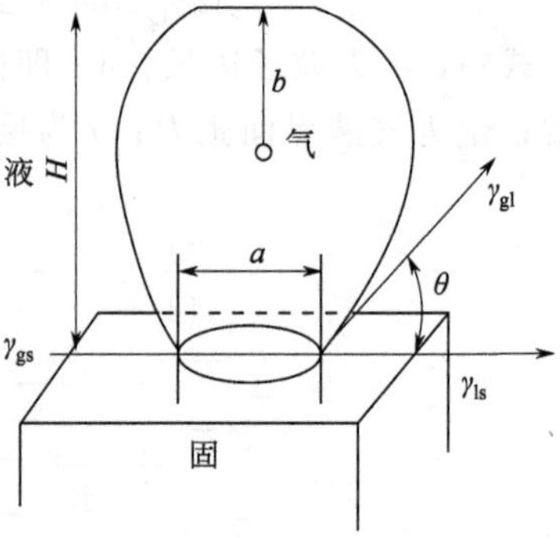　　　图 16.27　矿粒在气泡表面附着示意图

　　矿粒在气泡表面的稳定作用，除与接触角及影响接触角的各因素有关外，还与气泡和矿粒表面的电性作用等因素有关。此外，泡沫浮选的效果还受矿粒粒度大小的影响，一般可浮选粒度下限至 $5\mu m$，上限达 $0.1mm$，最佳粒度为 $7\sim74\mu m$。泡沫浮选的过程主要包括：使粉碎的矿粒处于湍流和悬浮状态；悬浮矿粒与浮选药剂作用而使其表面疏水化，增大水在其上的接触角；有一定疏水性的矿粒与弥散状态的气泡接触，并附着于气泡上，形成矿化气泡；矿化气泡上浮，形成精选泡沫层；排出精选泡沫层，回收精选矿。图 16.29 是机械搅拌式泡沫浮选过程示意图[59]。

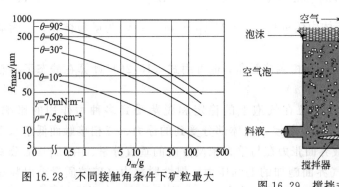

图 16.28　不同接触角条件下矿粒最大漂浮粒度与湍流场加速度的关系

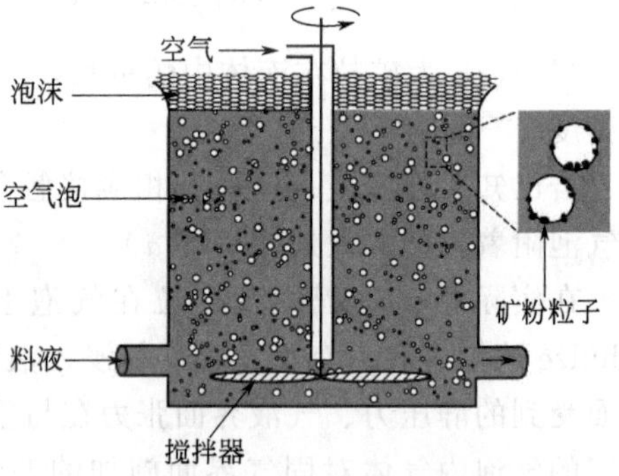

图 16.29　搅拌式泡沫浮选过程示意图

　　泡沫分选是对泡沫浮选的改进，只是将矿浆先用浮选药剂处理，自泡沫层上方加入无强烈搅拌的泡沫层，矿粒在无湍流等条件下附着于气泡（不易脱落），并可能附着于气泡内壁。因在泡沫分选时泡沫层中气泡密集，矿粒可能与几个气泡接触，从而提高其附着的牢固度。泡沫分选比泡沫浮选的优越性在于能提高适宜矿粒上限至几毫米，使分选效率提高数倍。

（三）萃取分离

　　萃取分离是一种重要的化学分离方法。其基本原理是利用物质在不同溶剂中溶解度不同，以分离混合物中组分。用溶剂分离液体混合物组分，称为液液萃取（又称溶剂萃取）。用溶剂分离固体混合物称为固液萃取（又称浸取）。习惯上只将液液萃取称为萃取。萃取分离可使物质分离富集或提纯。在化工、保护等领域萃取分离有广泛应用。

在生物技术领域，常规的液液萃取分离方法常因难以寻得既能保持被萃取物的生物活性，又有良好的分离效率的合适溶剂而不能应用。表面活性剂分子有序组合体的形成及其特殊的物理化学性质使萃取分离生物活性物质的方法焕发新的活力。

◀ 1. 反胶束萃取[60~62]

反胶束是指当油溶性表面活性剂在"油"中浓度超过一定值（CMC）后，表面活性剂在此非极性溶剂中自发形成亲水基向内、疏水基向外的几个分子的有序聚集体，即为反胶束。反胶束的极性内核可以溶解（增溶）某些极性物质（如水），此内核常称为"水池"，在"水池"中可以溶解某些原不能溶解的物质（如蛋白质、氨基酸等生物活性物质），受反胶束的屏蔽、保护，得以不与有机溶剂直接接触，保持其原有的生物活性，且得以分离。

对反胶束萃取的影响主要是指对产物萃取收率和产物活性的影响。

① 表面活性剂的结构与性质　通常选用能形成极性较大反胶束的表面活性剂，但反胶束与生物活性物质不宜有强烈的相互作用，减轻生物活性物质失活。

阴离子型表面活性剂 AOT［琥珀酸（二)-2-乙基乙基酯磺酸钠］形成的反胶束萃取小分子量蛋白质（如，细胞色素 C、胰蛋白酶等），这类反胶束常不需加入其他助剂。阳离子型表面活性剂的反胶束通常体积较小，常需加入其他助剂应用。含聚氧乙烯链的非离子型表面活性剂的反胶束体积较大，通过调节和控制水相 pH 和离子强度来进行蛋白质类物质的萃取分离。对表面活性剂类型的选择出发点是从反胶束萃取生物活性物质的机理出发：选用有利于增强蛋白质表面电荷和反胶束内表面电荷的静电作用和增加反胶束的几何尺寸大小。此外，还要注意是否有利于反胶束的形成及胶束内表面电荷密度等因素。

虽然如上所述，AOT 反胶束等应用较多，但其缺点（或不足之处）是形成的反胶束较小，不利于对分子量较大的蛋白质的萃取。为此，常应用混合表面活性剂体系，即加入有亲和作用的生物表面活性剂或另一种非离子型表面活性剂以改善萃取性能。

增加表面活性剂浓度可增加反胶束的数量，从而增大对蛋白质的增溶量。但表面活性剂浓度大时，可能形成复杂的聚集体，使萃取效果难以控制。

为了增加较大分子量生物物质的萃取效果，需增大反胶束的大小，为此加入一些非离子型助表面活性剂是有益的。助表面活性剂可插入反胶束结构中，增大反胶束大小，有利于溶解大的蛋白质分子。与助表面活性剂有异曲同工作用的是，向体系中加入一些与被萃取的生物活性物质有特异结合能力的有机助剂常会使萃取蛋白质的选择性有明显提高。这种物质可能不具有表面活性，不参与反胶束的形成，常称为亲和助剂。如，一种三嗪蓝染料 CB（Cibacron Blue F3GA）少量加入 CTAB 体系中可以萃取原不能萃取的牛血清白蛋白。

② 水相 pH 的影响　水相 pH 的影响主要有两方面的作用：一方面是可以改变蛋白质的表面电荷状态。另一方面，也可影响离子型表面活性剂的电离和胶束表面电荷密度。只有表面活性剂极性基带的电荷与蛋白质电荷相反时，蛋白质才能进入反胶束，才能进行反胶束萃取。

对于阴离子型表面活性剂，介质 pH 值小于蛋白质的等电点时，蛋白质带正电荷，有利于蛋白质萃取，例如，以 AOT 反胶束萃取分离溶菌酶时，只有 pH 值小于溶菌酶等电点（PI）时，溶菌酶带正电荷，与 AOT 反胶束内的负电荷静电作用可使其萃取率达 100%。

虽然如此，但并非介质 pH 值偏离蛋白质的 pH 值越远越好，因为介质 pH 值偏离太大，可能使静电作用过于强烈，表面活性剂强烈吸附于带反号电荷蛋白质表面形成不溶性凝聚物，导致蛋白质严重变性。

③ 离子强度的影响　离子强度影响主要涉及反胶束和蛋白质表面的电性质及其相互的静电作用：离子强度增大，压缩反胶束表面双电层厚度，减弱蛋白质与胶束内表面的静电引力，减少蛋白质的增溶能力；减弱反胶束中表面活性剂极性端基间的斥力，使反胶束变小，从而使较大的蛋白质分子难以进入；离子强度的增大，增加了反号离子向反胶束"水池"的迁移，从而增大排挤蛋白质从反胶束中盐析出来的作用；离子强度越大，盐析作用越强烈。

2. 浊点萃取[1,60,62]

浊点萃取（cloud point extraction，CPE）是近年来出现的一种新的液液萃取技术，它不使用挥发性有机溶剂，对环境无害。它以中性的非离子型表面活性剂胶束水溶液的溶解性和浊点现象为依据，改变实验条件引起相分离，将疏水性和亲水性物质分离。CPE 法应用于金属螯合物、生物大分子的分离与纯化及环境样品的前处理。CPE 法除利用表面活性剂的增溶作用外，还利用这类表面活性剂的另一重要性质——浊点现象的存在。待萃取物经 CPE 处理后的溶液经过静置或离心后会形成两个透明的相，一个为表面活性剂相，另一个为水相（其中表面活性剂浓度应为 CMC）。当外界条件向相反变化时（如温度从升高向降低变化），两相消失，再次变为澄清、透明的均一溶液。CPE 完成时，溶解在溶液中的疏水性物质（如生物活性物质、蛋白质等）与表面活性剂的疏水基结合，萃取进表面活性剂相，亲水物质留在水相。

（1）非离子型表面活性剂的浊点现象　非离子型表面活性剂（主要是指含聚氧乙烯基链的聚醚类物质）的水溶液在加热至一定温度时会出现浑浊现象（这一温度称为浊点）。这种现象是可逆的，即降低温度至浊点以下，溶液浑浊消失，又复为澄清。浊点现象出现是由于温度升高，破坏了溶剂水与表面活性剂氧乙烯基形成的氢键（形成这种氢键使表面活性剂在水中有相当大的溶解度），使表面活性剂溶解度减少，而以单相析出，实际上离子型和两性型表面恬性剂有时在特定条件下也有类似的现象（称为析相现象）。

非离子型表面活性剂的浊点与其亲水基和疏水基长度有关：亲水链长，浊点升高。

（2）影响 CFE 的因素

① 表面活性剂的类型及性质　对表面活性剂的性质要求：浊点要适宜，不宜过高或过低，浊点温度要易操控，不能影响体系的稳定性；疏水性要适宜，太强可能会使生物活性物质失活。有时应用混合表面活性剂可适当调节浊点提高萃取率，并降低成本。

② 无机盐添加物　一般无机盐的加入可降低非离子型表面活性剂的浊点，但也有使浊点升高的情况。因此实际应用时要小心，且要注意对不同类型的表面活性剂浊点的影响可能是不同的。无机盐对非离子型表面活性剂浊点的影响主要是盐析效应引起的，但也要考虑到电性作用。这是因为非离子型表面活性剂分子仍有一定的正电性，这就使得无机盐添加物的负离子对降低浊点也有相当的作用。已知负离子对浊点影响的顺序是：$SO_4^{2-}>F^->Cl^->Br^->NO_3^-$。

③ 有机添加物的影响　有机物对表面活性剂浊点的影响比较复杂。加入与水完全混溶的极性有机物（如短碳链的脂肪醇、脂肪酸、苯酚及多元醇类化合物）和水溶性聚合物（如聚乙醇等）常使非离子型表面活性剂浊点降低。加入可溶于胶束的非极性有机物、蛋白质变性剂（尿素等）、阴离子型表面活性剂和其他水溶性助剂（如甲苯磺酸钠）常使非离子型表面活性剂浊点升高。

（3）浊点萃取技术的应用　当前 CPE 主要用于痕量物质的富集。浊点萃取与被处理物的性质有关。

① 极性较强物质的分析与分离中的应用　金属离子是极性强的物质。利用 CPE 和其他分析仪器（如光度法、原子吸收法等）联用可以测定痕量金属离子。方法是将含有金属离子的体系用缓冲液调节到一定 pH 值，加入螯合剂形成疏水性螯合物，这种螯合物易增溶于非离子型表面活性剂胶束的非极性区域，即，使金属离子从水相转移至表面活性剂相中。当环境条件改变（如温度升高至浊点），表面活性剂以单相析出，金属离子得到分离和富集，并通过联用的分析仪器测出其含量。CPE 法萃取金额离子常用的螯合剂列于表 16.8 中。

表 16.8　CPE 法萃取金属离子常用螯合剂

螯合剂	英文缩写
1-(2-吡啶基偶氮)-2-萘酚	PAN
吡咯二硫代氨基甲酸铵	ADDC
O, O-二乙基硫代磷酸酯	DDTP

螯合剂	英文缩写
1-(2-噻唑偶氮)-2-萘酚	TAN
(5-溴-2-吡啶基偶氮)5-二乙基氨基酚	5-Br-PADAP
8-羟基喹啉	8-HQ

CPE 法常用的一些表面活性剂列于表 16.9 中。

表 16.9 CPE 法常用的一些表面活性剂

表面活性剂	符号	浊点,℃	CMC/(mmol/L)
聚氧乙烯脂肪醇 $C_nH_{2n+1}(OC_2H_4)_mOH$ C_nE_mOH	$C_{10}E_4$	19.7	0.81
	$C_{10}E_6$	41.6	0.84
	$C_{10}E_8$	60.3	0.95
	$C_{12}E_4$	6.0	0.02~0.06
	$C_{12}E_6$	51.0	0.067
	$C_{12}E_8$	77.9	0.087
	$C_{14}E_6$	42.3	0.01
	$C_{10}E_{10}$	64~65	0.0006
烷氧酚聚氧乙烯醚	Triton X-100	64~65	0.17~0.30
	Triton X-114	28~25	0.2~0.35
两性型表面活性剂 $R(CH_3)_2N^+(CH_2)_2OSO_3^-$	C_9APSO_4	65.0	4.5
	$C_{11}APSO_4$	88.0	
	C_8-卵磷脂	45.0	

如前所述,在选择表面活性剂时要注意应选择浊点低和疏水链较长的为好。同时表面活性剂浓度也常影响浊点,一般同一类表面活性剂浓度低时浊点较低。

② 有机物的 CPE 及分析检测 有机物大多能增溶于胶束中,溶解能力与表面活性剂的类型有关。一般情况下,不同类型表面活性剂对有机物的增溶能力有以下规律:非离子型>阳离子型>阴离子型。对于非离子型的,随温度升高迅速增大。

③ CPE 在生物活性物质的分离和分析中的应用 CPE 法可用于分离膜蛋白、酶、动植物细菌受体,还可用于蛋白质的纯化。膜蛋白疏水性强,难溶于水,较难分离和纯化。应用 CPE 技术,可使膜蛋白的疏水部分嵌入胶束的疏水核内,保持了膜蛋白的疏水结构。待相分离后,膜蛋白与表面活性剂同时析出,与亲水性蛋白分离,从而能使蛋白纯化。用这种方法已成功分离乙酰胆碱酯酶、细菌视紫红质、细胞色素 C 氧化酶等内嵌膜蛋白。一般 CPE 只是根据蛋白质的疏水性差异进行分离。若在表面活性剂中引入亲和配体或使用亲和性衍生表面活性剂就可选择性地将亲水性蛋白质萃取入表面活性剂相中。若体系中引入带电的表面活性剂

或聚合物，还可以根据蛋白质带电不同加以分离。改变 CPE 法应用的表面活性剂和引入某些水溶性聚合物有时可获得奇效。如，用烷基葡萄糖苷代替聚氧乙烯类表面活性剂与水溶性聚合物结合，在 0℃ 左右即可引发相分离，使亲水性物质和疏水性物质分离，而且不易使蛋白失活。

3. 双水相萃取[1,60~65]

（1）双水相的形成　将两种聚合物水溶液或一种聚合物与一种盐的水溶液混合，由于他们之间不相混溶而自发形成两相，此两相体系称为双水相（agueous two-phase，ATP）。利用双水相体系进行萃取称为双水相萃取（ATPE）。

（2）ATPE 原理　被萃取体系（其中含生物大分子、金属络合物、药物等）与双水相接触，由于分子间的各种作用力（范德华力、氢键、静电力、疏水作用等）而使被萃取物质在双水相间形成不同浓度的分配。当系统平衡时，分配系数（某种物质在两相中浓度之比）为一恒定值。物质在双水相中的分配与常规液液萃取的分配关系相比较有很大不同：分配系数大或小得多，即这种被萃取物在双水相两相中浓度差别极大，从而利于萃取进行。双水相萃取的基本原理在于双水相体系中相间界面张力极低，可达 $10^{-7} \sim 10^{-4}$ mN/m［属超低界面张力范畴，低于 10^{-3} mN/m 常称为超低界面张力］，因而两相易分散，但也利于被萃取物质的相间传递和保持生物活性物质的活性。

ATPE 的特点是设备简单、条件温和、传质速率快（平衡快）、能耗低、体系含水量高、被萃取物质不失活、不变性、无有机溶剂、不影响环境等。

（3）ATPE 的应用

① 生物物质的分离与纯化　已知发酵液细胞培养液，动植物细胞内、外酶和蛋白质等均可用 ATPE 技术分离和纯化，如利用聚乙二醇/聚丙烯酸的 ATPE 技术分离肌红蛋白和卵白蛋白，蛋白富集于聚乙二醇相中。在分离条件为 PEG-400/聚丙烯酸，20℃，pH 8.0 时可以提取到的肌红蛋白和卵蛋白的含量分别为 95.2％和 87.4％。有用 ATPE 技术从食品工业的酸水解产物中提取二肽、氨基酸、核苷酸和在生物技术中提取 DNA 的报导。

中草药中有效成分可用 ATPE 技术提取。如以乙醇/磷酸氢二钾/水 ATP 体系萃取甘草的有效成分，收率可达 98％。对银杏叶浸取液的研究也得到良好的分离效果。

② 在金属离子分离中的应用　已有在聚乙二醇/$(NH_4)_2SO_4$ 的双水相体系中萃取的报道，也有利用碳酸钾/PEO-PPO 嵌段共聚物 ATPE 技术分离 [Fe(CN)$_5$(NO)]$^{2-}$ 和 [Fe(CN)$_6$]$^{3-}$ 阴离子的报道。还有许多利用不同双水相体系萃取 Cr(Ⅵ)、Ru(Ⅲ)、Pd(Ⅱ)、Mn(Ⅱ)、Fe(Ⅲ)、Co(Ⅲ)、Ni(Ⅱ)、Cu(Ⅱ)、Li(Ⅰ)、W(Ⅵ) 等的报道，萃取率均可大于 90％。

（4）影响 ATPE 技术的因素

① 聚合物分子量　同一类聚合物的疏水性随分子量增大而增强。当聚合物分

子量减小时，蛋白质易在富含该聚合物的相分配，如在 PEG-葡聚糖体系中 PEG 分子量减少，或葡聚糖分子量增大都会使蛋白质分配系数减小。

② 中性盐的加入影响带电大分子在两相中的分配，强化分配效率。如在 PEG-葡聚糖系统中加入 $NaClO_4$ 或 KI，可增加上相对带正电荷物质的亲和效应，并使带负电荷物质进入下相。牛清蛋白在聚乙二醇-硫酸盐的双水相体系中的分配表明，牛清蛋白适宜在下相分配，外加 NaCl 时可使牛清蛋白转变为宜分配于上相及上相表层。

③ 温度的影响　一般温度对 ATPE 技术影响不大，但有时要考虑温度升高可能使胶束表层的水化层削弱，且无机盐能压缩表面双电层，两者可致使胶束结合水的能力下降，并引起双水相体积的变化。

④ pH 的变化引起体系电性质变化和被分离物电性质变化，从而影响其在两相中的分配。体系 pH 与蛋白质等电点 PI 相差越大，蛋白质在两相分配越不均匀。

（四）吸附胶束的分离作用[1, 21, 66, 67]

表面活性剂在固液界面上形成的有序组合结构，可以是吸附单层、吸附双层、球形、椭球形等，这种有序组合结构称为吸附胶束（admicelle），早期也常称为半胶束（semimicelle）。

（1）吸附增溶　吸附胶束的增溶作用称为吸附增溶（adsolubilization）。比较胶束溶液的增溶作用和吸附胶束的增溶作用可知，前者发生在体相溶液的胶束中，后者发生在固液界面的吸附胶束中。吸附增溶的基本特点是：①某些有机物在吸附胶束中有选择性增溶能力。②对于一种增溶物，吸附增溶量总比无吸附胶束时的固液界面吸附量大。③吸附增溶与表面活性剂浓度有关，只有在 CMC 以上的浓度时吸附增溶才明显发生。④吸附增溶可在常温下进行。

（2）吸附胶束的分离作用　由于不同物质在吸附胶束中增溶能力不同故可达到分离目的。吸附增溶可在低温下进行，故吸附胶束分离常优于常规分离技术，并适用于生物体系（保持原有生物活性）和其他特殊体系的分离。

Lee 等研究了在氢化铝表面形成的十二烷基硫酸钠（SDS）吸附胶束对正构脂肪醇的增溶作用，提出了脂肪醇吸附增溶的双位模型，该模型认为，脂肪醇在 SDS 吸附胶束的增溶位置有极性端基之间和吸附胶束的侧边位置[66]。

吸附胶束色谱是吸附胶束分离技术的新手段。这种手段本质上是一种固定床分离技术。表面活性剂溶液通过装有吸附剂的色谱柱（相当于固定床），表面活性剂在吸附剂上吸附形成吸附胶束。色谱柱流出液中表面活性剂的浓度在吸附平衡后又与流入液浓度相等。此时将被分离液通过色谱柱，被分离物增溶于吸附胶束中从而被分离。当增溶平衡后，向吸附柱注入某种洗脱液，使被增溶物与表面活性剂同时脱离吸附剂，回收分离物，吸附剂也得以再生。Barton 等研究了三种庚醇异构体在吸附胶束色谱上的分离与富集[67]。他们用 Al_2O_3 为载体，用 SDS 形成吸附胶束，三种庚醇为正庚醇、3-庚醇和 2-甲基-2-己醇。先测定了每种醇单独存在时的吸附增溶量，其顺序为正庚醇＞3-庚醇＞2-甲基-2-己醇。正庚烷可在 SDS 浓度低时与其他两种分离，SDS 浓度高时可使 2-甲基-2-己醇分离。

利用吸附胶束色谱也可将金属离子分离。其方法是：使被分离离子与某种试剂形成螯（络）合物，利用这种螯合物可在吸附胶束中增溶而被分离。例如，利用铜试剂（铜腙）在一定 pH 时可与 Cu^{2+}、Ni^{2+}、Co^{2+}、Pb^{2+}、Cd^{2+}、Hg^{2+} 等离子形成螯合物，而不与 Ca^{2+} 形成螯合物的特点，在以 Al_2O_3 为载体形成 SDS 吸附胶束的色谱柱上，通过用铜试剂处理过的含 Ca^{2+} 和其他多种微量金属离子的混合液使多种微量金属离子螯合物在吸附胶束增溶，与 Ca^{2+} 不能形成螯合物不能被增溶，从而达到 Ca^{2+} 与其他微量金属离子的分离和富集。

有机污染物（如苯酚等）在吸附胶束中常可被有效增溶，从而使得吸附胶束分离在环境保护和检测中有广泛的应用前景。

参考文献

[1] 赵维蓉，等. 表面活性剂化学. 合肥：安徽大学出版社，1997.

[2] 刘程. 表面活性剂应用大全. 北京：北京工业大学出版社，1997.

[3] 任文聪，等. 云南化工，2013，40（3）：26.

[4] 张伸玲，等. 河北化工，2004，（6）：35.

[5] 占海红，等. 化学研究与应用，2011，23（6）：784.

[6] 吴和舟，等. 分析化学，1999，27（6）：668.

[7] 卢菊生，等. 光谱实验室，2006，31（5）：530.

[8] 席会平，等. 中国抗生素杂志，2006，31（5）：285.

[9] 马红燕，等. 分析试验室，2004，23（10）：49.

[10] 欧阳远富，等. 理化检验：化学分册，2009，（10）：1194.

[11] 领小，等. 分析试验室，2009，（6）：21.

[12] 王晗，等. 西南科技大学学报，2008，（4）：9.

[13] 刘倩，等. 中国科学 B 辑，2009，39（10）：1251.

[14] 李玲霞，等. 分析化学，2004，32（7）：935.

[15] Chao J-R，Morawetz H. J Am Chem Soc，1972，94：375.

[16] Bunton C A，Saveili G. Adv Phys Org Chem，1986，22：213.

[17] O'Connor C J，Fendler E J，Fendler J H. J Am Chem Soc，1973，95：600.

[18] Fendler J H，Fendler E J. Catalysis in Micellar and Macromolecular Systems. New York：Academic Press，1975.

[19] Bunton C A，Robinson L. J Am Chem Soc，1968，90：5972.

[20] 赵振国，沈击静，马季铭. 高等学校化学学报，1987，18：1527.

[21] 赵振国. 胶束催化与微乳催化. 北京：化学工业出版社，2006.

[22] 沈吉静，赵振国，马季铭. J Dispr Sci Techn，2000，21：883.

[23] Bunton C A. Cationic Surfactants，Physical Chemistry，New York：Marcell Dekker，Inc. 1991.

[24] Tascioglu S. Tetrahedron, 1996, 52: 11113.

[25] 邢其毅, 徐瑞秋, 周政, 等. 基础有机化学: 第 2 版. 北京: 高等教育出版社, 1994: 725.

[26] Ramesh V, Ramamurthy V. J Org Chem, 1984, 49: 536.

[27] Wolf T, Muller N. J Photochem, 1983, 23: 131.

[28] Moss R A, Lee Y S, Lukas T J. J Am Chem Soc, 1979, 101: 2499.

[29] 韩德刚, 高盘良. 化学动力学基础. 北京: 北京大学出版社, 1987.

[30] 赵振国, 焦天恕. 高等学校化学学报, 1999, 20: 281.

[31] Rosso F D, Bartoletti A, Protio P D, et al. J Chem Soc, Pertin Trans 2, 1995: 673.

[32] Bunton C A, Robinson L, Stam M. J Am Chem Soc, 1970, 92: 7393.

[33] Broxton T J, Marcou V. J Org Chem, 1991, 56: 1041.

[34] 阮科, 赵振国, 马季铭. J Colloid Polym Sci, 2001, 279: 813.

[35] Hall D G. J Chem Soc. Faraday Trans1, 1989, 85: 3813.

[36] Yu C C, Wang D W, Lobban I L. Langmuir, 1992, 8: 2582.

[37] Ramsden J H, Drago R S, Riley R. J Am Chem Soc, 1989, 111: 3958.

[38] (a) Letts K, Mackay R A. Inorg Chem, 1975, 14: 2990. (b) Letts K, Mackay R A. Inorg Chem, 1975, 14: 2993.

[39] Keiser B, Holt S L, Barden R. J Colloid Interface Sci, 1980, 73: 290.

[40] Schomacker R, Robinson B H, Fletcher P D I. J Chem Soc Faraday Trans 1, 1988, 84: 4203.

[41] Schomacker R, Stickdorn K, Knoche W. J Chem Soc Faraday Trans 1, 1991, 87: 847.

[42] Mackay R A. Colloids Surf A, 1994, 82: 1.

[43] Blandamer M J, BurgessJ, Clark B. J Chem Soc Chem Commu, 1983, 12: 659.

[44] Chhatre A S, Joshi R J, Kulkarni B D. J Colloid Interface Sci, 1993, 158: 183.

[45] Varughese P, Broge A. J Indian Chem Soc, 1991, 68: 323.

[46] Izquierdo M C, Casado J, Rodriguez A, et al. J Chem Kinetics, 1992, 24: 19.

[47] Valaulikar B S. J Colloid Interface Sci, 1993, 161: 268.

[48] Sjoblom J, Lindberg R, Friberg S E. Adv Colloid Interface Sci, 1996, 65: 125.

[49] Bunton C A, de Buzzaccarini F, Hamed F H. J Org Chem, 1983, 48: 2457.

[50] Mackey R A, Burnside B A, et al. J Disp Sci Tech, 1988, 9: 493.

[51] Myers D. Surfactant Science and Techoology: 2nd edn. New York: VCH, 1992.

[52] 梁文平. 乳状液科学与技术基础. 北京: 科学出版社, 2001.

[53] 顾惕人, 等. 表面化学. 北京: 科学出版社, 1994.

[54] (a) 张颖, 等译. 液膜分离技术. 北京: 原子能出版社, 1983. (b) 牛长乐, 等. 膜科学技术. 杭州: 浙江大学出版社, 1992.

[55] 侯万国, 张德军, 张春光. 应用胶体化学. 北京: 科学出版社, 1998.

[56] 卢寿慈, 翁达. 界面分选原理及应用. 北京: 冶金工业出版社, 1992.

[57] 赵振国. 应用胶体与界面化学. 北京: 化学工业出版社, 2008.

[58] Schramm L L. Emulsion, Foams, Suspesions, and Aersols: 2nd edn. Weinhein: Wiley VCH, 2014.

［59］ Butt H J，Graf K，Kappl N. Physics and Chemistry of Interfaces：2nd edn. Weinheim：VCH，2006.

［60］ 谷磊，等 . 化工进展，1998，(5)：19.

［61］ 姜竹茂，等 . 山东化工，1999，(2)：28.

［62］ 王军，等 . 表面活性剂新应用 . 北京：化学工业出版社，2009.

［63］ 马岳，等 . 化学进展，2001，13 (1)：25.

［64］ 马春宏，等 . 光谱实验室，2010，27 (5)：1906.

［65］ 范芳，等 . 化学与生物工程，2011，28 (7)：16.

［66］ Lee C，Yeskie M A，Harwell J H，et al. Langmuir，1990，6：1758.

［67］ Barton J W，Fizgerald T P，Lee C，et al. Sep Sci Tech，1988，23：637.

第十七章

氟表面活性剂和氟聚合物的特殊应用

 一、氟表面活性剂和氟聚合物概述

　　普通表面活性剂的疏水基团基本上都是碳氢链，一般称为碳氢表面活性剂。将普通表面活性剂分子中碳氢链上的氢原子全部或部分用氟原子取代，就称为氟表面活性剂。同样地，有机高分子主链或侧链中与碳原子直接共价键相连的氢原子用氟原子全部或部分取代的高分子聚合物，就称为含氟聚合物。氟表面活性剂是一种重要的特种表面活性剂，具有其他表面活性剂无法比拟的特殊性能，其性能通常可归纳为"三高""两憎"，即：高表面活性、高热稳定性、高化学稳定性，氟碳链既憎水又憎油。单就表面活性来讲，是目前所有表面活性剂中表面活性最高的。因此也有人把它称为"超级表面活性剂"（super surfactant）。若将普通表面活性剂比作"工业味精"，氟表面活性剂就可称为"工业味精之王"。氟表面活性剂的基础知识、性能及合成方法等详见参考文献［1］第十三章和参考文献［2］。

（一）氟表面活性剂和氟聚合物的应用特点

　　有机氟化物具有高化学稳定性、高热稳定性、不燃性、高密度、高气体溶解度、高可压缩性、低表面张力、低热导率、低水溶性等特性。这些性能使得氟表面活性剂和含氟聚合物具有杰出的、独特的理化性质，氟碳链兼具极端的疏水性及高憎油性，导致优秀的表面性质。在极端条件下的热稳定性和化学惰性使其可在极其恶劣的条件下也能发挥性能。富凝和自组装方面的天赋可获得牢固的拒水拒油性薄膜。独特的铺展、分散、乳化、抗黏性及流平性、介电、压电和光学性质，导致其在工业、技术过程和消费产品中大量应用。特别是在一些特殊应用领域，有着其他表面活性剂无法替代的作用。

氟表面活性剂的应用有几个显著特点：

① 在使用普通表面活性剂的场合，采用氟表面活性剂可增强产品性能。如，在油田压裂酸化工艺中作为助排剂，用作油墨、涂料润湿添加剂，感光胶片涂料助剂，洗涤剂，涂料、颜料流平剂等。

② 可用于一些极端条件下一般碳氢表面活性剂难以胜任或使用效果极差的领域。如电镀铬雾抑制剂、助焊剂、油田酸化压裂液、助排剂、碱性电池电解液添加剂等。

③ 氟碳链的憎油性使其可用于有机溶剂（油）体系，如含氟烯烃乳液聚合乳化剂、人造血液乳化剂、涂料、油漆、颜料添加剂，也可用于石油开采、萃取过程、微乳状液以及胶束催化、氟蛋白泡沫灭火剂［以避免灭火剂溶液（泡沫）"携油"］等。

④ 氟碳链的拒水拒油性使其具有本质上排斥一切非氟化物如水、脂肪、油脂、污垢、微生物的能力，建立有效的保护屏障膜，因而用于织物和纸张防水、防油、防污整理剂，塑料薄膜防雾剂，氟涂料、氟橡胶以及纸张、金属、玻璃、陶瓷、皮革、塑料等的表面改性剂（防水防油防污处理剂）等。

⑤ 氟碳链的润滑（不粘）性，使其用作塑料加工脱膜剂、磁性记录材料用润滑剂等。

氟表面活性剂价格较高，目前主要应用于一般碳氢表面活性剂难以胜任或使用效果极差的领域；氟化合物大多数是应军工和高新技术的特殊要求发展起来的，而由于商业和军事保密的要求，在这些领域的应用绝大多数并不为大众所知。从另一个角度来讲，这也严重制约了含氟化合物的发展。

通过碳氟表面活性剂与碳氢表面活性剂的复配，可减少碳氟表面活性剂的用量而保持其表面活性。如将异电性碳氢和碳氟表面活性剂复配，不仅可大大减少碳氟表面活性剂的用量，在某些特殊情况下，复配物甚至具有更高的降低表面张力的能力，即达到全面增效作用。关于碳氟表面活性剂与碳氢表面活性剂的复配，详见本书第一章。

目前，氟表面活性剂和含氟聚合物应用几乎涉及到工业的各个领域。除了常规的工业/技术应用和消费产品，它们在安全、能源和资源节约、高科技设备、化学研究领域也有了越来越多的应用，近年来，它们在治疗诊断学领域也显示了应用潜力。典型的应用实例如：水成膜泡沫灭火剂、氟蛋白泡沫灭火剂、铬雾抑制剂、织物"三防"整理剂、氟碳涂料、脱膜剂、人造血液、超临界二氧化碳萃取等。值得一提的是它们的许多重要且独特的机械、电气、电子、光学行为相关的"极端"特征是在高科技产品中实现的。但尚有很多军事和高科技领域的应用未被公开报道。可以说，一个国家的氟表面活性剂和含氟聚合物的发展水平基本上可以代表这个国家的核心竞争力。

（二）氟表面活性剂和氟聚合物的环境和安全问题及应对措施

需要指出的是，氟碳链由于在环境中持久、难以降解。长氟碳链化合物（对全氟烷基磺酸相关化合物，氟碳数$\geqslant 8$；对全氟烷基羧酸相关化合物，氟碳数$\geqslant 7$）的大量使用，使这些物质已被传播到世界各地。它们被发现在动物及人体中生物累积并放大，其惰性使其在环境和生物群中高度持久，它们在人体中的半排出期长达数年，其动物毒性研究和人体干扰测试的结果引起健康关注。因而被认为属于持久性有机污染物（POPs）。由此带来了含氟化合物的环境和安全性问题——PFOS问题。

PFOS是指全氟辛烷磺酰氟（$C_8F_{17}SO_2F$）、全氟辛烷磺酸（$C_8F_{17}SO_3H$）及其盐以及由此衍生的含氟化合物的总称。近年来，把通过生物降解能生成全氟辛烷磺酸或全氟辛烷磺酸盐的物质也归入PFOS（而不管其母体化合物的结构是什么），一些文献和机构也把这类氟化合物称为PFOS相关物质。PFOS含有8个全氟碳（C_8F_{17}—），是C_8类化合物的典型代表（此处的C_8指的是全氟碳数为8）。C_8类化合物还包括含有8个氟碳的调聚物如$C_8F_{17}CH_2CH_2I$、$C_8F_{17}CH_2CH_2OH$以及由此衍生的含氟化合物。

2009年《斯德哥尔摩公约》将PFOS列为持久性有机污染物。这给氟表面活性剂和含氟聚合物带来两难的局面：一方面，氟表面活性剂在很多领域是其他表面活性剂所无法替代的，如水成膜泡沫灭火剂（AFFF）领域。在现有技术条件下，AFFF完全不使用氟表面活性剂是不可能的。另一方面，PFOS对环境的危害性又极大地限制其应用。

理想的应对措施是寻求PFOS的降解方法，但目前这方面尚无有意义的进展。消极的应对措施主要有两种途径：①寻求PFOS的分离及循环使用方法；②降低PFOS的使用浓度，包括：合成高性能氟表面活性剂；与碳氢表面活性剂的复配；优化配方。但这只是权宜之计，只是降低了氟表面活性剂对环境的影响。

目前的主要进展是寻求PFOS的替代品，研究开发不具备持久性有机污染物特征的氟表面活性剂。目前，相关的研究主要包括：①开发短氟碳链产品，如氟碳链为C_4F_9—的氟表面活性剂，被认为基本上不具备生物累积性。这方面已有重要进展，也有相关的产品进入商业化；②开发非全氟链段产品，即在原先所用物质的长碳氟链内引入被认为促进降解的"弱位点"（weak point），如杂原子（如O、N、S）、无氟基团（如亚甲基CH_2、次甲基CH等）或非全氟碳（如CFH等），得到非全氟链段的氟烷基化合物。但目前对此类物质的降解性能仍有争议。

也有报道采用更长碳氟链，以及支链化碳氟链的产品，但目前仍然有较大争议。

关于氟表面活性剂和氟聚合物的环境问题及其应对措施的详细讨论见参考文献 [3]。

◆ 二、含氟灭火剂

消防行业是有机氟化物应用的重要领域，这主要体现在两个方面：一个是氟碳表面活性剂在水成膜泡沫灭火剂（AFFF）、氟蛋白泡沫灭火剂（FP）、成膜氟蛋白泡沫灭火剂（FFFP）及抗复燃超细干粉灭火剂中的应用；另一个是含氟化合物在 Halon 灭火剂替代物中的应用。

（一）水成膜泡沫灭火剂（AFFF）

伴随着现代工业产业的飞速发展，一些较为发达的工业国家为了适应消防系统的需求，相继在 20 世纪 60 年代研发新型高效的灭火剂，AFFF 就是其中之一。在此之前，曾被广泛使用的蛋白泡沫灭火剂，已不能满足扑灭较大规模可燃性液体泄露所引起火灾的需求，特别是不能达到快速控制火势以避免可燃性液体着火爆炸的要求。1964 年，为应对飞行器事故引起的火灾，AFFF 及其所用装备由美国海军研究所和 3M 公司共同研制开发，并凭借其控火速度快、效果显著、储存时间长等特点，在随后的数十年中，被大多数工业发达国家广泛采用。

1. AFFF 灭火原理

AFFF 的核心组分是氟表面活性剂，国家标准 GB/T 15308—2006 中对 AFFF 的定义为"以碳氢表面活性剂和氟碳表面活性剂为基料的泡沫液，可在某些烃类表面上形成一层水膜"。除了氟表面活性剂与碳氢表面活性剂，AFFF 中还需要泡沫稳定剂、抗冻剂、螯合剂、防腐剂、缓冲剂等组分。常见 AFFF 有 3% 型和 6% 型两种浓缩液，使用时与水混合后（称为"预混液"）喷射施放，或预混液储存于灭火器中备用。

AFFF 的原理是基于很低浓度的氟表面活性剂水溶液在油面上的铺展。

当一种液体滴加于另一种液体的表面，可出现三种情况：①液滴下沉于底部，如，水滴在油上；②液滴悬浮于油面，如，一滴石蜡在水面上；③液滴在另一液体表面铺开形成一层液膜，如，长链醇在水面上。第三种情况称为液体在液体上的铺展。

欲使水溶液在油面上铺展，必须满足铺展条件，即铺展系数 $S_{w/o} > 0$：

$$S_{w/o} = \gamma_o - \gamma_w - \gamma_{w/o} > 0 \tag{17.1}$$

式中，γ_o、γ_w、$\gamma_{w/o}$ 分别表示油、水溶液的表面张力及油/水界面张力。

纯水不能在油面铺展，碳氢表面活性剂水溶液也不能在油面铺展。氟表面活性剂水溶液的表面张力可降到 20mN/m 以下（甚至 15mN/m 左右，油的表面张力通常在 20～30mN/m），因此氟表面活性剂水溶液突出的低表面张力使其能在油面上铺展一层水膜，使油与空气隔绝，由此发展了一种扑灭油品火灾的高性能灭火剂——水成膜泡沫灭火剂。AFFF 的出现是灭火剂的革命——用水扑灭油类火灾。

AFFF 的灭火作用是由漂浮于油面上的水膜层和泡沫层共同承担的。当把

AFFF 喷射到燃油表面时：①泡沫迅速在油面上沿燃烧物（固体或液体）表面向四周扩散，并由泡沫析出的液体形成一层水膜，隔离可燃物和空气，水膜与泡沫层共同抑制燃油蒸发；②泡沫析出液体同时也冷却油面；③泡沫中析出的水吸热变为水蒸气，蒸发后稀释可燃物周围空气，降低了油面上氧的浓度；④水溶液的铺展作用带动泡沫迅速流向尚未灭火的区域。除了水膜的封闭作用，氟表面活性剂的存在提高了泡沫的流动性（降低泡沫在液面上流动的剪切力），提高了泡沫的耐油性（氟碳链具有疏油性），也提高了泡沫的耐醇性，从而增强了泡沫的铺展性和镇火、灭火能力。高分子化合物的存在提高了泡沫的稳定性、抗烧性和抗醇性能。因而 AFFF 在隔离（封闭）、降温及窒息三重作用下实现灭火。

在目前用于扑灭油类火灾的灭火剂中，AFFF 由于其水成膜及泡沫的双重灭火作用具有最佳灭火效果。而且由于 AFFF 中绝大部分的组分是水，在国际范围的"淘汰哈龙行动"中作为哈龙灭火剂的替代品，成为国际上重点发展的灭火剂。

2. 影响 AFFF 灭火性能的主要因素

根据 AFFF 的灭火原理，在扑救 B 类火灾时，AFFF 的灭火作用主要依赖于其水溶液形成水膜在油面上的铺展，进而封闭油面使油与空气隔绝。决定灭火性能的两个关键因素是 AFFF 在油面上的铺展性能和水膜对油面的密封性能。中华人民共和国国家标准《泡沫灭火剂》（GB 15308—2006）中对 AFFF 的检验标准中也以铺展系数和抗烧时间两个指标对这两个核心性能进行评价。因此，泡沫水溶液在油面上的铺展性能和水膜对油面的密封性能即为决定灭火性能的两个关键因素。

（1）铺展性能 AFFF 的实质是泡沫水溶液在油面上的铺展，因此，能否铺展是灭火的先决条件。从化学热力学的角度，欲使泡沫溶液在油面上铺展，必须满足铺展条件，即铺展系数大于零。但应特别注意的是，AFFF 泡沫水溶液在油面上的铺展除必须满足热力学条件（铺展系数大于零）外，还要满足动力学条件，即铺展速度。在作为水成膜泡沫灭火剂时，要求水溶液一接触到油面，即迅速铺展形成水膜，如此方可达到快速灭火的目的。因此，若单用铺展系数的测定表征铺展性能是不确切的，必须通过直接测定泡沫水溶液在油面上的铺展。

一个基本判据是：能铺展则一定满足铺展条件，即铺展系数一定大于零。但铺展系数大于零并不一定能观察到明显的铺展（若铺展速度太慢）。在泡沫水溶液能够在油面上迅速铺展的前提下，决定灭火速度的主要因素就是铺展量。氟表面活性剂水溶液能在油面上铺展，表面上看来似乎是水溶液变轻了，故而早期一直将其称为"轻水"，此类灭火剂相应的叫做"轻水泡沫灭火剂"。但实际上并非水变"轻"，而是由于表面张力和界面张力的综合作用在油水界面给水溶液一个力将水"托"了起来。但毕竟水的密度比油大，当水溶液铺展到一定量时，重力的作用将导致水溶液开始下沉。铺展量可定义为在烃油表面积一定时，泡沫水溶液在油面上能够铺展的最大体积，或单位面积油面上泡沫水溶液能够铺展的最大体积。

对于不同的泡沫水溶液，其铺展量是不一样的。从实际灭火的角度，要求铺展量越大越好。因此，衡量铺展性能主要有三个指标，即铺展能力、铺展速度和铺展量。铺展能力是指水溶液能否在油面上铺展，受热力学控制，是 AFFF 能否灭火的前提条件。铺展速度是一个动力学控制因素，决定 AFFF 的灭火速度。而铺展量则主要受热力学控制，它不仅影响灭火速度，而且决定抗烧性能。

（2）泡沫性能　由于重力作用，水溶液在油面上的铺展只能是很薄的一层。若单靠这层水膜很难把火扑灭。因此，需将"轻水"制成泡沫。由于泡沫的密度小于水，因而可在油面上形成厚的泡沫层。泡沫层与水膜共同封闭油面。

在油燃烧时，初期形成的水膜会迅速蒸发，需要从泡沫中不断析出水，形成新的水膜。这样又涉及发泡倍数和泡沫的析液时间。原则上，发泡倍数越高，形成的泡沫层越厚。但发泡倍数太高，泡沫含水量太少，不利于水膜的形成，而且由于油燃烧造成向上的气流作用，若泡沫太轻则容易被气流带走。因此 AFFF 属于低倍数泡沫灭火剂。

泡沫的析液时间也应适当，析液速度太快则析出的水不能完全形成水膜而沉于底部，降低灭火效率；析液速度太慢则不能及时补充水膜的蒸发，延长了灭火时间。

泡沫液的铺展速度和析液性能与泡沫液的黏度有关。单从铺展速度考虑，黏度应低一些，但黏度太低则泡沫析液速度太快。而黏度太高，不仅影响铺展速度，而且会使析液速度太慢而不能及时补充水膜的蒸发。因此应综合这两方面的因素选择泡沫液的黏度。

灭火后，欲防止复燃，要求泡沫具有很好的稳定性。泡沫的稳定性与泡沫液的表面张力、泡沫液的黏度等因素有关。

由上所述，表征泡沫性能的参数主要有四个，即发泡倍数、泡沫稳定性、泡沫液析液速度和泡沫液黏度。其中除泡沫稳定性外，其他三个参数均不能太高或太低。

（3）水膜对油面的密封性能　AFFF 是利用水膜对油面的密封作用来达到灭火目的。因此，水膜对油面的密封性能对灭火性能有很大的影响，而且密封性能决定了水成膜泡沫灭火剂的抗烧性能。

水膜对油面的密封性能与下面因素有关：①水膜和泡沫的厚度（铺展量）；②水膜和泡沫的黏度；③泡沫的析液速度；④水膜的自修复能力；⑤泡沫的稳定性。

（4）抗复燃（抗烧）性能　灭火后，欲防止复燃，要求泡沫具有良好的抗烧性能。抗烧性是水成膜泡沫灭火剂的一个非常重要的性能指标。抗烧性能首先取决于泡沫对油面的密封性能，因此凡是有利于密封性能的因素都有利于其抗烧性。其次，抗烧性能还取决于泡沫的稳定性。

3. AFFF 灭火性能的主要判据

如上所述，AFFF 能否灭火取决于水溶液能否在油面上铺展，而灭火速度则取决于铺展速度、铺展量、泡沫性能和水膜对油面的密封性能。AFFF 抗烧性能取决于泡沫对油面的密封性能及泡沫的稳定性。其中泡沫性能包括发泡倍数、泡沫稳定性、泡沫液析液速度和泡沫液黏度；水膜对油面的密封性能则与铺展量、水膜和泡沫的黏度、泡沫的析液速度、水膜的自修复能力和泡沫的稳定性有关。

在上述参数中，有些参数是独立的，有些是重复的，而有些是可以合并的。因此，我们把上述参数归纳为以下几个：水溶液能否在油面上迅速铺展、铺展量、发泡倍数、泡沫液析液速度和泡沫稳定性。在这几个参数中，水溶液能否在油面上迅速铺展即将铺展能力（铺展系数）和铺展速度合并了，泡沫液析液速度和泡沫稳定性即包含了泡沫的黏度在内。因此通过测定上述 5 个参数，我们就可以比较全面的评价 AFFF 的灭火性能。

4. AFFF 性能的实验室测定方法

表征 AFFF 性能最好的方法是实际灭火试验。但一般单位受实验条件和经费的限制，不可能经常做灭火试验。在配方研制过程中，每一种添加剂的加入、浓度的改变等都会影响到灭火性能，但不可能每次都通过实际灭火试验来验证。此外，每一次灭火试验都将带来环境污染及安全等问题。为此，需寻找一套实验室表征灭火性能的参数。我们根据 AFFF 的灭火原理，结合我们对 AFFF 配方研究的结果，提出简单、可行的 AFFF 灭火性能的实验室评价方法[4]。

（1）铺展性能的测定　实验室测定铺展的方法非常简单，以我们实验室测定铺展的实验为例：在直径为 14.15cm 的表面皿中盛放 100mL 橡胶工业用溶剂油或汽油（所用油应与"国家固定灭火系统和耐火构件质量监督检验中心"实际灭火测试一致），用注射器（针头直径已准确测定）将 AFFF 预混液（无泡沫）滴加到油表面，观察铺展情况。观察时应使视线与油面相平。记录以下参数。

① 铺展时间　从液滴与油表面接触至变成液膜的时间，用 t_s 表示。以铺展时间小于 0.5 s 作为迅速铺展的标准。

② 铺展量　在同一位置滴加水溶液（5s 加 1 滴），出现第 1 滴水溶液下沉所加入的水溶液的体积，用 V_s 表示。

上面参数中，t_s 越小，V_s 越大，铺展性能越好。

可以看出，铺展性能的测定非常简单，不需要特殊的仪器设备，而且容易操作。更重要的是，更接近于灭火剂的实际情况。

（2）泡沫性能的测定　测定泡沫性能常用的方法是 Ross-Mile 法。可参考"JB／T 7624—2013，表面活性剂发泡力的测定：改进的 Ross2Mile 法"和"GB／T 13173—2008，洗涤剂发泡力的测定（Ross-Mile）法"。Ross 泡沫仪有刻度，可以测定发泡倍数、泡沫稳定性和 25％析液时间。而且利用 Ross 泡沫仪的夹层通水可控制温度。

若无 Ross 泡沫仪，也可粗略地用下面方法代替：取 100mL 刻度具塞试管（或量筒），直径约 2.5cm。加入一定体积（V_1）AFFF 预混液，盖紧塞子，用力振摇，直到泡沫高度基本不再变化为止。记录下面数据：

① 泡沫体积（V_p）　用下式计算发泡倍数（α）：

$$\alpha = V_p/V_1$$

例如：若预混液体积为 10mL，最大泡沫体积为 70mL，则发泡倍数为 7。

② 25% 析液时间　将振摇后的试管静置，去掉塞子，记录析出 25% 液体的时间。例如，若加入的预混液体积为 10mL，则 25% 析液时间为析出 2.5mL 液体的时间。

③ 泡沫稳定性　将振摇后的试管静置，去掉塞子，记录泡沫消失一半和泡沫基本完全消失的时间。上述操作可在同一试管中一次完成。可同时用三个试管测定，取三次的平均值。

上述测定可通过与商品 AFFF 做比较试验，判断所测 AFFF 的灭火性能。

依据经验，一般经上述测定，即可比较全面的评价 AFFF 的灭火性能。若需进一步验证，还可以用下面方法简单评价水膜对油面的密封性能。

（3）水膜对油面的密封性能　实验室试验水膜对油面的密封性能的方法如下：在直径 4cm 的烧杯中盛放 30mL 橡胶工业用溶剂油或车用汽油，用注射器将 0.1mL 氟碳表面活性剂水溶液滴加到油表面，在离油面 1cm 高度处过明火，观察油是否被点燃。记录油能被点燃的时间 t_b。t_b 越大，水膜对油面的密封性能越好。

需要指出的是，由于表（界）面张力与温度有关，水膜对油面的密封性能与温度和相对湿度有关。因此铺展性能和密封性能的测定应在指定的温度和湿度范围进行。可用空调控制室温，用加湿机和除湿机控制室内相对湿度。

◀ 5. AFFF 配方实例 ▶

图 17.1 是几种用于 AFFF 的长链氟碳表面活性剂。表 17.1 是美国 3M 公司的一种 6% 型 AFFF 浓缩液配方，在直径 1.82m 的圆形油盘进行的灭火实验中，灭火时间为 41s（淡水）、49s（海水），抗烧时间为 360s（淡水）、294s（海水）[4]。3M 公司 AFFF 中氟碳表面活性剂的类型至数十种，包含多种类型的全氟辛基磺酰基（$C_8F_{17}SO_2$—）、全氟辛酰基（$C_7F_{15}CO$—）及全氟己基磺酰基（$C_6F_{13}SO_2$—）化合物[4]。2000 年，3M 公司进一步提出了一系列全氟 α-甲基-烷基羧酸衍生物 [$C_nF_{2n+1}CF(CF_3)CONHR$，$n=5\sim10$，R 为碳氢结构单元] 的合成方法，及该类化合物在 AFFF 中的应用。表 17.2 为一个典型的 3% 型 AFFF 配方，该型灭火剂经淡水或海水稀释后在 4.7 m² 圆形油盘中进行测试，结果如表 17.3 所示，完全满足美国国防部标准[4]。除 3M 公司以外，德国 Gruenau Illertissen GmBH 公司、英国 Chubb Fire & Security 公司、美国 Verde Environmental 公司、日本 Dainippon Ink & Chemicals 公司等均在该领域占有一席之地[4]。

我国 AFFF 的研究起步较晚。1979 年，公安部天津消防研究所和上海有机所共同研制出第一代 AFFF，并在 1983 年、1995 年研制成功第二代、第三代产品。近年来，北京大学、中国科学技术大学、国内一些消防公司等提出了多种 AFFF 配方[4]。

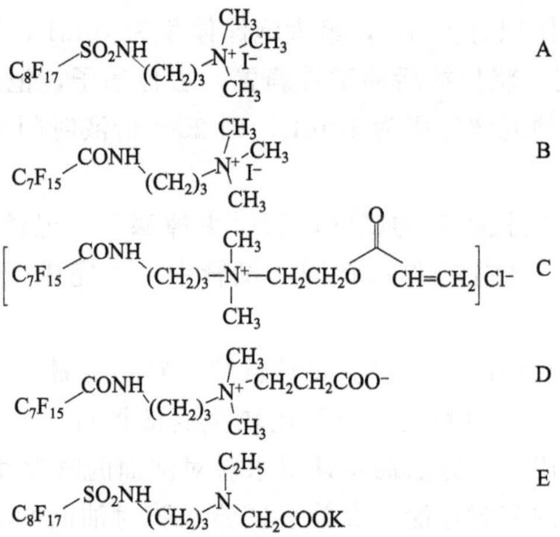

C_8F_{17}—SO_2NH—$(CH_2)_3$—$\overset{\overset{CH_3}{|}}{\underset{\underset{CH_3}{|}}{N^+}}$—$CH_3$ I^- A

C_7F_{15}—$CONH$—$(CH_2)_3$—$\overset{\overset{CH_3}{|}}{\underset{\underset{CH_3}{|}}{N^+}}$—$CH_3$ I^- B

$\left[C_7F_{15}\text{—}CONH\text{—}(CH_2)_3\text{—}\overset{\overset{CH_3}{|}}{\underset{\underset{CH_3}{|}}{N^+}}\text{—}CH_2CH_2O\text{—}\overset{\overset{O}{\|}}{C}\text{—}CH\text{=}CH_2 \right] Cl^-$ C

C_7F_{15}—$CONH$—$(CH_2)_3$—$\overset{\overset{CH_3}{|}}{\underset{\underset{CH_3}{|}}{N^+}}$—$CH_2CH_2COO^-$ D

C_8F_{17}—SO_2NH—$(CH_2)_3$—$\overset{\overset{C_2H_5}{|}}{N}$—$CH_2COOK$ E

图 17.1 应用于 AFFF 的氟碳表面活性剂结构[4]

表 17.1 3M 公司 6%型 AFFF 配方[4]

组分	质量分数
$C_6F_{13}SO_2N$ (CH_2COO^-) $C_3H_6N^+$ (CH_3)$_3$	4%
$C_8F_{17}SO_2N$ (C_2H_5) CH_2COOK	2%
C_4H_9O (CH_2CH_2O)$_2H$	25%
Pluronic F-77①	5%
N (C_2H_4OH)$_3$	1.5%
H_2O	62.5%

①聚氧乙烯/聚氧丙烯/聚氧乙烯嵌段共聚物，平均分子量 6600，聚氧乙烯含量 70%。

表 17.2 3M 公司 3%型 AFFF 配方[4]

组分	质量分数
$C_7F_{15}CF$ (CF_3) $CONHC_3H_6N$ (CH_3)$_2O$	1.5%
$n\text{-}C_8H_{17}SO_4Na$	2%
C_4H_9O (CH_2CH_2O)$_2H$	25%
sodium cocoamphopropionate①	3%
H_2O 及共溶剂	68.5%

①椰油酰两性基丙酸钠。

表 17.3　3M 公司 3%型 AFFF 灭火性能[4]

测试项目	淡水稀释	海水稀释	国防部标准
发泡倍数	8.2	7.8	＞5.0
25%析液时间/s	204	202	＞150
灭火时间/s	40	40	＜50
抗烧时间/s	410	369	＞360

（二）氟蛋白泡沫灭火剂（FP）

蛋白泡沫灭火剂是以动/植物蛋白质水解液为主要成分的灭火剂，可用于扑救 A 类和 B 类火灾，是开发较早的泡沫灭火剂。受益于较低的成本，至今仍占有很大的市场份额。但运用蛋白泡沫灭火剂扑救 B 类火灾时，泡沫不能抵抗油类的污染，液下喷射法上升到油面后泡沫本身含的油足以使其燃烧，导致泡沫的破裂，灭火效果较差。因此，科研人员将氟表面活性剂添加进普通泡沫灭火剂中制成 FP。与普通蛋白泡沫灭火剂相比，FP 具有以下性能特点：表/界面张力低；泡沫流动性好；抗油类污染强，可液下喷射。

在灭火过程中，FP 具有以下优点。

（1）灭火速度快　由于氟表面活性剂降低了表面张力，从而降低了液体的剪切力和流动阻力，提高了泡沫的流动性，使泡沫能迅速覆盖在火焰表面，阻隔空气中的氧气达到灭火目的；

（2）灭火效率高　灭火速度比普通蛋白泡沫灭火剂快 3～4 倍，且不易复燃，具有自封作用，将局部火焰自行扑灭。

FP 是 20 世纪 60 年代国外开发出的灭火剂。表 17.4 为一种 6%型海水型氟蛋白泡沫灭火剂配方，该灭火剂以胶原蛋白水解产物和四氟乙烯五聚体氧基苯磺酸钠（$C_{10}F_{19}O—C_6H_4—SO_3Na$）为主体，泡沫丰富，可以实现高效灭火并防止复燃。研究还表明，与胶原蛋白水解后添加 $C_{10}F_{19}O—C_6H_4—SO_3Na$ 制成的灭火剂相比，胶原蛋白与四氟乙烯五聚体氧基苯磺酰氯（$C_{10}F_{19}O—C_6H_4—SO_2Cl$）共同碱水解得到的灭火剂抗复燃能力更强[4]。

我国一些单位也研发出 FP[4]，如以动物蹄角粒水解蛋白和 6201 氟碳表面活性剂（$C_{10}F_{19}O—C_6H_4—SO_3Na$ 和 $C_8F_{15}O—C_6H_4—SO_3Na$ 混合物）为核心组分，碳氢表面活性剂、稳定剂、缓冲剂和防腐剂等为辅助，混合后得到 3%型和 6%型 FP。

表 17.4　6%型氟蛋白泡沫灭火剂配方[4]

组分	质量分数
胶原蛋白水解物①	8%
$C_{10}F_{19}O—C_6H_4—SO_3Na$	1.44%
尿素 [$(NH_2)_2CO$]	16%

续表

组分	质量分数
硫脲 [（NH₂）₂CS]	8%
异丙醇 [（CH₃）₂CHOH]	16.6%
月桂基硫酸三乙醇胺 [C₁₂H₂₅SO₄NH（C₂H₄OH）₃]	1.6%
聚氧乙烯/聚氧丙烯共聚物	8%
水	40.36%

① 以胶原蛋白水解投料量计

（三）成膜氟蛋白泡沫灭火剂（FFFP）

FP 原料易得、价格低廉，添加的氟表面活性剂改善了蛋白泡沫的流动性和疏油能力。AFFF 由于表面张力极低，析液时间较快，可以在烃类燃料表面形成水膜，灭火迅速，并对挥发性较强的烃类燃料具有很好的封闭能力，且储存性能稳定，是泡沫灭火剂的发展方向。然而 FP 和 AFFF 也存在不尽如人意的一面：FP 的灭火性能和封闭性能均不如 AFFF，且储存期相对较短；AFFF 的抗烧性能不如蛋白类泡沫，且价格昂贵，不利于推广应用。因此开发 FFFP，将 FP 和 AFFF 的优势结合起来，使其具备先进性和实用性。

FFFP 首先见于 20 世纪 60 年代，国外一些公司[4]有产品推出。典型的 FFFP 配方如表 17.5 所示，其核心组分 J1 由全氟烷基碘 [$C_n F_{2n+1} I$，$n=6(46.5\%)$、$8(34.0\%)$、$10(12.0\%)$、$12(3.9\%)$ 及 $14(3.6\%)$] 与一定比例的丙烯酸/丙烯酰胺加成得到，其结构可表示为 $C_n F_{2n+1}$ [$CH_2—CH（COOH）$]₈ [$CH_2—CH（CONH_2）$]₁₂I。该灭火剂用淡水或海水稀释后可用于 B 类火灾扑救，测试结果显示该型 FFFP 兼具高发泡倍数、低表面张力、快速铺展能力和高抗溶性能；灭火实验结果表明，该型 FFFP 具有灭火速度快和抗复燃能力强等优点。

表 17.5　3%型 FFFP 配方

组分	质量分数
水解蛋白	36.0%
J1	1.6%
$C_6 F_{13} C_2 H_4 SO_2 NHC_3 H_6 N^+（CH_3）_2 CH_2 COO^-$	2.7%
水	59.7%

（四）抗复燃超细干粉灭火剂

干粉灭火剂具有灭火效能高、适用范围宽及适于储存等特点，是一类重要的灭火剂。但其疏油性往往较差，用于灭油类火时，喷射到着火油面上的干粉粒子会很快沉入油中，油面上的局部残留火极易引起整个油面的复燃。碳氟链具有既疏水又疏油的特性，通过氟表面活性剂对干粉表面进行处理可以得到抗复燃干粉灭火剂，是灭火剂发展的一个重要方向。

一种抗复燃干粉灭火剂[4]的实施方式为：2g 含氟化合物（全氟辛基化合物、全氟辛基磺酰基化合物或二者混合物）溶于 100g 丙酮，再向其中加入 100g 碳酸钠粉末（比表面积为 1400cm²/g），搅拌得到浆状物，过筛收集滤渣，干燥后得到抗复燃碳酸钠干粉。一系列含氟化合物被用于该研究，结果显示 $C_7F_{15}CONH(CH_2)_3N^+(CH_3)_2CH_2CH_2COO^-$、$C_7F_{15}CONH(CH_2)_5N(CH_3)_2$ 和 $C_8F_{17}SO_2NH(CH_2)_3N^+(CH_3)_3I^-$ 三者等重量混合处理干粉表面得到的抗复燃干粉流动性好、不被油品浸润、能够在油面上漂浮并自行完成铺展，其灭火性能和抗复燃能力最好。

近年来，干粉灭火剂的一个发展方向是超细干粉灭火剂，即质量分数为 90% 的颗粒粒径小于或等于 20μm 的固体粉末灭火剂。超细干粉灭火剂具有容积效率高、初始成本低、灭火速度快、对环境无不良影响等优点。由于微粒极为细小，超细干粉灭火剂的表面活性大幅增强，微小颗粒易于均匀分散、悬浮于空气中形成相对稳定的气溶胶，以占满三维空间的方式与火焰接触，产生隔离法灭火效果；同时，微小颗粒在火焰中受热分解速度加快，捕捉自由基或活性基团能力提高，能够更好地发挥化学抑制的灭火机理。超细干粉灭火剂可用于 B 类、C 类和 A/B 混合火灾的扑救。常见的超细干粉灭火剂为磷酸铵盐灭火剂，性能突出但仍存在疏油性差的固有缺陷。因此，抗复燃超细干粉灭火剂是当前干粉灭火剂的研究重点之一，也是 Halon 替代品的研究方向之一。

一种制备抗复燃超细磷酸铵灭火剂的方法[4]：磷酸二氢铵、硫酸铵及粉碎助剂混合后用气流法进行超细粉碎，得到平均粒径为 5μm（比表面积为 5436cm²/g）的颗粒；将 0.2% 颗粒重量的氟表面活性剂（结构如图 17.2 所示）溶于少量丙酮中，加入粉体中并恒温高速搅拌处理数小时后烘干得到超细磷酸铵盐干粉灭火剂。测试表明，该灭火剂吸湿性、流动性、疏水性、疏油性及松密度等理化指标均满足标准要求。灭火实验以 90 号汽油为燃料，在直径 686mm 的油盘中进行。汽油预燃 60s 后，将干粉通过高压氮气喷施于油盘中，1s 内即实现灭火，且具备抗复燃能力。与普通干粉灭火剂比较，抗复燃超细干粉灭火剂具有灭火速度快、灭火成功率高及干粉用量少等优点[4]，是未来干粉灭火剂的研究开发重点。

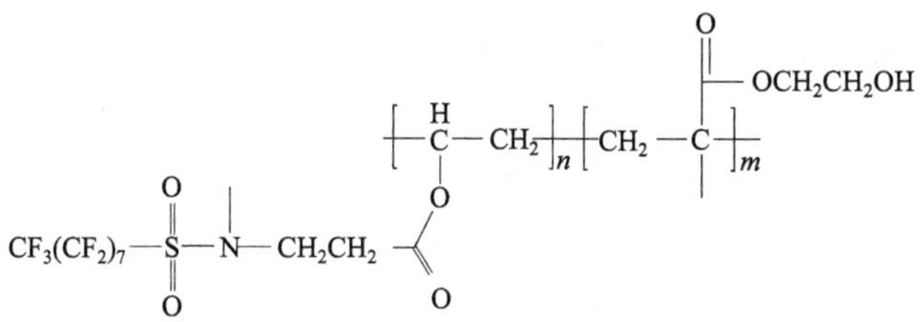

图 17.2　超细磷酸铵盐干粉灭火剂表面处理剂[4]

（五）Halon 灭火剂替代物

三氟一溴甲烷（CF_3Br，Halon 1301）和二氟一氯一溴甲烷（CF_2ClBr，Halon1211）以其很高的灭火效率、较低的毒性、良好的扩散性能和无残留，作为灭火剂已广泛应用多年，能够快速有效地扑灭常见火灾。但由于 Halon 灭火剂化学性质的特殊性，其释放后会长期滞留在臭氧层中，持续消耗大气层中的臭氧分子，对臭氧层造成严重的破坏。因此，1994 年签署的《关于消耗臭氧层物质的蒙特利尔协定书》全面禁止了 Halon 灭火剂的生产，对 Halon 型灭火剂的使用、运输、存储等都进行了越来越严格的限制。多年来世界各国都在开发 Halon 灭火剂替代物。

Halon 灭火剂替代物有水基泡沫灭火剂、细水雾灭火剂、惰性气体灭火剂及新型氟化物灭火剂等。其中氟化物灭火剂是当前研究重点，目前研究关注的化合物（部分产品已实用）有三氟甲烷（CHF_3、HFC 23）、六氟丙烷（$CF_3CH_2CF_3$）、七氟丙烷（CF_3CHFCF_3）和全氟己酮 $[C_2F_5COCF(CF_3)_2]$ 等。与 Halon 灭火剂类似，上述灭火剂也是通过隔绝可燃物与氧气接触，降低空间中氧含量，并且与火焰中自由基或活性基团反应等方式，综合运用隔绝、窒息及化学抑制法实现灭火。

我国已于 2005 年停止生产 Halon 1211，2010 年停止生产 Halon 1301，对于气体灭火药剂禁止使用含氢氯氟烃、含氢溴氟烃、含全氟烃类物质和五氟乙烷作为 Halon 灭火剂替代物，可以使用惰性气体以及含氢氟烃的物质（HFC 23、HFC 227ea、HFC 236fa）作为 Halon 灭火剂替代物。

全氟己酮是美国 3M 公司于 2002 年开发的一种灭火剂[4]，它对环境友好，对人员安全，不具有导电性，灭火后不留残渣，不会损害设备，并且拥有优良的灭火性能，适用于需要洁净灭火剂且有人工作的场所。目前该产品正在国内快速推广[4]。国内亦有相关研究[4]，但截至目前尚未有产品推出。

三、含氟织物整理剂

织物整理是指在织物经过练漂、染色或印花加工后，为改善和提高织物品质，赋予纺织品特殊功能所做的进一步处理。用于织物整理的化学品称为织物整理剂。纺织品经过浸轧、浸渍或喷涂功能性整理，其表面性质发生改变，从而具有多种功能特性。织物整理剂中最为引人注目的是织物"三防"整理剂。

织物"三防"整理剂是指能改变纺织品的表面性能，使其具有防（拒）水、防（拒）油、防（拒）污（简称"三防"），亦即不易被水、油、污所润湿或沾污的一种多功能织物整理剂。"三防"通常也包括"易去污"，因此也有文献把"三防"定义为防水、防油（防污）和易去污。

文献中也常把防水和拒水、防油和拒油区分开来。防水或防油指在织物表面沉积或涂布一种成膜材料，使水滴或油滴不能透过织物；而拒水或拒油则是指通过改变纤维表层分子的组成使水或油不能润湿织物表面从而实现水或油不能透过织物的目的。

织物"三防"整理剂主要为含氟化学品，称为含氟织物整理剂（或含氟整理剂、含氟防水防油剂、含氟拒水拒油剂等）。近年来纳米技术用于织物整理，由此产生的纳米织物整理剂也是织物"三防"整理剂的一个重要类别。

含氟整理剂应用范围跨越所有的天然及人造合成纤维，可用于涤纶、涤棉、纯棉、维纶、黏胶纤维等织物的耐久性拒水拒油整理加工。此外还可通过整理剂的复配，获得防污、耐洗、耐磨、柔软、抗静电、抗皱、透湿透气、防霉、防蛀等其他优良性能。经过"三防"整理的纺织品可广泛应用于服装面料（如高端成衣——风衣、夹克衫、休闲装、垂钓服等）、生活用布（伞布、帐篷、厨房用布、餐桌用布、浴帘、装饰用布）、产业用布〔如各种防护服——油田、矿井、消防（与阻燃整理复合）和化学防护服以及手术用布〕、劳保用布（如耐气候服装）和军队用布〔特种军服（防化部队）〕等多种领域。

需要指出的是，织物"三防"整理剂对织物的处理作为一种表面处理方法，不仅用于纺织品，也可用于皮革、纸张、玻璃等的"三防"处理，同时在文物保护、防腐抗污涂料、塑料光纤、隐形眼镜、防反射涂膜等领域都有很好的应用。

（一）类型和分子结构

商品化的含氟织物整理剂主要有两类：一类是早期的氟羧酸络合物，典型代表是全氟辛酸与铬的络合物；另一类是含氟聚合物（含氟树脂），主要是丙烯酸氟烃类树脂。目前综合性能最优异的是含氟的有机聚合物，市场上主要是这一类。本章不特指的情况下，含氟织物整理剂即为后者。

1. 全氟辛酸与铬的络合物

商品化的全氟辛酸与铬的络合物即 3M 公司的 Scotchguard™ FC-805，它是以全氟辛酸（$C_7F_{15}COOH$）为起始剂在甲醇中经铬化制成，反应式如下：

它能与纤维素纤维形成共价键，反应式为：

由于是共价键结合，故耐洗性优良，同时因为全氟烷基排列在外层，且全氟烷基末端的 CF_3 均匀致密地覆盖在最外层，所以具有良好的拒水拒油效果。但铬离子的存在会使织物呈绿色，若与铝、锆类防水剂混用，则可消除此缺陷。

2. 含氟聚合物（含氟树脂）

聚合物（或树脂）类含氟织物整理剂是目前市场上主流的织物"三防"整理剂。其配方产品分为乳液型和溶剂型两大剂型，目前市售商品以乳液型为主，通常是含氟聚合物（"活性成分"）的水性分散液，其中添加了乳化剂、助溶剂等，以形成稳定的整理剂乳液。

工业上生产的该类含氟织物整理剂是由一种或几种氟代单体与一种或几种非氟代单体共聚而成。氟代单体提供拒水拒油性，非氟代单体则提供成膜性、柔软性、黏合性、耐洗性、防污性等。所得含氟织物整理剂的碳氢主链经设计可强烈吸附甚至键合于织物表面，而碳氟链则共价连接在碳氢主链上。图 17.3 为含氟织物整理剂和被整理织物的结构示意图。

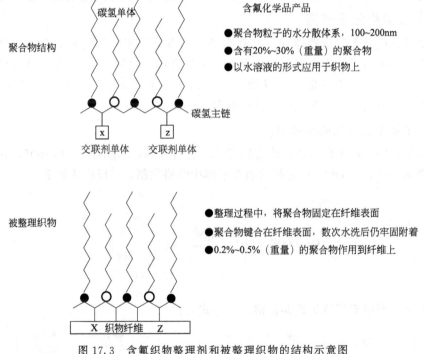

图 17.3　含氟织物整理剂和被整理织物的结构示意图

含氟织物整理剂主要为含氟聚丙烯酸酯类、含氟聚氨酯类等含氟聚合物。目前，工业上最常用并大规模生产的是含氟烷基的丙烯酸酯类化合物，包括含氟丙烯酸酯或甲基丙烯酸酯类聚合物，是通过含有碳氟链的丙烯酸单体与其他单体（乙烯基系单体）反应共聚而成，分子结构如图 17.4 所示。此种含氟丙烯酸酯聚合物不仅具有含氟聚合物表面张力低，拒水、拒油性能好等特性，同时兼具良好的化学惰性、耐候性、抗紫外线、透明且折射率低等优点，还保持了丙烯酸酯聚合物成膜性和附着性好的特点，可牢固附着于织物纤维表面，赋予织物较为持久的疏水、疏油性能。整理后织物的色泽、手感、透气性、强度等几乎无变化，因而不仅能抵御雨水、生活及工业中一般油水物质的沾污，又能让人体的汗液、汗气即时排出。

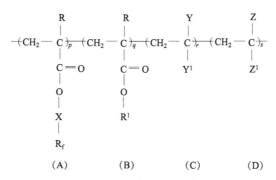

图 17.4　含氟丙烯酸酯共聚物的分子结构

式中 R 为 H，CH_3；R_f 为含氟烷基，如 C_nF_{2n+1}，$C_nF_{2n+1}(CH_2)_m$，$n = 4 \sim 10$，$m = 1$，2；X 为连接基，如 $SO_2N(R^1)CH_2CH_2$，$CON(R)CH_2CH_2$，R＝H，CH_3，C_2H_5；R^1 为 C_nH_{2n+1}，$n = 1 \sim 12$；Y，Y^1，Z 为 H，CH_3，Cl，OH 等；Z^1 为 NHR 等

图 17.4 中这类聚合物可认为是由聚合物主链、含氟烷基及其他基团所组成的。一般情况下，通过 4 种单体［图 17.4 中（A）～（D）］共聚而成。下面对各部分的功用做具体介绍。

（1）聚合物主链　聚合物主链（骨架）本身不含氟，但它是聚合物重要特征的载体，影响聚合物膜的形成、膜的硬度和在纺织品基体上的牢度。

目前最主要的聚合物主链分别基于聚丙烯酸酯和聚甲基丙烯酸酯（分别对应图 17.4 中 R＝H 和 R＝CH_3）。在相同的共聚组分存在下，以聚丙烯酸酯为主链时，其拒油效果比聚甲基丙烯酸酯好，然而以聚甲基丙烯酸酯为主链的聚合物的拒水性更优，原因可能是主链上的甲基增强了对碳氢主链的屏蔽作用，使水不能侵入，但却阻止不了油的侵入。

（2）含氟单体　含氟单体是含氟织物整理剂中的关键单体，其与拒水拒油性能的优劣有直接联系。其中全氟或部分氟化的烷基通过连接基（X）与（甲基）丙烯酸酯连接。不同商品的含氟烷基各不相同，最常见的主要有 C_nF_{2n+1} 和 $C_nF_{2n+1}(CH_2)_m (n = 4 \sim 10，m = 1，2)$ 等。

商品中氟烷基可能是单一组分，也可能是不同碳数氟烷基的混合物。

含氟单体中连接含氟烷基和（甲基）丙烯酸酯基的连接基（X）在不同公司产品中各有不同，甚至是该公司申请专利保护的内容，各种整理剂之间的差异主要在于全氟烷基与聚合物主链之间的连接基。常见的连接基团主要有 $SO_2N(R)CH_2$ CH_2 和 $CON(R)CH_2CH_2(R=H，CH_3，C_2H_5)$ 等。

（3）非氟单体 非氟单体的加入可使含氟织物整理剂的性能更加完善。通常把非氟单体称为第二单体、第三单体、第四单体等。也有文献把非氟单体中的基团分为改性基团、扩展基团和活性基团等。引入适当的非氟单体是调节整理剂性能、降低成本的重要手段。而且非氟单体中的反应性基团（主要指带有交联基团或能与纤维和交联剂反应的基团）是提高整理剂在织物上的结合牢度、改善被整理织物耐洗涤性的主要途径。

非氟单体通常含有乙烯基以及可以进一步交联的基团，有时还包括含有水溶性阴离子基团的离子单体。非氟单体主要包括以下几类。

① 长链的丙烯酸脂肪醇酯，如丙烯酸酯及甲基丙烯酸酯类。它们与含氟单体共聚，可以调节膜的刚柔性和共聚物的玻璃化温度，达到提高聚合物分子链的柔顺性、降低聚合物的结晶度、增强织物整理剂的防水性能、赋予织物整理剂优良的成膜性的目的。

② 含氯的不饱和单体，如氯丙烯、偏氯丙烯、氯丁二烯等，起缓冲作用。

③ 含反应基团的不饱和单体，它们可以自身交联或与纤维之间发生交联，加强共聚物成膜性能、与纤维的黏合性能，提高整理后织物的耐磨性能以及耐洗涤性能等。此类单体一般以活性基团易与纤维中羟基或胺基反应为主要考虑因素。如（甲基）丙烯酰胺及其羟甲基化合物、甲基丙烯酸羟乙酯、二丙酮丙烯酰胺及其羧甲基化合物等。引入的这些与聚合物主链相连接的反应性侧基在一定条件下把聚合物牢固地结合在纺织品基体上。

④ 功能性单体，为了赋予含氟织物整理剂一些新功能，往往要加入各种功能性单体，典型的例子如 $CH_2=CHCOOCH_2CH_2N^+(CH_3)_3Cl^-$ 或 $CH_2=CHCOOC_{14}H_{28}N^+(CH_3)_3Cl^-$，亲水性基团的引入可达到易去污的目的。特别值得一提的是在分子中引入聚氧乙烯醚或嵌段共聚物链，可增加抗静电、易去污的功能。此类整理剂的氟烷基在纺织品表面定向密集排列，其低表面张力产生拒油性，在水中时，处于中间部位的亲水性链段又会在织物表面定向排列，使其亲水化，产生易去污和防止再沾污的作用。

不同的研究者或生产者对含氟共聚物的组成有不同的看法。这一点不仅反映在研究论文、专利中，也充分体现在具体产品中。

含氟织物整理剂的"三防"原理及整理机制详见参考文献[5]。

（二）生产

含氟织物整理剂的生产主要由三部分组成，首先得到含氟烷基，然后与（甲基）丙烯酸生成含氟单体，最后与其他乙烯类单体共聚。

含氟织物整理剂配方产品通常需制成乳状液或分散悬浮液才能使用，因此需使用一个合适的乳化剂来稳定。过去使用较多的是烷基酚聚氧乙烯醚（APEO），由于其对环境和人体健康的严重危害，目前采用脂肪酸聚氧乙烯醚（非离子型表面活性剂）或季铵盐（阳离子型表面活性剂）来取代。实际上都是采用几种表面活性剂的混合物来乳化，它们能形成更稳定的乳液，当然乳化剂的选择和用量很重要，否则会影响多功能整理的效果。

更多内容详见参考文献[5]。

（三）列入持久性有机污染物的纺织用含氟产品及其替代品

全氟辛烷磺酰氟/全氟辛烷磺酸及其盐类（PFOS）和全氟辛酸及其盐类（PFOA）是制造纺织品"三防"整理剂的两个最常用的有机氟化合物。PFOS在纺织品生产领域中使用最广泛的是作为前处理和后整理中的表面活性剂，另外如抗紫外线、抗菌等功能性后整理所使用的助剂也含有PFOS，而最典型的就是制备防水拒油和抗污整理剂。

目前国际市场上禁用和限用的纺织助剂包括PFOS和PFOA。因此目前含氟织物整理剂最迫切的问题是开发 C_8（PFOS和PFOA）的替代品。主要的替代品如下。

① 短氟碳链产品，即含有4或6个氟碳原子的较短氟烷基侧链的产品（分别简称为 C_4 和 C_6）。如前所述，C_4 产品基本不具备生物累积性，已被一些机构认可，但 C_6 产品仍有较大争议。有些生产商则倾向于研究更长的侧链（C_{10} 或 C_{12}）。

② 非全氟链段代替全氟链段的产品。

③ 纳米型含氟整理剂。

④ 氟硅系列产品。

⑤ 复配型含氟整理剂，包括：含氟整理剂与其他整理剂复配；含氟整理剂与助剂复配。

⑥ 聚四氟乙烯整理剂

⑦ 树枝状无氟产品

以上替代品的详细介绍见参考文献[3，5]。

（四）含氟亲水整理剂（含亲水链段的含氟易去污剂）

理想的织物"三防"整理剂应同时具有防污和易去污的性能。若将含氟链段引入到高分子亲水整理剂中（也可理解为在含氟织物整理剂分子结构中引入亲水性基团），可使整理后的织物表面不但具有抗静电作用，还具有拒油防污作用，从而减少表面的清洗次数，使整理效果更持久。

这样的含氟聚合物结构中既有含碳氟链段，同时又含有羟基、羧基、聚醚基等亲水性链段。典型的亲水性链段是聚氧乙烯的高分子，这类易去污聚合物可看作是氟化合物与亲水性聚氧乙烯共聚的高分子。

由于这类含氟聚合物分子中引入了聚氧乙烯等亲水性基团，从而具有与其他含氟整理剂完全不同的界面行为。因此将其用于纺织品整理后，当暴露在空气介质中（固/气界面上）时其含氟链段定向分布于布面上，亲水链段则在表面下，从而形成固/气界面上的低能表面，表现出防水、拒油和防污性；但当织物转入水中后，在固/液界面上，由于聚氧乙烯的亲水性，亲水链段分布于表面上，不同结构的疏水侧链将分布在表面下，从而改善润湿性，在水或表面活性剂水溶液（洗涤剂）作用下，表面易于润湿，变为易去污型界面；烘干后，两种链段的分布位置又翻转过来。在烷烃或表面活性剂烷烃溶液（干洗过程）形成的固/液界面上，不同结构侧链端基和聚氧乙烯链段的运动和界面现象更为复杂。该领域有待进一步研究。

四、全氟磺酸树脂和全氟磺酸离子交换膜

全氟磺酰氟树脂（perfluorinated sulfonyl fluoride resin，PFSR）是四氟乙烯（tetrfluoroethylene，TFE）与含有磺酰氟基团的全氟烷基乙烯基醚共聚得到的聚合物；PFSR 经水解转型后得到主链、侧链均为氟碳结构，侧链上带有磺酸基团的全氟磺酸树脂（perfluorosulfonic acid resin，PFAR）[6]。20 世纪 60 年代美国DuPont 公司制备出 PFAR，并以此为基体材料制成商品名称为 Nafion® 的全氟磺酸离子交换膜（用于燃料电池的称为全氟磺酸质子交换膜，PFSIEM）。PFSIEM有着优良的热稳定性、化学稳定性、力学性能及电化学性能，用途非常广泛。当前，PFSIEM 大规模使用主要集中在氯碱工业和燃料电池行业，促进了全球氯碱工业向低能耗、无污染方向发展；也推进了燃料电池乃至燃料汽车领域的进步。PFSIEM 在电解制备装置、电渗析、化学催化、气体分离、气体干燥、污水处理、海水淡化等方面也有其他材料不可比拟的优势。

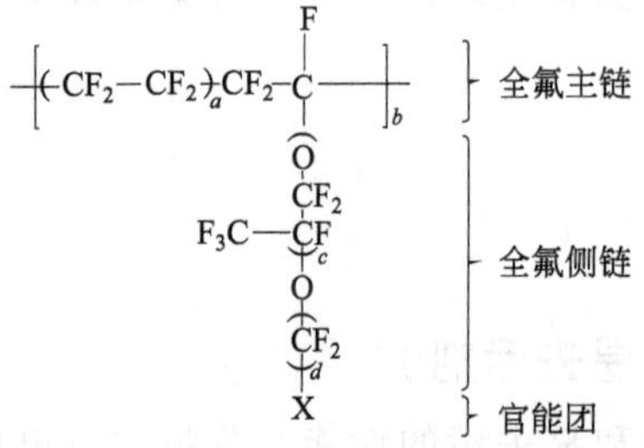

图 17.5 PFAR 和 PFSR 结构[6]

X =—SO₃H 时，全氟磺酸商品膜结构为：
Dow：$a = 3{\sim}10$，$c = 0$，$d = 2$；
Flemion：$a = 6{\sim}10$，$c = 0{\sim}1$，$d = 1{\sim}5$；
Aciplex：$a = 6{\sim}8$，$c = 0{\sim}3$，$d = 2{\sim}5$；
Nafion：$a = 6{\sim}10$，$c = 1$，$d = 2$

PFAR 是氟材料行业的尖端材料，PFAR及其相关化学品的生产难度较高，代表了一国化学工业的最高水平。目前 PFAR 规模化生产仍然掌握在少数几个国家手中，超额利润丰厚，也激励着该领域研究的开展。随着航天事业、能源产业和化学工业的不断发展，对性能更高、工作环境更为苛刻的 PFAR 的需求逐步提高，需要相关研究不断拓展 PFAR 的应用范围。值得欣慰的是，近年来，国产 PFAR 也有了一定发展。

从 20 世纪 60 年代起，随着工业生产的不断发展，迫切需要一种耐腐蚀性强、有较高的热稳定性和机械强度的膜材料。最早问世的全氟离子交换膜是由美国 DuPont 公司研制成功的 PFSIEM（Nafion®）。它可以满足热熔融状态下加工的要求，机械强度好，保持了含氟聚合物的高化学稳定性和高热稳定性，从一开始就受到了科学

家们的重视。

美国 DuPont 公司的 Nafion 系列 PFAR 及相应膜已经得到广泛应用，但相关研究还远远不够完善。除 Nafion 系列外，目前已开发的 PFSIEM 还有以下几种：Aciplex 系列膜（日本 Asahi Chemical 公司）、Flemion 系列膜（日本 Asahi Glass 公司）、Dow 膜（美国 Dow Chemical 公司）和 BAM 膜（加拿大 Ballard 公司）等。各类 PFSIEM（及相应的 PFAR、PFSR）的结构如图 17.5 所示，其中，当 X＝—SO₃H 时为 PFAR，X ＝—SO₂F 时为 PFAR 的前体 PFSR。

（一）用于氯碱工业的全氟磺酸离子交换膜

早在 1950 年就提出了用离子膜作为氯碱电解槽隔膜的方法，20 世纪 60 年代中期 Nafion 膜问世，为离子膜制碱技术的发展奠定了基础。离子膜法制碱法是 PFSIEM 应用最早、工业化最成熟的领域，具有能耗低、环保性能优良、操作简便的特点。其基本原理为：精制 NaCl 溶液注入反应槽阳极室，去离子水注入阴极室。电解时阳极室中 Cl⁻ 失电子生成 Cl₂ 从槽顶排出，Na⁺ 跨膜流向阴极室；同时，阴极室中 H⁺ 得电子生成 H₂ 从槽顶排出，但生成的 OH⁻ 不能跨膜进入阳极室，故而在阴极室中生成 NaOH 溶液，再经浓缩后得到烧碱。在此过程中，离子交换膜起到至关重要的作用。

日本 Asahi Glass 公司和 Asahi Chemical 公司在 20 世纪六、七十年代就深入进行氯碱工业全氟离子膜的研究开发工作。虽然 DuPont 公司 Nafion 系列产品的磺酸（—SO₃H）侧基的强酸性使膜中含水量较高，膜的电导率较大，但膜的离子选择性较差，电解时离子膜不能有效阻挡阴极室的氢氧根离子（OH⁻）随水的反渗透，带来的直接后果就是电流效率的下降以及阳极室中次氯酸盐等杂质的生成对设备的损害，直到 1975 年由日本 Asahi Glass 公司开发出新的商品名为 Flemion® 的全氟羧酸离子交换树脂和膜，氢氧根离子反渗透的问题才得到了根本解决。羧酸基团具有弱酸性和亲水性小的特点，能有效阻止氢氧根离子的反迁移，这一优点受到了普遍重视。1975 年 Asahi Chemical 公司将全氟离子交换膜应用于电解制碱上并实现工业化生产。1981 年，DuPont 公司用 PFSIEM 技术换取日本 Asahi Chemical 公司的全氟羧酸离子交换膜技术，采用全氟磺酸离子交换树脂和全氟羧酸离子交换树脂制备的复合膜能同时得到较低的膜电阻和较高的电流效率．这种复合膜被应用于氯碱工业，因而使 PFSIEM 真正进入氯碱工业大规模应用的时代。日本 Asahi Chemical 公司在与 DuPont 公司交换专利许可证之后，也开发了全新的性能稳定、长寿命的全氟磺酸-全氟羧酸复合离子膜，同 DuPont 公司开发的复合膜相比均为四氟纤维增强的全氟磺酸-全氟羧酸树脂复合膜，只是在结构上略有差异。

氯碱工业中全氟离子交换膜由全氟磺酸膜、全氟羧酸膜和 PTFE 增强网布复合而成。磺酸膜较厚，具有高电导率，羧酸膜较薄，对 Na⁺ 有高度选择性并可阻挡 OH⁻ 跨膜，提高膜的电流效率，两者与高强度 PTFE 共同使用可得到较低的膜电阻和较高的电流效率。离子交换膜制碱法制得的烧碱较隔膜法纯度高、能耗低，是目前最先进的氯碱工艺。PFSIEM 大规模使用促进了全球氯碱工业向低能耗、无污染方向发展。

（二）用于燃料电池的全氟磺酸质子交换膜

燃料电池工作原理为：燃料（氢气、甲烷）在阳极催化剂的作用下发生氧化反应，生成阳离子并给出自由电子；氧化物（通常为氧气）在阴极催化剂的作用下发生还原反应，得到电子并产生阴离子；阳极产生的阳离子或者阴极产生的阴离子通过质子导电而电子绝缘的电解质运动到相对应的另外一个电极上。与此同时，电子在外电路由阳极运动到阴极，使这个反应达到物质的平衡和电荷的平衡，外部的用电器就获得了燃料电池所获得的电能。

高效、清洁、经济、安全的燃料电池具有能量转换效率高、无污染的特性，受到业界重点关注。燃料电池的关键技术就是 PFSIEM。燃料电池领域也是 PFSIEM 应用迅速增长的领域。美国 GE 公司和 DuPont 公司合作开展 Nafion 系列膜在燃料电池领域的应用研究，使电池的寿命由 500h 大幅提高到 57000h。1966 年，Nafion 膜首次应用于宇航氢氧燃料电池，成为长寿命、高比功率的燃料电池的核心组件。20 世纪中后期，加拿大、英国、德国、意大利、前苏联（俄罗斯）等国家重新认识到 PFSIEM 燃料电池的军事用途和良好的商业前景，掀起了对 PFSIEM 燃料电池的大量研究，极大地推动了 PFSIEM 领域的发展。

氢燃料电池作为零排放（唯一排放的是水）、无污染的新能源，已被广泛应用于氢燃料汽车，目前氢燃料火车和氢燃料飞机也已问世。随着氢燃料电池电极材料的改进及制氢技术和储氢材料的发展，可以展望氢燃料电池更加广阔的应用前景。特别是随着人们开始对锂电池污染问题的注意，氢燃料电池有可能替代锂电池成为最重要的新能源之一。高温燃料电池是其中重要的发展方向，与其配合使用的 PFAR 是未来一个时期本领域的研究热点之一。

（三）催化用全氟磺酸树脂

PFAR 是一种固体超强酸，磺酸基团周围是全氟烷基，吸电子能力极强，使得磺酸基团的酸性极强，其酸强度与 100％的纯 H_2SO_4 相当。PFAR 的 Hammett 酸度函数（H_0）为 -13 至 -11（100％硫酸为 -12.3，对甲基苯磺酸仅为 0.55），作为固体强酸催化潜力巨大。同时，PFAR 的全氟碳链结构稳定，不与常见酸、碱、氧化剂及有机溶剂反应，热稳定性高，可在 200℃下长期使用而不发生降解。

DuPont 公司开发 PFAR 之后，科学家即发现其作为固体超强酸在有机合成中的价值。PFAR 在烷基化、酰化、硝化、磺化、磷酰化、聚合、缩合、醚化、酯化、水化及重排等反应中有广泛的催化作用。与液体酸催化剂相比，PFAR 具有低腐蚀性好、无废酸产生、产物易分离、催化选择性高及可重复使用等优点；与常见固体酸相比，PFAR 具有产率高、反应条件较温和、反应速率高等优势；与常规离子交换树脂相比，PFAR 酸性强、抗溶性好、热稳定性高、化学稳定性好。因此，PFAR 作为催化剂较通常催化剂具有明显优势，但其也存在成本高、比表面积低等缺陷。文献中报道了多种改进方法，如以电解槽中卸下的废弃离子交换膜做原料生产催化用 PFAR、开发多孔 PFAR、用高比表面积材料及纳米基材负载 PFAR、改进 PFAR 形貌等，有效提升了 PFAR 的比表面积，进而提高催化效率。

催化用 PFAR 也有一些缺点。首先是价格昂贵，国内催化用 PFAR 产品极少，大部分需要进口。其次，PFAR 比表面积小，反应物难于接触树脂颗粒内部的活性位点。当然，上述两个问题也正在逐步解决中，高比表面积的催化用 PFAR 业已有所报道，国内大规模生产也有可能在近年实现。

近 10 年来，随着氨纶行业快速发展，我国对聚四氢呋喃的需求量迅猛增长，需求缺口较大。而催化用 PFAR 是聚四氢呋喃生产的关键原料，国内相关产品很少，进口成本高，市场缺口大。因此，催化用 PFAR 是本领域另一个研究热点[6]。

（四）全氟磺酰氟/全氟磺酸树脂的制备

PFSR 是由含磺酰氟基的全氟乙烯基磺酰氟醚单体［应用最多的为全氟（4-甲基-3,6-二氧杂-7-辛烯）磺酰氟，perfluoro(4-methyl-3,6-dioxa-7-octen)sulfonyl fluoride，PSVE］与 TFE 共聚而成（如图 17.6 所示）。

PFSR 因为 SO_2F 基团的存在，热稳定性较无官能团全氟聚合物有所下降。另外，其黏度和加工温度均远低于 PTFE，加工性能优异。

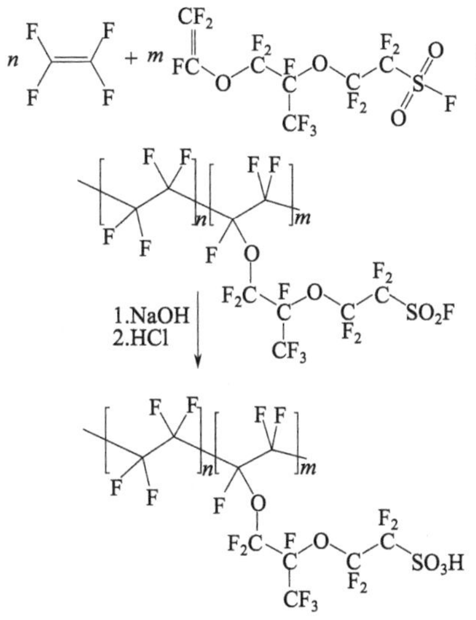

图 17.6　PFSR 及 PFAR 制备[6]

PFSR 制备完成后，经水解转型、酸化得到相应的 PFAR（如图 17.6 所示）[6]。

1. PFAR 制备所需重要单体

PFAR 生产所需的单体为 TFE 和含有磺酰氟官能团的全氟烷基乙烯基醚，后者的代表物为 PSVE。生产出符合聚合反应要求的单体是制备 PFAR 的基本前提。

（1）PSVE PSVE 是制备 PFAR 的核心原料，常通过图 17.7 所示途径制备。

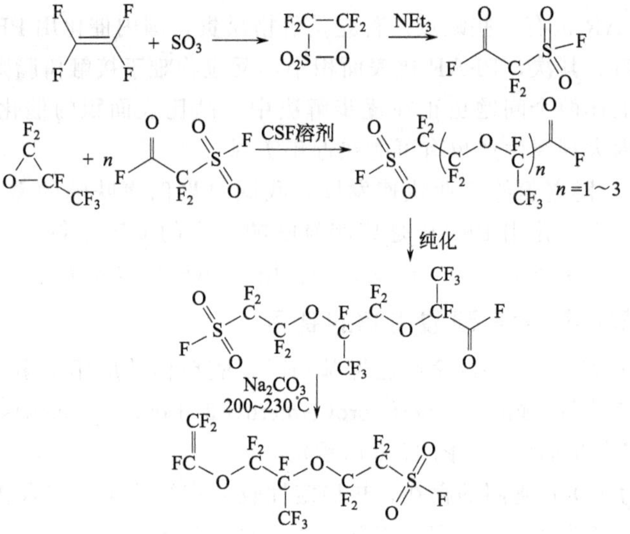

图 17.7 PSVE 制备[6]

（2）其他聚合单体 Dow Chemical 采用一氯五氟环氧丙烷代替六氟环氧丙烷与氟磺酰基二氟乙酰氟反应得到氯代全氟酰基磺酰氟，再脱羧得到 $CF_2=CFOCF_2CF_2SO_2F$ 单体，并运用该单体与 TFE 共聚后得到树脂，该树脂侧链较 Nafion 短[6]。

Asahi Glass 报道了具有类似结构的单体 $CF_2=CFOCF_2CF_2CF_2SO_2F$ ，并用于 PFAR 的制备[6]。

综上所述，以 PSVE 为代表的全氟烷基乙烯基醚反应条件苛刻，大规模生产难度较大，后聚合反应对产品稳定性要求很高，代表了化学工业的较高水平。

2. PSVE/TFE 共聚反应

PFAR 前体→PFSR——通过 PSVE（或其他全氟烷基乙烯基醚）和 TFE 共聚反应得到，再经过水解转型、酸化得到 PFAR。

该共聚反应为自由基反应，主要有三种聚合方式：本体聚合、溶液聚合、乳液聚合，其中前两种方式应用于生产较多。其中溶液聚合除了用氟碳化合物作溶剂外，还有其他物质可作溶剂。近期，用超临界 CO_2 做溶剂的（超临界 CO_2 聚合）聚合反应制备全氟磺酸树脂也得到了一定研究。由于 TFE 的聚合活性远大于 PSVE，欲得到高离子交换容量的 PFAR 需要加大反应中 PSVE 的投料量，而 PSVE 在反应中转化率较低，反应结束后需回收重复使用以降低成本。

该方法制备的 PFAR 的性能参数可通过 PSVE 与 TFE 投料比、温度、压力、反应时间等参数调节。反应温度、压力适中、暴聚风险低，是目前 PFAR 生产、研究的重点。

关于共聚反应条件、溶剂、引发剂及 TFE 加料方式等详细讨论见参考文献[6]。

（五）全氟磺酰氟/全氟磺酸树脂的加工工艺

PFAR 制备后得到的即为颗粒状产物，可直接或经后处理提高比表面积后应用于催化领域。PFSIEM 加工工艺较为复杂，基于 PFSR 的熔融挤出法（melt-extrusion casting method）和基于 PFAR 的溶液流延法（solution pouring method）是最常用的两种制膜方式。近年来，新的制膜方式也不断出现，如钢带流延法、卷材涂布法等。详见参考文献[6]。

（六）全氟磺酰氟/全氟磺酸树脂的表征手段

PFAR 可通过核磁共振氟谱（fluorine NMR，^{19}F NMR）、红外光谱（infrared spectroscopy，IR）等进行结构表征，热重分析（thermogravimetric analysis，TGA）可用于表征树脂的热稳定性；特别地，对于 PFSIEM，离子交换容量（ion exchange capacity，IEC）、含水率及溶胀度、电导率、甲醇渗透性（methanol permeability）、拉伸强度和熔融指数分别用于表征膜各方面的品质；对于催化用 PFAR，熔融指数和比表面积则是与催化效率关联最紧密的指标。

扫描电镜法（scanning electron microscope，SEM）、X 射线衍射法（X-ray diffraction，XRD）、凝胶渗透色谱（gel permeation chromatography，GPC）和激光动态光散射（dynamic light scattering，DLS）等方法也常用于表征 PFAR 及 PFSR 的形貌与结构。

需要综合考虑电导率、甲醇渗透性、含水率和溶胀度、拉伸强度和熔融指数和比表面积等指标。而催化用 PFAR 则需要尽量高的比表面积。在表征 PFSIEM 性能的参数中，最为关键的是离子交换容量（IEC），它是指单位重量（或体积）的离子交换材料能提供交换的离子的物质的量，是 PFAR 的核心指标之一，直接决定了其应用价值。其他表征性能的参数主要包括含水率和溶胀度、电导率。

PFAR 及 PFSR 表征手段及 PFSIEM 的品质参数详见参考文献[6]。

当前，一些研究围绕着 PFAR 的合成、制膜、表征及评价展开。而创新性较高、潜力较大的工作是围绕 PFAR 改性展开的。目前应用的 PFAR 是链状结构（即聚合物分子链间无键合相连），将其改造为网状结构可能带来热稳定性、机械强度等性能的提升。

一个例子是：制备 PSVE 均聚产物 PPSVE 并将其端基酰胺化，制成聚全氟烷基磺酰胺（端基为—SO_2NH_2），该聚合物在碱性条件下可与 PPSVE 交联形成网状结构，再水解得到网状离子交换树脂，双磺酰氨基（—SO_2—NH—SO_2—）和过量磺酰氟水解产生的磺酸基提供了离子交换能力。该结构的热稳定性较常规

PFAR 高，可以应用于高温燃料电池领域[6]。

类似的研究将 PSVE 的酰胺化产物 $CF_2=CFOCF_2CFCF_3OCF_2CF_2SO_2NH_2$ 与 PSVE 和 TFE 共聚，得到三元聚合物。其结构中的磺酰氨基和磺酰氟可在碱性条件下结合形成网状结构，结果表明这类结构亦具有更高的热稳定性，可应用于高温燃料电池领域[6]。

五、氟涂料

氟涂料又称氟树脂涂料，是指涂料成膜物质为氟树脂的涂料[7]。自聚四氟乙烯（PTFE）于 20 世纪 40 年代制备成功后，含氟聚合物层出不穷，应用领域不断拓展。由于氟聚合物的特殊物理化学性能，以其为核心组分的氟涂料具有优异的性能，应用范围逐步从建筑、化工领域拓展到机械、航空航天、航海、文物保护等领域。近几十年中，世界范围内氟涂料产能产量、使用量和使用范围持续增长，是最具有发展潜力的涂料品种。

（一）氟涂料性能特点及发展历程

氟涂料的优良性能主要由成膜物质有机氟树脂决定。不同于一般聚烯烃，有机氟树脂用氟原子全部或部分替代了聚烯烃上的氢原子，形成了 C—F 键。由于 C—F 键的独特性质[2]，有机氟树脂的分子间作用力很低，直接导致制备得到的氟涂料表面能极低，使得涂层很难被水和有机物浸湿。因而氟涂料具有强耐水、耐污和耐腐蚀性，也具有高度的化学惰性和热稳定性。

氟涂料独特的性能在众多领域得到应用。氟涂料的光催化性能有净化空气、抑制霉菌、吸收有害物质等作用，使其成为绿色环保涂料的代表；氟涂料极低的表面能和极强的疏水性以及极大的耐沾污性，可以得到自清洁氟涂料；有机氟树脂的高键能和低表面张力使氟涂料具有极强的耐腐蚀性，当与纳米粒子共混后可制得重防腐涂料；氟涂料由于氟原子半径小、键能大，所以抗紫外老化性极强，同时与纳米 SiO_2、TiO_2、Fe_3O_4、ZnO 等粒子共混使用，可以制备得到新型超强的耐候涂料；氟涂料还能作为吸波涂料使用，能反射波源侦查，具有自我保护作用。

美国 DuPont 公司开发出 PTFE 树脂后不久即将其应用于不粘餐具的涂装，其商品名为"Teflon®（特富龙）"，并使用至今。随后，DuPont 公司在 20 世纪 40年代首先研制成功聚偏氟乙烯（PVDF），之后美国 Pennsalt 和 Elf Altochem 公司研制成功 PVDF 涂料，日本 Kureha 公司的 KF Polymer 也属于此类产品。20 世纪 70 年代法国 Atofina 公司开发出 PVDF/丙烯酸树脂混合型涂料，用于建筑铝幕墙板涂装。

1982 年，日本 Asahi Glass 公司研究成功聚三氟氯乙烯（CTFE）-乙烯基醚共聚物（FEVE），开创了常温下能溶解于芳烃、酮类和酯类溶剂的常温固化氟树脂，克服了 PTFE 和 PVDF 等系列产品溶解性差、需高温固化、光泽低等缺点，极大地方便了施工应用，推动了氟涂料的发展。FEVE 常温固化型氟涂料的商品名为 Lumiflon®，该类涂料具有高光泽和高透明度，可溶于常规有机溶剂，能室温交联固化。20 世纪 90 年代日本 Daikin Industries 公司开始进行四氟型 FEVE 氟树脂的研发生产，基于该类树脂的氟涂料由日本 Nippon 公司负责生产。

与 PVDF 型氟涂料相比，FEVE 型氟涂料除具有良好颜料润湿性、较强的附着力和高柔韧性外，还具有溶剂可溶性、透明性、光泽、硬度和可交联性等优势。同时，FEVE 型氟涂料可以采用喷涂、刷涂等普通涂装方法施工，进一步拓展了氟涂料应用范围。

进入 21 世纪后，日本 Daikin Industries 和 Asahi Glass 等公司在溶剂型常温固化氟树脂基础上相继开发出弱溶剂型氟树脂，主要用于修补漆、单双组分水性 FEVE 氟树脂、热固性粉末 FEVE 氟树脂等产品，并成功实现产业化。

随着《关于持久性有机污染物的斯德哥尔摩公约》的制定，长链氟碳化合物的使用日益受到限制[3]。2004 年美国 DuPont 公司因生产 PTFE 树脂关键原料全氟辛酸铵（PFOA）的毒性问题受到美国环保局（EPA）制裁，虽然该产品毒性对使用者的危害问题没有最后定论，该事件在一定程度上还是影响了杜邦不粘锅涂料产品在全球的生产与销售，也刺激着高安全性不粘材料的开发。同时，随着人们环保意识的增强，有机溶剂型氟涂料正逐渐被环保型氟涂料所代替，后者不引入有机溶剂，对环境和工人健康均有利。

综上所述，作为一种高科技功能性涂料和一种全新的表面装饰防护材料，氟涂料具有优良性能：使用寿命长，附着力、强度、硬度、耐化学药品性、耐盐雾和耐老化等技术参数均数倍于普通涂料。所以氟涂料在国防、建筑、航空航天、电子、机械、船舶、港口、桥梁、车辆、集装箱、石油化工、高档家具、金属器件、仪器仪表等众多领域获得广泛的应用，并发挥着巨大作用，代表了涂料行业的发展方向。

（二）氟涂料类型及制备方式

氟涂料的分类方式较多，可按固化方式、涂料状态、储存方式（单组分氟涂料/多组分氟涂料等）、成膜物质（纯氟树脂/氟树脂和碳氢结构复合物等）及应用领域（防腐/防粘/装饰等）等进行分类，本章主要依前两种方式对氟涂料进行分类（见图 17.8），并简述其性能及制备方式。

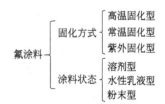

图 17.8　氟涂料分类[7]

◄ 1. 高温固化型氟涂料 ►

高温固化型氟涂料是氟涂料最早开发的类型，该体系所用的氟树脂有 PTFE 和 PVDF 等。其主要特点是：氟树脂在涂料中以悬浮状态存在；在建筑幕墙涂料领域得到了较广泛应用，具有长期使用涂层不褪色、耐候性能优异、韧性好、耐粉化性极佳等特点。

1965 年美国 Pennsalt 公司推出的 PVDF 型氟涂料是典型的高温固化型氟涂料。PVDF 通过偏氟乙烯（$CH_2{=}CF_2$，VDF)在高压下共聚得到，将 PVDF 与二甲基乙酰氨 [$CH_3CON\ (CH_3)_2$] 混合升温搅拌得到澄清溶液，将该溶液直接涂布到材料表面，在 150 ℃干燥箱中干燥 10min，再升至 180℃干燥 5min，得到稳定的涂层。

高温固化型氟涂料技术成熟、性能优良，但其具有以下不足：不能在现场加工；成本高，只有在性能要求高的场合才有实用价值；设备要求高（涂装企业只有在获得涂料企业质量认证的基础上才能购买到涂料）等。这些不足限制了高温固化型氟涂料的应用。

2. 常温固化型氟涂料

有鉴于高温固化型氟涂料较为苛刻的固化条件，在室温条件下可以固化的氟涂料被开发出来，给现场施工带来了较大的便利。

VDF、四氟乙烯（TFE）和 CTFE 均聚物具有较高的结晶温度，可作为高温固化型氟涂料的核心组分使用。VDF、TFE 和 CTFE 与其他单体共聚，可有效降低共聚物的结晶温度，甚至可以在常温下实现交联固化，可作为常温固化型氟涂料的核心组分。

例如，CTFE/乙酸乙烯酯（$CH_3COOCH{=}CH_2$）共聚反应通常通过以下方式实现：将 $CH_3COOCH{=}CH_2$ 蒸馏除去阻聚剂，再将其与溶剂、烯丙醇（$CH_2{=}CHCH_2OH$）、十一烯酸及引发剂加入带有搅拌和冷凝器的高压反应釜中，抽除空气并充入 N_2，再抽真空，充入 CTFE，在（$70{\pm}20$）℃下进行聚合反应，反应压力约为 800kPa，反应进行 22～24h，反应结束后减压抽除未反应单体，得到含氟共聚物[7]。

又如，CTFE/烷基乙烯基醚（$CH_2{=}CHOR$）共聚反应常通过以下方式实现：向带有搅拌的高压反应釜中加入引发剂及助剂，抽除空气直至釜内氧含量低于 $5{\times}10^{-5}$，再充入 CTFE、环己基乙烯基醚、乙基乙烯基醚和羟丁基乙烯基醚等单体，开启搅拌，升温至 50～70℃反应一定时间，冷却泄压后出料，用甲醇促进沉淀，过滤得到产物——含氟共聚物[7]。

上述含氟共聚物经稀释、脱色、过滤后，可作为氟涂料核心组分应用。

常温固化型氟涂料具有耐候性高、耐（化学）腐蚀性强、高防污性、高阻燃性、环境适应性广（−40～160℃环境下使用、耐干湿交替）、涂层黏结性好、附着力强、硬度高、施工便捷（刷、喷、滚等涂布方式均可）、装饰性强等优点，适用于建筑外墙涂料。

3. 紫外固化型氟涂料

紫外固化型氟涂料是新兴的氟涂料品种，与传统高温固化型或常温固化型氟涂料相比，紫外固化型氟涂料具有能量利用率高、无污染、成膜速度快、涂布质量高、适用于热敏基材、适于大规模连续化生产等优点，是一种环境友好型氟涂料。

紫外固化型氟涂料的一个典型的制备流程为：一定重量的二甲苯和偶氮二异丁腈置于三口瓶中，加热至 80℃，向其中依次滴入甲基丙烯酸甲酯、丙烯酸、丙烯酸羟乙酯和丙烯酸六氟丁酯（ CH_2=$CHCOOCH_2CF_2CHFCF_3$ ），2h 内滴完，反应 4h，补加偶氮二异丁腈后继续反应 2h，停止反应得到预料 A；异佛尔酮二异氰酸酯和二月桂酸二丁基锡置于三口瓶中，冰浴冷却，向其中加入丙烯酸羟乙酯，移入 35℃ 油浴中反应 4h，停止反应得到预料 B；测定预料 A 的羟值和酸值，并按照羟值加入相应量的预料 B（羟值与异氰酸酯基团等摩尔混合），50℃ 反应 10h 后中和，加水后高速剪切 20min，60℃ 下减压蒸馏除溶剂即得到氟涂料。使用时，将该氟涂料与微量光引发剂混匀后喷涂至基材表面，紫外光固化灯照射后即可得到均匀涂层[7]。

该类紫外固化型氟涂料利用羟基与异氰酸酯基在紫外光照下发生加成反应实现紫外固化，除具有氟涂料的固有特性外，还具有挥发性有机化合物（VOC）含量低的优点。

4. 溶剂型氟涂料

随着人们安全环保意识的增强，对涂料中有机溶剂的使用进行了规范。依有机溶剂中毒预防规则可将常用有机溶剂分为三类，其中第一类包括氯代烃和二硫化碳等，第二类包括乙腈和 N，N-二甲基甲酰胺等，这两类溶剂对氟树脂具有一定的溶解能力，但毒性较大已不作为当前的研究方向。基于第三类有机溶剂（安全性较高，如石油醚、矿精油、石脑油等）的氟涂料有较好的应用。

日本 Daikin Industries 公司于 2006 年提出了一种溶剂型氟涂料，其制备方式为：向高压反应釜中加入乙酸丁酯、叔壬酸乙烯酯、苯甲酸乙烯酯和 4-羟基丁基乙烯基醚，冷却至 5℃，抽真空后充入 N_2，反复 3 次，再抽真空后充入 TFE；搅拌下升温至 62℃ 加入过氧引发剂开始聚合反应；当反应釜内压由 1.0MPa 降至 0.4MPa 后停止反应，得到氟树脂，该树脂可溶于煤焦油及石脑油等。将该树脂溶解于石脑油中制成质量分数为 50% 的溶液，加入 TiO_2 后研磨成粉，再补加一定量氟树脂溶液，充分混合后得到白色涂料。该氟涂料喷涂后室温固化干燥 1 周，得到性能优异的涂层[7]。

虽然该类溶剂型氟涂料使用安全性较高的第三类有机溶剂，但由于有机溶剂固有的缺陷，该类氟涂料正在逐步被水性乳液型氟涂料替代。

5. 水性乳液型氟涂料

水性乳液型氟涂料与溶剂型氟涂料相比，最大的区别是前者以水作为溶剂或分散介质，从根本上降低或消除了有机溶剂的使用，具有无异味、低毒、不可燃等特性。

水性乳液型氟涂料在耐候性、耐腐蚀性、耐沾污性、耐久性、环保、安全、低 VOC 含量等性能方面表现突出，受到广泛关注，是氟涂料重要的发展方向。

日本 Daikin Industries 公司于 2002 年推出一种以 VDF-TFE-六氟丙烯（HFP）共聚物乳液为基础的氟涂料，在 300℃ 烘烤 10min 后可得到耐候性良好的不粘性涂层。该涂料需要高温固化，施工便利性和适用范围较差，但仍有一定的发展空间。

一种在较低温度下（120℃）固化氟涂料的制备方法为：将 VDF-TFE-HFP 共聚乳液和丙烯酸酯乳液混合，加入少量 2-氨基-2-甲基-1-丙醇、乙二醇丁醚、丙二醇甲醚乙酸酯、消泡剂和杀菌剂搅拌均匀，加入色浆、增稠剂和水，搅拌均匀过滤后制得成品水性氟涂料。该氟涂料通过辊涂法涂布于材料表面，120℃ 下烘 1~3 min 即固化得到性能优良的涂层[7]。

6. 粉末氟涂料

粉末氟涂料是一种不含溶剂的固体粉末状涂料，具有无溶剂、无污染、可回收、节能环保等特点，是氟涂料的发展方向之一。

日本 Daikin Industries 公司于 1998 年提出了一系列粉末氟涂料的制备和使用方法，一个典型的流程为：向高压反应釜中加入纯水后抽至真空，再充入 N_2 和一定量 1,2-二氯-1,1,2,2-四氟乙烷，加入全氟（丙基乙烯基醚）和甲醇，搅拌下加入 TFE 至内压达到 0.8MPa，加入过氧化二碳酸二正丙酯引发聚合反应，反应结束后冷却泄压得到含氟聚合物；将该聚合物用辊压机压缩成宽 60mm、厚 5mm 的片状，再经破碎、粉碎后收集粒径 170 目（88μm）以下组分，即为粉末氟涂料；用压缩机室温下将粉末涂料压缩至基材表面，热风干燥机中 330℃ 处理 10 min，得到膜厚约 450μm 的涂层，该涂层与基材表面结合能力强[7]。

综上所述，当前市场上呈现多种类型氟涂料并存的局面，施工方可根据现场条件、涂层品质要求、使用条件等要求选择适合的氟涂料加以使用。就研发生产趋势来讲，溶剂型氟涂料被水性乳液型氟涂料和粉末氟涂料替代是较为明确的；常温固化型和紫外固化型氟涂料取代高温固化氟涂料也是发展方向之一。

（三）氟涂料应用领域

从涂料工业整体来看，含氟涂料只是其中的一小部分，但作为特种涂料发展很快。建筑涂料及防腐、工业防腐是氟涂料应用时间较长的领域，可以发挥氟涂料高稳定性、耐候性、耐沾污性和耐腐蚀性的特长。新型的氟涂料在文物保护、电力领域也发挥了其独特的作用。

1. 建筑涂料

建筑涂料是涂料工业的两大支柱之一（另一支柱是汽车涂料）。随着现代建筑的高层和超高层化、钢结构的大型化，对这些建筑物进行装饰和保护的建筑涂料的耐候性、耐沾污性、耐化学品性的要求愈来愈高，尤其是当前汽车、工厂大量酸性气体的排放使大气被严重污染，大气臭氧层被破坏，地面受到的紫外辐射增强，对高耐候性、耐沾污性、耐腐蚀性涂料的需求日益增长。

国内氟树脂企业在以 CTFE 和 TFE 为主要原料合成常温固化型氟树脂 FEVE

方面的技术日趋成熟，FEVE 氟涂料已经在建筑工业领域尤其是一些重点工程中得到广泛应用，在我国初步形成了有中国特色的 FEVE 氟涂料市场，为我国氟树脂涂料行业的快速发展奠定了良好的市场基础。随着近年来水性化技术完善，加上部分企业将其成功与保温板生产相结合，预计氟涂料在建筑装饰领域的应用将出现新一轮快速增长。

2. 建筑防腐

氟涂料在建筑、桥梁及船舶等领域可以起到防污、防腐蚀的作用。随着我国社会经济的不断发展，新型标志性建筑不断建成，氟涂料涂布于建筑外墙起保护作用效果明显。杭州湾大桥、重庆嘉陵江大桥、北京国际机场、国家体育场（"鸟巢"）等大型建筑均采用氟涂料，在使用期间氟涂料显示出高耐候性、高耐腐蚀性等特性。

船舶及海洋工程设施长期处于含有盐分的大气和海水环境中，始终处于温湿交替的作用下，其腐蚀相当严重。氟涂料在这一领域的应用前景非常广阔。

3. 工业防腐

中国化工腐蚀防护协会和中国石油和化学工业协会等部门，已将推广最新防腐蚀技术、工艺及产品作为当前一项任务来抓。氟涂料的耐腐蚀性能已经在国外经受 30 多年的考验，我国也有许多经验。

例如：一种以四元共聚氟树脂（CTFE、羟基乙烯基醚、脂肪族烯酸和脂肪酸乙烯酯）和环氧树脂为主体的氟涂料并涂刷于油罐内壁，干燥固化后得到 $75\mu m$ 厚涂层，具有耐腐蚀性强、耐油品性能优异、防静电性能优、阻燃性强、抗污性好及易清洗等优点。

4. 文物保护

氟涂料优异的耐候性引起了文物保护专家的重视。水性乳液型氟涂料的透气性和环保意义均优于溶剂型氟涂料，在文物保护等方面具有良好的应用前景。在相关测试中，除优异的耐候性外，氟涂料的耐沾污性、耐水性、耐酸性均较好，同时涂料本身无颜色光泽，涂布于石头上难于观察出与原石的差别，符合"修旧如旧"的原则；同时，氟涂料透气性好，在常温常压下可使涂层内水分挥发出来，保持石制文物内水分平衡，涂层不易起泡脱落。

5. 电力领域

随着我国社会经济水平的提高，国内发电规模不断扩大，氟涂料在该领域中也开拓出新的应用。

一种导电氟涂料的制备方式：该导电氟涂料可作为橡胶电缆，尤其是发电机和电动机绕组电缆的表面用涂料。该涂料以氟乙烯/烃基乙烯基醚共聚物为主体，增韧弹性体、异氰酸类固化剂和导电粉等为添加剂，用芳烃类溶剂稀释后喷涂于电缆外壁，经流平、固化及冷却后得到导电涂层。该涂层具有优异的柔韧性、导电性和耐腐蚀性，不会增加电缆导电护套与接地套管间的接触电阻，增加电缆寿命。通常氟涂料具有一定的绝缘性，而该类氟涂料反其道而行之，将柔韧性、导电性与耐腐蚀性融合，得到了一种具有特殊用途的氟涂料，有力地拓展了氟涂料的应用领域。

近期，太阳能电池背板用氟涂料也被开发出来。该类氟涂料以氟树脂为主体，钛白粉、湿润分散剂、流平剂、消泡剂、稀释剂、催干剂等为添加剂，混合后涂布于太阳能电池背板，干燥固化后即可得到均匀的涂层。该涂层耐热、耐老化性能突出。

目前，电力行业在我国发展迅速，其带来的大量涂料需求（厂房、设备及特殊需求）是氟涂料厂家不能错过的商机，针对性的开发特殊用途氟涂料是目前研究方向之一。

（四）发展趋势和研究热点

在工业生产领域，水性乳液型氟涂料和粉末氟涂料是氟涂料的主要发展趋势。两者具有的环保性、便利性等优势促使其逐步替代溶剂型氟涂料在各领域得到广泛应用。当然，在一些特殊领域溶剂型氟涂料仍有存在价值。

在科研领域，硅氟涂料、氟涂料与纳米材料配合使用也是当前氟涂料领域的研究热点。

1. 氟硅涂料

含硅聚合物具有较低的玻璃化转变温度、高/低温稳定性强、耐降解、耐紫外线、保光性强等优点。以氟改性丙烯酸树脂为主体的氟涂料，具有对颜料、填料润湿性能差，耐低温能力稍差且价格较高等不足。两者配合使用，即制备氟硅共聚物并以其为主体成分的氟硅涂料可以兼具两者的优点。

如，以氟改性丙烯酸酯、（甲基）丙烯酸脂肪（醇）酯、有机硅聚合物等单体共聚，得到氟硅树脂，将其与颜料、助剂及溶剂等混合研磨得到氟硅涂料。该氟硅涂料中硅、氟原料用量较少，但产品品质可与纯氟树脂相媲美，尤其在耐候性方面表现突出，成本较低[7]。

2. 氟涂料与纳米材料配合使用

目前广泛应用的常温固化型氟涂料在实际应用中存在固化时间长、柔韧性不足、流平性差等不足，一些研究者尝试采用纳米材料与氟涂料配合使用以改善这些不足。

如将 FEVE 型氟涂料与活化的纳米碳酸钙混合后喷涂于基材表面，结果表明：随着碳酸钙用量的提高，涂料表干和实干时间均有一定程度缩短，柔韧性及流平性提高，改善了氟涂料的性能[7]。

六、全氟碳流体

全氟碳流体[8]及其英文名称 fluorocarbon 在科技文献中使用较广，有的文献中将包含碳、氟以外元素（如氢、氯、碘等）的有机氟化合物也称为 fluorocarbon（如氟利昂等）。为明确起见，本文中所述全氟碳流体作下列限制：指饱和的链状或环状有机氟化物，一般碳原子数目为 1~18；分子中仅含碳和氟原子，无其他元素。

典型的全氟碳流体包括全氟烷烃（如全氟丁烷、全氟戊烷、全氟己烷、全氟辛烷）、全氟环烷烃（如全氟甲基环己烷、全氟菲烷、全氟萘烷等）。按其常温常压下状态可分为全氟碳气体和全氟碳液体两大类，前者包括四氟甲烷、全氟乙烷及全氟丁烷等，后者种类很多，目前已大量使用的全氟碳液体沸点范围为 30~260℃[8]。

常见的生产方法有以下几种：碳的直接氟化法；全氟不饱和烃加成法；碘代全氟化合物/氟气交换法；碳氢化合物电化学氟化法；金属氟化物氟化法等[8]。

全氟碳流体具有高化学稳定性、高热稳定性、不燃性、高密度、高气体溶解度、高可压缩性、低表面张力、低热导率、低水溶性等特点，这些独特的性质为全氟碳流体的大规模应用奠定了基础。

全氟碳流体的生产最早起源于美国。在第二次世界大战期间，美国为了解决特种设备的密封和润滑问题，研制并生产了具有优良化学稳定性的全氟碳流体，随着科学技术的发展，全氟碳流体的应用领域不断扩大。

20 世纪 40 年代，全氟碳流体首先应用于核燃料加工厂中六氟化铀的安全处理；此后作为电子元件质量检测试剂应用；20 世纪 70 年代中期，全氟碳流体应用于电子工业，并随着后者的迅速发展得到长足进步。

伴随着应用领域的拓展，全氟碳流体的制备方式也呈现多样化趋势，从最初的单质间反应（氟气与碳）逐步拓展到催化氟化、电解氟化和全氟不饱和烃聚合法等[8]。

（一）用作挥发性表面活性剂

全氟碳流体具有极低的表面张力，如全氟戊烷在 25℃下表面张力仅为 9.5 mN/m，但限于其极低的水溶性导致其一般作为表面活性剂疏水基发挥表面活性。近期，全氟烷烃蒸气可以降低多种液体表面张力的现象被发现，研究结果如表 17.6 所示。全氟碳流体的这些新性质可以拓展其应用领域，使得其也被称为"蒸气氟表面活性剂"或"气体肥皂"。

表 17.6　全氟烷烃降低液体表面张力[8]

气氛	表面张力/(mN/m)	
	水	甲醇
空气	72.5	22.5
全氟戊烷	64.6±0.473	17.7±0.390
全氟己烷	66.7±0.965	19.6±0.342

（二）用作溶剂

全氟碳流体的密度大于普通有机溶剂和水，沸点范围宽、无色、无毒、热稳定性高，可在多种反应中作为溶剂应用。

全氟碳流体对全氟化合物具有很高的溶解能力，而后者在碳氢溶剂中溶解度很低。全氟磺酸树脂是加工全氟磺酸质子交换膜的原料，而后者是燃料电池的核心部件。在全氟磺酸树脂溶液聚合反应中，全氟碳流体作为最适宜的溶剂被广泛应用，如全氟环丁烷、全氟己烷、全氟二甲基环丁烷等，其中全氟二甲基环丁烷已有50多年的应用历史。

（三）氟两相催化体系

全氟碳流体在较低温度下与大多数常见有机溶剂（甲苯、四氢呋喃、丙酮、乙醇等）几乎都不互溶，而在较高温度下可与这些有机溶剂互溶成一相。近年来，基于这一现象开发的氟两相催化体系在有机合成中有长足进展。该催化体系如图17.9所示，所用催化剂在全氟碳流体中具有较大溶解度而在碳氢溶剂中溶解度较低，一般为配体带有全氟烷基的配合物，如全氟磺酸稀土盐类化合物。该催化体系可用于硼氢还原、硝化、酯化、加成、酰化、关/开环、耦合等反应，取得了令人满意的结果。以全氟辛基磺酸镱催化苯甲酸和异戊醇的酯化反应为例，反应在全氟萘烷-异戊醇体系中进行，在催化剂用量为苯甲酸物质的量的0.3%，120℃下反应6h后产率达到99%，且全氟碳流体（含催化剂）经5次循环使用后效率无明显变化，10次循环后仍保持93%的催化能力。使用该方法进行反应具有催化效率高、可循环反应、后处理简单等优点，应用前景较好。

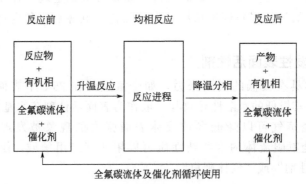

图17.9 氟两相催化体系示意图

（四）用作清洗剂

全氟碳流体也十分适合用于去油污技术，可从形状复杂的零部件上除掉助焊剂、离子性残渣、润滑油、润滑脂、细微粒子和其他污物。有效地去除油污对于许多工业包括电气、金属加工和电子工业都很重要，这些工业必须使用精巧、复杂但常常很难清洗的零部件。若采用水清洗体系，缝隙中的潮气会引起腐蚀和电击穿。而通常的蒸气去油污技术一直到最近都须使用耗损大气臭氧层的氟氯烃或其他有毒的氯化溶剂。然而，使用全氟碳流体去油污可以在不与水接触的情况下将零部件清洗干净，液体全氟碳化合物对油的溶解性虽低但足以除去痕量油，零部件清洗后可自行干燥且清洗产生的废物很少。一方面，它们的高密度和低的表面张力使它们可用射流/喷射洗涤方式有效地物理去除颗粒状物质，如清洁计算机储存磁盘表面。另一方面，全氟碳化合物可以和醇那样的溶剂一起用，在清洗中，全氟碳化合物的作用是传热剂，形成一个不燃的蒸气烟幕，降低溶剂的闪点，并最终洗掉溶剂残留物。如四氟甲烷和全氟乙烷可用于清洗基材表面沉积物。

（五）用作灭火剂

以三氟一溴甲烷（CF_3Br，Halon 1301）和二氟一氯一溴甲烷（CF_2ClBr，Halon 1211）为代表的氟氯烃 Halon 型灭火剂以其很高的灭火效率、较低的毒性、良好的扩散性能和无残留，作为气体灭火剂已经广泛应用多年，能够快速有效地扑灭常见火灾，几乎所有的现役民用飞机均配备 Halon 型灭火剂。同样由于具有臭氧破坏性，Halon 型灭火剂的生产、使用、运输及存储等都被越来越严格限制。

Halon 类灭火剂的替代品主要是有机氟化物，主要包括氢氟烷烃（五氟乙烷、2-氢-七氟丙烷等）、氟化酮（全氟乙基异丙基酮，Novec1230®）及全氟碳流体等。全氟丙烷、全氟己烷和全氟丁烷得到的研究较多，全氟甲烷、全氟乙烷和全氟戊烷研究得很少。其中全氟丁烷被美国消防署（NFPA）指定的《清洁灭火剂灭火系统标准》（NFPA2001）第一版至第四版所推荐。美国 3M 公司生产的全氟丁烷（CEA-410）灭火剂对庚烷火和 A 类火灾具有很好的扑灭作用，也可用于石油化工设施内部以防止具有爆炸性的环境着火。

（六）电子工业应用

全氟碳流体在电子工业中的应用，主要利用以下性质：①化学惰性；②热稳定性；③不燃性；④低毒性；⑤高电阻率；⑥高密度；⑦高气体溶解度；⑧非常高的液体膨胀/压缩性；⑨高电子捕获能力；⑩低表面张力；⑪低热导率；⑫低蒸发潜热；⑬低水溶性；⑭低声速。电子工业相关应用与上述性质间的关联，如表 17.7 所示。

表 17.7 电子工业应用与全氟碳流体性质间的关联[8]

应用	性质要求
泄漏试验	1，2，3，4，5，10
烧进实验	1，2，3，4，5，10，11，12
稳态寿命实验	1，2，3，4，5，10，11，12
热震动实验	1，2，3，4，5，13
热点定位	1，2，3，4，5，10，11，12
露点测定	1，2，3，4，5，13

续表

应用	性质要求
冷焊	1，2，3，4，5，6，10
冷却剂	1，2，3，4，5，6，8

随着电子工业的快速发展，应用于超大规模集成电路、光导纤维、太阳能电池等设备制造中的气体（统称为电子气体）产业蓬勃发展。与传统的工业气体相比，电子气体具有纯净度要求极高的特点。含氟电子气体消耗量在其中占 30％左右，其中全氟碳流体主要有四氟甲烷、全氟乙烷、全氟丙烷等。全氟碳流体主要用于电子元件的刻蚀及清洗，也被开发用作气相焊接法的气相液。

电子级全氟碳流体对纯度要求很高，在 99.99％以上，一般为 99.999％，更高的甚至为 99.9999％，微量杂质气体进入刻蚀及清洗工序就会导致元件质量下降，不合格率增加。

全氟碳气体用于微电子工业的"干"蚀工艺，通常是指等离子蚀刻。用一个气态化合物，在有一个射频（radio frequency）辉光放电等离子体下产生的反应性物质与基质反应形成气化的蚀刻产物。含氟气体用于硅表面，产生气化的副产物 SiF_4。

电子元件的焊接可以采用气相焊接（也称为冷凝焊接）法，该方法具有不受元件几何外形影响、焊接温度稳定、防止焊点氧化等优点，适合在高密度、高难度、高可靠性要求的电子产品焊接中使用。该方法于 1975 年被 Pfahl Jr 发明，使用全氟碳流体作为助焊剂。它是利用全氟碳的饱和蒸气重新凝结成液体时产生潜热使焊料熔融，从而使不同的元件焊接在一起。此后经过数次技术升级改进，目前已可以实现流水线化全自动焊接操作。

（七）作为示踪气体（天然气及核电站）

全氟碳流体具有分析速度快、灵敏度高、大气本底低、热稳定性好、化学惰性、无毒、不破坏大气层等特性，是理想的非放射性示踪剂，主要应用于天然气开采、环境研究和核电站安全监测等方面，如：大气扩散示踪实验、废物处置工程屏障密闭性能监测、核材料储存容器泄漏检测、核设施中气态放射性污染物迁移特性表征等。

20 世纪 80 年代起，欧美等国进行了一系列全氟碳流体大气示踪实验，研究大气污染物传播方式，验证各种大气传输模型。欧洲大气示踪实验于 1994 年正式开展，研究者在法国西部依次释放了 340kg 全氟甲基环己烷（1994-10-23 16：00 UTC）和 490kg 全氟甲基环己烷（1994-11-14 15：00 UTC），并在世界范围内开展气体成分收集检测工作（主要集中在北半球，美国、欧洲、日本、中东等地均有监测点），随着时间延长，欧洲及其临近监测点依次检测到示踪气体，根据此次实验数据有多篇论文发表，为大气传输模型研究提供了基础数据。美国也开展了类似的研究[8]。

在石油和天然气工业中，示踪气体对于评估石油和天然气储层潜在储量与可开采性的工作至关重要。示踪气体技术能提供有关实际与预测的采收率之间的关系和储层位置的信息。传统的示踪气体技术是往注入井内注射高压可燃的放射性核素，全氟碳示踪技术已开始取代这种传统技术。全氟碳示踪剂无放射性、无毒、有优良的油气储层稳定性，并且不会被天然存在的放射性气体掩蔽，浓度低至 10^{-17} 也可检测出。1986 年 Senum 等将几十克全氟碳流体示踪剂用气体稀释后从北海油气井中注入，成功示踪了注入气体向挪威油气田的传输过程。1991 年夏天，在加拿大 Elk Hills naval Petroleum Reserve 油田进行示踪研究时，工程师在一口井中投放多种全氟碳流体示踪剂，根据示踪剂到达各目标油井的时间不同寻找示踪剂传输路径中的残余油路。

1998，Kung 从钚材料储存容器泄漏监测的要求、全氟碳流体的物化性质、实时监控的可操作性及日常监测费用等方面，论述了全氟烷烃示踪技术在钚储存容器泄漏监测中的应用可行性，其推荐的示踪气体为全氟甲烷、全氟乙烷和全氟丙烷[8]。

（八）替代氯氟烃作冷却剂、制冷剂和热转移剂

含氟氯烷烃（氟利昂）具有挥发性高、沸点低、无可燃性、热稳定性和化学稳定性高的特点，此前一直作为冷却剂使用。但其排放到大气中后会产生臭氧破坏效应和温室效应，对环境安全产生威胁。因此各国于 1987 年签订《关于消耗臭氧层物质的蒙特利尔协议书》，氟利昂类产品在国内将禁止生产及应用。目前应用较多的替代品是 R134a（HFC134a，1,1,2,2-四氟乙烷）和 R600a（HC600a，异丁烷）等，全氟碳流体也作为备选类型被研究。

全氟碳流体具有与氟利昂类似的理化性质，但不会产生臭氧破坏效应，同时其电绝缘性高，在电弧条件下无可燃性，也可作为冷却剂及制冷剂应用。全氟甲基环己烷和全氟二甲基环己烷在该领域应用较多，而全氟二甲基环丁烷、全氟正己烷及全氟甲基环戊烷也作为 1,1,2-三氟-1,2,2-三氯乙烷（CFC-113）的潜在替代物进行研究。目前全氟碳流体在流体冷却变压器及电容器中的应用较多，但由于成本原因只适用于高价值领域（移动雷达、大容量变压器等），尤其在电能费用高的地区或人口稠密区选用不燃性全氟碳冷却变压器，不仅安全，而且减少了体积和重量。在作为电子设备冷却的应用中，冷却剂是在加压下沸腾传热。对在沸腾条件下传热，作为饱和沸点温度函数的临界热通量（这影响仪器的尺寸及成本）及发热面与液体冷却剂间的温度差（这可能与温度敏感组分有关）是必须考虑的。全氟甲基环戊烷的临界热通量至少是和 CFC-113 一样好，而且无论液态还是气态的全氟甲基环戊烷的高压击穿强度都比 CFC-113 高，在沸腾的高压情况下这是明显的优点，因此它是一个较好的替代品，因为可以减少换热器面积，从而降低结构和装置费用。

在电容器工业中，常使用液体浸渍剂以减少元件的尺寸而不影响其性能。全氟碳流体（如全氟己烷、全氟甲基环己烷和全氟1,3-二甲基环己烷）作为液体浸渍剂极大地改善了能量密度及安全性，比其他用碳氢化合物或有机硅化合物浸渍的好，而且全氟碳化合物的表面张力和黏度低，这些有助于有效地湿润和浸渍电容器线圈。

在作为制冷剂方面，全氟丙烷同样有降低压缩温度的优点，可用于替代一氯五氟乙烷（R-115），而且也不消耗臭氧[8]。

（九）医学用途

全氟碳流体具有生物惰性、能溶解大量呼吸性气体且能较迅速地从人体内排出等特性，具有多种医学用途。

全氟碳流体血液代用品于20世纪被开发出来。在日本（Green Gross 公司）和美国（Alliance 公司等）已有合成血乳液的商品化，用于冠状动脉血管成形外科，亦可用于伤员现场抢救、伤员运输及因宗教原因不肯接受正常血液的患者的治疗。该型血液代用品由全氟碳流体、乳化剂等组成，以乳液状态存在，通过注射方式进入人体。全氟碳流体血液代用品携氧量很高，在给定氧分压梯度为560 mmHg时（血液600mmHg，组织40mmHg），100g代用品可释放15mL的氧气；而释放等量的氧气，需要450mL的全血才能提供。全氟萘烷在该领域中应用较多，基于其已经开发出两代产品，新型的纳米乳液型血液替代品也在开发中。

在眼外科领域，需要一种具有适合的密度、与水不相混溶、光学透明且可注射的注入液。全氟碳流体具有上述特性，因而在眼科的外科手术中得到了广泛的应用，成为玻璃体短期或中期的替代物和内眼流动性组织的工具。全氟菲烷在外科医生修复大视网膜裂缝和视网膜脱离时代替眼液得到广泛应用，国产全氟萘烷/全氟丙烷联用在玻璃体视网膜手术中也得到了成功的应用。

另一个日益引起重视的医学领域是称作液体换气的技术，例如此技术可用于肺部尚未充分发育的早产婴儿的护理。人的呼吸是通过肺中的肺泡进行气体交换来实现的，利用富含氧气的全氟碳流体（如全氟萘烷）可使患者通过充满液体的肺吸入氧而不需从空气中吸入氧。对于呼吸困难患者的治疗一般是用机械换气器往肺中压送氧，这需要高压和高浓度的氧，如此可能使肺中毒或破裂，但是如果采用液体换气法，在肺中的全氟碳就能让换气器以较低的压力工作，给肺提供溶解在液体中的氧，从而减少引起并发症的危险。

全氟碳流体还可用作体内超声波诊断成像用的造影对比度增强剂（造影剂）。近年来对于超声波成像技术的兴趣迅速高涨，与CT、MRI等检查手段相比，超声检查具有及时、高效、无创、无电离辐射、经济方便等优点。超声检测对主要脏器（心脏、肝脏、脾脏、肾脏等）的检测严重依赖于体液（血液及组织液）与脏器间不同的声学特性，而造影剂可显著增大这一差异，提高超声检测的"分辨率"。基于全氟碳流体的造影剂一般由以白蛋白、脂质和高分子聚合物为外壳，全氟丙烷气体为核心的超声微泡（2 μm 左右）构成，具有抗压性和稳定性高、尺寸分布均匀、对比信号强、血液中半寿期长等优点。

全氟碳流体也可用于气相消毒，即用全氟碳化合物（如全氟萘烷、全氟甲基萘烷等）蒸气在绝热容器中消毒，有以下潜在的优点：①蒸气冷凝可实现迅速传热，这与要消毒零件的几何形状及热容量变化无关；②全氟碳化合物的低表面张力可渗透入微细的空隙，其厌氧条件和惰性减少了对设备的损害；③过程在大气压下实施，避免用压力容器，因而能实现减少重量和消毒时间。

全氟碳流体在医疗领域中新的应用（如治疗溃疡和烧伤等）也在开发中[8]。

（十）用于其他领域

全氟碳流体在高能物理领域可作为检测介质应用。欧洲日内瓦欧洲核子研究委员会（CERN）和美国斯坦福大学线性加速器中心（SLAC）的粒子加速器中均使用含有全氟碳流体的粒子计数器。CERN 系统中配备的 Delphi 检测器含有气态全氟戊烷和液态全氟己烷，当一个带电粒子以较大速度穿过时，环绕其轨道产生一系列紫外光锥（波长小于 190nm），通过反射器聚焦后通过光电性气体最终转化为电子进而被脉冲计数器记录。全氟碳流体具有很高的折射率、高密度和紫外透光性，非常适合该应用。

在植物细胞培养领域，全氟碳流体（如全氟萘烷）可以调节培养基中氧气含量，从而可促进生长，提高生产率；在细胞冷冻/复苏领域，全氟碳流体也有独特的应用。

全氟碳化合物，如全氟正戊烷和全氟正己烷可用作酚醛、聚氨酯及氟聚合物发泡，以替代如三氯氟甲烷（CFC-11）和二氯二氟甲烷（CFC-12）的氯氟碳物发泡剂。全氟碳化合物热传导性相似于 CFCs，故仍可以保留类似的绝热厚度。全氟碳化合物的低溶解性使穿过封闭多孔泡结构的渗透损失减到最小，这样保存了全氟碳并保持低传导性。

除了以上各大领域的应用外，全氟碳流体也可用于高级气相色谱分析固定相，还可作为仪表油、高级润滑油广泛用于高真空和控制氧生产技术等[8]。

全氟碳流体是一类高技术含量、高附加值的氟化学产品，在生产生活的诸多领域中有重要的应用，尤其是在电子工业和医学领域更有不可替代的作用。随着社会的发展，知识和技术的进步必将对全氟碳流体的性能提出更高的需求，推动其不断发展。

 ## 七、氟表面活性剂的其他特殊应用

（一）铬雾抑制剂

镀铬液由铬酐（CrO_3）和硫酸组成。在镀铬过程中，阳极要产生大量氧气，阴极要产生大量氢气，它们形成的气泡不断地从镀液中逸出，在空气中产生大量的铬酸的雾滴，一般称为"铬雾"。铬酸雾造成巨大的经济损失，对大气形成污染，对人体有害，对设备也有一定的腐蚀。为了防止"铬雾"的产生，在镀铬电解液中常加入少量的表面活性剂作为铬雾抑制剂。表面活性剂可以在镀液表面形成泡沫，在泡沫层内部，气泡的破裂不会形成雾滴，带雾滴的气体通过泡沫层时，所带雾滴也被泡沫层黏附而去除，这样就大大减少了"铬雾"的产生。

最有效的"铬雾"抑制剂是含氟表面活性剂，因为电镀液是强酸和强氧化性的，普通碳氢表面活性剂在其中会很快氧化分解而失效，只有使用化学稳定性优良的氟表面活性剂。若在镀铬液中加入少量氟表面活性剂，就能大大降低镀铬液的表面张力，并在液面形成连续致密的细小泡沫层，能有效地阻止铬雾逸出。而且还能使镀铬质量有明显提高。

常用的铬雾抑制剂为全氟辛基磺酸钾、全氟辛基磺酸四乙铵、$CF_3(CF_2)_4CF_2OCF_2CF_2SO_3K$ 等[1,2]。

（二）油品挥发抑制剂

水中加入极少量碳氟表面活性剂后，水溶液不但不下沉，反而在油面上铺展形成一层水膜，使油与空气隔绝。因而被称为"轻水"。"轻水"可作为油类密封剂或油品挥发抑制剂（其原理与水成膜泡沫灭火剂相似）。

油类密封剂有两方面的用途：第一是可防止油类着火，预防油类火灾；第二是阻止油类的挥发损耗。由于油类密封剂是飘浮在油面上的，不损害油的组成，因而不影响油的使用。

与水成膜泡沫灭火剂不同的是，油类密封剂只在油面上形成一层很薄的水膜，其用量极少，而且油类密封剂中省略了起泡剂、泡沫稳定剂等许多成分，因而其组成非常简单，成本更低。

油面密封剂主要用于预防油类火灾。此外，在油类露天存放的场合，应用油类密封剂可阻止油的挥发损耗[1,2]。

（三）人造血液

假如我们将一只老鼠放在盛有碳氟化物溶液的烧杯里，老鼠并不会如我们直觉的反应般被淹死，主要的原因是碳氟化合物可以溶解大量的氧气。基于这个原理，发展了人造血液（Artificial blood）。又称氟化碳乳剂人工血液、血液替代品，它是一类具有载氧能力，可暂时替代血液部分功能的液体制剂。

作为人工血液应用较好的氟碳化合物有全氟萘烷、全氟甲基萘烷、全氟三丙胺、全氟三丁胺、全氟正丁基呋喃等。它们不仅具有良好的携氧能力，而且化学性质稳定，在生物体内也相当安定，在做成人工替代血液的过程中以及在高温灭菌和后续的产品保存期间也都相当稳定。由于这些碳氟化物不溶于水，所以通常是以乳化的方法将其制成大约 200nm 大小的颗粒分散液。与人体红细胞的尺寸（$1\sim8\mu m$）相比，经乳化后的碳氟化物纳米颗粒相当小，其携带氧气的面积可以大幅提高，通过溶解氧的方式来完成血氧代谢，且可以穿过红细胞无法通过的阻塞血管，达到实时救命的目的[1,2]。

（四）超临界二氧化碳萃取

当 CO_2 的温度和压力同时高于其临界值（$T_c = 31.1℃$，$p_c = 7.39×10^6 Pa$）时，称为超临界二氧化碳（$SC-CO_2$）。$SC-CO_2$ 是一种绿色化学溶剂，其溶解能力可以通过简单地调整温度和压力进行连续控制。$SC-CO_2$ 已经作为一种对环境友好的有机溶剂替代品而广泛地应用到萃取、生物技术、材料加工、化学反应工程、环境保护和治理等领域。

然而，CO_2 对高分子或亲水性的分子，像蛋白质、金属离子和许多聚合物而言溶解性很差，限制了 CO_2 的广泛应用。在体系中加入合适的表面活性剂能够解决 CO_2 这种局限性。如加入特定的表面活性剂可制备热力学上稳定的水/二氧化碳或其他有机溶剂/二氧化碳的乳液或微乳液（反相微乳）。$SC-CO_2$ 微乳液内存在大量的极性微环境，把原来在 $SC-CO_2$ 中不能溶解的强极性或离子型化合物屏蔽在微水池中，以胶束的形式分散在无极性的 $SC-CO_2$ 主体相中，这样在 CO_2 中难溶的物质可以分散溶解到 CO_2 中，达到在 CO_2 中进行金属催化、酶催化反应、制备多孔聚合物等目的。这一性质的利用为 CO_2 在分离、萃取、及循环利用等方面提供了一个途径。

欲形成 CO_2 与水或有机溶剂的乳液或微乳液，所用表面活性剂分子本身的亲水亲 CO_2 平衡值（HCB）应与研究体系越匹配效果越好。表面活性剂一端溶于二氧化碳，另一端溶于水或有机溶剂，只有这样才能使表面活性剂很好地吸附于界面上，具有优良的降低界面张力的能力。另外，表面活性剂在 $SC-CO_2$ 中必须具有一定的溶解度，不过这个条件相对于表面活性剂有强的界面吸附能力和较低的界面张力来讲显得并不重要。若在表面活性剂的尾巴上结合一个低溶解度参数、低极性或电子给予作用的 Lewis 碱性基团（考虑到二氧化碳是一个弱 Lewis 酸）可提高其溶解性。含有这些特性的亲二氧化碳官能团包括硅氧烷、全氟化醚和全氟烷烃、叔胺、脂肪醚、炔醇和炔二醇等。

由于氟原子与 CO_2 之间特殊的相互作用，氟表面活性剂被广泛地用于 $SC-CO_2$ 微乳液中。氟代基团内聚能密度低，因此可以降低其自身的溶解度参数和极化能力。研究表明氟表面活性剂能溶解在 CO_2 中，并且在水/CO_2 界面处有较高的表面活性，这也证实了在氟表面活性剂作用下水/CO_2 微乳形成的可能性。一个早期的例子是用含氟表面活性剂 [$C_7F_{15}(C_7H_{15})CHSO_4Na$] 可在 $35℃$、$26MPa$ 条件下形成稳定的水/二氧化碳微乳液。含氟的磷酸盐表面活性剂，分子量为 740 的全氟聚醚碳酸铵（$PFPE-COONH_4$）表面活性剂也能形成水/二氧化碳微乳液。AOT 也能在全氟聚乙醚-磷酸酯（$PFPE-PO_4$）存在时形成水/二氧化碳微乳液[1,2]。

参考文献

［1］ 肖进新，赵振国．表面活性剂应用原理：第 2 版．北京：化学工业出版社，2015：第 13 章．

［2］ 肖进新，邢航．日用化学工业，2016，(1)：13.

［3］ 肖进新，邢航，等．(a) 日用化学工业，2016，(2)：66. (b) 日用化学工业，2016，(3)：123. (c) 日用化学工业，2016， (4)：189. (d) 日用化学工业，2016， (5)：247. (e) 日用化学工业，2016， (6)：309.

［4］ 窦增培，葛峰，何学昌，等．日用化学工业，2016，(12)：677.

［5］ (a) 邢航，周洪涛，肖进新．日用化学工业，2016，(7)：371. (b) 日用化学工业，2016， (8)：433.

［6］ 窦增培，白富栋，邢航，等．日用化学工业，2016，(9)：494.

［7］ 窦增培，何学昌，邢航，等．日用化学工业，2016，(10)：555.

［8］ 窦增培，张甜甜，邢航，等．日用化学工业，2016， (11)：615.

第十八章

硅表面活性剂的特殊应用

硅表面活性剂(也称为有机硅表面活性剂)是指疏水基为全甲基化的 Si—O—Si、Si—C—Si 或 Si—Si 主干的一类特种表面活性剂。按疏水基的不同，常把 Si—Si 为主干的称为聚硅烷表面活性剂 (polysilane surfactant)，以 Si—C—Si 为主干的称为聚硅甲烯或碳硅烷表面活性剂 (polysilmethylene 或 carbosilane surfactant)，以 Si—O—Si 为主干的表面活性剂称为硅氧烷表面活性剂 (siloxane surfactant)。按亲水基分类的方法和普通表面活性剂一样，分为离子型（包括阳离子、阴离子和两性型）和非离子型。其中硅氧烷表面活性剂因为原料易得，在工业上应用最广。一般所说的硅表面活性剂也主要指硅氧烷表面活性剂。本章主要对其加以论述。

硅表面活性剂由于具有无毒、无皮肤刺激性、抗氧化作用、紫外线防护作用、生物相容性好、防水透气性能优异等突出的优点，在多种工业领域得到应用[1,2]。本节重点讨论其在工业中的一些特殊应用[3,4]。

一、硅表面活性剂的结构和类型

硅氧烷表面活性剂最简单的形式是聚二甲基硅氧烷 (PDMS)，又常被称为聚硅氧烷、硅氧烷聚合物、硅油等，由于其具有许多优异的性能，在各领域都有广泛的应用。然而，大部分硅氧烷聚合物不溶于水，所以通常做成乳状液来使用，因此，严格地讲，聚二甲基硅氧烷难以称其为表面活性剂。为使其适用于不同的油性和水性环境，需对聚二甲基硅氧烷进行修饰或改性，亦即将聚二甲基硅氧烷上的部分甲基被其他的有机基团所取代。根据取代基、取代位置以及取代基和硅氧烷链的比例不同，可以得到性能各异的产品。取代的有机基团可以是烷基或芳基、单体或聚合物。如：欲改善油溶性则用油溶性基团改性硅氧烷；为使其能在水溶液中使用，需引入亲水基团，如用聚氧乙烯/聚氧丙烯（PEG/PPG）改性硅氧烷；还有一系列化合物是将某些表面活性剂基团接枝到硅氧烷链上，以提高表面活性剂的去污力、调理性、润湿性和乳化性等。

硅表面活性剂的合成过程可分为两步：第一步合成带有活性基团的硅氧烷主干；第二步是使硅氧烷主干带上亲水基团。

最常见的硅氧烷表面活性剂主要有四种类型：

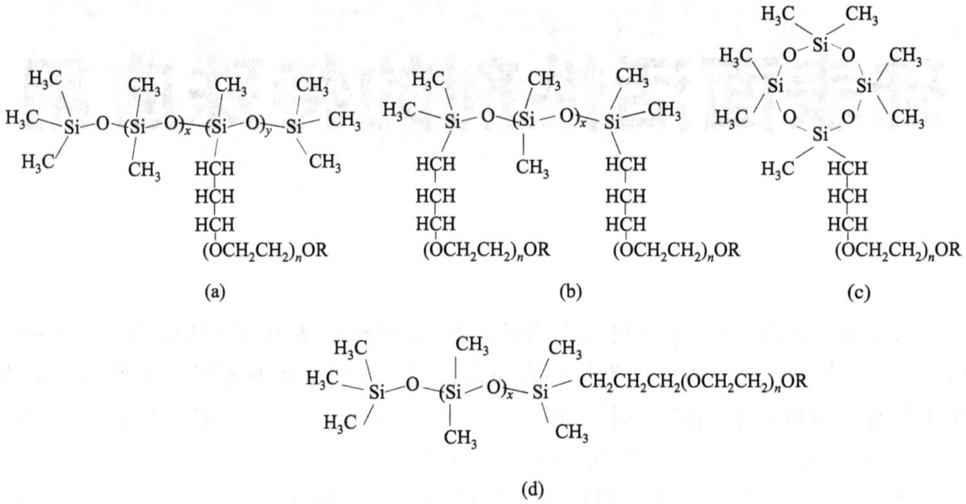

图 18.1 硅表面活性剂的结构

[a—耙形（梳状或接枝）型；b—ABA 型（Bola 型）；c—环硅氧烷型；d—直链型。R＝H，CH$_3$，O（O）CCH$_3$ 等。R 也可以是离子型的基团]

（1）耙形（rake-type）的共聚物，也叫做梳状（comblike）或接枝（graft）共聚物。其结构通式可表示为 M-D$_x$-D$'_y$（R）-M [M 为（CH$_3$）$_3$SiO$_{1/2}$—，D 为—（CH$_3$）$_2$SiO—]。典型结构如图 18.1（a）。当 $x=0$，$y=1$ 时，即为三硅氧烷表面活性剂，其结构通式可表示为 M-D$'$（R）-M。此类结构的硅表面活性剂最为常见。

（2）ABA 型共聚物 这些硅氧烷表面活性剂一般结构为 M$'$（R）—D$_x$—M$'$（R）。也称 α-ω 为或 Bola 型。典型结构见图 18.1（b）。

（3）环硅氧烷型 结构如图 18.1（c）。

（4）直链型 此类结构与普通表面活性剂一端疏水、另一端亲水的结构相似。

上面这些结构式中，作为疏水基的硅氧烷主干含不同数量的二甲基硅氧烷单元，末端通常是三甲基硅氧烷基团。二甲基硅氧烷单元的数目可以从 1 变到更大的数目，它决定了疏水基的长度，从而决定整个表面活性剂的疏水性。亲水基可以是所有类型的阴离子、阳离子、两性，或非离子基团；亲水基通常由—（CH$_2$）$_3$—结合到硅原子上，但也可能是亲水的—CH（OH）—或醚基。亲水部分通常由较短的烷基链如—（CH$_2$）$_n$—或—O（CH$_2$）$_n$—（n 一般为 2~3）结合到主干上。大多数情况下非离子型硅氧烷表面活性剂的亲水基主要是聚醚。聚醚基团可以是环氧乙烷（EO）或环氧乙烷（EO）和环氧丙烷（PO）混合物。EO 和 PO 单元数目不同构成了绝大多数硅表面活性剂。在商业化产品中，硅氧烷表面活性剂大多是以聚氧乙烯醚为亲水基的非离子型为主，因为聚氧乙烯基具有优异的亲水性，而且容易聚合成不同分子量的化合物。此外，还有用烷基糖苷作为改性亲水基团，同样得到性能温和的非离子型硅氧烷表面活性剂，也常用于个人清洁护理产品中。亲水部分若由纯疏水烷基或全氟烷基取代，则变为完全疏水的表面活性剂，并在非极性溶剂中有表面活性。

值得注意的是，由不同化学方法可制备不同类型的分子结构，通常有很高的分子量，属于高分子表面活性剂。大多数硅氧烷表面活性剂的分子式代表的是平均组成，各样品由许多异构体的混合物构成。特别是对于聚合物的情况，其异构体可以是硅氧烷主干的长度、亲水基的数目和位置不同；对于非离子型，还可能是各支链的 EO 数目不同。而三聚硅氧烷表面活性剂通常为结构确定的化合物（非离子型的除外，因为 EO 链具有一定程度的分布）。因此当使用或比较溶液中特定的硅氧烷表面活性剂的文献数据（例如，表面张力、CMC 值、聚集体的尺寸和形状、相图）时必须注意。

二、硅表面活性剂的特殊应用性能

硅表面活性剂具有普通表面活性剂的共性，但作为一类特种表面活性剂，硅表面活性剂具有很多普通表面活性剂所不具备的特殊性能。归纳起来，硅表面活性剂有下列特性：

① 很高的表面活性。其表面活性仅次于氟表面活性剂，水溶液的表面张力最低可达 20mN/m 左右。

② 在水溶液和非水体系中都有表面活性。

③ 对低能表面有优异的润湿能力。

④ 很多硅表面活性剂具有优异的消泡能力，是一类性能优异的消泡剂。

⑤ 某些硅氧烷表面活性剂是高效的油包水型乳状液的乳化剂（特别是硅油包水）。

⑥ 通常有很高的热稳定性。

⑦ 它们是无毒的，不会刺激皮肤。因而可适用于药物和化妆品。

⑧ 由不同化学方法可制备不同类型的分子结构，通常有很高的分子量，属于高分子表面活性剂。

（一）对低能表面优异的润湿能力

在硅表面活性剂的特性中，最引人注目的是硅表面活性剂对低能表面优异的润湿能力。硅表面活性剂的特殊应用也主要基于其优异的润湿和铺展性能。某些低分子量的硅氧烷表面活性剂的一个独特的能力是促进稀水溶液在诸如石蜡膜或聚乙烯等疏水表面上铺展，这在 1960 年被发现，从那以后成为大量专利和文章的研究对象。这种在低能（憎水）表面的润湿称为超润湿（superwetting）或超铺展（superspreading）。三聚硅氧烷表面活性剂可促进水溶液在光滑的野草叶子，例如绒毛叶表面的铺展，这是它们作为除草剂配料和润湿剂所发挥的作用。这也是硅表面活性剂在日用化学品中应用的基础，因为能够迅速地润湿接触表面（如头发、皮肤、织物等），是一个产品取得理想效果的必要条件。超润湿需要低的表面张力，水溶液的表面张力大小与其在固体表面尤其是疏水表面的湿润能力、湿润速率有直接关系，表面张力越小，水溶液润湿固体表面越快，润湿或铺展的面积越大。但并不是所有的低表面张力的三硅氧烷表面活性剂都有超级润湿的能力，通常认为表面活性剂分子中疏水基和亲水基的大小差不多时，容易形成超铺展。另外，其分子量和润湿性之间有着密切的联系，一般是分子量越低，润湿性能越好，随着分子量的增加，润湿性减弱，调理性和乳化性增强。但两者之间并非呈线性关系。而且，根据聚氧乙烯基（PEO）和聚氧丙烯基（PPO）的比例不同，表面活性剂在水中依次呈现溶解、分散和不溶的状态。溶解性好的表面活性剂可作为润湿剂，溶解性差的可作为消泡剂。

（二）防水（拒水）性能

硅表面活性剂另一个重要特性是硅主干（聚二甲基硅）的疏水性。用其处理过的固体表面具有很强的拒水性，以此可制备防水（拒水）材料。以织物和皮革为例，有机硅极性基团与织物和皮革纤维等结合，疏水的烷基向外取向，在织物和皮革表面形成疏水膜，既不影响皮革的"呼吸"性能（透气性和透水气性），又能润滑皮革纤维，提高其柔软度。

（三）消泡性能

硅氧烷聚合物由于具有低的表面张力，已广泛应用作为消泡剂组分。其他的疏水性油（如聚醚、矿物油、石蜡油、脂肪酸或脂肪醇衍生物等）也被用作消泡剂组分，但是这些有机油的表面张力通常高于 30mN/m，和发泡液体的表面张力差不多，因此其消泡能力通常不如硅氧烷基消泡剂。有机油的消泡能力差，但相容性好，而硅氧烷聚合物的消泡能力好，但相容性差，极易从体系中分离出来。因此，有机改性的硅氧烷表面活性剂作为消泡剂兼具两者的优点，既有优异的消泡能力，又有良好的相容性，是理想的消泡剂。

所谓的"非离子型"有机硅消泡剂是以改性聚硅氧烷为主要成分，添加多种非离子表面活性剂等配制而成的，具有优良的消泡性能，用量少，使用方便，无毒，无腐蚀性，对味精、豆制品以及抗生素生产中产生的泡沫均有良好的消泡和抑泡作用。非离子型硅氧烷表面活性剂本身的水溶液起泡行为类似于传统的碳氢非离子型表面活性剂，它们是低于中等的泡沫剂。在硅氧烷表面活性剂消泡体系中，通常加入聚醚类的非离子型表面活性剂作为分散剂，使消泡剂能更好地分散到泡沫介质中，以提高消泡效果。

硅氧烷表面活性剂用于碳氢燃料中的消泡剂，并作为汽油和石油产品的破乳剂。它们作为消泡剂和破乳剂的性能被认为分别与它们在气/油和油/水界面铺展的能力有关。含聚氧烷烯基团的硅氧烷表面活性剂可能有浊点，特别是那些含混合 EO 和 PO 基团的。在浊点温度以上，它们可作为消泡剂，这与其他 EO/PO 共聚物一致。

通常有机改性硅氧烷消泡剂为 PO 含量高的聚醚改性硅氧烷，其表面张力在21～25mN/m，聚醚含量高使该消泡剂和发泡体系具有良好的相容性。

（四）乳化性能

某些硅氧烷表面活性剂是高效的油包水型乳状液的乳化剂（特别是硅油包水）。它们形成稳定性极佳的油包水型乳状液，含40％～90％（质量分数）的水相，可以用于个人养护品，例如止汗药、皮肤保护产品、有色化妆品。含硅和聚氧烷烯基团的共聚物已经证明可作为硅油的乳化剂，而结合烷基的三聚物倾向于用在烃油中。它们的效率归因于强烈的吸附和由于聚合物特性导致的空间稳定性，以及由这些表面活性剂在油/水界面形成的表面活性剂膜的黏弹性的共同作用。用于此目的的硅氧烷表面活性剂是高度疏水的，只含很少摩尔分数的亲水基团。

（五）水解稳定性

特别需要指出的是硅表面活性剂的水解稳定性。以 Si—C—Si 或 Si—Si 为主干的表面活性剂不受水解的影响，可以用于更苛刻的环境，或者用于需要表面活性剂具有长期化学稳定性的场合，而以 Si—O—Si 为主干的表面活性剂即硅氧烷表面活性剂最大的缺点是在水溶液中容易水解。三聚硅氧烷化合物在酸性或碱性溶液中能在几小时内完全水解，而在中性 pH 值下完全水解则需要数周。此水解产生水化的 SiO_2 和硅油（如六甲基二硅氧烷），使样品失去表面活性。因而可简单地通过测定溶液的表面张力随时间的变化来判断水解稳定性。在硅氧烷主链和亲水基之间插入一个间隔基团（如烷基）可以增加硅氧烷表面活性剂的水解稳定性。含较长的硅氧烷主干的样品更为稳定，在中性水溶液中可以稳定数月。这可解释为随着硅氧烷主干长度的增加，降低了水中的溶解度，CMC 值更低，而水解倾向于未聚集的硅氧烷表面活性剂分子。稳定效应还可能来自亲水支链，其可以将折叠的硅氧烷主干从周围的水中屏蔽开来。

三、硅表面活性剂的特殊应用实例

作为表面活性剂，硅表面活性剂具有普通表面活性剂所共有的用途。作为特种表面活性剂，由于含硅表面活性剂具有独特的优点，其优良的降低表面张力的能力，优良的润湿作用且其生物降解性好，对环境污染小，是绿色环保的表面活性剂，在日用化工、纺织、皮革、印染等工业生产部门中有很多不同于普通表面活性剂的特殊用途。自 20 世纪 50 年代用于聚氨酯（polyurethane）泡沫塑料的稳泡剂以来，至 20 世纪 80 年代硅表面活性剂开始大规模快速全面地发展。随着更多硅表面活性剂被合成，人们系统地研究了其在水和非水体系中的表（界）面活性、有序组合体行为，以及与各种添加剂间的相互作用，建立了其在纤维、涂料、化妆品等工业上应用的理论基础。

硅表面活性剂的缺点是价格相对较高（相对于碳氢表面活性剂而言）。但其高效率可弥补其成本的不足。

（一）在聚氨酯泡沫塑料生产上的应用

硅表面活性剂的第一个也是最大的商业应用是它们作为聚氨酯泡沫塑料生产的添加剂，其在非水体系应用中作为泡沫稳定剂的功能已经得到广泛的研究。聚氨酯泡沫塑料的制备是从聚醇、异氰酸盐、水、爆破剂和催化剂的混合物开始的。两个主要的反应涉及聚氨酯的形成（凝胶化反应）和尿素的形成（爆破反应），其产生 CO_2。在这些反应的过程中，泡沫的温度迅速增加，黏度急剧增加，尿素开始相分离，泡沫成核并迅速铺展。

硅表面活性剂可将聚氨酯泡沫体系的互不相溶的各原料组分乳化成均匀的分散体，使反应顺利进行，能有效地促进成核作用，且一定组成的嵌段共聚物能降低聚氨酯泡沫体系的表面张力。在聚氨酯泡沫塑料生产中，硅表面活性剂具有四方面的作用：①乳化作用，即乳化相对不互溶的聚醇和异氰酸盐；②气泡成核作用；③稳泡作用，当体系黏度低时，能使气泡壁中薄的部分自动修复；④消泡作用，当气泡达到适当大小时，由表面活性剂参与组成的气泡膜破裂而开孔。

（二）在纺织工业中的应用

硅氧烷产品在纺织工业的应用较早，主要用于织物的后整理，如作防水剂、柔软剂、抗静电剂、防熔融整理剂、卫生整理剂、消泡剂、润滑剂及防缩皱剂等。硅表面活性剂是目前广泛使用的柔软剂。作为织物整理剂的硅氧烷表面活性剂通常为阳离子型，表面活性剂的阳离子一端通过静电吸附在带负电荷的织物表面，赋予织物柔软、蓬松、滑爽的手感。经改性硅氧烷调理剂处理后的纤维表面性能发生改变，与未处理的纤维相比，其表面更顺、排列更有序、纤维更松弛。由于氨基硅油容易做成微乳液，氨基硅油乳液是纺织上应用最普遍的柔软剂。此外，如果在阳离子硅氧烷表面活性剂中增加聚醚基团，还能改善织物的亲水性及吸汗性。阴离子型硅表面活性剂在纺织工业中主要用作洗毛剂和匀染剂等，也可作棉与合成纤维混纺物有效的润湿剂，在染色过程中能很好地分散染料。非离子硅表面活性剂在纺织工业的用途主要是作为亲水整理剂和消泡剂。有些非离子型有机硅表面活性剂可以与水混合后用于织物洗涤漂白处理。有机硅非离子型表面活性剂在纺织工业中还可以作为平滑剂、抗静电剂等。

有机硅作为一种环保型的优良抗皱剂还可以逐步取代甲醛在纺织品抗皱中的应用，顺应无甲醛整理的潮流。

由于聚二甲基硅/聚二甲基硅氧烷的强疏水性，用其处理后的纺织品具有强的拒水性，因而可用于制备防水布（如雨衣）等。实际使用时，常把聚二甲基硅/聚二甲基硅氧烷接枝在聚丙烯酸/聚甲基丙烯酸主干上，然后以此作为织物整理剂处理织物，得到防水（拒水）织物。若同时接枝氟碳链，则得到织物"三防"（拒水、拒油、拒污）整理剂。见本书第十七章。

（三）在农药中的应用

由于大多数农药（包括除草剂）是油溶性的，不易溶于水，所以使用前必须使用各种表面活性剂将其乳化成水包油型乳液，使用时再加水稀释至很低的浓度，采用喷雾或其他方式施于农作物、果蔬及杂草的叶、茎、梗上，将各种害虫病菌和杂草杀死或抑制其生长。植物的叶、茎、梗的表皮有一层很薄的疏水蜡膜，具有抗润湿性，而且往往带有负电荷，对农药液体具有排斥作用，用一般表面活性剂乳化的农药乳液被施到植物表面后，湿润速度慢，铺展面积小。由于毛细孔效应，许多细小的孔隙农药渗透不进去，那些没有被农药湿润部位的病虫害仍能生存，同样对需要除去的杂草也无济于事，因为除草剂不能渗入杂草的毛细孔中。

因为有机硅表面活性剂的表面张力很低，可减少液滴与叶面之间的接触角，能使药液的表面张力低于植物叶表面湿润临界值之下（约 25mN/m），故能促使药液由叶气孔渗透进入表皮。渗透需超铺展性能，因而硅氧烷表面活性剂能促使农药乳液迅速润湿、附着、保持、铺展及渗透到植物的叶、茎、梗的每一个细小部位，使农药的作用发挥到最大效力且作用时间大大延长。硅表面活性剂，尤其是三硅氧烷类表面活性剂，因具有良好的湿润性、较强的黏附力、极佳的延展性、良好的抗雨冲刷性和气孔渗透率，被迅速用作农药助剂，并在短短的几十年得到飞速发展，国外出现了大量有关其超级分散行为、超级分散机理、超强渗透性、相行为及应用的报道。硅表面活性剂代表了一类新型、高效、无毒、表面性能突出的农药助剂，应用前景十分广阔，给农药的配方及施用技术带来根本性变革。硅表面活性剂的加入还可使喷雾液滴黏附于昆虫的表皮上，通过润湿、渗透等作用发挥出农药的药效，使农药的有效成分渗透到昆虫体内，使其致死，因而硅表面活性剂的应用不仅能提高农药的防治效果，且能减少喷雾量。

硅表面活性剂也作为农药的喷雾改良剂。由于它们的活性很强，有时也可用作活化剂。使用有机硅表面活性剂能提高喷雾液通过叶面气孔时被叶吸收的能力。喷雾液雾化受表面张力控制。有机硅喷雾改良剂能在喷头产生分散液膜的几毫秒时间内明显降低喷雾液的表面张力，缩小所产生雾滴的粒径。

（四）在日化用品中的应用

硅表面活性剂在日化行业中是一种用量很大的表面活性剂。硅表面活性剂有透明、柔软、解黏和调理的功能。早在 20 世纪 50 年代就开始有有机硅产品应用于护肤品和护发品中。硅表面活性剂能广泛应用于日化用品中，不仅由于其优异的降低体系表面张力的能力，也由于其绿色环保，安全性能优良，人们可以放心使用。尤其是由于具有无毒、无皮肤刺激性、抗氧化作用、紫外线防护作用、生物相容性好、防水透气性能优异等突出优点，因而有机硅表面活性剂在化妆品、洗发护发类制品、膏霜类制品与产品中有一定程度的应用。

硅表面活性剂在个人护理品中的应用以聚醚型有机硅表面活性剂为主，聚醚改性硅油兼具水溶性、乳化性、表面活性及生理惰性的特点，将其配入个人护理用品中可以制得无色、无味、对人体无刺激、不影响皮肤正常呼吸和发汗的护肤品。聚醚改性硅油易与化妆品中其他成分配伍，能使化妆品制剂的表面张力下降，促进化妆品向肌肤和头发表面扩散。聚醚改性硅油具有保湿性和滞留性，这些特性使其成为极好的化妆品助剂，已普遍用于洗发香波、护发素、摩丝、护肤、剃须用品、止汗剂、香水、香皂及彩妆化妆品。

硅表面活性剂具有乳化、起泡、分散、增溶的作用，能使香波泡沫丰富，细微稳定，并有抗静电效果，能赋予头发光泽、易梳理性、平滑利落和柔软感，在香精、洗发香波、洗面奶中也有较多应用。HLB值比较小的聚醚改性硅油，可用作硅油配方体系的乳化剂。例如，在护肤的膏霜制剂中，用聚醚改性硅油做硅油乳化剂，能将低黏度的甲基硅油与水进行乳化，形成稳定的分散体系，这种制剂对皮肤无刺激，使用安全。硅表面活性剂对人无副作用，能在皮肤表面形成脂肪层的保护膜，防止皮肤干燥，是优良的皮肤润滑剂和保湿剂，可提高化妆品在皮肤上的保湿性和滞留性，但又不妨碍皮肤正常的发汗，对皮肤、眼睛没有任何刺激性。特别是作为乳化剂和乳化稳定剂适用于配制面部和眼部化妆品。此外，在化妆品配制时，有机硅表面活性剂可改善各组分的相容性，有时还可起消泡或稳泡（用于香波）作用。

（五）在皮革化学品中的应用

硅表面活性剂可作为皮革中加脂剂和柔软剂，主要是因为它良好的润滑性能和防水性能。它与油脂接枝共聚制备的有机硅加脂剂解决了硅表面活性剂易向外迁移的问题，且减少了加脂剂的用量，降低了成本。经过硅表面活性剂浸渍的革纤维分散、润滑性能好，成革柔软，尤其适于服装革和鞋面革，也可用于毛皮制造。氨基聚醚共改性的硅表面活性剂用作加脂剂，可使柔软性和亲水性达到满意的程度，另外，也可以用作涂饰剂、防水剂、酶制剂，可以达到令皮革柔软、光亮、有油感等效果，是一种较佳的皮革用剂。

有机硅改性丙烯酸树脂也被作为皮革涂饰剂，既保留了传统的以丙烯酸树脂涂饰剂为主体的第一、第二代产品的优点，还赋予了极好的表面性能和耐候性，成革柔软细润、涂层薄、强度高和真皮感强，符合现代皮革加工及应用的性能要求，可更好地满足人们对皮革制品的追求。

除丙烯酸树脂外，有机硅表面活性剂改性的聚氨酯用到水性聚氨酯的合成改性中，涂饰后得到的皮革将具有较好的耐湿擦性，手感也更加滑爽舒适。除涂饰剂外，有机硅改性聚氨酯还可用作皮革封底剂。用硅表面活性剂改性的水性聚氨酯以提高聚氨酯的耐水性和耐季节性等性能具有很大的应用潜力。

在其他皮革功能助剂如防水剂、光亮剂、滑爽剂和手感剂等方面，硅表面活性剂都有其特殊的应用。以皮革防水剂为例，硅表面活性剂与皮革纤维结合之后，能大大降低皮革的表面张力，结合后有机硅的疏水基团向外，使皮革具有很好的防水性能，而且不影响皮革的"呼吸"性能，成为首选的皮革防水剂。手感剂中以有机硅手感剂效果最好，品种最多，应用最广，发展也最快。

（六）光亮剂

聚硅氧烷本身具有良好的上光性，但和上光体系（即所接触表面）的兼容性差，经过有机改性后，保持了良好的上光性，而兼容性得到了改善。如烷基改性的聚硅氧烷，简称为硅蜡，能有效防止水解，同时与多种不同表面具有极强的亲和能力。它兼具硅油和固体蜡的一些性能，和同等黏度的硅油相比，它的渗透能力更低；和固体蜡相比，它能提高产品在上光表面上的渗透能力。因此，它不但能够赋予上光表面良好的光泽度，而且能够持久保护表面，提高表面的耐候性。

一些烷基聚醚改性硅氧烷和氨基改性硅氧烷在家具、皮革上光剂中作为乳化剂应用。除了乳化作用外，它们本身也具有提高光亮度的作用。

在上光剂中添加三硅氧烷表面活性剂，可使上光剂在上光表面（如皮革、家具等）迅速地铺展，光泽度更加均匀，不易出现条纹；在地板上光打蜡产品中替代氟碳表面活性剂作为流平剂、渗透剂，使蜡和聚合物在地板上铺展更均匀，而且还可渗透到地板孔隙中，保护地板，提高地板的光亮度。

（七）清洗剂中的增效剂

由于硅氧烷表面活性剂的表面张力低，对油类物质具有良好的润湿、分散、乳化、增溶作用，所以在清洗剂中能提高清洗效率。硅表面活性剂由于其本身的无毒性，用于衣物的洗涤中安全性更好。经过洗涤的衣物，可赋予衣物柔软滑爽的手感，提高弹性，使衣物变得笔挺且耐皱，还能使衣物具有吸湿透湿性、抗静电性等，穿着美观舒适，可达到风格化、高档化及功能化的质量效果，并且具有一定的杀菌、抑菌及防霉作用，可较长时间保持衣物的无菌效果，穿着更加舒适，如季铵盐类离子型有机硅表面活性剂用于纤维制品的卫生整理，具有很好杀菌、防霉作用，并且安全耐久。

在硬表面清洗剂中加入三硅氧烷表面活性剂，能使清洗剂迅速在清洗表面上铺展润湿，提高清洗效率。此外，它还可用作玻璃、浴室镜面等的防雾剂，或作为防雾成分添加到玻璃清洗剂中。如商品名为 TEGOPREN 5840 的产品亦是一种三硅氧烷表面活性剂。

（八）在涂料和油漆工业中的应用

硅表面活性剂可作为主体组分用作表面处理，提高被处理材料的光泽及防水抗污性能，保护材料免受破坏，也可作涂料添加剂，改善涂料的各项性能，具有多功能性。在亮漆工业中有着良好的应用效果，如用作漆皮金属、木皮、塑胶、玻璃、陶瓷的表面处理剂和保护剂。硅表面活性剂作为高分子表面活性剂，其优异的乳化性能也被用于涂料和油漆的乳化剂。硅表面活性剂也常用作消泡剂。硅油及有机硅改性树脂是涂料行业中使用最早、最广泛的流平剂。

（九）在其他方面的应用

（1）消防工业中作为灭火剂和阻燃剂添加剂。硅表面活性剂作为稳泡或起泡剂，可用于泡沫灭火液中，产生较佳的灭火效果。非离子型有机硅表面活性剂常用来处理阻燃添加剂，以增加其分散性和相容性，能使阻燃剂用量减少。

（2）采油工业中作为原油破乳剂和脱水剂。

（3）在钻井过程中，作为抗沥青沉积剂。硅表面活性剂可直接添加到钻井水溶液中或在溶剂中作为钻井液的添加剂用于防止沥青和重油材料黏住金属表面，比如钻头、钻柱、套管等等。

（4）造纸工业中作为防粘剂。表面张力较小的物质都具有防粘性，最好的防粘剂是有机氟化合物（如聚四氟乙烯），但价格昂贵。有机硅化合物防粘性也非常好，价格相对便宜很多，因此，目前防粘纸主要使用有机硅化合物作防粘剂。

（5）在制雪工艺中作为制雪添加剂。添加有机硅表面活性剂，可以不进行预混合，即使在软管或管线中长期停留，也不妨碍液体流过雪枪的喷嘴或喷射器，从而可改进制雪的效率和质量。

（6）此外，硅表面活性剂还在油漆、电镀、防腐等方面有着不同程度的应用。有机硅表面活性剂在制备氯乙烯均聚物，氯乙烯与苯乙烯、丁二烯、丙烯酸酯等的共聚物中，作为悬浮稳定剂。在热塑性塑料中作内润滑剂，在橡胶（如轮胎）和众多塑料制品加工中作脱模剂。其他方面还可用作地板蜡的乳化剂，以及汽车、家具的上光剂、清洁剂等。作润滑剂或润滑剂的添加剂，润滑性能成倍增长，同时可使这些水溶液润滑剂的抗氧化性能和抑制腐蚀性能得到提高。作录音带的抗静电剂，可使其具有好的音色、热稳定性和机械强度。

参考文献

[1] 韩富，刘志妍，周雅文，等．日用化学工业，2009，(3)：200.
[2] 张博，吴桐，赵富华，等．化工科技市场，2010，(5)：29.
[3] 姚永丽，罗纲，鲍亮．日用化学工业，2013，(6)：457.
[4] 黄良仙，郝丽芬，袁俊敏，等．有机硅材料，2010，(1)：59.

第十九章

硼表面活性剂的特殊应用

含硼表面活性剂一般指分子中含有 B—O 键，且具有 $\begin{array}{c} | \quad | \\ CHO \quad OCH \\ \quad B \\ CHO \quad OCH \\ | \quad | \\ H \end{array}$ 结构部分的表面活性剂，是由具有邻近羟基的多元醇、低碳醇的硼酸三酯和某些脂肪酸所合成的，可看作是硼酸中氢被有机基团取代后的衍生物，常称为硼酸酯表面活性剂，也简称为硼表面活性剂。硼表面活性剂除了具有普通表面活性剂的性能和用途，作为特种表面活性剂，还具有普通表面活性剂所不具备的一些特殊性能和用途[1~4]。

一、结构类型和性能

硼原子有 2 个 2s 电子和 1 个 2p 电子，形成 sp^3 型混合轨道，配位数为 3。硼原子的共价性和价电子数少于价层轨道数的特点，决定了硼原子是一个缺电子原子，形成化合物时的成键特性具有共价性、缺电子和多面体习性。根据硼氧键的键能和硼的电负性，硼是一个亲氧元素，它能形成许多含有 B—O 键的化合物，包括 B—O 键同有机基团连接的范围极广的有机硼化合物，这也是硼在形成化合物时的重要成键特性之一。合成含硼特种表面活性剂时所采用的化合物一般为硼酸。通常具有 B—O 键的化合物，形成的是 BO_3 的平面三角形结构状态，即每个硼原子以 sp^2 杂化与氧原子相结合。但此时的硼仍是缺电子原子，在 BO_3 面外，还具有 2p 型空轨道，硼原子最外层电子云达到 8 个才会饱和，因此，三价硼化合物是一种电子接受体，能和亲核试剂发生配位反应，能把同一分子内的电子给予体的电子吸引到硼原子的近旁，形成混合轨道的四面体结构的分子。换句话说，BO_3 易与有机化合物中的羟基发生配位反应，经脱水后形成硼酸酯的螺环结构，这是有机硼化合物的特性。此特性使硼系表面活性剂的残基具有半极性键，这种半极性键使油溶性有机硼表面活性剂成为一种优质的抗静电剂。

硼表面活性剂按物质的量比分为 1:1 型和 2:1 型。物质的量比 1:1 型由 1mol 醇类和 1mol 硼酸直接酯化或酯交换获得；2:1 型由 2mol 具有邻位羟基总数为 5 以上的多元醇和 1mol 硼酸直接酯化或 1mol 低碳醇的硼酸三酯进行酯交换获得。

在物质的量比为 2:1 型多元醇硼酸酯结构中，硼能与亲核试剂发生配位反应，把同一分子内的电子给予体吸引到硼原子的近旁，形成 sp^3 混合轨道的四面体结构状态的原子，使得其残基具有半极性。其中半极性键为：

$$>\!\!\underset{\underset{H}{\overset{\delta^+}{B}}}{B}\!\!<\!\overset{(-)}{\underset{O}{}}\!\!\overset{(+)}{}$$

在合成硼系表面活性剂时，一般都用多羟基化合物。根据两者物质的量比及羟基化合物类型不同，可形成硼酸单酯、双酯、三酯及四配位硼螺环结构[5]。如甘油与硼酸通过不同物质的量比反应生成硼酸酯中间体：单甘酯（MGB）和双甘酯（DGB）。这些中间体带有活性基团（羟基），可与脂肪酸、脂肪酸酰氯、环氧乙烷、环氧氯丙烷等物质反应得到具有不同结构的表面活性剂，构成硼表面活性剂的一大类：甘油酯类硼酸酯表面活性剂。目前文献报道的硼表面活性剂多是基于此类结构进行工艺研究或改性，且主要是阴离子和非离子型。也可用其他多元醇（如二乙醇胺、三乙醇胺等）与硼酸反应，可合成两性型表面活性剂。在合成中间体 MGB、DGB 等过程中，目前有直接法、酯交换法和潜溶剂法。考虑各个方面因素，目前一般采取潜溶剂法。

为进一步改善性能，将氮、氯、磷、硫等元素以及咪唑啉、多羟基烷基胺等多种结构基团引入表面活性剂分子结构中，使得硼酸酯表面活性剂结构日趋多样化，从而形成非离子型、阴离子型、两性离子型，以及高分子型等多种类型的化合物，尤其是高分子型硼酸酯表面活性剂有明显的抗静电作用。

硼表面活性剂一般为非离子型，但在碱性介质中重排为阴离子型。它们有油溶性的，也有水溶性的。为提高含硼表面活性剂的综合性能，可在产品中引入磷、卤等元素。下面列举硼表面活性剂的一些品种[6]。

硼酸单甘酯脂肪酸酯　　　　　硼酸单甘酯脂肪酸酯聚氧乙烯醚

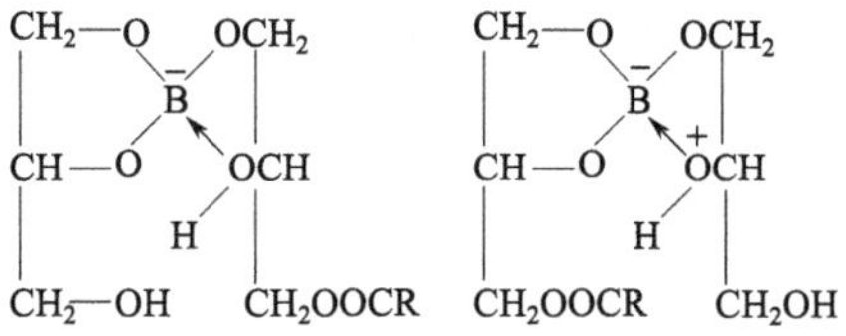

硼酸双甘酯单脂肪酸酯 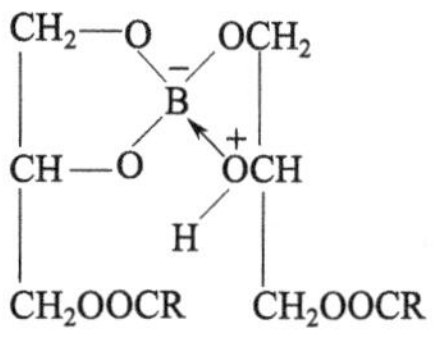   硼酸双甘酯双脂肪酸酯

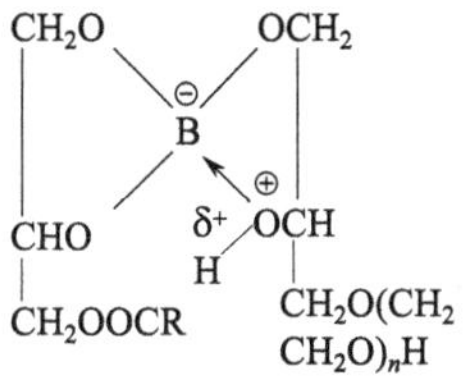

硼酸双甘酯单脂肪酸酯聚氧乙烯醚 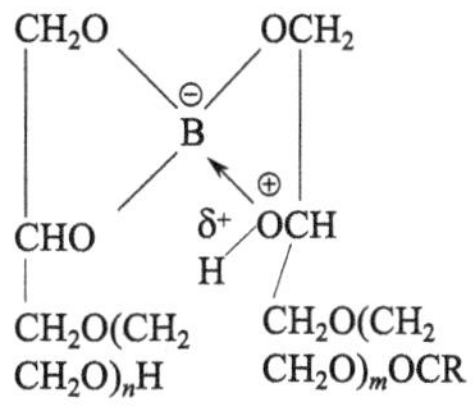   硼酸双甘酯双脂肪酸酯聚氧乙烯醚

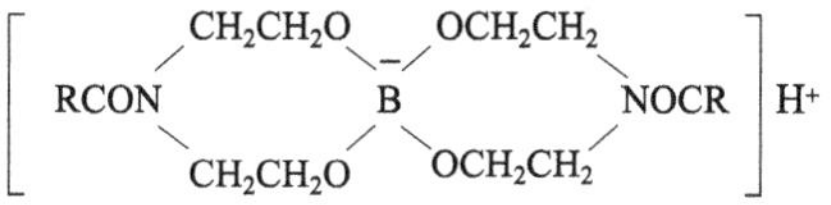

含氮阴离子型 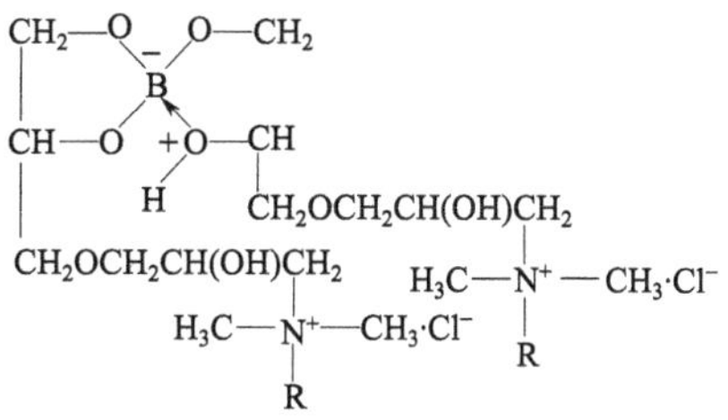   含氮阳离子型

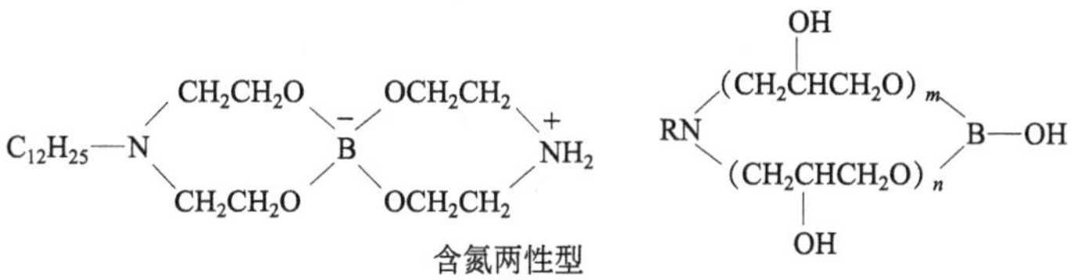

含氮两性型

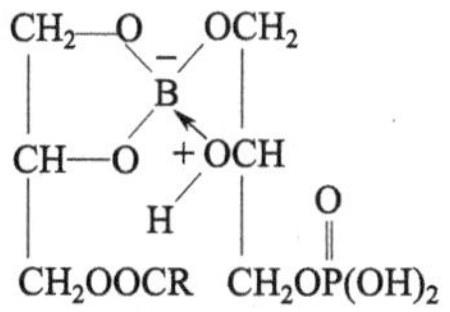

含磷型

$$CH_2 \quad O \quad OCH_2$$
$$B$$
$$CHO \quad +OCH$$
$$H \qquad CH_2O-(CH_2CHO)_x-H$$
$$CH_2O-(CH_2CHO)_m-H \quad CH_2Cl$$
$$CH_2Cl$$

$(m+x=n)$

$$CH_2 \quad O \quad OCH_2$$
$$B$$
$$CHO \quad +OCH \qquad CH_2Cl$$
$$H \quad CH_2O-(CH_2CHO)_x-$$
$$CH_2O-(CH_2CHO)_m-$$
$$ClH_2C \qquad O=C \quad C=O$$
$$Br \qquad Br$$
$$Br \; Br$$

含卤型

$$CH_2-O \quad OCH_2$$
$$B$$
$$CH-O \quad +OCH$$
$$H \quad CH_2OPO(OCH_2CHClCH_2Cl)_2$$
$$CH_2OPO(OCH_2CHClCH_2Cl)_2$$

$$CH_2-O \quad OCH_2$$
$$B$$
$$CH-O \quad +OCH$$
$$H$$
$$CH_2OOCR \quad CH_2OPO(OCH_2CHClCH_2Cl)_2$$

含磷含卤型

$$CH_2=CH-\overset{O}{\overset{\|}{C}}-NH-CH_2-O-B \begin{matrix} OCH_2CH_2 \\ OCH_2CH_2 \end{matrix} N-(CH_2)_{11}CH_3$$

可聚合型

$$\left[CH_2-CH \right]_n$$
$$O=C-NH-CH_2-O-B \begin{matrix} OCH_2CH_2 \\ OCH_2CH_2 \end{matrix} N-(CH_2)_{11}CH_3$$

高分子型

二、性能和用途

最常见的硼表面活性剂是非离子型的，它们通常是一种半极性化合物。由于分子中有一个游离羟基的氧原子中非键轨道电子被硼原子所吸引，使这个羟基的氢原子具有带正电的极性，故其在碱性溶液中成盐，表现为阴离子型表面活性剂的性质。因此此类表面活性剂具有两重性，人们可根据使用需要在不同的选择性介质中分别溶解成为具有非离子型或阴离子型特性的表面活性剂。

硼表面活性剂沸点一般都很高，不挥发，高温下极稳定，但能水解。含氮的硼酸酯包括含氨基、丁二酰亚氨基或咪唑啉基的硼酸酯。由于取代基团中氮原子上的孤对电子可与硼原子的空轨道配位形成 N→B 配位键，从而提高了硼酸酯的水解稳定性。

硼表面活性剂具有很多碳氢表面活性剂无法代替的长处。它们具有优良的杀菌、防腐、抗磨、阻燃、抗静电、无公害、易生物降解等特点，已经引起人们的日益关注。含硼表面活性剂的应用前景广阔，带有 B—O 键的半极性的硼酸酯表面活性剂与高分子物质具有良好的相容性，且具有优良的热稳定性，便于高分子材料的成型加工，故常用作合成树脂的功能性添加剂。它们可用作气体干燥剂、分散剂、乳化剂、防腐剂、杀菌剂、非水溶性无水液体的稳定剂、极压剂、防蚀剂、润滑油和压缩机工作介质的添加剂，还可用作聚乙烯、聚氯乙烯、聚丙烯酸甲酯等高分子材料中的抗静电剂、阻燃剂以及防滴雾剂等。含氮、硼的表面活性剂可在金属防锈及润滑抗磨方面应用；含卤、磷、硼的表面活性剂可用于阻燃剂及抗静电剂[1~4]。

开发硼系表面活性剂既可以利用硼的杀菌优点提高表面活性剂在水溶液中的使用寿命，又可利用其抗磨性增加表面活性剂油膜强度，使表面活性剂的应用领域进一步扩大。

（一）抗菌性和防腐性

半极性有机硼表面活性剂的抗菌性来自结构中的硼原子。硼原子具有杀菌作用，硼酸就是医药中常用的消毒剂。含硼表面活性剂具有很好的抗菌性，其抗菌性的强弱不仅取决于硼的含量，还与表面活性剂的结构密切相关。

表面活性剂常与水一起使用，而硼酸酯表面活性剂的杀菌作用可使水中微生物繁殖能力下降，提高表面活性剂的应用效率，同时硼酸酯表面活性剂毒性也低。特别是半极性硼表面活性剂如硼酸双甘酯单棕榈酸酯，不但具有抗菌性，而且毒性低。这是其他众多表面活性剂如甜菜碱等所不具有的特性。

硼酸酯化合物也具有较强的防腐性能。此外，硼酸酯表面活性剂能抵抗生物体昆虫和真菌的腐蚀，加上具有极好的阻燃性能，使其在木材防腐中具有广阔的应用前景。把含硼酸酯的防腐剂注入已加工好的木材内部，可抵抗侵入木材或其他纤维材料的生物有机体（如白蚁、真菌、昆虫等），有效保护木材。

（二）抗静电性

硼酸酯表面活性剂中带有 B—O 键，具有半极性。由于其优良的极性和油溶性，与高分子物质间有良好的相容性，并且具有很好的热稳定性，而且这种油溶性半极性有机硼表面活性剂还能和离子结构的物质相互作用，使其本身成为离子结构，有良好的导电性，特别适合作为抗静电剂，是性能优良的高分子材料（树脂类）抗静电剂，其抗静电性优良是其他添加剂所不及的。

由于硼酸酯表面活性剂是性能优良的树脂类抗静电剂，对含硼表面活性剂的抗静电性能的应用主要采用将常规合成的低分子硼酸酯表面活性剂直接应用于合成树脂达到抗静电目的。如将硼酸与四羟基醇的缩聚产物（一种高分子型硼酸酯表面活性剂）应用于聚乙烯树脂抗静电中，以提高其性能。将蓖麻油烷醇酰胺硼酸酯（RAB）以聚乙烯（PE）重量的 2% 添加于聚乙烯中，在甲基丙烯酸树脂中添加硼酸双甘酯单月桂酸酯及甘油单硬脂酸酯等，也都显示优异的抗静电性能。在武器制造工业中，有效降低炸药的静电危害已成为当今世界极其关注的问题。添加抗静电剂是一种最直接有效的方法。硼表面活性剂作为炸药添加剂，不仅具有抗静电性，还可在一定程度上提高炸药性能。除了作为添加型抗静电剂，硼表面活性剂也可作为外用型抗静电剂。

（三）阻燃性

硼是一种阻燃元素，因此硼系表面活性剂具有一定的阻燃效果，特别是其中含有卤素和磷的效果较佳，而交联含磷类的阻燃性十分优越。

在目前的实际应用中，阻燃剂主要是以卤素、磷、锑等为中心阻燃元素的化合物。尽管含卤阻燃剂阻燃效果好，但在使用和燃烧过程中会造成二次污染。磷、锑类阻燃剂也存在较大的环境污染问题，因此开发环保型阻燃剂成为研究的发展趋势。硼酸酯表面活性剂作为环保型的阻燃剂，可用于防火材料的添加剂。硼元素与卤素有明显的协同阻燃效应，与 Sb_2O_5 复配的阻燃性能大幅提高，含磷元素的阻燃效果更佳。但为避免含有卤素、磷等元素的硼表面活性剂对环境产生不利影响，纯有机硼阻燃剂及含硅、氮有机硼阻燃剂得到了深入研究。

（四）润滑性和抗磨性

有机硼酸酯具有优良的减磨、抗磨性能。有机硼酸酯油膜强度高，摩擦系数低，是一种高性能抗磨润滑添加剂。由于同时具有很好的抗菌和抗腐蚀性，且和密封材料有良好的相容性，对人体无毒害作用，是一种理想的绿色环保型添加剂，因而得到科研、工业领域的广泛关注。

以润滑极压抗磨添加剂为例。现在由于受到法规影响，润滑油要求具有良好的抗氧化安定性、抗磨性和清净分散性等。因此，添加剂在内燃机油及工业动力设备用油中得到广泛应用，发展速度越来越快。目前我国润滑油添加剂品种主要有清净剂、分散剂、抗氧抗腐剂、极压抗磨剂、油性剂、摩擦改进剂、抗氧剂、金属减活剂、黏度指数改进剂、防锈剂、降凝剂和抗泡剂等。

被誉为新型高效多功能无毒的硼型节能润滑极压抗磨添加剂，主要分为两类：无机硼酸盐和有机硼酸酯。硼酸盐是一种高效多功能润滑油添加剂，具有优异的极压抗磨减磨性能、良好的热氧化安定性、防锈防腐性及密封适应性，但无机硼酸盐添加剂在油中的分散稳定性及水解稳定性差，易产生沉淀，使用不方便，并具有选择性，大大限制其应用。随后发展起来的有机硼酸酯极压剂除了具有良好的抗磨作用外，还具有较好的防腐蚀性、抗氧化性、油溶性等特点，属多功能添加剂，具有良好的发展前景。近年来研究者成功将硼元素引入到植物油中，合成了硼化植物油，植物油本身是一种油性剂，没有极压抗磨性能，但当引入硼后，硼化植物油显示出极强的抗磨极压性。随后又在此基础上引入氮元素，合成了硼氮型改性植物油添加剂，以植物油为基础油，添加量为 2％时，其 P （最大无卡咬负荷）值可高达 932N，且随着添加量的增大，P 值增大，表现出很强的极压抗磨性。氮的高反应活性、植物油分子的载体作用和硼的缺电子性及三者的协同作用而形成的吸附膜和摩擦化学反应膜是硼氮植物油具有抗磨极压性的根本原因。这表明在植物油中引入硼、氮元素，克服了硼酸酯抗磨极压性不太显著的缺点，为单独使用硼剂制备高性能的润滑油脂提供了依据，具有广阔的发展前景。

另一个重要的例子是水基切削液。目前水基切削液中仍在使用的极压润滑剂主要是含硫、磷、氯的化合物，如硫化烯烃、硫化动植物油、硫脲、磷酸酯、氯化石蜡等。此类添加剂在高温下与金属表面发生化学反应生成化学反应膜，在切削中起极压润滑作用。有机硼酸酯是新型的极压润滑添加剂。含硼的表面活性剂中，硼元素以长链分子为载体在金属表面形成物理吸附膜。在极压摩擦条件下，硼与金属表面发生界面化学反应形成化学反应膜，以及由于硼酸酯水解作用或与添加剂发生摩擦化学反应产生诸如 H_3BO_3、B_2O_3 等构成的非牺牲性沉积，几种膜的共同作用有效提高了水基切削液的摩擦学性能而起润滑作用。

一般认为，硼酸酯表面活性剂能起到抗磨、润滑作用是因为其能形成边界润滑膜。在边界润滑条件下，硼酸酯表面活性剂分子经过吸附、裂解、聚合、缩合、沉积以及摩擦渗硼等复杂过程，在摩擦表面产生吸附膜、摩擦聚合物膜、表面沉积膜与渗透膜，减少了摩擦，从而起到抗磨作用。

含氮硼酸酯有良好的抗磨性和抗极压性，且结构稳定，具有较强的水解稳定性，而有机硼酸酯中氯、硫、磷等元素的添加则存在环境污染的问题。

总之，硼表面活性剂优异的润滑性能使其成为一种多功能润滑油添加剂。早期使用的无机硼酸盐润滑油添加剂，由于使用中需要分散稳定剂来保证硼酸盐在油中均匀悬浮分散而未能得到广泛应用。有机硼酸酯特别是引入了长链基团的硼酸酯具有极好的油溶性，可直接溶解到基础油中使用，在原来的基础上得到较大的突破。

（五）乳化性和分散性

硼系表面活性剂乳化性和分散性也较好，同 Span 80 相比，硼酸双甘酯单脂肪酸酯，如硼酸双甘酯单十二酸酯的乳化性和分散性更好。

（六）作为偶联剂的应用

偶联剂是一种既含有能与无机填料（或极性填料）发生键合作用的基团，又含有与有机黏合剂分子发生反应的基团，在两者之间建立一个"分子桥"，把两者紧密联结在一起，使之成为一个整体，从而抑制了氧化剂的"脱湿"现象（"脱湿"是固体颗粒与黏合剂的界面结合在外力作用下遭破坏，导致后者从颗粒表面脱离）。

一些含有—OH、—NHR、—CONH 等强极性基团的硼酸酯表面活性剂可作为偶联剂。—NHR 可与高氯酸铵（AP）生成铵盐离子键，强极性的—CONH 与高能氧化剂中的—NO 发生强诱导效应，形成氢键，中心 B 原子具有空的 sp^2 杂化轨道，易与氧化剂中电子供体形成稳定的络合物，这些都有利于硼酸酯包覆在氧化剂颗粒上，形成牢固的附聚层。—OH、—NHR 等所含的活泼氢与固化剂中的—NCO 缩合，进入黏合剂固化网络。硼酸酯可吸收固体颗粒上的水分而发生水解，消除颗粒周围由于水分存在引起的弱边界层；同时，硼酸酯与黏合剂中的—OH 发生酯交换反应，进一步强化了与黏合剂的作用。硼酸酯中 B 原子的缺电子结构和酯交换反应使其具有独特于其他键合剂的性能，因此从结构上考虑是一种性能优良的偶联剂。

（七）作为汽车制动液的应用

汽车制动液是道路车辆液压制动系统的工作介质，又称"刹车油"。高质量的制动液，其技术性能主要应满足以下要求：①高沸点、低挥发性，夏天高温不易产生气阻；②适当的低温低黏度性能，在寒冷地区能保证其低温流动性；③良好的防腐蚀性能，对任何金属无腐蚀或锈蚀作用；④对橡胶皮碗不溶胀、不收缩；⑤好的化学稳定性、抗氧化性及热稳定性。

硼酸酯型制动液，特别是乙二醇醚硼酸酯型使用寿命更为优异。在制动液中，硼酸酯能与水发生化学反应而减少制动液中溶解水或游离水的存在，从而改变制动液的水敏感性能，因而，硼酸酯制动液常被称为"低水敏感制动液"或"无水敏感制动液"。

（八）其他

（1）催化及电化学性能　由于缺电子性，硼化物中硼原子中空余的 p 轨道可以接受外来电子对，形成八隅体的稳定电子结构，表现出较强的 Lewis 酸性，可用于催化反应。硼酸酯化合物也可作为阴离子受体，加入到含锂盐的电解质溶液中，可大幅提高溶液的离子电导率。

（2）抗中子辐射　含硼材料具有优良的中子吸收性能，利用这一特性可制得具有良好抗中子辐射性能的材料。

（3）光引发剂及热引发剂　在设计新型光引发剂时，如在安息香上引入其他基团可改善其引发性能。安息香硼酸酯即具有一定的光引发和热引发性能。

（4）将硼酸酯作为交联剂，可改善塑胶炸药的物理性能。利用硼酸酯表面活性剂的水解性，可得到直接合成较困难的化合物，如聚乙二醇（6000）单硬脂酸酯的合成等。将硼酸酯与安息香脱水酯化，可得到新型安息香硼酸酯常温热引发剂。

参考文献

[1] 屈志强，徐宝财，程杰成，等．日用化学工业，2009，(1)：60．

［2］魏少华，黄德音.精细化工，2002，(9)：503.

［3］王海鹰，李斌栋，吕春绪，等.火炸药学报，2006，(3)：36.

［4］郭艳.贵州化工，2009，34 (2)：26.

［5］李斌栋，吕春绪，叶志文.精细石油化工，2005，(1)：9.

［6］王慧敏.化工时刊，2000，(8)：15.